Frank Hartmann

# BAUBIOLOGISCHE HAUSTECHNIK

# Das Gebäude

Die Fachbuchreihe zu den Themen

- Baurechtpraxis und Baumanagement
- Bautechnik
- Energieeffizientes Bauen
- Energiesystemtechnik
- Gebäudetechnik, TGA und Facility Management
- Klima- und Lüftungstechnik

FRANK HARTMANN

# BAUBIOLOGISCHE HAUSTECHNIK

Lüftung • Wasser • Heizung • Strom

VDE VERLAG GMBH

**Bibliografische Information der Deutschen Nationalbibliothek**
Die Deutsche Nationalbibliothek verzeichnet diese Publikation in der Deutschen Nationalbibliografie; detaillierte bibliografische Daten sind im Internet über http://dnb.dnb.de abrufbar.

ISBN 978-3-8007-3494-8



Titelillustration: Michael Römer, roemer-grafik.de

Druck: druckhaus köthen GmbH & Co. KG, Köthen (Anhalt)
Printed in Germany 2014-11

# Vorwort

Seit meiner Jugend, im Grunde schon seit meiner Kindheit, war das Bauen ein zentrales Element in meinem Leben. Mein Glück war, dass ich noch richtige Meister als Lehrmeister hatte, Handwerker im Geist und in der Tat. Dabei wurde mir auch der heute so übliche Tunnelblick erspart. Vielmehr wurde ich angehalten, die Tätigkeiten der anderen Handwerker jenseits meiner haustechnischen Gewerke zur Kenntnis zu nehmen, was ich auch praktisch kultivierte. Respekt und Achtung gegenüber sämtlichen Gewerken waren die Grundlage, das Haus schon bald als Ganzes zu begreifen.

Als Gebäudesystemtechniker begann ich in den 1990er Jahren – besonders im Kontext der Erneuerbaren Energien –, die Haustechnik zusammenzufassen und dabei den Rest des Baugewerkes nie aus den Augen und aus dem Sinn zu verlieren. Nach den Irrfahrten der sogenannten Energieeffizienz war es schließlich umso konsequenter, im Sinne einer tatsächlichen Nachhaltigkeit eine Ausbildung zum Baubiologen nachzulegen. Stellvertretend für viele Weggefährten und Kollegen möchte ich an dieser Stelle dem Bauingenieur und Baubiologen Rolf Canters danken, der mich auf meinem Weg in die Baubiologie bestärkte.

Das vorliegende Buch ist ein wichtiges Resultat meiner Arbeit als Baubiologe, in dem ich mir erlaube, die Haustechnik in eine dringend anstehende Biologische Bauordnungslehre einzureihen. Dabei bildet die Baubiologie ebenso wie die handwerkliche Autonomie die Grundlage. Und wie im Handwerk ist es auch in der Baubiologie: Das Lernen beginnt nach der Ausbildung. Dementsprechend wird dieses Buch sicher nicht alle Fragen beantworten, sondern auf Fragestellungen hinweisen, die uns aktuell und in Zukunft beschäftigen werden. Es werden Denkansätze vorgestellt, die dem Leser keinesfalls das eigenständige Denken abnehmen, sondern vielmehr dazu inspirieren sollen.

Besonders möchte ich meinem Vater und Lehrmeister Manfred Hartmann und meinem Sohn Moritz danken, denen ich dieses Buch widme.

Frank Hartmann, im Herbst 2014

# Inhaltsverzeichnis

# TEIL 2: LUFT

# TEIL 3: WASSER

# TEIL 4: WÄRME

# TEIL 5: KRAFT

# TEIL 1: ERDE

## 1 Lebensraum Erde

### 1.1 Grundlagen der Baubiologie

#### 1.1.1 Allgemeine Vorbemerkung zur Baubiologie

Bevor wir uns in diesem Buch der Baubiologischen Haustechnik annähern, ist es unvermeidbar, einige Bemerkungen zur Baubiologie selbst voranzustellen. Denn die sogenannte Baubiologie unserer heutigen Zeit ist sich selbst in vielen Dingen noch nicht einig, gar oft widersprüchlich. Inmitten verschiedenster Interessen im Bauwesen und wirtschaftlicher Zwänge ringt die Baubiologie durchaus noch um ein gewisses Selbstverständnis, um nicht nur dem eigenen Anspruch gerecht zu werden, sondern auch, um sich in einer Bau- und Wohnkultur des 21. Jahrhunderts behaupten zu können.

An dieser Stelle muss also darauf hingewiesen werden, dass es auch hier um keine Patentlösungen gehen wird, die eigene Auseinandersetzung mit dem Thema wird dieses Buch dem Leser nicht abnehmen können. Vielmehr wird sich nachgerade eine Vielzahl von Fragestellungen ergeben, welche die eine oder andere Formulierung in diesem Buch nur anzustoßen, zu provozieren vermag. Dabei kann nicht ausgeschlossen werden, dass auch Fragen, die längst beantwortet zu sein scheinen, neu gestellt werden. Ebenso wird auf eine Vielzahl von Antworten hingewiesen werden, die längst schon als solche bestehen, aber noch nicht zur Kenntnis genommen werden bzw. wurden.

Am Anfang stand der Gedanke, einen baubiologischen Bezug zur Haustechnik herzustellen oder umgekehrt formuliert: die Haustechnik auf die Baubiologie zu beziehen. Während einiger Vorträge, Seminare und nicht zuletzt eines Lehrgangs zur Einführung in die Baubiologische Haustechnik wurde dem Autor jedoch bewusst, dass dies nicht möglich ist, da es der Sache, um die es geht, nicht gerecht wird.

Vielmehr kann es nur darum gehen, über den Tellerrand beider Disziplinen hinaus die Technik im Haus in eine übergeordnete, das gesamte Bauen umfassende biologische Bauordnungslehre einzuordnen. Keinen höheren Anspruch also verfolgt dieses Buch.

**Abb. E 1.1:** Einfache Dachgiebel auf Pfählen zum Schutz vor Wind und Wetter waren eine der ersten Behausungen für Menschen und wurden später noch als Lagerräume oder Unterstände verwendet (Quelle: Frank Hartmann / Freilandmuseum Bad Windsheim)

### 1.1.2 Natürliche Bauweise als Ursprung der Baubiologie

Zerlegt man den Begriff Baubiologie in seine Wortstämme, erhalten wir: Bau, Bauen und Bio, Bios, Leben sowie Logos, das Wort, der Gedanke. Dies ist der erste Wegweiser, worum es sich handelt. Nämlich um alles, was Leben bedeutet, Zivilisation und Kultur. Geschichte und Moderne lassen sich hieraus ebenso herauslesen, wie die menschliche Evolution, Entwicklung und die Zukunft. Und sehr weit geht der Blick zurück durch die Ahnenreihen unserer Entwicklung bis hin zur weiten Steppenlandschaft, von der aus wir andere Lebensräume betraten und die Aktivitäten des Wanderns gegen die Aktivitäten des Bauens eintauschten.

Ab dem Moment, als der Mensch sesshaft wurde, begann sich die Biologie des Bauens zu formieren, denn ein Bauwerk wirkt unmittelbar auf den Menschen – im Guten wie im Schlechten. Die Entwicklung des Menschen eilte fortan mit großen Schritten voran, aus der Sicherheit dieses neu gewonnenen und noch nie dagewesenen Wohnkomforts. In diesem Zusammenhang erkennt man auch den absolut natürlichen Ursprung des Bauens, wo sich vieles schon als Selbstverständlichkeit findet, was heute als Grundlage der Baubiologie begriffen wird. Das deutlichste Beispiel dafür sind die regionale Verfügbarkeit und Anwendung von Baustoffen, wie seit alters her der Ur-Baustoff Holz als nachwachsende Ressource.

Das Fundament eines jedweden Bauens ist der Baugrund. Der Standort – eben jener Ort, an dem man sich niederlässt – definiert auch das unmittelbare Umfeld, die Umgebung, das Mikroklima eben inmitten des Makroklimas der jeweiligen Klimazone. Und so anpassungsfähig der Mensch auch sein mag, stellt sich dennoch die Frage, ob der Mensch sich denn tatsächlich überall ansiedeln kann oder ob es nicht Mühsal oder Technik ist, mit denen er sich jedmöglichen Standort zu erkaufen vermag. Je mehr der Mensch sich seiner natürlichen Umgebung entzieht, je mehr er sich abzukapseln versucht gegen die vermeintliche Unbill der Natur, desto mehr ist er geneigt, sich zu überschätzen, verliert seine Autarkie und Souveränität.

Mit dem Hausbau ist für den Menschen ein vollkommen neuer Lebensraum entstanden, der zuvor für ihn keine Rolle spielte, denn Sesshaftigkeit war bis dahin eine sehr temporäre Veranstaltung: Die ersten Behausungen kamen als transportfähiger Leichtbau daher, wie sie Naturvölker und Nomaden noch heute benutzen, z. B. die Jurten in der Mongolei. Nun aber wurde eine weitreichende Entscheidung getroffen, ein Ort wurde gesucht, um sich niederzulassen und selbst zu verwalten. Innenraum wurde geschaffen, Privatsphäre gar. Selbstbewusst erhebt sich der Mensch mit den Worten des großen Menschenfreundes „... musst mir meine Erde doch lassen stehen, / und das Haus, das du nicht gebaut, / und den Herd, / um dessen Glut du mich beneidest / ...".

In der Kultivierung der Sesshaftigkeit entstand fraglos der Massivbau mit einer generationsübergreifenden Wertschöpfung, denn lange, sehr lange waren Haus und Hof das elementare, generationenübergreifende Kapital. Reflektiert man die verschiedenen öko-sozialen Symptome unserer Zeit (demoskopischer Wandel, Stadt-Landflucht, häufig wechselnde Wohnorte usw.) muss man feststellen, dass sich ein umfassender Wandlungsprozess unserer Lebensweise vollzieht, den wir vor lauter Detailversessenheit, Expertentum und den Verwirrungen globaler Unordnung gar nicht mehr erfassen können. Freilich aber wirkt dieser Wandlungsprozess als epochale Metamorphose auch auf unsere jahrhundertealte Anschauung von Bauwerken, insbesondere von Wohngebäuden. Diese wird sich grundlegend ändern.

**Abb. E 1.2:** Historisches Wohn- und Geschäftshaus (Barockhaus, Baujahr 1802), welches von einer kinderreichen Familie bauwerksgerecht renoviert wurde; im Erdgeschoss befinden sich zwei Ferienwohnungen (Quelle: Frank Hartmann)

Nimmt man die Anzahl der leer stehenden Gebäude und insbesondere den demoskopischen Wandel zur Kenntnis, so liegt die Frage nahe, inwieweit Gebäude hinsichtlich der Instandhaltungskosten überhaupt noch „haltbar“ sind, da selbst der Rückbau heute eine merkliche Kostenstelle bildet, nicht zuletzt durch Problemstoffe und aufwändige Recyclingverfahren.

Genauso müssen uns aber auch solche Fragen erlaubt sein, ob es noch zeitgemäß ist, Bauwerke für Generationen zu bauen. Oder sollte diese Formulierung für die Zukunft vielmehr bedeuten, den Generationen zu ermöglichen, Bauwerke in den natürlichen Stoffkreislauf zurückzugeben – zu kompostieren als Idealfall. Denn nicht nur sehen wir uns heute Überlegungen zum Rückbau einzelner Gebäude ausgesetzt, sondern vielmehr dem Rückbau ganzer Siedlungsgebiete, die zu einer Verkehrswegbebauung verkommen sind und der Reihe nach leer stehen. Es ist unsere Pflicht, solche Flächen der Natur wieder zurückzugeben, zu renaturalisieren. Ganz besonders in Anbetracht der Tatsache, dass kein Tag vergeht, an dem nicht Unmengen neuer Flächen versiegelt werden und dem Ökosystem nicht nur entzogen, sondern vielmehr als weitere Last auf die Schultern gebunden werden.

Die heutigen Anforderungen an eine maximale Nutzungsvariabilität im Kontext der erhöhten Mobilität verlangen durchaus auch Lösungen, die sich von unserer bisherigen Baukultur wesentlich unterscheiden. Vielleicht ist der Besitz einer Immobilie gar nicht mehr erstrebenswert, sondern vielmehr eine temporäre Lösung mit einem umso höheren Anspruch an Material, Verfügbarkeit und dezentralem Energiekonzept für zehn, zwanzig oder dreißig Jahre. Das Gebäude (das Haus) für jeden Lebensabschnitt – kompakt, mobil und variabel, als Leasing-Produkt. Damit könnte auch die Umweltverträglichkeit der Materialien zu einer wahrhaften Recycling-Kultur führen, da dies dann in der Verantwortung des Herstellers/Leasinggebers läge. Dem ökonomischen Interesse würde das ökologische Prinzip der Kreisläufe entsprechen.

Erste Priorität im Umfeld des Bauens hatte das Nahrungsangebot und vor allem dessen Sicherstellung. Daraus folgte logischerweise der Ackerbau in der Kultivierung von Wildgemüse, Früchten und Körnern. Durch die Viehzucht wurde der Mensch endgültig zum Fleischfresser und es entstanden die ersten Siedlungen, der Weiler, das Dorf, die Stadt. Die Wahl des Standorts war in früheren Zeiten ebenso elementar wir heute – obgleich es früher umso sichtbarer war, als es heute noch ist. Damals war der Mensch noch sehr inmitten der Natur und am Tier orientiert, welches jedes für sich ganz klare und konkrete Anforderungen an das Nest, die Höhle oder die Mulde stellt, die schlicht überlebensnotwendig ist und erst dann als Lebensraum dienen kann, um die Art zu erhalten. Die Beispiele höchster Baukunst sind in der Tierwelt mannigfach und folgen neben den elementaren Bedürfnissen nach Schutz vor Wetter und Umwelt allein dem einen Ziel: lebensqualifizierend zu sein, je höher die Art entwickelt ist. Obwohl sich der Anspruch an mobile Flexibilität allein in der heutigen Generation grundlegend gewandelt hat, bleibt der Anspruch an die Qualität des Lebensraumes erhalten; umso mehr in einer aufgeklärten Gesellschaft.

Die Epoche der Sesshaftigkeit ist also untrennbar mit dem Hausbau verwoben. Auch wenn die Bauweisen und Baustile noch so unterschiedlich waren, ist darin ganz besonders die natürliche Gemeinsamkeit zu erkennen, nämlich der Bezug zum Klima und dem Mikroklima (der unmittelbaren Umgebung). Damals schon war es elementar und lebensentscheidend, die richtige Wahl zu treffen. Nach dieser „natürlichen Checkliste des Lebensraums“ erfolgte die Auswahl des Baugrundes, wo eben nicht nur der Hausbau im Zentrum stand, sondern auch der Umgang mit der Umgebung, der Lithosphäre, der Hygrosphäre und freilich auch der Atmosphäre in der

Einheit der Biosphäre, im Wechselspiel eines lebensqualifizierenden Arrangements. Die natürliche Ordnung war über Jahrhunderte Gesetz, welches entscheidend war über den Fortbestand einer Sippe, die sich nun kulturell zu einer Gesellschaft entwickelte. Mit der Industrialisierung trennte der Mensch die letzten Bande zur Natur, der Materialismus machte sich ihr zum Feind, wie es am Beispiel der Landwirtschaft zwar sehr drastisch, aber auch nur beispielhaft zu erkennen ist.

**Abb. E 1.3:** Historisches Wohnstallhaus aus dem späten Mittelalter, bauwerksgerecht mit viel Lehm und Stein sowie moderner Haustechnik saniert (Quelle: Tom Baerwald)

Die Sippe entwickelte sich zur Großfamilie, wieder über Jahrtausende zum bürgerlichen Familienbild und schließlich zur Auflösung des Familienbegriffs in der heutigen Zeit mit Alleinerziehenden, Patchwork-Familien, Lebensgemeinschaften, Wohn- und Pflegeheimen usw. All dies betrifft natürlich auch – in bisher leider noch unterschätztem Ausmaß – die Baukultur, wie oben bereits angeführt.

Aus der Symbiose von Ökologie (Ökosystem/Umwelt) und menschlicher Gesellschaft (soziale Kultur) entwickelte sich die ökosoziale Raumordnung – eine der wichtigsten und zentralsten baubiologischen Disziplinen überhaupt, die sich in einer umfassenden Ethik zwischen die Zeilen der Natur einordnet – (obgleich die ethisch-moralische Dimension der Baubiologie noch nicht im Ansatz für unsere heutige Zeit ausformuliert ist). Dies ist insbesondere heute umso wichtiger zu betonen, wo doch die moderne Baubiologie allzu sehr Gefahr läuft, allein die Umweltanalytik (Baubiologische Messtechnik) in den Fokus zu rücken, was aber der Baubiologie an sich in keinster Weise gerecht wird.

Selbst die Haustechnik, welche das vorliegende Buch füllt, ist nur ein Teil von vielen Themenfeldern, welche in ihrer Gesamtheit die Baubiologie abbilden. Aus diesem Grund ist auch der Bereich ERDE stellvertretend für die Baubiologie der zentrale Bestandteil der Baubiologischen Haustechnik-Blume (siehe ERDE Kapitel 2).

Daraus erschließt sich die Erkenntnis, dass Bauen im natürlichsten Sinn immer innerhalb der natürlichen Ordnung stattfindet, ohne diese zu stören oder gar zu zerstören. Dies impliziert auch den wahrhaften Sinn von Nachhaltigkeit, wie wir sie für unsere heutige Zeit definieren müssen. Wir leben in vielen Bereichen noch innerhalb einer geistigen Konstanz, die längst nicht mehr zeitgemäß ist. Es genügt nicht, vom 21. Jahrhundert zu sprechen, um es zu betreten.

Kreislauf und natürliche Ordnung sind heute weitgehend aus dem Ruder gelaufen. Heute wird der Lebensraum sehr oft erzwungen und dementsprechend die natürliche Ordnung ge- und zerstört. Es wird gebaut „auf Teufel komm raus", wo kein Tier auch nur einen Gedanken daran verschwenden würde, hier an dieser Stelle seine Nachkommenschaft in die Welt einzuführen. Das muss aber nicht heißen, dass es so bleibt, geschweige denn so bleiben kann.

Die Baubiologie war also sehr lange Zeit Standard, ohne dass sie als solcher definiert wurde. Damit war es aber spätestens nach der ersten industriellen Revolution schlagartig vorbei, denn in dieser Epoche setzte ein Kriegszug gegen die natürliche Ordnung ein.

Die Geschichte des ewig globalen Baustoffes Lehm zeigt sehr gut in einem Parallelbild den Status Quo der Baukultur zwischen Tradition und Moderne. So sehr man sich des Ur-Baustoffs Lehm in den ersten Nachkriegsjahren noch bediente (da es nichts anderes gab), so schnell war er später vergessen oder gar als Baustoff der armen Leute verschrien. Heute – siebzig Jahre nach dem letzten Krieg – nach einer Epoche von Gifthäusern bis zu Sick Buildings treten Lehm-Normen in Kraft, die diesem Baustoff wieder jenen Platz in unserer Baukultur einräumen, der ihm zusteht.

Nicht nur aus diesem Grund kann die nächste anstehende industrielle Revolution nicht ohne die Baubiologie stattfinden! Ihren Weg ins 21. Jahrhundert muss die Baubiologie allerdings noch finden. Ein reflektierender Rückblick in die Jahrhunderte des Bauens und Siedelns kann dabei nicht schaden.

### 1.1.3 Biologische Bauordnungslehre

Auch wenn die Baubiologie sich über die Wortbedeutung hinaus zuallererst aus der Geschichte erschließt, kann man durchaus von einem Begründer der modernen Baubiologie sprechen, der alles andere als ein ausgemachter Baufachmann war. Weder Architekt noch Handwerker, auch keiner mit dem Baugeschehen in unmittelbarem Kontakt stehender Mensch war es, sondern vielmehr jemand, der sich mit den unmittelbaren Folgen konfrontiert sah: ein Arzt vom Bodensee.

Als allgemeiner Landarzt praktizierte *Hubert Palm* in der Gegend von Koblenz. Sein Ziel war ausschließlich das Wohlergehen der Menschen, seiner Patienten. Aus der Reflexion seiner vielfältigen Erfahrungen bei Hausbesuchen, Anamnesen, sich wiederholenden Krankheitsbildern, Auswerten von Befunden, Vergleichen und Beurteilen von Symptomen orientierten sich seine Fragestellungen immer mehr auf das Haus – den Hort seiner Patienten – und dessen Wirkung auf sie.

Neben der Heilung eines kranken Menschen war es ebenso die Gesunderhaltung des Menschen, welche als oberste Maxime den Forscherdrang dieses Arztes anspornte. Bald begann er, neben den Patienten auch die entsprechenden Häuser zu untersuchen. Sehr bald reifte in ihm nach endlosen Vergleichen beider Diagnosen die Erkenntnis, dass es wohl nicht anginge, in einem kranken Haus einen Menschen heilen und gesund erhalten zu können. Denn die Diagnose des Hauses fiel nicht selten ärger aus als die des Menschen. Hubert Palm ordnete die Einflüsse des

Hauses auf den Menschen unmittelbar nach der Ernährung ein und definierte beide als Grundlage der *Lebensqualität*, wie er es nannte.

Dies geschah zu jener Zeit, als das Wirtschaftswunder seinen Siegeszug antrat und der Wiederaufbau auf unheilvolle Weise mit den Wundern der Industrie kollaborierte und vergiftete Häuser zum modernen Standard erhob – die 1960er Jahre.

Im Jahre 1955 veröffentlichte Hubert Palm den Artikel „Biologisch bauen" und begründete damit schon im Ansatz das, was er später in seinem Hauptwerk die „Biologische Bauordnungslehre" nannte. Im engeren Sinne brachte er die Wechselwirkung Haus – Mensch (im Innenraum) auf den Punkt.

In den 1960er Jahren hielt Hubert Palm verschiedene Vorträge über die *„Ordnung des gesunden und menschengerechten Bauens"* und entwickelte in dieser Zeit die biologische Bauordnungslehre, die bisher so nicht existierte, als *systematisch ganzheitliche wissenschaftliche Baulehre*, die er in seinem Hauptwerk, welches Auflagen bis in die 1990er Jahre erlebte im Abriss vorstellt.

*„Niemand darf ein krankes Haus bauen. Das ist wider Menschenrecht und Gesetz! Das ist wider die natürliche Ordnung des Lebens!"*, verkündetet Hubert Palm im Vorwort zur dritten Auflage seines Buches „Das gesunde Haus – unser naher Umweltschutz" aus der Erkenntnis, dass so, wie wir auf die Umwelt wirken, die Umwelt auf uns wirkt. Und Hubert Palm war es, der das Haus als *die dritte Haut des Menschen* beschrieb, ein geflügeltes Wort bis heute. Von Architekten als Hoffnungsträger und „Vater des gesunden Bauens" angesehen, darf Hubert Palm definitiv als der Begründer der modernen Baubiologie betrachtet werden. Die Ökohäuser waren eine unmittelbare Antwort auf Hubert Palm und lösten ein baubiologisches Lauffeuer aus.

In den 1970er Jahren, als in manchen Gesellschaftsschichten ein Umdenken erfolgte, entstand die Baubiologie per Definition gemeinsam auch mit der (Wieder-)Entdeckung der Erneuerbaren Energien. Ein gesellschaftliches Aufbegehren, nicht nur gegen die Atomenergie, sondern auch gegen den Filz der Ewig-Gestrigen. Die Schwerpunkte lagen dabei freilich in der Ökologie und beschäftigten sich in erster Linie mit ökologischen Baustoffen und alternativen Energien, es war die Zeit der autofreien Sonntage. Seitdem wird der Begriff „Baubiologie" als solcher kultiviert. Mit einem Fernlehrgang zur Baubiologie erfolgte 1978 die Gründung des Instituts für Baubiologie & Ökologie in Neubeuern (IBN), das bis zur heutigen Zeit etwa 5000 Baubiologen (IBN) im deutschsprachigen Raum ausbildete.

Im September 2014 bezog das IBN neue Institutsräume in Rosenheim. Dort entstand ein „Leuchtturmprojekt", bei welchem konsequent und zukunftsweisend baubiologische Anforderungen – einschl. Haustechnik – berücksichtigt wurden. Zusammen mit dem Umzug wurde auch der Name des IBN geändert. Dieser lautet nun Institut für Baubiologie + Nachhaltigkeit. Nachhaltigkeit steht dafür, dass im Sinne einer selbsterhaltenden Zukunftsfähigkeit unserer Gesellschaft neben ökologischen, gleichrangig auch ökonomische und soziale Ziele angestrebt werden. Diese Aussage passt in dieser Form deutlich besser zu den ganzheitlichen Zielen des IBN. Schließlich soll das Bauen und Wohnen nicht „nur" gesund und ökologisch sein, sondern auch ökonomisch und sozial.

Seit den 1990er Jahren entwickelt sich die Baubiologie in vielfältiger Weise, findet sich aber immer wieder im Bannkreis der Messtechnik und Umweltanalytik im Kontext der Wohngesundheit. Zu jener Zeit wurde auch durch das IBN ein Standard der Baubiologischen Messtechnik entwickelt, welcher die Basis der Baubiologischen Umweltanalytik darstellt.

Im deutschsprachigen Raum entstanden in den letzten Jahren mehrere Verbände und Interessengemeinschaften:

- Berufsverband der Baubiologen (VDB) e.V.
- Verband Baubiologie (VB) e.V.
- Schweizerische Interessengemeinschaft Baubiologie/Bauökologie SIB
- IBO - Österreichisches Institut für Baubiologie und Bauökologie
- Baubiologie Südtirol.

Mit der Energieeinsparverordnung (EnEV) 2002 wurden die Wärmeschutzverordnung und die Heizungsanlagenverordnung zusammengefasst und ein Effizienzstandard festgeschrieben, der bis heute novelliert wird. In dieser Zeit begannen in der Haustechnik die Erneuerbaren Energien – trotz Hindernissen – sich zum Standard zu entwickeln. In der Baubiologie spielten die Erneuerbaren immer eine große Rolle, ebenso wie nachwachsende Rohstoffe überhaupt. Im Grunde sind es Verbündete.

Mit der Einführung der EnEV begann ein Wettrennen vom Niedrigenergiehaus über das Effizienzhaus bis zum Passivhaus. Der Wärmeschutz wurde verbessert und die Luftdichtigkeit hat eine solche Qualität erreicht, dass in vielen Gebäuden eine Zwangslüftung notwendig wird. Es wurde nur bedingt aus den Formaldehyd- und Asbesthäusern gelernt.

Die Materialien der Wärmedämmstoffe waren und sind immer noch oft baubiologisch bedenklich. Nicht nur hinsichtlich Ökobilanz, Primärenergieaufwand und Transport, sondern auch wegen teilweiser Mängel z. B. im sommerlichen Wärmeschutz und wegen problematischer Kreisläufe/ Verwertungsaufwendungen usw.

Ein für die Heizungstechnik wesentlicher Wandel setzte ein: Traditionell hat sich die Zentralheizungsanlage stets für das Warmwasser als auch für die Raumheizung verantwortlich gesehen, was in der Praxis so funktionierte, dass der Wärmebedarf für die Warmwasserbereitung quasi im Vorbeigehen mit erledigt wurde. Heute hat sich die Situation bei Wohngebäuden dahingehend verändert, dass der Wärmebedarf für die Warmwasserbereitung besonders im Geschosswohnungsbau oft größer ist als der Heizwärmebedarf. Diese wesentliche Veränderung im Anforderungsprofil wird immer noch – im Bannkreis der vermeintlich niedrigen Heizlast – oft „übersehen". Passivhäuser haben einen sehr geringen Heizwärmebedarf für die Raumheizung. Die Heizlast von Passivhäusern ist oft so gering, dass erhöhte interne Wärmegewinne, z. B. durch ein Homeoffice, sich im Sommer durchaus problematisch darstellen, was die thermische Behaglichkeit angeht.

Analysiert man die Entwicklung der letzten 50 Jahre, lassen sich erkennbar viele Lehren daraus ziehen, wie man sich im Bauen und Wohnen der Natur und dem Natürlichen wieder annähert. Neue Wohnformen sind gefragt, flexibel, nachhaltig und im baubiologischen Sinne an den Bedürfnissen des Menschen ausgerichtet. Ein Beispiel dafür mögen die Öko-Wohnboxen darstellen. Als mobile Wohn- und Arbeitseinheiten ermöglichen sie einen flexiblen Standort und erfüllen vielerlei baubiologische Kriterien. Sie können allergikergerecht hergestellt werden, reduzieren den Eingriff in die Natur auf ein Minimum und bestechen durch ihre Bescheidenheit.

*„Baubiologie ist die Lehre von den ganzheitlichen Beziehungen zwischen den Menschen und ihrer Wohn- und Arbeitsumwelt." (Prof. Anton Schneider)*

Abb. E 1.4: Moderne Wohnsiedlung, sanft in die Landschaft integriert (Quelle: Institut für Baubiologie + Nachhaltigkeit (IBN))

### 1.1.4 Die 25 Grundregeln der Baubiologie

Die 25 Grundregeln der Baubiologie wurden vom Institut für Baubiologie + Nachhaltigkeit (IBN) entwickelt und bilden die zentralen Grundlagen der Baubiologie ab, woran sich selbstredend auch die Baubiologische Haustechnik orientiert. Es soll an dieser Stelle nur kurz auf die einzelnen Regeln eingegangen werden, da sie im Grunde für sich sprechen und bereits seit mehr als drei Dekaden zum baubiologischen Allgemeingut gehören.

#### Der Bauplatz

- *Bauplatz ohne natürliche und künstliche Störungen.* Das bedeutet sowohl keine Altlasten im Untergrund als auch keine Belastungen an der Oberfläche und in der unmittelbaren Umgebung des Baugrundes. Der Bauplatz sollte frei von negativen Einflüssen sein, was mittels einer Baubiologischen Hausgrunduntersuchung überprüfbar ist.
- *Wohnhäuser abseits von Emissions- und Lärmquellen*, was allerdings auch die Nichtwohngebäude betrifft, wo sich regelmäßig Menschen aufhalten. Das gilt für Arbeitsplätze ebenso wie besonders für Kindertagesstätten und Schulen.
- *Dezentralisierte, lockere Bauweise in durchgrünten Siedlungen*, wie es lange der Fall war, nicht nur in ländlichem Umfeld, sondern auch in Städten. Das natürliche Umfeld sollte überwiegen. Das beinhaltet natürlich auch Abstände zu anderen Grundstücken, aber auch Verkehrsflächen und Nichtwohngebäuden. Abwechslungsreich und unterschiedlich.
- *Wohnung und Siedlung individuell, naturverbunden, menschenwürdig und familiengerecht.* Das bedeutet freilich auch, dem Klima entsprechend.

- *Keine sozialen Folgelasten verursachend*, was ökologische Folgelasten mit einschließt – Vermeidung von irreversiblen Schäden und Belastungen der Natur sowie der nachfolgenden Generationen.

## Baustoffe und Schallschutz

- *Baustoffe natürlich und unverfälscht* – minimaler Primärenergieaufwand. Die Baustoffe sollten zum Großteil unmittelbar aus der Region stammen.
- *Geruchsneutral oder angenehmer Geruch ohne Abgabe von Giftstoffen.* Das beinhaltet sämtliche Ausgasungen im Außen- und Innenbereich.
- *Verwendung von Baustoffen mit geringer Radioaktivität*, das betrifft vor allem Natursteine und Lehmbaustoffe. Gefahr besteht bei nicht nachvollziehbaren Lieferquellen; im Zweifelsfall hilft eine Baubiologische Messung.
- *Orientierung des Schall- und Vibrationsschutzes am Menschen.* Das bedeutet: Schutz nicht nur gegen den äußeren Schall, sondern auch im Inneren des Gebäudes, Infraschall, Körperschall und Telefonie-Schall. Das ist insbesondere auch bei der Technik im Haus zu berücksichtigen.

## Wohnklima

- *Natürliche Regulierung der Raumluftfeuchte unter Verwendung feuchteausgleichender Materialien.*
- *Geringe und rasch abklingende Neubaufeuchte;* feuchteausgleichende Baustoffe; Feuchteeintrag vermeiden.
- *Ausgewogenes Maß von Wärmedämmung und Wärmespeicherung.*
- *Optimale Oberflächen- und Raumlufttemperaturen* (thermische Ordnung im umbauten Raum).
- *Gute Luftqualität durch natürlichen Luftwechsel* – baulicher Feuchteschutz.
- *Strahlungswärme zur Beheizung* bzw. Wohnraumtemperierung.
- *Das natürliche Strahlungsumfeld wenig verändernd.*
- *Ohne Ausbreitung elektromagnetischer Felder und Funkwellen.*
- *Weitgehende Reduzierung von Pilzen, Bakterien, Staub und Allergenen.*

## Umwelt, Energie und Wasser

- *Minimierung des Energieverbrauchs unter weitgehender Nutzung regenerativer Energiequellen.*
- *Baustoffe bevorzugt aus der Region, den Raubbau an knappen und risikoreichen Rohstoffen nicht fördernd*, ausgewogenes Maß von Wärmedämmung und Wärmespeicherung.
- *Zu keinen Umweltproblemen führend*/ressourcenschonend, minimalen Primärenergieaufwand anstrebend.

- Naturnahe Wasserbewirtschaftung, *bestmögliche Trinkwasserqualität* und Warmwasserhygiene.

### Raumgestaltung

- *Berücksichtigung harmonikaler Maße, Proportionen und Formen*, barrierefreies Bauen als Standard.
- *Naturgemäße Licht-, Beleuchtungs- und Farbverhältnisse*, maximale Tageslichtausbeute und naturnahe Beleuchtung zum Wohlergehen des Menschen ohne gesundheitliche Beeinträchtigung.
- *Anwendung physiologischer und ergonomischer Erkenntnisse zur Raumgestaltung und Einrichtung*, insbesondere für Arbeits-, Schlaf- und Ruheplätze.

### 1.1.5 Ausblick in eine biologische Bauordnungslehre

In einer Zeit, in der die natürliche Ordnung immer mehr aus den Fugen gerät, ist es umso wichtiger, sich auf die Ur-Basis des Bauens rückzubesinnen und ergo die Baubiologie aus dem Tunnelblick eines hilflosen Bio-Fanatismus und der Leere von Worthülsen zu befreien, um ihrem eigenen Anspruch gerecht zu werden. Höchste Zeit, an diesem Scheidepunkt zu Beginn eines neuen Jahrtausends den Faden einer baubiologischen Bauordnung, wie sie Hubert Palm in den 1960er Jahren mehr als vom Zaun gebrochen hat, aufzunehmen und sie zu einer biologischen Bauordnungslehre zu entwickeln, als Wissenschaft zu etablieren und endlich eine Fakultät für die älteste Wissenschaft der Menschen zu schaffen. Es ist die Wissenschaft, mit der unsere Kinder von morgen lesen und schreiben, rechnen und gestalten, staunen und reflektieren lernen mögen.

**Abb. E 1.5:** Nutzungsänderungen von Industriegebäuden zu Wohn- und Arbeitsräumen bieten ein großes Potenzial (Quelle: Tom Baerwald)

# 2 Der Mensch und die Technik im Haus

Längst hat sich die Technik im Haus zu einer hochkomplexen Gebäudesystemtechnik entwickelt. Umso mehr ist das baubiologische Grundprinzip zur Abwägung von Aufwand und Nutzen zu verinnerlichen und praktisch umzusetzen. Dazu gehört, eine systemische Integration anlagentechnischer Komponenten zu realisieren, ohne das Wohnumfeld des Menschen zu überfrachten und den Bewohner/Nutzer zu bevormunden.

Für moderne technische Komponenten sind der Primärenergiebedarf und der gesamte Aufwand von der Herstellung bis zur Wiederverwertung (falls möglich) unterschiedlich groß. So muss bei der Auswahl von Baustoffen und technischen Komponenten immer auf die Langlebigkeit und Eignung für eine umweltgerechte Wiederverwertung im Sinne einer nachhaltigen Baukultur geachtet werden. Die Haustechnik ist hiervon nicht ausgenommen.

Hinzu kommen der Primärenergiebedarf (auch der Herstellung und des Transports) für den Betrieb und die angestrebte Funktionssicherheit der Technik sowie ein zyklischer, immerwährender Aufwand für die Instandhaltung, Wartung, Inspektion.

## 2.1 Bedeutung der Haustechnik

Natürlich kommt heute kein Akteur des Bauwesens mehr an der Haustechnik vorbei. Nicht nur durch ihren Stellenwert innerhalb der Energieeinsparverordnung und den allgemeinen Bestrebungen nach mehr Energieeffizienz (zumindest im privaten Wohnungsbau), sondern auch hinsichtlich der neuen Vielfalt im Bereich der erneuerbaren Energien, wie Biomasseheizungen, Solarthermie, der Wärmepumpentechnologie und den verschiedenen Lüftungssystemen einschließlich deren Kombination mit erneuerbaren Energien und effizienten Wärmerückgewinnungs- bzw. Prozessnutzungsgraden. Des Weiteren die Möglichkeiten der Kraft-Wärme-Kopplung, ob kraftstoff- oder solarbetrieben sowie der dezentralen Stromerzeugung aus Photovoltaik und Kleinwindenergieanlagen.

All diese Möglichkeiten und Potenziale im Sinne einer biologischen Bauordnungslehre unter einen Hut zu bekommen, verlangt kaum mehr als ein radikales Umdenken, was allein mit dem Begriff Energie beginnen muss. Diesem Anspruch kann de facto nur naturwissenschaftlich und nicht marktwirtschaftlich begegnet werden.

Auch wenn die Baubiologie nicht reflexartig jedem modernen Technik-Trend folgt, heißt dies nicht, dass sie Technik ablehnt! Vielmehr sucht die Baubiologie eine reflektierte und kritische Auseinandersetzung mit der Technik und setzt diese in unmittelbaren Zusammenhang mit dem Menschen und seiner Umwelt.

Die Baubiologische Haustechnik sucht demnach den Einklang zwischen Mensch, Umwelt und Technik und fordert nachhaltige Innovationen für eine lebensgerechte Anwendung, ohne den Menschen unmittelbar von der Technik abhängig zu machen. Die Baubiologische Haustechnik schwelgt also beileibe nicht in der Nostalgie des ewigen Grundofens, sondern sucht vielmehr einen Weg aus der Tradition in die Zukunft zu formulieren.

## 2.2 Entwicklung einer Baubiologischen Haustechnik

Ausgangspunkt sind die konventionellen Gewerke der Haustechnik: Sanitär-, Heizungs- und Klimatechnik. Die Lüftungstechnik ist bei der Klimatechnik dabei, hat sich heute aber schon zu einem selbstständigen Gewerk entwickelt. Insbesondere ist dieser Trend im Umfeld der Wohnungslüftung zu erkennen. Die klassische Elektroinstallation stellt heute eine komplexe Energietechnik für die Automation, Steuerungs- und Regelungstechnik dar. Diese vier Grundgewerke der Haustechnik umfassen somit alles, was mit Technik und Energiebedarf im Haus verbunden ist. Dazu gehören natürlich auch Apparate und Geräte, wie in der Küche oder im Hauswirtschaftsraum. Diese Haustechnik strotzt vor Normen, Richtlinien, dem „Stand der Technik" und den „Regeln der Technik" zuzüglich einem fortwährenden Mehr an Empfehlungen von Herstellern, Verbänden, Interessengemeinschaften, Verwaltungen usw.

Eine große Rolle spielt – was vielen Architekten und Hausanbietern schier den Kopf zerbricht – die ständige Kostensteigerung der Position Haustechnik bei einem Bauvorhaben. Diese Haustechnik macht in unserer heutigen Zeit mindestens ein Fünftel, oft auch ein Drittel der gesamten Baukosten aus. Und doch ist für jedes Bauwerk die Bereitstellung an Energie unabwendbar, was Investitions- und Folgekosten verursacht und zu Abhängigkeiten verführt. Ein nachhaltiges Energiekonzept muss daher ein Maximum an Ressourcenschonung und Energieautarkie bewirken.

### Das ordnende System – die Himmelsrichtungen (Haustechnik-Blume)

Zuerst war da die Vertikale von Nord nach Süd, die Horizontale von Ost nach West. Das Selbstverständnis der vier Gewerke bildete der Autor in Kreisen ab und fügte diese in die entstandene Struktur aus den Himmelsrichtungen. Der Mittelpunkt beider Schnittstellen markiert das Zentrum der Erde, welche mit den Himmelsrichtungen die Grundlage bildet und in ihrer runden Form gleichsam als Synonym für Sonne und Mond als Spannungsfeld der Erde steht. Jeder Gewerkekreis berührt das Zentrum Erde und bewegt sich fortwährend in einem energetischen Kreislauf.

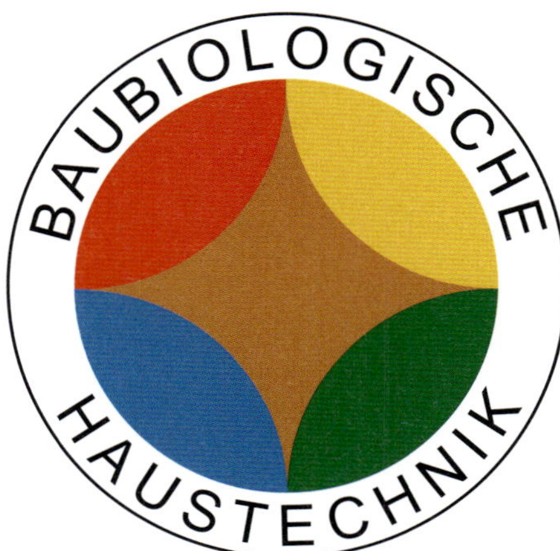


**Abb. E 2.1:** Die Haustechnik-Blume der Baubiologischen Haustechnik mit der Erde stellvertretend für die Baubiologie in der Mitte (© Frank Hartmann)

Auch die Terminologie ändert sich nun. Sie bildet die Aspekte der 25 Grundregeln der Baubiologie (siehe ERDE Kapitel 1) ab und verbindet diese mit den Begriffen LUFT, WASSER, WÄRME und KRAFT.

| Konventionell | Baubiologisch |
|---|---|
| Klima<br>Luftbehandlung, Klimatisierung, Lüftung, Feuchteschutz | LUFT<br>Lufterneuerung durch Luftwechsel und Luftaktivierung, Atemluft, Luftreinigung und Filterung von Lüften |
| Sanitär<br>Hausinstallationen, Hygienebereiche, Badgestaltung, Ver- und Entsorgung | WASSER<br>Natürliche Wasserwirtschaft und Wasserbehandlung, umweltgerechte Regenwasserbewirtschaftung, Grauwassernutzung und Ressourcenschonung durch Abbau überflüssiger Infrastrukturen; Material- und Stoffreinheit |
| Heizung<br>Raumheizung und Trinkwassererwärmung | WÄRME<br>Thermische Ordnung im umbauten Raum – Wohnwärmegestaltung, Bedeutung der thermischen Eigenschaften von Baustoffen, wohltemperiertes Trinkwasser, Wärmenutzung aus/durch regenerative Quellen |
| Elektro<br>Spannungsversorgung für Automation und Beleuchtung, Gebäudesystemtechnik | KRAFT<br>Licht und Tageslichtergänzung, Automation, dezentrale Energieversorgung aus erneuerbaren Energien, Kraft-Wärme-Kopplung |

# 3 Der Lebensraum – die Biosphäre

Unser Lebensraum ist die Biosphäre. Sie umfasst hauptsächlich die Luft unserer Atmosphäre, die Flora und Fauna, aber auch die Oberfläche der Erde und somit die Hygrosphäre ebenso wie die Lithosphäre, welche den sogenannten Baugrund bildet. Alles, was uns umgibt, ist Umgebung, ist Umwelt – ist der Lebensraum, der dem Menschen entsprechen sollte. Das Dilemma der vermeintlichen Anpassungsfähigkeit lässt jedoch „Lebensräume" entstehen, die kaum mehr lebenswert sind. Die Anforderungen an einen Lebensraum sind also entsprechend einer biologischen Bauordnungslehre als lebensqualifizierend einzustufen.

## 3.1 Das Klima (Makro- und Mikroklima)

Das Klima, vornehmlich das Makroklima, bestimmt wesentlich die Art und Weise des Bauens und ist nicht zu verleugnen, auch wenn es oft scheinbar ignoriert wird. Das Klima entspricht unseren Naturgesetzen, insbesondere im planetarischen Zusammenspiel von Sonne und Mond mit der Erde. Dementsprechend hat unser Planet verschiedene Klimazonen anzubieten, welche die Grundlage für das Bauen überhaupt ausmachen und sich ausgezeichnet bauhistorisch in den verschiedenen Bauweisen nachvollziehen lassen.

Obgleich die verschiedenen Klimata mitunter sehr extrem sind, ist es der enormen Anpassungsfähigkeit und den technischen Fähigkeiten des Menschen zu verdanken, dass die allermeisten Gebiete auf dem Land als besiedelt gelten. Natürlich stellt sich dabei die Frage, ob das Leben in der Nähe des Polarkreises sehr erstrebenswert ist, wo Tag und Nacht bisweilen Monate dauern, wo doch das Spektrum bis hin zur Tag- und Nachtgleiche am Äquator viel reichhaltiger ist. Sicher ist der Einfluss des Klimas auf den Menschen am größten, individuell ebenso wie gesellschaftlich. Die Beurteilungskriterien für eine ideale Klimazone können an dieser Stelle nicht erörtert werden. Sicherlich scheint aber eine Klimazone, die ein Leben zu großen Teilen im Freien erlaubt, als die erstrebenswerteste.

Da wir uns die Klimazone, in der wir leben, in den überwiegenden Fällen nicht aussuchen, sondern hineingeboren werden und dort bleiben, spielt hinsichtlich des aktiven Handelns das Mikroklima eine große Rolle. Dieses bestimmt das Bauen ebenfalls erheblich und dabei ganz konkret die Auswahl des Standorts. Zu unterscheiden ist die Höhe des Meeresspiegels ebenso wie die Nähe zu Oberflächen- oder Fließgewässern, Erhebungen und Senken der Erdoberfläche, der Landschaft. Der Wind und seine angestammte Richtung sind ebenso wichtig wie die durchschnittlichen Niederschlagsmengen. Dessen sollte man sich sehr wohl bewusst sein, wenn man sich für einen Baugrund entscheidet. Wetterkarten mit Angaben zu Niederschlägen und gar Windstärken bieten an dieser Stelle lediglich eine Orientierung, unterscheiden sich selbst regional sehr. Von Bedeutung sind beispielsweise auch die Höhenmeter und die entsprechenden Differenzierungen hinsichtlich exponierter Lagen.

### 3.1.1 Die mitteleuropäische Klimazone – Schutz vor Wind und Wetter

In Mitteleuropa, möchte man meinen, lässt es sich für den Menschen gar trefflich aushalten. Die Jahreszeiten sind (noch) klar erkennbar und bringen – trotz individueller Vorlieben – einen

Reichtum an Abwechslung. Der Kreislauf des Werdens und Vergehens ist in der Abfolge der vier Jahreszeiten als deutlichster aller Zyklen wahrnehmbar und erlebbar. Und was wir Wetter nennen, ist nichts anderes als das Wechselspiel von Makro- und Mikroklima in unserem (äußeren wie inneren) Lebensraum.

Die Außentemperaturen unserer Klimazone betragen in tiefen Wintern bis zu –25 °C oder mehr, in heißen Sommern bis zu 35 °C und darüber. Extreme sind allerdings immer seltene Spitzenwerte, die nur temporär und regional in entsprechenden Lagen auftreten. Die über das gesamte Jahr gemittelte Außentemperatur bewegt sich in den meisten Regionen durchaus um +9 °C. Relevant ist für die Baubiologische Haustechnik fraglos die Außentemperatur im Kontext der Auskühlung von Gebäuden innerhalb der sogenannten Heizperiode. Selbst in dieser Zeit liegt die gemittelte Außentemperatur zwischen 4 und 7 °C, also deutlich oberhalb der Frostgrenze. Ebenso wichtig sind die spezifischen Windlasten und Hauptwindrichtungen, die sich regional durchaus erheblich unterscheiden können; es lohnt sich immer wieder, die wahre Wetterseite festzustellen, als die Standard-Wetterseite nur zu übernehmen. Das Klima wandelt sich und dies gilt es zur Kenntnis zu nehmen, da das Außenklima unmittelbar im Zusammenhang mit dem Innenklima steht. Im Allgemeinen kann hier auf die zahllosen statistischen Erfassungen zurückgegriffen werden. Diese müssen aber angesichts der klimatischen Veränderungen in vielen Fällen durchaus neu bewertet bzw. aktualisiert werden. Erst allmählich wird beispielsweise zur Kenntnis genommen, dass der Wasserdampfgehalt der Außenluft insbesondere im Sommer immer mehr zunimmt. Die Niederschlagswerte umfassen gemittelt über die verschiedenen Regionen hinaus Mengen von 500 Litern pro Quadratmeter im Jahr, bis zu mehr als 2000 Litern in den Alpenregionen. Aber auch das sind nur allgemeine Informationen, die jeweils im Kontext des Standorts zu differenzieren sind. Mehr dazu im Bereich WASSER.

Bei der Auswahl des Baugrunds bzw. des Standorts eines Gebäudes ist es daher immer sinnvoll, auf möglichst repräsentative Wetterdaten zurückgreifen zu können, um ein aussagestarkes Klimaprofil für den Standort als Planungsgrundlage zu erhalten.

## 3.2 Der Baugrund, die Lage, der Standort

Der Baugrund muss ein Haus tragen können und frei von natürlichen und künstlichen Störungen sein. Wie in den Regeln der Baubiologie beschrieben (s. ERDE Kapitel 1), ist es schließlich der Untergrund, den wir bebauen und der dem Menschen entsprechen muss. Die Lage und der Standort bestimmen bereits erheblich über den Aufwand, der zu betreiben ist, an dieser Stelle ein Gebäude zu errichten. An diesem Punkt können schon schwerwiegende Fehler gemacht und die natürliche Ordnung massiv gestört werden, was auch dem Menschen schnell zum Schaden gereicht.

Mangelhafte Baugrundauswahl fordert oft den ersten haustechnischen Aufwand, der mitunter nicht ganz unerheblich ist. Beispiel Kanalanschluss: Besteht ein Kanalanschluss, ist dieser meist auch mit einem Anschlusszwang belegt, d. h., man muss sich an diesem Kanal anschließen, auch wenn sich die Rückstauebene oberhalb der Grundstückssohle befindet. In solchen Fällen ist hinsichtlich der Entwässerung nicht nur eine Rückstauklappe, sondern oft sogar noch eine Hebeanlage notwendig. Somit stehen schon die ersten Zusatzkosten zu Buche, noch bevor ein Stein auf den anderen gelegt ist. Das bedeutet nicht nur höhere Investitionskosten, sondern auch höhere Betriebskosten und vor allem Instandhaltungsaufwendungen.

Auch die Nichtbeachtung von aufsteigendem Wasser und winterlicher Verschattung durch Nadelbäume, die Nichtbeachtung natürlicher Windlasten und Windrichtungen sind Beispiele für ein fehlerhaftes Herangehen bei der Baugrundauswahl.

## 3.3 Wasser in der Umgebung (Hygrosphäre)

Oberflächengewässer sind als Standortfaktor seit jeher relevant, obgleich sich die Definition geändert hat. Es ist nicht mehr die primäre Wasserversorgung vor Ort maßgebend, da diese zwanghaft zentral strukturiert über ein ausgedehntes Versorgungssystem erfolgt, wobei sich vielerorts die Frage aufdrängt, wie lange dies noch aufrecht zu erhalten ist. Fraglos ist dies ein zentrales Thema der Baubiologie und insbesondere der Baubiologischen Haustechnik.

Das Mikroklima wird durch Oberflächengewässer maßgeblich bestimmt. Dabei ist auch die Topografie relevant, ob sich das Gewässer auf einem Plateau oder in einer Senke befindet. Die sogenannte Hochwassergefahr durch Oberflächengewässer, besonders bei Flüssen und Bächen, ist selbstverschuldet, da es an Ausgleichsflächen wie Auenwiesen u. Ä. fehlt. Aus diesem Grund ist die Bebauung einer solchen natürlichen Ausgleichsfläche baubiologisch abzulehnen.

Die Versiegelungen und Verdichtungen geraten immer näher an die Oberflächengewässer, sodass Überflutungen und Überschwemmungen die logische Konsequenz sind, welche extrem hohe Kosten verursachen, für die Allgemeinheit und die speziell Betroffenen. Hinzu kommen die Fehlplanungen einer kurzsichtigen kommunalen Infrastruktur, oft gespeist aus der Tatsache, dass öffentliche Entscheidungsträger in der Regel nicht persönlich haftbar sind, so wie ein privater Bauherr, der ausschließlich sein selbst verdientes Geld in den Ring wirft.

### 3.3.1 Grundwasser – als Informations- und Energieträger, Grundwasserschutz

Grundwasserschutz ist elementar und nicht nur Teil der natürlichen Ordnung im Kreislauf des Wassers auf unserem Planeten, sondern verlangt eine Entsiegelung ebenso wie eine nachhaltige Wasserwirtschaft bei Versiegelungsflächen. Das Niederschlagswasser ist über Rigolen, Sickerteiche u. Ä. dort in den Untergrund zu führen, wo es niederfällt, denn der Regen fällt nicht vom Himmel, um dem Befüllen von Kanalsystemen zu dienen. Dies stellt eine gleichfalls mutwillige wie auch massive Störung der natürlichen Ordnung dar.

Anstehendes Grundwasser am Baugrund ist individuell zu bewerten und entscheidet maßgeblich darüber, ob es sich bei diesem Baugrund um einen geeigneten Lebensraum handelt. Das betrifft einerseits die Feld-, Strömungs- und Strahlungswirkungen des Energieträgers Wasser, aber auch seine Inhaltsstoffe (Information) und den Aufwand, den das Wasser fordert, insbesondere wenn im Erdreich mit Keller gebaut werden soll.

Erste Anlaufstelle für Vorabinformationen über die Grundwassersituation ist die Untere Wasserbehörde der Stadt oder des Landkreises. Weitere, sehr konkrete Aufschlüsse bietet ein geologisches Gutachten des Grundstückes.

### 3.3.2 Wasser im Untergrund als Wärmequelle

Als Wärmequelle ist Grundwasser ein sehr zuverlässiger Partner und lässt sich durchaus naturverträglich nutzen, wenn man es nicht übertreibt. Ein ausgewogenes Verhältnis von Wärmeentzug und natürlicher Regeneration sowie ein sanftes Eingreifen in das Temperaturregime des Untergrunds sind für Mikroorganismen ebenso wie für die gesamte Fauna des Untergrunds von Vorteil. Die natürliche Ordnung darf nicht gestört werden, was auch die relevante VDI-Richtlinie 4640 zum Ausdruck bringt.

Diese Richtline steht für die gesamte „Thermische Nutzung des oberflächennahen Untergrunds", also auch für solegeführte Wärmequellenanlagen. Unabhängig von Zahlenwert, Grenz- und Referenzwerten muss das rechte Maß gefunden werden, um nicht mehr Energie dem Untergrund zu entziehen, als durch natürliche Regeneration nachgeführt wird. Diese Regel ist elementar für eine Baubiologische Haustechnik.

Der große Vorteil von Grundwasser als Wärmequelle ist, dass dieses Medium gleichzeitig auch Wärmeträger ist und somit die Wärme verfügbar macht. Der Wärmeinhalt ist ganzjährig nahezu konstant. Lediglich zwischen tiefstem Winter und höchstem Sommer kann es nennenswerte Abweichungen im oberflächennahen Bereich geben. Gemittelt beträgt die Grundwassertemperatur etwa 10 °C. Neben der Temperatur ist natürlich auch die anstehende bzw. verfügbare Menge relevant. Temperatur und Volumen geben die Wärmemenge an, die aus dem Untergrund entzogen werden kann.

### 3.3.3 Grundwasser-Brunnenanlage als Wärmequelle

Um Grundwasser als Wärmequelle zu nutzen, sind zwei Grundwasser-Brunnen notwendig. Ein Saugbrunnen, der das Grundwasser zur Wärmepumpe bringt, und ein Schluckbrunnen, der das um maximal 3 K entwärmte Grundwasser zeitgleich wieder in den Untergrund führt. Wichtig ist, dass das ausgeborgte Grundwasser genau wieder in dieselbe Grundwasserschicht gebracht wird, wo es entnommen wurde. Es ist darauf zu achten, dass die Schluckleistung des Schluckbrunnens ausreichend ist oder besser noch Reserven aufweist, um jederzeit eine direkte Einleitung in den Untergrund sicherzustellen.

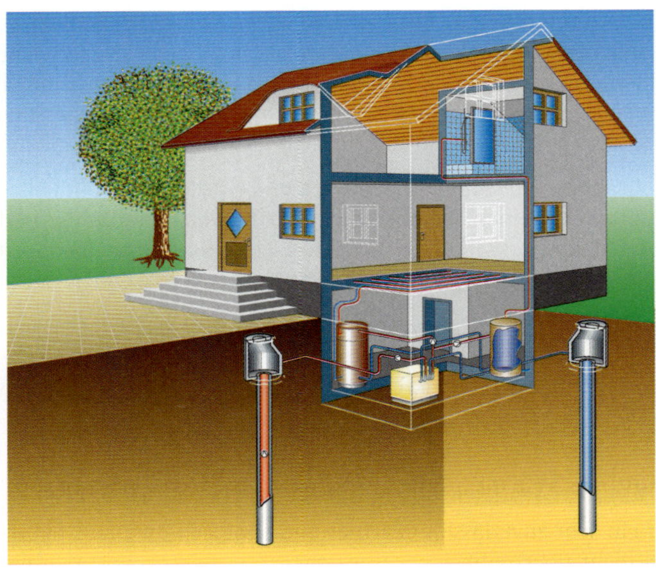

**Abb. E 3.1:** Grundwasser-Brunnenanlage als Wärmequellenanlage (Quelle: Bundesverband Wärmepumpe (BWP) e. V.)

### 3.3.4 Wasser und Feuchte, natürliche Feuchtequellen („drückendes Wasser")

Wo Wasser ansteht, steht auch Wasser/Wasserdampf an. Hohe Luftfeuchtigkeit lässt besonders in Niederungen und Flusstälern viel Nebel entstehen, der nicht zuletzt auch die Solareinwirkung beeinflusst. Bei einem ausgewogenen Grundwasserhaushalt ist der Untergrund immer erdfeucht. Offene Keller sind somit oft natürlichen Feuchtequellen aus dem Untergrund ausgesetzt. Diese Feuchte kann auch über kapillare Kräfte im Bauwerk in den Wohn- oder Nutzbereich eindringen. Also muss in einem solchen Fall unbedingt mit kapillarbrechenden Schichten gearbeitet werden. Letztendlich lässt sich aber auch ein Bauteil durch trockene Luft entfeuchten. In diesem Fall ist eine Nutzung der Umgebungsluft in einem naturfeuchten Keller (also ohne baulichen Mangel) als Wärmequellenanlage eine Möglichkeit, zwei Fliegen mit einer Klappe zu schlagen. Zum einen kann man beispielsweise mit einer Warmwasser-Wärmepumpe warmes Wasser generieren, andererseits erfolgt durch den Wärmeentzug aus der Umgebungsluft auch gleichzeitig (Carnot sei Dank) ein Entfeuchtungsprozess. Die Umgebungsluft wird entfeuchtet und kann somit wieder mehr Feuchte aus dem Bauteil aufnehmen. In alten denkmalgeschützten Häusern gibt es oft genug Situationen, wo eine solche Variante durchaus zielführend ist.

Ein unbeheizter Keller ist wie das gesamte Bauwerk vor Feuchte in Bauteilen (baulicher Feuchteschutz) zu schützen. Besonders das Lüftungsverhalten im Sommer lässt oft zu wünschen übrig. Vielfach wird im Sommer der Keller feuchter gelüftet als er schon ist. Ausschlaggebend für einen Luftwechsel kann nur die absolute Feuchte x sein. Also darf nur bei einem Delta-x gelüftet werden, wenn die Luft außen trockener ist und nicht, wenn sie feuchter ist.

### 3.3.5 Niederschlag und Niederschlagsgebiete

Der Niederschlag ist ein zentrales Element unserer Biosphäre und des Grundwasserhaushalts, also für die Bodenqualität und als Lebensgrundlage unentbehrlich. An dieser Stelle schließt sich der so wichtige Wasserkreislauf dieses Planeten. Obgleich als Niederschlag oft Regen begriffen wird, stellt er doch den größten Anteil dar, sind aber auch Schnee, Hagel, Graupel, Tau und Nebel zu den Niederschlägen zu zählen, auch wenn ihr Anteil gering ist.

Niederschlag hat eine reinigende Wirkung, oft verändern sich die Wetterlage, die Temperaturen, der Wind und der Luftdruck. Niederschläge sind also natürliche Frequenzen des Wechsels.

Die Störungen des natürlichen Wasserkreislaufs führen oft zu drastischen Folgen wie Hochwasser und Überschwemmungen. Die teuren Kanalsysteme und aufwändigen Rückhaltebecken entwickeln sich zu einem Teufelskreis. Eine unumstößliche Regel der Baubiologischen Haustechnik lautet: Regenwasser muss dezentral und ortsnah an Gebäuden oder versiegelten Freiflächen in den Untergrund geführt werden.

### 3.3.6 Versiegelungsflächen am Gebäude

Die größte Versiegelungsfläche auf dem Grundstück stellt die Grundfläche des Hauses sowie diverser Nebengebäude dar. Diese werden meist mit Dächern überbaut, deren Fläche aufgrund der Dachneigungen und Dachwinkel größer als die Grundfläche ist. Aber auch versiegelte Freiflächen wie Zugangswege, Hofeinfahrten und gebäudenahe Verkehrswege berauben in der Regel das Grundwasser um seinen Nachschub. Der Kreislauf wird gebrochen, fehlgeleitet und gestört! Und dies mit erheblichem Aufwand. Mehr dazu im Bereich WASSER.

### 3.3.7 Baubiologische Regenwasserbewirtschaftung

Die Baubiologische Regenwasserbewirtschaftung reduziert die Nutzung von Regenwasser als Betriebswasser auf das Notwendigste und sorgt vielmehr dafür, dass der größte Teil des Niederschlags in den Untergrund gelangt. Dafür stehen verschiedene Möglichkeiten der Versickerung zu Verfügung, worauf im Bereich WASSER ausführlich eingegangen wird. Dabei spielen auch die Dachbegrünung und anschließende Versickerung eine bedeutende Rolle, da sich durch den Substrataufbau einer Dachbegrünung auch eine Regenwasser-Rückhaltewirkung erzielen lässt. Dies erlaubt einen sehr einfachen und natürlichen Ausgleich von temporären Niederschlagsspitzen und schafft ein unbedingt notwendiges Gegengewicht zu den selbstverschuldeten Hochwässern und Überflutungen.

## 3.4 Die Lithosphäre des Baugrunds

Der Baugrund sollte ganz bewusst ausgewählt und auf seine Eignung geprüft werden. Materialien des Baugrunds können für den Hausbau verwendet werden. Ganz gleich, ob man mit Keller oder ohne Keller baut. Auch ein Erdkeller ist eine Option für ein Haus ohne Keller.

Befindet sich in den Erdschichten unter der Grasnarbe und der Humusschicht eine Lehmschicht, kann dieser Lehm in der Regel für den Hausbau verwendet werden. In welcher Form er sich verwenden lässt, kommt auf die Qualität des Lehms an, der zu untersuchen und zu prüfen ist. Wichtig ist auch die Frage nach der notwendigen Menge und der Verfügbarkeit, dem Aufwand der Aufbereitung und der konkreten Anwendung.

**Abb. E 3.2:** Geöffneter Baugrund bei der Verlegung eines Flächen-Erdwärmeabsorbers als Wärmequelle/Wärmesenke (Quelle: Frank Hartmann)

Möglichkeiten zur Verwendung des eigenen Grubenlehms sind nach entsprechender Eignungsprüfung: massive Bauteile, Ausfachungen, Unter- und Oberputze, Leichtlehm usw. Besonders in den heutigen Holz-Leichtbauweisen kann ein ausgewogenes Maß an Wärmedämmung und Wärmespeicherung nur durch zusätzliche Baustoffe der Wärmespeicherung erreicht werden. Lehmbaustoffe verfügen über hervorragende thermische Eigenschaften und ermöglichen, in einen Leichtbau dennoch Masse zu integrieren, welche im Innenraum Wärme speichern kann und die thermische Behaglichkeit des Innenraumklimas nachhaltig optimiert. Lehm ist selbst von Laien bearbeitbar, kann vollkommen wiederverwendet werden, hinterlässt keinen Bauschutt und ist zu 100 % kompostierbar.

Lehm ist ein natürlicher Baustoff, der gleichermaßen auf der ganzen Erde anzutreffen ist – oberflächennah – in allen Baukulturen der letzten Jahrtausende. Seine raumklimatischen Vorzüge werden seit jeher geschätzt. Man bedenke, wie viele Materialien und Arbeitsschritte für eine Trockenbauwand notwendig sind und dennoch hat man bestenfalls die Attrappe einer Wand. Eine Lehmwand hingegen ist rein handwerklich ohne Spezialwerkzeug aus natürlichen Rohstoffen aus der unmittelbarsten Umgebung herzustellen. Maximal Holz, Stroh oder Schilf sind dafür notwendig; alles davon wiederverwendbar, ohne ausufernde Recyclingprozesse.

**Abb. E 3.3:** Stampflehmwand (tragend) im Wohnraum als massives Bauteil zum Ausgleich der thermischen Ordnung im umbauten Raum (Quelle: Tom Baerwald)

Warum muss eine Bodenplatte aus Beton gegossen werden? Wie hervorragend eignet sich dagegen ein Lehmkeller zur Lebensmittellagerung: im Sommer kühler, im Winter wärmer als das Außenklima.

Auch Naturstein oder gebrannter Ziegel- oder Kalksandstein genügen sämtlichen statischen Anforderungen, lassen auf Holz weitgehend verzichten, benötigen aber allesamt Primärenergie.

### 3.4.1 Das Wärmeregime des Untergrunds

Im Jahreslauf herrschen ab einer Tiefe von 1,5 m sehr ausgeglichene Temperaturen im Vergleich zu den wechselnden Temperaturen der Oberfläche und der Außenluft.

Die Temperaturen im Untergrund verändern sich am deutlichsten in der Tiefe. Die Bodenqualität und das Material sowie wasserführende Schichten oder Grundwasseradern sind weniger ein Faktor. Ausschlaggebend sind die Sonneneinstrahlung und die Niederschläge über der Oberfläche als die beiden wesentlichen Faktoren des Wärmeeintrags in den Untergrund. Je nach Wärmespeicherkapazität des Untergrunds wird auf diese Weise der oberflächennahe Untergrund thermisch beladen. Durch Wind und Temperaturdifferenzen kühlt der Untergrund in den Nächten wieder aus. Besonders in den Wintermonaten gefriert die oberste Deckschicht, auch in Abhängigkeit seines Witterungsschutzes durch das Mikroklima. Die „Frostgrenze im Untergrund" ist damit auch ein wichtiger Standortfaktor. Sie kann zwischen 1,2 und 0,8 m betragen.

Der oberflächennahe Untergrund lädt sich in einer Tiefe von 1,5 m über den regenreichen Frühling und die Sommermonate thermisch auf und weist im Spätsommer stellenweise Temperaturen von bis zu 20 °C auf. Am Ende des Winters allerdings stellen sich die tiefsten Temperaturen bis nahezu 0 °C ein, aber noch deutlich über der Frostgrenze und deutlich höher als die Außenlufttemperatur im Winter.

Obgleich umgangssprachlich sehr allgemein von Erdwärme gesprochen wird, ist es wichtig, an dieser Stelle zu differenzieren. Die oberste Deckschicht oberhalb der Frostgrenze dient mehr als Wärmespeicher und weniger als Wärmespender, weshalb man treffender sagen kann, es handelt sich um eine Wärmespeichermasse im Erdreich. Erst in einer Tiefe von mehr als 15 m, unterhalb der neutralen Zone, ist es der stets aufsteigende geologische Wärmestrom aus dem Erdinneren, der für das nahezu konstante Temperaturniveau sorgt und man hier in der Tat von Erdwärme sprechen kann. Die oberste Deckschicht aber wird durch Sonneneinstrahlung und durch Niederschläge thermisch beladen (auch ein Grund, weshalb der Regen in den Untergrund geführt werden sollte und nicht in ein Kanalsystem). Mittels einer Wärmequellenanlage kann diese Wärme dem Untergrund entzogen werden.

### 3.4.2 Thermische Nutzung des oberflächennahen Untergrunds

Diese Temperaturen und entsprechenden Wärmemengen des oberflächennahen Untergrunds können für die Wärmeversorgung des Bauwerks genutzt werden. Eine wichtige und hilfreiche Orientierung als Planungsgrundlage ist die VDI-Richtlinie 4640 zur „Thermischen Nutzung des oberflächennahen Untergrunds". In dieser Richtlinie steht gleich zu Beginn sinngemäß, dass nur so viel Wärme dem Untergrund entzogen werden darf, wie im gleichen Zeitraum auch wieder an Wärme zugeführt werden kann.

Aus diesem Grund dürfen oberflächennahe Erdwärmequellenanlagen nicht überbaut werden, da sonst die natürliche Regeneration gestört und der Untergrund immer mehr auskühlen würde und freilich auch die Jahresarbeitszahl der Wärmepumpe in den Keller fiele. Das Resultat wäre eine ineffiziente Wärmebereitstellung auf Kosten der Natur. Dies ist in jedem Fall zu vermeiden und stets der baubiologische Grundsatz vor Augen zu führen, die natürliche Ordnung nicht zu stören (ebenso Konsens in der VDI-Richtlinie).

Zu unterscheiden sind im Wesentlichen zwei Arten der Erdwärmenutzung: Die *passive* Erdwärmenutzung verwendet lediglich die Wärme, welche im Rahmen einer natürlichen Wärmesenke zur Verfügung steht, ohne eine definierte Wärmemenge dem Untergrund zu entziehen, z. B. ein Erdwärmeübertrager für die Außenluftführung bei Lüftungssystemen, als Vorerwärmung im Winter und Ankühlung im Sommer.

Der *aktive* Wärmeentzug erfolgt als definierte Wärmeentzugsmenge (in einem Temperaturbereich von 5 bis 10 °C) für eine Wärmepumpe, die das Wärmeträgermedium und somit den Untergrund infolgedessen kühlt. Diese Art des Wärmeentzugs benötigt allerdings weitere Energie als Hilfsenergie, um die Erdwärme entsprechend unseren Anforderungen nutzbar zu machen. Für diesen Arbeitsprozess wird in der Regel Strom verwendet. Und dies in zweifacher Weise. Eine geringe Menge für die Zwangsumwälzung bzw. den Transport des Wärmeträgermediums der Solekreise und eine größere Menge für den Verdichter der Wärmepumpe, der Wärme von einem niedrigen Temperaturniveau auf ein unseren Anforderungen entsprechendes Temperaturniveau erarbeitet.

Aus dieser physikalischen Tatsache lässt sich ableiten, dass es sich bei einer Heizungswärmepumpe immer um eine Niedrigtemperaturanlage handelt und so sollte sie auch nur eingesetzt werden. Benötigt man in der Wärmenutzungsanlage höhere Temperaturen als 55 °C (aus welchen Gründen auch immer, vorwiegend für die Trink-Warmwasserbereitung), ergibt ein Verbrennungskessel zur Wärmeerzeugung oft deutlich mehr Sinn, der sich freilich auch bivalent als Ergänzung bzw. Spitzenlastkessel einsetzen lässt. Die Grundlast, gemäßigte und mittlere Heizlast würden dann mit hoher Effizienz mittels Wärmepumpe aus der Umweltwärme bereitgestellt werden. Sind Mittel- oder Hochtemperaturen gefordert, setzt dann die Bivalenz den zweiten Wärmeerzeuger in Betrieb. Im heutigen Wohnungsbau kann jedoch der gesamte Wohnwärmebedarf (Raumwärme und Trink-Warmwasser) mit einer erdgekoppelten Heizungswärmepumpe monovalent effizient und nachhaltig abgedeckt werden. Ideal passt dies mit Niedrigtemperatur-Flächenheizsystemen zusammen oder auch mit einer thermischen Bauteilaktivierung. Denn je geringer die zu überwindende Temperaturdifferenz ist, desto effizienter vermag das Aggregat seine Arbeit zu verrichten. Und diese Bauteile können durchaus auch aus dem Lehm der Baugrube bestehen. Damit ließe sich eine wunderbar natürliche Analogie von der Wärme aus dem Untergrund und der Wärme für den umbauten Raum darstellen, was als nicht nur sichtbares, sondern auch fühlbares Zitat für den natürlichen Kreislauf steht. Mehr dazu im Bereich WÄRME.

Die Anforderungen der heutigen Zeit verlangen zunehmend eine Systemintegration dezentral erzeugter Energie aus erneuerbaren Quellen, wie Photovoltaik, Kleinst-Windkraft, solare Kraft-Wärme-Kopplung oder gar Kraft-Wärme-Kopplung aus Biomasse, um den Bedarf an elektrischer Energie off-grid bereitzustellen. Umso wichtiger ist in diesem Zusammenhang das Zusammenspiel von Wärmequelle und Wärmenutzung. Ein ausgewogenes Maß an Wärmedämmung und Wärmespeicherung reduziert den Arbeitsaufwand zur Nutzung von Umweltwärme, da es dementsprechend leichter ist, die notwendige Arbeitsenergie dezentral bereitzustellen.

Aus diesem Grund ist auch die Wärmespeicherung von noch größerer Bedeutung, auch für die Bereitstellungstechnik. Im Gebäude bietet Wasser ein hervorragendes Medium, um Wärme über einen größeren Zeitraum zu speichern und entsprechend zeitversetzt bereitzustellen.

### 3.4.3 Erdwärme und Wärmequellenanlagen

Um Erdwärme aktiv nutzen zu können, ist eine Wärmequellenanlage notwendig. Dafür benötigt man in der Regel ein Wärmeträgermedium. Eine Wärmequellenanlage ist immer eine eigenständige Anlage, die den Anforderungen einer definierten Wärmeentzugsmenge entsprechend auszulegen ist. Grundlage hierfür ist:

a) das Wärmeregime im Untergrund, entsprechend der natürlichen Ordnung des Baugrunds,

b) der natürliche Wärmestrom bzw. die natürliche Regeneration,

c) die Wärmespeicherkapazität des Untergrunds,

d) wasserführende Schichten und Fließgeschwindigkeiten.

Grundsätzlich ist zu berücksichtigen, bei einer Wärmequellenanlage immer auch das Wärmesenkenpotenzial zu betrachten. Die Anlagentechnik ist nahezu dieselbe, nur eben mit umgekehrter Wärmestromrichtung.

All diese Faktoren bestimmen die potenziell wirksame Wärmeübertragungsleistung, welche natürlich auch von der Bauform des Wärmeübertragers abhängig ist (Luftgeschwindigkeit bzw. Massen-Volumenstrom, Oberfläche, Material usw.).

### 3.4.4 Luftgeführte Erdwärmequellenanlage

Um die Außenluft einer Lüftungsanlage oder die Luft einer Luft-Wasser-Wärmepumpe im Winter thermisch zu optimieren, kann ein Wärmeübertragungsrohr in den Untergrund eingebaut werden, welches je nach Wärmeübertragungsfläche (Umfang x Länge) der durchströmenden Luft erlaubt, sich an der Oberfläche im Inneren des Rohres zu erwärmen. Je größer die Temperaturdifferenz zwischen Außenlufttemperatur und Erdreichtemperatur, desto effektiver ist diese Art der Erdwärmenutzung. Auf diese Weise kann besonders die sehr kalte Winterluft ohne zusätzlichen Energiebedarf vorerwärmt werden und somit der Heizwärmebedarf zur Nacherwärmung der Außenluft bzw. Zuluft reduziert werden. Im Sommer realisiert dasselbe System mit derselben Funktionsweise eine genau entgegengesetzte Wirkung, allein durch die unterschiedlichen Temperaturverhältnisse. Dabei ist der einmalige Montageaufwand verhältnismäßig gering.

Die Auswahl des Wärmeübertragungsrohres muss hinsichtlich der Wiederverwertbarkeit und besonders bei nachgeschalteten Lüftungsanlagen wegen der Ausdünstungen kritisch erfolgen. Auf PVC sollte also auch in diesem Fall verzichtet werden. Die meisten Rohre hierfür sind aus PE-HD. Für eine Zuluftanlage mit einem Luftdurchsatz von 200 $m^3/h$ ist ein Wärmeübertragungsrohr mit einem Durchmesser von 200 mm und einer Länge von 40 m in der Regel schon ausreichend, um nicht nur einen Frostschutz sicherzustellen, sondern auch um den thermischen Wirkungsgrad deutlich zu erhöhen.

Bei luftgeführten Erdwärmeübertragern, welche vor Lüftungsgeräten geschaltet sind, muss darauf geachtet werden, dass sich kein Kondensat im Inneren des Rohres bildet. Dies lässt sich durch Vermeidung von Mulden sowie einem Gefälle von mindestens 2 % und einer sicheren Kondensatabfuhr gewährleisten. Wie in Abb. E 3.4 dargestellt, kann dies über eine direkte Versickerung ins Erdreich erfolgen. Wichtig ist aber, darauf zu achten, dass das Erdreich keine Schadstoffe (z. B. Radon) aufweist.

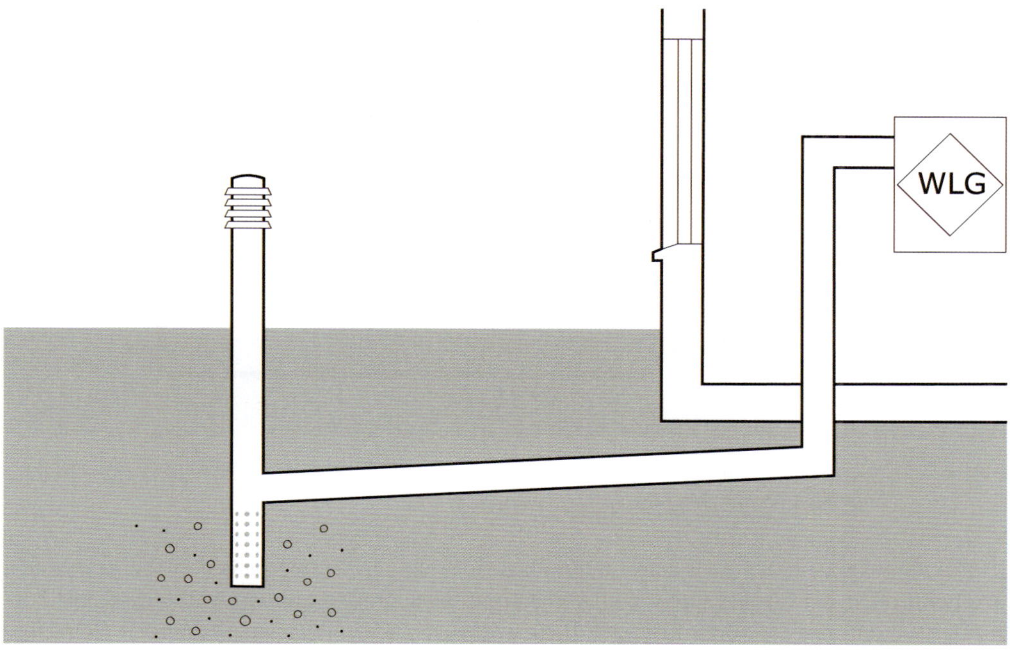


Abb. E 3.4: Luftgeführter Erdwärmetauscher zur Vorerwärmung (Winter) und Ankühlung (Sommer) der Außenluft (Quelle: Michael Römer/Solargrafik)

Natürlich kann auch unabhängig von einer Lüftungsanlage z. B. die Außenluft für eine Heizungs-Wärmepumpe über das Erdreich im Winter vorerwärmt werden; es ist immerhin ein Unterschied, ob die Luft mit –5 °C oder gar mit +5 °C an den Verdampfer geführt wird. Allein die Reduzierung von Vereisungen am Verdampfer steigert schon die Effizienz des Aggregats. Zu beachten ist aber, dass es sich dabei schnell um einen ganz anderen Massen-Volumenstrom handelt, der geführt werden will. Andererseits lässt sich die Luftführung deutlich einfacher ausbilden, da keine besonderen Anforderungen an die Luftqualität gestellt werden wie bei einer nachgeschalteten Lüftungsanlage für den hygienischen Luftwechsel in einem Innenraum.

### 3.4.5 Solegeführte Wärmequellenanlage

Analog zum luftgeführten Erdwärmeübertrager für die Außenlufttemperierung einer Lüftungsanlage ermöglicht ein solegeführter Erdwärmeübertrager als kleinste aktive Wärmequellenanlage eine ganzjährige Außenlufttemperierung ohne hygienische Risiken. Allerdings ist wegen des zwischengeschalteten Wärmeträgermediums in einem geschlossenen System (Solekreis) eine Zwangsumwälzung notwendig, die über eine Umwälzpumpe realisiert werden muss. Und diese benötigt elektrische Hilfsenergie. Die Wärmeübertragungsleistung der Sole ist jedoch deutlich größer, als es bei Luft der Fall ist. Der Sole-Luft-Wärmeübertrager für beispielsweise ein Lüftungsgerät befindet sich im Gebäude unmittelbar an bzw. vor dem Zuluftkanalsystem. Bei wassergeführten Systemen der Wärmebereitstellung erfolgt auch hier im Gebäude (Haustechnikraum) die Übergabe an die gebäudeinternen Systemkomponenten.

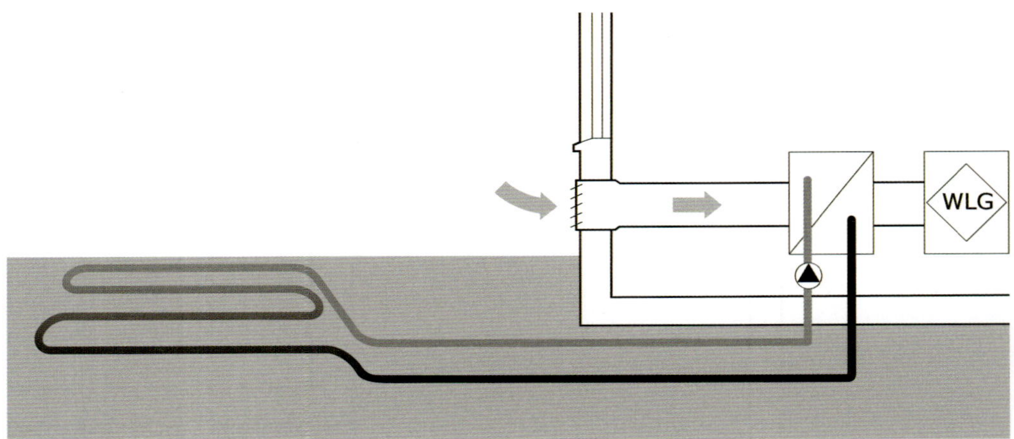


**Abb. E 3.5:** Solegeführter Erdwärmetauscher zur Vorerwärmung (Winter) und Ankühlung (Sommer) der Außenluft (Quelle: Michael Römer/Solargrafik)

Das Funktionsprinzip der oben dargestellten kleinsten aktiven Wärmequellenanlage ist dasselbe wie bei großen Erdwärmesonden, Erdwärmekörben oder großen Erdwärmeabsorbern mit Entzugsleistungen von mehreren Kilowatt. Diese wirken als Wärmequellenanlagen für Heizungswärmepumpen.

Zu den klassischen solegeführten Wärmequellenanlagen für Heizungswärmepumpen, die auch in der VDI 4640 ausführlich besprochen sind, gehören:

- Flächen-Erdwärmeabsorber (horizontal unterhalb der Frostgrenze in mehreren Solekreisen und definierten Rohrabständen (VA), bestehend aus PE-HD-Rohren),
- tiefe Erdwärmesonden (bis zu einer Bautiefe von 99 m und einem Durchmesser von etwa 400 mm, in der Regel als Doppel-U-Sonde, bestehend aus zwei Solekreisen, aus PE-HD-Rohren, zuzüglich diversen Sonderbauformen).

In den letzten Jahren haben sich noch weitere Wärmequellenanlagen etabliert, die dieselbe Funktion nach demselben Prinzip verfolgen:

- Erdwärme-Spiralsonden (bis ca. 2 m Bautiefe und einem Durchmesser von etwa 500 mm, bestehend aus PE-HD-Rohren),
- Erdwärme-Körbe (in verschiedenen Bauformen, in der Regel ähnlich wie Spiralsonde, jedoch deutlich breiter und mehr Rohrlängen, also auch Massen-Volumenströme, bestehend aus PE-HD-Rohren),
- Grabenabsorber (werden in verschiedenen Abweichungen von einem Flächenerdwärmeabsorber den baulichen Situationen des Baugrunds angepasst, bestehend aus PE-HD-Rohren).

Alle diese verschiedenen Bauarten haben gemeinsam, dass das Rohrleitungsmaterial in der Regel aus PE-HD besteht und die Auslegung und Dimensionierung nach VDI 4640 erfolgen muss, abhängig von den thermischen Eigenschaften des Untergrunds, der ebenso in der VDI-Richtlinie definiert ist. Die Werte zur Auslegung für die Wärmeentzugsleistungen in W/m² und W/lfdm sind als Mindestangaben zu betrachten (s. Abschn. 3.4.7 und 3.4.9). Je großzügiger die Auslegung erfolgt – und das ist ein Prinzip der baubiologischen Haustechnik –, desto geringer ist der Einfluss auf den Untergrund.

Interessant ist, dass durch das Wärmeträgermedium Sole eine direkte Verwandtschaft zur solarthermischen Anlagentechnik besteht, denn nichts anderes befindet sich in einem Solarkreis. Ein solarthermisches Kollektorfeld auf dem Dach entspricht einem Absorber, der die Strahlung der Sonne als thermische Energie aufnimmt, genauso wie ein Erdwärmeabsorber die Umgebungswärme aus dem Untergrund aufnimmt (absorbiert) und wie die solare Wärmequellenanlage die thermische Energie an das Wärmeträgermedium abgibt, um damit an die Wärmebereitstellungstechnik geführt zu werden. Lediglich der Frostschutzgrad ist ein höherer, da das Kollektorfeld im Winter der direkten Außenluft und dem Frost ausgesetzt ist.

Der gravierende Unterschied allerdings ist die Temperatur und die Verfügbarkeit. Während Solarwärme sehr hohe Temperaturen aufweist, sind die Temperaturen im Erdreich doch sehr niedrig, dafür aber sehr konstant, Tag und Nacht, Sommer wie Winter, was man von der solaren Wärme nun nicht behaupten kann. In diesem deutlichen Unterschied liegt aber schon die Basis für eine kongeniale Synergie in der gegenseitigen Optimierung. Beispielsweise können auf eine sanfte Art und Weise solare Überschüsse im Sommer zur Unterstützung der natürlichen Regeneration genutzt werden. Bei entsprechenden Materialien im Untergrund, z. B. Sand- oder Muschelkalkstein, kann sogar eine Wärmespeicherung und damit eine Saisonalspeicherung erfolgen. In jedem Fall aber lässt sich die natürliche Regeneration unterstützen, was zu einem konstanten mittel- und langfristig leicht erhöhten Temperaturregime im Untergrund führt und etwaige Absenkungen ausgleicht.

Dem Wärmeträgermedium Sole ist im Bereich WASSER ein eigener Abschnitt gewidmet (siehe Kapitel 2), welcher auch die Umweltaspekte behandelt.

### 3.4.6 Solarthermischer Frostschutz im Untergrund

Es sei an dieser Stelle noch auf die Möglichkeit hingewiesen, den Untergrund besonders im Frühling mit solarthermischen Anlagen für den Frucht- oder Gemüseanbau thermisch zu optimieren. Auf diese Weise lassen sich die „Eisheiligen" dergestalt mindern, dass man schon zu Beginn des Frühlings die Frühsaat ausbringen kann, ohne Gefahr zu laufen, dass die zarten Keime durch einen Frühsommerfrost zugrunde gehen.

Gerade hinsichtlich einer zunehmend angestrebten Selbstversorgung kann auf diese Weise – wenn ohnehin eine solare Wärmequellenanlage vorhanden ist – ein natürliches Synergiepotenzial für den Menschen nachhaltig genutzt werden. Es muss an dieser Stelle nicht noch einmal darauf hingewiesen werden, dass dies in einem natürlichen Ausmaß zu geschehen hat. Der genutzte Bereich ist deutlich als ein solcher festzulegen und zu behandeln.

Im Folgenden sollen aber nun die wichtigsten erdgekoppelten Wärmequellenanlagen vorgestellt werden, wie sie auch der klassischen Anwendung für Wärmepumpen entsprechen. Zu berücksichtigen ist an dieser Stelle, dass das Einbringen und Installieren zwar vom Haustechniker ausgeführt wird bzw. dieser zu Eigenleistungen (bei einfachen Erdwärmeabsorbern) anleitet, aber all dies in

Zusammenarbeit mit einem Erdbauunternehmen stattfinden muss. Entsprechende Geräte und Maschinen sind also notwendig. Aus vielerlei Gründen bietet es sich an, die erdgekoppelte Wärmequellenanlage schon zu Beginn der Baumaßnahme herzustellen. Ohnehin sind in der Regel die dafür benötigten Maschinen und Geräte für den Erdaushub oder zumindest für das Abnehmen der Grasnarbe auf dem Baugrund vorhanden. Zu einem späteren Zeitpunkt stellen sich die Arbeiten recht kompliziert dar, zumal das Grundstück durch die Bauarbeiten vielfach belegt ist, gar kann es zu Verzögerungen im Bauablauf kommen, wenn im Haus schon alles fertig ist, aber die fehlende Wärmequellenanlage einer Inbetriebnahme im Weg steht.

### 3.4.7 Flächen-Erdwärmeabsorber

Solegeführte Wärmequellenanlagen werden in der Regel in Abhängigkeit ihrer Größe in mehreren Solekreisen ausgeführt. Das ist bei einem Flächen-Erdwärmeabsorber, dem Klassiker an Einfachheit und Funktion, besonders ausgeprägt. Leider wird aber die notwendige Fläche gern unterschätzt. Die Dimensionierung der Rohrstärken liegt bei mind. DA 20 (20 mm) und DA 32 (32 mm). In der Regel wird als Durchmesser DA 25 gewählt, er verfügt über eine ausreichende Volumenaufnahme bei noch relativ dünner Wandung (Wärmeübertragung), die auch eine gute Einbringung erlaubt. Größere Durchmesser werden hier sehr schnell unhandlich. Für die Ausführung, d. h. das Einbringen der Absorberrohre, ist ein Sonnentag hervorragend geeignet, da sich das PE-HD-Rohr im warmen Zustand besser verarbeiten lässt, als wenn es kalt und steif ist.

Natürlich muss bei der Verlegung auf eine horizontale und gleichmäßig flächige Ausführung geachtet werden. Erhebungen von Rohrstrecken sind zu fixieren, am besten mit Aushubmaterial. Rohrverbindungen sollten im unzugänglichen Untergrund vermieden werden. Das PE-HD-Rohr ist als Rollenware (100 lfdm, 200 lfdm usw.) verfügbar und wird im Grunde wie eine Fußbodenheizung auf dem freigelegten Boden unterhalb der Frostgrenze verlegt. Das verlangt relativ große Baugrundstücke und kommt daher eher auf dem Land vor.

Der Untergrund sollte eben und bei grobkörnigem Material eingesandet sein, um eine vollkommene Umschließung der Rohrlängen mit wärmeleitenden Erdmaterialien zu erreichen. Lufteinschlüsse, durch Lehm- oder Steinbrocken, müssen unbedingt verhindert werden. Diese wirken auf die Wärmeübertragung hemmend. Bei einer optimalen Dimensionierung der Wärmequellenanlage treten keine Störungen im Untergrund auf und die Oberfläche lässt sich normal bepflanzen. Auch Sträucher und Bäume können wachsen. Die Leitungsführung der Absorberrohre ist dementsprechend anzupassen und kann flexibel erfolgen.

Die gesamte Fläche eines Erdwärmeabsorbers darf nicht überbaut werden. Die Fläche muss ausreichend Sonnenstrahlung und Niederschläge abbekommen und sollte auch windgeschützt sein. Wichtig ist, auf einen gleichmäßigen Verlegeabstand (VA) der Rohrleitungen zu achten. Dieser ist in Abhängigkeit der Rohrdimensionierung festzulegen. Bei einem PE-HD-Rohr DA 25 sollte der Verlegeabstand mindestens 500 mm betragen, besser 600 mm.

Der Absorber an sich sollte so wenig wie möglich hydraulische Widerstände aufweisen. Die schneckenförmige Ausbildung ist daher der Ausbildung in Mäandern vorzuziehen. Zum einen erfolgt eine gleichmäßigere Wärmeübertragung auf der gesamten Fläche und zum anderen weist die Schneckenführung geringere hydraulische Widerstände auf, was die Leistung der Umwälzpumpe und somit die notwendige Hilfsenergie reduziert.

**Tabelle E 3.1:** Wärmeentzugsleistung von Flächen-Erdwärmeabsorbern nach VDI 4640

| | Spezifische Entzugsleistung nach Betriebsstunden | |
|---|---|---|
| Untergrund | 1800 h | 2400 h |
| Trockener, nicht bindiger Boden | 10 W/m² | 8 W/m² |
| Bindiger Boden, feucht | 20 bis 30 W/m² | 16 bis 24 W/m² |
| Wassergesättigter Sand / Kies | 40 W/m² | 32 W/m² |

Bei bestehenden Gärten mit Baumbewuchs, Streuobstwiesen usw. verzichtet man auf eine großflächige Abtragung des Untergrunds und es können stattdessen Gräben gezogen werden. Bei einer Grabenbreite von ca. 800 mm kann auf einer Grabenlänge von 50 m dann 100 m Absorberrohr in den Untergrund eingebracht werden (Solevorlauf linkes Eck, Solerücklauf rechtes Eck). Am Ende des Grabens erfolgt eine 180°-Führung. Wichtig sind das Einsanden und Verdichten, besonders bei Gräben, um ein Absenken des Überbaus zu vermeiden.

Ein einzelner Solekreis sollte nicht viel länger als 100 m sein, auf Verbindungsstücke ist zu verzichten. Die einzigen lösbaren Verbindungen erfolgen am Soleverteiler, der jederzeit zu Revisionszwecken zugänglich ist.

Sämtliche Solekreise werden an den Soleverteiler geführt. Bei einer gleichmäßigen Solekreislänge kann auf einen hydraulischen Abgleich in der Regel verzichtet werden. Bei unterschiedlichen Längen sollte der Volumenstrom der einzelnen Solekreise angepasst werden. Dementsprechend ist dann der Soleverteiler mit Feineinstellungen auszustatten. Des Weiteren sollte ein Soleverteiler immer auch Spül- und Entlüftungseinrichtungen aufweisen, da nur ein luftfreier Solekreis die Wärme aus dem Untergrund optimal übertragen kann. Um dies sicherzustellen, ist eine fachgerechte Spülung unvermeidbar.

Der Soleverteiler befindet sich an einer zentralen Stelle unweit des Gebäudes, z. B. in einem Betonringschacht. Er lässt sich auch mittels eines Lichtschachtes an einer Kelleraußenwand unterbringen.

Aber auch eine oberirdische Positionierung ist möglich, wenn der Soleverteiler mitsamt seinen Rohranschlüssen umfassend geschützt, wärmegedämmt und revisionierbar ist. Natürlich kann ein Soleverteiler auch baukonstruktiv integriert werden.

### 3.4.8 Erweiterungsoptionen und Kombination mit Versickerungswasser

Wie oben schon erläutert, sind das Material im Untergrund sowie die natürliche Regeneration entscheidend. Diese beiden Komponenten lassen sich auch durchaus optimieren. Eine synergetische Möglichkeit ist die Kombination mit einer Regenwasser-Versickerung. Durch eine konzentrierte Zufuhr von Regenwasser im Sommer kann der Wärmeeintrag optimiert werden. Je nach Rigolen-Material wird der Wasserdurchsatz zeitlich reguliert. Wichtig ist dabei, eine Frostgefahr von anstehendem Wasser zu vermeiden.

Das ist natürlich auch von der Frostgrenze abhängig. Beispielsweise könnte über einer Lage Absorberrohr eine Glasschaumschotter-Packung positioniert werden, die in ein Geovlies eingepackt wird. Somit wird das Regenwasser an dieser Stelle gebündelt und flächig zur Versickerung verteilt. Das darunterliegende Material sollte eine weitere wasserdurchlässige Schicht mit einer etwas minderen Güte aufweisen, um einerseits eine sichere Versickerung durch den Glasschaumschotter und andererseits eine Vorhaltung durch die wasserspeichernde Materialschicht im frostfreien Bereich zu ermöglichen, bevor der Mutterboden, lehmiger Sand oder fetter Lehm die Absorberrohre umgibt. Auf diese Weise kann auch für den Winter bei trockenem Glasschaumschotter eine erhöhte Wärmeschutzdecke bewirkt werden.

Auch diese Möglichkeiten sind mit Erdarbeiten verbunden und können sehr gut miteinander kombiniert werden. Grundsätzlich ist es ohnehin wichtig (wie im Bereich WASSER noch zu sehen sein wird), auf einen ausgeglichenen Wasserhaushalt im Baugrund zu achten. Das geschieht am einfachsten, wenn wenige Freiflächen versiegelt werden und das Regenwasser von den versiegelten Flächen, vor allem den Dachflächen, direkt in den Untergrund gelangt.

### 3.4.9 Tiefe Erdwärmesonden

Während oberflächennahe Systeme, wie der Flächen-Erdwärmeabsorber, Erdwärmekörbe oder Spiralsonden (bis 2 m), genehmigungsfrei sind, ist für das Bohren in den Untergrund für tiefe Erdwärmesonden ein Genehmigungsverfahren notwendig. Dies ist auch gut so, da es verschiedene Umweltaspekte zu berücksichtigen gilt, die darüber entscheiden, ob der natürliche Haushalt des Untergrunds gestört wird und in welcher Dimension. In jedem Fall ist aber eine Bohrung in den Untergrund und auch in die Gebirge des Untergrunds bei entsprechenden Tiefen von mehreren Dutzend Metern ein ungleich größerer Eingriff in die Natur als die oberflächennahe Erdwärmenutzung. Natürlich können diese Wärmequellenanlagen sehr sinnvoll sein, die Umweltverträglichkeit ist aber immer projektbezogen hinsichtlich des anstehenden Untergrunds zu prüfen. Ein massives Gebirge kann natürlich eine hohe Wärmespeicherkapazität aufweisen. Homogene Schichten sind grundsätzlich unproblematischer als mehrere Schichten, welche durchteuft werden. Die leistungsbezogene Absehbarkeit der Wärmequelle ist ebenfalls größer.

Tiefe Erdwärmesonden benötigen eine weitaus geringere Fläche zur Einbringung in den Untergrund und sie können überbaut werden, da die natürliche Regeneration vorwiegend über den geothermischen Wärmestrom aus dem Erdinneren erfolgt. Sie zeichnen sich potentiell durch eine höhere Effizienz aufgrund einer im Jahresmittel konstanteren und höheren Wärmequellentemperatur aus.

Unterhalb der neutralen Zone, also ab etwa 15 m Tiefe, herrschen annähernd konstant etwa 10 °C. Davon profitiert natürlich auch die Erdwärmesonde, deren tiefste mittlere Jahrestemperatur mit 5 °C definiert ist, während die eines Flächen-Erdwärmeabsorbers bei 0 °C liegt.

Erdwärmesonden sind vor allem eine Option, wenn die verfügbare Fläche für einen Flächen-Erdwärmeabsorber zu gering ist. Grundsätzlich gilt, dass jedes Wärmepumpenaggregat nur so gut arbeiten kann, wie es die vorgeschaltete Wärmequellenanlage erlaubt. Also wäre es völlig kontraproduktiv, bei den Wärmequellenanlagen zu knausern. Die Jahres-Arbeitszahl wird es danken. Oft werden Flächen-Erdwärmeabsorber auf Gedeih und Verderb eingebaut, obgleich das Grundstück nicht groß genug ist. Damit kann die Soletemperatur sogar unter 0 °C fallen, was für eine gewisse Zeit zu verschmerzen sein wird, aber auf Dauer nur die schlechte Ausführung einer guten Idee darstellt.

Durch unterdimensionierte Wärmequellenanlagen kann der Untergrund auskühlen und das natürliche Wärmeregime gestört werden. Dies hat dann freilich auch Auswirkungen auf das Grundwasser und die Vegetation. Im schlimmsten Fall bilden sich Eisplatten bei der Verschmelzung von Eisringen im Untergrund. Bei einer Erdwärmesonde kann ein Eiszapfen entstehen, der im Extremfall gar den dauerhaften Totalausfall der Wärmequellenanlage bedeutet.

Die Auslegungshinweise der VDI-Richtlinie bilden die Basis der Entwurfsplanung. Im Rahmen des Genehmigungsverfahrens ist eine Detail- und Ausführungsplanung notwendig, welche die anstehenden Verhältnisse zu berücksichtigen hat. Dementsprechend erfolgt die Dimensionierung der Erdwärmesondenanlage zuzüglich eines zu empfehlenden Zuschlags. Die Genehmigungsbehörde gibt auch Auskunft über die erlaubte Bohrtiefe, die u. a. von den wasserführenden Schichten abhängig ist. Der Kurzschluss einer wasserführenden Schicht ist unbedingt zu vermeiden.

**Tabelle E 3.2:** Wärmeentzugsleistung von tiefen Erdwärmesonden nach VDI 4640

| | Spezifische Entzugsleistung nach Betriebsstunden | |
|---|---|---|
| Untergrund | 1800 h | 2400 h |
| Schlechter Untergrund, trockenes Sediment | 25 W/m | 20 W/m |
| Normaler Festgesteinsuntergrund und wassergesättigtes Sediment | 60 W/m | 50 W/m |
| Festgestein mit hoher Wärmeleitfähigkeit | 84 W/m | 70 W/m |

## 3.4.10 Sole-Sammelleitungen und Hausanschluss

Vom Soleverteiler aus werden zwei Sole-Sammelleitungen direkt in das Gebäude zur Wärmepumpe geführt. Es handelt sich dabei um einen Sole-Vorlauf (aus dem Untergrund zur Wärmepumpe) und einen Sole-Rücklauf (von der Wärmepumpe wieder in den Untergrund). Diese Leitungen bestehen ebenfalls aus PE-HD-Rohr und sollten mindestens zwei Dimensionen größer sein als die Solekreise. Der Abstand der beiden Leitungen voneinander sollte mindestens 800 mm betragen.

Die Leitungen können in einem Graben verlegt werden und müssen ebenso mit Erdreich umschlossenen werden wie die Absorberrohre. Die Wegstrecke sollte so kurz wie möglich sein, besonders innerhalb des Gebäudes. Die Mauerdurchführung ist im Erdreich gegen drückendes Wasser zu sichern und dicht zu verschließen. Eine entsprechende Wärmedämmung ist zu erwägen, um die Ausbildung einer Wärmebrücke im Bauteil um die Sole-Hauseinführung zu vermeiden. Es wäre fatal, den Soleverteiler im Inneren des Gebäudes zu platzieren. Denn dies würde bedeuten, jeden einzelnen Solekreis durch eine Außenwand führen zu müssen und das können dann schnell zehn oder mehr Leitungen sein, was allein schon hinsichtlich der Abdichtungen einen wesentlich höheren Aufwand bedeutet. Auch sollten die beiden Sole-Anschlussleitungen nicht länger als notwendig durch das Innere des Gebäudes geführt werden. In jedem Fall sind die Soleleitungen mit einer umfassenden, diffusionsdichten Wärme- bzw. Kältedämmung auszustatten. Unmittelbar am Aufstellort der Wärmepumpe befindet sich die Anlagenhydraulik der solegeführten Wärmequellenanlage. Diese besteht aus folgenden Komponenten:

- Sole-Umwälzpumpe mit Rückschlagklappe und Absperreinrichtung mit der entsprechenden Förderleistung (230 V/50 Hz),
- Membran-Druckausdehnungsgefäß (MAG), dessen Membran soletauglich sein muss, mit einem entsprechenden Inhalt je nach Gesamtvolumen der Anlage und einem Vordruck von 1,5 bar, einschließlich Kappenventil und Plombieröse,
- Membran-Sicherheitsventil mit einem Ansprechdruck von 2,5 oder 3,0 bar, einschließlich Ablassleitung in einen Auffangbehälter,
- Temperaturanzeigen jeweils im Vor- und Rücklauf (Skala von –10 bis 40 °C) als Zeiger-Einsteckthermometer,
- Spül-, Füll- und Entleereinrichtung, einschließlich Schlauchanschlüssen,
- Mikro-Luftblasenabscheider, um Luftblasenbildungen im Solekreis zu verhindern.

Zu empfehlen ist durchaus auch der Einbau einer Wärmemengenzähleinheit, um den tatsächlichen Wärmeentzug der Wärmequellenanlage überprüfen bzw. dokumentieren zu können.

### 3.4.11 Passive Wärmequellenanlagen – passive Kühlung

Eine erdgekoppelte Wärmequellenanlage kann in der Regel auch als Wärmesenke in reversibler (umgekehrter) Funktionsweise betrieben werden. Ohne Wärmepumpenaggregat handelt es sich dabei um eine passive Kühlung, mit der Wärmepumpe um eine aktive Kühlung.

Wichtig für die passive Kühlung ist eine entsprechende Wärmesenke in Abhängigkeit des zu kühlenden Raums. Optimal eignen sich dafür Flächentemperierungssysteme, die niedrig temperiertes Wasser befördern, um die Wärme aus dem Raum über die Bauteilflächen aufnehmen zu können bzw. die Oberflächentemperaturen im umbauten Raum zu reduzieren. Dies darf natürlich nicht zu einer Taupunktunterschreitung führen und verlangt einen Taupunktfühler, der über die Steuerungseinheit die Kühlfunktion bei Bedarf unterbricht. Die Wand-, Decken- oder Fußbodentemperierung dient als Wärmequelle, welche über einen Bypass direkt mit der eigentlichen Wärmequellenanlage gekoppelt ist und als „Wärmenutzungsanlage“ (Wärmesenke) fungiert.

Im Sommer wird die Wärme aus dem Wohnraum durch das Wärmeübertragungssystem, welches eigentlich für die Wärmeübertragung an den Raum zuständig ist, aufgenommen und an das deutlich kühlere Erdreich im Untergrund abgegeben. Dafür ist lediglich der Betrieb der Sole-Umwälzpumpe und der entsprechenden Heizkreispumpe erforderlich. Als zusätzliche Komponente in der Anlagenhydraulik ist ein weiterer Platten-Wärmeübertrager notwendig, der die Systemtrennung herstellt und den Wärmeübergang auf den Solekreis realisiert.

Würde man die Wärmepumpe in diesen Prozess mit einschalten (aktive Kühlung), müsste diese reversibel betrieben werden, und aus dem Verdampfer würde der Verflüssiger und aus dem Verflüssiger der Verdampfer werden. Dies entspräche allerdings in der Tat einer Kälteanlage im klassischen Sinne und wird im Wohnungsbau kaum benötigt, wenn man die Grundregeln des sommerlichen Hitzeschutzes beachtet hat. Es stellt sich die Frage, ob auch der zusätzliche Aufwand (Plattenwärmetauscher und Hydraulik-Bypass) zur passiven Kühlung (ca. 2500 Euro Mehrkosten) notwendig und verhältnismäßig ist.

Die passive Kühlung bietet sich – wenn gewünscht – in den heißen Sommerwochen an. Sie trägt durchaus zur thermischen Ordnung im umbauten Raum bei, was einen Zugewinn an thermischer Behaglichkeit bedeutet. Bei dieser Gelegenheit würde die natürliche Regeneration des Untergrunds nachhaltig unterstützt werden.

Hinweis: Bei einer passiven Kühlung muss die Bauart der Wärmequellenanlage den gesamten Sommer über eine notwendige Wärmesenke gewährleisten. Das ist bei oberflächennahen Flächen-Erdwärmeabsorbern nicht immer der Fall, da sich dieser Bereich des Untergrunds gerade im Hochsommer auf einem entsprechend hohen Temperaturniveau befinden kann. Eine Erdwärmesonde ist da die sichere Variante.

Grundsätzlich lässt sich auch eine oberflächennahe Wärmequellenanlage derart ausbilden, dass sie die Anforderungen an eine Wärmesenke zur passiven Kühlung zuverlässig erfüllt. Dies kann z. B. geschehen, wenn auch im Sommer Wärmeentzug für die Trink-Warmwasserbereitung stattfindet oder eine wasserführende Schicht im Bereich der Absorberrohre die eingebrachte Wärme zeitnah „mitnimmt" bzw. abführt.

## 3.5 Solare Bauteiltemperierung

Die hervorragenden thermischen Eigenschaften von Lehm, wie er auf vielen Baugründen anzutreffen oder durch eine zielorientierte Aufbereitung vor Ort herzustellen ist, lassen ihm – wie bereits beschrieben – eine sehr konkrete Rolle zukommen, nämlich als Solarspeicher im umbauten Raum.

Die solarthermische Anlagentechnik sieht sich in der konventionellen Anwendung dem Problem gegenüber, dass sie innerhalb der Heizperiode ein großes Maß an solaren Erträgen nicht nutzen kann, weil der Solar-Pufferspeicher schon durch den bivalenten Wärmeerzeuger (Nacherwärmer) hochtemperiert ist. Schließlich besteht ja ein regelmäßiger Wärmebedarf zur Trinkwassererwärmung, unabhängig vom Heizwärmebedarf, für den bei einem entsprechenden Niedrigtemperatursystem (siehe Bereich WÄRME) deutlich niedrigere Temperaturen ausreichen würden. Dieses Problem begegnet dem Autor in seiner beruflichen Praxis sehr oft.

Eine Wärmesenke würde Abhilfe leisten, die aber der Solar-Pufferspeicher – wie oben angeführt – selten zur Verfügung stellt. Trotz innovativer Speicherbe- und -entladestrategien, insbesondere Schichtladespeicher u. Ä., bleibt Winter für Winter solare Wärme ungenutzt auf dem Dach liegen. Die Lösung liegt darin, über den gewohnten Tellerrand hinweg zu sehen und sich auf die Suche nach einer Wärmesenke zu machen, die völlig unabhängig vom Pufferspeicher ist, aber dennoch zur Abdeckung des Heizwärmebedarfs nennenswert beiträgt, also im Sinne der thermischen Ordnung im umbauten Raum wirken kann.

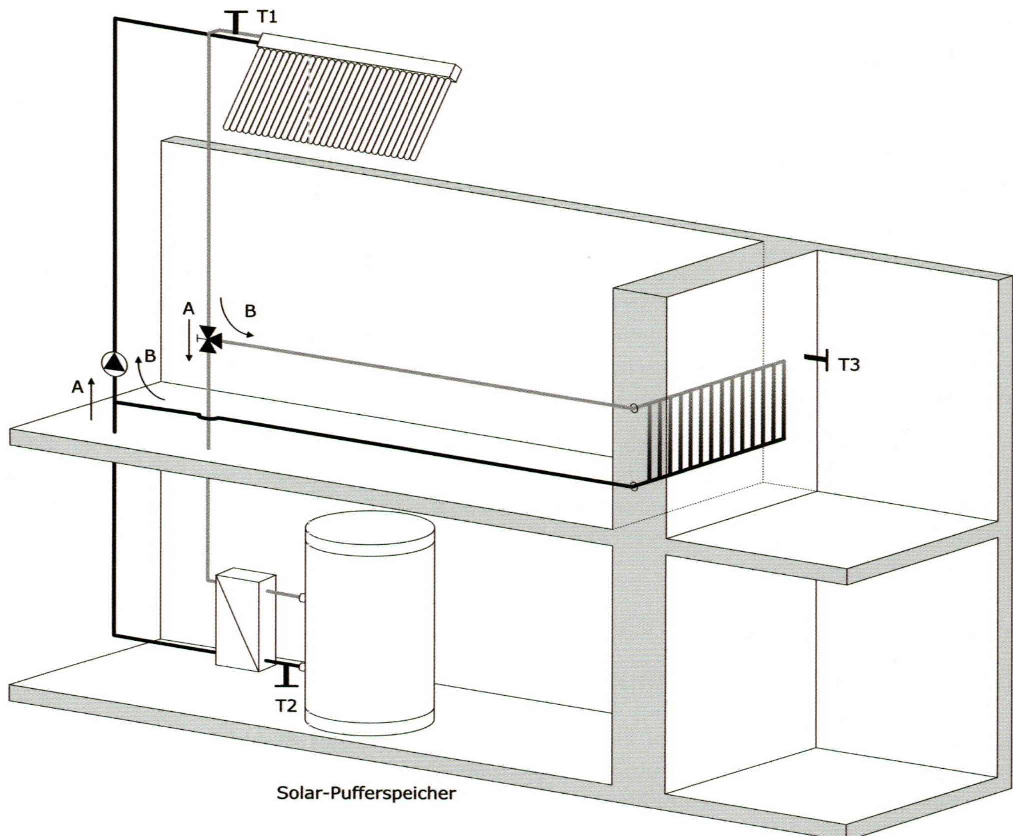


**Abb. E 3.6:** Funktionsprinzip der solaren Bauteiltemperierung nach Frank Hartmann (Quelle: Michael Römer/Solargrafik)

Nach einigen praktischen Untersuchungen kam der Autor auf die Idee, im Kern einer massiven Innenwand Langzeittemperaturmessungen durchzuführen und stellte fest, dass selbst bei einer mittleren Raumtemperatur von 20 °C im Kern der Innenwand eine deutlich geringere Temperatur von 16 bis 18 °C bestand. Das ist natürlich im Verhältnis zu einer anstehenden Kollektortemperatur von 40 °C, die in der Heizperiode keine Seltenheit ist, eine durchaus brauchbare Wärmesenke. Daraufhin erfolgten Versuche mit eigens hergestellten mobilen Bauteilen aus Massivlehm, mit integrierten Wärmeübertragern in den verschiedensten Bauformen, meist aus Kupfer oder Edelstahl (in der Regel aus dem Material, aus dem auch die Solarleitungen bestehen, nämlich Kupfer).

Einige solche Lehmheizkörper stellte der Autor im Sinne einer baubiologischen Wertschöpfungskette auch aus Baugrubenlehm her und verwendete unterschiedliche Zuschläge und Schichtstärken, um weitere Untersuchungen hinsichtlich der Phasenverschiebung anzustellen. Ziel dieser Untersuchungen war und ist es, die Dauer der „Auskühlung" dieser im Zentrum thermisch beladenen Wärmekörper zu beeinflussen. Diese Strategie ermöglichte es, die solare Wärme tagsüber in den Kern des Bauteils einzuspeisen, während beispielsweise in der sogenannten Übergangszeit gar kein Wärmebedarf besteht. Anders als am späten Nachmittag, wenn es schnell schattig wird, weil die Tage schon deutlich kürzer werden und die Sonne niedrig steht.

Hydraulisch fehlerfrei und regelungstechnisch auf den Punkt gebracht könnten auch während der gesamten Heizperiode solare Wärmegewinne eingefahren werden. Die solarthermische Beladung eines Lehmkörpers im Wohnraum funktioniert regelungstechnisch wie eine konventionelle Zwei-Speicher-Anlage. Sie besitzt in mehr als 90 % aller Solarregler den Status einer Standardeinstellung. Auch hydraulisch wird der solare Wärmekörper ganz konventionell angeschlossen, wie ein Speicher oder Wärmeübertrager. Die Wärmeübertragungsleistung ist nach den physikalischen Gesetzen klar definiert und steht in Abhängigkeit von der Bauform des Wärmeübertragers.

Der solare Lehmkörper allein ist natürlich auch ein Wärmespeicher, der allerdings keinerlei Wärmedämmung benötigt, sondern dessen Oberfläche individuell gestaltet werden kann und dessen gesamter Wärmeverlust direkt dem Wohnraum thermisch zugutekommt.

Die Positionierung eines solaren Bauteils sollte möglichst an einer Stelle erfolgen, wo wenig passive Solarstrahlung eintrifft und im Raum gegen Norden ausgerichtet sein. Bevorzugt in einem Bereich, wo das allgemeine Wohnen stattfindet und eine entsprechende thermische Behaglichkeit angesagt ist.

Zum Tragen kommen die thermischen Eigenschaften des Baustoffes, der Schichtenaufbau und nicht zuletzt die Bauart des integrierten Wärmeübertragers. Die Heizgrenztemperatur spielt dann keine Rolle mehr für das Einschalten der Heizungsanlage, sondern dieser thermische Prozess läuft dynamisch zwischen Sommer und Winter und Winter und Sommer. Im Hochsommer freilich bleibt der Lehmkörper kühl.

Sinnvollerweise beginnt die solare Bauteiltemperierung eben nicht erst bei Unterschreiten der Heizgrenztemperatur (was ohnehin ein völlig unzureichender Parameter ist und lediglich eine rechnerische Entsprechung der baukonstruktiven Ausbildung der thermischen Hülle darstellt, den Menschen aber und somit die Bewohner ebenso wenig berücksichtigt wie die erweiterten thermischen Eigenschaften der Baumaterialien und -stoffe), sondern schon weit vorher, um das Bauwerk als Wärmespeicher zu nutzen und dem natürlichen Auskühlen nachhaltig vorzubeugen und somit den Anforderungen an eine thermische Ordnung im umbauten Raum zu entsprechen.

Dennoch wird irgendwann die Zeit kommen, in der eine Nacherwärmung unvermeidbar wird. Dazu mehr im Bereich WÄRME.

# 4 Der umbaute Raum – die thermische Hülle

Die thermische Hülle ist die starre konstruktive Umbauung des Innenraums, eine Umschließungsfläche und Grenzfläche. Sie bedeutet Schutz gegen Wind und Wetter. Und vor allem bietet sie einen umfassenden Wärmeschutz. Besonderes Augenmerk liegt – wie der Name schon sagt – auf den thermischen Eigenschaften.

*Hubert Palm* erklärte lange vor dem Zeitalter der Energieeinsparverordnung und Energieeffizienz, *„dass das Haus durchlässig, nämlich „atmungsfähig" sein muss für den beständigen Lebenswechsel und Lebensaustausch zwischen Mikrokosmos und Makrokosmos, insbesondere zwischen Menschen und Umwelt."*

Das Haus bildet in seinen Kubaturen einen Körper, der einen inneren Lebensraum formt und lebenserhaltend und lebensqualifizierend auf den Menschen einwirkt. Die natürliche Hülle des Menschen ist fraglos die Haut. Es ist nachvollziehbar, dass bio-logisch (lebenslogisch) das Haus in seinem Wesen der Grenzfunktion als dritte Haut zu begreifen ist.

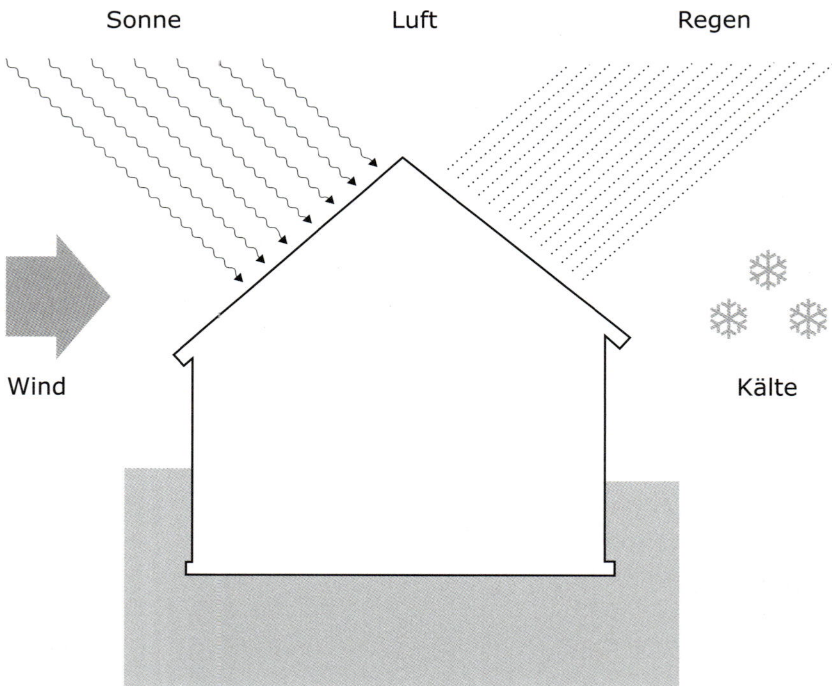


**Abb. E 4.1:** Die Hausskizze lässt sehr gut die Umschließungsflächen erkennen, welche als thermische Hülle die zu temperierenden Bereiche begrenzen (Quelle: Michael Römer/Solargrafik)

Daher liegt es nahe, sich in Sachen thermischer Hülle an der menschlichen Haut zu orientieren, deren vier Grundfunktionen als Vorbild für einen lebensqualifizierenden Hausbau dienen:

1. Sie lässt positive Lebensqualitäten aus der Umwelt ein und negative aus dem Innenraum hinaus (natürlicher Ausgleich als Stoffwechselprozess).
2. Sie gleicht Gegensätze aus und bewahrt das Positive.
3. Sie wehrt das Lebensdisqualifizierende aus der Umwelt ab.
4. Sie entgiftet den Innenraum und scheidet das Gift durch die Hülle nach außen ab.

In der Baubiologischen Haustechnik ist die Hautfunktion der thermischen Hülle von großer Bedeutung. Je weiter sich die Baukonstruktion der thermischen Hülle von den lebenslogischen Grundlagen entfernt, desto größer ist der haustechnische Aufwand, der betrieben werden muss, um diese Störungen auszugleichen.

## 4.1 Der umbaute Raum heute

Die thermische Hülle umfasst sämtliche Räume, die unabhängig von den Außentemperaturen konstant temperiert werden sollen; alle Räume also, die eine thermische Ordnung verlangen. Die mittlere Raumlufttemperatur beträgt laut EnEV 19 °C. Je größer sich die Temperaturdifferenz zur Außenluft entwickelt, desto höher wird der Heiz- bzw. Kühlbedarf innerhalb der thermischen Hülle. Je geringer die Wärmespeicherkapazität (Leichtbau) der Baustoffe der thermischen Hülle, desto schneller kühlt das Gebäude, der Innenraum, aus.

Die (Übertragungs-)flächen der thermischen Hülle sind: das Fundament, der Boden gegen Erdreich, die Außenwände gegen Luft und gegen Erdreich und das Dach mit all seinen Flächen, Durchdringungen und Anschlüssen, mit allen Bauelementen, wie Türen und Fenster, die sich innerhalb dieser Hüllflächen befinden. Die thermische Hülle bildet also die Systemgrenze zwischen Außen und Innen und ist – besonders in Altbauten – auch von der Bauweise und der Nutzung des Gebäudes abhängig und lässt sich am deutlichsten zeichnerisch im Schnitt des Gebäudes darstellen.

So lässt sich unterscheiden zwischen einem Kaltdach und einem Warmdach, einem beheizten oder einem unbeheizten Keller. Dies zu definieren ist eine grundlegende Aufgabe der Bauwerksplanung, aber auch im Kontext einer energetischen Sanierung.

Erst wenn der Verlauf der thermischen Hülle klar definiert und festgelegt ist, kann eine Beurteilung der entsprechenden Bauteile hinsichtlich der Luftdichtigkeit, Dampfdiffusion und des Wärmeschutzes erfolgen und Ansätze zur energetischen Optimierung getroffen werden.

Hinweis: Grundsätzlich gilt, dass besonders bei Altbauten erst die thermische Hülle energetisch optimiert sein muss, bevor man sich Gedanken über das Heizungssystem macht. Denn die energetische Qualität der thermischen Hülle bestimmt wesentlich den heizungstechnischen Aufwand sowie dessen Leistungsgröße hinsichtlich des Heizwärmebedarfs und der daraus resultierenden Heizlast.

Die Wärmeströme wirken über die Bauteile der thermischen Hülle und deren Bauelemente in Abhängigkeit ihrer thermischen Eigenschaften. Dem Bauelement Fenster kommt dabei eine besondere Rolle zu, da es zum Großteil transparent ist und für den sommerlichen Hitzeschutz eine Verschattung erfordert, und da es in thermischer Sicht das schwächste Element ist.

Die konstruktiven Bauteile der thermischen Hülle – egal ob Massiv- oder Leichtbau – weisen heute einen deutlich niedrigeren Wärmedurchgangskoeffizienten auf als Fenster und Fenstertüren. Aus diesem Grund ist auch die richtige Ausbildung der Fensterlaibungen wichtig, da sie bei Nichtbeachtung sehr schnell eine Wärmebrücke darstellen.

Fenster führten lange Zeit zu den höchsten Energieverlusten, nicht nur wegen ihrer schlechten Wärmedämm-Qualität, sondern auch, weil sie in der Regel sehr undicht eingebaut und ohne oder mit mangelhaften Dichtungen versehen wurden, sodass selbst bei geschlossenen Fenstern und entsprechender Druckdifferenz im Innenraum ein „natürlicher" Luftwechsel stattfand. Wesentlicher Unterschied heute ist, sich nutzbar zu machen, dass Fenster nunmehr *dicht* eingebaut werden.

## 4.2 Homogene Bauteil-Aufbauten

In Altbauten kommt erschwerend hinzu, dass durch sogenannte Heizkörpernischen die thermische Hülle maßgeblich geschwächt wurde, was eine durchaus eklatante Wärmebrücke darstellen würde, wäre nicht der installierte Heizkörper entsprechend überdimensioniert, um diese baukonstruktive Schwäche energetisch fragwürdig auszubügeln. Für die Auslegung von Heizkörpern in Heizkörpernischen wurde immer mit einem Leistungsaufschlag verfahren, der nicht selten 20 % erreichte.

Das heißt, es wurde bei einem Heizwärmebedarf von 1000 W ein Heizkörper mit einer Nenn-Wärmeleistung von 1200 Watt eingesetzt, Wärme quasi für den Vorgarten. Dieses sprachliche Bild zeigt sehr anschaulich, wie in den Jahrzehnten nach dem Wirtschaftswunder mit Energie umgegangen wurde.

Sinnvoll ist in solchen Fällen, die Heizkörper zu entfernen, die Heizkörpernische massiv auszumauern und somit das Bauteil Außenwand homogen zu ergänzen (Abb. E 4.2). Die thermischen Eigenschaften des Ausmauerungsmaterials sollten aber weitgehend dem bestehenden Material entsprechen, um sowohl Temperaturdifferenzen als auch Diffusionsdifferenzen zu vermeiden. Am besten ist es in der Tat, dasselbe Material zu verwenden. Dies entspräche dem bauphysikalischen Ziel, besonders an dieser Stelle (der thermischen Hülle) ein homogenes Bauteil herzustellen. Alternativ kann die Wandfläche mit einem Wandflächentemperierungselement ausgestattet werden.

Dabei genügt eventuell (je nach Auslegung – siehe Bereich WÄRME) eine Bauhöhe bis zur Fensterbank, dafür aber entlang der vollständigen Außenwandlänge. Somit erreicht man sehr gleichmäßige Oberflächentemperaturen, angenehme Strahlungswärme besonders im unteren Bereich, wo man sich sitzend am meisten aufhält, und behält dennoch einen kühlen Kopf. Die Oberflächentemperatur des nicht thermisch aktivierten oberen Wandflächenanteils profitiert dennoch durch Wärmeleitung im Bauteil Außenwand und dessen Innenoberfläche.

**Abb. E 4.2:** Ausmauerung einer Heizkörpernische, nachdem die Anschlüsse für den Heizkörper entsprechend verlängert wurden. Alternativ könnte auch eine Wandflächentemperierung installiert werden. (Quelle: Frank Hartmann)

Im Rahmen der Wohnwärmegestaltung können Sockel ausgebildet oder farbliche Unterscheidungen getroffen werden. Eine Alternative zur Wandflächentemperierung wäre freilich noch die Montage von Sockel-Heizleisten, ebenfalls entlang der gesamten Außerwandlänge, mit der Möglichkeit einer handwerklichen Gestaltung der Konvektionsabdeckungen. Durch die sanfte Konvektion entsprechend der baulichen Schachthöhe wird die Oberfläche der Wand erwärmt, was der thermischen Behaglichkeit zugutekommt und den Heizwärmebedarf über eine Einzelraum- oder Zonenregelung nach Bedarf abdeckt.

## 4.3 Baukonstruktion und Wärmespeicherung

In der Geschichte haben sich regional unterschiedliche Bauweisen entwickelt, die sich einerseits dem Baugrund angepasst haben, andererseits das Baumaterial aus der Region verwendeten. Zumindest gilt dies für die Hauptbestandteile, wie Naturstein, Holz und Lehm als die Basis-Baustoffe. Aus dem Naturstein wurden sehr bald der Vollziegelstein bis hin zum heutigen Hochloch-Ziegelstein mit hervorragenden Dämm- und Schallschutzeigenschaften und der Porenbetonstein, der minimale Fugen erlaubt und eine sehr homogene Fläche schafft. Der Kalksandstein wird oft für Kellerwände verwendet. Aber auch im Wohnbereich können seine hohen Wärmespeicherkapazitäten für thermische Masse sorgen.

Der Holzhausbau hat sich vorwiegend als Leichtbauweise entwickelt. Dabei spielt die Tradition des Fachwerkhauses eine weitaus größere Rolle, als man glauben mag. Der Holzhausbau besitzt den Vorteil eines trockenen Bauens. Auch wenn die thermische Hülle im Leichtbau hergestellt ist, sollten im Rauminneren massive Bauteile positioniert werden, um die Wärmespeicherfähigkeit des Gebäudes zu erhöhen.

Bei Betonplatten als Fundament ist eine interne Dämmebene nicht nur unsinnig, weil sie zusätzliche Wärmebrücken hervorruft, sondern auch, weil sie die hervorragenden thermischen Eigenschaften hinsichtlich der Wärmespeicherung des Betons nicht nutzt. Eine thermische Sohle aus Glasschaumschotter realisiert nicht nur einen sehr guten Wärmedämmwert, sondern wirkt zudem auch kapillarbrechend. Die Fundamentplatte ist eingebettet auf einer trockenen, warmen Sohle und ließe sich beispielsweise mit überschüssiger Solarwärme thermisch aktivieren oder durch eine Fußbodentemperierung direkt als Wärmekörper betreiben. Damit wäre bei entsprechender Wärmesenke auch eine passive Kühlung im Sommer möglich.

Allein die Temperierung des Bauteils Betonplatte durch den Rücklauf einer solarthermischen Anlage verbessert die physikalischen Eigenschaften hinsichtlich des Transmissionswärmeverlustes gegen den Untergrund /das Erdreich. Die Oberflächentemperatur wird durch die thermische Aktivierung definitiv erhöht, auch wenn dies schwer berechenbar ist, da es sich um einen komplex-dynamischen Prozess handelt, der natürlich in erster Linie vom Solareintrag durch den Kollektor abhängt. Andererseits lässt sich der Ertrag auch dadurch erhöhen, dass der Solarrücklauf auf eine maximal niedrige Temperatur herabgesenkt wird und mit entsprechend niedriger Temperatur wieder in den Kollektor gelangt. Voraussetzung hierfür ist eine Temperaturerfassung im Bauteil an einer möglichst repräsentativen Stelle bzw. einem definierten Referenzort. Stellt sich also zwischen Kollektor- und Bauteiltemperatur eine Wärmesenke ein, so geht die Solarpumpe in Betrieb und fördert den entsprechenden Massen-Volumenstrom, um den Solarertrag aus dem Kollektor in das Bauteil Bodenplatte einzubringen. – Ein Haus mit einer warmen Sohle also.

Die Frage stellt sich, ob diese Betonplatte überhaupt noch einen Aufbau benötigt. Auf einen Nassestrich kann verzichtet werden. Die Bodenplatte lässt sich so ausbilden, dass sie nur noch geschliffen und geölt werden muss. Farbgestaltungen mit Pigmenten sind bei Wachs und bei Öl gleichermaßen möglich. Natürlich kann man auch einen keramischen Belag aufbringen. Das erfordert Mörtel oder Kleber, den Belag aus Keramik oder Naturstein und weitere Arbeitsschritte. Ein nicht-mineralischer Belag wirkt hemmend auf den Wärmestrom, ist aber möglich. Entsprechend höher ist der Aufwand der Wärmeübertragung, was bei der Auslegung zu berücksichtigen ist.

In bestehenden Kellern von Altbauten wird oft eine Kellerdeckendämmung erwogen und somit die thermische Hülllinie unter der Kellerdecke festgelegt. Somit kann der Deckenaufbau zwar noch als Wärmespeicher für den darüber liegenden Innenraum wirken, die Deckenauflagen auf den Kellerwänden wirken aber als Wärmebrücke, da an diesen Stellen die Wärmedämmebene unterbrochen ist. Also müssen auch hier die Wärmebrücken konstruktiv behandelt werden, um bauliche Schäden zu vermeiden. Würde man die Dämmebene *auf* der Decke einbringen, könnte diese auch nur dort wirken, wo keine Wände stehen. Der Deckenaufbau geht als Speichermasse verloren und weitere Wärmebrücken entstehen. Diese thermischen Wirkprinzipien sind zu beachten, wenn entschieden wird, ob der Keller beheizt oder unbeheizt sein soll.

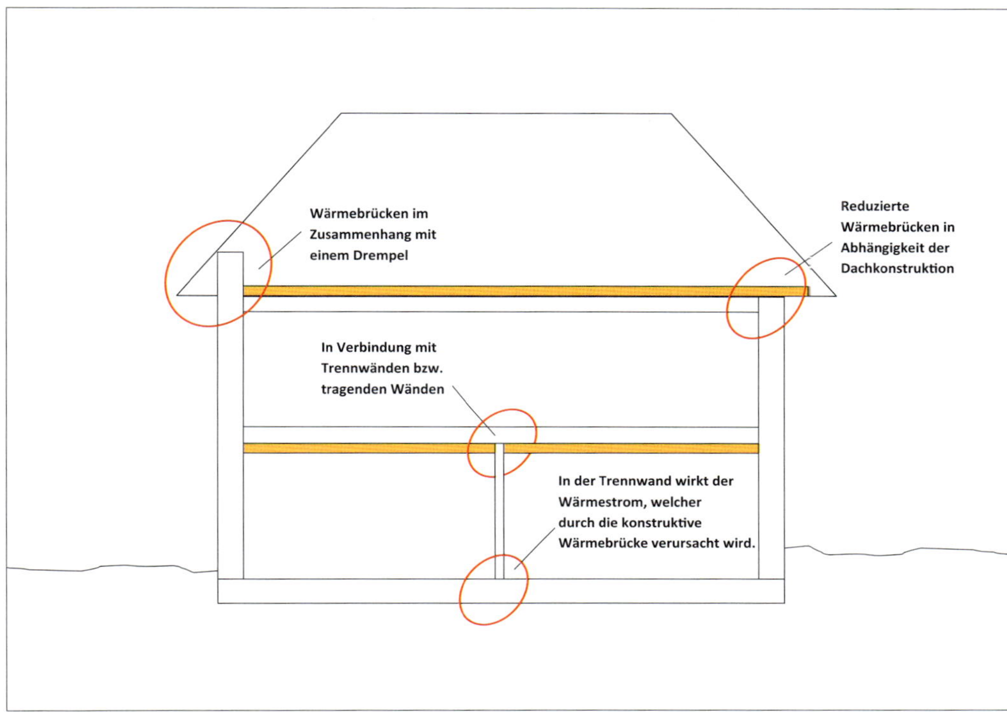


**Abb. E 4.3:** Das Schnittbild deutet die wichtigsten Wärmebrückenbereiche im Zusammenhang mit einer Kellerdeckendämmung und einer Geschossdeckendämmung an, wie sie besonders in Bestandsgebäuden in unterschiedlichster Form anzutreffen sind (Quelle: Frank Hartmann)

Eine ähnliche Situation stellt die oberste Geschossdeckendämmung dar, wenn keine Temperierung des Dachbodens notwendig oder eine Nutzung mit Temperierungsbedarf nicht möglich ist. Für ein Kaltdach eignet sich eine Dämmebene auf der obersten Geschossdecke. In der Regel befinden sich dann kaum Wände auf dem Dachboden und es lässt sich eine weitgehend homogene Dämmebene herstellen. Wichtig sind die Ausbildungen der Anschlüsse zu den Traufseiten, da sich auch hier Wärmebrücken ergeben können. Hinsichtlich des Aufbaus und der Konstruktion der Dämmebene bietet es sich an, diese nach der Stufenhöhe zu richten. Somit erhält der Aufgang zum Kaltdach eine zusätzliche Stufe, die dem Stufenmaß entspricht und nicht eine Stolperfalle darstellt, weil man den U-Wert hinter dem Komma sucht. Dafür befindet sich die Masse des Deckenaufbaus innerhalb der thermischen Hülle und wirkt als Wärmespeicher, sowohl für den Winter als auch für den Sommer.

Dennoch kann das Kaltdach, wenn auch unbeheizt, z. B. zu Lagerzwecken genutzt werden. Wichtig ist, auf Winddichtheit und Belüftung zu achten, um einen konstruktiven Luftwechsel zu ermöglichen.

## 4.4 Luftdichtigkeit und hoher Wärmeschutz

Besonders wegen der hohen energetischen Qualität der thermischen Hülle (bezogen auf die materielle Reduktion der Energieflüsse) scheint eine freie Lüftung nicht nur widersprüchlich, sondern auch baukonstruktiv problematisch. Kleinste Undichtigkeiten wirken sich bei einem hoch wärmegedämmten Wohnhaus oder Nichtwohngebäude sehr schnell aus. Aus diesem Grund ist es umso wichtiger, Wärmebrücken (z. B. Rollokästen, Dach- und Wanddurchführungen, auskragende Bauteile) entweder zu vermeiden oder sie konstruktiv zu behandeln. Schon am Fundament können die ersten eklatanten Wärmebrücken entstehen.

Für das menschliche Leben ist eine sichere Sauerstoffversorgung für den Verbrennungsprozess existenziell. Aber nicht nur Sauerstoff benötigt der Mensch, sondern insgesamt eine umfassende Lufterneuerung durch Luftwechsel, wie er im Freien auf natürliche Weise durch Wind, Luftdruck und Temperaturdifferenzen entsteht. Lange Zeit war das Feuer aus unserer Wohn- und Baukultur nicht wegzudenken. Es versorgte uns nicht nur mit Wärme, sondern diente zum Kochen und Backen. Ganz nebenbei sorgte das Feuer aber auch für den Luftwechsel. Es war unser Ventilator und der Kamin der Abluftschacht. Durch die Undichtigkeiten in der Gebäudehülle und den Fensterschlitzen konnte genug Luft für die Verbrennung nachgeführt werden. Davon profitierte auch der Mensch. Moderne Feuerstätten werden heute mit externer Verbrennungsluft geführt, da sie ansonsten in den luftdichten Gebäuden keine Chance hätten, einen brauchbaren Verbrennungsprozess durchzuführen.

Grundsätzlich muss ein Mindest-Luftwechsel sichergestellt werden, der in den meisten Fällen ein ventilatorgeführtes Lüftungssystem verlangt. Genaueres dazu wird im Bereich LUFT beschrieben. Die Herstellung der Luftdichtigkeit der thermischen Hülle erfordert ein Qualitätsmanagement, das zum Beispiel eine Blower-Door-Begleitung einschließt.

## 4.5 Sommerlicher Hitzeschutz und Kühllast

Der sommerliche Hitzeschutz verlangt Materialien mit einer hohen Phasenverschiebung, insbesondere bei den Dachflächen. Wenn die Sonneneinstrahlung 10 Stunden und mehr beträgt, gelangt der Wärmestrom nicht schon am späten Nachmittag in den Innenraum, sondern erst in den frühen Morgenstunden. In dieser Zeit herrscht allerdings außen eine deutlich niedrigere Temperatur, sodass der sommerliche Wärmeeintrag durch die Bauteile herausgelüftet werden kann. Der Anteil des Wärmestroms ist vom Material abhängig, die Phasenverschiebung lässt sich berechnen und durch die Materialdicke des Baustoffes bzw. Dämmstoffes festlegen. Die Phasenverschiebung des Materialaufbaus ist weitgehend unabhängig vom Wärmedämmwert und es gilt, sie differenziert vom Wärmedurchgangswiderstand zu betrachten, weil eben die zeitliche Frequenz entscheidend ist.

Seit der Entwicklung des Niedrigenergiehauses und der Einführung der Energieeinsparverordnung (2002) ist ein regelrechter Wettlauf um den Wärmedurchgangskoeffizienten entstanden. Im Jahrestakt übertraf man sich mit immer niedrigeren Wärmeleitwerten von Baustoffen und -materialien, sodass so mancher Baustoff fast schon Werte eines Dämmstoffes aufweist. Der sommerliche Hitzeschutz wird dabei leider viel zu wenig beachtet. Oft sind hohe Aufwendungen und zusätzliche (nicht geplante) Kosten die Folge.

Der Innenraum verliert also nur noch sehr wenig Wärme nach außen. Das bedeutet aber auch, dass man heutzutage mehr mit internen Wärmegewinnen zu kämpfen hat. In manchen Häusern unserer Zeit besteht zwar im Winter nur ein sehr geringer Wärmebedarf, dafür aber im Sommer ein deutlicher Kältebedarf – resultierend aus der Nichtachtung des sommerlichen Hitzeschutzes hinsichtlich der Materialauswahl mit zu geringer Phasenverschiebung.

Ein weiteres Problem sind die steigenden internen Gewinne, die immer mehr zu internen Lasten werden, die nur noch mit hohen Aufwänden abgeführt werden können. Gemeint ist die stetig steigende Zahl an elektrischen Verbrauchern im Haus. Im Sinne der Nachhaltigkeit ist es sicherlich besser, interne Gewinne zu nutzen als sie zu bekämpfen oder gar zu Lasten auswuchern zu lassen.

Wie im Kapitel 3 dargestellt, besteht bei der Nutzung von Erdwärme durchaus die Möglichkeit einer passiven Kühlung zur Optimierung der thermischen Behaglichkeit im Sinne einer thermischen Ordnung im umbauten Raum. Die Notwendigkeit und Sinnhaftigkeit sind stets im Einzelfall zu prüfen. Um aber wirklich definierte Kühllasten zu erzeugen, die sich aus der längeren Überschreitung einer maximalen Innenraumtemperatur ergeben, ist eine aktive Kühlung notwendig. Diese kann nach VDI 2078 berechnet werden und umfasst neben dem Hitzeeintrag durch die thermische Hülle auch interne Gewinne von z. B. Computern, Druckern, Bildschirmen, Haushaltsgeräten.

Es gilt also auch hier die Baubiologische Regel von einem ausgewogenen Maß an Wärmedämmung und Wärmespeicherung bzw. einem ausgewogenen Maß an internen Gewinnen und internen Lasten.

## 4.6 Winterlicher Wärmeschutz und Heizlast

Der winterliche Wärmeschutz ist sicherlich die bestimmende Anforderung und von großer haustechnischer Bedeutung. Nicht nur, weil sich der Wärmeschutz in einem weitgefassten zeitlichen Rahmen abspielt, sondern auch wegen der bauphysikalischen Komplexität. Umso wichtiger ist die klare Definition der thermischen Hülle, also wo sich diese befindet und ob es etwaige „Löcher" darin gibt. Ein Keller muss mitnichten beheizt werden. Dann befindet sich die thermische Hülle aber in der Linie der Kellerdecke, sie ist dann die Dämmebene gegen unbeheizt.

Im Winter erfolgt der Wärmeschutz von innen nach außen. Der Heizwärmebedarf setzt bei anhaltender Unterschreitung der Heizgrenztemperatur ein. Das ist jene Außentemperatur, welche ein Auskühlen des Innenraumes provoziert. Je größer die Temperaturdifferenz zwischen innen und außen, desto größer sind der Heizwärmebedarf und die daraus resultierende Heizlast. Aufgrund der wechselnden Außentemperaturen handelt es sich folgerichtig um dynamische Werte. Die sogenannte Gesamt-Heizlast aber zeigt die Nenn-Wärmeleistung an, welche bei einer mittleren maximalen Außenlufttemperatur als sogenannter Auslegungsfall (im nationalen Anhang von DIN EN 12831: –14 °C; –16 °C und –18 °C) aufgebracht werden muss. Beträgt also die Heizlast eines Einfamilienhauses beispielsweise 10 kW, dann sagt dies aus, dass im Auslegungsfall 10 kW Wärmeenergie notwendig sind, um die in der Raumliste definierte Innenraumlufttemperatur konstant zu halten. Wir gleichen also durch eine Nacherwärmung die Wärmeverluste über die thermische Hülle aktiv aus.

### 4.6.1 Heizlastprofil und Differenzierung der Heizperiode

Ein detailliertes Lastprofil ermöglicht eine genaue Unterscheidung der notwendigen Lasten, die in multiplen Betriebsweisen der Wärmebereitstellung effizient und nachhaltig zu erreichen sind, mit einem maximalen Anteil erneuerbarer Energien.

In der konventionellen Haustechnik wird die Heizlast weitgehend nur als die Summe von Transmissions-Wärmeverlusten und Lüftungs-Wärmeverlusten begriffen. Die Energieeffizienz der thermischen Hülle wird allgemein auf den U-Wert bezogen. Der Standort und die Umgebung des Gebäudes sind aber ebenso relevant. Meteorologisch sind es nicht nur die Lufttemperatur, sondern auch der Wind, der Wasserdampfgehalt der Luft und der Luftdruck. In der Baubiologischen Haustechnik steht nicht der Heizraum mit der Wärmeerzeugung im Vordergrund, sondern der umbaute Raum, den es zu temperieren gilt. Der Heizwärmebedarf ist tatsächlich ein sehr dynamischer Wert.

Eine witterungsgeführte Heizungsregelung bedeutet, dass genau die notwendige Vorlauftemperatur in Abhängigkeit von der Außentemperatur und die Auslegungstemperatur im Vorlauf des Wärmeübertragungssystems bereitgestellt werden. Funktionsrelevant ist dabei die Heizkennlinie, die auf das Gebäude bezogen festzulegen ist und sich an der maximalen Vorlauftemperatur im Auslegungsfall orientiert.

Bei niedrigeren Außenlufttemperaturen ist die Vorlauftemperatur entsprechend geringer, wofür natürlich auch eine kleinere Wärmeleistung notwendig ist. Um den tatsächlichen Heizwärmebedarf, der dynamisch benötigt wird, zu kennen, ist es notwendig, die Heizperiode leistungsbezogen wie folgt zu differenzieren:

- Gemäßigte Heizperiode – geringster Heizwärmebedarf in der Übergangszeit
- Mittlere Heizperiode – Wärmeleistung, die den Großteil des Heizwärmebedarfs abdeckt
- Absolute Heizperiode – maximale Leistung zur Spitzenlastabdeckung

## 4.7 Ausrichtung des Gebäudes und natürliche Verschattung

Die Ausrichtung des Gebäudes ist für die thermische Ordnung im umbauten Raum von wesentlicher Bedeutung. Nicht nur die Ausrichtung zur Sonne, sondern auch die Lage des Hauses und seine Anordnung auf dem Grundstück sowie die Zonierungen des Mikroklimas – des Außenraums, der Räume und Wohnbereiche – sind entscheidend für den zu betreibenden Aufwand für die thermische Ausgeglichenheit.

Entscheidend ist ferner die Gestaltung des Außenraums mit Pflanzen. Sträucher und Bäume können nicht nur einen hervorragenden Wind- und Wetterschutz bieten und die Fassade des Hauses schützen, sondern sie unterstützen auch die Artenvielfalt und reinigen die Luft. Kräuter, Beeren, Obst und Gemüse sind wichtige Grundnahrungsmittel und bilden eine zusätzliche Wertschöpfung.

Mikroklimatisch kann die Verdunstungskälte einer Fassadenbegrünung im Sommer dem Hitzeschutz entgegen kommen und die thermische Behaglichkeit im Innenraum steigern. Ein Obstbaum als Laubbaum bietet im Sommer Schatten durch sein Blattwerk. Im Winter, wenn er seine

Blätter abgeworfen hat, lässt er die Sonne auf das Haus durch die transparenten Flächen in den Innenraum eindringen.

Hinweis: Wichtig ist die Auswahl der Fensterscheibenqualität hinsichtlich der solaren Strahlungsdurchlässigkeit. Ebenso zu beachten sind die wärmespeichernden Materialien, welche durch die transparenten Flächen bestrahlt werden.

## 4.8 Passive Solarnutzung durch transparente Flächen

Entsprechend ausgerichtete Gebäude können über transparente Flächen eine passive Solarnutzung betreiben, wenn sich im Innenbereich Baustoffe mit einer hohen Wärmespeicherkapazität und einem hohen Wärmeeindringwert befinden, die von der Sonneneinstrahlung thermisch beladen werden. Dieses Prinzip nutzt der Mensch schon seit Jahrtausenden. Die heutigen Fensterscheiben weisen zwar einen sehr hohen Wärmeschutz auf, reduzieren allerdings dabei auch den passiven Solarertrag. Aus diesem Grund sollte unabhängig von einer 2- oder 3-Scheibenverglasung auch deren Vermögen, die Sonnen-Infrarotstrahlung durch die Scheibe (von außen nach innen) eindringen zu lassen, berücksichtigt werden. In der Praxis gab es schon entsprechende Untersuchungen (messtechnisch begleitet), besonders auf der der Sonne zugewandten Seite (2-Scheibenverglasung) und auf der Nordseite (3-Scheibenverglasung). Wenn man auf passive Solarnutzung setzt, sollte man der Sonne auch die Möglichkeit geben, die Wärmestrahlung nicht nur hereinzulassen, sondern auch im Gebäude wirken zu lassen. Ganz vorne sind dabei (einmal mehr) natürliche Baustoffe, wie vor allem Lehm, Kalk oder andere mineralische Baustoffe mit einer hohen Rohdichte. Die thermischen Eigenschaften werden im folgenden Kapitel kurz behandelt, um den Zusammenhang der thermodynamischen Prozesse, weit über den U-Wert hinaus, zu skizzieren.

Natürlich entscheiden die Effektivität und Wirksamkeit der passiven Solarnutzung auch über die Dauer der Heizperiode bzw. deren Einsetzen. Daher spielt es durchaus eine Rolle, wie der Grundriss und die Räume eingeteilt sind. In manchen Fällen können nämlich gar Zeiträume der gemäßigten Heizperiode mittels passiver Solarnutzung abgedeckt werden, auch wenn die Heizgrenztemperatur schon unterschritten ist, da es sich dabei ja nach wie vor um einen rein rechnerischen Wert handelt. Und doch wird die Wärmespeicherkapazität von Gebäuden nach wie vor unterschätzt oder ist im Leichtbau beispielsweise kaum vorhanden. Der Autor machte allerdings sehr gute Erfahrungen, besonders in Holz-Leichtbauweisen massive Trennwände aus Lehm- oder Vollziegelstein herzustellen, um der Solareinstrahlung eine Wirkungsfläche zu geben. Eine solare Bauteiltemperierung kann das System der passiven Solarnutzung darüber hinaus jederzeit unterstützen.

Trotz allem kommt irgendwann der Tag, an dem eine aktive Nacherwärmung einsetzen muss. Das sollte auch keinesfalls zu spät erfolgen. Naheliegend ist, neben der solarthermischen Anlagentechnik im Sommer auch in der Heizperiode den Wohnraum aktiv solar zu erwärmen. Und wenn es nicht mehr ausreicht, kann man sich der Biomasse bedienen. Schließlich handelt es sich auch hierbei um gespeicherte Sonnenenergie. Eine Feuerstätte im Wohnraum besitzt viele Vorteile. Genaueres dazu im Bereich WÄRME. Es ist an dieser Stelle auch irrelevant, wie die Wärme bereitgestellt wird. Allein steht die Frage, ausgehend von der passiven Solarnutzung nun eine aktive Temperierung des Wohnraums zu gestalten. Ein ideales Tandem zur passiven Solarnutzung durch transparente Flächen ist eine Wandflächentemperierung, und zwar an jenen Stellen, wo die Sonnenstrahlung nicht hingelangt.

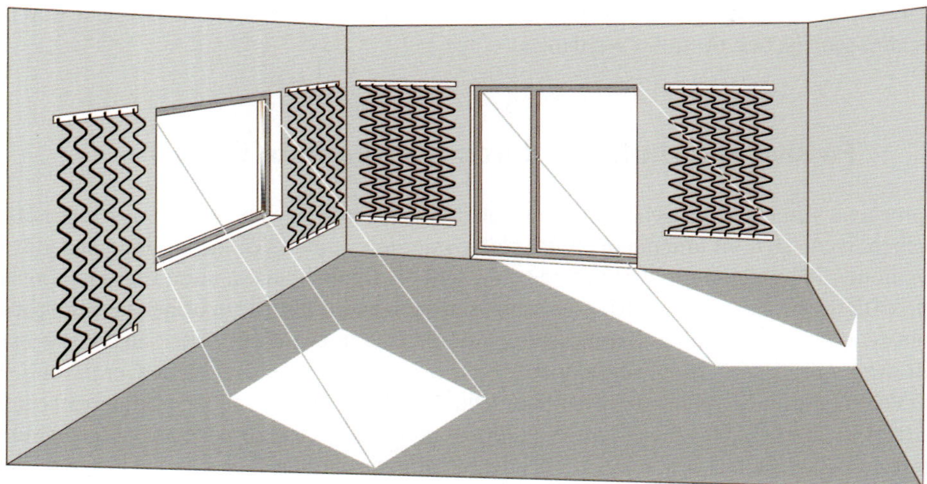

Abb. E 4.4: Passive Solarnutzung und aktive Nacherwärmung im Wechselspiel mit den Jahreszeiten und der Schnittstelle Außenwand – Bauteil (Quelle: Michael Römer/Solargrafik)

Die Richtung des Wärmestroms bleibt dabei gleich, denn auch von der Wandflächentemperierung an den Außenwänden kommt uns die Strahlungswärme auf die natürlichste Art und Weise entgegen. Sollte aber dies nicht mehr ausreichen, nämlich wenn die innere Wärme durch die thermische Hülle als umgekehrter Wärmestrom verlustig geht, kommt der aktive Wärmestrom einer Nacherwärmung zur Hilfe und wirkt diesem Transmissionsprozess (der unser Gebäude auskühlen würde) entgegen.

## 4.9 Thermische Eigenschaften von Baustoffen

Die Baustoffkunde ist ein wesentliches Element bei der Planung eines Bauwerks und verlangt nicht nur in Sachen Energieeffizienz eine ganzheitliche Betrachtung. Nicht nur Bauplaner, Architekten, Baumeister usw. sollten hierbei über Grundkenntnisse verfügen (die beileibe nicht auswendig lernbar, sondern stets nach den Gesetzen der Physik und Biologie systemisch zu begreifen sind), sondern auch das ausführende Fachhandwerk. Ferner sollte man sich auch hüten, sich in Details zu verlieren, sondern sich vielmehr bemühen, das ewig währende Prinzip des Ausgleichs, jenes Ur-Prinzip der Baubiologie, zu erfassen. Bei der thermischen Beurteilung von Baustoffen gilt es neben dem Wärmedurchgangskoeffizienten (U-Wert) alle wichtigen physikalischen Eigenschaften eines Baustoffes zur Kenntnis zu nehmen. Dazu gehören

- die Wärmeleitfähigkeit $\lambda$,
- der Wärmedurchlasswiderstand $R$,

- der Wärmeübergangswiderstand $R_s$,
- die Wärmestromdichte $q$.

Es werden regelmäßig physikalisch-chemische und technisch-technologische Merkmale beschrieben und oft wird die Qualität eines Baustoffes ausschließlich im U-Wert dingfest gemacht. Obgleich die gesundheitlichen (und ökologischen) Aspekte bei der Beurteilung von Baumaterialien an erster Stelle stehen sollten, ist darüber in einschlägigen Lehrbüchern und in der Praxis wenig zu finden. Es lohnt sich daher, beim Hersteller/Lieferanten nachzufragen. Einige Hersteller zeigen schon von Haus aus eine Volldeklaration an.

### 4.9.1 Trenn- und Oberflächentemperaturen

Neben den Trennflächentemperaturen zwischen zwei oder mehreren Bauteilen sowie den Oberflächentemperaturen raumumschließender Flächen sind jedoch auch weitere Größen bezüglich der thermischen Eigenschaften von Baustoffen relevant, die der Autor als „wohnklimatische Aspekte" bezeichnen möchte. Denn es sind eben auch jene Trennflächentemperaturen, welche an den Oberflächen von raumumschließenden (Außen-)Wänden wesentlich das thermische Wohlbefinden des Menschen ausmachen. Diesbezüglich lässt sich zusammenfassen, dass die Oberflächen umso höher temperiert sind, desto besser (also niedriger) der U-Wert, aber auch die Wärmespeicherung des Bauteils ist.

Folgende Größen sind besonders zu erwähnen:

Die ***spezifische Wärmekapazität*** $c_p$ gibt an, wie viel Wärme in J (Joule) je kg Masse bei 1 K Temperaturdifferenz aufgenommen wird.

Formel: $$c_p = \frac{Q}{m \cdot \Delta T}\left[\frac{\mathrm{J}}{\mathrm{kg} \cdot \mathrm{K}}\right]$$

Beispiel: Vollholz = 2100 J/(kgK); Holzweichfaserplatten = 2100 J/(kgK); Schilfrohr = 1300 J/(kgK); Strohballen = 1260 J/(kgK); Glas- und Mineralwolle = 800 J/(kgK)

Des Weiteren ist die ***Wärmespeicherfähigkeit (Wärmespeicherzahl)*** $s$ von Baustoffen relevant. Sie gibt an, welche Wärmemenge in Joule je Kubikmeter Material bei 1 Kelvin Temperaturunterschied gespeichert werden kann bzw. welche Wärmemenge notwendig ist, um 1 $m^3$ eines Baustoffes um 1 K zu erwärmen.

Je schwerer der Baustoff (Rohdichte) ist, desto größer wird die Wärmespeicherzahl. Die Wärmespeicherfähigkeit ermittelt sich ergo aus der spezifischen Wärmespeicherkapazität und der Rohdichte $\rho$.

Formel: $$s = c_p \cdot \rho \left[\frac{\mathrm{J}}{\mathrm{m}^3 \cdot \mathrm{K}}\right]$$

Beispiel: Gipsfaserplatte $c_p$ =0,840 J/(kgK); Rohdichte $\rho$ = 1000 kg/$m^3$

$s = 840 \cdot 1000 = 840\,000$ J/$m^3$K = 840 kJ/($m^3$K)

Um die tatsächliche Wärmespeicherung von Baustoffen zu ermitteln, ist die Wärmespeicherzahl $s$ mit der Materialstärke eines jeweiligen Baustoffes/Bauteils zu multiplizieren. Daraus resultiert aus der Wärmespeicherzahl die ***Wärmespeicherfähigkeit*** $Q_{sp}$.

Formel: $Q_{sp} = s \cdot d \left[ \frac{\text{kJ}}{\text{m}^2 \cdot \text{K}} \right]$

Beispiele: Gipsfaserplatte 12,5 mm (0,0125 m); $s$ = 840 kJ/(m³K)

$Q_{sp}$ = 840 kJ/(m³K) · 0,0125 m = 10,5 kJ/(m²K)

Lehmputz 12,5 mm (0,0125 m); $s$ = 1700 kJ/(m³K)

$Q_{sp}$ = 1700 kJ/(m³K) · 0,0125 m = 21,25 kJ/(m²K)

Je mehr Wärme ein Baustoff aufnehmen bzw. speichern kann, umso träger reagiert er bei Aufheizung und Abkühlung (= Amplitudendämpfung). Hohe Wärmespeicherwerte verhindern ein zu rasches Aufheizen (passive Solarnutzung) oder Abkühlen (Nachtabsenkung/Absenkbetrieb der Heizungsanlage). Für ein ausgeglichenes Raumklima bzw. optimale Speicherung (solarer oder interner) Wärmeenergie sind vor allem die ersten raumseitigen 8 bis 16 mm eines Bauteils relevant.

Die ***Wärmemenge Q*** gibt an, wie viel Wärme in einem Bauteil bei bekannter Temperaturdifferenz $\Delta T$ gespeichert ist.

Formel: $Q = s \cdot V \cdot \Delta T \, [\text{J}]$

Die errechnete Wärmeenergie ist Grundlage dafür, die Aufheiz- bzw. Auskühlzeiten für ein Gebäude berechnen bzw. abschätzen zu können – oder eben die eines Warmwasser- oder Pufferspeichers.

Der ***Wärmeeindringkoeffizient b*** ist der Stoffwert für die Eindring- und Ausdringgeschwindigkeit. Er gibt zahlenmäßig die Empfindung an, die unterschiedliche Materialien bei Berührung trotz gleicher Oberflächentemperatur wärmer oder kälter erscheinen lassen (z. B. fußkalter Steinboden oder fußwarmer Korkboden). Das Material wird umso angenehmer (oberflächenwärmer) empfunden, je kleiner der Wärmeeindringwert $b$ ist.

Formel: $b = \sqrt{s \cdot \rho} \left[ \frac{\text{J}}{\text{m}^2 \cdot \text{K} \cdot \text{s}^{0,5}} \right]$

Dementsprechend weisen Materialien mit einem guten Wärmedämmwert einen niedrigen Wärmeeindringkoeffizienten $b$ auf.

Die ***Temperaturleitfähigkeit a*** ist zusammen mit der Wärmeeindringzahl $b$ entscheidender Kennwert für die Schnelligkeit von Wärmeaufnahme und Verteilung bei Speichervorgängen, z. B. ist $a$ das Maß, wie schnell hohe Außentemperaturen durch Sonneneinstrahlung nach innen eindringen können.

Formel: $a = \frac{\lambda}{s}$ oder $a = \frac{\lambda}{c_p \cdot \rho} \left[ \frac{\text{cm}^2}{\text{s}} \right]$

Beispiel: Holz, $\lambda$ = 0,13 W/(mK) = 0,13 J/(smK); $c_p$ = 2100 J/(kgK); $\rho$ = 600 kg/m³

$a$ = 0,13 / (2100 · 600) = 0,000 000 103 m²/s = 0,00103 cm²/s = 1,03 cm²/s · $10^{-3}$

Ein Baustoff für die thermische Hülle ist für den sommerlichen Wärmeschutz umso geeigneter, wenn einem guten Dämmvermögen (kleine Wärmeleitzahl $\lambda$) ein hohes Wärmespeichervermögen (große Wärmespeicherzahl $s$) gegenübersteht, wenn er somit eine kleine Temperaturleitzahl (Temperaturleitfähigkeit) hat.

*Baustoffe mit dieser Eigenschaft sind:*

Holzspäne, Kork, Kokos, Strohballen, Holzweichfaserplatten, Holzwolle-Leichtbauplatten; Schilfrohr, Zellulose.

## 4.10 Materialauswahl für den Wohnhausbau

Organische Baustoffe, insbesondere Vollholz, Holzwerkstoffe, Leichtbauplatten, Holzspäne, Holzfaser oder Kork, weichen bezüglich der thermischen Eigenschaften von den anderen Baustoffen deutlich ab. Im Vergleich mit anderen Baustoffen ähnlicher oder gleicher Rohdichte $\rho$ ist die Speicherkapazität $s$ sehr groß und dadurch bedingt die Temperaturleitfähigkeit $a$ sehr klein.

Hinsichtlich der thermischen Eigenschaften von Baustoffen sind diese in zwei Gruppen zu unterteilen:

Geeignete Baustoffe für die thermische Hülle sind Materialien mit einer *niedrigen Wärmeleitzahl* $\lambda$ und zugleich einer *hohen Wärmespeicherzahl s*. Dazu gehören Holzfaserplatten sowie weitere Holzbaustoffe, Zellulose und Schilfrohr. Sie realisieren einerseits einen hohen winterlichen Wärmeschutz aufgrund der kleinen Wärmeleitzahl, andererseits den sommerlichen Wärmeschutz durch große Pufferung der Wärme im Material und verzögerter Abgabe nach der Durchdringung der thermischen Hüllflächen (Phasenverschiebung).

Geeignete Baustoffe für den *Innenbereich* sind Materialien mit einer *hohen Temperaturleitfähigkeit a*, wie Massivlehm, Lehmputz, Sandstein, Kalkputz und Kalksandstein, aber auch Flachs, Hanf und Zellulose. Sie sorgen für ausgeglichene Temperaturverhältnisse: schnelle Aufnahme solarer Gewinne, schnelles Erreichen der Ausgangslufttemperatur nach dem Lüften, geringe Temperaturschwankungen (oder keine) bei Absenkbetrieben.

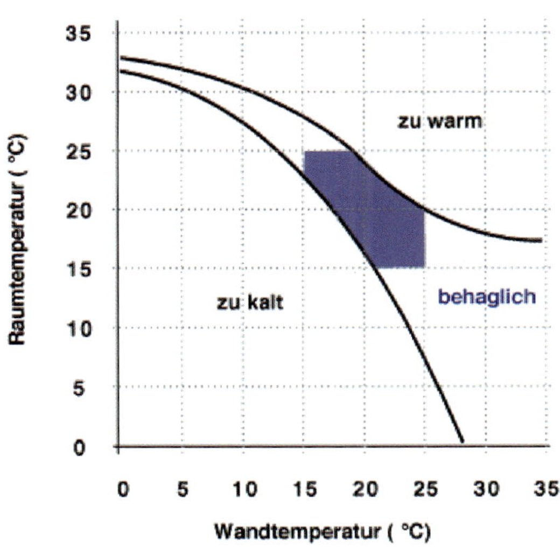


Abb. E 4.5: Die Behaglichkeitskurve verdeutlicht die Bedeutung einer mittleren Raumtemperatur und zeigt die Abhängigkeit von Raumlufttemperatur und Oberflächentemperaturen an den Wänden an. Je höher die Oberflächentemperatur der Raumumschließungsflächen, desto geringer kann die Raumlufttemperatur sein. (Quelle: Institut für Baubiologie + Nachhaltigkeit (IBN))

## 4.11 Nachwachsende Rohstoffe für die Wärmedämmung

Das deutlich steigende Bewusstsein der Bauherren erhöht stetig die Anforderungen an das wohngesunde Bauen. Eine Rolle spielen dabei Erfahrungen mit Problem- und Gift-Baustoffen der letzten Dekaden. Aber auch die Recyclingfähigkeit innerhalb einer naturgerechten Wertschöpfungskette ist heute mehr denn je von Bedeutung. Dafür sind Volldeklaration und eine Ökobilanzierung unentbehrliche Werkzeuge einer nachhaltigen Qualitätssicherung. Materialien aus nachwachsenden Rohstoffen weisen im Allgemeinen eine höhere Verträglichkeit sowohl für den Menschen als auch für die Umwelt auf. Im Individualfall müssen für spezielle Allergiker-Wohn- und -Nichtwohngebäude neben technischen und planerischen Einzellösungen (z. B. Feinfilter für Pollenallergiker oder Zentralstaubsauganlagen mit HEPA-Filter für Hausstauballergiker) zusätzliche Produktkriterien angesetzt werden.

Dies betrifft freilich nicht nur die Dämmstoffe, sondern auch Oberflächenmaterialien sowie materialbezogene Wechselwirkungen, nicht zuletzt im konstruktiven Schichtenaufbau. Zukunftsfähiges Bauen erfordert daher eine enge Zusammenarbeit von Planern, Ausführenden und Verarbeitern, Baustoffhandel und -herstellung. Unentbehrlich ist die Einbeziehung von Baubiologen und Umweltanalytikern – in besonderen Fällen auch der Umweltmedizin, da auch das ständig steigende Maß an Umweltkrankheiten dies einfordert.

Nicht nur den individuellen Wünschen der Bauherrenschaft bzw. des Investors, sondern auch den gesundheitlichen Erfordernissen der Menschen, die sich in einem Gebäude aufhalten, gilt es schon in der Entwurfs- und Planungsphase gerecht zu werden. Das Wohnen und Arbeiten in umbauten Räumen berührt Grundbedürfnisse, wie das Gefühl nach Sicherheit und Geborgenheit, thermische Behaglichkeit, die Entwicklung der eigenen Kreativität und eine regenerierende Raumatmosphäre sowie weitreichende Aspekte der Wohnpsychologie, was über den Wärmeschutz hinaus Aspekte des Brandschutzes, des Schallschutzes und der Langlebigkeit (Lebenszyklus von Baustoffen) einfordert.

Aus all diesen Gründen sind naturbelassene Dämmstoffe aus nachwachsenden Rohstoffen unverzichtbar, da bestens geeignet. Eine anwendungsspezifische Ausnahme besteht allerdings bei Dämmstoffen aus nachwachsenden Rohstoffen: Sie eignen sich nicht als Perimeterdämmung! Als Perimeterdämmung sollten mineralische Dämmstoffe verwendet werden, die nicht unter dem Erdfeuchteeinfluss leiden.

Zu den Wärmedämmstoffen aus nachwachsenden Rohstoffen gehören:

- Holzfaserdämmplatten,
- Holzspänedämmung,
- Holzwolle-Dämmplatten,
- Schafwolldämmung,
- Flachsdämmung,
- Hanfdämmung,
- Schilf,
- Baustrohballen,

- Einblasdämmung aus Wiesengras,
- Kork,
- Zellulose,
- Seegras

sowie eine Vielzahl von losen Schüttungen aus einem Materialmix nachwachsender Dämmstoffe und mineralischer Baustoffe, z. B. Holz-Lehm-Mischungen.

### 4.11.1 Synergiepotenziale über den Wärmeschutz hinaus

Es gibt neben Dämmstoffen eine Vielzahl anderer Bauprodukte, die teilweise oder vollständig aus nachwachsenden Rohstoffen hergestellt werden, aber in dieser Übersicht den Rahmen sprengen würden. Beispielhaft seien hier erwähnt:

- Trittschalldämmmatten und Vliese zum Beispiel aus Flachs, Wolle und Hanf,
- Armierungsgewebe aus Flachs, Hanf und Jute,
- Estrich-Dämmplatten, Wandplatten sowie Bauteilanschlüsse aus Kokosfasern,
- Glasschaumschotter als kapillarbrechende Schicht.

### 4.11.2 Dämmstoffe für die Haustechnik

In der Haustechnik besteht besonders bei den Wärmedämmstoffen großes Potenzial für den Einsatz von Materialien aus nachwachsenden Rohstoffen. In der Praxis werden jedoch in der Regel sehr umweltproblematische Materialien eingebaut. Das betrifft besonders die Kleber.

Hinweis: Bei jeglicher Art von konventionellen Klebern ist für den Ausführenden auf ausreichenden und professionellen Arbeitsschutz zu achten; und für die Bewohner muss eine Mindestdauer zum Ausdünsten und Ablüften vorgesehen werden.

Die Einsatzzwecke einer Dämmung sind dabei durchaus komplex und betreffen im Wesentlichen

- Wärmedämmung,
- Kältedämmung,
- Diffusionsdichtheit,
- Schallschutz,
- Körperschall.

Problematische PVC- und Schaumstoffmaterialien beispielsweise für Heizungspufferspeicher können durchaus heut schon durch Dämmschilfmatten ersetzt werden. Anstelle von PVC-Mantelfolien lassen sich die Oberflächen mit Lehm oder Kalkputz schließen.

Für die verschiedenen Rohrleitungen, die sich in einem Nennweitenspektrum von 15 bis 300 mm Außendurchmesser und mehr bewegen, bieten sich Halbschalen an, die es in synthetischer Form gibt. Es ist zu hoffen, dass sich diesbezüglich sehr bald erste Innovationen einstellen, wie beispielsweise bei den Innenverkleidungen von PKWs, die zunehmend aus nachwachsenden Rohstoffen hergestellt werden. Unabhängig von der Hoffnung ist es ein zentrales Aufgabenfeld der Baubiologischen Haustechnik, diesbezüglich mit nachhaltigen Innovationen voranzuschreiten.

Für ein zukunftsorientiertes Bauen und Modernisieren kann auf nachwachsende Rohstoffe weder als Dämmstoff, noch als allgemeiner, ganzheitlich sehr hochwertiger Baustoff verzichtet werden. Die heutigen Neubauten müssen zukunftsverträglich sein, in der Herstellung und Gewinnung der Ausgangsmaterialien/Rohstoffe, in der Anwendung und innerhalb einer funktionierenden Wertschöpfungskette, wiederverwertbar oder kompostierbar. Sie dürfen keine Folgelasten, weder für Mensch noch für die Umwelt und schon gar nicht für folgende Generationen in sich tragen. Für eine verantwortungsvolle Zukunftsgestaltung des Kulturgutes Bauen und Wohnen wird eine zügige bauaufsichtliche und baujuristische Anerkennung von weiteren ökologischen Baustoffen unvermeidbar sein, wie nicht nur das aktuelle Inkrafttreten der Lehmbau-Normen anzeigt.

# 5 Der gebaute Raum im Erdreich

Ein Keller ist nach wie vor weit verbreitet. In der Vergangenheit ausschließlich zur Lebensmittellagerung genutzt, später auch als Wirtschaftsraum, Waschküche und mehr, wird ein Keller heute als Abstellkammer für alle Art bis hin zur Wohneinheit genutzt.

Die Entscheidung über einen Raum im Erdreich trifft zuerst der Untergrund. Ist dieser dafür geeignet, wird geprüft, welcher Aufwand notwendig ist, einen Keller zu realisieren. In der heutigen Zeit wird nicht selten das Doppelte für ein Kellergeschoss aufgebracht als für ein Erd- oder Obergeschoss. Der lichtdurchflutete Raum verlangt also nur die Hälfte des Aufwands zur Herstellung.

Ist der Standort ungünstig und erlaubt der Untergrund einen solchen Ausbau im Grunde nicht, lässt sich der postmoderne Mensch dennoch nicht aufhalten. Bei wasserführenden Schichten oder gar drückendem Wasser – alles andere als die geeignete Position für einen Keller – wird abgedichtet, oft auf Kosten der Natur und der Allgemeinheit.

Ein weiteres Hindernis stellt die Entwässerung dar, denn ein Kellergeschoss soll in der Regel eine vollwertige Nutzungseinheit darstellen. Die Praxis zeigt, auch wenn die Rückstauebene des anliegenden Kanalsystems noch so hoch ist, die Technik macht es möglich und es werden diverse Aufwendungen, wie Hebeanlagen und Rückstauklappen getätigt, die nicht nur einen hohen Primärenergieaufwand in der Herstellung benötigen, sondern auch für den Betrieb, die Wartung und Instandhaltung. Also erzwungene Aufwendungen, die nicht nur das Bauen verteuern, sondern auch das Wohnen und Nutzen Tag für Tag.

## 5.1 Arten und Bauweisen von Kellern in Neubau und Bestand

Die meisten Keller stehen in direktem baulichen Zusammenhang mit dem Gebäude, das auf ihnen fußt. In Bestandsgebäuden sind oft sogenannte Naturkeller vorhanden, die entweder einen offenen Lehmboden aufweisen oder nachträglich ausbetoniert wurden. Die Wände fußen auf Streifen- oder Pfahlfundamenten. Diese Keller werden allerdings meist nur zu Lagerzwecken genutzt. Oft ist es in solchen natürlichen Kellern feucht. Auch wenn die durchschnittliche Feuchtelast keine Gefahr für die Bausubstanz darstellt, ist die Nutzung doch recht eingeschränkt.

In Neubauten handelt es sich meist um Fertigteilkeller aus Beton. Nur selten werden Keller noch gemauert. Die Räume werden oft so hergestellt, dass eine spätere Nutzung als Wohneinheit realisierbar wäre. Je nach Nutzung und Notwendigkeit eines Kellers besteht auch die Möglichkeit einer Teilunterkellerung. Früher dienten Keller bei landwirtschaftlichen Anwesen auch als Verbindung von Wohnhaus und Scheune.

Der Keller ist eine sehr komplexe Nutzungseinheit, die zu Beginn oft lediglich als umbauter Raum existiert. Wichtig ist, ob sich der Keller innerhalb oder außerhalb der thermischen Hülle befindet. Wird der Keller beheizt, befindet er sich ergo innerhalb der thermischen Hülle und die Wärmedämmebene und Luftdichtigkeitsebene sind die Außenbauteile des Kellers: Wände gegen Luft oder Erdreich sowie die Bodenplatte gegen Erdreich.

## 5.2 Ausbildung der Bodenplatte (innerhalb der thermischen Hülle)

Die Bodenplatte ist aber auch bei Gebäuden ohne Keller grundlegende Basis und sollte daher auch konsequent bauphysikalisch betrachtet werden. Wärmetechnisch und im Sinne der thermischen Ordnung im umbauten Raum ist die Ausbildung der Bodenplatte elementar. Die Gegenüberstellung von zwei grundlegend verschiedenen Varianten (A + B) zeigt dies deutlich (Abb. E 5.1 und E 5.2).

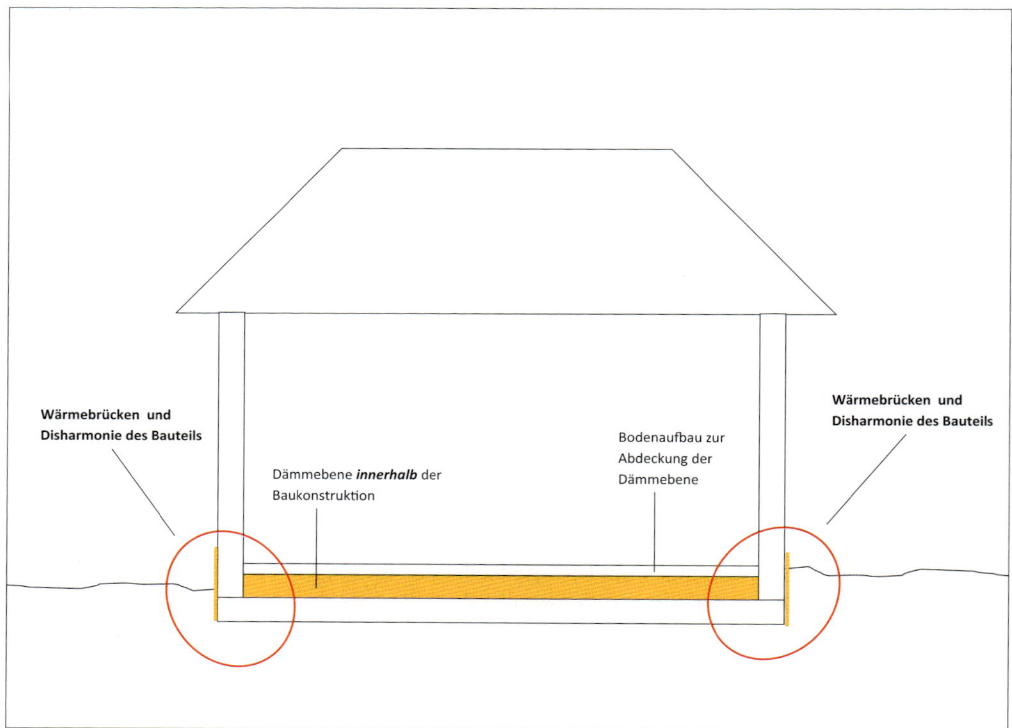


**Abb. E 5.1:** Variante A zeigt die Bodenplatte außerhalb der thermischen Hülle. Sie kann also nicht als Wärmespeicher dienen, weist Disharmonien in der Baukonstruktion durch Materialunreinheit auf und stellt eine umlaufende, umfassende Wärmebrücke dar. (Quelle: Frank Hartmann)

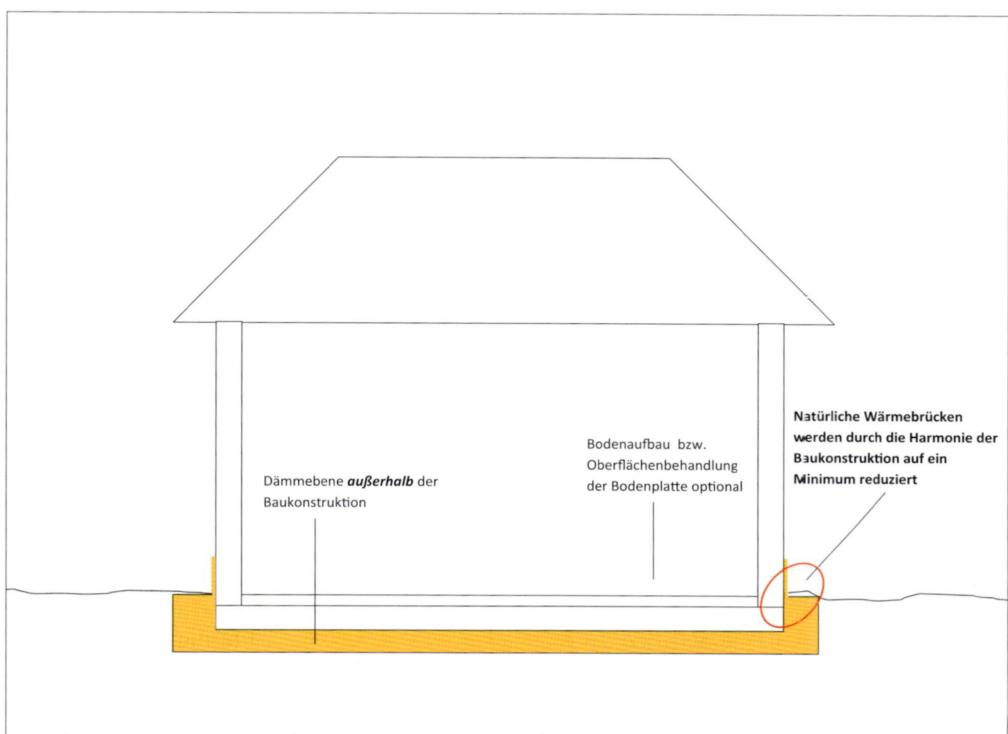


**Abb. E 5.2:** In der Variante B befindet sich die Bodenplatte innerhalb der thermischen Hülle. Durch Materialreinheit können nicht nur die Wärmebrücken auf ein Minimum reduziert werden, sondern die Bodenplatte vermag ihre gesamte Wärmespeicherkapazität zum Wohle des Innenraums zu nutzen. Dabei könnte man auf einen weiteren Bodenaufbau verzichten und lediglich die Oberflächen zum Gebrauch bearbeiten. (Quelle: Frank Hartmann)

Während sich bei Variante A die Bodenplatte außerhalb der thermischen Hülle befindet, liegt diese bei Variante B innerhalb, da die Dämmebene zwischen Erdreich und Bodenplatte eingebracht ist (Glasschaumschotter). Also wirkt die Masse der Bodenplatte in Variante B als Wärmespeicherung bzw. Wärmespeichermasse. Damit kommt dieses Bauteil der thermischen Ordnung optimal entgegen, da es sich um einen harmonischen, weil gleichmäßig umhüllten Kubus handelt. Variante A ist aus physikalischer und thermodynamischer Sicht abzulehnen. Wie in einem Sandwich wird im Raum eine Dämmebene angebracht, die anschließend mit einer weiteren Materialebene – nicht selten Zement-oder Anedrith-Estrich – ergänzt wird. Die vielen Wärmebrücken und Materialanschlüsse sind auf den ersten Blick zu erkennen, ungeachtet der Bauzeitenplanung, den Aufwendungen rein zeitlicher Art an Bauabschnitten, Montagephasen und Gewerke-Schnittstellen.

Entsprechend der Variante B wirkt die Bodenplatte innerhalb des umbauten Raumes als Wärmespeicher und ist gegen das Erdreich bestens durch eine wärmedämmende und kapillarbrechende Schicht eingepackt. Es ist gar kein weiterer Aufbau notwendig. Bei Bedarf lässt sich eine Holzkonstruktion (unter Berücksichtigung des Trittschalls) für einen Holzboden aufbringen. Es kann aber auch der Beton geschliffen und poliert werden, geölt oder gewachst. Dadurch gewinnt man nicht nur eine interessante Oberflächenstruktur mit unterschiedlichen Nuancen, sondern reduziert den Aufwand auf das Notwendigste. Der Boden kann bei einem Keller auch gerne erst einmal bleiben, bis sich eine Konkretisierung der Nutzung oder gar eine Nutzungsänderung einstellt.

## 5.3 Nutzung von Kellergeschossen und deren Anforderung

Keller werden oft als einfache Räume geplant, die lediglich über eine haustechnische Grundausstattung verfügen: Elektroinstallation für Licht und Steckdosen, vielleicht ein Heizungsanschluss, sehr oft ein Bodenablauf für freie Entwässerung.

Ein Hauswirtschaftsraum verfügt da schon über mehr Anschlüsse, ein Ausgussbecken, Waschmaschinenanschlüsse, Trockner usw. Oft gesellt sich eine Toilette mit WC und Handwaschbecken dazu. Die anderen Räume aber werden in der Raumliste meist durchgezählt.

### 5.3.1 Definition von Kellern und Kellerräumen

Keller zeichnen sich im Allgemeinen dadurch aus, dass sie in einem lichtarmen Untergeschoss untergeordnete Räume beinhalten, die sich in ihrer Nutzung im Vergleich zu Wohnräumen und Wohngeschossen deutlich unterscheiden. Menschen halten sich wenig bis sehr selten in ihnen auf, da diese Räume vielmehr als untergeordnete Nutzräume verstanden werden. Dementsprechend „untergeordnet" werden sie behandelt: in der Regel unbeheizt!

Durch die unterschiedlichen Nutzungen ergeben sich verschiedene Innenraumklimata: im Keller wenig/kein Luftwechsel und keine aktive/passive Temperierung, im Wohnraum das Gegenteil. Als eigenständige Geschossebene sind Keller von Wohneinheiten baulich in der Regel deutlich (oft auch thermisch) getrennt. Dennoch bilden Kellerräume im wahrsten Sinne des Wortes das Fundament des Hauses, auf dem die darüber liegenden Wohnbereiche mit all ihren Komfort- und Hygieneansprüchen ruhen. Daher handelt es sich bei Kellerräumen um eine durchaus schützenswerte Bausubstanz. Zusätzlich zum Schimmelpilzbefall können große Feuchtelasten auf Dauer die bauliche Substanz erheblich schädigen und erschweren somit die Bestandserhaltung. Hohe Feuchtelasten schädigen also nicht nur die menschliche Gesundheit, sondern schaden auch dem Wohlergehen des Hauses.

Kellerräume sind keineswegs klar und eindeutig definiert – zu unüberschaubar sind die vielfältigen Bestandssituationen bei Altbauten. Letztendlich sind Keller in der Praxis nur aufgrund der jeweiligen Bausituation, der spezifischen Nutzung sowie den daraus resultierenden bau-physikalischen und bau-biologischen Fakten zu bewerten.

Konsens allerdings ist die Feststellung, dass Außenwände von Kellerräumen mehr als zwei Drittel oder schier gänzlich von Erdreich umgeben sind, in der Regel als unbeheizt gelten und nicht für einen längeren Aufenthalt des Menschen bestimmt sind. Tabelle E 5.1 zeigt die wesentlichen Unterschiede in Abhängigkeit von der Nutzung und der Aufenthaltsdauer von Menschen.

Tabelle E 5.1: Nutzungskategorien von Kellern und untergeordneten Räumen (Quelle: Forum Wohnenergie)

| Raum Nutzung und Kategorisierung | | Angenommene Aufenthaltsdauer | Resultierende Aufenthaltsdauer | Vom Menschen als Aufenthaltsraum genutzt | Beheizter Raum (20 °C) |
|---|---|---|---|---|---|
| 0 | Kellerraum zur Lagerung und zum Abstellen | 1 bis 10 min/d | 6 bis 55 h/a | nein | nein |
| 1 | Waschküche und Hauswirtschaftsraum | 12 bis 60 min/d | 73 bis 365 h/a | schwach | ja / teilweise |
| 2 | Hobbyraum und Werkraum | 1 bis 2 h/d | 730 bis 1460 h/a | mittel | ja / teilweise |
| 3 | Arbeitsraum als Büro oder Verkaufsraum | 10 h/d | 2500 h/a | konstant | ja / teilweise |
| 4 | Wohnraum zum Wohnen und Schlafen | 24 h/d | 8760 h/a | durchgehend | ja / durchgehend |

## 5.3.2 Kellerräume und ihre bauphysikalischen Auswirkungen

Durch das angrenzende Erdreich der meisten Außenwandflächen ergeben sich unterschiedliche Oberflächentemperaturen, nahezu unabhängig vom Wärmedämmstandard. Die angrenzenden Erdmassen erhöhen im Winter die Wärmedämmung, lassen im Sommer jedoch keine Erwärmung von außen zu. Die Qualität der Wärmedämmung gegen außen/Erdreich kann im Bestand bei fehlender Dokumentation oft nur durch bauphysikalische Messungen ermittelt werden.

Entscheidend ist besonders die Oberflächentemperatur von Bauteilen, die bei unbeheizten Kellerräumen (vor allem im Sommer) sehr erheblich von der Raumlufttemperatur abweichen können. Zu vermeiden ist in jedem Fall, dass Wasserdampf aus der Luft zu Wasser am und/oder im Bauteil kondensiert. Die relative Luftfeuchte (prozentuale Wasserdampfsättigung) kann dabei zwar einen aktuellen Anhaltspunkt über den Grenzpunkt des Aggregatszustandswechsels geben. Dabei gilt es aber zu berücksichtigen, dass sich dieser Wert in Abhängigkeit der Temperatur quasi ständig ändert und sich nicht für einen Luftfeuchtevergleich (von Innen- und Außenluft) eignet. Denn wenn sich die Wasserdampfmasse in einem Raum gar nicht ändert, so schwankt dennoch die relative Luftfeuchte, eben mit den Schwankungen der Temperatur. Besonders bei der Lüftung von unbeheizten Kellern kommt es dementsprechend immer wieder zu schwerwiegenden Fehleinschätzungen.

## 5.3.3 Die Wasseraktivität am Bauteil (aw-Wert)

Es ist also nicht allein die relative Raumluftfeuchte irgendwo im Raum, sondern der sogenannte aw-Wert (Wasseraktivitäts-Wert), der die Wasseraktivität am Bauteil von 0 ... 1 bezeichnet. Das heißt, nicht der Wasserdampfgehalt der *Raumluft*, sondern am *Bauteil* ist die relevante Größe. Dementsprechend ist die relative Feuchte direkt am Bauteil zu messen bzw. zu ermitteln. Der Maximalwert 1 bedeutet 100 % relative Feuchte *am* Bauteil, also Wassersättigung! Es kommt zu Taupunktunterschreitung, Aggregatszustandswechsel und Bildung von Kondensat.

Gleichung: $aw - \text{Wert} = \frac{\text{relativeLuftfeuchtigkeit (\%)}}{100} \quad (0...1)$

Der Wasserdampf in der Raumluft ist dennoch für die Wasserdampfsättigung am und im Bauteil verantwortlich und bildet somit den Ansatz für ein nachhaltiges Feuchtemanagement im Raum. Nun mag es sein, dass – wie in Wohnräumen – geeignete Materialien und Baustoffe Wasserdampf puffern, aber irgendwann ist auch dieser Puffer „voll" und er muss wieder austrocknen können. Dies ist in der Regel nur mit einem zielorientierten Luftwechsel möglich, aber bitte mit deutlich trockenerer Luft als der vorhandenen.

### 5.3.4 Pilzwachstum – Die wichtige 80-%-Linie

Wichtig ist zu wissen, dass manche Schimmelpilze bereits weit unterhalb der Sättigung beginnen zu wachsen, beispielsweise der *Aspergillus restrictus*, der schon bei einem aw-Wert von 0,71 bis 0,75 gedeiht. Die meisten Arten brauchen eine Wasseraktivität von > 0,8. Zur Vermeidung von Schimmelpilzwachstum gilt daher, die wichtige 80-%-Linie nicht zu überschreiten.

Mangelhafte Wärmedämmung und fehlende Temperierung erhöhen zusätzlich das Problem einer sehr niedrigen Oberflächentemperatur von Bauteilen, was eine Schimmelpilzbildung begünstigt. Fehlende interne Wärmegewinne kommen erschwerend hinzu. Eine falsche Belüftung von Kellerräumen kann sich dementsprechend besonders im Sommer als fatal herausstellen, wenn durch den hohen Wasserdampfgehalt der Außenluft ein Keller de facto feucht gelüftet wird und die grundsätzliche Problematik (ungewollt) verstärkt wird.

### 5.3.5 Nutzungsvariabilität von Kellern

Auch wenn in der Genehmigungsplanung die Standardbezeichnung Keller 1, 2, 3 usw. zu finden ist, sind die Vorstellungen über eine spätere oder temporäre Nutzung oft schon sehr konkret in den Köpfen der Bauherrenschaft vorhanden.

Die Nutzungsvariabilitäten eines Kellergeschosses sind daher allein schon hinsichtlich der thermischen Hülle – in der schlichten Fragestellung: beheizt oder unbeheizt? – genau zu betrachten. Möchte man den obligatorischen Multifunktionsraum, ein Spielzimmer oder gar einen Heimarbeitsplatz realisieren – hier fällt schon die Entscheidung, ob es sich um einen Wohn- und Aufenthaltsraum für Menschen handelt oder nicht.

Möchte man einen Rest Ursprünglichkeit eines Kellers behalten und diesen zur Nahrungsmittellagerung nutzen, so versteht sich dieser Bereich als unbeheizt und man nähert sich der ursprünglichen Funktion eines Erdraums.

## 5.4 Kühlräume zur Lebensmittellagerung

Betrachtet man den Energieaufwand für Kälte, insbesondere für Kühlung, lohnt es sich auch hier, aus dem Vorbild der Natur und deren Ordnung seine Schlüsse zu ziehen.

Tiefkühlgeräte (–8 bis –18 °C) benötigen einen ungleich höheren Energieaufwand als einfache Kühlgeräte (8 bis 5 °C). Ist der Anteil an tiefgekühlter Kost hoch, ist auch der Energiebedarf hoch und verlangt einen wesentlich höheren aktiven Aufwand als bei einer natürlichen Kühlung von Lebensmitteln, die durchaus passiv geschehen kann. Auch wenn sich im Sommer die elektrische Energie für Kälteaggregate gut mit Solarenergie abdecken lässt, verhält es sich im Winter gegenteilig, sodass die elektrische Energie oft ungleich aufwändiger bereitgestellt werden muss (z. B. durch ein Blockheizkraftwerk).

Kälte ist nichts anderes als mangelnde Wärme oder konkret das Resultat aus Wärmeentzug und Vermeidung von Wärmeeintrag. Erdkeller, die vornehmlich zur Lagerung von Lebensmitteln genutzt werden, können unabhängig von der Baukonstruktion neben ein Gebäude platziert werden. Sie bieten die Möglichkeit, die im oberflächennahen Untergrund anstehende Erdwärme ohne zusätzlichen Energieaufwand im Jahreslauf zur Kühlung von Lebensmitteln zu nutzen. Bei einer entsprechenden Überbauung und einem Hitzeschutz für die Sommermonate lässt sich eine Temperatur von etwa 10 °C sicherstellen.

Soll die Temperatur in einem solchen Keller auf einem definierten Maximum konstant gehalten werden (Kühlschrank-Funktion), kann dies mit einer kleinen Wärmepumpe geschehen, welche die Umgebungsluft des Lagerraumes durch Wärmeentzug kühlt. Die aus der Luft und dem Kühlprozess gewonnene Wärme kann man z. B. zur Trinkwassererwärmung nutzen.

# 6 Das Beispielhaus

Das im Folgenden dargestellte Beispielhaus dient als praxisorientierter Bezug zur Einführung in die Konzeptentwicklung einer Baubiologischen Haustechnik im Kontext einer biologischen Bauordnungslehre. Es steht ferner beispielhaft in seiner Konzeption aus Wohnen, Arbeiten und Wirtschaften, welche derzeit in dem eigens gegründeten Projekt „Lebensraumsiedlung" am Forum Wohnenergie beispielhaft und alternativ zu einem konventionellen realen Bebauungsplan entwickelt wird. Aus diesem lebensräumlichen Fundus werden nicht nur Gebäudetypen für die Anforderungen des 21. Jahrhunderts generiert, sondern diese auch in eine zukunftsfähige Siedlungsstruktur eingebettet.

## 6.1 Einführung in das Beispielhaus

Diese Konzeption erschöpft sich nicht in der Verwendung regionaler Baustoffe, sondern verweist ebenso auf ein dezentrales Energie- und Wassermanagement, inklusive einer systemischen Freiflächengestaltung als Neue Land-Wirtschaft im Kontext einer zukunftsfähigen, ökosozialen und lebensqualifizierender Raumordnung.

Das Beispielhaus, welches wir uns aus jener Lebensraumsiedlung entleihen und als Arbeitsgrundlage dem Leser vorstellen, ist zwar aus einem durchaus ganzheitlichen Kontext entnommen, vermag es aber, auf ca. 1600 $m^2$ gewachsener Erde separat gestellt zu werden, um nicht nur einen roten Faden durch dieses Buch zu führen, sondern auch um zu inspirieren und zu informieren und beispielsweise in Workshops weiterentwickelt zu werden.

**Abb. E 6.1:** Das Beispielhaus, welches nach den Kriterien einer biologischen Bauordnungslehre geplant wird (Quelle: Frank Hartmann)

Wir lehnen es an dieser Stelle ausdrücklich ab, dieses Haus als „Öko- oder Biohaus" zu bezeichnen; es ist ein *Haus für Menschen*, wie es nur sein kann. Den baurechtlich verordneten Anforderungen wird selbstredend Genüge getan, auf ein notwendiges Maß reduziert. Ein Haus für Menschen – ob „normal" oder „anders" – in jedem Fall generationenübergreifend und generationengerecht im Kontext einer natürlichen Ordnung.

### 6.1.1 Der Baugrund (der Grund des Bauens)

Überlegungen, ein Haus, ein Eigenheim zu errichten, liegen nicht selten im Standort, einem ganz bestimmten Flecken Erde begründet. Letztendlich sollte in der Tat der Baugrund der Grund des Bauens überhaupt sein. Auch wenn wir diesen Ort in unserer Fantasie weiter Gestalt annehmen lassen, wollen wir einige Fakten festhalten, um daraus jenes Gerüst zu bauen, welches uns Anlass gäbe, hier und dort zu bauen.

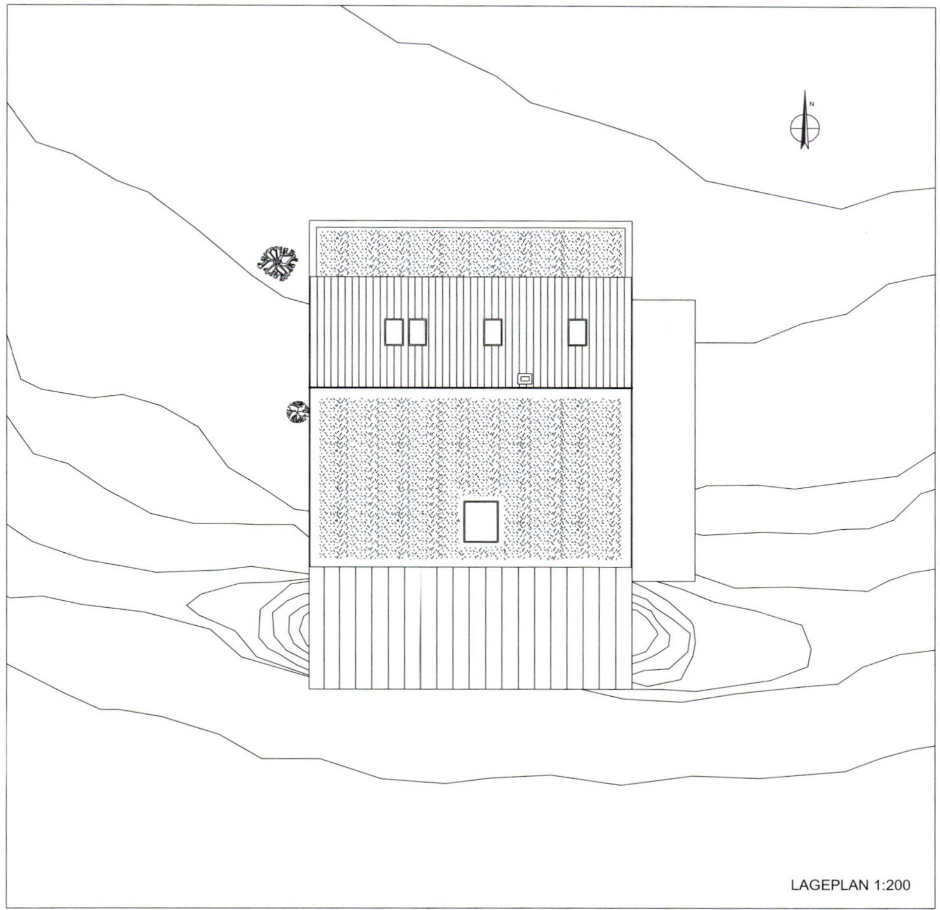


**Abb. E 6.2:** Lageplan des ausgerichteten Beispielhauses auf dem Grundstück mit einer Gesamtfläche von etwa 1600 m² ( Quelle: Frank Hartmann)

Der visualisierte Baugrund entspricht selbstredend den Regeln einer biologischen Bauordnung (u. a. Standard der Baubiologischen Messtechnik (SBM) sowie Anhörung der Geomantie und Umwelteinflüsse). Seine klimatische Typologie bestimmt alle weiteren Schritte des Bauens. Auszugehen ist von einer ebenen Fläche mit leichten Abstufungen auf einer Hanglage. Es handelt sich um eine freistehende Bebauung auf gewachsenem Untergrund mit Lehmboden direkt unter einer Humusschicht von ca. 300 mm, mit Gräsern und Blumen bewachsen. Die Ausrichtung sowie Draufsicht der Dachflächen ist dem Lageplan (Abb. E 6.2) zu entnehmen.

Die Anforderung der Bauherrenschaft sieht eine möglichst vielfältige Nutzung des Gebäudes vor. Konstruktion und Bauweise folgen also einer maximalen Nutzungsvariabilität (Erweiterung, Umbau, Ausbau, Nutzungsänderung), z. B. vom klassischen Familienhaus mit Erwachsenen und Kindern bis zu einem Mehrgenerationenhaus bzw. einer optionalen Erweiterung für betreutes Wohnen (einschließlich Barrierefreiheit – im Haus und im Denken).

Ferner ist eine der wesentlichen Anforderungen, die Innen-Außen-Schwelle zu überwinden und den Außen- mit dem Innenraum unmittelbar zu verbinden, da beide Lebensräume gleichermaßen von Bedeutung sind. Dies soll sich aber nicht allein durch die üblichen Zugänge einstellen, sondern durch Bildung eines bewohnbaren und nutzbaren Außenbereichs, der wind- und wettergeschützt ist und in dem aktives Leben stattfindet. Dementsprechend bildet dieses Haus auch ein Beispiel gegen die Abkapselung von der Umwelt. Aus diesem Grund wird der Innenraum umso mehr als Kernraum definiert, der die entsprechenden Qualitäten der thermischen Hülle aufweist. Eine weitere Raumkategorie bilden die Nutz- und Arbeitsräume, welche der thermischen Hülle angeschlossen sind.

Das räumliche Tao von Innen- und Außenraum wurde in einem „Garten-Atrium" (Hybridraum) bereits berücksichtigt, das gleichermaßen als Schutzzone für Bauwerk und Flora konstruiert ist. Hier soll ein möglichst ganzjähriges Zwischenklima herrschen, welches die Anzucht und Ernte von Lebensmitteln ermöglicht, um die Bewohner mit elementaren Grundnahrungs- und Heilmitteln auszustatten. Die Baukonstruktion des Hauptbaus tritt dabei in ein klimatisches Wechselspiel zum Ausgleich von jahreszeitlichen Extremen.

Dementsprechend gilt es auch, den Außenraum zur Kultivierung des Mikroklimas lebensraumgerecht zu entwickeln und den Anforderungen an eine Grundversorgung mit wichtigen Lebensmitteln anzupassen. Freilich müssen auch genügend Regenerationsraum und Verweilorte für die Bewohner in den Freiflächen herausgebildet werden. Dies ist eine grundsätzliche Überlegung aus der Konsequenz des Landerwerbs und Bauens für die Bauherrenschaft.

### 6.1.2 Die Infrastruktur

Die Infrastruktur ist dem ländlichen Bereich zuzuordnen, allerdings entsprechend einer ökosozialen Raumordnung nach den Regeln der Baubiologie, also ohne kostspielige Infrastrukturmaßnahmen einer öffentlichen Versorgung mit Anschlusspflichten, sondern vielmehr eine systemische Integration in die natürliche Ordnung, ohne diese zu stören.

Es gilt, das Gebäude sanft und schonend in die Umgebung zu integrieren. Dementsprechend sind eine dezentrale Abfallwirtschaft (Wiederverwertungsstrategien/Stoffkreislauf usw.) und regionales Energie- und Wassermanagement in bürgerlicher Verantwortung die Grundlage dieses zukunftsfähigen Bauens.

Für die gesamte Lebensraumsiedlung wird eine dezentrale Versorgungsanlage in der Selbstverantwortung dieser Gemeinschaft betrieben.

### 6.1.3 Die Entwurfsplanung [1]

Die dargestellten Grundrisse und Ansichten stellen einen ersten Entwurf dar, der freilich noch Varianten offen hält. Etwaige Detailvarianten und -festlegungen mögen sich in der Konzeptentwicklung herauskristallisieren bzw. werden in Workshops herausgearbeitet.

Die Abbildungen E 6.3 bis E 6.6 zeigen alle vier Ansichten.

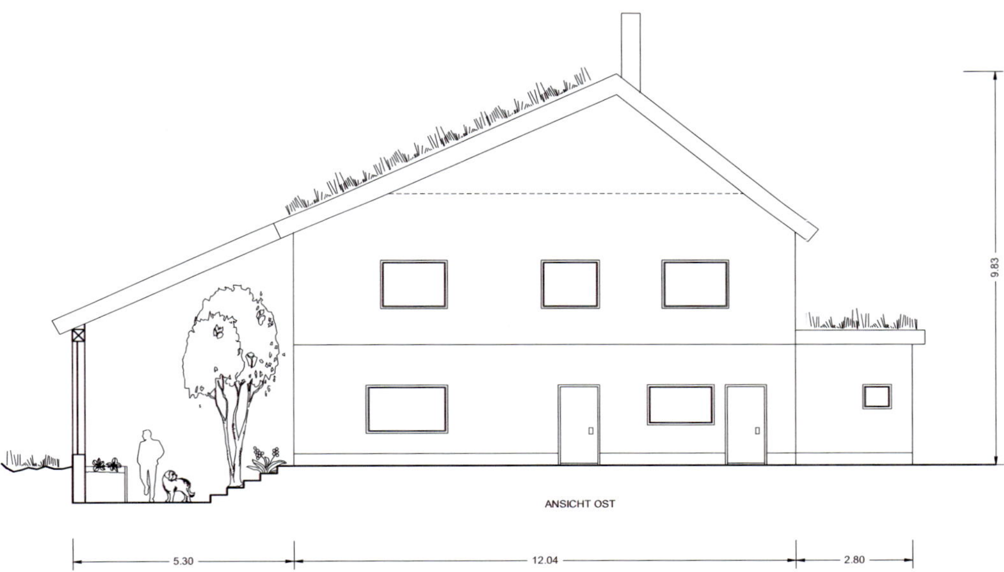


**Abb. E 6.3:** Ostansicht des Beispielhauses mit entsprechenden Erweiterungs- und Anbauoptionen (Quelle: Frank Hartmann)

Auf der Seite der aufgehenden Sonne (an der Ostfassade) ist eine Veranda vorgesehen, die statisch so ausgebildet ist, dass darauf ein Anbau errichtet bzw. ein schlichtes Gerüst für eine Fassadenbepflanzung oder Pergola errichtet werden kann. Diese Anbauoption entspricht mit einer Breite von etwa 3,0 m einer Wohnraumerweiterung über die gesamte Länge von etwa 12 m zu einer nutzbaren Fläche von etwa 36 m$^2$.

Gleiches gilt für die Seite der niedergehenden Sonne mit der Ausbildung eines Balkons in Kombination mit der Holzbalkendecke über dem Erdgeschoss, mit entsprechend verlängertem Dachüberstand. Es gilt abzuwägen, wie mit den Solarerträgen umgegangen wird. Eine Balkonkonstruktion kann bereits das Gerüst eines späteren Ausbaus sein, wo die Montage von Solarkollektoren in der Holz-Geländer-Konstruktion möglich ist.

1 Weitergabe, Vervielfältigung und Verwertung sowie die Mitteilung der Inhalte sind verboten. Zuwiderhandlungen verpflichten zu Schadenersatz. Alle Rechte für den Fall der Patent-, Gebrauchsmuster- oder Geschmacksmustereintragung vorbehalten. (ISO 16016)

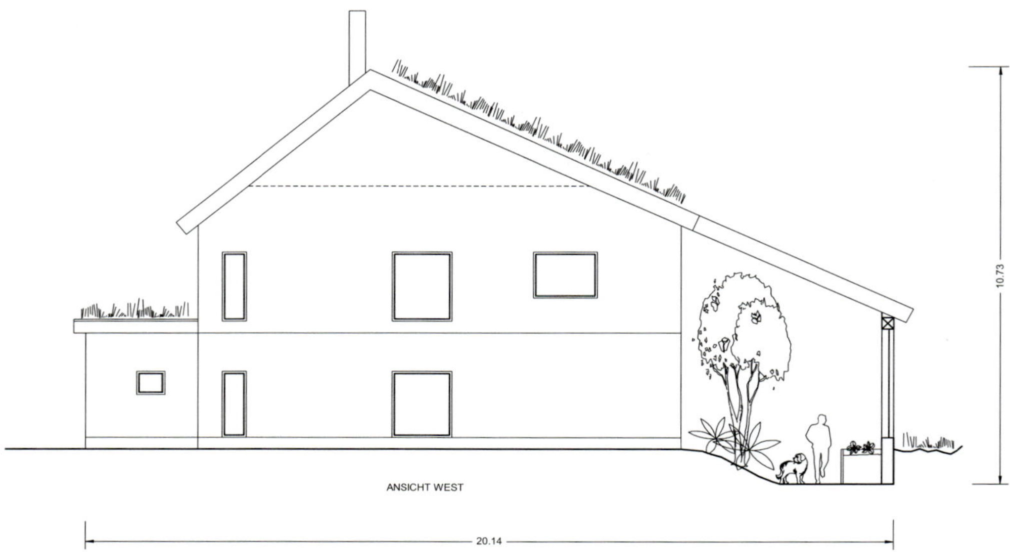


**Abb. E 6.4:** Westansicht des Beispielhauses mit entsprechenden Erweiterungs- und Anbauoptionen (Quelle: Frank Hartmann)

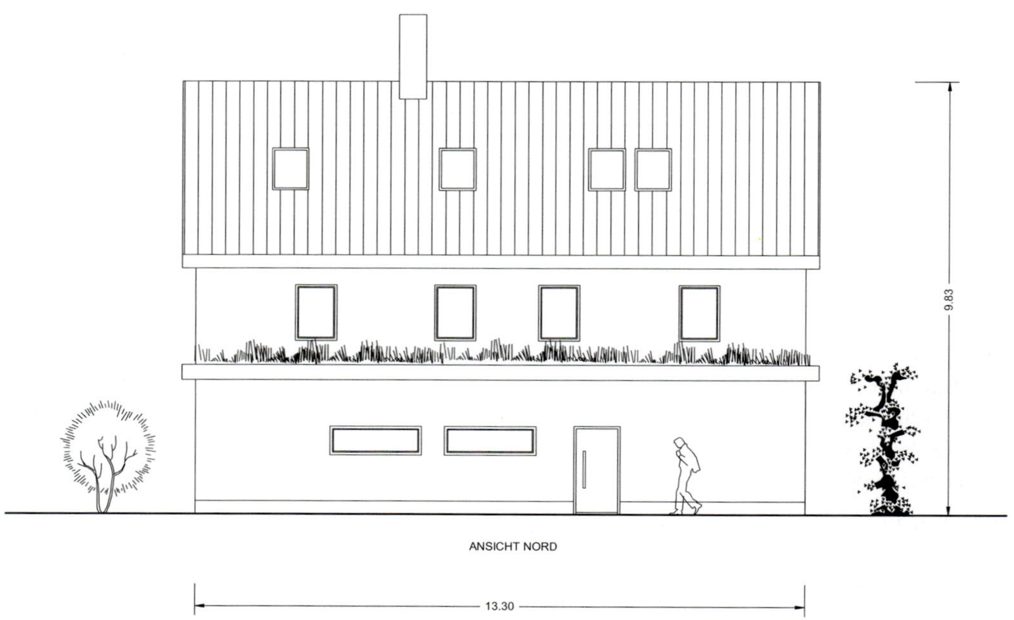


**Abb. E 6.5:** Nordansicht des Beispielhauses (Quelle: Frank Hartmann)

Obgleich es sich bei der nach Norden gewandten Seite um einen geschützten Bereich handelt und im Erdgeschoss die Nutz- und Arbeitsräume sowie der Hauseingang vorgesehen sind, lassen sich ähnliche Ausbauszenarien auch auf dem Anbau im Norden denken – was im Unterbau entsprechend statisch zu berücksichtigen ist. So ließen sich beispielsweise die Schlaf- und Ruhebereiche bzw. Hygienebereiche im Obergeschoss erweitern. Auf dem Dach wird zunächst eine Dachbegrünung hergestellt, die im Ausbaufall entsprechend höher rücken würde.

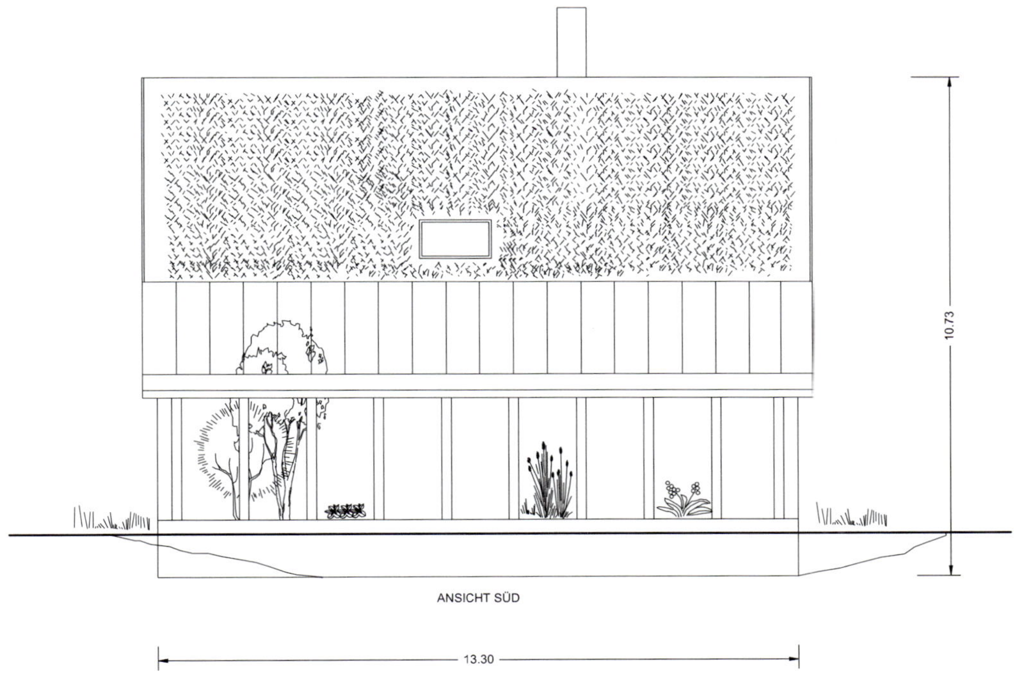


**Abb. E 6.6:** Südansicht des Beispielhauses (Quelle: Frank Hartmann)

Die gegen den Höchststand der Sonne ausgerichtete Seite zeigt in den dominierenden Hybridraum mit Zugängen aus dem Inneren und von Ost und West in einer Versenkung, welche durch den Baugrundverlauf begünstigt ist. Die Bewegungsflächen werden mit Pflastersteinen (Natursteinen aus der Region) belegt. Darüber hinaus gibt es offene Erden für die Bepflanzung. Die Frühbeete hinter der Sockelmauer werden aus Porenbetonsteinen hergestellt.

Abb. E 6.7 zeigt die gesamten Dachflächen in der Draufsicht sowie die durch das Gebäude überbaute Fläche, welche wir im Bereich WASSER explizit im Rahmen der Regenwasserbewirtschaftung erläutern.

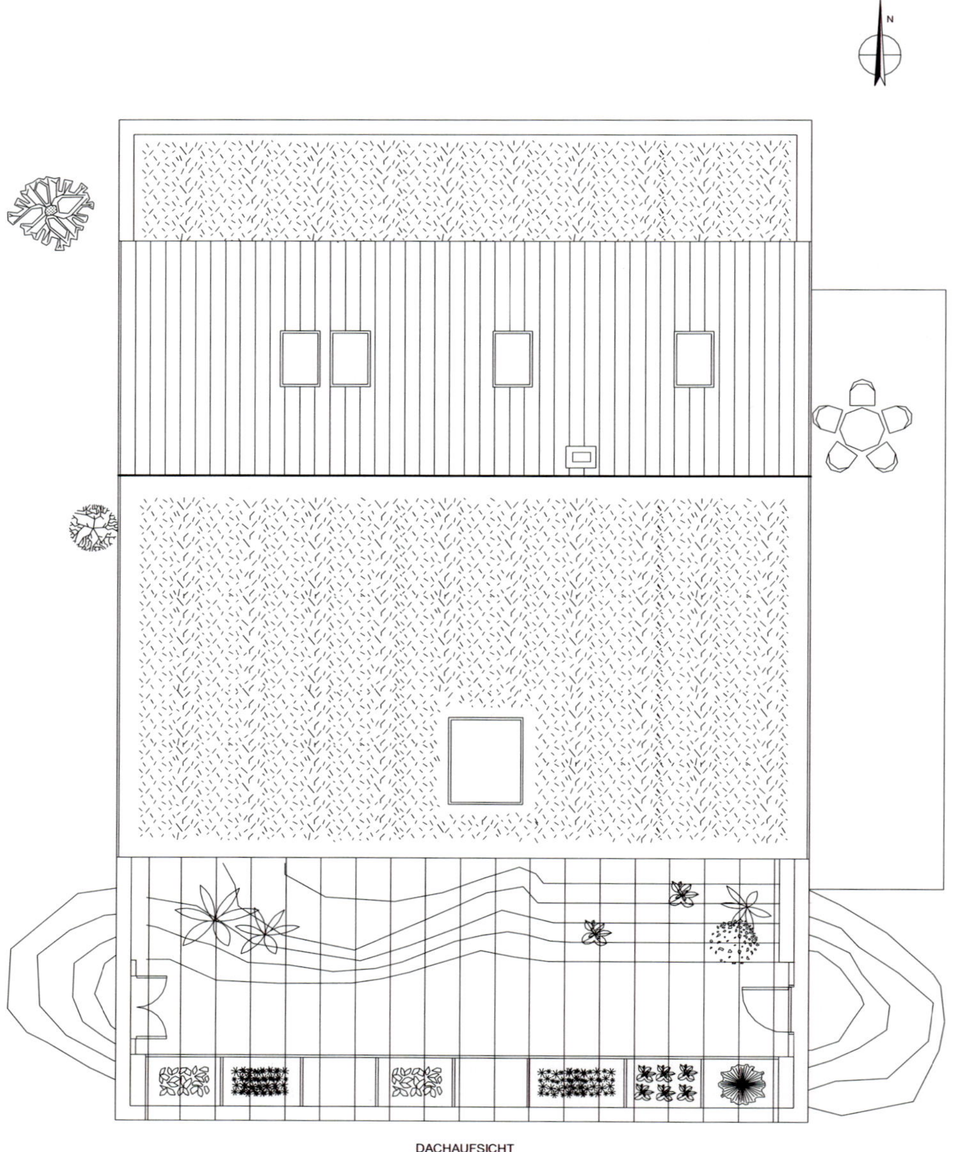


**Abb. E 6.7:** Dachansicht der versiegelten Flächen durch das Beispielhaus (Quelle: Frank Hartmann)

## 6.2 Die Räume des Wohnens und Wirtschaftens

Im Zentrum des Inneren befindet sich sowohl im Erdgeschoss als auch im Obergeschoss eine Wärmequelle, die von dort aus den Innenraum temperiert. Auf eine Dachgeschossebene (welche durchaus nutzbaren Wohn-, Lager- oder Ausweichraum zur Verfügung stellen kann) wurde in der Entwurfsplanung verzichtet, steht aber selbstredend als innere Ausbauoption zur Verfügung.

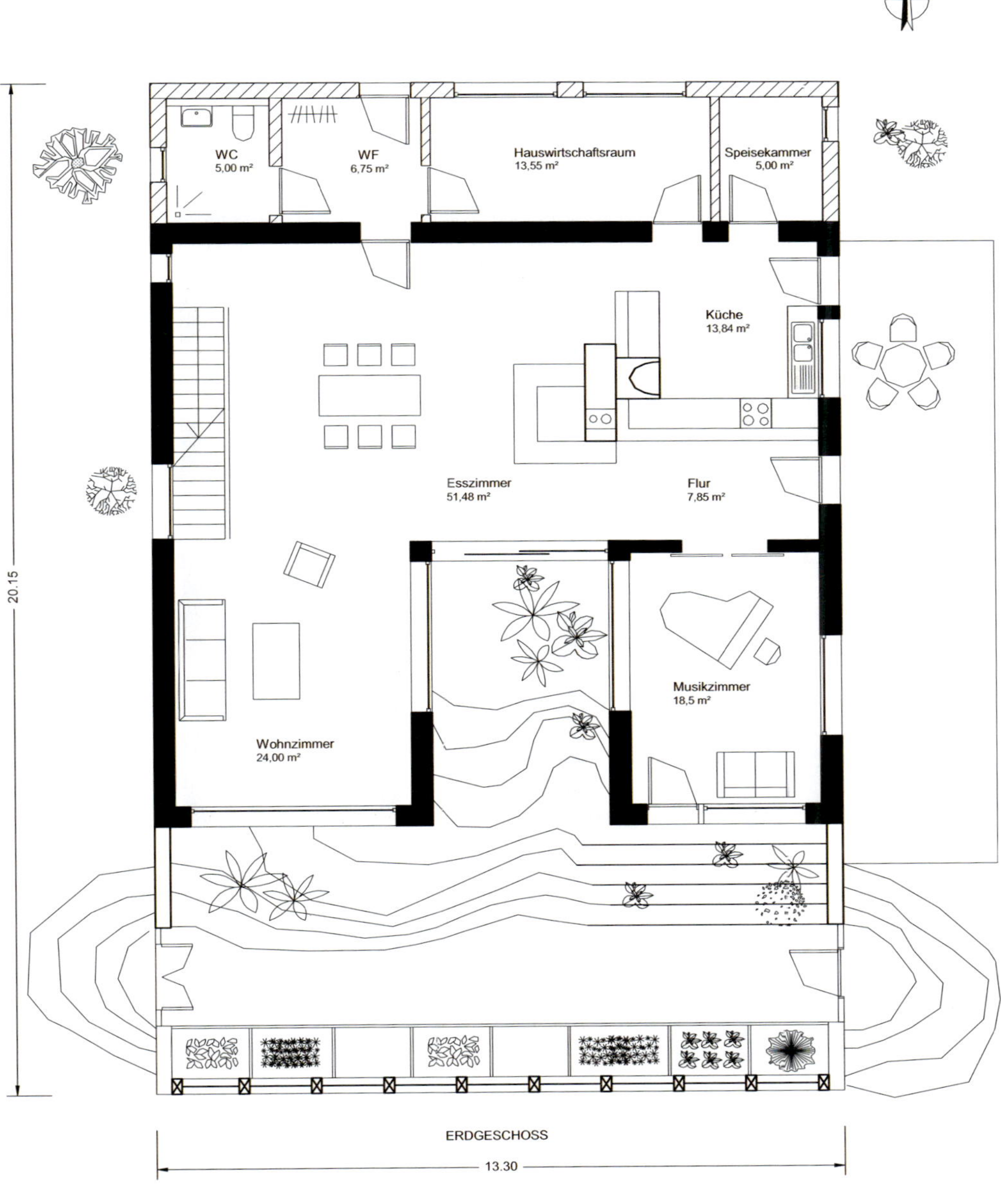


**Abb. E 6.8:** Grundriss des Erdgeschosses inkl. Anbau und Hybridraum (Garten-Atrium) (Quelle: Frank Hartmann)

Der Grundriss des Erdgeschosses lässt auch sehr gut die Anordnung der Frühbeete sowie die Bewegungs- und Pflanzflächen sowie die Böschungen des Erdenverlaufs erkennen. Wohingegen der Grundriss des Obergeschosses einen Schnitt durch die Glasdachfläche des Hybridraums sowie ein mittig angeordnetes Dachfenster zeigt.

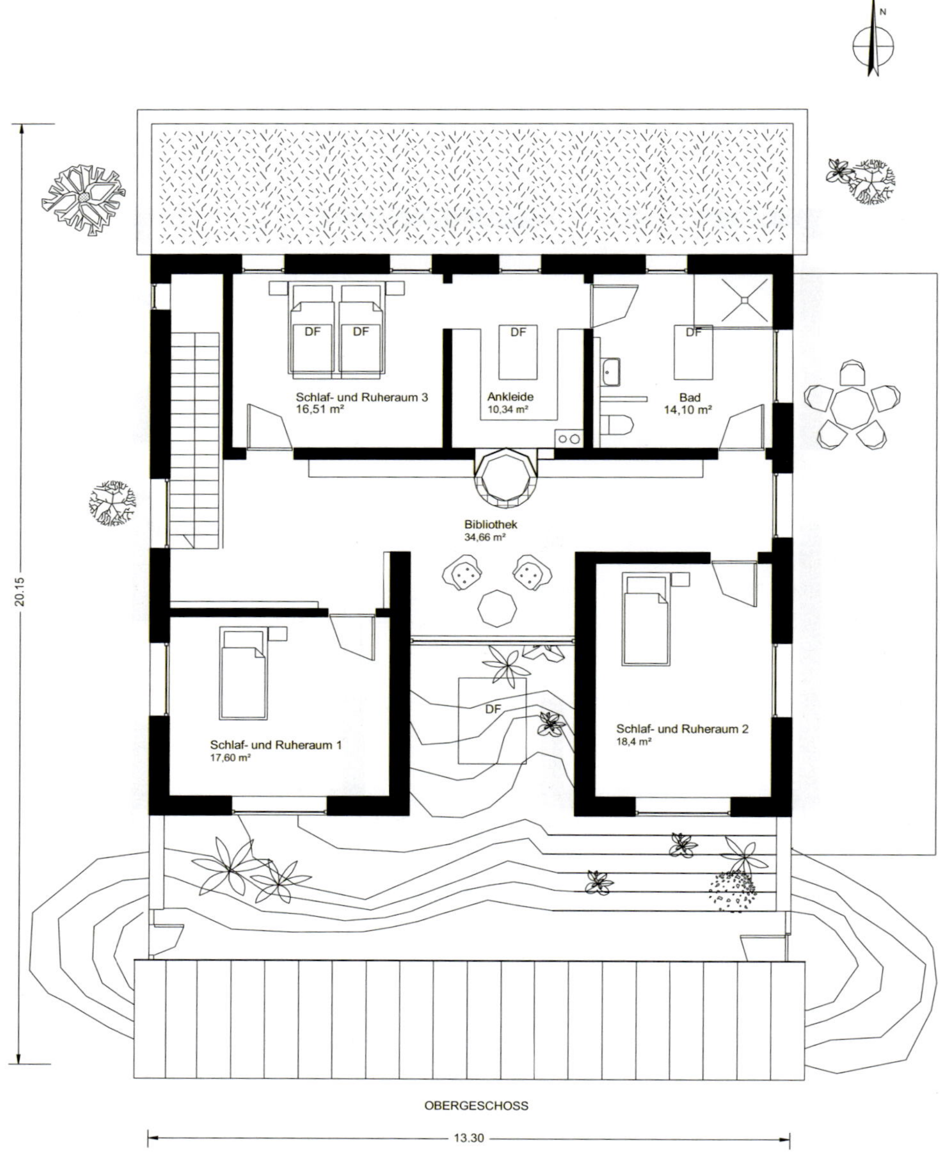


**Abb. E 6.9:** Grundriss des Obergeschosses mit Verbindung zum Hybridraum (Garten-Atrium) (Quelle: Frank Hartmann)

Aus der Raumaufteilung lässt sich eine Zonierung erkennen, die bewusst zu betrachten, zu variieren und zu definieren ist. Die Vorgehensweise der Zonierung und die Grundlagen der Unterscheidung finden in der Natur mannigfache Vorbilder. Für die Errichtung eines Bauwerks sind sie elementar und stehen zudem im direkten Zusammenhang mit der Umgebung des umbauten Raumes.

### 6.2.1 Zonierung der umbauten Räume

Die Zonierung der umbauten Räume definiert die baulichen Anforderungen sowohl hinsichtlich des Schutzes vor Wind und Wetter, als auch bezüglich ihrer Nutzung und den daraus resultierenden Nutzungsanforderungen. Die Unterteilung erfolgt – auf das Wesentlichste reduziert – nach folgender Zonierung:

| | | |
|---|---|---|
| Wohnräume | Kernräume | EG – öffentlich – Stein |
| | Nebenräume | OG – privat – Holz |
| Wirtschaftsräume | Hauswirtschaft | EG – untergeordnet, von den Kernräumen getrennt |
| | Atrium | EG – umbauter Hybridraum zur Lebensmittelversorgung und Pflanzenaufzucht |

### 6.2.2 Wohnräume

Die Wohnräume verlangen die höchsten Anforderungen an den umbauten Raum innerhalb der thermischen Hülle und bilden die Kernräume des gemeinschaftlichen als auch individuellen Lebens als gesellschaftlich-öffentlicher Bereich entsprechend ihrer Nutzung für die Zubereitung von Speisen, das Wohnen in Geselligkeit und zum gemeinschaftlichen Essen und Kommunizieren im Erdgeschoss. Das Musikzimmer kann auch als Multifunktionsraum je nach Nutzungsanforderung betrachtet werden oder schlicht als Rückzugsort.

Die Schlaf- und Ruheräume befinden sich als Privatbereich im Obergeschoss, als Rückzugsräume und zur individuellen Regeneration mit den sensibelsten Anforderungen ohne jegliche Störung sowie das Duschbad (optional auch Wannenbad) mit Wärmebank zur körperlichen Reinigung und Regeneration. Die Bibliothek bildet gleichsam einen Übergangsbereich mit zentraler Wärmequelle inkl. einer Leseecke direkt am Hybridraum, als interner Balkon.

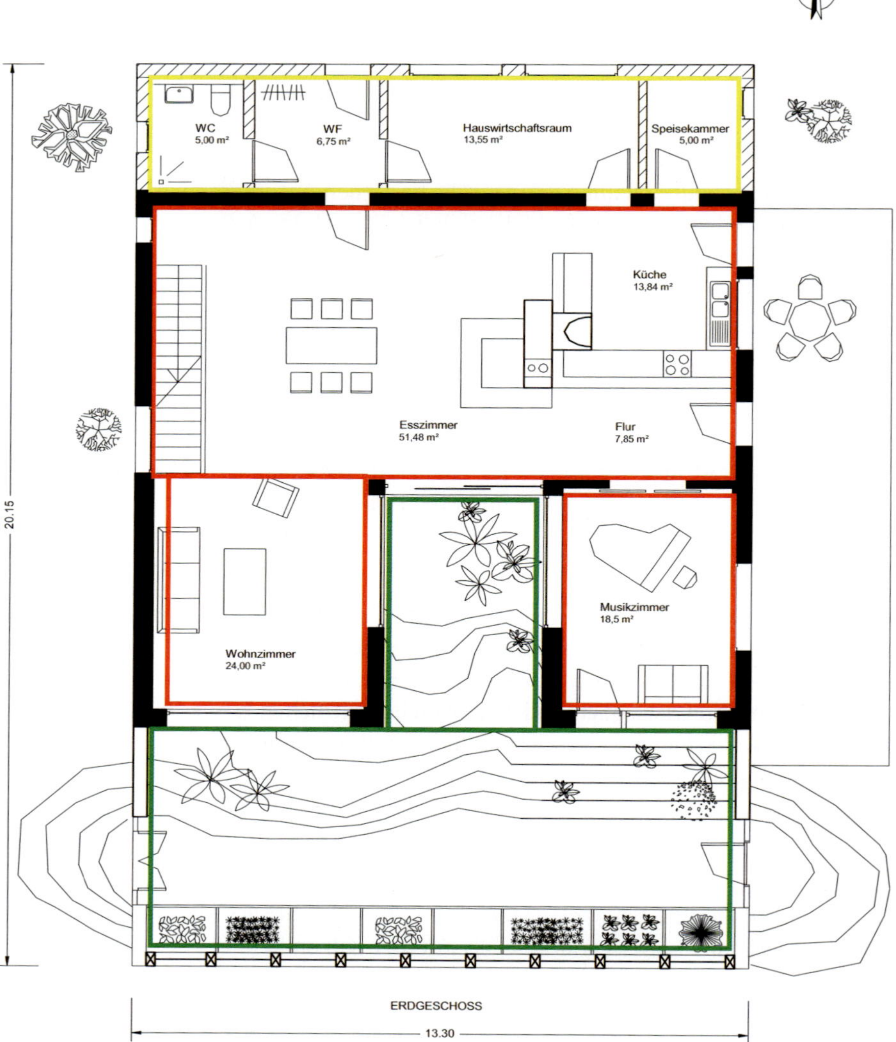


**Abb. E 6.10:** Zonierung des Erdgeschosses (Quelle: Frank Hartmann)

### 6.2.3 Wirtschaftsräume

Das Zentrum der Wirtschaftsräume bildet der Hauswirtschaftsraum, der direkt aus dem Kernbereich (für die Aufbereitung von Lebensmitteln) zugänglich ist. Während im Kernraum primär das wärmespendende Backen ausgeübt wird, ist es der Hauswirtschaftsraum, in dem Nahrungsmittel durch Einkochen, Einmachen, Trocknen, Dörren usw. aufbereitet werden. Des Weiteren befindet sich in dieser Zone ein Duschbad mit Trocken-Toilette, Speisekammer und Windfang/Eingang.

So gesehen bildet die Zonierung auch eine Trennung zwischen Feucht und Trocken – mit Ausnahme des Raumes mit Wasserwanne und Wärmebank.

Als erweiterter Wirtschaftsraum kann unter dem Dachfirst eine Trockenkammer eingerichtet werden. Im Außenraum befindet sich ferner, mit Zugang vom Hauswirtschaftsraum, ein Erdkeller für die saisonale Lebensmittellagerung. Die Einrichtung einer Werkstatt, eines Geräteschuppens ist auf dem Grundstück als externes Kleinst-Gebäude möglich.

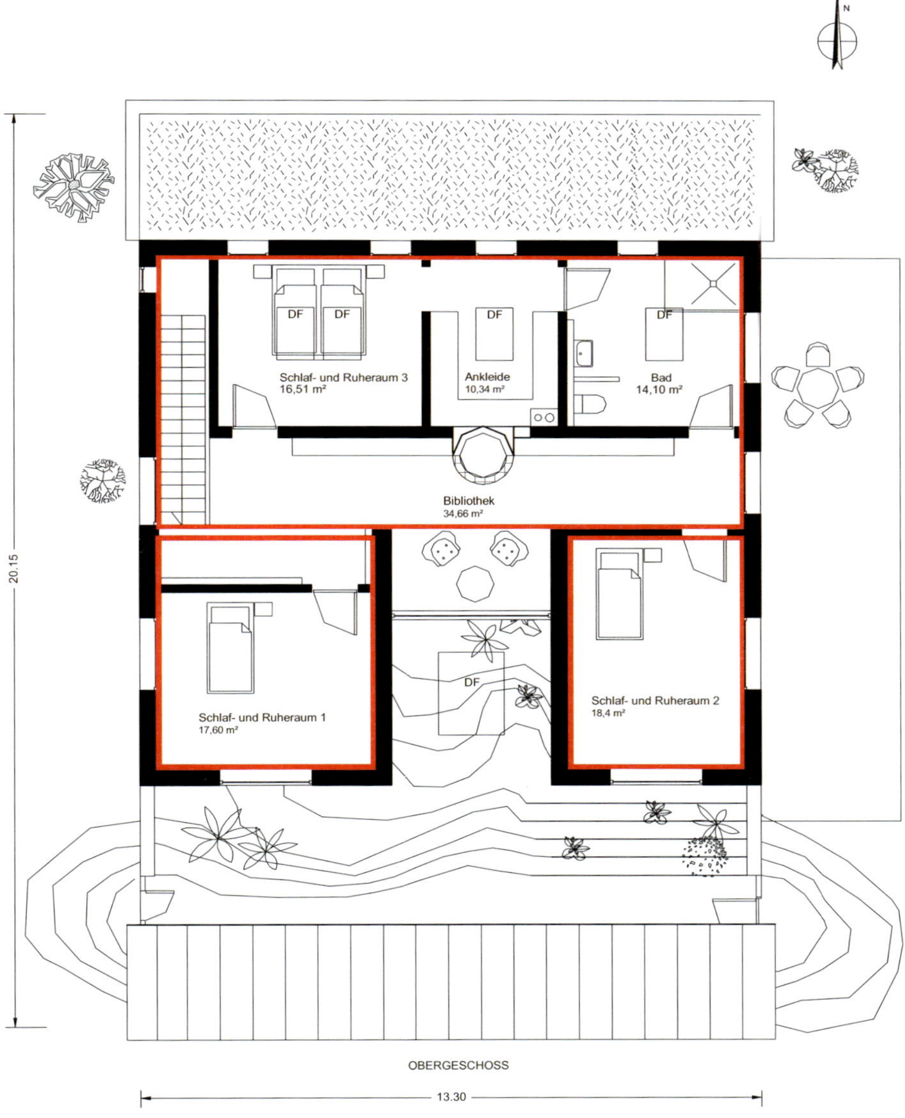


**Abb. E 6.11:** Zonierung des Obergeschosses (Quelle: Frank Hartmann)

### 6.2.4 Reflexionen zur Raumnutzung und Zonierung

Betrachten wir die tatsächliche Nutzung der Küche und des Hauswirtschaftsraumes. So ist in diesem Fall festzuhalten, dass der Kochbereich des Wohnraums ausschließlich der Zubereitung der Speisen dient. Lebensmittelveredelung findet im Hauswirtschaftsraum statt, der eben ein Wirtschaftsraum mit entsprechenden Lastspitzen ist.

Ein direkter Zugang zum Hauswirtschaftsraum vom Windfang/Eingang aus erleichtert die Einbringung von Waren oder anderen Gegenständen, denn sie müssen nicht erst durch den Wohnraum gehievt werden. Der kurze Weg aus dem Kochbereich über die Veranda nach außen zur Kräuterschnecke ermöglicht eine nahe Versorgung mit Zutaten zur Bereitung von Speisen, im Kontext mit der Garten- und Freiflächengestaltung. Ebenso direkt und unmittelbar erfolgt der Zugang vom Kochbereich zur Speisekammer und zum Hauswirtschaftsraum.

Was die Versorgung des Menschen einschließlich seiner Haut angeht, ist es unerlässlich, für eine hohe Tageslichtausbeute besonders in Duschbädern und Badezimmern zu sorgen. Denn gerade im Winter, wenn unsere Haut ein deutliches Defizit an Tageslichtstrahlung verspürt, sind es gerade diese Räume, in denen sich die nackte Haut dem Licht zuwenden kann.

Es zeigt sich also immer wieder, dass es durchaus Sinn hat, die Bauherrenschaft mit der sogenannten und der tatsächlichen Nutzung von Räumen und Zonen zu konfrontieren. Zu den Erfahrungen des Autors gehört eine Reihe dankbarer Bauherren, die auf diese Weise zu einer Auseinandersetzung mit ihren eigenen Bedürfnissen provoziert wurde. Nicht selten bedeutet dies aber auch eine Verzögerung des Baugeschehens und es vergehen vielleicht noch ein paar Jahre, bis der Prozess des Bauens endlich in die Tat umgesetzt wird. Eine fraglos nachhaltigere Option im Vergleich zu den allzu üblichen Baugesuchen, denen nur selten Zeit bleibt, das Bauen an sich dergestalt zu reflektieren.

### 6.2.5 Die Raumliste des Beispielhauses

Die Raumliste erfasst die einzelnen Räume in ihren *Flächen*, *Volumina* und der *Art der Nutzung* in einer fortlaufenden Nummerierung und bildet die Grundlage der Qualitätssicherung durch Dokumentation für die Umsetzung, Bauleitung, Übergabe und Bestandserhaltung (Tabelle E 6.1).

Jeder Raum wird in seiner Nutzung genau definiert, ohne jedoch etwaige Nutzungsvariabilitäten auszuschließen. Dies betrifft vor allem die Raumordnung und Grundrissgestaltung, nicht zuletzt im Sinne der Tragwerksplanung. Im weiteren Sinne bildet die Raumliste auch die Grundlage für das *Raumbuch*, in dem jeder Raum detailliert beschrieben wird, auch hinsichtlich seiner Umschließungsflächen und klimatischen Potenziale.

In der Raumliste erscheint später als Position die spezifische *Heizlast* in Watt des jeweiligen Raumes. Eine weitere Position ist die jeweilige *Luftmenge in* $m^3$ des Raumes, die sich aus dem Volumen ergibt. Hinsichtlich der Vitalisierung der Innenraumluft gilt es in einer weiteren Spalte die Zuordnung als *Abluft-, Zuluft- oder Übergangsraum* festzulegen, wie wir es im Bereich LUFT sehen werden.

**Tabelle E 6.1:** Raumliste zum Beispielhaus mit einheitlicher Nummerierung der Räume, Raumbezeichnungen sowie Angabe der Raumflächen und Raumvolumen (Quelle: Frank Hartmann)

| Raumliste – Beispielhaus | | | | |
|---|---|---|---|---|
| | Bezeichnung | $A_N$ in $m^2$ | $V_N$ in $m^3$ | Bemerkungen |
| EG 1 | Duschbad | 5,00 | 14,00 | |
| EG 2 | Windfang | 6,75 | 18,90 | |
| EG 3 | Hauswirtschaftsraum | 13,55 | 37,94 | |
| EG 4 | Speisekammer | 5,00 | 14,00 | |
| | *Zwischensumme* | **30,30** | **84,84** | |
| EG 5 | Esszimmer | 51,48 | 144,14 | |
| EG 6 | Kochen | 13,84 | 38,75 | |
| EG 7 | Flur | 7,85 | 21,98 | |
| EG 8 | Musikzimmer | 18,50 | 51,80 | |
| EG 9 | Wohnen | 24,00 | 67,20 | |
| | *Zwischensumme* | **115,67** | **323,88** | |
| EG 10 | Atrium | 16,50 | | |
| EG 11 | Hügelbeet/Terrasse | 26,00 | | |
| EG 12 | Frühbeete | 14,00 | | |
| | *Zwischensumme* | **56,50** | | |
| OG 1 | Treppenaufgang/Bibliothek | 36,90 | 103,32 | |
| OG 2 | Schlaf- und Ruheraum 3 | 17,71 | 49,59 | |
| OG 3 | Ankleide | 10,34 | 28,95 | |
| OG 4 | Badezimmer | 17,71 | 49,59 | |
| OG 5 | Schlaf- und Ruheraum 2 | 18,40 | 51,52 | |
| OG 6 | Schlaf- und Ruheraum 1 | 17,70 | 49,56 | |
| | *Zwischensumme* | **118,76** | **332,53** | |

Die gesamte Detail- und Ausführungsplanung bedient sich dieser grundlegend wirksamen Raumliste. Aus diesem Grund markiert die Raumliste auch für sämtliche Felder der Baubiologischen Haustechnik den Beginn der Konzeptentwicklung, welche den Bestandteilen der Haustechnik-Blume folgt.

Unsere objektspezifische Raumliste wird in den jeweiligen Baubeschreibungen der Bereiche LUFT, WASSER, WÄRME und KRAFT entsprechend erweitert und erläutert.

## 6.3 Baubeschreibung – Erde

Wesentlich ist bei diesem Beispielhaus im Sinne einer biologischen Bauordnungslehre die Überwindung der Innen-Außen-Schwelle durch die bauliche Synthese von Innenraum (Haus) und Außenraum (Baugrund) mittels eines Hybridraums als Lebensraum.

Dementsprechend handelt es sich um drei Zonierungen, die wie folgt zu definieren sind:

- Außenraum (Umwelt)
- Hybridraum (Lebensraum)
- Innenraum (Wohnraum)

Der Außenraum umfasst das regionale Mikroklima sowie den Baugrund mit seiner Bewirtschaftung einschließlich ausreichend natürlicher Inseln. Ebenso eine Aquakultur nebst den Elementen der Bewirtschaftung von Regenwasser und Bereitstellung von Betriebswasser aus aufbereitetem Grauwasser. Neben den Nutzflächen beinhaltet der Außenraum ebenso Freiflächen in Form von Hecken, Wiesen und Obstbäumen plus Bienenstöcken.

Der Innenraum orientiert sich an den Raumklimakriterien der biologischen Bauordnungslehre. Selbstredend handelt es sich dabei um ein schadstofffreies Bauen sowie um eine Verwendung natürlicher Baustoffe, -materialien und Einrichtungsgegenstände. Es herrscht eine ausgeglichene Raumluftfeuchte. Ebenso ausgeglichen sind die Raumtemperaturen, entsprechend den unterschiedlichen Wärmezonen des menschlichen Körpers, welche die Grundlage der Wohnwärmegestaltung bilden und im Bereich WÄRME detailliert beschrieben sind.

Der Hybridraum nimmt dabei eine Sonderstellung ein, da er einerseits vom Innenraumklima über die thermische Hülle und geschlossenen Öffnungen definiert wird, andererseits auch durch das Mikroklima der Umgebung. Dabei stellt der Hybridraum zweifelsfrei eine Pufferzone dar, in der zwar weiterhin die vier Jahreszeiten einwirken, aber mit einer ungleich milderen Auswirkung insbesondere im Winter, da diese Zone definitiv frostfrei bleibt. Im Sommer dient der Hybridraum, je nach Bewuchs und Pflanzenarten, auch als Wärme- und Wasserquelle. Eine entsprechende Kondenswasserfalle wird baulich integriert.

### 6.3.1 Baukonstruktion und Bauweise

Auf einen gemauerten Keller wird verzichtet; auf dem Grundstück wird gebäudenah ein Erdkeller eingerichtet. Die Bodenplatte wird auf gewachsenem Untergrund (Erdreich) und Glasschaumschotter als kapillarbrechende Wärmedämmschicht aufgebracht. Der Anbau gen Norden (Nutz- und Feuchträume) besitzt eine optionale Ausbauoption (Glasschaumschotter, Holzdielen, Natursteinboden usw.).

#### Hauptbau

Das Garten-Atrium befindet sich auf offener Erde mit entsprechenden Humusaufbauten bzw. spezifischen Erden. Der begehbare Bereich des Hybridraums wird mit Pflastersteinen ausgebildet, welche breitfugig auf einer Sand-Kies-Schottermischung aufliegen, unter der sich ein Erdwärmeabsorber befindet, der im Sommer zur Kühlung (Entfeuchtung) und im Winter zur Temperierung (Frostschutz) dient. Dabei wird in der Ausbildung darauf zu achten sein, dass entstehendes Kondensat auf den Steinoberflächen direkt in den Untergrund abgeführt wird und somit den Wasserhaushalt der Erden unterstützt.

Das Erdgeschoss wird in massiver monolithischer Bauweise aus mineralischen Steinen erstellt und mit einem Wärmedämmverbundsystem aus Schilfrohrmatten an den Fassaden (ausgenommen der Südfassade zum Hybridraum) ausgebildet, mit einer Vollholzdecke abgeschlossen.

Die Ost- und Westfassade erhalten im Erdgeschoss eine Kalkputzoberfläche im Bereich der massiven Umbauung. Von der Erdgeschossdecke bis zum First wird eine Holz-Solarglas-Fassade als bauteilintegrierte solarthermische Wärmequellenanlage für die Bereitstellung von Wohnwärme sowie einer optionalen solaroptimierten freien Lüftung ausgebildet.

Das Obergeschoss erfolgt in Holzbauweise mit Sichtbalkendecke und offenem Giebel (der eine Ausbauebene erhält) sowie diffusionsoffenem Dachaufbau. Als Ausbauoption besteht die Möglichkeit einer Dachgeschossebene mit einer Grundfläche von ca. 40 $m^2$ und einer lichten Raumhöhe von 2,20 bis 3,60 m. Das Flachdach des Anbaus sowie das Schrägdach gen Süden werden mit einer extensiven Dachbegrünung ausgestattet. Das Steildach gen Norden ist ein Stehfalz-Blechdach aus vorbewittertem Kupferblech, alternativ Titan-Zink.

Transparente Flächen als feststehende Flächen und geschlossene Öffnungen als Fensterelemente in Holzrahmen-Bauweise; 3-fach-Verglasung im Norden und 2-fach-Verglasung im Osten, Westen und Süden; Verglasung des Garten-Atriums 1-fach mit semitransparenter PV-Beschichtung.

Deckenflächen in Vollholz (optional mit Kalk- oder Lehmputz), Wandflächen transparent und mit Lehm- und Kalkputzen, Bodenbeläge in Vollholz und Naturstein. Einrichtung ausschließlich aus Naturmaterialien.

### Anbau

Der Anbau im Norden außerhalb der thermischen Hülle ist in Fachwerk-Ständerbau mit Lehmstein-Ausfachung, Dämmschilf und Holzverschalung konstruiert. Der Boden mit optionaler Erweiterung im Aufbau besteht aus Glasschaumschotter und Holzdielen auf Konstruktionshölzern/Natursteinbelägen. Die Fenster haben umfassend eine 3-fach-Verglasung, also auch nach Ost und West. Es kommen hinzu: Vollholz-Konstruktionsdecke, statisch belastbar und erweiterbar; Dachbegrünung auf dem Nord-Flachdach und Süd-Steildach (ca. 30°), mit Niederschlagswasserrückhaltung (vom Norddach) und -retention zur Versickerung bzw. Verteilung, wie wir es im Bereich WASSER zur Bewirtschaftung des Niederschlagswassers am Beispielhaus ausgeführt finden; Stütz- und Abschlussmauer im Süden aus Natursteinen mit Holz-Ständerkonstruktion und Sparrenauflage; volltransparente Verglasung; Festverglasung zu Ost und West mit entsprechenden Öffnungen für Zugang und Luftwechsel.

In den folgenden Bereichen werden beispielhafte Lösungsansätze dargestellt.

# TEIL 2: LUFT

## 1 Biologische Anforderungen an die Luft, die wir atmen

Die Erdatmosphäre ist der Luft-Raum, in dem wir leben, die „thermische Hülle" unseres Planeten. Er weist eine ausgeprägte Temperaturverteilung auf, wonach man die Atmosphäre in verschiedene Schichten gliedert, die sich aus physikalischen und chemischen Prozessen ergeben.

Der Wärmestrom der Erdoberfläche erstreckt sich über die gesamte unterste Schicht, die Troposphäre, und kühlt sich auf dem Weg nach oben ab. In der darüberliegenden Stratosphäre steigt die Temperatur wieder an. Diese beiden Sphären bilden in etwa die Biosphäre, in der sich unser Leben abspielt. Die darunterliegende Erdschicht wird Lithosphäre genannt.

Luft ist ein gasförmiges Medium und besteht zu etwa 78,08 % aus Stickstoff und etwa 20,95 % aus Sauerstoff. Der Rest sind geringe Mengen weiterer Gase wie Kohlenstoffdioxid und Methan sowie Edelgase wie Argon, Neon und Helium – und natürlich gasförmiges Wasser (unsichtbarer Wasserdampf). Allerdings reduziert sich der Sauerstoffgehalt mit zunehmender Entfernung von der Erdoberfläche. Dies betrifft allerdings den Menschen nur in entsprechenden Hochgebirgslagen, an die er sich über die Zeit angepasst hat, so wie jeder menschliche Organismus eine sehr hohe Anpassungsfähigkeit besitzt, was ihm ermöglicht, in fast allen Klimazonen der Erde zu leben.

Unabhängig von der Anpassungsfähigkeit des Menschen gilt dennoch ein biologischer Mindeststandard für die Luft, die wir atmen, der sich allein aus den Anforderungen unseres Atmungsapparates ergibt und der die Grundlage für die Betrachtung des Bereiches Luft in der Baubiologischen Haustechnik bildet.

Naturgemäß besteht immer eine Wechselwirkung zwischen Luft und Klima. Die Luft wird gleichermaßen von meteorologischen Prozessen beeinflusst wie die Luft selbst diese auch beeinflusst. Wesentliche Faktoren sind Umweltbedingungen, die sich in den unterschiedlichsten Regionen allein schon durch die örtliche Topografie und das erweiterte Mikroklima unterscheiden. Landwirtschaft, Verkehr, Gewerbe- und Industriegebiete belasten die Luft mit ernsthaften Schadstoffen aus Menschenhand, können im Ökosystem nur bedingt kompensiert werden und wirken letztendlich auf den Verursacher, also uns selbst, zurück.

Konkret in unserem Leben wirkt sich besonders die Eigenschaft von Luft als Trägermedium aus und bildet in der Summe ihrer Inhaltsstoffe die Grundlage für unsere Lebensqualität bzw. Lebensfähigkeit. Diesbezüglich sollte man wissen, dass die wenigsten ernsthaften Belastungen unmittelbar wahrnehmbar sind. Fraglos ist eine ideale Luftqualität inmitten von sauerstoffspendenden Pflanzen und deren Umgebung aus Licht und Schatten zu finden, was den idealen Standort für ein Gebäude, in dem sich Menschen aufhalten, definiert. Dies bildet folglich das Vorbild für die Baubiologie.

Auch wenn Trinkwasser in unserer Wahrnehmung als das wichtigste Nahrungsmittel begriffen wird, ist es doch die Luft, die wir atmen, die wir als Lebensmittel unbedingt benötigen. Ohne Wasser vermag der Mensch durchaus einige Tage zu überleben, ohne Luft allerdings keine zehn Minuten.

## 1.1 Die Atmung als lebenswichtige Stoffwechselfunktion

Die Atmung des Menschen führt zu stufenweiser Verbrennung von Kohlenstoff und Wasserstoff mithilfe von Sauerstoff. Es handelt sich um einen energieliefernden, zum Leben notwendigen Vorgang. Der Organismus wird durch die Atmung zusätzlich entgiftet. Dieser Entgiftungsprozess ist vom Wassergehalt (absolute Feuchte der Einatemluft) abhängig, da das Wasser als Transportmedium für den Entgiftungsprozess dient. Je trockener die Einatemluft, desto größer ist der Entgiftungsgrad des Atmungsprozesseses, da die Ausatemluft bis zu ihrer Sättigung mehr Wasser aufnehmen kann als feuchte Luft.

Theoretisch betrachtet gilt, dass es gar keine zu trockene Luft für den Menschen geben kann (in der Praxis ist dies anders). Was allerdings als so unangenehm an zu trockener Luft empfunden wird ist, dass etwaige Luftbelastungen sich viel spürbarer auswirken. Beispielsweise kann Staub bei feuchter Luft viel besser gebunden werden und ist somit weniger wahrnehmbar, bleibt aber dennoch Bestandteil der Luft und dringt somit in unseren Körper ein. Auch andere Belastungen werden bei trockener Luft merkbar (z. B. Elektrostatik), was aber weniger ein Problem der Luftfeuchtigkeit ist, als mehr der Inhaltsstoffe der Luft.

### 1.1.1 Die Atemluft im Raum

Der absolute Feuchtegehalt der Ausatemluft des Menschen ist durch die Menge und die innere Körpertemperatur definiert und beträgt etwa 46 g/m³. Die ausgeatmete Luft ist also deutlich gesättigter, verteilt sich aber sofort im Volumen der Raumluft. Dennoch wirkt der Mensch im umbauten Raum als Feuchte(Wasserdampf)-Emittent. Die Luft darf im praktischen Leben nicht zu trocken sein, um eine Austrocknung der Atmungsorgane und Unwohlsein zu vermeiden. Zu feuchte Luft erschwert hingegen unsere Atmung, führt zu Defiziten im Stoffwechselhaushalt und zu Ermüdungserscheinungen. Unserem rein körperlichen Wohlbefinden tut aus diesem Grund ein Winterurlaub in der Regel viel besser als ein Sommerurlaub. Uneingedenk dessen, dass zu feuchte oder zu trockene Luft noch andere Folgen, wie mikrobakterielle Entwicklungen, Pilze, Schimmel und zahlreiche andere Belastungen, die noch gar nicht alle erforscht sind, haben kann, gilt es, eine ausgeglichene Luftfeuchte im Raum von etwa 40 bis 55 Vol.-% einzuhalten.

Während der Atmung wird nur etwa 1/5 der eingeatmeten Sauerstoffmenge verbraucht, sodass die übrigen 4/5 Sauerstoff durch die Ausatemluft dem Körper wieder entweichen. Dabei wurde durch die Atemluft Kohlenstoffdioxid aufgenommen, was in der Ausatemluft mit etwa 4 % zu Buche schlägt. Demzufolge wirkt die Atmung auf die unmittelbare Umgebungsluft (Raumluft) technisch formuliert so, dass sie Sauerstoff absorbiert und Kohlenstoffdioxid und Wasserdampf emittiert.

Auf Basis der biologischen Struktur unseres Atmungsapparates benötigt ein erwachsener Mensch in Ruhe unter natürlichen Bedingungen (z. B. im Wald) etwa 7 bis 8 Liter Sauerstoff in der Minute (das entspricht ca. 10 m³/h). Dieser Fakt bildet die Grundlage für die Auslegung einer

Lufterneuerung im umbauten Raum in der Baubiologischen Haustechnik. Bei großer körperlicher Anstrengung steigt der Sauerstoffbedarf sehr schnell in die Höhe und kann bis zu 90 Liter pro Minute erlangen (das entspricht schon mehr als 100 $m^3$/h).

Demzufolge definiert die Baubiologische Haustechnik einen Mindest-Luftmengenbedarf an erneuerter Luft von

- 30 $m^3$ für Erwachsene und
- 15 $m^3$ für Kleinkinder

pro Stunde.

Dieses Volumen gilt es, dem Menschen im umbauten Raum ungestört zur Verfügung zu stellen. Für die Kubatur des Raumes, in dem sich der Mensch aufhält, bedeutet dies, einen Mindestluftraum (Raumvolumen) von 37,5 $m^3$ (15 $m^2$ x 2,5 m) für einen Erwachsenen und 17,5 $m^3$ (7 $m^2$ x 2,5 m) für ein Kleinkind vorzusehen. Diese Angaben sind zwar eng biologisch gefasst, dienen aber durchaus als Orientierung für ein Mindestraumvolumen, welches aus biologischen Gründen notwendig ist. Das Raum-Luft-Volumen ist entscheidend für die zeitlichen Intervalle der Sättigung der Raumluft durch natürliche Belastungen durch den Menschen (Wasserdampf und $CO_2$).

Birgt ein Schlafraum für beispielsweise ein Kind ein großes Luftvolumen, kann u. U. eine Fensterlüftung vor dem Schlafengehen dergestalt ausreichend sein, dass die $CO_2$-Konzentration bis in die frühen Morgenstunden „tolerierbar" bleibt, wenn die Eltern zu später Stunde – bevor sie ins Bett gehen – nochmals für einen Luftwechsel sorgen. Auf eine zweifelhafte Dauerlüftung mit Kippfunktion könnte somit verzichtet werden.

Von einem „normalen" Luftwechsel kann heute in einem Haus nicht mehr ausgegangen werden, obgleich das Raumvolumen dahingehend relevant ist, dass bei kleineren Volumina die Luft natürlich ungleich schneller verbraucht ist als bei größeren Raumvolumina. Die Raumfläche kann hierzu nur eine Orientierung leisten, wenn man von einer Standard-Raumhöhe von 2,5 m ausgeht. Die Tatsache des „Luftverbrauchs" gilt es aber besonders bei Schlafräumen zu beachten. Auch wenn man zum Schlafen sicherlich keine übermäßig große Fläche benötigt, sollte aber der Luftraum (Raumvolumen) groß genug sein, um die Raumluftqualität zu gewährleisten. Auch wenn man in der Schlafsituation doch von einem sehr ruhigen Zustand ausgehen kann, der nur ein Minimum an Sauerstoff verlangt, so ist doch unbedingt der Tatsache Rechnung zu tragen, dass der Schlaf die wichtigste Regenerationsphase für den Menschen darstellt und somit die höchsten Anforderungen an die Raumluftqualität stellt, weit über den Sauerstoffgehalt hinaus. Diese biologischen Fakten sind umso wichtiger zu beachten, da es sich bei Schlaf- und Ruheräumen um einen zentralen Grund zum Bauen überhaupt handelt.

### 1.1.2 Vom Luftwächter unseres Atmungsapparates

Gemäß der baubiologischen Herangehensweise bildet die Natur das Vorbild oder den Ausgangspunkt für die technische Gestaltung unserer Umwelt. Betrachten wir zum Beispiel die Nase des Menschen, so zeigt uns die mikroskopische Struktur unserer Nasenschleimhaut, dass sie eine wirksame Fläche von 140 bis 160 $cm^2$ aufweist. Das entspricht – technisch gesehen – einem Lüftungsrohrdurchmesser NW 125 bis NW 140 mm und führt zu einem weiteren (lüftungstechnischen) Auslegungskriterium. Genau wie die mehrstufige Anordnung von Flimmerhaaren und deren unterschiedlichen Wirkungen auf ein Filtersystem hinweisen, das deutlich über eine Grobfilterung hinausgeht.

Der Eingangsbereich unseres Atmungssystems, also die Nasenhöhlen, gleicht einer Art „Türsteher", wie er auch in der Baubiologischen Haustechnik beispielhaft für die „Nasenhöhlen" eines Gebäudes bzw. „Lüftungssystems zur Lufterneuerung im umbauten Raum" steht.

Der Aufgabenbereich dieser biologischen Luftpforte umfasst:

- Riechfunktion — Die Riechzellen gestatten eine gewisse chemische Untersuchung der Atemluft, die allerdings nicht sehr ausgeprägt ist bzw. nur ein relativ kleines Spektrum umfasst. Dennoch ist diese Funktion das einfachste, grundlegende Sicherheitssystem.
- Erwärmung der Atemluft — Dies erfolgt durch die hervorspringende Nasenmuschel mit ihren starken Gefäßen, die stark durchblutet als Wärmeübertragungsflächen dienen und die durchströmende Einatemluft temperieren. Diese Temperierungsoption kann – verhältnismäßig – auch für Außenlufteinlässe in die Gebäudehülle umgesetzt werden oder unmittelbar danach geschehen.
- Anfeuchten der Atemluft — Die Atemluft wird befeuchtet, sodass sie bei sehr trockenem Zustand die unteren Luftwege und den Atemkammerraum nicht reizt. Dies markiert einen wesentlichen Vorteil der Nasenatmung. In der Lunge erfolgt die finale Sättigung der Ausatemluft als Entgiftungsprozess unseres Stoffwechselsystems. Diese Feinabstimmung sollte man allein der Physiologie des menschlichen Körpers überlassen, da zusätzliche Befeuchtungseinrichtungen in Wohnräumen aus lufthygienischer Sicht schnell problematisch werden können.
- Säuberung der Atemluft — Der Schleimüberzug bringt Grob- und Feinstoffe zum Haften, die über Bewegungen der Flimmerhaare über den Rachenraum oder die Nasenlöcher entsorgt werden. Zwar gelangen somit grobe und feine Stoffe nicht oder weniger tief über unser Atmungssystem in unseren Körper, erzeugen aber dennoch allergene Reaktionen, vor denen sich der Mensch schützen möchte. Dies manifestiert sich in der Anforderung an den Lebensraum, keine entsprechenden stofflichen Belastungen aufzuweisen. Sollte dies nicht möglich sein, ist dies sehr oft der Grund, warum eine raumlufttechnische Anlage mit einer Luftkanalführung eingebaut werden muss, um eine Grob- und Feinfilterung der einströmenden Außenluft sicherzustellen.
- Resonanzorgan — Resonatoren beeinflussen über luftgefüllte Nebenhöhlen die Klangfarbe der Stimme. Dies deutet im weitesten Sinne die Luftsensibilität bei der Schallausbreitung über Lüftungssysteme im umbauten Raum an.

- Isolation — Luftgefüllte Räume, die mehr oder weniger geschlossen sind, erweisen sich als gute Isolatoren. Synergiepotenziale deuten sich an, wie beispielsweise eine hinterlüftete Fassade, die mit einer Außenluftführung in Verbindung steht und ebenso die Baukonstruktion und den Witterungsschutz betrifft.

## 1.2 Das Umgebungsmedium Luft

Die Luft, die uns umgibt, wirkt also über unsere Atmungsorgane und auch über unsere Haut direkt auf unseren Organismus, ohne dass wir dies unmittelbar wahrnehmen. Unsere Sensibilität gegenüber der Luft lässt uns einen Mangel oft erst in Extremfällen wahrnehmen. Besonders CO-Vergiftungen sind dahingehend heimtückisch, da sie beispielsweise im Schlaf nicht wahrgenommen werden, jegliche Schutzfunktion keine Chance hat zu reagieren und somit der schleichende Tod uns im Schlaf überfällt. Negative – wenn auch nicht gleich tödliche – Auswirkungen können daher auch heute noch Feuerstellen haben, deren Verbrennungsraum Undichtigkeiten aufweist oder deren Abgassystem gleichermaßen mangelhaft ist. Daher sind nur bauartzugelassene und hochwertig erstellte Feuerstätten in ein Gebäude zu integrieren.

Unabhängig von diesem zugegebenermaßen extremen Beispiel muss auch die Frage nach der Qualität einer Vergiftung gestellt werden. Denn innerhalb des umbauten Raumes ist die Gefahr einer schleichenden Vergiftung ungleich größer als es akute Vergiftungserscheinungen sind. Letztendlich ist es auch die Vielfalt kleiner, scheinbar harmloser Belastungen in ihren gegenseitigen Wechselwirkungen, die sehr oft unterschätzt werden. Sie spielen daher besonders in der Baubiologischen Messtechnik (Standard der Baubiologischen Messtechnik [SBM]) eine große Rolle.

### 1.2.1 Wirkungen der Umgebung auf die Atemluft des Menschen

Die Schadstoffquellen für Luft sind mannigfach und unterscheiden sich natürlich in Qualität und Quantität. Zu den Verursachern gehören zum Beispiel Industrie- und Gewerbeanlagen, intensive Landwirtschaft, Entsorgungs- und Verwertungsanlagen sowie dicht befahrene Verkehrswege. Lebensraumbegünstigende Umweltfaktoren dagegen sind zum Beispiel ländliche Strukturen mit geringem Verkehrsaufkommen, Wälder, Wiesen und eine intakte Flora und Fauna. Insbesondere eine große Pflanzenvielfalt wirkt sich positiv auf unsere Luftqualität aus, da Pflanzen mithilfe der Sonnenenergie durch Photosynthese Kohlenstoffdioxid in Sauerstoff umwandeln.

Allein aus diesem Grund wirkt eine natürliche und vielfältige Bepflanzung im unmittelbaren Mikroklima des Hauses schon allein als $CO_2$-Filter (und kann einen technischen Aufwand zur Kompensation deutlich reduzieren). Zusätzlich wirkt diese natürliche Symbiose auch kühlend im Sommer und unterstützt die Artenvielfalt der unmittelbaren Umgebung des Wohnens. Jede einzelne Pflanze in unserem Wohnumfeld erhöht an dieser Stelle die Luftqualität bzw. die Raumluftqualität und vermag durchaus etwaige Belastungen aus der Umwelt auszugleichen.

Dennoch soll an dieser Stelle auch auf natürliche Belastungen der Luft hingewiesen werden, wie sie sich individuell bei Allergikern, z. B. durch Pollenflug, auswirken können. Ebenso gilt es, etwaige Belastungen durch Radon zu berücksichtigen. Diese sind abhängig vom Standort des Gebäudes und können messtechnisch erfasst werden.

Unabhängig von der Außenluft bildet heute mehr denn je die Innenraumluft in Gebäuden einen bedeutsamen Faktor hinsichtlich des umfassenden Wohlbefindens, da der Mitteleuropäer nahezu 90 % seines Lebens im umbauten Raum verbringt. Also gilt es, der Innenraumluftqualität maximale Aufmerksamkeit zu schenken. Vorbild ist hierbei wiederum nichts anderes als die Biologie. So wie der Mensch den Wechselwirkungen der Biosphäre (der äußeren Umwelt) in ihrer Gesamtheit ausgesetzt ist, so ist jeder einzelne Mensch den Wechselwirkungen in seiner umbauten Privatsphäre (innere Umwelt) ausgesetzt. Dementsprechend ist ein Gebäude als selbstständiger Mikrokosmos, mit dem Menschen im Zentrum, zu betrachten.

### 1.2.2 Praktische Belastungen der Raumluft durch den Menschen

Die Primär-Belastungen der Raumluft durch den Menschen variieren je nach individuellem Verhalten, wie beispielsweise erhöhte Feuchtelasten (Wasserdampf) durch kräftiges Duschen oder besonderen Bedarf an Pflegebädern. Hinzu kommt der Gebrauch von Duftkerzen, (Raum-)deos oder Haarspray sowie Hausarbeiten mit Reinigern, Pflegemitteln und Putzwasser.

Diese (selbstverschuldeten) Belastungen können natürlich durch das Nutzerverhalten erheblich reduziert bzw. in ein natürliches Maß gebracht werden, sodass die Restbelastungen tolerierbar sind und schon gar nicht durch einen erhöhten technischen Aufwand kompensiert werden müssen.

In diesem Sinne gilt es einmal mehr, auf die Selbstverantwortung von mündigen Menschen hinzuweisen und dem Trugschluss entgegenzuwirken, dass man auf etwaige Belastungen (Ursachen) keine Rücksicht nehmen muss, da die moderne Lüftungstechnik uns von allen Symptomen befreit.

- Natürliche Belastungen sind: Feuchte (erhöhte) durch Wasserdampf, Kohlenstoffdioxid ($CO_2$) durch den Atmungsprozess des Menschen), Ausdünstungen und Gerüche
- Unnatürliche Belastungen sind: Luftschadstoffe und Wohngifte, Kohlenstoffdioxid ($CO_2$) durch äußere/technische Emissionen, Bauwerksfeuchte, Ruß, VOCs u. a.

### 1.2.3 Belastungen durch Standort, Baustoffe und Materialien (Einrichtungen)

Schwerwiegende Belastungen der Raumluft durch den Standort haben zuerst mit dem Gebäude nicht viel zu tun. Dazu zählt beispielsweise eine Radonbelastung aus dem Untergrund oder diverse Altlasten (Will man wirklich in einem Haus leben, wo der Erdaushub auf einer Sonderdeponie entsorgt werden muss?). Dementsprechend ist die Baugrundbewertung für Neubauten und besonders auch die Bewertung bestehender Gebäude und ihrer Umgebung ein wichtiges Handlungsfeld der Baubiologie.

Ähnlich wie bei den nutzungsbedingten Belastungen verhält es sich mit den Belastungen durch Baustoffe, Baumaterialien und Einrichtungsgegenstände. Die Sekundär-Belastungen der Raumluft im umbauten Raum erfolgen durch das Bauwerk (Baustoffe und Materialien) und dessen Einrichtung, z. B. Möbel, Einrichtungsgegenstände und Gegenstände der Raumausstattung.

Schadstoffbelastungen durch Baustoffe, Möbel usw. sind sehr wohl vermeidbar. Nicht nur die Ausdünstungen von Luftschadstoffen im Einzelnen, sondern ihre gegenseitigen bauphysikalischen und chemischen Wechselwirkungen bilden ein Belastungspotential sowohl im Neubau als auch im

Altbau. Aufsteigende Feuchtigkeit in Bestandsgebäuden gleichermaßen wie Neubaufeuchten (die noch oft unterschätzt werden) müssen in ihrer Ursache behandelt werden, damit ihre Symptome nicht die Ordnung des Bauwerks stören.

Die Baukultur benötigt dringender denn je eine Erweiterung ihres Horizonts zu einer systemischen Betrachtung über die Grenzen der Umschließungsflächen eines Gebäudes hinaus. Natürlich kann dies in seiner Konsequenz auch bedeuten, sich gegen einen geplanten Bauplatz oder ein bestehendes Haus zu entscheiden, denn allein schon der Standort mag erhebliche Belastungen – allein der Luft – mitbringen.

## 1.3 Der Mensch im umbauten Raum

Die Baubiologie fordert für den Menschen im umbauten Raum, ganz gleich zu welchem Zwecke, ein *naturnahes* Umfeld, welches seinen physiologischen Anforderungen nicht nur entspricht, sondern sein Wohlergehen fördert. Aus diesem Grund hat die Raumluftqualität einen übergeordneten Stellenwert und orientiert sich am Vorbild der Natur. Der Begriff naturnah entspringt keiner Öko-Romantik, sondern beschreibt die zentrale Lebensgrundlage des Menschen, als lebender Organismus mit all seinen Funktionen und Notwendigkeiten.

### 1.3.1 Thermische Behaglichkeit und Wärmeschutz

Für das Wärmeempfinden ist allerdings nicht nur die Raumlufttemperatur entscheidend, sondern noch mehr die Oberflächentemperatur der Umschließungsflächen des Raumes. Aus diesem Grund ist neben der Luftdichtigkeit des Gebäudes auch ein entsprechender Wärmeschutz notwendig.

Die Raumluftqualität definiert sich somit nicht nur über den Sauerstoffgehalt und diverse Belastungen, sondern auch über die Temperatur. Bei der Verbrennung durch Atmung entstehen Kohlendioxid ($CO_2$), Wasserdampf, Wärme und freie Energie, die für Muskel- oder chemische Arbeit gebraucht werden kann. Dank der entstehenden Wärme erreichen wir eine Körper-Kerntemperatur zwischen 36,5 und 37 °C. Diese physiologische Tatsache lässt also den Menschen definitiv als Wärmekörper erscheinen. Des Weiteren ergibt sich aus dieser Tatsache das Wärmeüberschuss- oder Wärmedefizitempfinden des Menschen: die thermische Behaglichkeit. Die Oberflächentemperatur des Menschen ist aufgrund seines individuellen physiologischen Zustandes sehr schwankend und liegt bei gerade einmal 25 bis immerhin annähernd 30 °C. Die angenehmste mittlere Umgebungstemperatur richtet sich für den Menschen nach seinem individuellen Wärmeempfinden und kann zwischen 17 und 24 °C betragen. Diese Temperaturdifferenzen der Umgebung sind umso notwendiger für die Anregung des Stoffwechsels, wohingegen monotone Temperaturverhältnisse eher dämpfend wirken. Die Temperaturen hängen auch von der Nutzung des Raumes ab sowie von der Bekleidung (der zweiten Haut).

Der Wärmeschutz reduziert die Temperaturdifferenz zwischen unserer Haut und den inneren Oberflächen der Umschließungsflächen des umbauten Raumes. Dennoch wird entsprechend unserer Klimazone im Winter die Heizgrenztemperatur erreicht, so dass eine aktive Nacherwärmung erfolgen muss. Dieser Aufwand, mit dem sich der Bereich WÄRME intensiver auseinandersetzt, ist vorzugsweise mittels passiver Nutzung von Sonnenenergie und der Verwendung wärmespeichernder Materialien zu reduzieren.

Hinweis: Der Mensch wirkt durch seinen Organismus innerhalb des umbauten Raumes stetig und in vielfältiger Weise auf den Raum. Ebenso bilden Luft, Wärme und Wasser (aber auch Kraft) die Grundlagen der Raumklimatik und sind nicht voneinander zu trennen, geschweige denn abzugrenzen. Dieser systemische Zusammenhang findet sich ebenfalls in der Haustechnik-Blume (siehe Bereich ERDE Kapitel 2) zum Ausdruck gebracht.

### 1.3.2 Luftgeschwindigkeit und Temperaturdifferenzen

Die Temperatur – oder vielmehr der Wärmeinhalt der Luft – ist mitnichten alleine entscheidend für das thermische Wohlbefinden. Luftgeschwindigkeit und Luftbewegung beeinflussen diese Empfindung ebenso wie der Wasserdampfgehalt der Luft. Ungewollte/unkontrollierte Luftbewegungen von mehr als 0,15 m/s sind zu vermeiden. Wichtig ist eine entsprechende Wärmesenke, um sicherstellen zu können, dass der Mensch seine innere Körperwärme in einem entsprechenden Verhältnis losbekommt. Ist die Temperaturdifferenz zu groß, wird der überproportionale Wärmeentzug über die Wärmesenke Umgebung als Wärmedefizit (Kälte) und ergo als „Frieren" empfunden. Kalte Oberflächen von Umschließungsflächen innerhalb des umbauten Raumes und erhöhte Luftbewegungen bekräftigen dieses „Auskühlen" des Körpers über seine Oberfläche zusätzlich. Ein Wärmeüberschuss durch 28 °C Umgebungstemperatur und mehr in der Umgebung verringert dagegen die notwendige Temperaturdifferenz dergestalt, dass der Körper sich schwer tut, seine Wärme abzuführen und zu kondensieren beginnt (Schwitzen). Denn nicht nur durch Oberflächenstrahlung gibt der Mensch Wärme an seine Umgebung ab, sondern auch durch Konvektion und Atmung (mit dem Wasserdampf als Wärmeträger).

### 1.3.3 Luftdichtigkeit von Gebäuden und $n_{50}$-Wert

Die Luftdichtigkeit von Gebäuden erreichte mit der Einführung der Energieeinsparverordnung und deren stetiger Novellierung eine Qualität, die in der Regel lüftungstechnische Maßnahmen notwendig macht. DIN 1946-6 bietet ein Berechnungs- und Auslegungsverfahren – welches allerdings nur eine statische Momentaufnahme darstellt, welche ebenfalls aus statischen Bedingungen resultiert. Ungleich präzisere Ergebnisse liefert eine Druckprüfung des umbauten Raumes, ähnlich wie man in einem wassergeführten System die Dichtigkeit mit einer Druckprobe prüft. Auch wenn gerade für den Altbau sogenannte Standardwerte für Berechnungsverfahren festgelegt sind, hat es durchaus Sinn, auch einem Altbau mit einer zielorientierten Luftdichtigkeitsprüfung näherzukommen.

Der $n_{50}$-Wert definiert die Luftdichtigkeit des Gebäudes und ist mittels Blower-Door-Methode messbar. Für diese Messung wird zwischen innen und außen ein Differenzdruck von 50 Pa aufgebaut. Eine solche Prüfung zeigt auch konkrete Undichtigkeiten auf, die bewertet werden können, um eine zielorientierte Instandsetzung, Reparatur oder Nacharbeit zu realisieren.

Der Umstand „Luftdichtheit" lässt bei vielen Bauherren oder Entscheidern von Sanierungsmaßnahmen ein Dilemma entstehen, steht eine dichte Gebäudehülle doch im Gegensatz zu den physiologischen Anforderungen des Menschen an eine hohe Raumluftqualität. Die internen Belastungen durch den Menschen schlagen weitaus mehr zu Buche, als es bislang der Fall war. Andererseits bewirkt ein hoher Grad an Luftdichtigkeit nicht nur eine deutliche Energieeinsparung (Reduzierung des Heizwärmebedarfs), fördert die thermische Behaglichkeit und sichert vor allem den Bautenschutz, da schon geringe Undichtigkeiten sich im Kontext eines sehr hohen Wärmeschutzes schnell sehr drastisch auswirken können (Wärmebrücken, Kondensatfallen usw.).

Das bedeutet heute aber auch, dass bereits in der Planung lüftungstechnische Maßnahmen berücksichtigt werden müssen, da nur eine Fensterlüftung in der Regel nicht mehr ausreicht, um allein den baulichen Feuchteschutz nutzerunabhängig sicherzustellen. Neben einem möglichst energieeffizienten Schutz vor Wind und Wetter ist es letztlich aber das gesundheitliche Wohlergeben des Menschen im umbauten Raum, dem der Planer Rechnung zu tragen hat.

### 1.3.4 Feuerstätten im umbauten Raum

Wie der Atmungsprozess des Menschen, so verlangt auch der Verbrennungsprozess in Feuerstätten Sauerstoff. Dieser muss in einer ausreichenden Menge zugeführt werden. Diese unmittelbare Analogie zum menschlichen Körper mag nur ein Grund dafür sein, dass „die Feuerstelle im Wohnraum" in der Baubiologischen Haustechnik einen zentralen Stellenwert besitzt. Je nach Art der Zu- und Abluftführung unterscheidet man zwischen raumluftabhängigen und raumluftunabhängigen Feuerstätten.

Die Nenn-Wärmeleistung einer Feuerstätte bestimmt den Mengenbedarf an Verbrennungsluft, der mit etwa 5 $m^3/h$ pro kW Wärmeleistung zu veranschlagen ist. Bei einer Feuerstätte mit einer Nenn-Wärmeleistung von 8 kW bedeutet dies bereits einen Bedarf von 40 $m^3$ (40 000 Liter) Verbrennungsluft pro Stunde, was schon einen gehörigen Luftwechsel erfordert. In durchschnittlichen Wohneinheiten vermag dieser Luftwechsel bereits den Mindest-Außenluftvolumenstrom zum baulichen Feuchteschutz abzudecken.

**Abb. L 1.1:** Feuerstätten im umbauten Raum sind von alters her Bestandteil der Bautradition (Quelle: Freilandmuseum Bad Windsheim / Frank Hartmann)

<u>Wichtig</u>: Es ist im Sinne eines vollkommenen Verbrennungsprozesses unabdingbar, für die notwendige Zuführung von Verbrennungsluft zu sorgen, um nicht nur einen maximalen Heizwert

(Effizienz der Wärmeerzeugung) zu erreichen, sondern auch um den Schadstoffanteil im Rauchgas auf ein Minimum zu reduzieren.

In jedem Fall wird durch die raumluftabhängige Verbrennung der Sauerstoffgehalt im Aufstellraum einer Feuerstätte reduziert. Aus diesem Grund ist eine Feuerstätte ebenso als Sauerstoffverbraucher zu definieren wie ein Mensch.

Was früher und in manchen Bestandsgebäuden durch Undichtigkeiten in der Gebäudehülle, durch „freie Lüftung" leicht zu realisieren war, verlangt heute oft eine zielorientierte und konstruktive Verbrennungsluftzuführung. Aufgrund der hohen Luftdichtigkeit von Gebäuden haben sich heute raumluftunabhängige Feuerstätten durchgesetzt, die die Verbrennungsluft von außen direkt in den Brennraum führen. Man sollte achtsam bei der Durchdringung der thermischen Hülle vorgehen. Diese kann eine gehörige Wärmebrücke darstellen oder gar Kondenswasser bilden.

Raumluftunabhängige Feuerstätten bedeuten, dass der Raum nicht mehr wie früher vom Luftaustausch profitiert. Denn in der Tat war eine raumluftabhängige Feuerstätte mit dem angeschlossenen Abgassystem der „Abluftventilator mit Fortluftleitung" im Wohnraum. Die Undichtigkeiten in der Gebäudehülle erlaubten ein freies Nachströmen von Außenluft in den Raum. Von dort gelangte die „Abluft" als Verbrennungsluft in den Brennraum, von wo sie durch das Abgassystem als „Fortluft" rauchgasschwanger abgeführt wurde.

Bei raumluftabhängigen Feuerstätten muss das Abgassystem für eine direkte und unmittelbare Ausbringung der Rauchgase, welche aus dem Verbrennungsprozess entstehen, sorgen. Der hierfür notwendige Differenzdruck (4 bis 8 Pa) muss durch das Abgassystem gewährleistet sein. Der Auftrieb durch den Kamin (Temperatur- und Druckdifferenz) unterstützt und fördert die Nachführung von Verbrennungsluft und sorgt somit für einen Luftwechsel im umbauten Raum. Die Außenluftnachführung wird durch baukonstruktive Öffnungen in der thermischen Hülle (ALD) sichergestellt, wie sie in Kapitel 4 vorgestellt werden.

Ist das Gebäude dagegen mit einem ventilatorgestützten Lüftungssystem ausgestattet, muss die Feuerstätte raumluftunabhängig betrieben werden, um einen Unterdruck und das Eindringen von Brenngasen in den Raum zu vermeiden, siehe Bereich WÄRME Kapitel 3.

### 1.3.5 Luftheizung und Lüftungswärmeverluste

Zu Heizzwecken eignet sich Luft als Trägermedium nur sehr bedingt. Allein die Wärmeaufnahmefähigkeit von Luft ist kaum ein Drittel so groß wie die des Wassers. Auch die Wärmespeichereigenschaften von Luft sind nicht optimal. Die Baubiologische Haustechnik betrachtet ohnehin nicht allein die Raumlufttemperatur als zentralen Parameter für die Wohnraumtemperierung, sondern bildet vielmehr mit den Oberflächen- und Bauteiltemperaturen eine mittlere Raumtemperatur als Grundlage der thermischen Ordnung im umbauten Raum.

Eine Luftheizung ist für die Innenraumtemperierung keine baubiologische Lösung, da sie nur die Luft erwärmt und nicht den Raum mit seinen Oberflächen und Bauteilen. Selbst eine Ausstattung mit Konvektionsheizkörpern sollte nur in solchen Räumen vorgesehen werden, wo die Art der Wärmeübertragung und die daraus resultierende Luftbewegung sich positiv auf den Raum auswirken, z. B. in Hauswirtschaftsräumen oder Waschküchen. Ein Luftwechsel führt dementsprechend zu hohen Lüftungswärmeverlusten. Übermäßige Konvektion verstärkt überdies Staubaufwirbelungen und verursacht bei hohen Temperaturen Staubverschwelungen.

# 2 Lufterneuerung und Luftwechsel im umbauten Raum

Um den notwendigen Luftwechsel durch Lufterneuerung und somit eine Vitalisierung des Raumklimas im umbauten Raum zu ermöglichen, ist in unseren Wohnbereichen mittlerweile ein nutzerunabhängiges Lüftungskonzept notwendig, welches mitnichten grundsätzlich einen Ventilator verlangt, sondern sich vielmehr nach dem Gebäude und dessen Nutzung auszurichten hat. Was früher über Undichtigkeiten in der thermischen Hülle bei entsprechenden Windlasten und den daraus resultierenden Luftdruckdifferenzen (innen/außen) fast unbemerkt für eine Grundlüftung sorgte, verlangt heute eine eingehende Betrachtung. Nach den anerkannten Regeln der Technik steht eine Vielzahl von Lüftungssystemen zur Verfügung, die sich in „freie Lüftung" und „ventilatorgestützte Lüftung" unterscheiden.

Um den tatsächlichen Lüftungsbedarf in der Praxis zu erfahren, eignen sich ein schlichtes Hygrometer für die relative Raumluftfeuchte (40 bis 55% r.F.), ein $CO_2$-Sensor für den Kohlenstoffdioxid-Anteil (< 800 ppm) und ein Thermometer für die Raumlufttemperatur (17 bis 20 °C/ 24 °C). Es schadet nicht, diese drei Parameter des Innenraumklimas nach den Kriterien des SBM (Standard der Baubiologischen Messtechnik) im Auge zu haben. Sehr schnell wird sich ein Verständnis und Begreifen diverser bio-physikalischer Prozesse hinsichtlich des Feuchtegehalts und der $CO_2$-Konzentration aus den Prozessen des Wohnens herauskristallisieren.

Der $CO_2$-Wert kann dabei durchaus als allgemeiner Anzeiger der Raumluftqualität verstanden werden. Wer es hinsichtlich des Feuchteschutzes und des tatsächlichen Feuchtegehalts der Luft ganz genau wissen will (was beispielsweise bei der Beurteilung des Luftwechsels in unbeheizten Kellerräumen elementar ist), der richtet sich nach der absoluten Feuchtedifferenz (g/kg) zwischen Außen- und Innenklima.

## 2.1 Luftwechsel und Luftwechselraten (in Wohn- und Arbeitsräumen)

Wie im Kapitel 1 dargestellt, ist für das gesundheitliche Wohlbefinden eine für den Menschen ausreichende Lufterneuerung im umbauten Raum durch Luftwechsel unverzichtbar. Umso notwendiger ist dies, da sich der Mensch heute immer mehr im umbauten Raum aufhält. Also ist es nicht nur die Außenluft, sondern vielmehr die Innenluft, welche aus baubiologischer Sicht die Basis für die Gesunderhaltung sowohl in Wohn- als auch in Arbeitsräumen darstellt.

Ein Luftwechsel, der auch gemäß Energieeinsparverordnung (siehe auch DIN 4108 Wärmeschutz und Energie-Einsparung in Gebäuden) gewährleistet sein muss, bedeutet den Austausch von „verbrauchter/belasteter" Innenraumluft gegen „frische/ unbelastete" Außenluft. (Außenluft kann nicht immer als frisch – also als „Frischluft" – bezeichnet werden, da „frisch" zu positiv belegt ist. Die Bezeichnung der Luft kann und darf keine Qualitätsaussage suggerieren!) . Der Luftwechsel wird durch die *Luftwechselrate* definiert. Die Luftwechselrate stellt den Austausch des gesamten zu betrachtenden Raumvolumens innerhalb der Zeiteinheit Stunde in $h^{-1}$ dar

Beispiele: Bei einer genannten Abluftmenge von 40 $m^3/h$ in einem Duschbad mit einem Raumvolumen von 20 $m^3$ lautet die Luftwechselrate 2,0 $h^{-1}$. Das gesamte Raumluftvolumen wird also binnen einer Stunde zweimal vollständig ausgetauscht. Eine Wohneinheit mit einem Raumvolumen von 250 $m^3$ verlangt bei einer Luftwechselrate von 0,5 $h^{-1}$ (baulicher Mindest-Luftwechsel) den Austausch von 125 $m^3$ Raumluft innerhalb einer Stunde. Bei einer Luftwechselrate von 1,0 $h^{-1}$ wird die gesamte Raumluft (250 $m^3$) innerhalb einer Stunde einmal ausgetauscht bzw. erneuert.

Hinweis: Ein veranschlagter Luftwechsel kann immer nur erreicht werden, wenn das Verhältnis von abgeführter Abluft/Fortluft und zugeführter Außenluft/Zuluft ausgeglichen ist:

$\sum$ Abluft-Volumenströme = $\sum$ Zuluft-Volumenströme.

Zu unterscheiden ist in jedem Gebäude

1. der *raumbezogene Luftwechsel* (baulicher Feuchteschutz) und
2. der *personenbezogene Luftwechsel* (hygienischer Luftwechsel).

Bei Wohn- bzw. Nutzungseinheiten mit mehreren Ebenen ist zu empfehlen, diesen Luftausgleich in den jeweiligen Ebenen (Geschossen) einzuhalten, ohne von Luftmengen aus anderen Geschossen/Ebenen abhängig zu sein. Besonders bei einem Neubau ist es wichtig, etwaige Nutzungsvariabilitäten für die Zukunft zu berücksichtigen. Gerne wird auch zwischen zwei Geschossen, die anfangs eine Einheit bildeten, später eine Tür eingebaut.

### Praxisbeispiel: Definition der Luftbereiche nach den Kriterien der Baubiologischen Haustechnik

In Abb. L 2.1 ist der Schnitt eines großen Wohnhauses mit insgesamt vier Ebenen für eine kinderreiche Familie zu sehen. Im Obergeschoss befinden sich neben dem Badezimmer (Abluftbereich) und dem Flur (Übergangsbereich) vier Kinderzimmer (Zuluftbereiche). Im Dachgeschoss befinden sich das Elternschlafzimmer und ein Duschbad. Im Erdgeschoss Wohn- und Esszimmer, Küche und Gästetoilette. Im Untergeschoss ein Arbeitszimmer, Spielzimmer und Musikzimmer sowie ein weiteres Duschbad. Klar ist, dass sich in diesem Wohnhaus sämtliche Lasten nicht nur unterschiedlich verteilen, sondern auch innerhalb verschiedener Zeitspannen stattfinden. In den Nachtstunden besteht nahezu ausschließlich im Ober- und Dachgeschoss ein Lüftungsbedarf, im Untergeschoss eher am Nachmittag und in den Abendstunden. Im Erdgeschoss werden durch das Kochen, Essen und Wohnen ganz andere Lastprofile zu erwarten sein. Aus diesen genannten und anderen Gründen unterscheidet die Baubiologische Haustechnik in der Auswahl des Lüftungssystems durch Zonierung der Ebenen. Ein weiterer Grund, in diesem Fall eine getrennte Zonierung schon in der Entwurfsplanung zu berücksichtigen, ist die Beachtung von Nutzungsvariablen in der Zukunft. Alles in allem wäre eine große zentrale Lüftungsanlage in diesem Falle völlig fehl am Platz. Das gesamte Haus würde zwangsgelüftet werden, auch wenn nur in einzelnen Ebenen nach dem absehbaren Nutzungsprofil Lüftungslasten anfallen. Mindestens zwei zentrale Lüftungssysteme wären notwendig, um dem Gebäude und seiner Nutzung gerecht zu werden: Lüftungssystem x für UG und EG und ein Lüftungssystem y für OG und DG. Eine solche Lösung würde auch einer späteren Nutzungsänderung entgegenkommen, wenn zwei separate Wohneinheiten hergestellt werden sollten. Um aber den sehr unterschiedlichen Nutzungs- und Lastprofilen am Ende gerecht werden zu können, wurden vier separate raumluftqualitätsgeführte Lüftungssysteme realisiert. Sämtliche Abluftventilatoren werden durch eine Kleinst-Windkraftanlage in Kombination mit einem kleinen Stromspeicher zum Lastausgleich versorgt.

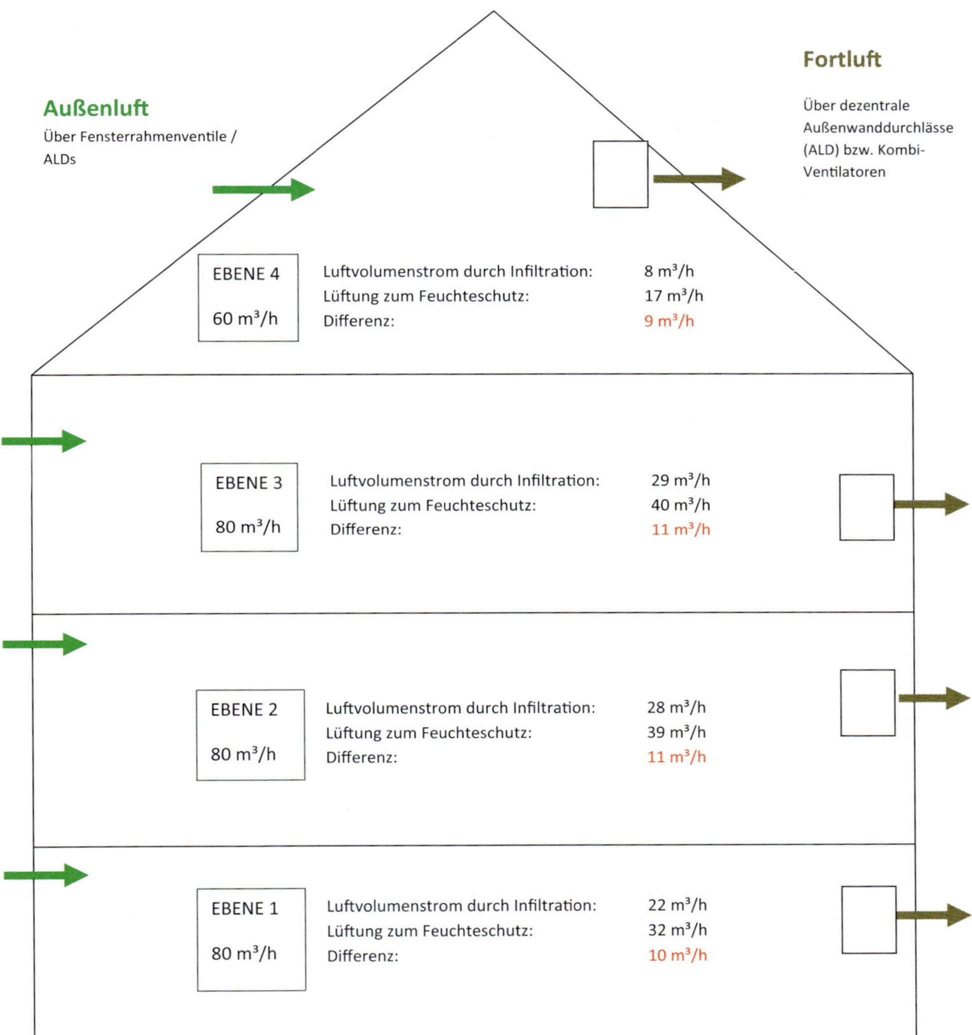


**Abb. L 2.1:** Ein Abluftsystem mit ausgeglichenen Ebenen der Zu- und Abluft ermöglicht einen nutzungsspezifischen (d. h. bedarfsorientierten) Ventilatorbetrieb. Darüber hinaus besteht bei diesem Lüftungskonzept mit sehr geringem Aufwand eine maximale Nutzungsvariabilität. Die Werte zur Nachweisführung des baulichen Feuchteschutzes wurden nach DIN 1946-6 für jede Ebene berechnet. (Quelle: Forum Wohnenergie)

Bei einem vorzunehmenden Luftaustausch ist immer darauf zu achten, einen möglichst umfassenden Austausch der Raumluft zu erreichen, also nicht nur in einzelnen Bereichen eines Raumes, sondern nahezu vollständig (Querlüftung). Das ist nicht nur bei der Anordnung etwaiger Lüftungsventile zu bedenken, sondern auch hinsichtlich der Einrichtung, denn: Es bringt die beste Luftwechselrate nichts, wenn durch Schrankwände oder andere Einrichtungen z. B. erdberührte

Außenwandflächen nicht von dem Luftwechsel profitieren können und schleichende Temperaturdifferenzen bei mangelhaftem Wärmeschutz Tauwasserausfall provozieren.

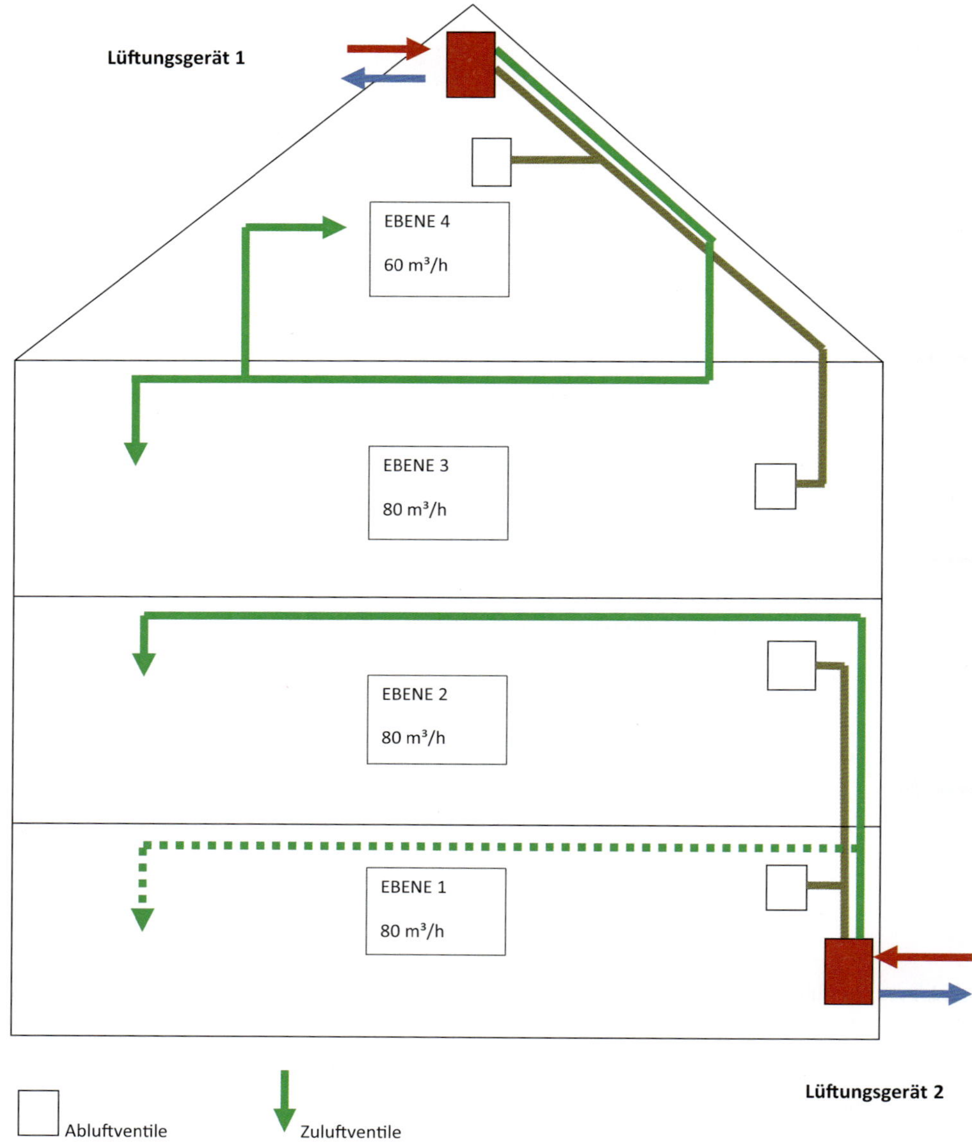


**Abb. L 2.1a:** Ein Lüftungsgerät für zwei Ebenen erfordert eine Luftkanalführung und bedeutet gleichzeitig, dass stets beide Ebenen gelüftet werden, wenn das Lüftungsgerät in Betrieb ist. Beide Ebenen sind über die Lüftungskanäle miteinander verbunden. Es kann also eine Nutzungsänderung in zwei separate Wohneinheiten ermöglicht werden. (Quelle: Forum Wohnenergie)

### 2.1.1 Luftbereiche in Wohn- und Arbeitsräumen

Sämtliche Wohn- und Nicht-Wohneinheiten bestehen aus verschiedenen Räumen, die vorrangig durch ihre Nutzung, durch ihre Kubatur sowie Lage und Qualität der Umschließungsflächen definiert sind. Hinsichtlich des Lüftungsverhaltens unterscheiden sich die Räume sowohl in ihren Lasten als auch in ihren Anforderungen.

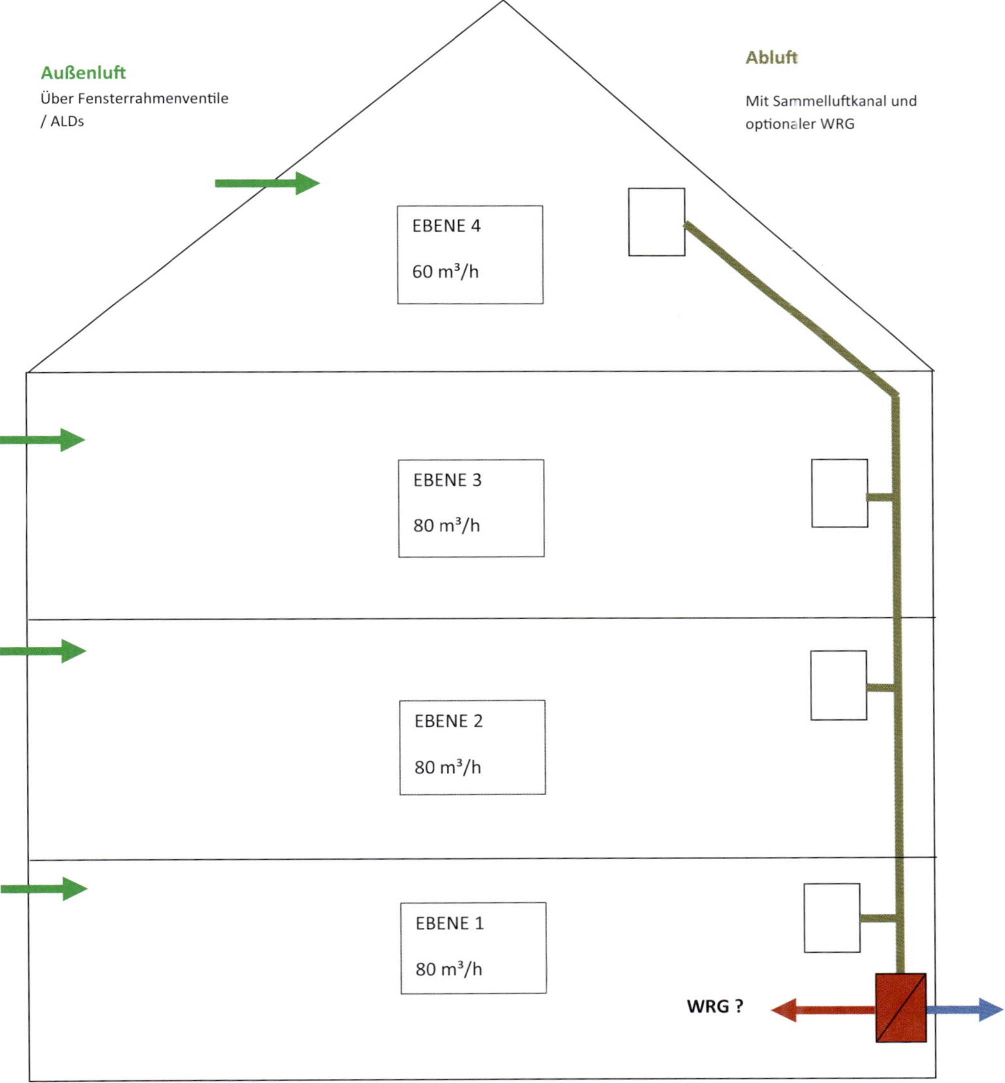


**Abb. L 2.1b:** Ob eine Wärmerückgewinnung notwendig oder überhaupt sinnvoll ist, ist objektbezogen zu bewerten, auch in Abhängigkeit vom System der Wärmeübertragung an den Raum (Quelle: Forum Wohnenergie)

Nassräume wie Duschbäder, Badezimmer, Wirtschaftsräume, aber auch Toiletten werden ebenso wie Küchen als *Abluftbereiche* definiert, da sich in diesen Räumen die meisten Belastungen der Raumluft, vor allem Feuchte und Gerüche, konzentrieren.

Das Gegenstück zu den Abluftbereichen sind jene Bereiche, wo sich der Mensch weitaus kontinuierlicher zur Geselligkeit oder Regeneration aufhält. Wohn- und Arbeitsräume für leichte Betätigungen als auch Schlaf- und Kinderzimmer werden als *Zuluftbereiche* definiert, da diese entsprechend ihrer Nutzung mit Außenluft zu versorgen sind und dergestalt die Raumluft erneuert wird. Flure, Dielen, Treppenaufgänge usw. werden als *Übergangsbereiche* bezeichnet. Sie stellen die räumliche Verbindung zwischen Ab- und Zuluftbereichen dar. Im Idealfall wird die Abluft direkt aus den Abluftbereichen aus dem Gebäude geführt und über die Zuluftbereiche nachgeführt.

Hinweis: Es ist immer darauf zu achten, dass die Luftführung stets vom Zuluftbereich zum Abluftbereich führt. Natürlich um sicherzustellen, dass insbesondere die Feuchtelasten dort abgeführt werden, wo sie entstehen und nicht zuvor erst durch die Wohnung geleitet werden.

### 2.1.2 Abluftbereiche und deren Lasten

Die typischen Lasten von Abluftbereichen sind: Wasserdampf, Gerüche, Ausdünstungen und eben ein aus dem Wasserdampf resultierender erhöhter Feuchtegehalt der Luft. Selbstredend fallen diese Lasten nicht nur in klassischen Abluftbereichen an, sondern auch in Zuluftbereichen durch die Anwesenheit von Menschen und Tieren, aber auch Pflanzen. Die Feuchteabgabe von Pflanzen ist sehr unterschiedlich und sollte bei der Auswahl der Innenraumflora berücksichtigt werden. Dementsprechend gilt es an dieser Stelle darauf hinzuweisen, dass man ohnehin die Bepflanzung des Innenraums nicht übertreiben sollte. Eine mangelhafte Pflanzenvielfalt des Mikroklimas ist damit nur sehr schlecht zu kompensieren, da dies der natürlichen Ordnung mitnichten entspricht. Viel wichtiger ist ein Gebäudeumfeld, das durch eine hohe Pflanzendichte bis hin zur Fassadenbegrünung oder Dachbegrünung nicht nur dem Makroklima, sondern ebenso dem Mikroklima positiv entgegen kommt.

Feuchtelasten und andere Belastungen aus Zuluft- und Übergangsbereichen werden auf direktem Wege in die Abluftbereiche geführt, um sich mit den Lasten der Abluftbereiche zu vereinen und von dort als Ab- oder Fortluft aus dem Gebäude gelüftet zu werden.

### 2.1.3 Zuluftbereiche und deren Anforderungen

Die Anforderungen der Zuluftbereiche resultieren aus den physiologischen Anforderungen des Menschen, da es sich bei Zuluftbereichen um ausgemachte Aufenthaltsbereiche wie Wohnzimmer, Esszimmer, Arbeitszimmer oder Multifunktionsräume wie Musikzimmer, Gästezimmer usw. handelt. An erster Stelle stehen die Sauerstoffzufuhr und eine allgemein reduzierte Belastung durch Schadstoffe jedweder Art (Baustoffe, Einrichtungsgegenstände, Reinigungsmittel usw.). Sollte die Außenluft mit Schadstoffen belastet sein, sind diese durch entsprechende Filterung von den Zuluftbereichen fernzuhalten.

### 2.1.4 Übergangsbereiche und ihre Bedeutung

Übergangsbereiche sind Wegweiser des Luftstroms bzw. der Luftrichtung innerhalb eines umbauten Raumes und tragen somit wesentlich zur Vitalisierung der Raumluft bei, auch wenn die Bereiche nutzungsspezifisch eher untergeordnet zu betrachten sind. Dennoch können durchaus auch Aufenthaltsbereiche als Übergangsbereich definiert werden (wie beispielsweise die Bibliothek im Beispielhaus). Als Übergangsbereiche sind im Grunde Flur, Diele, Treppenaufgang usw. zu begreifen. Diese Bereiche bringen zwar keine unmittelbaren Belastungen hervor, werden aber dennoch von sämtlichen Belastungen aus den anderen Bereichen beeinflusst. Umso wichtiger ist es, dass immer ein direkter Verbund zwischen Zuluft- und Abluftbereichen über die Übergangsbereiche sichergestellt ist. Bei Treppenaufgängen oder Geschossverbindungen ist wie oben ausgeführt auf die räumliche Nutzung zu achten und deshalb die Eignung als Übergangsbereich stets kritisch zu prüfen.

### 2.1.5 Übersicht von Lüftungssystemen

Als Lüftungssysteme stehen grundsätzlich folgende Systemvarianten zu Verfügung:

- die einfache freie Lüftung,
- die solaroptimierte freie Lüftung und
- die ventilatorgeführte Lüftung.

Dabei muss das gewählte Lüftungssystem in der Lage sein, den geforderten Luftwechsel und zumindest den baulichen Feuchteschutz nutzerunabhängig sicher zu gewährleisten. Wird ein ventilatorgestütztes Lüftungssystem ausgewählt, muss dieses stets nach den physiologischen Anforderungen des Menschen ausgelegt werden und einen Luftwechsel von mindestens 30 $m^3/h$ für jede Person ermöglichen. Der bauliche Feuchteschutz verlangt in der Regel deutlich weniger als die Hälfte, dies erweist sich aber für die Biologie des Menschen als ungenügend.

## 2.2 Freie Lüftung und ventilatorgestützte Lüftung

Bei Fenstern und Türen handelt es sich um geschlossene Öffnungen, die schon seit alters her zu Lüftungszwecken dienten, lange bevor man sich um ein „Lüftungskonzept" Gedanken machen musste. Nicht nur der Schutz vor Wind und Wetter, sondern ebenso eine hohe Tageslichtausbeute, Lufterneuerung (Zufuhr von Verbrennungsluft) und der unmittelbare Bezug zum Mikroklima sind die grundlegenden Funktionen dieser Bauelemente in transparenter Form. Die Fensterlüftung allein wird jedoch aufgrund der erfolgten Bauschäden nicht als Lüftungssystem anerkannt, da diese in der Regel nicht **nutzerunabhängig** funktioniert. Aus diesem Grund wurde die DIN 1946-6 im Jahre 2009 veröffentlicht, um im Rahmen eines *Lüftungskonzepts* einen baulichen Feuchteschutz sicherzustellen. Im Sommer 2014 wurde eine Überarbeitung dieser Norm beschlossen.

Selbst wenn Wohnbereiche mit ventilatorgestützten Lüftungssystemen ausgestattet werden, sollte eine Fensterlüftung dennoch immer möglich sein. Dies berührt auch wohn-psychologische Aspekte und erklärt, warum viele Menschen skeptisch gegenüber Gebäudeinnovationen sind, die als Lebensraum nur mit einer Zwangslüftung funktionieren. Wo eine Fensterlüftung für einen Wohnbereich explizit nicht möglich ist, stellt sich die Frage nach dem Lebensraum und dem Standort des Gebäudes überhaupt.

Dabei geht es keineswegs nur um den zusätzlichen Energieverbrauch, den ein ventilatorgestütztes Lüftungssystem einfordert. Denn der Herstellungsaufwand und die Leistungsaufnahme der Ventilatoren (20 bis 80 W) sind durchaus moderat und lassen sich durch erneuerbare Energien leicht abdecken. Auch die Wärmeverluste bei freier Lüftung sind bei Einsatz regenerativer Energien tolerierbar. Unbehagen ruft eher die Rotation hervor, die stetige Bewegung der Ventilatoren, die selbst bei optimaler Schalldämmung und der tatsächlichen Vermeidung von Körperschall-Übertragung ein energetisches Feld erzeugt, das auf die Menschen im Raum (Bewohner) wirkt. Eine detaillierte Produktinformation und messtechnische Auswertungen können hierüber Aufschluss geben.

In manchen Fällen kann eine ventilatorgestützte Lüftung nicht nur sinnvoll, sondern auch notwendig sein, beispielsweise zur Zwangslüftung fensterloser Nassräume – entsprechend der baurechtlichen Zulassung gemäß DIN 18017-3 – als nur ein Beleg für die Bedeutung des Fensters zur Lufterneuerung. Aber auch für Allergiker beispielsweise kann allein ein Zuluftkanalsystem, welches eine umfassende und zielorientierte Filterung der Außenluft ermöglicht, ein Segen sein.

## 2.2.1 Fensterlüftung und Schachtlüftung (Auftriebslüftung)

Das Fenster ist ungleich mehr als ein funktionales Bauelement, dessen Flächenanteil bezogen auf die Wohnfläche in unseren Bauordnungen definiert ist, sondern ein Gestaltungselement von zentraler Bedeutung, für den Raum und seine Umgebung. Die Physiognomie eines Hauses wird maßgeblich von der Anordnung seiner Fenster und Türen geprägt.

Freie Lüftung meint normativ die Querlüftung als Windlüftung und die Schachtlüftung als Auftriebslüftung als maßgebliche Antriebskraft – wie wir es historisch betrachtet ja schon Jahrhunderte lang tun. Der Lüftungsbedarf, also die Menge des notwendigen Luftwechsels innerhalb einer definierten Zeitspanne (in $m^3/h$), lässt sich anhand diverser Berechnungen ermitteln, die auf sehr allgemeinen Rahmenbedingungen beruhen. Doch am Ende bestimmen allein das Nutzerverhalten und die Baukonstruktion mit ihren Materialien von Baustoffen und Einrichtungen das tatsächliche Maß, welches es abzuwägen/auszugleichen gilt.

Ausschlaggebend ist naturgemäß eine wirksame Querlüftung, um auch wirklich einen Luftaustausch zu realisieren. Mit einer Fensterkipp-Stellung ist dies in der Regel nicht realisierbar und sollte gar nicht erst in Betracht gezogen werden. Ein Fenster sollte entweder ganz geschlossen oder ganz geöffnet sein. Da bei einer Kippstellung kaum eine Luftbewegung durch Windlasten oder Druckdifferenzen erfolgen kann, wirkt lediglich ein Wärmestrom von innen nach außen. Die Folge ist neben schleichenden (sinnlosen) Wärmeverlusten ein Auskühlen des Fenstersturzes oder der Laibung, was zu erheblichen Temperaturdifferenzen führen kann und daraus resultierend zu entsprechendem Tauwasserausfall. Keine seltene Situation in der Praxis, dass man entsetzt Schimmelpilzansammlungen feststellt, obwohl man doch ein Fenster geöffnet hatte. Nein, denn Lüften bedeutet Luftaustausch. Dieser kann nur mit vollständig geöffneten Fenstern realisiert werden. Der Verzicht auf eine Fensterbank mit Blumen und Dekorationen oder eine Sitzbank bei entsprechender Brüstungshöhe kann hierbei sehr hilfreich sein.

Als konstruktive Unterstützung einer Fensterlüftung kann eine Schachtlüftung wirken, ohne Hilfsenergie zu benötigen. Motor des Luftaustausches ist der thermische Auftrieb, der sich durch den vertikalen Schacht von innen nach außen ergibt. Thermischer Auftrieb entsteht, wenn zwischen den Luftsäulen außerhalb und innerhalb des Gebäudes ein Temperatur- bzw. Luftdichteunterschied besteht. Von Bedeutung ist die wirksame Höhe des Lüftungsschachtes. Die Wirkung eines solchen Schachtes verlangt eine vertikale Schachtführung und einen Mindestquerschnitt von 140 $cm^2$ (min. Nennweite von 12,5 cm Rundrohr oder 14 cm x 10 cm Eckrohr). Als Rohrmaterial eignet sich ein Wickelfalzrohr aus Stahlblech oder ein Holzrohr. Wichtig ist ein ausreichender Wetterschutz am

Ende des Luftschachtes. Im Innenbereich werden einfache Abluftventile aus Stahlblech (pulverbeschichtet) montiert, die eine Feineinstellung des Volumenstroms in m³/h erlauben.

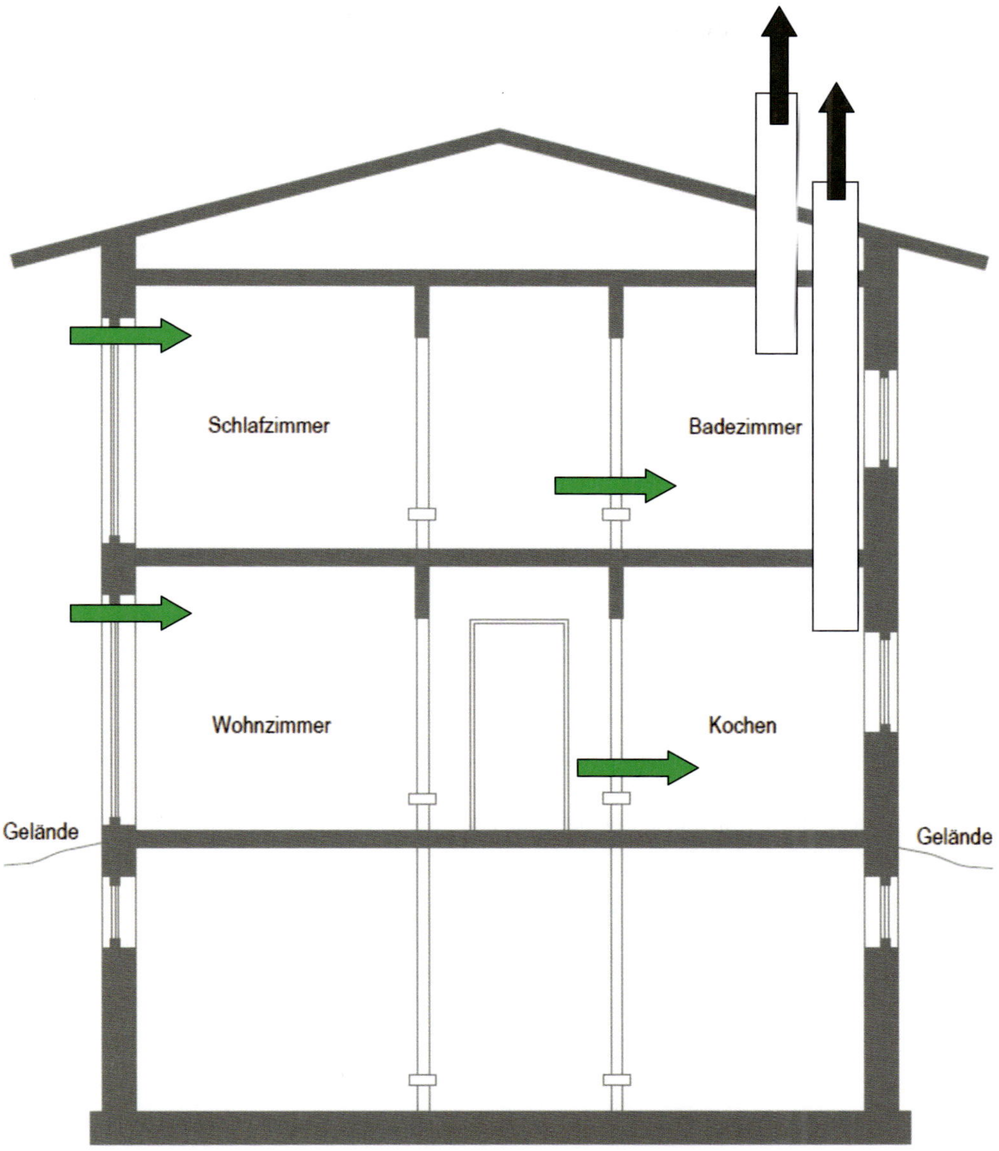


**Abb. L 2.2:** Die Funktionszeichnung der Schachtlüftung zeigt die Abführung von Abluft aus den Abluftbereichen durch den thermischen Auftrieb in Doppel-Schachtausführung mit Abluftgitter sowie die Nachführung der Außenluft durch ALDs. Es kann auch eine Drosselklappe in den Abluftschacht eingebaut werden, eine Wetterschutzabdeckung mit Gitter ist Pflicht. (Quelle: Frank Hartmann)

Eine Revisionsöffnung zu Reinigungszwecken und zur Inspektion sollte vorgesehen werden. Optional kann eine Drosselklappe montiert werden, um den Luftstrom zu reduzieren. Tauwasserbildung gilt es grundsätzlich in sämtlichen Komponenten von Lüftungs- und insbesondere in Luftkanalsystemen zu vermeiden. Für eine eventuell notwendige Erweiterung oder Optimierung kann auch der nachträgliche Einbau eines Ventilators vorgesehen werden. Ob im Gebäude oder auf dem Dach, verschiedene Varianten sind möglich.

### 2.2.2 Raumluftabhängige Feuerstätten und freie Lüftung (Windlüftung)

Eine zentrale raumluftabhängige Feuerstätte im Wohnraum besitzt mit dem Schornstein als Abgassystem bereits einen Abluftkanal bzw. einen Abluftschacht. Auch hier ist der thermische Auftrieb durch die aus dem Verbrennungsprozess resultierenden Rauchgase die treibende Kraft. Jeder Verbrennungsprozess verlangt jedoch eine Mindestmenge an Sauerstoff, die als Verbrennungsluft in den Brennraum der Feuerstätte geführt werden muss. Die notwendige Verbrennungsluft einer raumluftabhängigen Feuerstätte wird durch den Wohnraum geführt und muss in irgendeiner Form in das Haus zur Feuerstätte gelangen. Dies kann durch freie Lüftung in der thermischen Hülle geschehen oder aus einem luftoffenen Keller, Lehmkeller, Naturkeller oder einem Erdkeller realisiert werden. Somit wird auch in diesen untergeordneten (und leicht übersehenen) Bereichen ein Luftaustausch durch Luftnachführung ermöglicht. Auf eventuelle Belastungen aus dem Untergrund, z. B. Radon, ist freilich zu achten.

Natürlich können auch Außenwanddurchlässe (ALD) in den verschiedensten Arten analog einer freien Lüftung (Windlüftung) zur Anwendung kommen, um Außenluft in den Raum (Zuluftbereich) nachzuführen (siehe Abschnitt 2.2.3). Die Luftführung kann sowohl zentral als auch dezentral erfolgen. Eine Aufteilung des Gesamt-Luftvolumenstroms verringert natürlich die Einzel-Luftvolumenströme. Stets sind die Position der Feuerstelle und der Luftweg der nachgeführten Verbrennungsluft objektspezifisch zu prüfen und festzulegen. Eine ausreichende Luftzuführung muss stets gewährleistet sein. ALDs zur freien Lüftung müssen immer hinsichtlich ihres Querschnittes berechnet werden. Natürlich gilt es auch Sorge dafür zu tragen, dass in allen Lüftungsbereichen auch tatsächlich ein Luftaustausch erfolgt. Dies kann mit mehreren dezentralen ALDs leichter realisiert werden.

Der Motor (Ventilator) dieser „Abluftanlage" ist allein der Verbrennungsprozess in der Feuerstätte, der keinerlei Hilfsenergie benötigt, sondern nur Holz und genügend Sauerstoff. Die Abluft wird – mit Abgasen geschwängert – durch den Schornstein aus dem Gebäude gebracht. Dies entspricht unserem Atmungsprozess: Wir benötigen Sauerstoff für die Verbrennung und scheiden $CO_2$, also belastete, feuchte und sauerstoffarme Luft aus.

Die Anforderungen der Feuerstätten-Verordnung (FeuV) sind zu beachten. Sie fordert beispielsweise als Mindest-Verbrennungsluftmenge für eine raumluftabhängige Feuerstätte pro Kilowatt Nennwärmeleistung mind. 4 $m^3$ Raumluftvolumen im Aufstellraum.

DIN EN 15242 definiert ebenfalls Faktoren für den zusätzlichen Verbrennungsluftbedarf bei Einsatz einer Feuerstätte. Für einen Holzofen beträgt der Bedarf an Verbrennungsluft etwa 10 $m^3/h$. Diese Luftmenge sollte unbedingt und ungehindert zur Verfügung stehen. Mit der Fensterlüftung kann individuell ergänzt werden.

## Unter allen Einsendern verlosen wir quartalsweise zwei attraktive Geschenke:

(Bitte kreuzen Sie Ihren Wunschgewinn an)

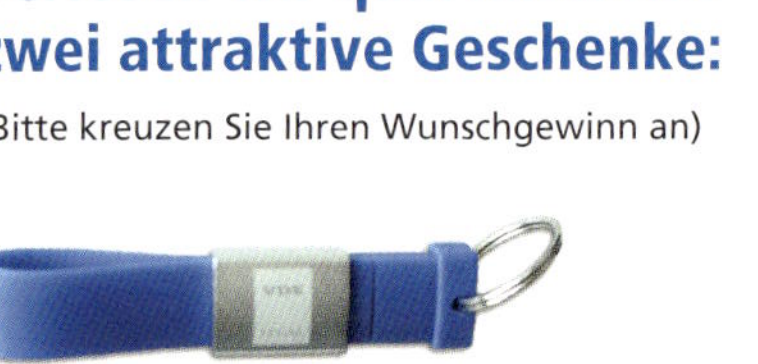

☐ 4 GB-USB-Stick

☐ Umhängetasche

Firma ____________ Abteilung ____________

Name ____________ Vorname ____________

Straße ____________ PLZ ____ Ort ____________

Land ____________ E-Mail ____________

Telefon ____________ Fax ____________

Das Porto übernimmt der VDE VERLAG für Sie!

**VDE VERLAG GMBH**
Beate Knittel
Bismarckstr. 33
10625 Berlin

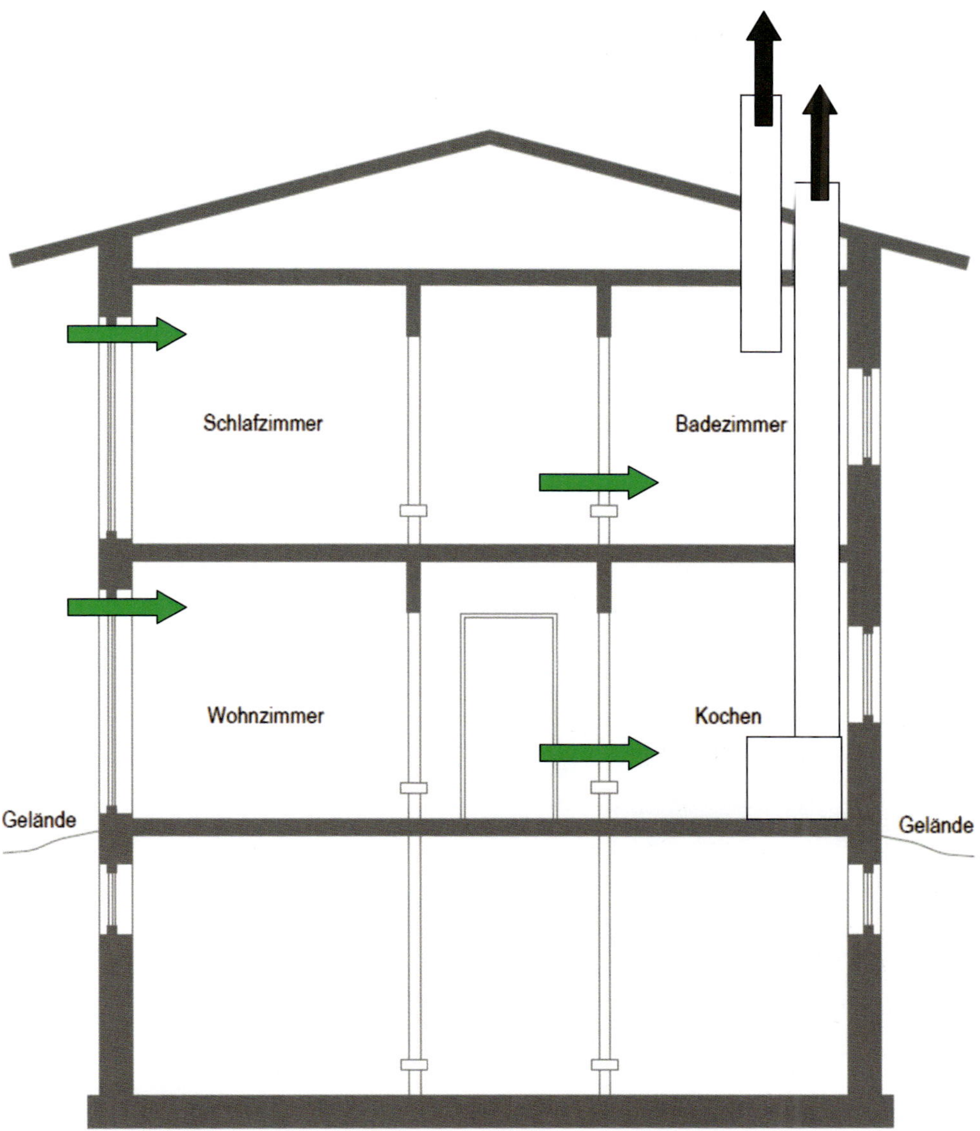


**Abb. L 2.3:** Funktionsprinzip der Schachtlüftung mit einer Feuerstelle als „Ventilator" und undichten Fenstern als Außenluftnachführung (Verbrennungsluft) (Quelle: Frank Hartmann)

Die Möglichkeit, mittels einer raumluftabhängigen Feuerstätte einen Luftwechsel zu erreichen, mag bei günstigen Grundrissen und der Mithilfe der Bewohner durch ihr Nutzerverhalten durchaus sinnvoll sein und dem baulichen Feuchteschutz Genüge tun. Ein hygienischer Luftwechsel ist allerdings besonders in der Nacht nach diesem Prinzip bedingt realisierbar und verlangt oft zusätzliche Lüftungsoptionen.

### 2.2.3 Der Außenwand-Luftdurchlass (ALD)

Außenwand-Luftdurchlässe können zur freien Lüftung verwendet werden, aber auch in Kombination mit ventilatorgestützten Lüftungssystemen (z. B. zentrales Abluftkanalsystem mit dezentraler Frischluftnachführung). Um die notwendige Frischluft dezentral – also da, wo sie auch gewünscht ist – nachzuführen, empfehlen sich bauartzugelassene Bauteile wie Fensterrahmenventile oder Außenwanddurchführungen.

Ein Fensterrahmenventil wirkt direkt im Fensterrahmen (mittels Langloch mit einer Höhe von mindestens 15 mm und einer Breite entsprechend der Fensterrahmenbreite), also in jenem Bauelement, welches als geschlossene Öffnung ohnehin das Lüftungsventil Nummer 1 ist. Allerdings ist die maximale Luftmenge, die nachgeführt werden kann, begrenzt und reichte bei einer durchschnittlichen Fensterbreite lange nicht über 20 m$^3$/h hinaus. Mittlerweile bietet der Markt aber auch schon Ventile mit einem Luftdurchsatz von mehr als 30 m$^3$/h, allerdings bei großen Druckdifferenzen. Diesbezüglich geben die Luftmengen-Druckdifferenz-Kennlinien der Hersteller detailliert Auskunft. Das Fensterrahmenventil verfügt über manuell bedienbare Lamellen und einen Grob-Staubfilter, um das Ventilinnere vor groben Verschmutzungen zu schützen. Einige Hersteller bieten bereits Pollenfilter für Fensterrahmenventile an.

**Abb. L 2.4:** Eine weiterentwickelte Variante der einfachen Fensterrahmenventile bilden fensterintegrierte Zu- und Abluftsysteme mit Luftfilter und Wärmerückgewinnung (Quelle: Schüco International KG)

Eine Außenwanddurchführung verlangt zwar einen höheren Montageaufwand und eine zusätzliche Unterbrechung/Durchtrennung der thermischen Hülle (Vorsicht Wärmebrücke!), ermöglicht aber nicht nur einen Luftwechsel von 30 m$^3$/h, sondern auch noch eine höhere Filtergüte bzw. die Integration einer Schallschluckpackung. Hinsichtlich der konstruktiven Wärmebrücke ist auf eine bestmögliche Wärmedämmung zu achten, die als Zubehör Bestandteil eines ALD-Systems sein sollte. Ebenso ist es wichtig, die Luftdichtigkeit sicherzustellen, um Fehlströme der Luft oder gar Tauwasserausfall auszuschließen.

Hinweis: Um hygienischen Belastungen vorzubeugen, ist das Innere einer Außenluftnachführung regelmäßig zu prüfen und ggf. zu reinigen. Temperaturdifferenzen im Bauteil sind zu vermeiden, um einem Tauwasserausfall vorzubeugen.

**Abb. L 2.5:** Das fensterintegrierte Zu- und Abluftsystem lässt sich auch vertikal anbringen, wenn die Einbausituation es erfordert (Quelle: Schüco International KG)

Grundsätzlich ist darauf zu achten, bei Kombination mit einem Abluftventilator eine leichte Druckdifferenz von 4 bis 8 Pa zu erreichen, um eine funktionsgerechte Außenluftnachführung zu ermöglichen. Allerdings beeinträchtigen beide Varianten der Außenluftnachführung das Aussehen des Fensters bzw. der Wand. Zweifellos sind bei diesen Produktinnovationen neben der Funktionssicherheit auch noch gestalterische Aspekte zu optimieren.

## 2.2.4 Anforderungen nach DIN 1946-6

DIN 1946-6 fordert nicht nur den Nachweis über die Notwendigkeit lüftungstechnischer Maßnahmen (LtM), sondern zeigt auch zur Auswahl stehende Lüftungssysteme per Definition. Im Anhang A folgt die Darstellung und Kennzeichnung von Lüftungssystemen (LS). Die Norm gibt damit eine Übersicht zu den praktischen Anwendungsmöglichkeiten verschiedener Systeme zur Wohnungslüftung, um primär den baulichen Feuchteschutz nutzerunabhängig sicherzustellen. Sie ist darüber hinaus eine praktikable Hilfestellung (nicht zuletzt für die Rechtssicherheit im Mehrgeschoss-Wohnungsbau).

In der Norm ist zu lesen, dass grundsätzlich der Neubau lüftungstechnisch relevant ist, in der Modernisierung nur, sobald mindestens ein Drittel der Fenster getauscht und/oder ein Drittel der Dachfläche mit Wärmedämmmaßnahmen luftdicht ausgestattet wird. In jedem Fall sollte ein Lüftungskonzept gemäß DIN 1946-6 vorgeschlagen werden. *„Das Lüftungskonzept kann von jedem Fachmann erstellt werden, der in der Planung, der Ausführung oder der Instandsetzung von lüftungstechnischen Maßnahmen oder in der Planung und Modernisierung tätig ist".*

Die Norm zeigt neben den Möglichkeiten und Grenzen der einzelnen Systeme auch Anforderungen an die Raumluftqualität im Allgemeinen, an die Energieeffizienz von Ventilatoren sowie an die

Hygiene des gesamten Systems. Ihre Bedeutung liegt in der Sicherstellung eines *nutzerunabhängigen* Mindest-Außenluftvolumenstroms!

### 2.2.5 Lüftung von fensterlosen Nassräumen

Die Lüftung von fensterlosen Nassräumen – besonders im Bestand – muss auf eine besondere Weise sichergestellt werden (DIN 18017-3), da sie durch ihre Nutzung problematische Lasten aufweisen, insbesondere hohe Feuchtelasten bei Duschbädern und Badezimmern. Da diese Lasten aber nach (bzw. schon während) der Nutzung anstehen, wäre es ein Leichtes, eine nutzerabhängige Fensterlüftung vorzunehmen. Allein das Fenster fehlt. Aus diesem Grund ist eine ventilatorgestützte Abluftführung direkt aus dem Lastbereich notwendig und baurechtlich eingeführt. Der Massen-Volumenstrom für einen solchen Einzelraum muss mindestens 40 $m^3/h$ betragen. Der Markt bietet hierfür eine Vielzahl von feuchtegesteuerten Abluftventilatoreinheiten an, die entweder vor ein Abluftkanalsystem gesetzt werden oder unmittelbar an die Außenwand mit Wanddurchführung und Wetterschutzgitter. Selbstredend ist mit einem solch einfachen Lüftungssystem auch der bauliche Feuchteschutz realisierbar und bietet sich als Grundlage für ein Lüftungskonzept an.

Wenn der Ventilator in Betrieb ist, muss Außenluft in mindestens derselben Menge nachgeführt werden. Es ist also für eine freie Lüftung und ungehinderten Luftweg in den Abluftbereich zum Ventilator zu sorgen, auch wenn die Türen verschlossen sind. In modernen Gebäuden reicht die bauwerksbedingte Infiltration für diese Menge (40 $m^3/h$) nicht mehr aus. Also gilt es, Außenluftdurchlässe (ALD) zu installieren, welche die geforderte Außenluftnachführung gewährleisten. Damit nähern wir uns bereits einer zentralen Abluftanlage.

### 2.2.6 Ventilatorgesteuertes Abluftkanalsystem mit dezentraler Außenluftnachführung

Abluftsysteme sind abluftseitig ventilatorgestützte Lüftungssysteme in Form von zentralen Abluftkanälen oder kompakten Abluftventilatoren, die direkt in die Außenwand (thermische Hülle) eingebaut werden. Sie können ohne Wärmerückgewinnung und mit Wärmerückgewinnung betrieben werden. Die Möglichkeiten der Wärmerückgewinnung bestehen mittels Wärmepumpenaggregaten, welche die warme Abluft als Wärmequelle nutzen. Die entwärmte Abluft wird über einen Fortluftkanal aus dem Gebäude gebracht. Ein anlagentechnisches Synergiepotenzial ist in diesem Zusammenhang die Warmwasserbereitung über eine abluftgeführte Warmwasserwärmepumpe. Denn wenn Lüftungsbedarf in einem Badezimmer oder Duschbad nach der Nutzung eintritt, entsteht gleichfalls auch ein Bedarf an der Bereitstellung (Nachführung) von Trink-Warmwasser. Mit diesem Beispiel lassen sich anlagentechnische Synergien mit dem Nutzungsprofil der Bewohner eindrucksvoll auf den Punkt bringen.

Bei Abluftanlagen unterscheidet man in Einzelventilator-Lüftungsanlagen und Zentralventilator-Lüftungsanlagen. Die Außenluftnachführung erfolgt über Außenwand-Luftdurchlässe (ALD), welche sich bei Unterdruck im Wohnraum öffnen und frische Luft von außen nachströmen lassen. Der Luftwechsel wird durch den Volumenstrom des Abluft-Ventilators erzwungen.

Die Einzelventilator-Lüftungsanlagen entsprechen im Grunde den Entlüftungsanlagen mit gemeinsamem Abluftkanal nach DIN 18107-3 für fensterlose Räume – wie beispielsweise für innenliegende Sanitärbereiche, wie sie in EFH und MFH ausgeführt werden. Die Steuerung erfolgt in der Regel analog zur Lichtschaltung in zwei Stufen mit entsprechenden Nachlaufzeiten der Einzelventilatoren. Um den baulichen Feuchteschutz sicherzustellen und darüber hinaus einen definierten Luftwechsel, sollte in die Steuerung ein Feuchte- oder $CO_2$-Sensor integriert sein, der bei Überschreitung von eingestellten Grenzwerten den Abluft-Ventilator schaltet. Mittlerweile bietet der Markt solche Einzel-Abluftventilatoren an, welche bereits einen Feuchtesensor integriert haben und über einen hohen Luftdurchsatz von bis zu 90 $m^3/h$ verfügen. Derartige Steuerungen sind einer statischen Steuerung über den Lichtschalter mit Nachlaufrelais vorzuziehen. Dies entspricht beispielsweise der Normallüftung für einen Drei-Personen-Haushalt. Auf diese Weise lassen sich schon sehr preiswerte Lüftungssysteme über den Feuchteschutz hinaus bedarfsorientiert einsetzen.

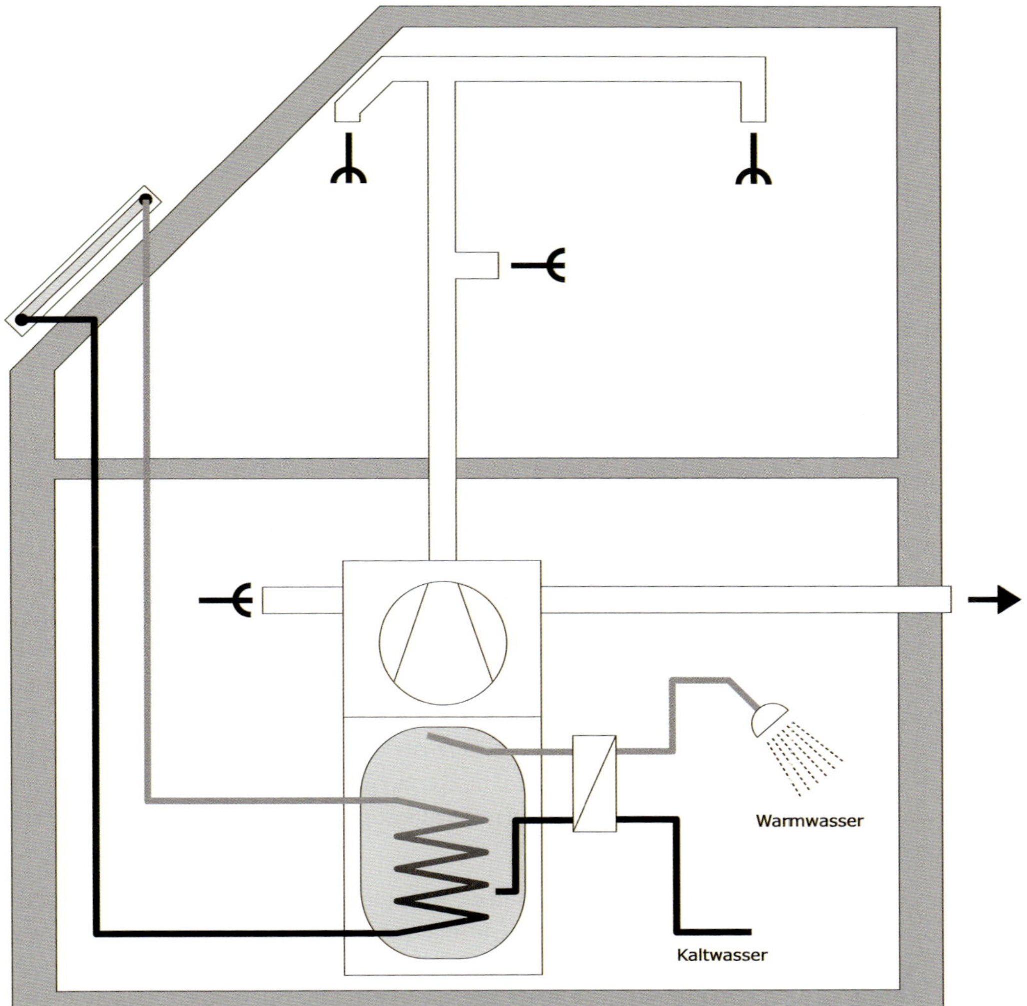


**Abb. L 2.6:** Integration eines Abluftkanals in die solare Trinkwasser- bzw. Heizungswassererwärmung (Quelle: Michael Römer/Solargrafik)

Bei einem Abluftkanalsystem durch mehrere Abluftbereiche muss für jeden Abluftbereich ein Abluftventil vorgesehen werden, an dem die festgelegte Abluftmenge über eine Ventileinstellschraube eingestellt wird. Dabei gilt, dass der Gesamt-Abluftvolumenstrom gleich der Summe aller Teil-Abluftvolumenströme ist.

Hinweis: Zu bedenken ist, dass die Abluft zwar mit ihren Feuchtelasten aus dem Gebäude geführt wird, aber auch mit all ihrer Wärmemenge, die sie beinhaltet. Eine mögliche Wärmerückgewinnung aus der Abluft wird in Kapitel 3 behandelt.

### 2.2.7 Ventilatorgeführtes Zuluftkanalsystem mit dezentraler Fortluftabführung

Zuluftsysteme können sowohl mit zentralen als auch mit dezentralen Ventilatoreinheiten ausgestattet werden. Sie lassen sich a) in einer Nutzungseinheit anordnen oder b) in einem Raum einer Nutzungseinheit. Ventilatorintegrierte Außenwanddurchlässe bringen einen definierten Volumenstrom in den Raum und erzeugen dabei Überdruck. Die verbrauchte Abluft gelangt durch Undichtigkeiten und AbLDs (Außenluftdurchlässe für Abluft – mit baulich vorgegebener Luftrichtung) ins Freie.

Dies stellt eine einfache Variante für die Modernisierung dar, wo oft erforderliche Lüftungskanalrohre schwer nachzurüsten sind, vor allem in bewohnten Gebäuden. Die Anordnung der Zulufteinlässe kann direkt im Wohnbereich erfolgen. Der entstehende Überdruck drückt die Abluft durch sich öffnende AbLDs nach außen, bevor sie sich in anderen Bereichen ausbreitet. Dem Abluftbereich wird Außenluft nachgeführt.

Ein zentrales Zuluft-Lüftungssystem besteht wie die Abluft-Variante aus einem Lüftungskanalsystem mit einer zentralen Ventilatoreinheit und verteilt Außenluft über das Zuluftkanalsystem in die jeweiligen Zuluftbereiche des Wohnens. Der Ventilator ist beliebig steuerbar, am besten bedarfsorientiert, wie oben beschrieben. Eine Erweiterung der anlagentechnischen Komponenten einer zentralen Zuluftanlage ermöglicht zwar keine Wärmerückgewinnung wie in einem zentralen Abluftkanal, aber Solar- und Umweltwärme können dem zentralen Zuluftsystem vorgeschaltet werden. In diesem Zusammenhang ist auf Solar-Luftkollektoren hinzuweisen, die durch einen nahezu wartungsfreien Betrieb überzeugen, weniger kostenintensiv als solegeführte Solarkollektoren sind und dennoch über einen Luft-Wasser-Wärmetauscher in der Lage sind, im Sommer die Trinkwassererwärmung weitestgehend allein sicherzustellen. Innerhalb der Heizperiode dient die solar erwärmte Außenluft unmittelbar und auf direktem Weg der Raumlufttemperierung und bildet eine Alternative zur herkömmlichen solaren Heizungsunterstützung über wassergeführte Kollektoren.

Im Sommer, wenn die Luft schwül und heiß ist, wird die Außenluftführung umgeschaltet und über einen Erdwärmetauscher angekühlt. Eine Entfeuchtung der Außenluft ist oft ein angenehmer Nebeneffekt, der aber entscheidend auf die thermische Behaglichkeit wirkt. Andererseits kann aber auch ein Wärmetauscher unmittelbar nach der Außenlufteinführung eine Wärmeübertragung herstellen.

### 2.2.8 Kombination von Zuluft- und Abluftkanalsystemen

Bei dieser Systemvariante handelt es sich um ein Abluftkanalsystem, wie in Abschn. 2.2.6 beschrieben, welches um ein Zuluftkanalsystem zur Außenluftnachführung erweitert wird. Somit handelt es sich um eine freie Außenluftnachführung ohne Ventilator. Diese Außenluftzuführung hat jedoch den Vorteil, dass sie a) eine konkrete Positionierung der Zulufteinlässe im umbauten Raum gestattet und b) durch den Einbau einer Filterkassette eine umfassende Filterung z. B. durch Pollenfilter ermöglicht. Wichtig dabei ist, die Zuluftkanalführung entsprechend zu dimensionieren, damit durch die Filterkassette kein übermäßiger hydraulischer Widerstand entsteht. Bei Lüftungsbedarf geht der Ventilator im Abluftkanalsystem in Betrieb und erzeugt einen Unterdruck, sodass die Außenluft über die Zuluftbereiche und Übergangsbereiche in die Abluftbereiche gesaugt wird, wie bei oben beschriebenem Abluftkanalsystem. Ebenso kann dem Zuluftkanal ein Solar-Luftkollektor oder Erdwärmeübertrager vorgeschaltet werden, wie in Kapitel 3 beschrieben wird.

Natürlich kann in einem Zuluftkanalsystem auch ein Ventilator integriert werden. Außerdem können die Zuluftströme in mehrere Teil-Volumenströme der jeweiligen Zuluftbereiche aufgeteilt werden. Dementsprechend gilt auch hier die Einstellung der Zuluftventile entsprechend den festgelegten Zuluft-Volumenströmen in $m^3/h$. Dieses System bietet sich besonders bei einer notwendigen Behandlung der Außenluft, z. B. durch Filteroptionen, an.

### 2.2.9 Kompakte Zu- und Abluftsysteme

Dieses Lüftungssystem besteht aus einem Zuluft- und einem Abluftkanalsystem, welche über ein zentrales Wohnungslüftungsgerät verbunden sind, in dem sich beide Ventilatoren befinden. Die Wärmerückgewinnung abluftseitig kann sowohl über eine Wärmepumpe und/oder über einen Luft-Luft-Wärmeübertrager, wie es der Standard ist, realisiert werden. Der Abluft wird also im Zentralgerät die Wärme entzogen und als Fortluft aus dem Gebäude gebracht. Die eingeführte Außenluft erhält über 80 % der Wärmemenge aus der Abluft und wird als Zuluft in den Wohnraum gebracht.

Zentrale Wohnungslüftungsgeräte finden ihre Anwendung in Einfamilienhäusern sowie kleinen gewerblichen Einheiten, wie Büros und Läden. Aber auch in Mehrfamilienhäusern können diese Geräte wohnungszentral installiert und betrieben werden. Auf diese Weise ist eine bedarfsorientierte Steuerung und Betriebsweise der Lüftungsgeräte leichter möglich als bei einem Zentralgerät im Mehrgeschoss-Wohnungsbau, wo nicht zuletzt Brandschutzeinrichtungen einen erheblichen Mehraufwand bedeuten.

Nicht zu unterschätzen ist allerdings der Raumbedarf für Lüftungskanäle und deren Komponenten, wie Schalldämpfer und die genannten Brandschutzeinrichtungen. Wohnungslüftungsgeräte können auch als Einzelraumgeräte installiert werden. Dieses System bietet sich besonders zur effizienten Nachrüstung, z. B. für Teilbereiche mit hohen Lasten oder Anforderungen, an.

### 2.2.10 Feuchteregulierung der Zuluft

Der Unterschied zwischen Lüftungsanlage und Klimaanlage besteht darin, dass eine Lüftungsanlage primär für den Luftwechsel zuständig ist. Eine Klimaanlage behandelt das Medium auch in thermodynamischen Prozessen. Hinzu kommt eine Luftbe- und -entfeuchtung. Solche Anlagen müssen unbedingt den höchsten hygienischen Anforderungen genügen, da Verkeimungen in Klimaanlagen durchaus keine Seltenheit darstellen.

Bei modernen Lüftungsgeräten ist allerdings neben der Wärmerückgewinnung auch eine Feuchteregulierung möglich. Diese erfolgt über einen Rotationswärmetauscher, der beispielsweise Wasserdampf der Außenluft direkt auf die Fortluft überträgt und somit einer Feuchtlüftung (im Sommer) vorbeugt. In der Baubiologie wird dieser Ausgleich mit Baustoffen und -materialien angestrebt.

# 3 Integration erneuerbarer Energien und Wärmerückgewinnung

Es ist einer der zentralen Grundsätze der Baubiologischen Haustechnik, nicht nur mit Energie systemerhaltend und nachhaltig umzugehen, sondern diese auch effektiv und systemisch zu nutzen. Das heißt eben nicht nur, erneuerbare Energien einzusetzen, sondern auch Energiesynergien anzustreben. Ein Beispiel dafür ist die Wärmerückgewinnung.

In der Raumlufttechnik bildet die Abluft ebenso wie die Umgebungsluft eine wesentliche Wärmequelle. Im Folgenden wird aufgezeigt, wie Außenluft thermisch optimiert und Abluft als Wärmequelle genutzt werden kann.

## 3.1 Solarthermische Außenlufterwärmung

Die solarthermische Anlagentechnik erlaubt sowohl eine wassergeführte als auch eine luftgeführte Nutzung dezentral zur Verfügung stehender Sonnenenergie. Ansatz ist hierbei zuerst die thermische Optimierung der Außenluft, die naturgemäß jahreszeitlichen Schwankungen unterliegt. Ein konventioneller wasser- bzw. solegeführter Sonnenkollektor vermag die kalte Außenluft im Winter selbst mit niedrigen Temperaturen, die nicht mehr in den Pufferspeicher des Heizungssystems eingebracht werden können, über ein Vorwärmregister in der Außenlufteinführung anzuheben. Diese Variante der solarthermischen Anlagentechnik wird im Bereich WÄRME ausführlich behandelt. Im Zentrum dieses Abschnitts steht die Anwendung von Solar-Luftkollektoren, die allgemein weniger bekannt sind, wohl nicht zuletzt deshalb, weil sie so einfach sind.

Luftgeführte Solarkollektoren bilden im Kontext einer Lüftungsanlage in Gebäuden allgemein eine Alternative zur wassergeführten Solarthermie und leisten einen Beitrag zur solaren Heizungsunterstützung mittels einer der Außenlufteinführung vorgeschalteten solaren Erwärmung. Dies ermöglicht eine unmittelbare Nutzung solarer Einstrahlung und kommt ohne Umwege über Speicherung und Bereitstellung dem Wohnraum zugute. Auf diese Weise wird der Heizwärmebedarf nachhaltig reduziert.

### 3.1.1 Funktion eines Solar-Luftkollektors

Ein Solar-Luftkollektor unterscheidet sich auf den ersten Blick kaum von einem herkömmlichen, wassergeführten Solarkollektor. Der wesentliche Unterschied besteht darin, dass er keinen Kupferabsorber, welcher das Wärmeträgermedium im geschlossenen System beinhaltet, enthält. Stattdessen besteht der Kern eines Luftkollektors aus tinoxbeschichteten Aluminiumblechen, welche als Luftführung ausgebildet sind und je nach Bauart etwaige Umlenkungen der Luftführung aufweisen. Wie bei wassergeführten Solarkollektoren befindet sich auf der Rückseite (hinter dem Absorber) eine konstruktive Wärmedämmung, um Wärmeverluste über das Kollektorgehäuse so gering wie möglich zu halten. Grundlage ist eine solaroptimierte Fassadengestaltung in passiver Betriebsweise (freie Lüftung), die bereits dem Aufbau eines Kollektors mit gemäßer Luftführung angepasst ist.

Abb. L 3.1: Fassadenintegrierter Solar-Luftkollektor zur solarthermischen Erwärmung der Außenluft mit integrierter Luftfilterung (Quelle: Grammer Solar)

Diese Kollektoren können in standardisierten Rastern aneinander geflanscht werden, um die gewünschte Baugröße bzw. Wirkfläche zu erreichen. Für Fassadengestaltung ist auch eine individuelle Fertigung nach vorgegebenen Abmessungen handwerklich möglich. Die integrierte Wärmedämmung des Kollektors kommt dabei auch dem Wärmeschutz der Umschließungsfläche (z. B. an einer Fassade) im doppelten Sinne zugute.

Die Fassadenlösung ist eine bevorzugte Anwendung von Solar-Luftkollektoren und bietet einige Vorteile, wie die Erhöhung des Wärmeschutzes an der Fassade sowie eine Optimierung des Solarertrages im Winter durch die nutzungsgerechte Ausrichtung gegen die Sonne unter Berücksichtigung des winterlichen Sonnenstandes.

Um solare Wärme ganzjährig effizient zu nutzen, ist es nicht immer sinnvoll, den Kollektor einfach aufs Dach zu montieren, sondern man sollte den natürlichen Lauf der Sonne im Jahreskreis beachten.

Dieser natürliche Grundsatz unserer Klimazone gilt selbstredend auch für wassergeführte Kollektoren. Auf diese Weise wird der Kollektor im Sommer vor übermäßiger Überhitzung geschützt und deutlich geringeren Stillstandstemperaturen ausgesetzt.

### 3.1.2 Energieautarke Solar-Luftkollektoren

Der Markt bietet kleine Kompaktkollektoren mit integriertem Ventilator und einer Filterung zum Schutz vor Verunreinigung. Der Ventilator wird dabei über ein PV-Modul versorgt, welches gleichzeitig als Regelungseinheit wirkt. Denn nur, wenn eine entsprechende Solareinstrahlung herrscht, schaltet das PV-Modul den Lüfter im Gehäuse.

Abb. L 3.2: Energieautarker Solar-Luftkollektor (Quelle: Frank Hartmann)

Diese Bauarten von Solar-Luftkollektoren können bei kleinen Ferienhäusern, Nebengebäuden und Gewächshäusern, Wintergärten, Trockenräumen usw. eingesetzt werden und benötigen keine zusätzliche Spannungsversorgung. Ebenso lässt sich ein solcher Solar-Luftkollektor dezentral an einer Fassade installieren, um im Winter für einen solaroptimierten Außenlufteintrag zu sorgen. Im Sommer wird der Ventilator außer Betrieb gesetzt oder die Wärme einer anderen Wärmesenke außerhalb des umbauten Raums zugeführt.

Im gewerblichen Bereich besitzt der Solar-Luftkollektor ein besonderes Potenzial für Trocknungsanlagen, beispielsweise zur Trocknung von Kräutern oder Biomasse zum Heizen. Das ergibt ungleich mehr Sinn, als etwa für die Trocknung von Stückholz oder Hackgut zusätzliche Energie zu verschwenden. Leider ist es heute nicht selten der Fall, aus einem Raummeter Stückholz 1800 kWh Heizwert zu generieren, ohne zu bedenken, dass man vorher nahezu denselben Aufwand an Fremdenergie zum Trocknen verbraucht hat.

### 3.1.3 Solare Wohnungslüftung und Trinkwassererwärmung

Im Winter wird der solare Deckungsanteil zur Wohnraumtemperierung aus einem Solar-Luftkollektor auf direktem Weg an die Raumluft übertragen, ohne erst in der Bereitstellungstechnik zwischengelagert zu werden. Dergestalt sind Kollektortemperaturen nutzbar, die über eine solegeführte Solarnutzung nur äußerst selten unterzubringen sind. Auch geringe Kollektortemperaturen von wenigen Grad können also direkt genutzt werden, da sie die einströmende, im Winter durchaus kalte Außenluft solar vorerwärmen. Eine solare Vorerwärmung der Außenluft entlastet den Frostschutz der Lüftungsanlage, denn auch bei geringer Solareinstrahlung herrschen in einem Luftkollektor meist deutlich höhere Temperaturen, als es in der reinen Außenluft der Fall ist.

Im Sommer unterstützt der Solar-Luftkollektor über einen zwischengeschalteten Luft-Wasser-Wärmetauscher die Trinkwassererwärmung. Über ein Umschaltventil wird die erhitzte Luft des Luftkollektors an einen Luft-Wasser-Wärmeübertrager geführt.

Lediglich für diese solare Trinkwassererwärmung ist ein Solekreis notwendig, der die Wärme vom Luft-Wasser-Wärmetauscher über eine Solarstation an die Bereitstellungstechnik der Trinkwassererwärmung führt. Die Umschaltung und Steuerung erfolgt über einen Solarregler als Temperaturdifferenzregler, der sowohl die Lüftungsklappe zum Luft-Wasser-Wärmetauscher als auch die Solar-Umwälzpumpe schaltet. Natürlich kann auch eine herkömmliche solare Heizungsunterstützung erfolgen, wenn beispielsweise tagsüber kein Wärme- oder Lüftungsbedarf besteht.

### 3.1.4 Auslegungsparameter von Solar-Luftkollektoren

Die Auslegung eines Solar-Luftkollektors erfolgt in der Priorität nach der solaren Heizungsunterstützung im Winter (als Winteranlage) und fordert aus diesem Grund eine Neigung von mindestens 45°, um der im Winter und der Übergangszeit niedriger stehenden Sonne entsprechen zu können.

Abb. L 3.3: Über eine herkömmliche Solarstation wird die Wärme aus dem Luft-Sole-Wärmeübertrager der Trinkwassererwärmung (oder einer anderen Wärmesenke) zugeführt (Quelle: Frank Hartmann)

Die Größe des Kollektorfeldes wird durch die Fläche des Zuluft-Wohnraumes und dem daraus resultierenden Raumluftvolumen bestimmt. Pro 20 m³ Lüftungsvolumen empfiehlt sich mindestens

1 m² wirksame Kollektorfläche (Absorberfläche). Bei einem Einfamilienhaus mit etwa 160 m² Wohnfläche und einem daraus resultierenden Raumvolumen von etwa 400 m³ beträgt die notwendige Fläche des Solar-Luftkollektors in Abhängigkeit der Zonierung der Lüftungsbereiche etwa 14 bis 20 m².

Aufgrund der Tatsache, dass ein luftgeführter Solarkollektor kein Wasser enthält und somit nicht in einem geschlossenen System unter Druck steht, ist eine Überdimensionierung de facto kaum möglich, ja sogar erwünscht, um im Sommer eine möglichst hohe solare Deckungsrate erreichen zu können.

Erfahrungsgemäß kann man veranschlagen, dass ein Solar-Luftkollektor mit einer wirksamen Absorberfläche von 20 m² einem solegeführten Flachkollektorfeld mit etwa 10 m² Absorberfläche entspricht.

### 3.1.5 Wartungs- und Inspektionsaufwendungen

Da es sich um ein Luftsystem handelt, ist der Wartungs- und Instandhaltungsaufwand – unabhängig von den allgemeinen, anlagenspezifischen Anforderungen der Lüftungstechnik – geringer als bei wasser- oder solegeführten Systemen. Der Luftkollektor ist sauber zu halten, Kondensatbildungen sind zu vermeiden, sämtliche Filter sind mindestens halbjährlich zu warten. Die Reinhaltung im Inneren eines Solar-Luftkollektors verlangt einen Schmutzfilter schon beim Lufteintritt in den Kollektor. Etwaige Hygienefilter werden danach in eine Filterkassette integriert, die revisionierbar zu positionieren ist. Bei Integration einer solaren Trinkwassererwärmung über einen geschlossenen Solarkreis ist dieser entsprechend den Wartungsanforderungen einer solarthermischen Anlage zu warten. Das Solemedium ist regelmäßig (jährlich) zu prüfen.

### 3.1.6 Praxisbeispiel einer aktiven Solar-Luftkollektoranlage

In einem Niedrigenergie-Einfamilienhaus mit einer Wohnfläche von 145 m² wurde ein Zuluftkanalsystem installiert, welchem ein Solar-Luftkollektor als Indach-Ausführung vorgeschaltet wurde. Die Zuluft wird in den Wohn- und Essbereich, in das Elternschlafzimmer und das Kinderzimmer geführt und mit einem Ventilator ausgestattet. Vor dem Ventilator befindet sich ein Umschaltventil, welches außerhalb der Heizperiode die Außenluft aus einem luftgeführten Erdwärmeübertrager in das Zuluftkanalsystem führt.

### 3.1.7 Praxisbeispiel einer passiven Solar-Luftkollektoranlage

In einem Baudenkmal mit einer Wohnfläche von ca. 120 m² in Ober- und Dachgeschoss wurde am Südgiebel eine passive Solarfassade ausgebildet, die allein über den thermischen Auftrieb solartemperierte Außenluft über eine zentrale Zuluftführung direkt unter dem Giebelkreuz in den Innenraum führt. Die Abluftführung erfolgt über einen Abluftschacht. Der solarerwärmte Außenluftvolumenstrom, der über die Fassade in das Gebäude eingeführt wird, geht weit über den baulichen Feuchteschutz hinaus und garantiert ebenso einen hygienischen Luftwechsel.

Dies erfolgt passiv ohne Hilfsenergie. Im Sommer erfolgt eine Umschaltung über einen Bypass, der die anströmende Luft nicht in das Gebäude, sondern direkt unter dem First ausströmen lässt. Über diese Bypass-Schaltung wurde der Effekt einer Venduridüse erreicht, da durch die Strömungsgeschwindigkeit der vertikalen Außenluftführung die Zulufteinführung zur Abluftführung aus dem Innenraum wird.

Abb. L 3.4: Solarfassade an einem Baudenkmal zur solaroptimierten freien Lüftung durch thermischen Auftrieb sowie solegeführter Solarnutzung zur Trinkwassererwärmung (Quelle: Rolf Canters)

Diese Anlage an einem Schulgebäude aus dem 19. Jahrhundert in Murrhärle (bei Schwäbisch Hall) wurde von dem Bauingenieur und Baubiologen *Rolf Canters* entwickelt und nun als Forschungsanlage betrieben.

## 3.2 Geothermische Außenlufttemperierung

Der oberflächennahe Untergrund ermöglicht mittels gespeicherter Sonnenenergie, die Außenluft entsprechend den jahreszeitlichen Anforderungen in einem Wohnhaus zu temperieren.

Das Wärmeregime im oberflächennahen Untergrund verläuft in einer Tiefe von etwa 2 m (deutlich unterhalb der Frostgrenze) annähernd konstant zwischen 6 und 8 °C im gesamten Jahr. Lediglich im Spätsommer kann es in diesem oberflächennahen Bereich etwas mehr sein, da die Masse des Untergrundes durch Sonneneinstrahlung und Niederschlag den Sommer über thermisch beladen wurde. Im tiefen Winter kann es auch etwas weniger sein, wenn der Frost von der Oberfläche her tiefer eindringt und die thermische Beladung durch Solareinstrahlung ungleich geringer ausfällt. Dennoch ist selbst im Winter die Temperatur im Untergrund höher, als die der in das Lüftungssystem eingeführten Außenluft und ermöglicht eine wirksame Vorerwärmung der frostkalten Außenluft.

### 3.2.1 Nutzung von Umweltwärme im oberflächennahen Untergrund

Positioniert man einen Wärmeübertrager im Untergrund, so sind die dortigen Temperaturen im Sommer kühl genug, um die in das Wohnhaus einströmende Außenluft angenehm zu kühlen. Durch die natürliche Wärmesenke wandert die Wärme von der Außenluft in den Untergrund. Bei kalter Außenluft in den Wintermonaten funktioniert die Wärmeübertragung umgekehrt. Nach dem Motto „Solar ist überall" wird die kalte Außenluft über den Wärmetauscher vorgewärmt, bevor die Wärmerückgewinnung und/oder ein Solar-Luftkollektor die Außenluft nacherwärmt, die somit zur wohltemperierten Zuluft wird.

Grundsätzlich gilt es zwischen zwei unterschiedlichen Bauarten von Erdwärmetauschern nach aktuellem Stand der Technik zu unterscheiden: der luftgeführte und der solegeführte Erdwärmeübertrager. Beide erfüllen denselben Zweck, weichen jedoch in den Details ihres Funktionsprinzips ab.

### 3.2.2 Der luftgeführte Erdwärmeübertrager

Ein luftgeführter Erdwärmeübertrager oder Erdwärmetauscher wird mit einem etwa 35 bis 45 m langen Wärmetauscherrohr (Durchmesser 200 bis 250 mm) im Untergrund hergestellt. Er besteht in den wesentlichen Bestandteilen aus einer Außenlufteinsaugung, einem Absorber und einem Geräteanschluss, zuzüglich Filtern und Revisionsöffnungen. Zu beachten ist die Materialgüte des Wärmetauschers, um negative Belastungen der Außenluft durch Ausdünstungen usw. zu vermeiden. Die Außenlufteinführung erfolgt über einen Ansaugstutzen, der in der Regel freistehend als Domschacht ausgebildet vertikal aus dem Untergrund herausragt und entsprechend flexibel positioniert werden kann (Abb. L 3.5). Darin befindet sich zuallererst grundsätzlich ein Schmutzfilter (G-Klasse), um das Wärmetauscherrohr und das Lüftungsgerät vor Verunreinigungen zu schützen (siehe Kap 5). Je nach Ausstattung beinhaltet eine solche Frischlufteinführung einen weiteren Filtereinsatz für einen medizinisch-hygienischen Filter (F-Klasse, z. B. Pollenfilter). Dieser F-Filter kann auch im Lüftungsgerät (je nach Ausstattung) integriert sein.

Grundsätzlich ist bei Luftfiltern in RLT-Anlagen hinsichtlich der Qualitätssicherung darauf zu achten, dass diese nach EN 779 sowie EN 1822 geprüft und einzeln sichtbar gekennzeichnet sind.

Naturgemäß ist es wichtig, die Positionierung der Außenluftansaugung so zu wählen, dass keine Belastung durch lokale Emissionsquellen (Parkplätze, Bushaltestellen, verkehrsreiche Straßen, Einwirkungen von Personen usw.) stattfindet. Ideal ist ein natürlich bepflanzter Standort (photosyntheseoptimiert), der eine bestmögliche Außenluftqualität gewährleistet. Ebenso sind auf eine freie Zugänglichkeit und Revisionierbarkeit zu achten.

Das Erdwärmeübertragerrohr wird gebäudeseitig über eine Revisionsöffnung direkt an den Außenluftstutzen des Wohnungslüftungsgerätes angeschlossen. Wichtig ist es, auf eine sichere Abführung von eventuell auftretendem Kondensatwasser zu achten, das sich bei entsprechenden Temperaturdifferenzen zwischen eingesaugter Außenluft und inneren Wärmetauscherflächen bildet.

Sollte sich Feuchtigkeit innerhalb des Wärmetauscherrohres befinden, entstehen dadurch absehbar hygienische Nachteile mit entsprechenden Risiken. Folglich muss das Erdwärmetauscherrohr mit Gefälle verlegt und an der tiefsten Stelle ein Kondensatablauf installiert werden. Dieser Kondensatablauf sollte nach Möglichkeit nicht innerhalb des Gebäudes stattfinden, da für die

Abführung des Kondenswassers ein erweiterter Installationsaufwand entsteht, der außerhalb des Gebäudes ungleich einfacher zu realisieren ist.

**Abb. L 3.5:** Die Außenluftansaugung mittels Ansaugstutzen in einer Pflanzenzone des Außenbereichs ist eine ideale Position zum Außenluftsammeln für den Innenraum (Quelle: Forum Wohnenergie)

Empfehlenswert ist, dass das anfallende Kondensat direkt unterhalb des Ansaugstutzens in den Untergrund nach Herstellung einer ausreichenden Sickerpackung aus groben Kieselsteinen versickern kann. In diesem Fall ist die eingeführte Außenluft jedoch im direkten Kontakt mit dem Bodenmaterial des Untergrunds und verlangt unbedingt das Einbringen eines korrosionsbeständigen Kleintierschutzes, ohne den Ablauf des Kondensats zu beeinträchtigen. Entscheidet man sich für einen solchen luftgeführten Erdwärmetauscher, der mit dem Untergrund in unmittelbarem Kontakt steht, sei darauf hingewiesen, den Untergrund auf etwaige Schadstoffbelastungen wie beispielsweise Radon oder Umweltgifte aus der Landwirtschaft oder durch eine vorherige Nutzung zu untersuchen, da diese sonst die eingeführte Außenluft belasten.

Auf eine Luftfilterung zwischen Erdwärmetauscher und Lüftungsgerät sollte aus hygienisch-medizinischen Gründen nicht verzichtet werden. Eine entsprechende Filterkassette dient darüber hinaus auch als Revision für die Inspektion bzw. Beprobung des Erdwärmetauschers. Trotz der Ausstattung mit Filtern und der Herstellung der Versickerung für anfallendes Kondensat ist ein luftgeführter Erdwärmetauscher in der Regel einfach mit überschaubarem Aufwand herzustellen.

Der Vorteil eines luftgeführten Erdwärmetauschers liegt zweifelsfrei darin, dass keine zusätzliche Energie für diese Art der Außenlufttemperierung im Jahreslauf notwendig ist. Als Nachteil allerdings muss das Hygienerisiko betrachtet werden, welches sich zweifelsfrei einstellt, sollte das anfallende Kondensat nicht auf direktem Wege aus dem Wärmetauscher abgeführt werden und Umweltbelastungen aus dem Untergrund oder anderweitige Verunreinigungen während des Betriebs auftauchen.

Abb. L 3.6: Wichtig ist bei luftgeführten Erdwärmeübertragern neben der Materialgüte des Rohres auch die sichere Abfuhr von etwaig anfallendem Kondensatwasser. Dies kann am sichersten nach außen geschehen als Versickerung in den Untergrund, wenn sich keine Belastungen im Untergrund befinden. (Quelle: Frank Hartmann)

Dementsprechend sind regelmäßige Inspektionen durchzuführen, um dieses Risiko zu unterbinden. Die Inspektionen jeweils vor und nach der Heizperiode müssen mindestens eine Filterkontrolle und ggf. eine Auswechselung der Filter am Ein- und Ausgang des Wärmetauschers sowie eine Luftfeuchtemessung bei ausgeschaltetem Gerät beinhalten.

Abb. L 3.7: In einem Außenluftansaugstutzen muss regelmäßig eine Kontrolle stattfinden. Der Filterwechsel kann vom Nutzer oder einer Servicekraft ausgeführt werden. (Quelle: Tom Baerwald)

### 3.2.3 Der solegeführte Erdwärmeübertrager

Eine andere Möglichkeit der Außenlufttemperierung besteht über einen solegeführten Erdwärmetauscher in Form eines 100 bis 200 m langen Absorberrohres (Durchmesser 25 bis 32 mm), welches mit einem Verlegeabstand von 500 bis 800 mm in den Untergrund eingebaut wird. Das Absorberrohr aus PE-HD wird bis unmittelbar vor das Wohnungslüftungsgerät ins Gebäude geführt und an einem Sole-Luft-Wärmetauscher angeschlossen, den man wiederum unmittelbar vor dem Außenluftanschlussstutzen am Lüftungsgerät in den Außenluftkanal integriert.

Die Sole als Wärmeträgermedium mit einem Frostschutz bis –15 °C (um das Einfrieren des Wärmetauschers zu vermeiden) wird in diesen geschlossenen Systemkreis auf einen Betriebsdruck von 1,5 bar eingefüllt. Um den Wärmeübertragungsprozess zu starten, ist eine Zwangszirkulation notwendig, welche mittels einer elektrisch betriebenen Umwälzpumpe (230 V / 50 Hz) gewährleistet ist. Entsprechend der tatsächlichen Füllmenge des Absorberrohres muss, um Druckunterschiede durch Temperaturdifferenzen ausgleichen zu können, ein Membran-Ausdehnungsgefäß (MAG) mit einem Nenn-Volumen in Abhängigkeit der Füllmenge von etwa 10 bis 20 Liter in den Wärmeübertragungskreis integriert werden. Ferner ist, wie in jedem geschlossenen System, welches mit Überdruck betrieben wird, ein Membran-Sicherheitsventil (M-SV) mit einem Ansprechdruck von 2,5 bar einzubauen.

Hinweis: Die Ablassleitung muss unmittelbar in einen geschlossenen Solebehälter führen, aber nicht in den Abwasserkanal. In diesem Zusammenhang ist auf die Beachtung des Sicherheitsdatenblattes der Glykol-Flüssigkeit dringend hinzuweisen.

Weitere Bestandteile der Anlage sind: Temperaturanzeigen, Absperreinrichtungen, ein Mikro-Luftblasenabscheider und schließlich eine Füll-, Spül- und Entleerungsarmatur, um nicht nur eine luftfreie Befüllung der Anlage zu ermöglichen, sondern auch die Anlage bei Bedarf ohne großen Aufwand spülen zu können. Bei der Erstbefüllung ist auf eine ausreichende Spülung zu achten. Selbstredend ist ebenso vor Inbetriebnahme eine Druckprobe durchzuführen.

Die Zuführung der Außenluft erfolgt auf direktem Wege durch die Außenwand. Die Außenlufteinführung durch die thermische Hülle muss – wie alle anderen Einführungen auch – luftdicht und gegen drückendes Wasser gesichert und wärmegedämmt erfolgen. An der Außenwand ist sodann nur ein Luftgitter zu sehen, welches in einer Höhe von mindestens 2 m zu positionieren ist. Damit ist es vor bodennahen Verunreinigungsquellen sicher und kann einfach gewartet werden.

Grundsätzlich ist bei allen Bauarten von Wärmetauschern darauf zu achten, dass das Wärmetauscherrohr vollständig eingesandet und der vorgenommene Erdaushub wieder fachgerecht eingebracht und verdichtet wird, um eine optimale Wärmeübertragung zu ermöglichen. Ebenso wichtig ist eine vollständige und fachgerecht ausgeführte Kältedämmung sämtlicher Leitungen innerhalb des Gebäudes mit diffusionsdichtem Material auf Kautschukbasis, um Tauwasserbildung an den Rohren zu verhindern.

Ein solegeführter Erdwärmetauscher unterliegt keiner hygienischen Inspektionspflicht wie der luftgeführte Erdwärmeübertrager, sondern fordert vielmehr eine technische Inspektion, wie eine allgemeine Funktionskontrolle, insbesondere der Umwälzpumpe, der sicherheitstechnischen Einrichtungen sowie der installierten Armaturen und Apparate. Ferner sind die Druckhaltung sowie das Druckausdehnungsgefäß zu prüfen und der Frostschutzgehalt der Sole.

Der Sole-Luft-Wärmeübertrager im Gebäude muss allerdings inspiziert werden, um hygienische Verunreinigungen auszuschließen bzw. Gefahrenquellen wie Kondesatansammlungen zu vermeiden.

## 3.3 Wärmerückgewinnung aus der Abluft (Wärmepumpe)

Als Wärmerückgewinnung wird jegliche Option bezeichnet, Wärme aus vorgelagerten Prozessen – wie im betrachteten Fall die Ausbringung von Abluft über ein Lüftungssystem –für das Gebäude systemisch zu nutzen. Wärmerückgewinnung und Wärmenutzungsprozesse sind wesentlicher Bestandteil der Baubiologischen Haustechnik.

Die Abluft beinhaltet eine nicht unerhebliche Wärmemenge, die für andere Prozesse im Gebäude genutzt werden kann. Abluft wird daher in der Baubiogischen Haustechnik als grundsätzliche Wärmequelle definiert. Es wäre falsch, sich nur deshalb gegen eine Abluftanlage zu entscheiden, da die Wärme der Abluft nicht wie in klassischen Lüftungszentralgeräten direkt an die Außenluft übertragen werden kann. Ebenso unklug wäre es, die Abluft mitsamt ihrer Wärmemenge einfach aus dem Haus zu blasen. In der Praxis gilt es, die Art der Wärmerückgewinnung stets zu differenzieren, denn die WRG mittels integriertem Wärmeübertrager einer Wohnungslüftungsanlage ist nicht die einzige Möglichkeit. Es sollten also immer auch weitere Nutzungsoptionen (z. B. auch für den Außenbereich/thermische Optimierung von Pflanzbeeten) erwogen werden.

Bei Abluftkanalsystemen kann eine Wärmerückgewinnung beispielsweise mittels eines Wärmepumpenaggregats erfolgen. So lässt sich der Wärmebedarf zur Warmwasserbereitung und/oder zur Raumtemperierung reduzieren.

Für beide Anwendungsfälle ist eine Luft-Wasser-Wärmepumpe notwendig. Die Wärmequellenbezeichnung Luft bezieht sich in diesem Fall auf Abluft (bzw. Umgebungsluft). Der einfachste Weg ist, die Geräteeinheit Abluft-Ventilator um eine Kleinst-Wärmepumpe zur Trinkwassererwärmung zu ergänzen. Dies muss aber im Einzelfall geprüft werden, da die Luftmengen optimal aufeinander abgestimmt sein sollten, um eine Zuführung von kälterer Umgebungs- oder Außenluft so gering wie möglich zu halten. Grundsätzlich aber passen die Bedarfsprofile sehr gut zueinander, denn besonders wenn in den Nasszellen erhöhter Lüftungsbedarf nach dem Duschen oder Baden besteht, gilt es auch wieder, die Warmwasserbereitstellung zu sichern. Also Lüftungs- und Warmwasserbedarf gehen im Lastprofil (von Feucht- bzw. Sanitärräumen) in der Regel sehr gut einher.

### 3.3.1 Der Wärmenutzungsprozess einer Wärmepumpe

Ein Wärmepumpenaggregat nutzt stets eine Wärmequelle mit niedriger Temperatur, wie sie in der Abluft (als unnatürliche Wärmequelle) mit mindestens 18 °C ansteht, und komprimiert die Temperatur dieser Wärmemenge auf ein höheres Temperaturniveau entsprechend der gewünschten Nutzung.

Je geringer die dabei zu überwindende Temperaturdifferenz zwischen Wärmequellentemperatur und gewünschter Wärmenutzungstemperatur (Warmwasser und/oder Raumwärme), desto effizienter arbeitet dieser Wärmeentstehungsprozess. Die Effizienz wird dabei in der sogenannten Leistungszahl (COP) dargestellt. Die Leistungszahl zeigt das Verhältnis zwischen für den Arbeitsprozess zugeführter elektrischer Energie und der an die Wärmenutzungsanlage abgegebenen thermischen Energie. Mit einer Abluft-Wasser-Wärmepumpe kann bequem eine Leistungszahl von 3 erreicht werden. Das bedeutet, dass für eine thermische Leistung von 3 kW eine elektrische Leistung von 1 kW zugeführt werden muss. Bei einer elektrischen Direktheizung beträgt die Leistungszahl maximal 1 und würde bedeuten, dass 3 kW elektrische Energie zugeführt werden muss, um 3 kW thermische Energie zu generieren. Dies entspräche lediglich einer Umwandlung von elektrischer Energie in thermische Energie.

Grundlage für die reale Erreichung einer Leistungszahl als tatsächliche Arbeitszahl (= der empirisch gemessene Wert von zugeführter elektrischer Energie und abgegebener thermischer Energie) ist die Zufuhr einer Mindest-Wärmequellentemperatur in ausreichender Menge. Und genau dieses Detail zeigt auch die Grenzen einer Abluft-Wärmepumpe auf. Während für die Trinkwassererwärmung die Menge der Abluft aus dem Abluftkanalsystem durchaus ausreichend ist, muss für den Wärmebedarf zur Wärmeübertragung an den Raum in der Regel eine nicht unerhebliche Menge an ungleich kühlerer Außenluft zur Abluftmenge beigeführt werden. Aus diesem Grund eignet sich eine Abluft-Wärmepumpe zur Raumheizung nur in sehr effizienten Niedrigenergiehäusern mit einer Gesamt-Heizlast von wenigen Kilowatt und einem Niedrigtemperatursystem zur Wärmeübertragung an den Raum mit einer maximalen Auslegungstemperatur von 35 °C.

Hinweis: Es ist darauf zu achten, dass der Betrieb des Ventilators auch unabhängig von einem Warmwasserbedarf möglich ist. Also muss der Ventilator auch unabhängig vom Betrieb der Wärmepumpe möglich sein, da die entsprechende Regelpriorität sich nach dem Lüftungsbedarf richten muss. Die Abluft wird in diesem Fall dann ohne Wärmeentzug als Fortluft aus dem Gebäude geführt.

### 3.3.2 Integration einer Speicher-Warmwasser-Wärmepumpe

Die einfachste und kostengünstigste Variante, eine Wärmepumpe in den Abluftkanal zu integrieren, ist eine Speicher-Warmwasser-Wärmepumpe. Bei dieser Wärmepumpen-Bauart ist ein Warmwasserspeicher mit einem Volumen von 100 bis 300 Litern werkseitig mit einem aufgesetzten Wärmepumpenaggregat und einem Abluftkanalanschluss kombiniert. Optional kann eine weitere Zufuhr von Umgebungsluft aus dem Aufstellraum vorgesehen werden. Dies wird über eine Bypass-Schaltung realisiert.

Befindet sich eine Warmwasser-Wärmepumpe beispielsweise im Heizraum, kann diese durch Nutzung von Wärmeverlusten der Wärmeerzeugung eines Heizkessels in ihrer Arbeitszahl optimiert werden. Dies gilt natürlich auch unabhängig von der Integration in ein Abluftkanalsystem. Für kleine Wohneinheiten bietet der Markt auch Abluft-Warmwasser-Wärmepumpen für wohnungszentrale Lösungen, die sich in Form und Größe nur unwesentlich von herkömmlichen Elektroboilern unterscheiden. Wesentlich sind aber der viel geringere Bedarf an elektrischer Energie und die Synergieeffekte der kombinierten Lüftung. Der Abluftvolumenstrom ist dabei allerdings auf etwa 80 $m^3/h$ begrenzt, was allerdings für eine entsprechende Wohneinheit im Mehrgeschoss-Wohnungsbau durchaus ausreichend ist. Diese Anlagenart bietet sich besonders im Sanierungsbereich an, wenn beispielsweise im Rahmen einer energetischen Sanierung neue Fenster eingebaut werden und nun durch die erhöhte Luftdichtigkeit des Gebäudes und den verbesserten Wärmeschutz ein Lüftungskonzept notwendig ist.

Als Notheizung oder zur Legionellen-Schutzfunktion befindet sich im Speicher einer solchen Wärmepumpe ein Einsteckheizkörper, der als elektrische Direktheizung (Leistungszahl = 1) bei Bedarf eingeschaltet wird. Es ist wichtig darauf zu achten, dass dies auch wirklich nur dann geschieht, wenn es notwendig ist. Aus diesem Grund bieten die meisten Hersteller eine Kippschalterfunktion zur manuellen Betätigung an. Das heißt, bei Bedarf wird die Direktheizung aktiviert und schaltet sich beim Erreichen einer Speichertemperatur von 65 °C automatisch ab. Der Wärmepumpenbetrieb hat also immer Vorrang.

Die sanitären Anschlüsse einer Speicher-Warmwasser-Wärmepumpe erfolgen analog zu einem herkömmlichen Warmwasserspeicher. Bei einem integrierten Glattrohr-Wärmeübertrager im unteren Bereich des Speichers kann auch eine solare Trinkwassererwärmung über einen Solarkollektoranschluss realisiert werden. Das würde bedeuten, dass in den Sommermonaten die Trinkwassererwärmung solarthermisch erfolgt und die Abluft nicht für den Wärmepumpenbetrieb genutzt wird, da diese nicht in Betrieb ist. Es sei denn, es ist nicht genügend Solarertrag vorhanden, sodass die Wärmepumpe als Nacherwärmung einspringt, dabei natürlich die Wärme aus der Abluft nutzt. Bei Solarbetrieb erfolgt ebenfalls die Abluftführung direkt als Fortluft aus dem Gebäude.

Überdies ermöglicht eine Warmwasser-Wärmepumpe in Kombination mit einer solarthermischen Anlage eine selbstständige ganzjährige Trinkwassererwärmung, ohne die Notwendigkeit der Nacherwärmung eines weiteren Heizkessels. Diese Systemvariante ist umso interessanter in Bestandsgebäuden, wo die Raumwärme separat, z. B. mittels einer Feuerstätte im Wohnraum, bereitgestellt wird.

Hinweis: Während des Wärmeentzugs aus der Abluft entsteht bisweilen Kondenswasser, welches in einer integrierten Kondensatwanne gesammelt auf direktem Wege abgeführt werden muss. Daher ist bei der Installation darauf zu achten, zumindest einen Auffangbehälter für das Kondensat oder einen Abwasseranschluss vorzusehen. Naheliegend ist, das Kondensat über den Trichtersifon abzuführen, der ohnehin für die Sicherheitsventile der Heizungs- und Sanitärinstallation in unmittelbarer Nähe bereitsteht.

Der Nachteil einer Speicher-Warmwasser-Wärmepumpe ist aus hygienischer Sicht die Bevorratung von Warmwasser im Speicher. Geringe Bevorratungsmengen sind durchaus tolerierbar, wenn ein regelmäßiger Wasseraustausch erfolgt und längere Stagnationszeiten vermieden werden. Bei längerer Abwesenheit der Nutzer sollte die Speichermenge aber ersetzt bzw. ausgetauscht werden. Bei Warmwasser-Speichervolumen von mehr als 400 Litern sind gemäß Trinkwasserverordnung jährliche Hygieneinspektionen verpflichtend.

### 3.3.3 Integration einer Split-Warmwasser-Wärmepumpe

Um eine Frischwassererwärmung mittels integrierter oder externer Frischwassertechnik in Kombination mit einem Heizungspufferspeicher zu realisieren, besteht die Möglichkeit, eine Split-Warmwasser-Wärmepumpe zu installieren. Diese besteht aus einem Wärmepumpenaggregat mit einem Heizungswasservorlauf und -rücklauf und einem Kondensatablauf, ohne Speicher. Dies macht diese Wärmepumpen-Bauart sehr kompakt und ermöglicht eine recht flexible Positionierung. Das Wärmespeichervolumen kann durch die Dimensionierung (Inhalt) des Heizungspufferspeichers beliebig erhöht werden.

Über den Heizungsladekreis wird die Wärmepumpe an einem Heizungspufferspeicher angeschlossen, der von der Split-Warmwasser-Wärmepumpe thermisch beladen wird. Der Speicherladeheizkreis beinhaltet eine Speicherladepumpe, Temperaturanzeigen, Absperreinrichtungen sowie eine Füll-, Spül- und Entleerungseinrichtung. Für die Integration in einen Abluftkanal sind am Gehäuse der Wärmepumpe die Luftkanalanschlüsse herzustellen. Viele Hersteller bieten hierfür entsprechendes Zubehör an.

### 3.3.4 Kühlung der Raumluft und Warmwasserbereitung

Ohne Integration eines Abluftkanalsystems nutzt die Warmwasser-Wärmepumpe die Umgebungsluft aus dem Raum. Konsequenz der Wärmenutzung ist eine Kühlung der Raumluft, die in manchen Fällen gewünscht sein kann, wie beispielsweise in einem Lagerraum für Lebensmittel.

#### Praxisbeispiel Kühlung eines Weinlagers

In einem Weinlager wurde eine Split-Warmwasser-Wärmepumpe installiert, deren Regelstrategie die Wärmepumpe bei Überschreiten der Raumlufttemperatur von 15 °C einschaltet und die aus dem Arbeitsprozess der Wärmepumpe generierte Wärme für die Trinkwassererwärmung des Winzerbetriebes sowie der angeschlossenen Winzerfamilien-Wohnung nutzt.

**Abb. L 3.8:** Warmwasser-Split-Wärmepumpe zur Kühlung eines Weinlagers und zur Warmwasserbereitung (Quelle: Frank Hartmann)

Um einen sicheren Kühlbetrieb zu gewährleisten, waren ein entsprechend großes Puffervolumen und ein entsprechend hoher Bedarf an Warmwasser notwendig. Letzteres war allein aus dem Winzerbetrieb gegeben, der einen täglichen Warmwasserbedarf von etwa 100 Litern allein zu Reinigungszwecken verlangte. Die Winzerfamilie besteht aus 5 Personen mit durchschnittlichem Nutzungsprofil. Im Winter konnte der Bedarf direkt gedeckt werden. Im Sommer erfolgte eine Pufferung über ein Pufferspeichervolumen von 1000 Litern.

Diese Erfahrungen der Raumkühlung mittels Kleinst-Wärmepumpe legen ein Einsatzgebiet nahe, welches dem Prinzip der Wärmepumpe keineswegs fremd ist. Denn selbst in einem gewöhnlichen Kühlschrank ist eine Kleinst-Wärmepumpe eingebaut, welche das Kühlgut als Wärmequelle begreift und dem Innenraum eines Kühlschranks Wärme entzieht, die auf der Rückseite über einen Wärmetauscher an den Aufstellraum (interne Wärmegewinne) übertragen wird. Überträgt man dieses Prinzip auf einen Raum, namentlich eine Speisekammer mit entsprechender Luftführung, kann durch Umschaltfunktionen eine Kühlung der Speisekammer auf eine Raumtemperatur von etwa 7 bis 8 °C realisiert werden. Somit können zwei Effekte erreicht werden: a) Kühlung der Speisekammer auf eine optimale Temperatur zur Bevorratung von Lebensmitteln unter weitgehendem Verzicht auf einen Kühlschrank und b) die gleichzeitige Bereitstellung des Trink-Warmwassers.

Wichtig sind der Leistungsabgleich mit dem Raumvolumen (in $m^3$) und der gewünschten Raumtemperatur (in °C). Um die Kühlung nach unten zu begrenzen (z. B. im Winter) kann es notwendig sein, eine Bypass-Umschaltung zu integrieren, welche im Bedarfsfall Luftmengen aus einem anderen Bereich der Wärmepumpe zuführt.

### 3.3.5 Entfeuchtung der Kellerluft und Warmwasserbereitung

Ebenso erlaubt der Wärmeentstehungsprozess einer Warmwasser-Wärmepumpe auch die Entfeuchtung der Raumluft über den Wärmeentzug. Dies kann besonders bei feuchten Kellern in Altbauten eine sinnvolle Variante sein.

#### Praxisbeispiel Entfeuchtung eines Gewölbekellers

In einem Altbau bestanden hohe Feuchtelasten in einem Gewölbekeller aus Sandstein durch Feuchteeintrag aus dem Untergrund. Der Feuchteeintrag war also natürlichen Ursprungs und resultierte nicht aus einem Baumangel oder aus einem undichten bzw. defekten Sandfang. Das ist wichtig zu unterscheiden, denn Technik ist nicht dazu da, anderweitige Mängel zu kompensieren. Es muss immer erst geprüft werden, woher die Feuchtelasten kommen und wie groß ihr Ausmaß ist. Entstammt die Feuchtelast einem natürlichen Grunde und ist gleichsam überschaubar, so kann oft die Entfeuchtung mit einer Kleinst-Wärmepumpe zielführend sein. Die Feuchte wird kontrolliert gesammelt und abgeführt, die Wärme zielorientiert und systemisch ins Gebäude eingebracht. In diesem vorliegenden Praxisfall wurde nicht nur die Warmwasserbereitung für das darüber liegende Wohnhaus unterstützt, sondern auch ein Konvektionsheizkörper im Gewölbekeller als Sommerheizung installiert.

### 3.3.6 Abluft-Kompakt-Wärmepumpe

Eine Abluft-Kompakt-Wärmepumpe nutzt ebenso die Abluft als Wärmequelle. Neben der Warmwasserbereitung (mit integriertem Warmwasserspeicher) stellt diese Bauart von Wärmepumpen auch Heizungswasser für die Wärmeübertragung an den Raum zu Verfügung.

Die Nenn-Wärmeleistung dieser Wärmepumpe ist aus den oben dargestellten Gründen begrenzt und eignet sich maximal für ein Niedrigenergie- oder Passivhaus mit einem Niedrigtemperaturheizsystem und einer maximalen Vorlauftemperatur von 35 °C. Auch der Massen-Volumenstrom für die wassergeführte Wärmeübertragung ist analog zum Abluft-Volumenstrom zu betrachten. Eine Flächentemperierung oder thermische Bauteilaktivierung ist in diesem Fall die optimale Lösung.

Beachtet man diese Fakten nicht, wird sich dies in der Praxis durch eine geringe Effizienz, schlechte Jahres-Arbeitszahl und „unerwartet" hohen Stromverbrauch rächen. Die Naturgesetze sind eben nicht zu überlisten. Die Nenn-Wärmeleistung zur Wärmeübertragung an den Raum beträgt realistisch kaum mehr als 2,5 bis maximal 3 kW. Der intergierte Elektro-Heizstab sichert das System als monoenergetische Betriebsweise ab.

# 4 Vom Lüftungskonzept zum Baubiologischen Raumklimakonzept

Die Grundlage eines Baubiologischen Raumklimakonzepts bildet die Notwendigkeit eines Mindestluftwechsels im umbauten Raum in Verbindung mit giftfreien Baustoffen und unbelasteten Einrichtungsgegenständen sowie einem Mindestwärmeschutz der Umschließungsflächen (thermische Hülle). Dies beinhaltet sowohl den baulichen Feuchteschutz als auch einen Luftwechsel nach hygienischen Aspekten entsprechend den physiologischen Anforderungen des Menschen.

## 4.1 Normative Grundlagen

Ein wesentliches Hilfsmittel ist die DIN 1946-6 zur „Lüftung von Wohnräumen", welche insbesondere wegen der vielen Schadensfälle nach einer energetischen Sanierung (Tauwasserausfall, Schimmelbefall usw.) besonders im Mehrgeschoss-Wohnungsbau eingeführt wurde. Dabei geht es vorrangig um den baulichen Feuchteschutz. Nicht zuletzt dem Trend des wohngesunden Bauens folgend bietet diese Norm auch Auslegungsempfehlungen für einen hygienischen Luftwechsel für den Menschen. Die benannte Norm bildet hierbei zusammen mit DIN 13779 „Lüftung von Nichtwohngebäuden" und der VDI-Richtlinie 6022 zur „Hygiene von Lüftungsanlagen" eine sehr gute Grundlage, insbesondere hinsichtlich der hohen Anforderungen an das Medium Luft im umbauten Raum. Darüber hinaus erschöpft sich ein Baubiologisches Raumklimakonzept aber nicht nur in einem technischen (statischen) Lösungsansatz, sondern betrachtet darüber hinaus auch das Bauwerk als Gesamtsystem mit dem Menschen mittendrin. Dementsprechend werden Baustoffe, Baumaterialien, Kubatur, Wärmeschutz und die Umgebung (Außenluft) ebenso betrachtet wie die individuellen Anforderungen und Nutzungsbedürfnisse des Menschen, der das Gebäude bewohnt bzw. nutzt.

Sehr oft machen Außenluftbelastungen, aber auch Lärme den Einbau einer Lüftungsanlage notwendig, besonders in städtischen Bereichen mit hoher Verkehrsdichte, in Schulen und Büroräumen. Da heute gerade in Bereichen bzw. an Standorten gebaut wird, die nur bedingt lebensqualifizierend sind, steigt die Bedeutung einer Lüftungsanlage. Umso wichtiger ist in solchen Quartieren ein umfassendes Baubiologisches Raumklimakonzept.

Hinweis: Keinesfalls tolerierbar ist, die Vermeidung von Giftstoffen und Ausdünstungen zu vernachlässigen, im Glauben: „Die Lüftungsanlage wird es schon richten".

Die Nachweisführung des baulichen Feuchteschutzes bei Gebäuden mit einer hohen Luftdichtigkeit verlangt in der Regel ein Lüftungskonzept, wie es beispielsweise in DIN 1946-6 definiert ist. Besondere Aufmerksamkeit ist dem baulichen Feuchteschutz gewidmet, der nutzerunabhängig sicherzustellen ist. Mit Fensterlüftung und entsprechenden Baustoffen lässt sich viel erreichen, jedoch ist eine Fensterlüftung im klassischen Sinne immer nutzerabhängig und verlangt daher einen verantwortungsbewussten, selbstbestimmten Nutzer. Dennoch steht das Fenster als klassisches Lüftungselement bei neuen Produktinnovationen weiter im Zentrum. Fensterfalze und Fensterrahmenventile streben an, eine nutzerunabhängige freie Lüftung zugunsten des baulichen Feuchteschutzes zu ermöglichen.

### 4.1.1 Lüftung zum baulichen Feuchteschutz

DIN 1946-6 definiert einen Mindest-Außenluftvolumenstrom in $m^3/h$ zum baulichen Feuchteschutz. Relevanz besitzt hierfür die Nutzfläche der Wohneinheit $A_{NE}$ in $m^2$ und unterstellt dabei eine lichte Raumhöhe von 2,5 m. Ferner gilt es, den Wärmeschutz festzulegen mit einem Faktor $F_{WS}$.

Unterschieden wird in zwei Kategorien des baulichen Feuchteschutzes:

- hoher Wärmeschutz mit einer Wärmedämmung, die mindestens den Anforderungen der Wärmeschutzverordnung WSchV 95 entspricht,
- geringer Wärmeschutz, erfüllt nicht die Anforderungen der WSchV 95, betrifft vornehmlich Altbauten.

### 4.1.2 Luftvolumenstrom durch Infiltration

Entsprechend der Qualität der thermischen Hülle, insbesondere hinsichtlich der Luftdichtigkeit, ergibt sich der rechnerische Infiltrations-Luftvolumenstrom in $m^3/h$. Er wird mittels nachstehender Gleichung ermittelt:

$$q_{v,\text{Inf,wirk}} = f_{\text{wirk,Komp}} \cdot A_{NE} \cdot H_R \cdot n_{50} \cdot \left( f_{\text{wirk,Lage}} \cdot \frac{\Delta p}{50} \right)^n$$

Folgende Faktoren sind relevant:

- $F_{\text{wirk,Komp}}$ Faktor 0,5 für freie Lüftung (Winddruck),
- $F_{\text{wirk,Lage}}$ Faktor 1,0 für Gebäude in normaler Lage und bis zu vier Geschossen,
- $H_R$ Raumhöhe wird mit 2,5 m zugrunde gelegt,
- $n_{50}$ Vorgabewert oder Messwert des Luftwechsels bei 50 Pa Differenzdruck in $h^{-1}$
- $\Delta_p$ Auslegungs-Differenzdruck, für eingeschossige NE windschwach 2 Pa und windstark 4 Pa, für mehrgeschossige NE windschwach 5 Pa, windstark 7 Pa entsprechend den Einordnungen nach Windgebieten,
- $_n$ Druckexponent, entweder 2/3 des Vorgabewertes oder Messwert.

In der Praxis sind allerdings diesbezüglich vielerlei Unzulänglichkeiten in der Nachweisführung aufgetreten. Dieses Verfahren eignet sich nahezu nur für Neubauten. Altbauten und Denkmälern kann man damit kaum gerecht werden. Es wird abzusehen sein, welcher Bedeutung die Infiltration in Zukunft normativ zukommen wird.

### 4.1.3 Mindest-Außenluftvolumenstrom

Der Mindest-Außenluftvolumenstrom kann sowohl berechnet als auch der oben genannten Tabelle entnommen werden. Durch die Anrechnung des Infiltrations-Luftvolumens reduziert sich der zum baulichen Feuchteschutz ermittelte Mindest-Außenluftvolumenstrom in der Regel nur geringfügig. In den seltensten Fällen wird der Mindest-Außenluftvolumenstrom durch den

Luftvolumenstrom aus der Infiltration erfüllt. Dementsprechend wird das Ergebnis lauten, dass eine lüftungstechnische Maßnahme notwendig ist.

Hinweis: Die tatsächliche Wirkung des Volumenstroms durch Infiltration weicht nicht selten von den statistischen Berechnungsergebnissen ab. Dementsprechend ist dieser Wert keinesfalls überzubewerten.

### 4.1.4 Empfehlungen lüftungstechnischer Maßnahmen (LtM)

Nach der Feststellung der Notwendigkeit einer lüftungstechnischen Maßnahme gilt es, im Rahmen des Lüftungskonzepts ein Lüftungssystem (s. Kap. 2) zu empfehlen, um mindestens den baulichen Feuchteschutz – nutzerunabhängig! – sicherzustellen. Das System bildet die Grundlage des Baubiologischen Raumklimakonzepts über den baulichen Feuchteschutz hinaus.

## 4.2 Planung der Lufterneuerung im umbauten Raum

### 4.2.1 Erstellen einer Raumliste

Zuerst wird eine Raumliste nach dem vorliegenden bzw. geplanten Grundriss erstellt. Wichtig ist eine logische und einheitliche Nummerierung der Räume. Die Bezeichnung der Räume deutet schon auf die Nutzung hin. Daraufhin werden die Flächen eingetragen und daraufhin in Abhängigkeit der Raumhöhen bzw. Kubatur die Luftmengen der jeweiligen Räume (Raumluftvolumen) ermittelt und eingetragen. Die nächsten Spalten stehen für die drei Lüftungsbereiche Abluft – Übergang – Zuluft (Tabelle L 4.1).

Die Kubaturen in Tabelle L 4.1 entsprechen dem im Bereich ERDE vorgestellten Beispielhaus und dienen an dieser Stelle zur praxisnahen Veranschaulichung. Auf Basis dieser Grundlagen wird ein Anforderungsprofil erstellt.

**Tabelle L 4.1:** Raumliste des Beispielhauses (Erd- und Obergeschoss) mit ausgeglichenem Luftaustausch auf beiden Ebenen (Quelle: Frank Hartmann)

| Raumliste – Beispielhaus – Raumklima | | | | | | |
|---|---|---|---|---|---|---|
| | Bezeichnung | $A_N$ in m² | $V_N$ in m³ | ZU | ÜB in m³/h | AB |
| EG 1 | Duschbad | 5,00 | 14,00 | | | 50 |
| EG 2 | Windfang | 6,75 | 18,90 | | x | |
| EG 3 | Hauswirtschaftsraum | 13,55 | 37,94 | | | 50 |
| EG 4 | Speisekammer | 5,00 | 14,00 | | x | |
| | *Zwischensumme* | **30,30** | **84,84** | | | **100** |

| Raumliste - Beispielhaus - Raumklima | | | | | | |
|---|---|---|---|---|---|---|
| | **Bezeichnung** | $A_N$ in $m^2$ | $V_N$ in $m^3$ | ZU | ÜB in $m^3/h$ | AB |
| EG 5 | Esszimmer | 51,48 | 144,14 | 120 | | 40 |
| EG 6 | Kochen | 13,84 | 38,75 | | | 40 |
| EG 7 | Flur | 7,85 | 21,98 | | x | |
| EG 8 | Musikzimmer | 18,50 | 51,80 | 30 | | |
| EG 9 | Wohnen | 24,00 | 67,20 | 30 | | |
| | *Zwischensumme* | **115,67** | **323,88** | **180** | | **80** |
| | | | | **180** | | **180** |
| EG 10 | Atrium | 16,50 | | | | |
| EG 11 | Hügelbeet/Terrasse | 26,00 | | | | |
| EG 12 | Frühbeete | 14,00 | | | | |
| | *Zwischensumme* | **56,50** | | | | |
| OG 0 | Treppenaufgang | 6,00 | 16,80 | | (x) | |
| OG 1 | Bibliothek | 34,66 | 97,05 | | x | 40 |
| OG 2 | Schlaf- und Ruheraum 3 | 16,51 | 46,23 | 30 | | |
| OG 3 | Ankleide | 10,34 | 28,95 | | x | |
| OG 4 | Badezimmer | 14,10 | 39,48 | | | 50 |
| OG 5 | Schlaf- und Ruheraum 2 | 18,40 | 51,52 | 30 | | |
| OG 6 | Schlaf- und Ruheraum 1 | 17,60 | 49,28 | 30 | | |
| | *Zwischensumme* | **117,61** | **329,31** | **90** | | **90** |

### 4.2.2 Erstellen eines Anforderungsprofils (Last- und Nutzungsprofile)

Als nächster Schritt erfolgt auf Basis der Raumliste zur Lufterneuerung im umbauten Raum die Ausarbeitung eines Last- und Nutzungsprofils. Grundlage ist ein sogenanntes Normalprofil entsprechend einer normalen Lüftung. Entsprechende Abweichungen gilt es zu berücksichtigen. Diese können sich aus den Zeiten und der Häufigkeit der Nutzung ergeben.

Aus der Nutzung ergeben sich relevante Informationen zur Festlegung der Volumenströme. Den höchsten Anspruch haben die Schlaf- und Ruheräume der Bewohner (also Eltern-Schlafzimmer und Kinderzimmer) sowie etwaige Gästezimmer. Allesamt Zuluftbereiche – doch mit unterschiedlichen Anforderungen allein hinsichtlich der Nutzungszeiten. Während das Kinderzimmer (wohl der anspruchsvollste Raum überhaupt) mit der deutlich höchsten Nutzungsdichte (Schlafen und Wohnen) zu belegen ist, stellt das Eltern-Schlafzimmer sozusagen eine Zwischenlast dar, die sich für gewöhnlich auf die Abend- und Nachtstunden konzentriert (Schlafen). Am unterschiedlichsten aber ist das Gästezimmer zu bewerten, da dieses zwar auch zum Schlafen und Wohnen genutzt wird, aber nur zu einer sehr geringen Zeit. Dementsprechend ist in diesem Fall mit sehr geringen bzw. überschaubaren Anforderungen zu rechnen, die sich durchaus mittels Fensterlüftung erfüllen lassen. Andererseits ist zu beachten, ob das geplante Gästezimmer nicht doch auch anderweitig genutzt wird, wenn sich keine Gäste im Haus befinden. Beispielsweise als Arbeitszimmer, Medienraum oder Multifunktionsraum.

Diese und andere Aspekte (Wünsche der Bauherren) gilt es zu berücksichtigen, einschließlich etwaiger Nutzungsvariabilitäten für die Zukunft. Dementsprechend müssen konzeptionell auch immer diverse Änderungs- und Aus- oder Umbauoptionen beachtet werden. Das Wohnzimmer könnte beispielsweise in einer späteren Umbauoption als separater Raum abgetrennt werden. Dies ist bereits heute schon in der Raumliste und der Festlegung der Luftbereiche zu berücksichtigen.

Ergebnis des Anforderungsprofils ist in jedem Falle die Definition der Luftbereiche entsprechend der Raumliste und die Ermittlung der gewünschten Luftwechselraten bzw. Außenluft-Volumenströme zur Lufterneuerung. Ebenso gilt es, die Übergangsbereiche festzulegen und die Luftbewegungen zwischen Zu- und Abluftbereichen in den notwendigen Mengen *immer*, also auch bei geschlossenen Raumtüren, zu ermöglichen.

Die Festlegung von Luftmengen sollte nicht allein dem baulichen Feuchteschutz entsprechen (obgleich dieser die Grundlage bildet), sondern auch den physiologischen Anforderungen des Menschen. Eine zusätzliche Spalte im Profil weist auf etwaige besondere Lasten oder Anforderungen hin und kann somit der zielorientierten Auswahl eines Lüftungssystems dienlich entgegenkommen.

### 4.2.3 Baulicher Feuchteschutz und freie Lüftung

Für die Lüftung ohne Ventilator werden Einrichtungen zur „freien Lüftung" geplant. Dabei wird planerisch zwischen Querlüftung und Schachtlüftung unterschieden, wobei die Querlüftung einen Mindestvolumenstrom zum Feuchteschutz und einen erweiterten Volumenstrom unterscheidet. Für freie Lüftungssysteme ist nach DIN 4108-7 die maximal zulässige Undichtigkeit der Gebäudehülle begrenzt. Der Infiltrationsanteil durch Undichtigkeiten ist grundsätzlich anrechenbar, gleichwohl er bei modernen luftdichten Gebäuden kaum eine Rolle spielt. Zur Verbesserung der Lüftungsautorität von ALD und Lüftungsschächten ist es jedoch günstig, wenn der zulässige $n_{50}$-Wert unterschritten wird, um nicht durch Fehlzirkulationen (z. B. durch Luft-Kurzschlüsse) die Funktion des Lüftungssystems und vor allem einen umfassenden Luftaustausch zu beinträchtigen. Zu berücksichtigen sind in der praktischen Anwendung die Witterungsverhältnisse, welche nicht immer eine konstante Lüftung garantieren und eben nicht kontrollierbar sind.

Das Thema treibt vielerlei Blüten, um vermeintlich kostengünstige Lüftungssysteme zu generieren. In den seltensten Fällen werden beispielsweise mit Fensterfalzlüftungen ausreichende Luft-Volumenströme erreicht, die auch eine vollständige Lufterneuerung im gesamten Raum ermöglichen. Neben den funktionellen Problemen gibt es auch hygienische Bedenken, da zuverlässige Langzeiterfahrungen fehlen. Während für freie Lüftungssysteme bei den meisten Betriebsstufen eine Unterstützung durch manuelles Fensteröffnen durch den Nutzer erforderlich ist, wird dies für ventilatorgestützte Lüftungssysteme in Abhängigkeit von der Auslegung nur für Intensivlüftung (IL) gefordert. Auch bietet die freie Lüftung keine Energieeffizienz durch Wärmerückgewinnung oder Nutzung von Solar- und Umweltwärme.

Weitaus größere Sicherheit eines konstanten Mindestluftwechsels, Energieeffizienz und Raumluftqualität bieten demnach ventilatorgestützte Lüftungssysteme, die in der Lage sind, definierte Luftwechsel zu gewährleisten, Luftmengen zu sammeln und Wärme zu tauschen.

### 4.2.4 Normative Lüftungsstufen

Bei der Festlegung des Gesamt-Außenluftvolumenstroms unterscheidet man je nach Nutzungseinheit die Lüftungsstufen Intensivlüftung (IL), Nennlüftung (NL), reduzierte Lüftung (RL) und die Lüftung zum Feuchteschutz (FL). Für die Lüftung von Nutzungseinheiten ist der Außenluftwechsel bzw. Luftaustausch der gesamten Nutzungseinheit maßgebend und ist flächen- bzw. volumenrelevant. Ein Luftaustausch zwischen verschiedenen Nutzungseinheiten oder zwischen Treppenraum und Nutzungseinheit über die Wohnungseingangstür muss in Mehrfamilienhäusern (unabhängig von spezifischen Brandschutzbestimmungen) aus hygienischen Gründen planmäßig verhindert werden. Für die einwandfreie Funktion aller Lüftungssysteme ist die dauerhafte Luftdichtigkeit der thermischen Hülle nach außen als auch nach innen zu benachbarten Gebäuden oder Wohnungen Voraussetzung. Zu achten ist auf eine exakte Definition der Lüftungsbereiche (Zuluft-, Übergangs- und Abluftbereich).

Ventilatorgestützte Lüftungssysteme sollten grundsätzlich für die Betriebsstufe Nennlüftung (NL) nach den Mindestwerten der Gesamt-Außenluftvolumenströme für Nutzungseinheiten (NE) ausgelegt werden. So kann der notwendige Luftwechsel sichergestellt werden. Eine Auslegung ausschließlich für die Lüftung zum Feuchteschutz und die reduzierte Lüftung sind nicht zulässig. Diese Anforderung hat auch durchaus Sinn, wenn man schon ein ventilatorgestütztes Lüftungssystem zum Einsatz bringt.

Es bietet also nicht nur mehr Funktionssicherheit, sondern auch die Sicherstellung eines hygienischen Mindestluftwechsels entsprechend den physiologischen Anforderungen des Menschen, der eine Normallüftung (NL) von mindestens 30 $m^3/h$ pro Person verlangt. Ein bedarfsorientiertes Lüftungssystem erlaubt diesen Luftwechsel vor allem in den Nachtstunden und bietet durch eine ausreichende Außenluftzuführung eine den gesunden Schlaf fördernde Sauerstoffversorgung.

## 4.3 Konzeptentwurf für das Beispielhaus

Beispielhaft sollen im Folgenden Grundgedanken zur Entwicklung eines Baubiologischen Raumklimakonzepts für das vorerwähnte Beispielhaus skizziert werden. Da eine detaillierte Konzeptentwicklung den Rahmen dieses Buches sprengen würde, wird hier lediglich der gedankliche Ansatz von zwei Varianten dargestellt. Weitere Varianten und detailliertere Planungsschritte werden in entsprechenden Workshops erarbeitet und vermittelt.

Auf eine Behandlung der Außenluft kann verzichtet werden, da es sich um einen den Menschen gerechten Lebensraum handelt, der deren Gesundheit und Wohlergehen hinsichtlich der Luftqualität nicht beeinträchtigt. Diese Tatsache ermöglicht die einfache Integration von Fensterrahmenventilen, welche jeweils 30 $m^3/h$ bei 8 Pa Differenzdruck in den Innenraum nachführen. Die Druckdifferenz wird mittels Abluftventilator gewährleistet, der jeweils bedarfsorientiert angesteuert wird. Die Steuerparameter sind „rel. Feuchte" und „$CO_2$-Konzentration" der Raumluft. Somit wirkt der Ventilator als Back-up-System eines autonomen Nutzerverhaltens.

Also kann vor dem Schlafengehen noch eine Stoßlüftung mittels Fenster erfolgen und dann bei geschlossenen Fenstern geschlafen werden. Sollte die Raumluft den eingestellten maximalen $CO_2$-Wert erreichen bzw. überschreiten, würde der Ventilator in Betrieb gehen, so lange bis der Grenzwert wieder unterschritten wird oder nach dem Aufstehen wieder eine Fenster-Stoßlüftung erfolgt.

Hinweis: Die Außenluftnachführung aus dem Hybridraum muss kritisch betrachtet werden, da an dieser Stelle vor allem im Sommer – je nach Pflanzenbewuchs – entsprechend hohe Feuchtelasten auftreten können. Dies gilt es – unabhängig von der Kondensatwasser-Gewinnung durch Entfeuchtung im Hybridraum – bei der Auswahl und Anordnung der Fensterrahmenventile zu berücksichtigen.

## 4.3.1 Lufterneuerung im Erdgeschoss

### Abluftkanalsystem mit dezentraler Außenluftnachführung

Die technische Ausstattung, also der Abluftventilator inkl. Schalldämpfer, wird im Hauswirtschaftsraum positioniert. Die Luftkanalführung erfolgt mit geringstem Aufwand auf direktem Wege und kann weitgehend Aufputz installiert werden. Die genaue Leitungsführung und Positionierung der Abluftventile erfolgt im Rahmen der Detailplanung.

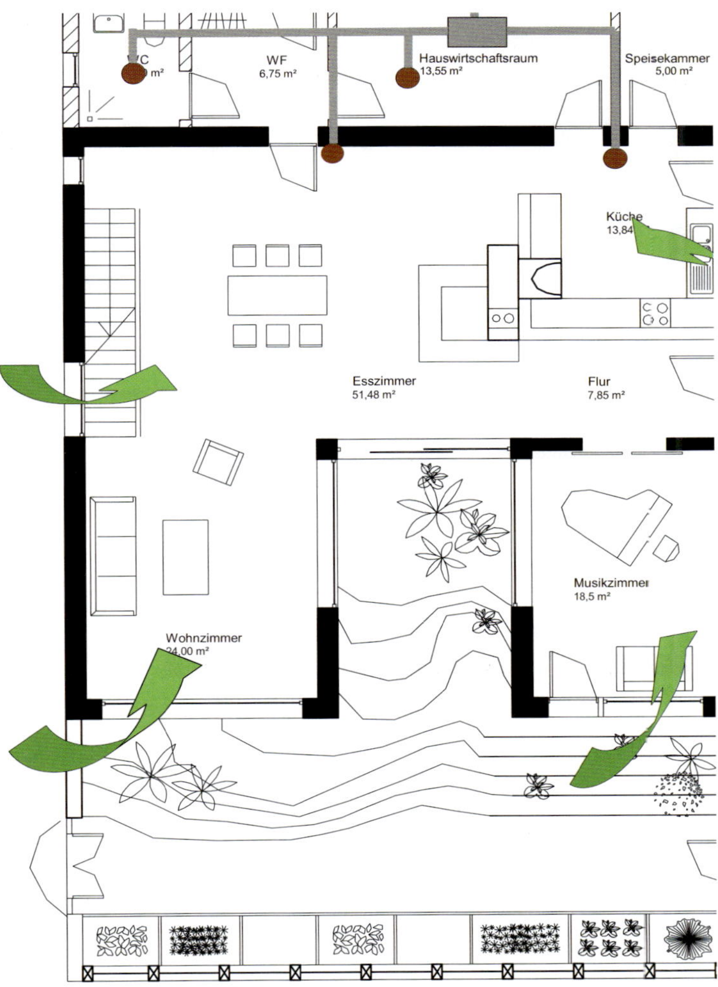


**Abb. L 4.1:** Lüftungskonzept für das Beispielhaus als ventilatorgeführtes Abluftsystem (Erdgeschoss) mit dezentraler Außenluftnachführung (Quelle: Frank Hartmann)

## 4.3.2 Lufterneuerung im Obergeschoss

### Abluftkanalsystem mit dezentraler Außenluftnachführung

Im Obergeschoss kann der Abluftventilator oberhalb der Decke verkleidet und lediglich mit einer Revision ausgestattet werden. Andererseits wäre zu überlegen, nur einen Ventilator im Hauswirtschaftsraum zu betreiben, was allerdings bedeutet, dass man eventuell eine Zonierung der Luftkanalführung, z. B. mittels Drosselklappen, realisieren muss, um unter Verwendung von dynamisch betriebenen Ventilatoren auch die Luftmengen bedarfsorientiert führen zu können.

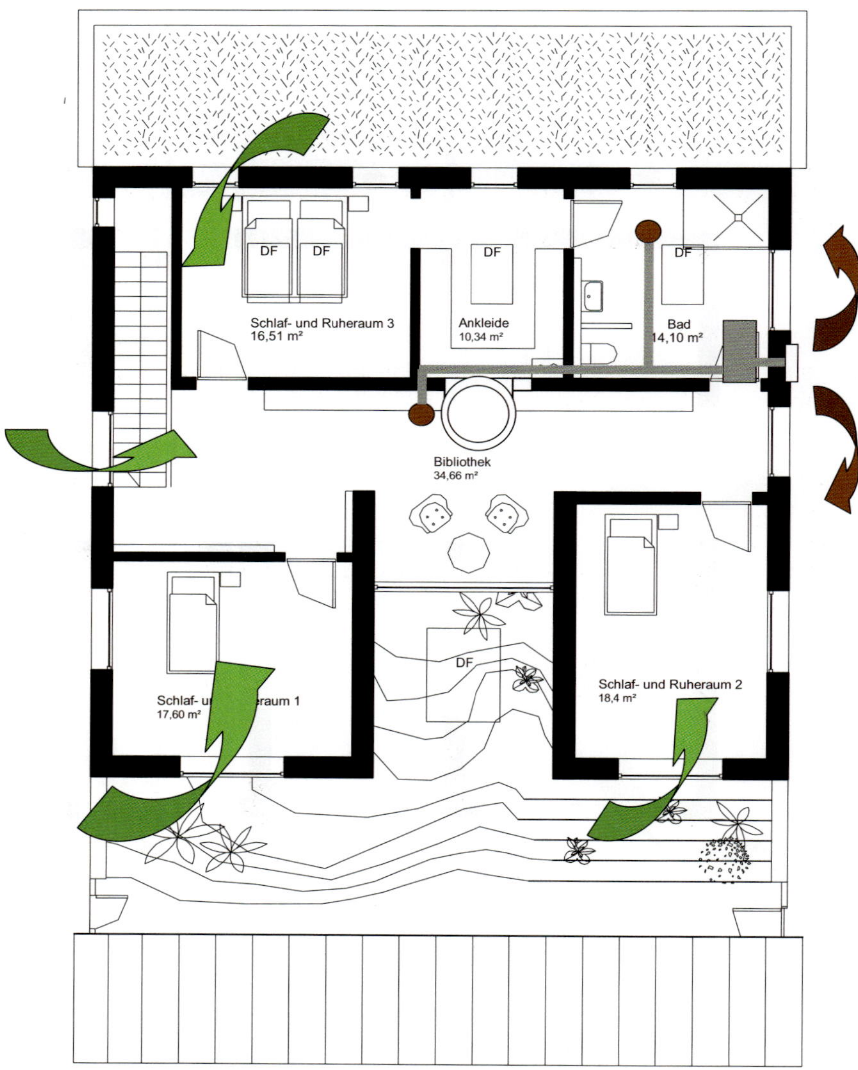


**Abb. L 4.2:** Lüftungskonzept für das Beispielhaus (Obergeschoss) mit dezentraler Außenluftnachführung und Ventilator oberhalb einer abgehängten Decke im Badezimmer (Quelle: Frank Hartmann)

Der Abluftkanal des Obergeschosses würde sodann nach unten in den Hauswirtschaftsraum geführt werden. Beide Stränge würden ihre Zone versorgen und dementsprechend bei Betrieb Luft von außen in die jeweiligen Zonen nachfördern. Zwar wäre bei dieser Lösung nur ein (hochwertiger) Ventilator mit entsprechender Volumenleistung notwendig, aber die Steuerung müsste auch die Stellantriebe an den Drosselklappen bedienen.

## 4.4 Lüftung von Kellern und untergeordneten Räumen

Der Luftwechsel in Kellern tritt erst allmählich ins Bewusstsein und verlangt in jedem Fall eine differenziertere Betrachtung als bei frei stehenden Wohn- und Nutzungseinheiten, da sich in jenen Räumen schon allein aufgrund der Einflussfaktoren der Bauweise und Baukonstruktion ein Innenraumklima einstellt, welches von den übrigen Geschossen abweicht.

Hinweis: Normativ wird der Luftwechsel von Kellerräumen noch nicht behandelt. Dies wird sich aber absehbar in der Überarbeitung der DIN 1946-6, die bislang ausschließlich für Wohnungen gilt, ändern.

### 4.4.1 Untergeordnete Räume

Untergeordnete Räume werden als solche bezeichnet, wenn sie wenig bis kaum zum Aufenthalt, sondern vielmehr zum Lagern o. Ä. genutzt werden. Im Wesentlichen gehören hierzu Kellerräume, aber auch Abseiten, Anbauten, Lager-, Werk- und Hobbyräume.

Kellerräume werden dadurch definiert, dass ihre Außenwände mehr als 70 % von Erdreich umgeben sind. Also auch eine Untergeschosswohnung in Hanglage, deren Südfassade mit Fenstern und Türen ausgestattet ist und eine Wohnsituation erlaubt, gehört dazu. Durch das angrenzende Erdreich der meisten Außenwandflächen ergeben sich sehr unterschiedliche Oberflächentemperaturen, nahezu unabhängig vom Wärmedämmstandard allein dadurch, dass die angrenzenden Erdmassen im Winter die Wärmedämmung erhöhen und im Sommer jedoch keine Erwärmung von außen zulassen. Damit ist meist aber auch eine sehr niedrige Oberflächentemperatur von Bauteilen verbunden, was eine Schimmelpilzbildung begünstigt.

### 4.4.2 Belüftung von Kellerräumen

Hinweis: In diesem Zusammenhang gilt es unbedingt zu berücksichtigen, dass das Lüftungsverhalten in einem Keller dem tatsächlichen Feuchteverhältnis der Innen- und Außenluft entsprechen muss. Maßgebend hierfür ist die absolute Feuchtigkeit in g/kg. Dementsprechend kann sich ein sommerlicher Luftwechsel sehr problematisch entwickeln, wenn die Feuchte nicht hinaus, sondern hinein gelüftet wird.

Zudem ist bei Kellerlüftungen auch hinsichtlich einer Neubau- oder einer Bestandssituation zu unterscheiden. In Bestandsgebäuden gibt es eine Vielzahl unterschiedlicher Kellerräume, wie Teilunterkellerungen, Übergangsunterkellerungen, die eine Verbindung zu Nebengebäuden darstellen und oftmals keine Bodenplatten aufweisen, Naturkeller, Erdkeller oder, wie vielfach vorfindbar, Lehmkeller. Besonders in Baudenkmälern sind sehr oft Erdkeller mit Mauerfundamenten vorzufinden, die nicht selten auch Feuchtelasten aus dem Untergrund im Mauerwerk kapillar nach oben befördern.

### 4.4.3 Radonbelastungen von Kellerräumen

Radonbelastungen wurden in den letzten Jahren vornehmlich durch die Baubiologie untersucht. Erst in jüngster Zeit entwickelt sich diesbezüglich eine Aufmerksamkeit der Baubranche. Grundsätzlich gilt es auch, eine potenzielle Radonbelastung von Kellerräumen zu berücksichtigen. Eine erste und grundlegende Orientierungshilfe bildet hierfür die sogenannte Radonkarte, die entsprechende natürliche Radonrisiken regional aufzeigt, um daraufhin konkrete Untersuchungen einzuleiten. Im Zweifelsfalle ist stets ein Baubiologischer Messtechniker mit einzubeziehen, um tatsächliche Belastungen und konkrete Radonkonzentrationen festzustellen und zielorientierte Sanierungsmaßnahmen zu erarbeiten und umzusetzen.

### 4.4.4 Hinweise zur Belüftung und zum Feuchteschutz von Kellerräumen

Bei Radonbelastungen, die im Einzelfall konkret zu behandeln sind, kann neben entsprechenden weiteren baulichen Maßnahmen ein kontrollierter Luftwechsel durchaus Bestandteil einer Radonsanierung sein. Weiter darauf einzugehen würde den Rahmen dieses Buches sprengen, deshalb sei hier nochmals auf die Dienste eines Baubiologischen Messtechnikers dringend hingewiesen.

Ein konstruktiver Feuchteschutz kann in manchen Kellerräumen bzw. Kellergeschossen nur bedingt durch kontrollierte Lüftungssysteme realisiert werden, nämlich dann, wenn im Sommer die Außenluftfeuchte höher ist als im Inneren des Kellers (was natürlich auch für Wohnungen gilt). Zu unterscheiden hinsichtlich eines Luftwechsels ist, ob die Belüftung zu Wohn- und Aufenthaltszwecken für den Menschen dient oder um einen baulichen Feuchteschutz zu realisieren. Geht es primär darum, mit der Feuchtelast eines Kellers umzugehen, bietet sich beispielsweise eine Kleinst-Wärmepumpe an, welche nicht nur den Feuchtegehalt der Luft durch den Wärmeübertragungsprozess (Abkühlung der Umgebungsluft) nachhaltig reduziert, sondern auch Wärmemengen aus der Umgebungsluft z. B. für die Trinkwassererwärmung oder gar zur Temperierung der Kellerluft oder dessen Oberflächen nutzt. Durch den Wärmeentstehungsprozess des Wärmepumpenaggregats wird der Umgebungsluft am Aufstellraum nicht nur Wärme entzogen, sondern in diesem hygrothermischen Prozess auch Feuchte.

Ebenso hat sich auch die Zufuhr solarer Wärme aus einer Solaranlage als zielführend erwiesen. Mit einfachen Mitteln kann durch die Integration eines oder mehrerer Wärmeübertragungsflächen in den Solarkreis (das kann schon ein einfacher Konvektionsheizkörper sein, um die Kellerlufttemperatur und somit die Feuchteaufnahmekapazität zu erhöhen) der Feuchtegehalt reguliert werden.

Die Luftmengen und Mindest-Außenluftvolumenströme gelten grundsätzlich wie für andere Räume auch. Die DIN 1946-6 widmet sich derzeit nicht nur dem Thema Radon, sondern auch den Herausforderungen einer Kellerlüftung überhaupt. In fensterlosen Nassräumen sollte der Richtwert von 40 $m^3/h$ (DIN 18017-3) eingehalten werden, womit nicht nur dem baulichen Feuchteschutz genüge getan wird, sondern auch den physiologischen Anforderungen des Menschen. Das Spektrum von modernen Kleinlüftern für die Abluft langt schon weit über den vorgenannten Volumenstrom hinaus und erreicht mitunter das Doppelte von 80 $m^3/h$ und mehr. Zu empfehlen sind durchaus feuchtegeführte Abluftventilatoren, die bedarfsorientiert betrieben werden können und darüber hinaus einen hygienischen Mindest-Luftwechsel für zwei Personen sicherstellen.

Eine freie Lüftung ist in Kellern in der Regel kaum erachtenswert, da selbst die Bodennähe von Lichtschächten, Erdausschnitten und die nicht umseitige „Angriffsfläche" nicht ausreichend sind, um eine wirksame Windlüftung zu ermöglichen.

# 5 Installation und Wartung von Lüftungssystemen

Die Installation und Wartung von Lüftungssystemen verlangt, wie jede technische Integration in ein Gebäude, ein hohes Maß an Sorgfalt und Vernunft. Für die Installation gilt das Gesetz der Materialreinheit umso mehr, da die Materialien unser Lebensmedium Luft transportieren – entsprechend der Analogie, das Lüftungssystem als das Atmungsorgan eines Gebäudes zu verstehen.

Selbst die einfachsten Lüftungssysteme der freien Lüftung verlangen eine Aufsicht und Kontrolle der eingebauten Bauteile (ALDs, Schächte usw.), um deren Funktion und Reinheit nachhaltig sicherzustellen. Umso mehr sind ventilatorgestützte Lüftungssysteme mit Luftkanalführung und ungleich mehr Komponenten im Auge zu behalten und einer regelmäßigen Inspektion zu unterwerfen.

Die Form eines Luftkanals sollte rund sein, so wie die Luftröhren in unserem Körper. Um in der Bauhöhe variabel zu sein, besteht auch die Möglichkeit, Ovalrohre zu verwenden, wie sie von einigen Herstellern angeboten werden. Dementsprechend ändert sich die Breite eines Ovalrohrkanals durch die Reduzierung der Bauhöhe. Dabei sollten 60 mm aber nicht unterschritten werden. Der Nachteil von eckigen Kanalrohren besteht darin, dass sich der Luftstrom durch Verwirbelungen in den Ecken verändert bzw. sich unvollständig im Luftkanal verteilt, was in Extremfällen zu Temperaturdifferenzen oder Totraumzonen führt. Problematisch wird auch das Reinigen von eckigen Luftkanälen. Dementsprechend empfiehlt die Baubiologische Haustechnik runde oder ovale Luftkanäle.

Ein runder Querschnitt kommt dem Luftstrom entgegen, auf Verengungen und Widerstände sollte verzichtet werden. Das bedeutet natürlich auch, den Querschnitt im Verhältnis des Luft-Volumenstroms nicht zu gering zu wählen oder umso größer, je weniger Aufwand man für den zielgerichteten Transport aufbringen möchte. Aus diesem Grund sollte der Querschnitt von Stichleitungen im Zu- und/oder Abluftkanal nicht geringer als 125 mm sein, bei einer Schachtlüftung 150 mm. Ab einem Luft-Volumenstrom von mehr als 100 $m^3/h$ können durchaus schon 150 mm veranschlagt werden.

Die klassische Form ist ein Lüftungsrohr aus verzinktem Stahlblech (Wickelfalzrohr) oder Edelstahl. Aus demselben Material sind die Formstücke wie Abzweige, Bögen oder Umlenkstücke, welche mit einer Lippendichtung ausgestattet sind, um ein luftdichtes Zusammenfügen zu ermöglichen. Eine Fehlzirkulation aufgrund von Undichtigkeiten muss vermieden werden. Auf mechanische Stabilität ist zu achten, die einerseits durch entsprechende Befestigungen und bei Bedarf auch durch Verschraubung von Steckmuffen erfolgen kann. Diese Schrauben sind stets in Edelstahl mit selbstschraubendem Gewinde auszuführen. Auf Kleber und Klebebänder sollte verzichtet werden, es sei denn, eine gesundheitliche Bedenklichkeit kann seriös ausgeschlossen werden, was dennoch den Rückbau erschwert.

Die Herstellung und Errichtung von Luftkanalführungen muss unbedingt trocken und sauber erfolgen. Die inneren Oberflächen müssen rein sein und dürfen nicht unterbrochen werden, insbesondere nicht durch eine Vielzahl von Blechschraubenspitzen oder andere Beeinflussungen des Luftstroms. Sämtliche luftführenden Leitungen sind nach der Installation vollständig zu reinigen und auf Verunreinigungen zu prüfen. Die Verpackung und der Schutz der Bauteile dürfen erst unmittelbar vor der Montage entfernt werden, um Verunreinigungen während der Montage zu vermeiden. Bestimmte Leitungsabschnitte sind während der Bauphase besonders zu schützen, zum Beispiel ist bei der Installation von vertikalen Steigesträngen auf ein vollständiges Verschließen etwaiger Anschlussstutzen zu achten.

Eine gesundheitliche Unbedenklichkeit liegt dann vor, wenn mit keiner Beeinflussung der Gesundheit durch die verwendete Technik, Komponenten, Materialien oder Verfahren (z. B. durch hygrothermische Luftbehandlung) zu rechnen ist, was während der Betriebszeit zu prüfen bzw. zu kontrollieren ist. In der Regel kann die gesundheitliche Unbedenklichkeit nicht allein durch Nachweise und Versprechungen belegt bzw. nachgewiesen werden. Im Zweifelsfall ist mithilfe der Baubiologischen Messtechnik ein empirisches Material-Gutachten durchzuführen, welches die spezifische Einbausituation im jeweiligen Gebäude umfassend berücksichtigt und einen Befund der tatsächlichen Situation bietet.

## 5.1 Hygieneanforderung und Lüftungsqualität

Der Hygienebegriff ist ein zentraler Bestandteil der Innenraumklimatik, besonders im Kontext der noch sehr jungen Technologie der Wohnungslüftung mit all ihren Komponenten, Funktionen und Prozessen. Daher besitzt dieses Thema einen sehr hohen Stellenwert in der Baubiologischen Haustechnik, um diesem so wichtigen Aspekt für die Gesunderhaltung des Menschen die notwendige Aufmerksamkeit zu erteilen.

Hygiene dient der Vermeidung von Erkrankungen sowie der Erhaltung und Stabilisierung der Gesundheit des Menschen. Dementsprechend ist die Lufthygiene ein wesentlicher Bestandteil baubiologischer Prioritäten, da die Wechselbeziehungen zwischen Mensch und Umgebungs-Atemluft elementar unser Wohn- und Arbeitsumfeld bestimmen. Besonderes Augenmerk gilt den Mikroorganismen (Bakterien, Algen, Schimmelpilzen usw.), die sich vor allem im Zusammenhang mit Befeuchtungswasser und Kondensat einstellen. Aus diesem Grund sind Be- und Entfeuchtungseinheiten von raumlufttechnischen Anlagen bzw. Klimaanlagen in der Baubiologischen Haustechnik mit maximaler Strenge und Vorsicht zu bewerten und zu behandeln. Das betrifft auch diverse Umluft- und Sekundärluftvarianten raumlufttechnischer Anlagen. Eine Behandlung von abgeführter Luft und erneute Einbringung in den Raum als Sekundärluft sowie Umluft-Systeme bilden in Sachen Raumlufthygiene so manches Horrorszenario.

Entscheidet man sich für ein den hygienischen Anforderungen entsprechendes Lüftungssystem mit besonderen hygienischen Anforderungen aus all den vorgenannten Gründen, wird es sich in der Regel um ein ventilatorgeführtes Lüftungssystem mit einer oder mehreren Luftkanalführungen handeln. Nicht nur der Zuluftkanal, sondern ebenso der Abluftkanal sowie alle in die Luftführung integrierten Bauteile und Komponenten müssen in ihrer Gesamtheit den Anforderungen an die Sicherstellung einer hohen Raumluftqualität genügen. Dies verlangt relevante Ausführungskriterien ebenso wie eine kontinuierliche Kontrolle der gesamten Lüftungsanlage.

Über die Anforderungen eines grundsätzlichen Hygienestandards hinaus bietet ein entsprechendes Lüftungssystem einen zusätzlichen Schutz gegen natürliche Belastung für Allergiker. Bei einer Pollenallergie kann allein dieser Umstand, von dem ein oder mehrere Bewohner betroffen sind, dazu führen, zumindest einen Zuluftkanal zu realisieren, der eine entsprechende Filterkassette für den Pollenschutz bereithält.

Die wichtigsten *hygienischen Anforderungen* an das Betreiben eines Lüftungssystems sind folgende:

1. Eine ausreichende Filtergüte (Qualität und Kategorie des Filters) und Einrichtung im Lüftungssystem.
2. Ein sicheres und vollständiges Abführen von anfallendem Kondensat (in Echtzeit) über einen selbsttätig funktionierenden Kondensatablauf.
3. Dichtheit zwischen Ab- und Zuluft im Gerät sowie allen anderen Komponenten, insbesondere sämtlicher Luftkanalführungen.
4. Sauberer Einbau und Grundreinigung der gesamten Anlage des jeweiligen Lüftungssystems, insbesondere aller Luftkanäle und Komponenten.
5. Diffusionsdichter Wärmeschutz von Luftkanalführungen, insbesondere die Durchdringungen der thermischen Hülle.
6. Feineinstellungen von Ventilen und funktionsrelevanten Parametern (Steuerung usw.), Funktionskontrolle sowie Dokumentationen zur Bestandssituation.
7. Regelmäßige Wartung und Instandhaltung, die ebenfalls zu dokumentieren ist und Auswertung der Instandhaltungsprotokolle.

### 5.1.1 Die VDI-Richtlinie 6022

Um den Anforderungen der Baubiologischen Haustechnik an die Hygiene einer raumlufttechnischen Anlage gerecht zu werden, gilt die VDI-Richtlinie 6022 als Grundlage. Sie definiert *Zuluftqualität* auf Grundlage der Vergleichsluft. Die Vergleichsluft meint dabei die „gesundheitlich zuträgliche Außenluft oder die gesundheitlich zuträgliche Raumluft im Aufenthaltsbereich" und verlangt eine genaue Festlegung als Planungsgrundlage.

Die Vergleichsluft ist de facto festzulegen und als die vorhandene Außenluftqualität zu prüfen. Daraus ergeben sich die Anforderungen, um einer gesundheitlich zuträglichen Raumluft im Aufenthaltsbereich von Menschen gerecht zu werden.

Um die sogenannte Vergleichsluft bei Lichte zu betrachten, ist es mit einer Einzelmessung in den seltensten Fällen getan. Vielmehr sollte eine Messreihe über einen längeren Zeitraum erstellt werden, um eine repräsentative Auswertung zu ermöglichen. Der Schwerpunkt der Bewertung der Außenluftqualität richtet sich auf grob- und feinstoffliche Belastung durch organische, anorganische und biologische Substanzen.

Des Weiteren werden luftchemische und mikrobiologische Anforderungen gestellt, dass insbesondere bei hohen Feuchtelasten keinerlei Nährboden für Mikroorganismen gebildet werden darf sowie aus den Materialien von Komponenten und Geräten raumlufttechnischer Anlagen keinerlei gesundheitsgefährdende Stoffe emittieren dürfen. Auf offenporige Materialien jedweder Art ist zu verzichten. Wenn man Feuchte weitgehend vermeidet, hat man schon die größten Hygienerisiken im Griff.

## 5.2 Filterklassen, Filtergüte und Luftfilteranlagen

Bei allen luftkanalgeführten Lüftungssystemen muss in jedem Fall die eingeführte Außenluft gefiltert werden. In diesem Zusammenhang ist der Begriff „Frischluft" oft irreführend. Wenn es sich nicht um ein Waldgebiet oder Biosphärenreservat o. Ä. handelt, ist durchaus mit Belastungen der Außenluft zu rechnen. Selbst bei optimalen Bedingungen sind natürliche Belastungen z. B. durch diverse Pollen durchaus möglich.

Durch Erkundung (Messung) und Definition der bestehenden Außenluft (Hintergrundwerte) plus der Anforderungen an die Raumluftqualität im Inneren des umbauten Raumes ergeben sich der notwendige Aufwand bzw. die Filterungsqualität und u. U. auch die Anzahl von Filterstufen. Wichtiger Parameter für die Filterqualität ist der Abscheidegrad. Aus diesem Grund ist es hilfreich, die Größen der verschiedenen biologischen Partikel zu kennen.

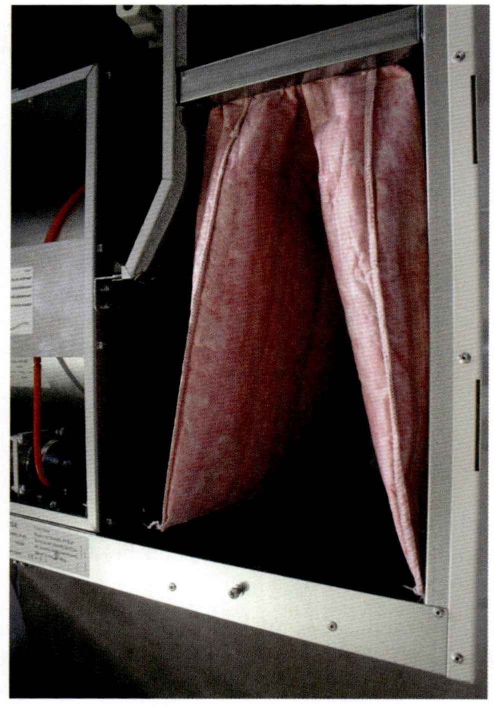

**Abb. L 5.1:** Ein Feinfilter in Taschenausführung in einem Lüftungszentralgerät; die Filter müssen gekennzeichnet und einfach auszutauschen sein (Quelle: Frank Hartmann)

Natürlich kann die Luftqualität als Planungsgrundlage klar definiert werden, der Abscheidegrad ist hierbei eine gute Orientierungshilfe, auch wenn ein Restrisiko immer bestehen bleiben wird. In der Baubiologischen Haustechnik gilt es grundsätzlich, den physiologischen Anforderungen des Menschen als oberster Priorität zu entsprechen. Erst dann folgen die Prioritäten der Nutzung, Einrichtung, Maschinen und Apparate.

Die erste grundsätzliche Filterstufe ist ein Grobstaubfilter als Grundfilter, der den Innenraum oder auch den nachgeschalteten Luftkanal sowie diverse Komponenten des Zuluftkanalsystems vor groben Verunreinigungen schützt. Zusätzlich ist jedoch – nicht nur bei Allergikern – eine weitere Filterstufe mit Feinstaubfiltern zu empfehlen. Bei entsprechenden Belastungen der Außenluft können auch Schwebstofffilter sinnvoll sein.

Die oft als „guter Standard" eingesetzten G4-Filter bieten keinen ausreichenden Schutz der Luftgüte für den Menschen und sind allenfalls als Vorfilter einsetzbar. Der Standard der Baubiologischen Haustechnik verlangt grundsätzlich die Filtergüte F7 als Grundlage einer hygienischen Luftführung. Das Herausfiltern von lungengängigen Partikeln und Sporen ist entscheidend für die Gesundheit der Bewohner und Nutzer von Gebäuden und schützt darüber hinaus das Lüftungssystem mitsamt seinen Geräten und Komponenten vor Verkeimungen. Besonders bei feuchterückführenden Systemen ist sowohl in der Außenluft als auch in der Abluft zum Schutz des Übertragungssystems ein F7-Filter zu integrieren, da in diesen sensiblen Bereichen Schimmelpilzsporen ein Leichtes hätten, sich anzusiedeln.

Beim folgenden Abschnitt 5.2.1 ist zu bedenken, dass gemäß VDI 6022 Grobstaubfilter nicht mehr als Filter in Lüftungs- und Klimaanlagen anerkannt sind. Sie dürfen zwar noch eingesetzt werden – was sicherlich auch sinnvoll ist, um die Anlage und die teureren Feinstaubfilter vor groben Partikeln zu schützen –, sind aber als alleinige Filterstufe nicht mehr zulässig!

### 5.2.1 Grobstaubfilter (Schmutzfilter)

Ein guter Grobfilter existiert bereits weit vor dem Lüftungssystem bzw. der Außenlufteinführung: Sträucher und Bäume zum Beispiel, die das Mikroklima beeinflussen – ein natürlicher Filter, der Schadstoffe aufnimmt und die Luft mit Sauerstoff anreichert. Ist dieses natürliche Gleichgewicht aber gestört, muss ein technischer Filter integriert werden, um allein den groben Schmutz zu beseitigen, z. B. Insekten, Haare, Textilfasern; alles was größer als 10 µm ist. In der Kategorie G1 bis G4 ist ein mittlerer Abscheidegrad von 60 bis 90 % zu erwarten. Im Grunde gilt diese Filtergüte lediglich als Schmutzfilter für Lüftungsgeräte und Komponenten.

- Filterklasse G1: Vorfilter für grobe Verunreinigungen, wie Laub und Insekten,
- Filterklasse G2: Vorfilter bei grober Staubkonzentration ohne Anforderungen an die Luftreinheit und Hygiene, Zuluft für die Kühlung von Großmaschinen und Schaltgeräten,
- Filterklasse G3: Vorfilter für die Klima- und Lüftungstechnik zur Grobstaubabscheidung, Vorfilter für Feinstaubfilter bei Anlagen mit geringen Anforderungen an die Luftreinheit und Hygiene, Filter gegen spezifische grobe Stäube (z. B. Zementindustrie),
- Vorfilter G4: Filter für die Klima- und Lüftungstechnik zur Grobstaubabscheidung, Vorfilter für Feinstaubfilter, Vorfilter in der Stahl- und Hüttenindustrie, für Offshore-Anlagen, in ariden (trockenen) Zonen, Filter für Maschinenraumbelüftung, Filter zum Schutz von Wärmetauscher-Aggregaten.

VDI 6022 fordert bei einer einstufigen Filterung mindestens die Filterklasse F7. Eine Vorfilterung sollte nicht weiter als zwei Gütestufen auseinander gehen. Also sollte bei einer zweistufigen Filterung die Kombination F5 und F7, F6 und F8 oder F7 und F9 gewählt werden. Natürlich schützt ein vorgeschalteter Grobfilter die nachfolgenden Feinfilter, was ausgehend von den anstehenden Luftverhältnissen zu prüfen ist.

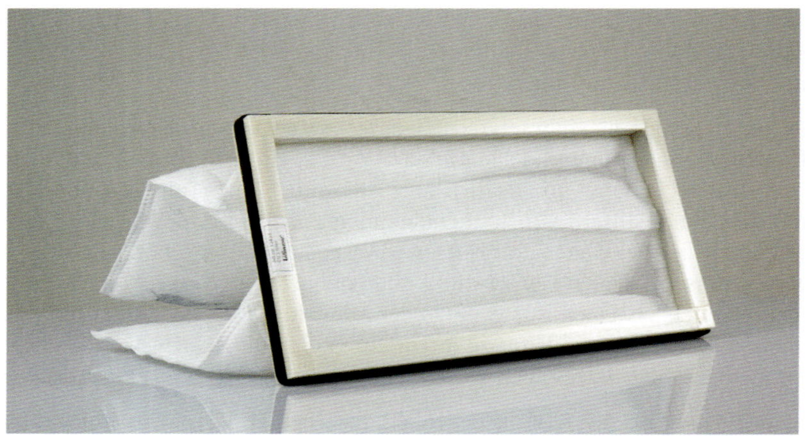

Abb. L 5.2: Grobfilter als Taschenfilter zum Einstecken in Lüftungsgerät oder Filterkassette (Quelle: Frank Hartmann)

### 5.2.2 Feinstaubfilter (Pollenfilter)

Mit einem Feinstaubfilter sind schon deutlich kleinere Partikel von 1 bis 10 μm herauszufiltern. Besonders hervorzuheben ist bei diesen Filterklassen die Filtergüte F7 als Standard der Baubiologischen Haustechnik. Mit diesem Filter beginnt eine zielorientierte Hygiene der Raumluft. Und wenn schon ein Luftkanalsystem besteht, sollte man diesem Mindeststandard unbedingt entsprechen. Damit ist dann nicht nur die Lufterneuerung durch Luftwechsel, sondern auch eine Mindestluftgüte sichergestellt.

- Filterklasse F5: Feinstaubfilter in klima- und lüftungstechnischen Systemen mit Mindest-Anforderungen an die Luftreinheit und Hygiene, Luftvorhänge für Lebensmittelgeschäfte, Zuluftfilterung für Schaltgeräte, Zuluft für Farbspritzkabinen, einfache Behandlungszimmer, Bettenzimmer im medizinischen Bereich, Vorfilter für höherwertige Feinstaub- und Schwebstofffilter,
- Filterklasse F6: Feinstaubabscheidung in der Pharma-, Elektro- und Fotoindustrie, Zuluftfilter für Lackierstraßen und Trocknungsanlagen, Teil- und Vollklimaanlagen mit höherer Luftreinheit, Laboratorien, Krankenzimmer, Einsatz als Pollenfilter,
- Filterklasse F7 bis F9: Feinstaubabscheidung in klimatechnischen Systemen mit hoher Luftreinheit, Restaurant- und Saallüftung, Zuluftfilter für hochwertige Montageräume, Schaltanlagen, bei der Lebensmittelerzeugung, Mindestanforderung als Filterklasse der Hygieneverordnung VDI 6022, Vorfilter für Reinraumanlagen in der pharmazeutischen Industrie, Sterilisations- und OP-Räume.

### 5.2.3 Schwebstoff-Filterklassen

Möchte man es filtertechnisch auf den Punkt bringen, so sind es die Schwebstofffilter (< 1 μm) mit einem Abscheidegrad von 85 bis 99,99 %, die sämtliche Keime, Bakterien und Viren aus der einströmenden Luft aufhalten. Mit diesen Filtern ist auch ein Leben in einem Lebensraum möglich, dessen Faktoren für Menschen belastend sind.

- Filterklasse E10 bis H14: Hochleistungs-Partikelfilter, zur Anwendung z. B. in der Lebensmittelindustrie, Forschung und Entwicklung, Mikrotechnologie, Elektrotechnik, Medizin,
- Filterklasse U15 bis U17: Hochleistungs-Schwebstofffilter zur Filterung von z. B. Aerosolen, radioaktiven Schwebstoffen, Öl- und Rußdunst im Zustand der Entstehung.

### 5.2.4 Systemintegration und Materialien von Luftfiltern

Viele Lüftungsgeräte besitzen bereits einen hohen Standard an Luftfiltern über den Grobfilter für den Geräteschutz hinaus. Besonders bei Geräten mit Feuchterückgewinnung ist mindestens ein F7-Filter einzusetzen. Bei einer mehrstufigen Luftfilterung wird diese durch den Einbau eigenständiger Luftfilterkassetten in den Lüftungskanal realisiert. Dabei gilt es zu beachten, dass die Filterkassette jederzeit leicht zugänglich ist.

Materialien dürfen keine Ausdünstungen oder andere Beeinflussung der Luft bewirken. Die Erfahrungen der Baubiologischen Messtechnik und Umweltanalytik zeigen, dass dies auch selten der Fall ist. Dennoch sollten die Materialien geprüft bzw. entsprechende Produktinformationen eingesehen werden.

Feuchtelasten müssen in jedem Fall verhindert werden. Dafür kann es auch notwendig sein, auf eine adäquate Wärmedämmung zu achten, allein um eine Kondenswasserbildung auszuschließen! Die wichtigsten konstruktiven Anforderungen hinsichtlich einer Systemintegration von Luftfiltern sind folgende:

- Es dürfen nur geschlossenporige Dichtungsprofile verwendet werden, deren dauerhafte Befestigung sicherzustellen ist.
- Nach der Fertigstellung der Filterintegration und Installation des Gesamtsystems dürfen keinerlei Verschmutzungen am Filter und im Inneren des Luftkanals verbleiben.
- Die Reinhaltung des Luftfilters und des Luftkanals ist dauerhaft sicherzustellen.
- Die Filterkassette, der Aufbau der Filterstrecke und die Integration müssen beschädigungsfrei montiert werden und eine ebenso einfache wie beschädigungsfreie Wartung ermöglichen.
- Ein beschädigungsfreier Dichtsitz des Luftfilters oder der Luftfilter muss dauerhaft während der gesamten Betriebszeit sichergestellt sein.
- Die Luftfiltermaterialien sowie die Rahmenkonstruktion der Filter müssen den mechanischen Beanspruchungen in sämtlichen Betriebsphasen gerecht werden und dauerhaft dicht bleiben und es darf zu keinerlei Beeinträchtigungen des Dichtsitzes kommen.
- Das Auswechseln des Luftfilters muss immer staubluftseitig erfolgen. Dabei muss jeglicher Einfluss auf die staubfreie Seite ausgeschlossen sein.
- Die Filterkassetten bzw. Filterkammern müssen so angeordnet sein, dass sie jederzeit gut einsehbar und leicht erreichbar sind.
- Es darf zu keinerlei flächigem Kontakt zum Boden der Filterkammer kommen sowie zu anderen luftberührten Teilen und Flächen.

- Es muss der Nenn-Luftvolumenstrom der Anlage gut sichtbar und dauerhaft außen an der Filterkassette angegeben werden. Ebenso die Anzahl der Filterstufen sowie die Filterklasse und die Maße des bzw. der Filter.
- Filterwechsel und Routinekontrollen müssen ebenso gut sichtbar auf der Filterkassette vermerkt werden.
- Eine Befeuchtung des Luftfilters bzw. der Luftfilter ist in jedem Fall zu vermeiden und zu unterlassen.

### 5.2.5 Lüftungsanlagen für Allergiker

Zweifellos bieten Lüftungssysteme mit entsprechender Filtertechnik hervorragende Möglichkeiten für Allergiker. Allerdings ist es im Falle von Allergenen mit einem geeigneten Lüftungssystem nicht getan. Und es wäre unklug zu glauben, ein Zuluftkanal mit HEPA-Filter löst alle Probleme.

Allergene bestehen nicht nur aus Pollen, Blüten, Gräsern und anderen biogenen Stoffen. Diese Partikel dienen gleichsam auch als Träger anderer Feinstoffe, die sich in der Außenluft ansammeln (z. B. Ruß in Städten). Erfahrungsgemäß verhält sich der für den Allergiker wirksame Pollenflug in Städten anders als auf dem Lande. Während dort der Pollenflug bereits in den frühen Morgenstunden eintritt, ist es in der Stadt vielmehr später Nachmittag, wenn die stärkste Belastung zu erwarten ist. Bei einem Lüftungssystem für Allergiker empfiehlt es sich, die Steuerungstechnik diesen speziellen Nutzeranforderungen anzupassen, was beispielsweise auch die Tageszeiten im Sinne eines Zeitprogrammes einschließt oder eben die Nutzung reiner Luft nach einem Regenschauer. Dementsprechend hat es unter Umständen Sinn, die Steuerung mit einem Regensensor auszustatten, um hernach mit einem erhöhten bzw. maximalen Volumenstrom den oft geforderten doppelten Luftwechsel realisieren zu können.

Aber wie verhält es sich mit den Belastungen, die nicht über den Luftwechsel im umbauten Raum erfolgen, sondern über den Polleneintrag beispielsweise über die Kleidung. In diesem Fall ist zu berücksichtigen, eine entsprechende „Schleuse" in der Form zu integrieren, dass potenziell belastete Kleidungsstücke nicht in die Schlafbereiche gebracht werden. Aber nicht alle Allergene kommen durch die Außenluft oder durch Kleidung ins Haus, sondern sie befinden sich längst schon im Haus (Haustiere) oder entstehen im Haushalt, bevor sie wirken.

Allergiegerechtes Bauen lässt sich also allein mit lüftungstechnischen Maßnahmen beileibe nicht erschöpfend behandeln, wenn auch eine zielgerichtete Lüftungstechnik einen nicht unwesentlichen Teil dazu beitragen kann. Ebenso wichtig ist es, ein Auge auf die thermodynamischen Prozesse im umbauten Raum (z. B. Staubverwirbelungen durch Konvektion, „Kälteseen", Raumluftwalzen) zu richten, was wir im Bereich WÄRME tun. Dort kommt das Thema Allergie ebenfalls zur Sprache.

### 5.2.6 Wartung und Reinigung von Filteranlagen

Keineswegs ist es allein damit getan, einen oder mehrere Filter in das Lüftungssystem zu integrieren. Wenn diese nicht gewartet und gereinigt bzw. ausgetauscht werden, kann die ursprüngliche Absicht in das krasse Gegenteil umschlagen und das, was man vermeiden wollte, um ein Vielfaches erhöhen: negative Belastung der Raumluftqualität aufgrund reduzierter und verminderter Filterleistung, erhöhter Energiebedarf aufgrund des erhöhten Widerstands, Verkeimung, bakterieller Befall und Ansättigung der Zuluft und vieles mehr.

Sämtliche durchströmten Bauteile eines Luftdurchlasses (das betrifft nicht nur Luftkanäle, sondern auch ALDs und Fensterrahmen- bzw. Fensterfalzventile) müssen zugänglich, leicht zu reinigen oder austauschbar sein. Luftdurchlässe und Luftkanäle müssen für Reinigungszwecke den Zugang zum Luftleitungsnetz ermöglichen, sofern keine Revisionsöffnungen in unmittelbarer Nähe der Luftdurchlässe vorgesehen sind. Diverse Abdeckungen oder Umbauungen müssen jederzeit leicht demontierbar sei, um an die jeweiligen Lüftungskomponenten heranzukommen.

Im wahrsten Sinne des Wortes sind die verschiedenen Filter der Haustechnik regelmäßig im Auge zu behalten unter Beachtung der entsprechenden VDI-Richtlinien und Empfehlungen und den daraus resultierenden objektspezifischen Pflichtenheften. Erfahrungsgemäß sind die Belastungen der Außenluft durchaus unterschiedlich und lassen kaum eine strikte Festlegung von Wartungszyklen zu.

### 5.2.7 Reinigung von Luftkanälen und deren Komponenten

Um für den Fall der Fälle eine Reinigung von Lüftungskanälen zu ermöglichen, ist es sinnvoll, sogenannte Revisionseinheiten vorzusehen. Natürlich können auch diverse Luftkanalventile als solche betrachtet werden, da sie leicht herausnehmbar sind. Es ist aber darauf zu achten, dass dabei nicht die Festeinstellung des Ventils verändert wird.

Oft werden die Ventile ohnehin im Rahmen der Haushaltsreinigung gewischt, dabei kann das Ventil natürlich auch entnommen werden. In Abluftkanälen kann bereits nach dem Abluftventil ein Einsteckfilter in den Lüftungskanal eingebracht werden, um eine Verschmutzung des Abluftkanals zu vermeiden. Das ergibt durchaus Sinn, wenn erhöhte grobstoffliche Belastungen (z. B. Hausstaub, Tierhaare) vorliegen.

Wärmeübertrager oder schlicht auch die Ventilatoren und andere Komponenten der Lüftungsanlage müssen immer mindestens durch einen Grobfilter geschützt werden. Davon profitiert natürlich das gesamte System.

Bei Verdachtsmomenten kann auch eine kamerageführte Inspektion von Luftkanalführungen erfolgen sowie eine Beprobung vorgenommen werden. In der Zukunft wird sich hier ein sehr konkretes und durchaus komplexes Betätigungsfeld für Baubiologen und Hygieniker ergeben. In jedem Fall sollte eine Reinigung/Sanierung einer raumlufttechnischen Anlage (ob nach einem Befund oder zur Vorsorge) von einem entsprechend qualifizierten Baubiologen begleitet werden.

## 5.3 Komponenten von Lüftungssystemen und raumlufttechnischen Anlagen

Bei sämtlichen Lüftungssystemen gilt grundsätzlich, dass auf einen optimalen Luftaustausch im gesamten Nutzungsbereich zu achten ist, um auszuschließen, dass in manchen Bereichen gar kein Luftwechsel stattfindet. Die Lüftungsleitungen sind luftdicht und standfest zu installieren. Körperschallübertragung und Infraschallbelastungen durch diverse Komponenten sind zu vermeiden. Dies gilt insbesondere dann zu berücksichtigen, wenn das Lüftungsgerät wohnungszentral positioniert ist, um die Luftkanalführungen zu optimieren. Die Positionierung der Ventile, Luftauslässe, AbLDs und ALDs sowie der ÜLDs bildet eine entscheidende Grundlage, um einen optimalen und umfassenden Luftaustausch sicherzustellen. Wichtig ist zudem die Gewährleistung von Überströmbereichen, die sicherstellen, dass sich die Luft von den Zuluftbereichen in die Abluftbereiche mittels Überström-Luftdurchlässen (ÜLD) ungehindert bewegen kann. Besonders bei Lüftungskanalsystemen ist auf Brand- und Schallschutz zu achten. Die schalltechnischen Kennwerte für Ventilatoren in Lüftungsanlagen und für Lüftungsgeräte (Schallleistungspegel) sind den Produktangaben des jeweiligen Herstellers nach DIN 4719 zu entnehmen. ALDs und AbLDs sind mit Schallschluckpackungen, Wärmedämmung und Sturmsicherung auszustatten und stets fachgerecht, sorgsam und luftdicht zu installieren.

### 5.3.1 Rohrmaterialien, Formstücke, Verbindungen und Befestigung

Grundsätzlich gilt auch hier, auf eine Materialreinheit nach baubiologischen Kriterien zu achten und ausschließlich systemgerechte Formstücke zu verwenden. Die Verbindungen müssen immer luftdicht hergestellt werden. Dabei ist es wichtig, einen einfachen Rückbau zu ermöglichen und auf zusätzliche Abdichtungen, welche Giftstoffe ausdünsten, zu verzichten. Ein wichtiger Aspekt ist die fachgerechte Befestigung, insbesondere von Einbaukomponenten und Formstücken sowie Haltevorrichtungen für Geräte und Komponenten. Ganz besonders flexible Luftkanalleitungen müssen befestigt werden, um nicht nur diese Rohrlängen zu fixieren, sondern auch um eine Reinigung zu ermöglichen.

Alternativen zu den herkömmlichen Gummieinlagen in Rohrschellen zur Körperschallentkopplung sind im baubiologischen Sinne z. B. Matten aus Kokosfasern, die nicht nur hundertprozentig wiederverwertbar oder kompostierbar sind, sondern zudem keinerlei Schadstoffe emittieren. Matten aus Kokosfasern sind in verschiedenen Stärken ab 10 mm erhältlich und können auf das benötigte Maß geschnitten werden.

**Abb. L 5.3:** Lüftungskanal aus Wickelfalzrohr innerhalb einer Installationsebene (während der Montage). Wichtig ist es, die luftführenden Leitungen im Laufe der Montage- und Bauphase vor Verschmutzungen zu schützen. (Quelle: Frank Hartmann)

### 5.3.2 Schalldämpfer (Telefonie-, Geräte- und Körperschall)

Die wichtigsten Schallrisiken in raumlufttechnischen Anlagen sind:

- Körperschall – Schall, der von Komponenten auf das Bauwerk übertragen wird,
- Telefonieschall – Schall (Geräusche, Gespräche der Bewohner usw.), der innerhalb der Wohn- oder Nutzeinheit wie durch eine Haustelefonanlage verteilt wird,
- Geräteschall – Schall, der von Geräten (Ventilatoren) oder anderen Komponenten über den Luftkanal im Gebäude verteilt wird,
- Infraschall – Schall, der dem Körperschall am nähsten ist, sich aber viel diffiziler äußert und nicht zuletzt durch die subjektive Wahrnehmung des Bewohners/Nutzers maßgeblich geprägt wird, dennoch aber real ist und von Geräten (Ventilatoren) und anderen Komponenten über den Luftkanal im Gebäude verteilt wird.

Besonders bei Ventilatoren oder rotierenden Aggregaten ist eine Körperschallentkopplung wichtig, die sich mithilfe von Montagesystemen realisieren lässt. Dies erfolgt aber beileibe nicht allein durch den Einbau von Schalldämpfern, sondern verlangt umso mehr eine umfassende körperschall-entkoppelte Installation, insbesondere für Einrichtungen der Befestigungstechnik.

Der Einbau eines Schalldämpfers in ungefilterten Bereichen ist zu vermeiden. Hinsichtlich der Feuchte (Wasserdampfgehalt) im Außenluftbereich gelten die gleichen Anforderungen wie für Luftfilter. Schalldämpfer dürfen fraglos nicht unmittelbar nach Kühlern bzw. Wärmeübertragern mit Entfeuchtung eingebaut werden. Sämtliche Schalldämpfer müssen mit geschlossenporigen Materialien ausgeführt sein und sind im Rahmen der Abnahme vollständig auf Unversehrtheit zu prüfen und ggf. auszutauschen.

### 5.3.3 Wärmeschutz von Luftkanälen

Als Wärmeschutzmaterialien von Luftkanälen und deren Komponenten sind ausschließlich geschlossenporige diffusionsdichte Materialien zu verwenden. Wichtig ist, dass sämtliche Stöße dicht verklebt werden. Hinsichtlich des Klebers ist darauf zu achten, dass dieser keine Giftstoffe an den Raum abgibt, was eine große Herausforderung darstellt, da die Industrie dieses Problem noch nicht ernsthaft behandelt. Eine Alternative zu giftigen Klebern sind Alu-Klebebänder, die eine maximale Diffusionsdichtigkeit gewährleisten, obgleich sie einen hohen Primärenergieaufwand einfordern.

Hinsichtlich des Wärmeschutzes von Luftführungen stellen besonders die Außenluft-Ansaugung und die Fortluftführung einen sehr labilen Bereich dar, da beide Luftführungen im direkten Kontakt einerseits mit dem Inneren des Raumes als auch mit der Außenluft stehen und an diesen Stellen sehr große Temperaturdifferenzen entstehen können, welche wiederum sehr schnell eine Taupunktunterschreitung mit entsprechendem Tauwasserausfall zur Folge haben können.

Aber auch bei Luftkanalführungen in anderen Bereichen, beispielsweise in unterschiedlich temperierten Räumen, besteht die Gefahr von Taupunktunterschreitungen und sie müssen entsprechend gedämmt werden.

Abb. L 5.4: Diese Abbildung zeigt die Wärmedämmung jener Luftkanalführungen zum Lüftungsgerät, welche in Kontakt mit der Außenluft stehen und deren Leitungsführung die thermische Hülle durchstößt. Aus diesem Grund ist eine besonders sorgfältige Dämmung dieser Luftkanäle herzustellen, um die Bildung von Kondenswasser zu unterbinden. (Quelle: Frank Hartmann)

### 5.3.4 Sicheres Abführen von Kondensat

Auch wenn sämtliche Komponenten, bei denen Kondensat ansteht, über ausreichende Kondensatwannen (Kondensatauffangbehälter) verfügen, sollte dennoch eine Ansammlung von Kondenswasser in jedem Fall verhindert werden. Ein Kondensatabfluss ist immer sicherzustellen und regelmäßig auf Funktion zu prüfen. Obgleich sich aus der baubiologischen Praxis die größten Kondensatfallen in Kühl- und Gefriergeräten befinden, sind es in der Haustechnik vor allem folgende Bauteile und Komponenten:

- luftgeführte Wärmepumpenaggregate,
- Wärmeübertrager (Luft-Luft und Luft-Wasser),
- Filterkassetten und Filtereinschübe.

Mitnichten ist für eine Kondensatabfuhr ein Kanalsystem notwendig, ein Abflusssystem reicht bereits aus. Über eine Sammelleitung lässt sich jegliches Kondensat in den gebäudenahen Untergrund zur Versickerung oder Verdunstung führen. Ein Geruchsverschluss verhindert mittels Siphonfunktion Geruchsbelästigungen und Zuglufterscheinungen. Allerdings muss dieser regelmäßig geprüft werden, damit er nicht austrocknet.

## 5.4 Zentrale Staubsaugeanlagen

Stäube sind in einem Gebäude nie gänzlich zu vermeiden. Aus diesem Grund ist eine Staubreinigung in Abständen notwendig. Mindeststandard für die dauerhafte Reinhaltung der Raumluftqualität ist ein Staubsauger mit HEPA-Filter, was nicht nur Allergikern entgegenkommt, sondern der Raumlufthygiene überhaupt. Eine weitaus effektivere und auch anwendungsfreundlichere Variante ist die Integration einer zentralen Staubsaugeanlage in das Gebäude. Der entscheidende Vorteil dieser Anlage ist, dass sich der Staub-Sammelbehälter mit integriertem Filter außerhalb des unmittelbaren Wohnraums in einem untergeordneten Raum befindet. Von dort aus wird die abgesaugte Luft über einen „Fortluftstutzen" direkt nach außen geführt.

Hinweis: Die Staubluftleitung einer zentralen Staubsaugeanlage darf in keinster Weise mit einer Lüftungsanlage verbunden werden!

**Abb. L 5.5:** Eine zentrale Staubsaugeanlage ermöglicht eine Vermeidung von Staubbelastungen im Wohnraum während des Saugens und bietet darüber hinaus auch Komfort (Quelle: Frank Hartmann)

### 5.4.1 Komponenten einer zentralen Staubsaugeanlage

Die Bestandteile einer zentralen Staubsaugeanlage sind:

- Saugrohr mit Teleskop-Saugschlauch und entsprechenden Aufsätzen,
- Anschluss-Steckdosen für Teleskop-Saugschlauch (mit Kontaktschalter für Saugmotor),
- Saugluftleitung inkl. Formstücken zum Staubbehälter,
- Staubbehälter (Zentralgerät) mit integriertem Saugmotor und auswechselbaren bzw. waschbaren Filtern und Staubbeutel inkl. Wandbefestigung und Anschlussleitung mit Stecker (230 V/50 Hz),
- Leitung zur Saugluftfortführung aus dem Gebäude mit Außenwanddurchführung und Wetter-Schutzgitter.

Eine zentrale Staubsaugeanlage weist je nach Hersteller eine hohe Ausstattungsvielfalt auf. Das Saugrohr kann mit verschiedenen Aufsätzen analog zu herkömmlichen Staubsaugern ausgestattet werden. Am Saugrohr mit Handgriff und Betätigungsschalter befindet sich ein Teleskopsaugrohr, welches bis zu einer Länge von 12 m ausgezogen werden kann. An dessen Ende befindet sich ein Einsteckstutzen, der an die Anschlussdose der Saugluftleitung eingesteckt wird. Dabei wird ein Kontakt geschlossen, der den Saugmotor in Betrieb setzt.

### 5.4.2 Planung einer zentralen Staubsaugeanlage

Die Planung einer zentralen Staubsaugeanlage beginnt mit der Festlegung der Anschluss-Steckdosen in UP-Ausführung an der Wand in einer Höhe von 20 bis 30 cm vom Fußboden. Entsprechend des Grundrisses ist es hilfreich, eine Schnur maßstabsgerecht auf Länge des Teleskop-Saugschlauches anzufertigen und damit zu prüfen, ob man von der Anschluss-Steckdose in alle Ecken der Räume gelangt. Im Idealfall genügt eine Anschluss-Steckdose pro Geschoss, maximal werden zwei notwendig sein. Für die Küche bieten viele Hersteller eine Sockelleisten-Saugdose an, die man mit dem Fuß öffnet, dadurch den Saugkontakt schließt und den an diese Stelle mit einem Besen hingekehrten Schmutz einsaugt. Ebenso kann in der Garage eine Saugdose installiert werden für die Reinigung eines Autos.

Sämtliche Anschluss-Steckdosen werden zu einer Sammelleitung zusammengeführt, die auf direktem Weg zum Zentralgerät geführt werden. Bei der Installation ist auf die Körperschallübertragung zu achten. Der Anschluss am Zentralgerät sollte dementsprechend auch mit einem Schalldämpfer ausgestattet werden. Ebenso ist bei der Montage bzw. Befestigung des Zentralgerätes auf eine Körperschallentkopplung zu achten, um zu vermeiden, dass Vibrationsgeräusche des Saugemotors auf Bauteile des Gebäudes übertragen werden.

Hinweis: Bei den Filtersäcken im Zentralgerät sollte darauf geachtet werden, ein hochwertiges, mehrfach verwendbares Material zu verwenden, um übermäßigen Abfall zu vermeiden. Besonders geeignet sind Staubfiltersäcke, die gewaschen werden können.

## 5.5 Abnahme und Inbetriebnahme von Lüftungssystemen

Der Inbetriebnahme muss stets eine Abnahme vorausgehen. Diese kann sinnvollerweise unmittelbar vor der Inbetriebnahme stattfinden, wenn davon auszugehen ist, dass die Inbetriebnahme erfolgen kann.

Folgende Personen sind bei einer Abnahme und Inbetriebnahme einzubeziehen:

- Anlagenerbauer (Installateur),
- Anlagenplaner (Baubiologischer Haustechniker),
- Anlagenbetreiber (Bauherr).

Eine Abnahme wird stets dokumentiert und das Papier dem Bauherrn ausgehändigt. Die Abnahme stellt fest, ob die Anlage nach der Konzeptplanung erfolgt ist und prüft verschiedene Detailausführungen. Wichtige Aspekte der Abnahme sind:

- allgemein fachgerechte Installation nach Regeln der Technik,
- hygienegerechte Installation und Reinheit des Lüftungssystems,
- Funktionsprüfung zur geplanten Betriebsweise,
- erfolgreiche Vorbereitungen zur Inbetriebnahme.

Die Inbetriebnahme muss ebenfalls dokumentiert werden und sollte auch immer unmittelbar eine Betreibereinweisung enthalten. Eine Inbetriebnahme beinhaltet immer eine Funktionsprüfung, bei der auch regelungstechnische Einstellungen vorgenommen werden. Aus diesem Grunde kann es zielführend sein (z. B. bei komplexeren Anlagen), den Werkskundendienst des Herstellers miteinzubeziehen. Dies ist umso interessanter, da viele Hersteller nach Inbetriebnahme durch den Werkskundendienst eine Gewährleistungsverlängerung einräumen.

Grundsätzlich gilt es, nach der Fertigstellung der Installationsarbeiten (als Vorbereitung zur Abnahme und Inbetriebnahme) darauf zu achten, dass

- vor dem ersten Einschalten des Ventilators sämtliche vom Luftstrom berührten Teile sauber bzw. gereinigt sind. Hinsichtlich einer Endreinigung ist besonders auf die Rückstände aus der Installation und Herstellung zu achten.
- der Baufortschritt eine Inbetriebnahme der Anlage zulässt, d. h., die Räume müssen staubfrei sein!
- keine Inbetriebnahme ohne bestimmungsgemäße Luftfilter erfolgt.
- eine Inbetriebnahme immer erst nach Prüfung bzw. Abnahme der errichteten Anlage erfolgt und dokumentiert wird.

Im Rahmen der Betreibereinweisung ist auf Wartungs- und Reinigungsintervalle hinzuweisen. Bestandteile der Betreibereinweisung sind:

- Erläuterung der Betriebsweise und Antworten auf Fragen des Betreibers,
- Aushändigung der technischen Dokumentation (Bedienungsanleitung usw.),
- Festlegen der Wartungsleistungen und Zuordnung.

# TEIL 3: WASSER

## 1 Das Wasser als Informations- und Energieträger

Wasser ist ein wesentlicher Bestandteil unseres Planeten, gleichsam elementar wie geheimnisvoll. Betrachtet man unseren Planeten aus der Entfernung des Alls, erscheint er als blaue Kugel. Demzufolge könnte der Planet, auf dem wir leben, auch Wasser heißen und nicht Erde. 97 % des Wassers ist Meerwasser mit hohem Salzanteil. Der geringste Teil ist Süßwasser, der meiste Teil davon gefrorenes Wasser im Norden und Süden unseres Planeten. Selbst der Mensch besteht zu seinen größten Teilen aus Wasser, obgleich er eher das Trockene sucht als das Feuchte, ohne das er nicht leben kann.

### 1.1 Wasser und Mensch

Ein erwachsener Mensch besteht zu etwa drei Vierteln aus Wasser. Dieser Wassergehalt wird peinlichst genau konstant gehalten. Nur eine im Verhältnis unwesentliche Toleranz des Wassergehalts (+/–150 ml) markiert unsere enge Wechselbeziehung zu diesem Element. Wasserverluste, die durch Verdunstung und Reinigung (Harnfluss) entstehen, müssen durch Zufuhr ausgeglichen werden, was einer täglichen Wasseraufnahme von 2 bis 3 Litern entspricht. Gerne kann es auch mehr sein, denn Wasser muss fließen, dies gilt auch in unserem Körper. Dennoch ist der Mensch ständig um (äußerliche) Trockenheit bemüht. Eine dauerhaft feuchte Umgebung untergräbt die Gesundheit. Nichts anderes passiert in unseren Häusern: Feuchtigkeit in und an den Wänden zerstört die Substanz.

### 1.2 Das Wasser unserer Umgebung

Selbst wenn weit und breit kein Wasser zu sehen ist, ist es in unserer Klimazone dennoch vorhanden – getragen in der Lithosphäre als Grundwasser und Schichtenwasser. Allein der Wasserspiegel des Untergrunds entscheidet, ob der Grund bebaubar ist und wie. Prähistorisch waren es die Pfahlbauten, die als archetypische Bauweise galten und beileibe nicht in Ufernähe ihren Ursprung haben. Vielmehr war es wohl die Skepsis vor der feuchten Erde, auf die man sich nicht betten mochte. Der Baugrund muss für den Hausbau wasserseitig, d. h. feuchtetechnisch geeignet sein. Es erweist sich am Ende als unklug zu glauben, mit weißen Wannen die Natur überlisten und die Störung unwirksam machen zu können. „Wasser lässt sich nicht aufhalten, sondern nur leiten" – wie ein alter Spenglermeister dem Autor einmal sagte.

Das Wasser zu stören, erweist sich stets als irritierend und manchmal verheerend. Das Mindeste ist, einen fairen Pakt zu schließen und das Wasser, so es denn da ist oder bisweilen kommt, umzuleiten und ihm eine Alternative zu bieten. Und dabei sollte man keine Mühen scheuen: ausheben, trockenlegen, umleiten, Drainagen und Schotter anlegen, um es dem Lauf des Wassers genehm zu machen. Ob dieser Aufwand lohnt oder eher gegen den Hausbau spricht, sollte man klug und selbstverantwortlich für sich entscheiden.

Auch ohne Keller droht uns die Feuchtigkeit in den Bau zu gelangen und diese Bedrohung nennt sich „aufsteigende Feuchte". Wichtig ist, die Entstehung zu betrachten. Man kann das Aufsteigen in der Tat erschweren: mit kapillarbrechenden Schichten aus mineralischen Baustoffen, z. B. Glasschaumschotter, der zudem durch seine hohe Porosität eine sehr niedrige Wärmeleitzahl aufweist, vollkommen wiederverwertbar ist und sich hervorragend gleichermaßen als Wärmedämmstoff und Bauwerksgrund verwenden lässt.

Auch gebäudenahe Versickerungen in Kombinationen mit offenen Wasserflächen für einen Feuchteausgleich bieten sich an, wenn der Wasserdampfdruck so groß wird, dass Feuchte aufsteigen möchte. Vorteilhaft auch für das Mikroklima.

Grundlegend gilt: Das Haus muss trocken sein.

## 1.3 Wasser im Mikroklima und nachhaltige Aquakultur

Offene Wasserflächen bilden in jeder Form Potenzial einer nachhaltigen Aquakultur, ob als Kleinstbiotop, als Sicker- oder Badeteich. Durch die Verdunstung im Sommer wird Kälte freigesetzt; wird die Wasserfläche noch von einem Obst- oder Laubbaum begrenzt, ergeben sich klimatisch äußerst angenehme Örtchen in der unmittelbaren Umgebung des Hauses, selbst bei brütender Hitze im Sommer.

Dachbegrünungen wirken als Regenrückhaltung dadurch, dass der Regenfluss in den Untergrund zeitverzögert wird und somit die Spitzenlasten ausgeglichen werden können. Somit verteilt sich das Wasser gleichmäßig im Untergrund und der natürliche Wasserhaushalt wird zumindest auf dem eigenen Grund und Boden im Gleichgewicht gehalten.

## 1.4 Wasser zur Nutzung von Umweltwärme

Neben dem Lebensmittel Trinkwasser ist das Grundwasser auch eine Wärmequelle. Ab einer Tiefe von etwa 15 m beginnt die neutrale Zone und der Wärmestrom aus dem Inneren der Erde hält die Temperatur annähernd konstant. In einer Tiefe von 10 m kann schon von einer Grundwassertemperatur von 8 bis 12 °C ausgegangen werden. Im Winter etwas weniger (da die Wärmeverluste über die Lithosphäre höher sind), im Sommer etwas mehr. Die Trinkwasserverordnung definiert Trinkwasser in genau diesem Temperaturbereich. Grundwasser mithilfe einer Wärmepumpe als Wärmequelle zu nutzen, bedeutet aber auch, in die natürliche Ordnung einzugreifen. Inwieweit wir die natürliche Ordnung stören, liegt also allein in unserer Hand.

Als unnatürliche Wärmequelle bietet das Abwasser einiges Potenzial. Nutzungsmöglichkeiten ergeben sich insbesondere im Städtebau und in dezentralisierten Siedlungsgebieten, sowohl als nachhaltige dezentrale Wärmenetze als auch als dezentrale Wärmequelle für einzelne Gebäude und deren haustechnischer Ausstattung, bis hin zur systemischen Mehrfachnutzung dieser Ressource – im Einklang mit dem natürlichen Wasserkreislauf.

## 1.5 Wasserhaushalt und natürliche Ordnung des Wassers

Das Wasser im Untergrund steht natürlich in engem Zusammenhang mit dem Niederschlagswasser (Regen, Schnee, Nebel, Tau). Zusätzlich verdunstet Wasser an der Oberfläche der Erde, sowohl aus dem Untergrund als auch direkt aus der offenen Wasserfläche. Es besteht also ein Kreislauf. Was wir derzeit tun, ist nicht nur massiv in diesen Kreislauf einzugreifen mit unzähligen Versiegelungsflächen, sondern wir stehlen auch den Niederschlag, der naturgemäß für die Erde bestimmt ist, und pressen ihn in umfassende Infrastrukturen (Kanalsysteme). Die Natur wird es zweifelsfrei verkraften können, wenn wir uns etwas Regenwasser als Betriebswasser abzwacken, aber dennoch müssen wir sorgsam damit umgehen –auch wenn es nichts kostet – und den Rest geflissentlich in den Untergrund verteilen, wo er hingehört. Kapitel 3 greift diesen Gedanken auf und beschreibt verschiedene Möglichkeiten einer nachhaltigen Regenwasserbewirtschaftung.

# 2 Wasser in der Gebäudetechnik

Wasser ist ein entscheidender Bestandteil nicht nur in der Herstellung und Modernisierung von Gebäuden, sondern genauso umfassend beim Betrieb während der gesamten Nutzungszeit (Lebenszyklus). Gleichzeitig steht außer Frage, dass der nachhaltige Umgang mit dieser so elementaren Ressource aus ökologischen und ökonomischen Gründen unumkehrbar notwendig ist. Dabei gilt aus baubiologischer Sicht, die natürliche Ordnung des Wasserhaushalts aufrecht zu erhalten und sie durch Eingriffe so wenig wie möglich zu stören.

## 2.1 Gebäudetechnische Differenzierung des Wassers

Die Gebäudetechnik, insbesondere die Sanitärtechnik, bietet dank fortlaufender Innovationen einige Möglichkeiten für einen nachhaltigen Umgang mit Wasser. Je nach Nutzung eines Gebäudes gilt es, den Bedarf an Wasser genau zu differenzieren. Folgende Unterteilung des Wassergebrauchs gilt beispielhaft für ein Wohnhaus:

- Wasser als **Lebensmittel** (Nahrungszubereitung, Kochen),
- Wasser zur **Körperreinigung** (Duschen, Baden, Waschen),
- Wasser als **Betriebsmedium** (WC-Spülung, Reinigungswasser, Heizungswasser).

Tabelle WS 2.1 beruht auf einem gemittelten Nutzerprofil eines Haushalts mit vier Personen in einem Einfamilienhaus mittlerer Größe als definierter Mindeststandard. Wohl wissend, dass der durchschnittliche Wasserbedarf im Haushalt pro Person in der Literatur mit weit mehr als 100 Litern veranschlagt wird, soll dieses Beispiel umso mehr die Verhältnismäßigkeiten und Nutzungsarten darstellen.

**Tabelle WS 2.1:** Übersicht eines statistischen Wasserdurchsatzes in einem durchschnittlichen Einfamilienhaus, wie sie im Forum Wohnenergie zwischen 2009 und 2011 entwickelt wurde (Quelle: Forum Wohnenergie)
Die Angaben sind auf 1 Jahr bezogen überschlägig als Mindeststandard ermittelt.

| Anforderungsprofil/Bedarf | Menge in l | Erläuterung |
|---|---|---|
| Wasser als Lebensmittel | 2628 | restloser Verbrauch durch innere Anwendung und Verdunstung |
| Wasser zur Körperreinigung | 30 243 | Schmutzwasser mit geringer Belastung – Abwasser-recycling |
| Wasser zur Reinigung (Haushalt, Geschirr usw.) | 31 800 | Schmutzwasser mit mittlerer Belastung – Abwasser-recycling |
| Wasser für Toilettenspülung | 26 280 | Schmutzwasser mit hoher Belastung – Kanalisation/ Klärung |
| **Gesamtwassermenge** | **90 951** | **Mindeststandard für einen 4-Personen-Haushalt (EFH)** |

| Anforderungsprofil/Bedarf | Menge in l | Erläuterung |
|---|---|---|
| Tageswassermenge | 249 | haushaltsbezogen |
| Gesamtwassermenge pro Person | 22 738 | ökologischer Fußabdruck |
| Tageswassermenge pro Person | 62 | personenbezogen |
| Entwässerungsbedarf | 88 323 | gebäudeinterne Entwässerungslast |
| Entwässerung von Versiegelungsflächen | 200 000 | bestehend aus Dachfläche und gebäudenaher Nutzfläche |
| **Gesamtentwässerungsbedarf** | **288 323** | **gebäudespezifische Gesamtlast der Entwässerung** |
| Potenzial an Niederschlagswasser | 70 000 | niederschlagsschwaches Gebiet! |
| Potenzial an Grauwasser | 30 243 | Deckt bereits den Bedarf der Toilettenspülung. |
| **Gesamtpotenzial an Betriebswasser** | **100 243** | |
| Bereinigter Wasserbedarf | 64 671 | Einsparpotenzial Wasser |
| **Reduzierter Wasserbedarf** | **26 280** | **tatsächlicher Bedarf an Wasser** |
| Bereinigter Entwässerungsbedarf | 62 043 | Einsparpotenzial Entwässerung |
| **Reduzierter Entwässerungsbedarf** | **26 280** | **tatsächliche Notwendigkeit einer Entwässerung/ Klärung** |

Der aus dem Gesamt-Wasserbedarf resultierende Entwässerungsbedarf beträgt allerdings immer noch fast 90 m³. Diese Wassermenge setzt sich aber aus mehreren unterschiedlichen Anforderungstypologien zusammen, die bislang wenig differenziert wurden. Denn der direkte Verbrauch als Lebensmittel zur inneren Anwendung (Trinken, Kochen, Verdunstung, Mundreinigung) ist der geringste Anteil und beträgt deutlich weniger als 5 %. Der Löwenanteil aber, um nicht zusagen fast alles, fließt als ursprüngliches Trinkwasser mit maximalen Hygienequalitätsanforderungen direkt in die Kanalisation bis zum Klärwerk und von dort über Vorfluter wieder in den natürlichen Kreislauf über Seen und Flüsse ins Grundwasser.

Und unentwegt schöpft man im Umgang mit Wasser aus dem Vollen, ohne die Bedarfs- und somit Qualitätsanforderungen differenziert zu unterscheiden. Allein die Tatsache des Händewaschens lässt aus hochwertigem Trinkwasser im sprichwörtlich fließenden Übergang Abwasser entstehen, das es sogleich gewöhnlich über Kanalsysteme zu entsorgen gilt.

### 2.1.1 Wasser verändert sich

Wasser ist ein komplexes Gebilde und wird innerhalb von Gebäudesystemen insbesondere in der Haustechnik verändert. Ob dies die Leitungssysteme für Trinkwasser, Betriebswasser und Entwässerung sind oder die Entwässerung von Dachflächen und versiegelten Freiflächen. Allein die Unterscheidung von Abwassertemperaturen und die im Abwasser enthaltenen Wärmemengen fordern eine genauere Betrachtung, ebenso wie die Unterscheidung von Schmutzwasser nach seinen grob- und feinstofflichen Inhaltsstoffen und deren Zusammensetzungen. Die passive und aktive Behandlung des Wassers beeinflusst dieses nachhaltig. Diese Veränderungen haben entsprechend große Auswirkungen auf das Gesamtsystem unserer Biosphäre durch den natürlichen Wasserkreislauf. Das Spektrum reicht vom quellenden Bergbach unserer Ahnen bis zum Sondermülltümpel nachfolgender Generationen.

### 2.1.2 Wasser als Lebensmittel (Trinkwasserverordnung)

Unser Trinkwasser, welches gemäß Trinkwasserverordnung einen definierten Mindeststandard an Qualität aufweisen muss, gilt auch rechtlich als Lebensmittel und muss daher wie eine rechtlich verordnete Ware u. a. folgende Kriterien erfüllen:

- frei von Krankheitserregern, Keimen und gesundheitsschädigenden Eigenschaften,
- appetitlich, geschmacksneutral und zum Genuss anregend,
- farb- und geruchslos, geschmacklich einwandfrei,
- Temperatur zwischen 8 und 12 °C,
- in ausreichender Menge und mit genügend Druck (!) zur Verfügung stehend.

Obgleich der Umgang mit Trinkwasser ebenso wie die hygienischen Anforderungen an Trinkwasser durch zahllose Verordnungen, Richtlinien, Gesetze, Empfehlungen usw. geregelt sind, stellt sich für jeden Hausanschluss aufs neue die Frage nach der tatsächlichen Qualität des Trinkwassers, an dessen öffentliches Versorgungsnetz absoluter Anschlusszwang besteht.

Viele Menschen überlegen, ob das eigene Brunnenwasser als Trinkwasser geeignet ist. Dabei geht es ihnen nicht nur um die Kosten der öffentlichen Ver- und Entsorgung, sondern schlicht um die Qualität und die Möglichkeit, selbstbestimmt Verantwortung zu übernehmen. Jüngste Überlegungen zur Privatisierung der Trinkwasserversorgung haben letzteres deutlich verstärkt.

Die Verordnung über die Qualität von Wasser für den menschlichen Gebrauch (Trinkwasserverordnung – TrinkwV 2001) ist nicht viel älter als die Energieeinsparverordnung und gilt in der aktuellen Fassung der Bekanntmachung vom 28. November 2011 (BGBl. I S. 2370).

Sie verfolgt den Zweck, die menschliche Gesundheit von den nachteiligen Einflüssen, die sich aus der Verunreinigung von Wasser ergeben, das für den menschlichen Gebrauch bestimmt ist, durch Gewährleistung seiner Genusstauglichkeit und Reinheit zu schützen. Für diesen Zweck weist die TrinkwV entsprechende Maßgaben aus, im altbekannten Duktus von Richt- und Grenzwerten. Sie gilt gemeinsam mit den DVGW-Arbeitsblättern und dem Standard der Baubiologischen Messtechnik (SBM 2008) sowie den anerkannten Regeln der Technik als Grundlage der Baubiologischen Haustechnik, ohne es jedoch darauf zu reduzieren.

Im Sinne dieser Verordnung ist Trinkwasser für jeden Aggregatszustand des Wassers und ungeachtet dessen, ob es für die Bereitstellung auf Leitungswegen, in Wassertransportfahrzeugen oder verschlossenen Behältern bestimmt ist, als:

„Wasser im ursprünglichen Zustand oder nach Aufbereitung, das zum Trinken, zum Kochen, zur Zubereitung von Speisen und Getränken oder insbesondere zu den folgenden anderen häuslichen Zwecken bestimmt ist, zur:

- Körperpflege und -reinigung des Menschen,
- Reinigung von Gegenständen, die bestimmungsgemäß mit Lebensmitteln in Berührung kommen,

- Reinigung von Gegenständen, die bestimmungsgemäß nicht nur vorrübergehend mit dem menschlichen Körper in Kontakt kommen,

Wasser, das in einem Lebensmittelbetrieb verwendet wird für die Herstellung, Behandlung, Konservierung oder zum Inverkehrbringen von Erzeugnissen oder Substanzen, die für den menschlichen Gebrauch bestimmt sind,..."

Die Verordnung definiert allgemeine, mikrobiologische und chemische Anforderungen, legt Grenzwerte und Indikatoren in einem umfassenden Anhang fest, beschreibt Zuständigkeiten sowie Versorger-, Unternehmer- und Betreiberpflichten. Sie unterscheidet in „Wasserversorgungsanlagen", die öffentlich betrieben werden, sowie gewerblich oder privat betriebene „Hauswasser-Installationen".

Des Weiteren definiert diese Verordnung die Leitungsabschnitte von der Gewinnung über die Versorgung und Hausanschlüsse bis zu den letzten Entnahmestellen von Trinkwasser. An dieser Stelle tritt vor allem auch die Verordnung über Allgemeine Bedingungen für die Versorgung mit Wasser (AVBWasserV) in Erscheinung. Die zuständige Behörde ist das jeweilige Gesundheitsamt der Region. Diesem sind Unregelmäßigkeiten, Abweichungen und Nichterfüllung der Anforderungen unverzüglich zu melden. Sowohl für das Fachhandwerk als auch für Berater besteht bei offensichtlichen und groben Verstößen Melde- und Hinweispflicht.

Trinkwasser wird als Kalt- und Warm-Trinkwasser genutzt. Je nach Trinkwassererwärmung ist mindestens eine Trinkwasserleitung in jedem Haus vorhanden. Bei zentraler Warm-Trinkwasserversorgung sind es mindestens zwei Trinkwasserleitungen. In manchen Fällen auch eine dritte Wasserleitung als Warmwasser-Zirkulationsleitung, worüber im Kapitel 3 mehr zu erfahren ist.

### 2.1.3 Weitere Verordnungen und Gesetze rund um das Wasser

Aufgrund der elementaren Bedeutung der Ressource Wasser ist es notwendig, neben der Trinkwasserverordnung auch folgende Gesetze und Verordnungen zur Kenntnis zu nehmen:

**Gesetze (eine Auswahl)**

- Gesetz zur Ordnung des Wasserhaushalts (Wasserhaushaltsgesetz – WHG) vom 31. Juli 2009
- Gesetz über die Abgaben für das Einleiten von Abwasser in Gewässer (Abwasserabgabengesetz – AbwAG) in der Fassung der Bekanntmachung vom 18. Januar 2005
- Gesetz über Wasser- und Bodenverbände (Wasserverbandsgesetz – WVG) vom12.2.1991
- Bundeswasserstraßengesetz (WaStrG) in der Bekanntmachung vom 23. Mai 2007
- Gesetz über die Umweltverträglichkeit von Wasch- und Reinigungsmitteln (Wasch- und Reinigungsmittelgesetz – WRMG) vom 29. April 2007
- Gesetz über die Sicherstellung von Leistungen auf dem Gebiet der Wasserwirtschaft für den Zweck der Verteidigung (Wassersicherstellungsgesetz) vom 24. August 1965
- Düngegesetz vom 9. Januar 2009
- Gesetz zur Vermeidung und Sanierung von Umweltschäden (Umweltschadensgesetz – UschadG) vom 10. Mai 2007

**Verordnungen (eine Auswahl):**

- Verordnung zum Schutz des Grundwassers (Grundwasserverordnung - GrwV) vom 9. November 2010
- Verordnung zum Schutz der Oberflächengewässer (Oberflächengewässerverordnung - OGewV) vom 20. Juli 2011
- Verordnung über Anforderungen an das Einleiten von Abwasser in Gewässer (Abwasserverordnung - AbwV) vom 17. Juli 2004
- Verordnung über Anlagen zum Umgang mit wassergefährdenden Stoffen vom 31. März 2010
- Verordnung über die Anwendung von Düngemitteln, Bodenhilfsstoffen, Kultursubstraten und Pflanzenhilfsmitteln nach den Grundsätzen der guten fachlichen Praxis beim Düngen (Düngeverordnung - DüV) vom 27. Februar 2007
- Verordnung über Allgemeine Bedingungen für die Versorgung mit Wasser (AVBWasserV)

Allein diese Zusammenstellung gibt einen Einblick, wie wir mit dem elementaren Rohstoff Wasser umgehen. Von den im WHG de facto juristisch versprochenen Fünf-Meter-Freiheitsstreifen neben Fließgewässern sind die meisten Fluren weit entfernt, die in steter Regelmäßigkeit „bereinigt" werden. Ein dringendes Umdenken ist auch hier geboten.

## 2.2 Nutzungsarten von Wasser in der Gebäudetechnik

Nahezu kein Gebäude kommt ohne einen Trinkwasseranschluss aus. Die Trinkwasserversorgung erfolgt in Deutschland zentral über öffentliche Netze. Lediglich weniger als 10 % der Gebäude in Deutschland sind nicht an einer zentralen Versorgung angeschlossen. Mehr als 90 % der Gebäude sind von der öffentlichen Trinkwasserversorgung abhängig.

In unseren Wohn- und Nicht-Wohngebäuden wird Wasser vorwiegend folgendermaßen genutzt:

Trinkwasser

- Trink-Kaltwasser – für Waschtisch, Dusche, Badewanne, Spülbecken
- Trink-Warmwasser – für Waschtisch, Dusche, Badewanne, Spülbecken

Betriebswasser

- Reinigungswasser – für Klosett- und Urinalspülungen, sowie für Putzwasser und Waschmaschinen
- Prozesswasser – für heizungs- und kältetechnische Leitungen als Wärmeträger und Wärmespeichermedium

Abwasser

- Schwarzwasser – fäkalienhaltiges Schmutzwasser aus WC und Urinal (Braun- und Gelbwasser)
- Grauwasser – fäkalienfreies Schmutzwasser aus Badewanne, Dusche und Waschtisch
- Regenwasser – als Niederschlagswasser von Dächern und versiegelten Flächen

Trinkwasser in Lebensmittelqualität brauchen wir lediglich in einer Menge von etwa 5 %, zur Körperpflege etwas mehr. Der größte Teil unseres internen Wasserverbrauchs liegt beim Duschen und Baden mit etwa 30 %. Nur etwas weniger (27 %) macht allein die Toilettenspülung aus.

Wasser wird innerhalb der Systeme eines Gebäudes binnen kürzester Zeit zu Schmutzwasser und als Abwasser entsorgt. Als Abwasser werden die zwei Arten Schmutzwasser und Regenwasser definiert. Das Regenwasser – oder besser gesagt sämtliches Niederschlagswasser – fällt an den Dachflächen und den versiegelten Grundstücksflächen an. Das Schmutzwasser fällt in den Wasser verbrauchenden Einrichtungen im Gebäude an. Das betrifft sämtliche Entwässerungsgegenstände, die für den häuslichen Bereich, dem Reinigen und Waschen sowie dem Stuhlgang dienen (z. B. Dusch- und Badewanne, Waschbecken, Klosetts, Urinale, Spül- und Reinigungsbecken), aber auch mittels Anschlussschläuchen ausgestattete Geräte und Maschinen (z. B. Waschmaschine, Geschirrspülmaschine, haustechnische Geräte, Maschinen und sicherheitstechnische Einrichtungen).

Gewerbliche Entwässerungsgegenstände sind spezielle Bauarten, die in gewerblich genutzten Küchen, Waschräumen, Laboratorien, Krankenhäusern, Hotels, Schwimmbädern usw. installiert sind. In vielen Fällen, je nach Anforderung und Nutzung, sind zusätzliche Einrichtungen, wie Fettabscheider in Großküchen, notwendig. Bodenabläufe sind Entwässerungsgegenstände, die dem Auffangen von Wasser vom Boden dienen.

Sämtliche Entwässerungsgegenstände, die am Abwassersystem angeschlossen sind, beinhalten einen Geruchsverschluss (zumeist im Siphonprinzip), um Ausdünstungen aus dem Kanalsystem in den Wohnraum zu vermeiden. Der Geruchsverschluss erfolgt durch den Wasserstand im Siphon. Wird der Entwässerungsgegenstand aber längere Zeit nicht genutzt, kann es sein, dass das Wasser im Siphon verdunstet. Dementsprechend gilt es, wieder Wasser einzufüllen, um den Geruchsverschluss wieder wirksam werden zu lassen.

### 2.2.1 Betriebswasser im Gebäude

Für das Betriebswasser im weiteren Sinn nutzt man die Vielfalt der spezifischen Eigenschaften des Wassers, vor allem Löskraft, Fließ-, Wisch- und Spülfähigkeit, Transportfähigkeit, thermische Eigenschaften, die Aggregatzustände usw. Beispielsweise für Reinigungswasser jedweder Art und – wie in der Regenwassernutzung bereits geläufig – für WC- und Urinal-Spülungen, für Waschmaschinen und Geschirrspülmaschinen, zur künstlichen Bewässerung, Befeuchtung usw. Trinkwasserqualität ist hierfür beileibe nicht notwendig.

Für das Betriebswasser wird ein eigenständiges Leitungssystem im Gebäude installiert, welches analog zu einer Trink-Kaltwasserverteilung mit einem Betriebswasser-Verteiler beginnt. Die gesamte Betriebswasserinstallation ist als solche zu kennzeichnen.

Hinweis: Jegliche Verbindung zwischen Betriebswasser und Trinkwasser ist verboten.

Die Verteilergröße bzw. die Anzahl der Abgänge ist abhängig von der Anzahl der Entnahme- und Anschlussstellen. Im Mehrgeschoss-Wohnungsbau und bei Gebäuden mit getrennten Nutzungseinheiten ist es in jedem Fall sinnvoll – analog zum Kalt-Trinkwasserverteiler – einen separaten Abgang pro Nutzungseinheit zu führen. Bei Bedarf kann in der Nutzungseinheit eine weitere Aufteilung über einen Wohnungs- oder Stockwerksverteiler erfolgen. Ein Wassermengenzähler lässt sich sowohl am zentralen Betriebswasserverteiler installieren als auch innerhalb eines dezentralen Wohnungsverteilers.

Folgende Anschlüsse können für Betriebswasser vorgesehen werden und entsprechen für einen normalen Haushalt den Anschlüssen DN 15 ($^1/_2$"):

- Anschluss des Spülkastens für Klosetts (direkter Anschluss an Armatur),
- Spülwasseranschluss für ein Urinal (direkter Anschluss an Armatur),
- Auslauf für Putzwasser (freier Auslauf oder Armatur),
- Waschmaschinenanschluss (Armatur),
- Geschirr-Spülmaschinen-Anschluss (freier Auslauf),
- Gartenwasser (freier Auslauf),
- Heizungsanlage (freier Auslauf).

Die Betriebswasserversorgung ist ein dezentrales gebäudeinternes System und benötigt daher einen Vorratsbehälter (Zisterne, Sammelbecken usw.) sowie eine Förderpumpe (wenn ein statischer Höhenunterschied zu überwinden ist). Diese sollte mit einem Druckbehälter gekoppelt werden, um ausgeglichene Betriebsdrücke zu generieren. Förderpumpen für Betriebswassersysteme sind als komplette Kompakteinheiten am Markt erhältlich und werden seit vielen Jahren vor allem in der Regenwassernutzung auch als Regenwassermanager eingesetzt.

Das Betriebswassersystem wird über eine Saugleitung aus einer Zisterne oder Grauwasseraufbereitungsanlage gespeist. Sollte die Betriebswasserversorgung (z. B. in Spitzenzeiten) nicht ausreichen, kann eine Nachspeisung mit Trinkwasser erfolgen. Dabei ist aber unbedingt auf die Systemtrennung zu achten. Moderne Betriebswasser-Pumpwerke besitzen eine werkseitige Trinkwassernachspeisung, die mit einem Rohrtrenner ausgestattet ist.

### 2.2.2 Wasser für Toiletten und Urinale

Eine bedeutsame Größe für den Bedarf an Betriebswasser stellen die Spülungen für Toiletten und Urinale dar. Die Menge pro Nutzungsfrequenz beträgt bei einem Urinal 0,5 bis 1,5 Liter, für WC-Spülungen mindestens 3 Liter bis zu 9 Liter. Für diesen Bedarf ist mitnichten Trinkwasserqualität notwendig.

Summiert man diese Mengen nach den natürlichen Bedürfnissen des Menschen und multipliziert diese mit der Anzahl der Nutzer, sieht man sehr schnell, dass es sich dabei leicht um ein Drittel des gesamten Wasserhaushalts in einem Gebäude handelt.

Das entstehende Schwarzwasser aus Toiletten (Klosettspülung) und Urinal sollte weiter differenziert werden in:

- Braunwasser (Toilette) und
- Gelbwasser (Urinal).

Dementsprechend unterscheiden sich die Inhaltsstoffe des Wassers, welches ja vorrangig als Spülwasser verwendet wird, was eine Aufbereitung fraglos erleichtert.

Mittlerweile setzen sich auf dem Markt, besonders bei Großanlagen (Gastronomie, Arbeitsstätten, Schulen usw.), schon wasserlose Urinale durch, was zumindest ein Schritt in die richtige Richtung ist. Viel länger haben sich schon Trockentoiletten etabliert und werden – trotz zahlreicher Hürden

– oft eingesetzt. Kostengünstige Einsätze für eine handwerklich individuelle Gestaltung beinhalten schon einen Trennbehälter für Urin, der gesondert gesammelt wird. Die ausgeschiedenen Feststoffe können zusätzlich mit Einstreu aus Holzspänen, Sägemehl und dergleichen bedeckt werden. Die Reststoffe können einer dezentralen Kompostierung zugeführt werden und einen Beitrag zur so wichtigen Renaturalisierung unserer Böden beitragen und darüber hinaus einen Verwertungskreislauf schließen.

Bedenkt man die Wassermengen allein für die Klosettspülung, ist hier ein erhebliches Wasserreduzierungspotenzial abzusehen. Es handelt sich um Wasser, das schlicht nicht benötigt wird, also auch nicht erschlossen und bereitgestellt werden muss. Dies wird in der Variante zum Beispielhaus klar ersichtlich werden.

### 2.2.3 Wasser zum Reinigen und Waschen

Das Wasser, das wir zum Reinigen und Waschen benötigen, lässt sich in drei Anforderungsgruppen unterscheiden:

1. Wasser zur Körperpflege und -reinigung des Menschen (Waschen, Baden, Duschen, Zähneputzen, Mund- und Nasenspülungen, innere und äußere Anwendungen, Tees usw.) – Anteil am Gesamtbedarf: ca. 1/3.
2. Wasser zur Reinigung von Gegenständen, die im direkten Zusammenhang zum Menschen stehen (Wäsche und Kleidung, Koch- und Essutensilien, Besteck, Trink- und Speisebehälter usw.) – Anteil am Gesamtbedarf: ca. 1/6.
3. Wasser zur Reinigung von Gegenständen, die nicht im direkten Zusammenhang zum Menschen stehen (z. B. Möbel, Schuhe, Flächen, Böden, Einrichtung, Freizeitgegenstände, Mobilitäten usw.) – Anteil am Gesamtbedarf: ca. 1/6.

Nun stellt sich die Frage nach den Anforderungen hinsichtlich der Wasserqualität, die in der Gruppe 1 fraglos maximal sein muss, letztendlich aber den geringsten Teil ausmacht. Benötigt man aber für die Gruppe 2 ebenso hohe Wasserqualität = Trinkwasserqualität? Genügt an dieser Stelle nicht eine entsprechende Temperatur? Mit einer thermischen Desinfektion lassen sich sämtliche mikrobiologischen Risiken ausschalten und ab 44 °C löst sich Fett ohne Zugabe von Reinigungsmitteln von selbst aus der Pfanne. Ab 60 °C suggeriert uns der Stand der Technik Legionellenfreiheit im Wasser. Eine thermische Behandlung ließe somit auch Betriebswasser für die Reinigung von Gegenständen zu.

Das sollte mit Regenwasser und selbst aufbereitetem Grauwasser, welches den EU-Anforderungen von Badeseen entspricht, doch möglich sein. In der Praxis wird dies oft sehr zwiespältig interpretiert. Bei Waschmaschinen ist es mittlerweile bei einigen Herstellern Standard, einen Betriebswasseranschluss vorzusehen, ebenso auch einen Warmwasseranschluss, was die Nutzung solarthermischer Energie erlaubt. Mittlerweile bietet der Markt auch eine solarthermisch betriebene Waschmaschine.

Betrachtet man Gruppe 3, ist es an dieser Stelle nicht weit, sich das klassische Ausgussbecken vor Augen zu führen. Dieses ließe sich gut mit einem Warmwasserboiler, der mit Betriebswasser versorgt wird, ausstatten. Die Speichergröße wäre abhängig vom Bedarf an heißem Reinigungswasser und reicht wandhängend bis 100 Liter inkl. optional integrierter Abluft-Wärmepumpe (was in einem Wasch- oder Hauswirtschaftsraum durchaus sinnvoll ist, da dieser Bereich ohnehin der klassische Abluftbereich ist). Auf diese Weise würde auch Wasserdampf aus der Luft entzogen und über den Kondensatablauf in flüssigem Zustand z. B. dem Betriebswasser zugeführt werden. Für größere Mengen und höhere Anforderungen an Reinigungswasser kann auch ein Standspeicher mit aufgesetztem Wärmepumpenaggregat Anwendung finden. Diese sind in verschiedenen Ausstattungen bis 300 Liter inkl. Direktanschluss eines PV-Generators erhältlich.

Die Wärmeenergie lässt sich in jedem Fall dezentral aus erneuerbaren Energien bereitstellen. Das Speichervolumen bietet auch die Möglichkeit, elektrische Energie in Wärmeenergie umzuwandeln und im Speicher bereitzustellen.

### 2.2.4 Heizungswasser als Betriebswasser

Für das Heizungswasser nutzen wir die thermodynamischen Eigenschaften des Mediums Wasser. Das ist sowohl die hohe Wärmeaufnahmekapazität als auch die optimalen Transport- und Lagereigenschaften. Allein aus diesem Grund wird es immer wassergeführte Zentralheizungen geben und einen wohltemperierten Wasserkreislauf im umbauten Raum im Sinne einer thermischen Ordnung – nicht unähnlich unseren Adern und Arterien.

Dementsprechend sind unsere spezifischen Anforderungen an das Wasser als Wärmespeicher- und Wärmeträgermedium in einem geschlossenen System vollkommen anders, als wir es von Trinkwasser erwarten.

Der Bedarf ist überschaubar, selbst wenn man berücksichtigt, innerhalb von 5 bis 10 Jahren das gesamte Wasser zu tauschen. Wichtig ist natürlich die Reinhaltung des Wassers und unbedingte Vermeidung von Sauerstoffeintrag. Aus diesem Grund werden diverse Quetsch- und Schraubverbindungen in der Baubiologischen Haustechnik sehr skeptisch betrachtet, da an dieser Stelle von einer Sauerstoffdichtheit nicht gesprochen werden kann. Natürlich spielen noch andere Parameter eine Rolle, beispielsweise die Druck- und Temperaturverhältnisse im Wasser. Traditionelle, handwerkliche Verbindungs- und Fügetechniken (Löten, Schweißen usw.) im Sinne des Grundmaterials sollten stets angestrebt werden. Lösbare Verbindungen sollten sich auf ein Minimum beschränken bzw. dort eingebaut werden, wo sie sinnvoll sind (z. B. Speicher- und Geräteanschlüsse). In jedem Fall sollten sie frei zugänglich sein.

Bei unterschiedlichen Druckverhältnissen kann in Teilbereichen sehr leicht Unterdruck entstehen. Auf diese Weise kann es zu Sauerstoffeintrag kommen. Besonders bei den heute gern verwendeten Klemm-Verschraubungen, Entlüftungsventilen und sogenannten Entlüftungstöpfen handelt es sich um diesbezügliche Risikobauteile.

In bestehenden Anlagen ist das Heizungswasser sehr oft verschlammt, was sich auch in der Brühe sichtbar macht. Auslöser hierfür sind nicht nur Sauerstoffeintrag (besonders bei offenen Systemen), sondern auch der Abrieb von Materialien im Inneren des Heizungssystems. Besonders anfällig sind Gussbauteile, wie Heizkörper oder auch Kesselkörper. Der vorüberströmende Volumenstrom (meist ohnehin zu hoch) kann in Extremfällen – begünstigt durch enge und winklige Leitungsführungen – wie eine Feile auf das grobe Innenmaterial wirken. Nach einigen Jahren sind benannte Innenbauteile zwar abgeglättet, aber die Stoffe und Verbindungen befinden sich nach wie vor im Wasser, mithilfe des Sauerstoffs zu schwarzem Schlamm vereint. Besonders in Heizkörpern kann man es mit der Hand deutlich spüren, wenn der Heizkörper im unteren Drittel nicht mehr warm, geschweige denn heiß wird. Dann ist es schon sehr weit. Es ist durchaus sinnvoll, in regelmäßigen Intervallen das Wasser im Heizungssystem zu befreien (aus dem Dienst entlassen), das System vollständig zu spülen und neues Wasser als Betriebswasser für die Wärmeübertragung an den Raum einzustellen.

Hinweis: Wenn eine bestehende Heizungsanlage modernisiert wird, sollten grundsätzlich immer die bestehenbleibenden Anlagenteile geprüft und gespült werden.

Fußbodenheizungen sind aufgrund ihrer horizontalen Lage besonders anfällig für Verschlammungen, insbesondere jene Wärmestromkreise, die nur selten oder kaum benötigt werden, wie es erfahrungsgemäß in Schlafzimmern oder Gästezimmern oft der Fall ist.

Wichtig ist die Strömungsgeschwindigkeit, die auf ein Minimum zu reduzieren ist. Also sind sämtliche Rohrweiten genau zu dimensionieren, die Leitungsführung sollte hydraulisch möglichst stressfrei für das Wasser verlaufen; es ist auf einen ruhigen und ausgeglichenen Volumenstrom für das Umlaufwasser zu achten. Sowohl Leitungsstränge als auch Anschlussleitungen und Ventile sind auf den notwendigen Teil-Volumenstrom genau auszulegen. Das betrifft freilich die gesamte Leitungsführung, insbesondere bei Flächenheizungssystemen ist dabei auf Mäanderführung zu verzichten. Strömungstechnisch ungleich vorteilhafter ist eine Schnecken- oder Harfenform.

Hinweis: An dieser Stelle sei die Bemerkung erlaubt, dass eine Heizungsumwälzpumpe nicht allmächtig ist, was die Überwindung von hydraulischen Widerständen angeht. Ihre Aufgabe besteht lediglich darin, den Zwangsumlauf sanft zu kontrollieren und in Gang zu halten. Nur wenn dies der Fall ist, kann eine Umwälzpumpe nicht nur sehr energieeffizient, sondern ebenso geräuscharm und betriebssicher funktionieren. Voraussetzung ist allerdings immer ein vollständiger hydraulischer Abgleich der Versorgungsleitungen und Wärmeübertrager.

Folgende Parameter sind hinsichtlich des Heizungswassers wichtig und zu beachten:

- Der ph-Wert sollte bei etwa 8 bis 9 °dH liegen – also leicht basisch/alkalisch (Hinweis VDI 2035).
- Härtebildende Stoffe sind zu vermeiden.
- Lufteintrag ist zu vermeiden (Mikro-Luftblasenabscheider).
- Schlammbildung ist zu vermeiden (Schlammabscheider).

### 2.2.5 Sole als Betriebswasser (Wasser und Salz)

Für manche Aufgaben muss dem Wärmeträgermedium Wasser ein Frostschutz zugeführt werden, um trotz tiefer Temperaturen (< 0 °C) zu verhindern, dass das Wasser seinen flüssigen Aggregatszustand verlässt und in festen Zustand übergeht (gefriert).

In der Regel betreffen dies Anlagenteile, Leitungsstrecken und Komponenten, die sich im Außenbereich befinden oder in direktem Kontakt mit der Witterung und dem Klima stehen. Klassische Anwendungsformen sind:

- solarthermische Anlagen, wie solegeführte Solarkollektoren, inkl. Solarleitung zur Wärmebereitstellung (Sole-Wasser-Wärmeübertrager oder Glattrohr-Wärmeübertrager und dgl.) – Frostschutz bis –25 °C.
- geothermische Anlagen, wie solegeführte Erdwärmeabsorber, Erdwärmesonden und andere Erdwärmeübertrager – Frostschutz bis –15 °C.

Früher wurde dem Wasser zu diesem Zweck Salz zugeführt, woher auch der Begriff „Sole" kommt. Heute wird der Frostschutz von Sole-Wärmeträgermedien in der Regel durch eine Beimischung von Ethylenglykol erreicht. Diese Mixtur muss außerhalb des Systems hergestellt bzw. gemischt werden. Die Zusammensetzung richtet sich nach dem gewünschten Frostschutz.

Hinweis: Es dürfen nur zugelassene Glykole verwendet werden, die ein Sicherheitsdatenblatt aufweisen. In diesem Sicherheitsdatenblatt sind der genaue umweltverträgliche Umgang, Zusammensetzung und Kennlinien für die Verarbeitung detailliert erläutert.

Aufgrund der potenziellen Umweltbelastungen durch Frostschutzmittel (aber auch z. B. Kältemittel sowie sämtliche Fluide der Technik im Haus) muss entsprechend einer biologischen Bauordnungslehre solcherlei Potenzial nachhaltig gegen null reduziert werden. Dazu gehört zum Beispiel Solarkollektoren (Absorber) zu konstruieren, die ohne Frostschutz mit dem bestehenden Heizungswasser betrieben werden können, was nicht nur die Anlagenhydraulik erleichtert, sondern die Effizienz der Wärmeübertragung erhöht, da auf einen Wärmeübertragungsprozess von Sole auf Heizungswasser (zwei getrennte Systeme) verzichtet werden kann. Derartige Produktentwicklungen werden von der Baubiologischen Haustechnik in Zukunft weiter forciert.

### 2.2.6 Gartenbewässerung

Wasser, welches für die Gartenbewässerung oder für Pflanzen im Wohnraum benötigt wird, muss in keinem Fall Trinkwasser sein. Am besten geschieht die Gartenbewässerung durch natürlichen Niederschlag. In der allgemeinen Fachliteratur ist der Bedarfswert von 60 l/m² und Jahr nicht wirklich zielführend, außer um einen vermeintlichen Verbraucher zu definieren. Wichtig ist in jedem Fall ein funktionierender Wasserhaushalt im Untergrund des Gartens und sollte vorrangig durch Regenwasser und andere Niederschläge erfolgen. Wichtig ist dabei, das Wasser in den Boden zu bringen, nicht auf die Pflanze, wo es vor allem der Verdunstung ausgeliefert ist oder gar ein Verbrennen von Blattwerk begünstigt. Regenwasser in die Kanalisation zu versenken und den Garten mit Trinkwasser zu versorgen, mag zwar unserer Zeit entsprechen, ist aber keinesfalls tragbar, da es eine massive Störung der natürlichen Ordnung bedeutet.

Zielsetzung einer nachhaltigen Gartenbewässerung ist, die natürliche Ordnung weitestgehend nicht zu stören oder vielmehr die natürliche Ordnung zu unterstützen. Dies kann z. B. durch ein erdnahes Bewässerungssystem erfolgen, welches den gesamten Untergrund des Wohnumfeldes gleichmäßig bewässert bzw. Austrocknungen im Untergrund vermeidet, da in diesem Falle auch das Bewässern mit dem Gartenschlauch wenig bringt, wenn die Erdkrusten zu trocken sind, um Wasser von der Oberfläche aus eindringen zu lassen.

Mehr zu diesem Thema in Kapitel 4.

## 2.3 Schmutzwasser und Entwässerung (Abwasser)

Schmutzwasser wird gemeinhin über einen Kamm geschert und als Abwasser behandelt. Dabei unterscheidet sich allein schon das Schmutzwasser der WC-Spülung von dem aus der Badewanne wesentlich – nicht nur in der Menge und Temperatur, sondern mindestens ebenso unverwechselbar in den stofflichen Inhalten.

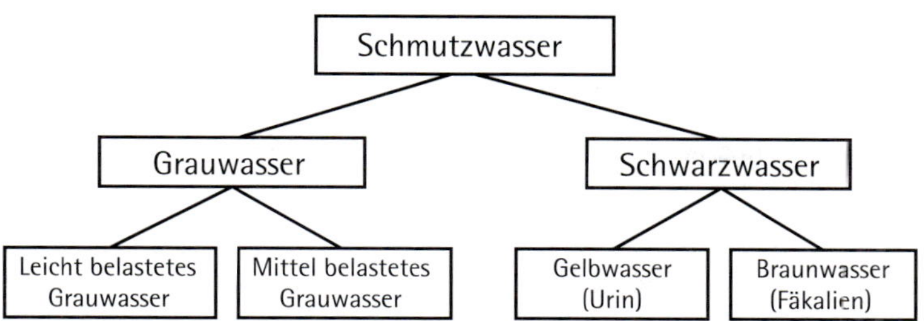


**Abb. WS 2.1:** Was ist eigentlich Abwasser? Die Grafik zeigt die Unterteilung der Wasserarten, die als „Schmutzwasser" bezeichnet werden.

## 2.3.1 Schwarzwasser und Grauwasser

Was gemeinhin als Abwasserleitung bezeichnet wird, führt Schmutzwasser und Regenwasser in sich. Betrachtet man aber nicht nur Abwasser, sondern auch Schmutzwasser, welches im Gebäude anfällt, etwas differenzierter, begegnen uns schon zwei Arten von Schmutzwasser bezogen auf ihre biogenen Inhaltsstoffe, die als:

- Grauwasser (Abwasser ohne Fäkalien) – (Klasse A – ohne Fettanteile und B – mit Fettanteilen) und
- Schwarzwasser (Abwasser mit Fäkalien) – (Braun- und Gelbwasser)

zu unterscheiden sind. Dementsprechend handelt es sich bei Lichte betrachtet um fünf Wasserarten, die als Abwasser verstanden werden. Nach den Kriterien der Baubiologischen Haustechnik ist es durchaus sinnvoll, die Abwasserleitungen (in die sich beispielsweise auch Kondensat als Wasser beimischen kann) im Haus entsprechend den beiden wesentlichen Unterscheidungsmerkmalen aufzuteilen in Grauwasser- und Schwarzwasserleitungen. Das würde bedeuten, dass sämtliche Klosetts und Urinale an eine Schwarzwasserleitung angeschlossen werden, wenn keine Komposttoilette zu Verfügung steht. Sämtliche anderen Stellen, wie Küchenspüle, Waschbecken, Dusch- und Badewanne, Putzbecken und Bodenablauf(!) werden an eine Grauwasserleitung angeschlossen und über die Grundleitungen in den Kanal geführt. Streng genommen könnte man das Küchenspülwasser und das Putzwasser noch genauer betrachten.

Hinweis: Ein wesentlicher Unterschied ist der Wärmemengeninhalt von Grauwasser, der ungleich höher ist als bei Schwarzwasser. Die Wärmemenge von Grauwasser ist oft annähernd so hoch wie die des Trinkwarmwassers bei der Entnahme.

Beispiel Badewanne: 40 °C – 120 Liter – Trinkwarmwasser = 3,6 kWh
30 °C – 120 Liter – Grauwasser = 2,4 kWh

Dieses einfache Beispiel zeigt uns, dass lediglich ein Drittel der Wärmeenergie des gesamten Trinkwarmwassers genutzt wird. Im heutigen Zeitalter des Wärmedämmens, also einer Reduzierung der Wärmeverluste, eine ungeheure Verschwendung!

Unser hausinternes Grauwasser ist eine ungleich höherwertigere Wärmequelle als das Wasser im Untergrund (Grundwasser). Natürlich ist der nutzbare Wärmeinhalt abhängig von der Menge der unnatürlichen Wärmequelle Grauwasser.

### 2.3.2 Abwasserleitungen und Materialien

Folgende Abwasserleitungen sind zu unterscheiden:

- Verbindungsleitungen,
- Anschlussleitungen,
- Fallleitungen,
- Sammelleitungen,
- Grundleitungen,
- Anschlusskanal.

Weitere Leitungen sind Umgehungsleitungen und Entlüftungsleitungen.

Als Materialien wurde früher Ton und Steinzeug verwendet, mit großen Muffen und Dichtringen. Grundleitungen werden in der Regel in KG-Rohr (Formstabilität für Erdverlegung usw.) ausgeführt, alternativ sind hinsichtlich der Materialgüte an dieser Stelle im Sinne der Baubiologischen Haustechnik PVC-freie Produkte (z. B. KG 2000) zu empfehlen. Im Gebäudeinneren spielt der Schallschutz eine beträchtliche Rolle. Diesbezüglich haben sich PE-Rohre mit Steckmuffen als „Flüsterrohre" durchgesetzt. In Nicht-Wohngebäuden oder in der gewerblich-industriellen Anwendung oder auch bei besonderen Anforderungen (z. B. Brandschutz im Geschosswohnungsbau) werden auch Spezialrohre eingesetzt (z. B. SML-Gussrohre).

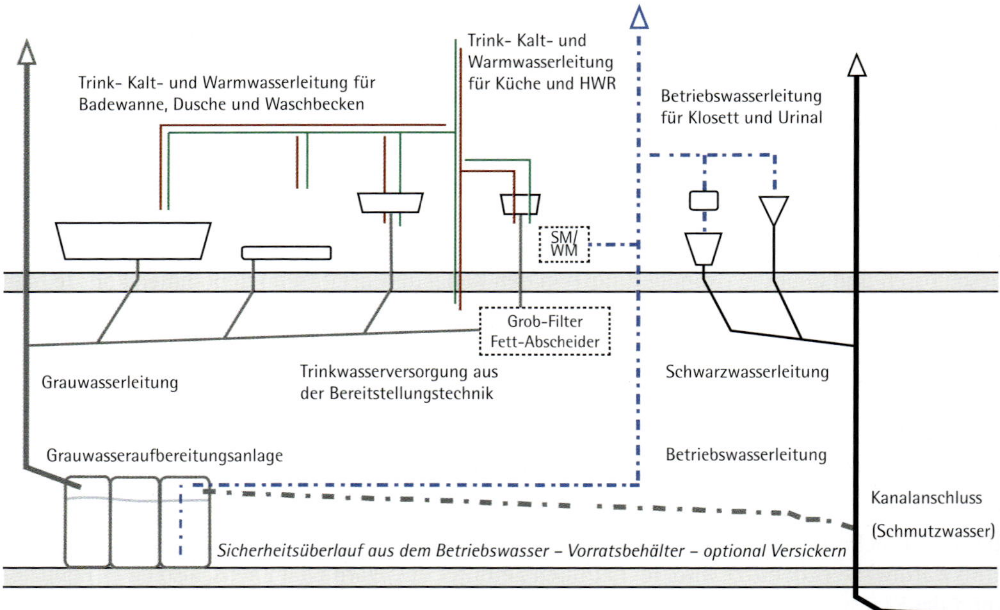


**Abb. WS 2.2:** Die Unterscheidung in Grau- und Schwarzwasserleitung und die konsequente Trennung derselben ermöglicht die Nachrüstung einer Grauwasseranlage bzw. die dezentrale Klärung des Schwarzwassers (Quelle: Forum Wohnenergie)

Das älteste Abwasserverfahren ist das Mischverfahren, wo Schmutzwasser und Regenwasser in ein Kanalisationssystem gepresst wurden. Erst als die Kläranlagen die stetig steigende Last an Abwässern nicht mehr aufnehmen konnten, wurde ein Trennverfahren eingeführt, welches Regenwasser von Schmutzwasser trennte. Man geht leider fehl, wenn man glaubt, dass damit ein Umdenkungsprozess eingeleitet wurde. Vielmehr wurde für das Trennverfahren ein vollkommen selbstständiges Kanalsystem errichtet, welches absolut parallel zum Schmutzwasser-Kanalsystem verläuft und nicht nur in der Herstellung, sondern ebenso im Betrieb sehr viel Aufwand und Geld benötigt. Dabei ist der Eingriff in die Natur gar nicht berücksichtigt. Es wird also im Trennsystem systematisch das Regenwasser als Abwasser dem natürlichen Kreislauf entrissen und entsorgt.

### 2.3.3 Rückstauverschlüsse und Hebeanlagen

Eine „Rückstauproblematik" entsteht – vereinfacht dargestellt –, wenn man falsch baut oder dort baut, wo man nicht bauen sollte. Mittlerweile ist in vielen Siedlungsgebieten der Rückstau der kommunalen Abwasseranlagen (Kanalisationsnetz) jedoch sogar planmäßig vorgesehen und kann nicht dauerhaft vermieden werden. Daher sind sämtliche auf dem Grundstück vorhandenen Entwässerungsanlagen, das heißt

- alle Ablaufstellen für Schmutzwasser, deren Wasserspiegel im Geruchsverschluss unterhalb der Rückstauebene liegt,
- alle Ablaufstellen für Regenwasser, bei denen die Oberkante des Einlaufs unterhalb der Rückstauebene liegt,

dauerhaft gegen Rückstau zu sichern. Betrachtet man die Tatsache, dass Regenwasser in einem Kanalsystem nichts zu suchen hat, bleibt noch immer das Schmutzwasser, welches aber ungleich laststabiler ist.

Rückstauverschlüsse lassen das Abwasser nur in einer Richtung (zum Kanal) durchfließen (in der Funktionsweise ähnlich einem Rückschlagventil für Trinkwasser). Sie müssen jederzeit zugänglich eingebaut werden und bedürfen einer regelmäßigen Kontrolle und Wartung. Die Regelungen sind in der Detailplanung zu berücksichtigen. Wichtig ist in jedem Falle die Festlegung der Rückstauebene, die sich, wenn nicht anders angegeben, auf Oberkante Straße befindet. Bei den Rückstauverschlüssen wird zwischen Schwarzwasser und Grauwasser dergestalt unterschieden, dass Rückstauverschlüsse für fäkalienhaltiges Abwasser, also Schwarzwasser, nur dann eingebaut werden dürfen, wenn der Nutzerkreis gering ist bzw. wenn sich im Rückstaufall mindestens ein WC oberhalb der Rückstauebene befindet.

Bei mechanischen Rückstauverschlüssen muss die Rückstaumechanik wieder von Hand gelöst bzw. entriegelt werden, sonst bleibt das hausinterne Entwässerungssystem vom Kanalanschluss getrennt. Motorisch gesteuerte Rückstauklappen werden von einer Steuereinheit über die Druckdifferenz zwischen Kanalanschluss und Entwässerungsanlage betrieben. Für die entsprechende Sensorik ist in der Regel eine direkte Druckleitung zusätzlich zur spannungsführenden Leitung notwendig. In jedem Fall wird Hilfsenergie benötigt und die Abhängigkeit der Funktionssicherheit besteht. Ein sicherer Schutz ist durch Rückstauverschlüsse nur dann gewährleistet, wenn sämtliche Komponenten regelmäßig gewartet werden. Im Grunde genommen steht noch keine einzige Mauer des Hauses, aber der erste Wartungs- und Instandhaltungsaufwand steht schon fest. Nach einigen Jahren Betriebszeit werden schon die ersten größeren Reinigungen von Verkrustungen an den Dichtflächen usw. notwendig sein oder gar erste Bauteile ausgetauscht werden.

Hinweis: Rückstauverschlüsse jedweder Art sind halbjährlich von einem Fachkundigen zu warten. Neben der Reinigung und Kontrolle der mechanischen Bauteile und Dichtungen ist eine Funktionsprüfung mit Rückstau-Simulation immer vorzunehmen bzw. vorgeschrieben.

Leider reicht in vielen Fällen heute der Einbau von Rückstauverschlüssen oft nicht mehr aus. Da nahezu überall gebaut werden können muss, auch dort, wo nicht nur die Rückstauebene, sondern auch der Kanalanschluss oberhalb diverser Entwässerungsanlagen liegt, wird die nächste wartungsaufwändige und Hilfsenergie benötigende Komponente eingesetzt: eine Abwasserhebeanlage, weil das natürliche Gefälle nicht vorhanden oder nicht ausreichend ist.

Die Investitions- und Betriebskosten sind enorm und konstant. Risiken und Aufwand sind nicht nur in Erstellung und Bauablauf, sondern auch im Betrieb unmittelbare Folgelasten. Es ist ein hoher Preis zu zahlen, will man sich über die natürlichen Gegebenheiten eines Baugrunds hinwegsetzen.

Folgende Grundsätze sind u. a. einzuhalten, um eine Abwasserhebeanlage gegen Störung und Überlastung zu sichern:

- Abwässer, die schädliche Stoffe enthalten, sind vor der Hebeanlage über entsprechende Abscheider zu leiten.
- Abwässer, die oberhalb der Rückstauebene anfallen, sollen nicht in die Hebeanlage, sondern durch natürliches Gefälle dem Kanal zugeführt werden.
- Wenn eine ununterbrochene Funktion gefordert wird, ist eine Doppelanlage erforderlich.
- Die Sohle der Druckleitung ist über die Rückstauebene zu führen.
- Die Druckleitung darf nicht in Schmutzwasser-Fallleitungen eingeführt werden.
- An die Druckleitung dürfen keine Entwässerungsgegenstände angeschlossen werden.

Unbedingt sollte man auch bei Abwasserhebeanlagen – sollen sie tatsächlich zum Einsatz kommen – zwischen den Abwasserarten und der Abwassermenge unterscheiden, um zielorientierte Lösungen für Hebeanlagen für fäkalienhaltige Abwässer, Kleinhebeanlagen oder einfache Entwässerungspumpen erarbeiten zu können. Natürlich müssen sämtliche Hebeanlagen frei zugänglich und frostsicher installiert werden. In jedem Fall sollte eine Versorgung mit dezentral bereitgestelltem Strom aus erneuerbaren Energien ermöglicht werden.

### 2.3.4 Schallschutz

Schallschutz ist besonders wichtig bei Steigsträngen, die im Extremfall direkt vom WC am Wohnzimmer entlanglaufen. Aber auch Anschlussleitungen können Fließgeräusche verursachen, wenn die Leitungsführung keinen sanften Ablauf zulässt. Überdies ist auf eine Körperschallentkopplung zu achten. Das ist besonders im Zusammenhang mit Montageelementen oder Ausstattungen (Porzellan) von Sanitärgegenständen mit Entwässerungsanschluss relevant.

Häufige Schallquellen von Entwässerungssystemen sind UP-Montagesysteme wie Spülkästen und Waschtische in Trockenbauweise. Eine massive Einmauerung von Abwasserleitungen kommt dem Schallschutz stets zugute. Dabei ist aber dennoch an eine Körperschallentkopplung zu denken, sowohl was die äußeren Oberflächen betrifft als auch die Befestigungspunkte durch Rohrschellen und dergleichen.

### 2.3.5 Gebäudenahe Abwasserwirtschaft

In Ausnahmefällen ist es erlaubt, der Anschlusspflicht zu entgehen, nämlich dann, wenn keine öffentliche Infrastruktur vorhanden ist. Kulturhistorisch ist dies nichts Neues, sondern war über viele Jahrhunderte Stand der Technik. In diesen Fällen handelt es sich beispielsweise um Kleinkläranlagen, wie man sie in DIN 4261 beschrieben findet. Sie unterliegen baurechtlichen und wasserrechtlichen Vorschriften und müssen von der zuständigen Behörde genehmigt sein.

In Bestandsgebäuden sind sehr oft solche einfachen Kleinkläranlagen anzutreffen, zumeist aber längst ungenutzt und verschüttet. Man bezeichnete diese früher als Mehrkammer-Fallgrube.

In den wenigsten Fällen wird über eine Nutzung von bestehenden Klärgruben nachgedacht, auch wenn ihre Lage bekannt ist. Durchaus könnten bestehende Klärgruben wieder in Stand gesetzt werden, ob für kleine Klärzwecke, als Regenwasser-Sammelbecken oder als Grundlage einer Aquakultur.

Entsprechend den Stufen der Abwasserklärung a) mechanisch, b) biologisch und c) chemisch reicht bei einer Kleinst-Kläranlage für ein normales Wohnhaus ohne Abwasserbelastungen durch Umweltgifte eine Fallgrube mit zwei Kammern aus, wenn auf die chemische Klärstufe verzichtet werden kann.

### 2.3.6 Aufbereitungsstufen von Abwässern

Folgende Stufen zur klärenden Aufbereitung von Abwässern werden sowohl in öffentlichen als auch in privaten Kläranlagen umgesetzt:

**Die mechanische Stufe**

ist die allererste Stufe der Vorreinigung durch Rechen, Filter und Siebe, je nach Größe der Anlage, um das Abwasser von groben Verunreinigungen aller Art zu befreien. Im anschließenden Sandfang wird die Fließgeschwindigkeit verringert, um das Absenken von Sanden und groben Stoffen zu ermöglichen. In kommunalen Kläranlagen werden gerne noch Aluminium und Eisenhydroxid beigemischt, um den Vorgang zu beschleunigen, mit dem ersten chemischen Eingriff. Der abgeschiedene Schlamm gelangt von dort in einen Schlammraum, in dem die Gärungs- und Faulprozesse unter Luftausschluss eingeleitet werden. Das dabei entstehende Faul- oder Gärgas besteht zum größten Teil aus Methan und ist so gesehen ein Energieträger!

**Die biologische Stufe**

widmet sich dem Abbau von gelösten und ungelösten organischen Stoffen durch Mikroorganismen. Für die Entfaltung der Mikroorganismen wird dem Abwasser Sauerstoff zugeführt. Das Abwasser wird also belebt und durch die dabei entstehenden Mikroorganismen werden die im Abwasser enthaltenen organischen Stoffe mineralisiert und können somit mechanisch (Filterung) aus dem Abwasser entfernt werden. Auf diese Weise kann allein mit einer zweistufigen Kläranlage ein Reinigungsgrad von bis zu 95 % erreicht werden.

**Die chemische Stufe**

ermöglicht durch Zugabe von chemischen Stoffen, wie beispielsweise Eisen- und Aluminiumsalze oder Kalk, eine Stoffumwandlung. Die dabei entstehenden Schmutzstoffe sinken ebenfalls zu Boden bzw. werden aus dem Wasser gelöst und können ebenfalls mechanisch entfernt werden.

Das geklärte Abwasser wird letztendlich über Vorfluter wieder dem natürlichen Wasserkreislauf, an Flüsse, Seen und Teiche übergeben und von dort aus wieder als Trinkwasser entnommen.

Fraglos sind bezogen auf die Inhaltsstoffe unsere Abwässer ungleich giftiger als unser Trinkwasser. Und doch haben wir es selbst in der Hand, wie unsere Abwässer beschaffen sind. Das Problem Antibiotika im Trinkwasser markiert dabei nur einen kleinen Ausschnitt. Nur wenn wir einen reinen Körper haben, können wir von einem reinen Abwasser ausgehen – wir entscheiden selbstverantwortlich, ob wir für unser Abwasser eine Industrie oder einen Gärtner benötigen.

Tatsache ist ebenfalls, dass heute das Abfallprodukt Schmutzwasser teurer ist als das Lebensmittel Trinkwasser. (Ob dies an den zusätzlichen Wärmemengen liegen mag, die wir doch für gewöhnlich in einem Rutsch mit entsorgen?). Eine nachhaltige Verwertung der Reststoffe (Kompostierung) könnte einen großen Beitrag leisten, um der Verwüstung unserer Böden entgegenzuwirken.

## 2.4 Dachentwässerung

### 2.4.1 Niederschlag und Regenwasser

Die Fläche des Daches – egal ob Flach-, Pult- oder Steildach – erstreckt sich von fast horizontal über Schräg- bis zum sehr spitzen Dach mit entsprechend steilen Flächen. Es schützt uns vor allem vor Regen und hält unser Haus trocken. Aber das Dach schützt natürlich auch das Bauwerk an sich, nicht nur den Innenraum, der gleichsam trocken nun als Wohn- und Arbeitsraum dient und nicht mehr als schlichtes Lager. Für unsere Hygiene und weil wir die Trockenheit lieben ist es unabdingbar, mithilfe des Daches das Bauwerk in seiner Gesamtheit trocken zu halten. Und Dach bedeutet immer auch Dachüberstand für das Gebäude.

Demzufolge kommt der Leitung des Niederschlags von den Dachflächen eine wichtige Bedeutung zu, denn es gilt, das auftreffende Niederschlagswasser nicht nur abzuhalten, sondern umzuleiten. Fortleiten wäre sicherlich der falsche Begriff, da der Regen nicht vom Himmel fällt, um von uns (mit entsprechend hohem Aufwand) entsorgt zu werden.

Eindeutiges Ziel der Baubiologischen Haustechnik ist dabei, die natürliche Ordnung des Niederschlags so wenig wie möglich zu stören bzw. im besten Fall im Verein mit dem natürlichen Wasserkreislauf der unmittelbaren Umgebung, diesen Haushalt zu unterstützen und eine Situation zu schaffen, die sowohl der natürlichen Ordnung als auch den Wünschen des Menschen entspricht. Grundlage hierfür ist, den Eingriff in den natürlichen Wasserkreislauf, hervorgerufen durch Dach- und Versiegelungsflächen, im Rahmen einer nachhaltigen Regenwasserbewirtschaftung auszugleichen.

Jenes Bauteil, welches unmittelbar mit dem Niederschlag in Berührung kommt, ist die Dachhaut, die aus verschiedenen Materialien, wie Holzschindeln, Tonziegeln und verschiedenen Blechen, hinterlüftet hergestellt werden kann oder idealerweise als Gründach ausgebildet wird.

Flachdächer sollten in jedem Fall mit einem Gefälle von mindestens 5 % erstellt werden, um eine Dachentwässerung durch Bodenabläufe zu vermeiden. Die sicherste und sinnvollste und mit am wenigsten Aufwand verbundene Art der Dachentwässerung ist außerhalb des Gebäudes – ohne Durchdringung von horizontalen Bauteilen der thermischen Hülle, die nicht nur eine Wärmebrücke darstellen, sondern immer eine Schwachstelle bleiben. Das gilt natürlich nicht nur für Wohngebäude, sondern ebenso für diverse Nebengebäude. Bei einem Gefälle Richtung Pultdach ist die Entwässerung eine leichte Übung und benötigt im einfachsten Fall lediglich eine Dachrinne an einer Traufseite, die mittels eines Regenfallrohrs entwässert wird. Ein solches Flachdach bietet eine perfekte Grundlage für ein Gründach.

Ganz gleich, ob extensiv oder intensiv und unabhängig von den energetischen und mikroklimatischen Vorteilen bietet ein Gründach schon allein hinsichtlich der Entwässerung von Niederschlägen erhebliche Vorteile. Niederschlagsmengen können durch entsprechende Substrataufbauten gespeichert bzw. zeitverzögert abgeleitet werden. Das stellt einen wesentlichen Beitrag zur Wiederherstellung der natürlichen Ordnung dar, da das Regenwasser entsprechend seiner Bestimmung von Erde und natürlichen Substraten aufgefangen, in diesem Aufbau versickert, von den Pflanzen aufgenommen (ein geringer Teil verdunstet = Verdunstungskälte im Sommer) und gleichsam gefiltert wird, bis das Restwasser über eine Dachentwässerung (Regenrinne) gesammelt und abgeführt (Regenfallrohr) wird.

Das wichtigste Bauteil zur Abführung des Regenwassers sind die Dachrinne und das Regenfallrohr, deren natürlichste Form rund ist, wie auch die Regenfallrohre rund sein sollten. Als Materialien haben sich vor allem Kupfer und Titan-Zink, aber auch Holz bewährt. Eine Dachrinne muss entlang der gesamten Trauflänge angebracht sein, um das vom Dach abfließende Regenwasser vollständig aufnehmen zu können. Dabei ist die Größe der Dachrinne sowie der Durchmesser des Regenfallrohres an die Dachfläche anzupassen.

### 2.4.2 Regenrinne, Trauf- und andere Bleche

Neben runden Dachrinnen können auch Kastenrinnen verwendet werden. In jedem Fall ist die Entwässerung sämtlicher Dachflächen allein nach den Regeln des Spengler-Handwerks auszuführen! Wichtig ist in jedem Fall, dass die gesamte Dachfläche vollständig und ungestört entwässert wird, ohne das Bauwerk zu beschädigen. Dementsprechend ist eines der wichtigsten Bestandteile der Regenrinne das Traufblech, welches mindestens 150 mm über das Traufbrett zu ziehen ist und die Regenrinne mit der Dachhaut verbindet. Das Traufblech verhindert, dass das abfließende Niederschlagswasser durch den Wind zwischen Dachdeckung und Rinne an das Gebäude gedrückt wird. Außerdem ermöglicht das Traufblech die Zurücknahme der ersten Ziegelreihe, sodass der gesamte Regenrinnenquerschnitt freiliegt und vollständig Regenwasser aufnehmen kann. Ferner hat das Traufblech noch weitere Vorteile:

- Die Dachrinne kann ohne Aufdecken der ersten Ziegelreihe ausgewechselt und vollständig gereinigt werden.
- Bei ungleichmäßigen Traufkanten besteht eine größere Ausgleichsmöglichkeit.
- Das Traufblech greift tiefer in die Dachrinne und bildet eine Verbindung mit der Dachhaut.
- Es verhindert Windlasten und Verunreinigungen bei besonders überstehenden ersten Ziegelreihen.

Doch mit einer optimal montierten und in das Bauteil Dach integrierten Dachrinne mit Dachüberstand an der Traufseite und einem entsprechenden Anschluss an ein Regenfallrohr ist es allein nicht getan. Bei komplexeren Dachformen, wie Winkeldächern, Gauben, Mansarden, sind weitere Maßnahmen der Bauklempnerei notwendig, um eine umfassende und sichere Entwässerung von Regenwasser sicherzustellen. Selbstredend können auch ganze Dächer vollständig mit Blechen als abschließende Dachhaut hergestellt werden.

Weitere Blecharten sind fester Bestandteil einer zielgerichteten Dachentwässerung, sie dienen aber auch zur Einfassung von Durchdringungen (Kamine usw.), Dachgauben oder Gründächern sowie Indach-Solarkollektoren u. Ä.

### Ortgangbleche

bilden den Dachabschluss an der Giebelseite eines Gebäudes und verhindern, dass durch seitliches Überlaufen Niederschlag an bzw. in die Giebelwand gelangt; außerdem wird die Dachdeckung vor Windlasten geschützt und bildet einen schnee- und regendichten Abschluss der Dachhaut. Die Ortgangbleche sind den örtlichen und klimatischen Bedingungen entsprechend auszuführen. Sie müssen eine sichere Auflage der Dachziegel sowie Ableitung des Niederschlags ermöglichen. Der Ortgang sollte vollständig, also auch mit Stirnblech am Stirnbrett ausgeführt werden. Dies schützt das Holz und steigert die gestalterische Erscheinung und Physiognomie eines Hauses. Umlaufende Dachrandabschlüsse sind eine Sonderform von Ortgangblechen und werden bei Flachdächern umgesetzt. In der Baubiologischen Haustechnik ist einmal mehr an dieser Stelle ein Verzicht auf industriell hergestellte Profile oder dergleichen zu üben. Vielmehr sind hier handwerkliche Lösungen für das jeweilige Bauvorhaben umzusetzen.

### Kehlbleche

Wenn zwei Dachflächen nach innen gegeneinander laufen oder bei divers ausgebildeten Gauben bilden sich sogenannte Kehlen. Dabei entsteht eine Bruchlinie in der Dachhaut, wo es nur in den seltensten Fällen möglich ist, allein mit der Eindeckung eine ausreichende Dichtigkeit derselben zu erreichen. Durch die Montage von Kehlblechen mit der notwendigen Auflagefläche auf den Kehlbrettern kann hier eine vollständige Abdichtung und Ableitung von Regenwasser realisiert werden. Kehlbleche müssen vollständig aufliegen und vollflächig befestigt werden. Während der handwerklichen Ausführung ist das Eindringen von Wasser durch Kapillarwirkung unbedingt zu vermeiden. Am First werden die Kehlbleche durch Falzen verbunden, was wiederum ein hohes Maß an handwerklichem Können verlangt.

### Seitenbleche

werden auch Maueranschlussbleche genannt. Um Dachflächen, die seitlich an vertikalen Mauern angrenzen, abzudichten, sind Seitenbleche notwendig. Auch hierbei geht es darum, einen dauerhaft dichten Seitenabschluss der Dachhaut herzustellen. Dabei ist zu beachten, dass die Arbeiten so ausgeführt werden müssen, dass beide Gebäudeteile sich unabhängig voneinander bewegen können, ohne dass der Anschluss undicht wird. Das wird bei nicht verkleideten Mauern durch indirekte Befestigung und durch Überhangsstreifen ermöglicht.

**Blechverwahrungen**

Eine Mixtur aus Kehlblech und Seitenanschluss ist die Kaminverkleidung, die als Verwahrung mit Blechen ein wichtiger Aspekt für die Dichtigkeit der Dachhaut und ordentliche Entwässerung ist. Obgleich man auf Durchdringungen der Dachhaut weiterstgehend verzichten sollte, ist es in einem gewissen Maße kaum zu vermeiden. Auch wenn keine Be- und Entlüftungsleitungen der Abwasseranlage aus dem Dach ragen (da sie intern be- und entlüftet werden), so sollte es doch immer einen Schornstein geben (auch wenn er aktuell nicht benötigt wird). Alle anderen Durchführungen sind vermeidbar, sowohl für Lüftungssysteme als auch für solartechnische Anlagen. Es hat mehr Sinn, einen Schornstein mit einem Installationsschacht auszustatten, für Solarthermie, Photovoltaik oder dergleichen, dann ist lediglich eine Kamineinfassung notwendig. Dabei sollte allerdings auf das weit verbreitete Bleiblech verzichtet werden, auch wenn es jeder schaffen sollte, dieses zu bearbeiten. Ein guter Handwerker findet auch andere gleichsam umwelt- und wasserschonendere Lösungen. Es gelten bei der Verwahrung von Schornsteinen die gleichen Anforderungen wie bei Ortgang- und Seitenblechen.

Je hochwertiger die handwerklichen Ausführungen zur Dachabdichtung und Dachentwässerung ausgeführt werden, um so mehr kann auf Dichtstoffe verzichtet werden.

### 2.4.3 Wohin mit dem Niederschlags- und Regenwasser?

Die baurechtlichen Vorgaben lauten, den Niederschlag sofort und sicher in das Entwässerungssystem zu leiten. Ausnahmeregeln zur gebäudenahen Versickerung auf dem Grundstück sind möglich und sollten angestrebt werden.

Regenwasser von versiegelten Dachflächen sollte aus baubiologischer Sicht ortsnah auf dem Grundstück in das Erdreich gelangen können. Sich davon etwas abzuzwacken, wird unsere im Grunde sehr überschwängliche Natur sicher verkraften. Allein auf das Maß kommt es an.

Die allgemein veranschlagten 60 Liter/m² Gartenfläche im Jahr mögen durchaus berechtigt sein, doch all dies nützt nichts, wenn das Erdreich durch z. B. Absenkung des Grundwassers schon so ausgetrocknet ist, dass es gar keine Möglichkeit mehr hat, Niederschlag aufzunehmen. Der Bedarf an Regenwasser ist spezifisch im Kontext der Gartengestaltung detailliert zu ermitteln.

In jedem Fall sind eine Versickerung und auch eine Rückhaltung von Niederschlägen, z. B. durch Dachbegrünung, der nachhaltigere Weg, für das Wasser im Fluss zu bleiben, um den natürlichen Wasserkreislauf zu schließen und nicht zu unterbrechen.

# 3 Trinkwasser im Haus

Die Wasserversorgung eines Hauses ist ein elementares Gut, welches seit dem Beginn der Baukultur (Sesshaftigkeit) das Bauen und Siedeln geprägt hat. Die Art und Weise der Trinkwassergewinnung und -nutzung hat sich nicht erst seit der Industrialisierung zu einer hochkomplexen Technologie entwickelt und stellt heute mehr denn je eine notwendige Grundbedingung für eine versorgungssichere Zukunft.

**Abb. WS 3.1:** Trinkwasser im Haus ist ein Luxus der modernen Zivilisation, an den wir uns umfassend gewöhnt haben (Quelle: Forum Wohnenergie)

## 3.1 Wassergewinnung

In Mitteleuropa besitzt fast jedes Gebäude einen Trinkwasseranschluss, vor allem bei Wohn- und Nicht-Wohngebäuden gilt dies längst als Standard. Trinkwasser ist als Lebensmittel definiert und in der Trinkwasserverordnung rechtsverbindlich erläutert und gilt offiziell noch als Gemeingut zur Grundversorgung. Trinkwasser benötigen wir im biologischen Sinne zur Nahrungszubereitung, als Nahrung und zur Körperreinigung.

Das für die Trinkwasserversorgung verwendete Wasser wird aus folgenden natürlichen Quellen entnommen:

- Grundwasser, aus welchem das Wasser mithilfe von Brunnen gewonnen wird – zu etwa 67 %;
- Oberflächenwasser, aus welchem das Wasser aus Seen, Talsperren oder Flüssen abgezogen wird – zu etwa 15 %;
- Quellwasser, aus welchem das Wasser dem natürlichen Kreislauf dezentral und direkt entnommen wird – zu immerhin knapp 10 %;
- angereichertes Grundwasser – ca. 10 %.

### 3.1.1 Dezentraler Grundwasserbrunnen

Besteht kein Anschluss an das öffentliche Trinkwassernetz, schafft ein Grundwasserbrunnen Abhilfe. Ein Trinkwasserbrunnen benötigt eine Saugvorrichtung mit einer Pumpe sowie einen Druckbehälter für die Vorhaltung und muss fachgerecht ausgebildet sein. Also ist im Gegensatz zum öffentlichen Trinkwassernetz Hilfsenergie notwendig. Ferner wird die Trinkwasserqualität von niemandem gewährleistet und unterliegt der Selbstverantwortung. Eigene Analysen sind nur Momentaufnahmen. Öffentliche Versorger analysieren ihr Wasser ständig und die wichtigsten Messwerte (gem. Trinkwasserverordnung) werden veröffentlicht, die der Kunde jederzeit einsehen kann.

Im Gebäude steht ein Druckbehälter, der von der Pumpe mit Wasser gefüllt und auf einen entsprechenden Betriebsdruck gehalten wird, um über den Anlagendruck die Verteilung des Brunnenwassers zur Entnahmestelle sicherzustellen. Um den Anforderungen an das Trinkwasser gerecht zu werden, muss das Wasser nicht nur der Analyse standhalten, sondern auch den thermischen Anforderungen von einer Temperatur im Druckspeicher von maximal 12 °C, was im Grunde eine Wärmedämmung verlangt, da die Lufttemperatur in vielen möglichen Aufstellräumen deutlich höher ist.

Eine Trinkwasser-Brunnenanlage funktioniert über eine Tauchpumpe, die sich im Brunnen befindet, oder über eine externe Pumpe, die sich im Gebäude befindet. In jedem Fall ist auf Verunreinigungen zu achten, dazu gehört auch ein Mindestabstand der Ansaugung von etwa 0,5 m vom Brunnenboden. Das betrifft sowohl den Betrieb mit einer Tauchpumpe (die dafür ausgestattet ist), als auch den Betrieb mit einer Saugleitung. Diese muss stabil im Brunnenschacht installiert werden und sollte jederzeit zugänglich sein. Zu Beginn der Saugleitung muss ein Filterfuß mit einem metallischen Feinfilter montiert werden, um das Mitführen von Ablagerungen wie Sande zu vermeiden. Die Pump- bzw. Saugleitung zum Druckbehälter kann sowohl in PE-HD-Rohr oder in Edelstahlrohr ausgeführt werden. In jedem Fall ist auf einen Trockenlaufschutz zu achten: zum einen, um die Pumpe zu schützen und zum anderen, um ein Eindringen von Sauerstoff in das System zu vermeiden und somit Korrosionserscheinungen vorzubeugen.

Hinweis: Die Materialgüte sämtlicher Komponenten und Bauteile muss die Anforderungen an Trinkwasser erfüllen. In jedem Fall ist für entsprechende Prüfstellen zu sorgen, die jederzeit frei zugänglich sind, um Wasserproben zur Wasseranalyse entnehmen zu können!

Ebenso muss die Förderstrecke zum Druckbehälter ein Rückschlagventil enthalten, um zu vermeiden, dass bereits gefördertes Wasser wieder zurückfließt. Also auch hier gilt, dass Wasser immer nur in eine Richtung fließen darf.

Die Förderpumpe drückt das angesaugte Wasser in einen Druckbehälter, der teilweise mit Luft und zum anderen Teil mit Brunnenwasser gefüllt ist. Durch das eingeführte Wasser wird die Luft im Druckbehälter zusammengepresst und der Behälterdruck erreicht einen Maximaldruck je nach Anlagengröße – selten mehr als 5 bar. In jedem Fall muss der Anlagendruck über ein Membran-Sicherheitsventil abgesichert werden. Dieser Anlagendruck sorgt dafür, dass beim Öffnen einer Entnahmestelle das Wasser vom Druckbehälter über die Versorgungsleitung an die Entnahmestelle geführt wird und dort entnommen werden kann. Fällt der Druck während dieser Zeit ab, wird über einen Druckschalter die Förderpumpe wieder automatisch in Betrieb gesetzt.

Im Druckbehälter nimmt das Wasser freilich auch Luft auf. Somit würde sich das Luftpolster ständig verringern und die Anlage ausfallen, wenn nicht bei Anlagen mit selbstständiger Behälterbelüftung nicht in der Steig- bzw. Ansaugeleitung auf einer Höhe von etwa 1,5 m über dem maximalen Wasserstand im Brunnen ein Rückflussverhinderer mit Belüftungsventil eingebaut wäre. Das Entlüftungsventil stellt sicher, dass überschüssiger Druck entweichen kann. Diese Funktion ist bei nicht getrennten Druckbehältern mit Saug- bzw. Tauchpumpe der Fall (offenes System). Bei einem Membran-Druckbehälter ist eine Belüftung nicht erforderlich, da durch die Trennung von Luftraum und Wasserraum der Anlagendruck konstant gehalten und ausgeglichen wird. Der Druckschalter ist das wesentliche Steuerelement für den Betrieb der Pumpe, da dieser die Pumpe direkt schaltet.

Für welche Zwecke nun das Wasser genutzt wird, ist abhängig von der Wasserqualität, nicht nur der Gewinnung, sondern auch der Vorhaltung und Verteilung im hausinternen Rohrleitungssystem. Eine Nutzung als Betriebswasser ist wohl am leichtesten möglich, da es kaum nennenswerte Anforderungen stellt, die Grundwasser nicht leisten kann.

Ob das Brunnenwasser als Trinkwasser genutzt werden kann, muss durch regelmäßige Analysen sichergestellt sein. Dabei ist unbedingt auch das unmittelbare Umfeld zu beachten. Befinden sich viele landwirtschaftliche Monokulturen in der Nähe, ist eine Grundwasserbelastung (vor allem durch Nitrate oder gar Nitriten) zu befürchten und darf nicht ignoriert werden. Ein Grund mehr, auch das unmittelbare Wohn- und Lebensumfeld umfassend zu betrachten, ob hier ein eigenverantwortliches und naturnahes Leben stattfinden kann.

Sollte das Grundwasser für den menschlichen Verzehr problemlos geeignet sein, ist die Versorgung als Trinkwasser möglich. Selbstredend bedeutet dies, dass die Anlage umfassend den Anforderungen an die Reinhaltung des Trinkwassers entsprechen muss. Dies kann mit entsprechenden Feinfiltern und etwaigen Aufbereitungsoptionen geschehen. In jedem Fall muss aber auch gewährleistet werden, dass die Temperatur im Druckbehälter sich nicht unzulässig erhöht (kurzzeitig maximal 15 °C – ansonsten gelten die Anforderungen der gültigen Trinkwasserverordnung), der im Falle der Trinkwassernutzung aus nichtrostendem Stahl (Edelstahl) beschaffen und als geschlossenes System mit Membrantechnik ausgestattet sein muss. Je nach Aufstellort ist auch eine Wärmedämmung zu erwägen, wenn die Raumlufttemperatur im Aufstellraum dauerhaft höher als 15 °C ist.

Hinweis: In vielen Bestandsgebäuden der ländlichen Regionen sind nicht selten verzinkte Druckbehälter vorzufinden. Zumeist wurden diese Anlagen für Betriebswasser genutzt, einzelne Anlagen durchaus auch für die Trinkwasserversorgung. Diese können bei Bedarf wieder in Betrieb genommen oder erneuert werden. In diesem Zusammenhang ist natürlich eine Prüfung sämtlicher Komponenten nach hygienischen und technischen Kriterien notwendig.

### 3.1.2 Kraft für die Brunnenpumpe als Hilfsenergie

Die Kraft für die Pumpenleistung wird in der Regel mit elektrischem Strom als Hilfsenergie bereitgestellt. Diese kann dezentral über eine PV-Anlage oder eine Kleinst-Windkraftanlage bereitgestellt werden. Diese Möglichkeit ist in Betracht zu ziehen, wenn man nicht nur vom öffentlichen Wassernetz, sondern auch vom öffentlichen Stromnetz unabhängig sein möchte. Zu beachten ist natürlich der Ausgleich zwischen Nutzungsprofil und Energieangebot. Aus diesem Grund kann allerdings, besonders im Fall von solarer Energienutzung, der Druckbehälter auch zum Kraft-Speicher erweitert werden. Dementsprechend gilt es, ein Wochenprofil für die Brunnenanlage zu erstellen, um zu ermitteln, wie viel Wasser in einer Woche benötigt wird und wie sich dieser Bedarf auf die entsprechenden Tagesanforderungen aufteilt. Also sollte es möglich sein, einen Druckvorrat aufzubauen, um auch, wenn keine Energie anliegt, die Funktion der Wasserverteilung zu ermöglichen. Volumen und Druck sind die entscheidenden Parameter, um einen Druckbehälter auch als Speicher erneuerbarer Energien verwenden zu können. Betreibt man den Druckbehälter mit einem Maximaldruck von 6 bar, sollte auf der Entnahmeseite vor der Wasserverteilung in jedem Fall auch ein Druckminderer installiert werden, um zu vermeiden, dass an den einzelnen Entnahmestellen ein zu hoher Druck anliegt, der nicht nur das Rohrleitungssystem irritiert, sondern auch für einen sehr schnellen Druckabfall im Behälter bzw. des Systems sorgen würde. In der Regel sind zur Überwindung von Höhenunterschieden pro 10 m Wassersäule 1 bar Anlagendruck für das Leitungssystem ausreichend.

Hinsichtlich des Anlagendrucks muss stets gewährleistet sein, dass Druckverluste von Armaturen, Rohrleitungsstrecken und Höhenunterschiede ausgeglichen werden. Ein Sicherheitsaufschlag von 0,3 bar ist in der Regel ausreichend. Zusätzlich ist bei einer Brunnenanlage auch auf die Vermeidung von Körperschallübertragungen zu achten. Dies betrifft besonders den Betrieb der Pumpe. Aber auch zu hohe Anlagendrücke können hörbare Fließgeräusche verursachen, die zu vermeiden sind.

Die Reduzierung und Konstanthaltung des Anlagendrucks ist auch bei Wasserleitungen, die am öffentlichen Netz angeschlossen sind, zu beachten. Druckminderer und Druckausgleichsarmaturen, beispielsweise ein Membran-Druckausdehnungsgefäß (muss für Wasser zugelassen sein!), sind wichtige und wesentliche sicherheitstechnische Einrichtungen in der gesamten Sanitärinstallation eines Gebäudes.

## 3.2 Der Hauswasseranschluss

In Deutschland besteht in der Regel Anschlusszwang an das öffentliche Trinkwassernetz. Und sobald eine öffentliche Trinkwasserversorgung am Gebäude anliegt, muss diese genutzt werden und eine bestehende Brunnenanlage ist außer Betrieb zu setzen. Manche Behörden bestehen sogar auf einem Rückbau der gesamten Brunnenanlage.

Das öffentliche Trinkwasserversorgungssystem generiert sein Wasser aus den gleichen Quellen, wie es dezentrale Grundwasser-Brunnenanlagen tun. Das System besteht aus einer Vielzahl von Ring-, Verteil- und Stichleitungen mit sehr hohen Betriebsdrücken, um die vollständige Versorgung jederzeit gewährleisten zu können. Bei hoher Lastdichte können sehr hohe Spitzenlasten auftreten, die auch zu Druckschwankungen im Trinkwassernetz führen.

Der Hauswasseranschluss ist jene Stelle, wo der öffentliche Trinkwasseranschluss des Wasserversorgungsunternehmens in das Gebäude eintritt. Schnittstelle ist eine Absperreinrichtung mit Montagebügel für die Wasseruhr. An dieser Stelle enden die Versorgerpflichten und die Nutzerpflichten beginnen. Ebenso kann an dieser Stelle die Verbindung zu einer dezentralen Trinkwasserversorgung hergestellt werden.

Die Anforderungen an das Trinkwasser sind durch die Trinkwasserverordnung festgelegt und sind gültiges Recht. Die Trinkwasserverordnung unterscheidet in „Wasserversorgungsanlagen“ (Versorgerpflichten) und „Trinkwasser-Installation (Betreiberpflichten).

Der Berater und Planer ist aber gleichermaßen gefordert wie der Fachhandwerker – und sei es allein durch die Hinweispflicht.

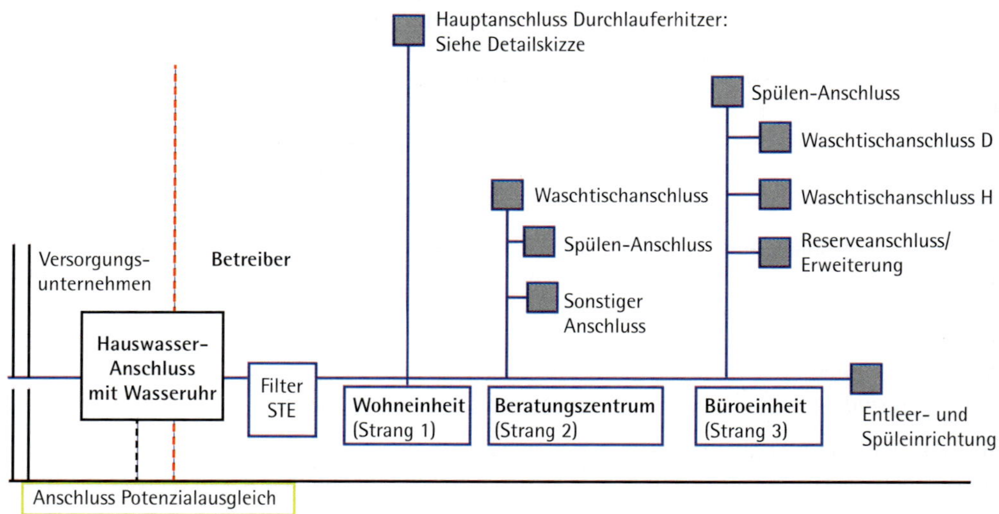


**Abb. WS 3.2:** Hauswasseranschluss mit Trinkwassereinführung, Filtereinheit, sicherheitstechnischen Einrichtungen und Verteilung (Quelle: Frank Hartmann)

Hausanschlussleitungen (Stichleitung vom Versorgungsnetz in das Grundstück zur Wasseruhr – Hausanschluss) werden vom Wasserversorgungsunternehmen oder von einer beauftragten Installationsfirma ausgeführt. Bei der Installation ist wichtig zu beachten:

- Die Einführung in das Gebäude muss vollständig dicht und gegen drückendes Wasser gesichert sein (z. B. durch eine Dichtung). Die Anschlussleitung muss im Bereich der Versorgungsleitung absperrbar sein.
- Die Anschlussleitung muss auf direktem Wege in horizontaler Richtung und frostfrei verlegt werden. In der Regel im Erdreich unterhalb der Frostgrenze.
- Der Abstand zur Entwässerungsleitung (Kanalanschluss) soll mindestens 1 m betragen. Dabei darf die Trinkwasserleitung keinesfalls unter der Entwässerungsleitung liegen.
- Um eine Freilegung der Trinkwasserversorgungsleitung jederzeit zu ermöglichen, sollte sie nicht überbaut werden und mit Markierungsbändern ca. 300 mm über der Leitung ausgestattet werden.
- Die Hauptabsperreinrichtung (HAE) ist im Gebäude möglichst nahe an der Gebäudeeinführung zu positionieren.

Gelegentlich mag es vorkommen, dass die Hausanschlussleitung lange Wege bis zur Verteilung oder gar dem Sitz der Wasseruhr überwinden muss. Die Gefahr ist dann recht groß, dass das Wasser in der Leitung sich erwärmt, wenn die Leitungswege durch beheizte Bereiche geführt werden. Einerseits geht es darum, Kondenswasser an den Leitungen zu vermeiden und natürlich auch darum, die Temperatur des Trinkwassers nicht über maximal 15 °C zu erwärmen, um es vor Verkeimungen zu schützen. Besonders problematisch sind lange Leitungswege besonders in Heizräumen, wo oft mehr als 20 °C Raumlufttemperatur herrschen. In solchen Fällen sollte die Trink-Kaltwasserversorgungsleitung entsprechend diffusionsdicht gedämmt werden. Sicherlich ist unmittelbar neben einem Heizkessel (Wärmequelle) nicht der geeignete Ort für eine Kaltwasserleitung. Gleiches gilt auch für Wasseruhren und Verteiler, wenn diese entsprechenden Temperaturen ausgesetzt sind.

Bei erdverlegten Metallleitungen muss ein Isolierstück zur Unterbrechung der elektrischen Leitfähigkeit eingebaut werden. Isolierstücke vermindern zudem die Gefahr einer elektro-chemischen Korrosion. Die Regel sind heute Hauswasserversorgungsleitungen aus PE-HD-Rohr, womit kein Isolierstück notwendig ist. Die Hauseinführung kann sowohl vertikal durch die Bodenplatte oder horizontal durch die Kellerwand erfolgen. In jedem Fall ist die Durchführung dauerhaft dicht auszuführen. Jede Trinkwasserleitung muss im Gebäude am Potentialausgleich angeschlossen werden.

<u>Hinweis</u>: Auch der Bügel der Wasseruhr ist mit einem Erdungskabel (16 mm²) zu verbinden, damit ein Erdschluss auch im Falle einer ausgebauten Wasseruhr dauerhaft sichergestellt werden kann. Die Erdung der Trinkwasserinstallation ist in jedem Fall messtechnisch zu prüfen.

Die Wasserzählanlage besteht aus der Hauptabsperreinrichtung, dem Wasserzähler, einem Absperrventil, einem Rückflussverhinderer mit Prüfeinrichtung und einem Entleerungsventil. In der Regel sind Absperrventil und Rückflussverhinderer in einer Armatur vereinigt.

<u>Hinweis</u>: Besonders in Bestandsgebäuden ist es immer wichtig, einen Blick auf den Hauswasseranschluss zu werfen und auch die daran angeschlossene Wasserverteilung zu überprüfen. Diese Bereiche werden oft sträflich vernachlässigt. Wichtig ist auch, die Anlage auf stillgelegte Leitungen zu untersuchen. Besonders Stichleitungen bergen dabei ein erhebliches Hygienerisiko – nicht nur Warmwasserleitungen, sondern auch Kaltwasserleitungen. Es ist bei Rückbauarbeiten immer darauf zu achten, stillgelegte Leitungen vollständig zurückzubauen und dauerhaft vom System zu trennen. Die Leitungsführungen sind stets auf das notwendigste Ausmaß zu reduzieren, wobei die Leitungsführung stets über den direkten Weg zu erfolgen hat. Sämtliche Umwege, Leitungsverschleppungen sowie Stagnation sind unbedingt zu vermeiden!

### 3.2.1 Wasserfilter und sicherheitstechnische Einrichtungen

Druckminderer müssen möglichst gleich nach der Wasserzähleinrichtung eingebaut werden, um von dieser Stelle aus nicht nur das anstehende Wasser zu entspannen, sondern die gesamte interne Wasserinstallation vor Druckschwankungen zu schützen. Der Druck im öffentlichen Netz kann mehr als 5 bar betragen. In einem Einfamilienhaus ist ein Anlagendruck von 1,8 bar in der Regel schon durchaus ausreichend. Entscheidend dafür sind natürlich auch die Leitungsführung und ihre Richtungsänderungen und Dimensionierung, welche entsprechende Widerstände bilden oder eben widerstandsarm ausgebildet sind, sowie die Art und Anzahl von Entnahmestellen. Der Druckminderer muss beidseitig absperrbar und frei zugänglich sein. Im Rahmen der Wartung ist die Funktion des Druckminderers immer zu prüfen. Um seine Funktion nicht zu beeinträchtigen, muss nach dem Druckminderer eine gerade Rohrstrecke mit einer Länge von mindestens fünfmal dem Rohrinnendurchmesser der Rohrleitung vorhanden sein. Diese Rohrstrecke dient somit auch als Entspannungsstrecke für das einströmende Wasser. Empfehlenswert sind Druckminderer mit Druckanzeigen, sowohl an der Eingangs- als auch der Ausgangsseite.

Der Druckminderer ist die erste sicherheitstechnische Einrichtung, um das interne Trinkwassersystem vor Druckdifferenzen bzw. den daraus resultierenden Druckschlägen zu schützen. Analog dem Anschluss an die öffentliche Kanalisation muss auch beim Trinkwasseranschluss darauf geachtet werden, dass Wasser, welches die Wasseruhr passiert hat, auf keinen Fall in das Versorgungsnetz zurückgelangt. Dementsprechend ist im Hauswasseranschluss ein Rückschlagventil zu integrieren, welches sicherstellt, dass das eingebrachte Wasser nur in Richtung des Trinkwassersystems (Hausinstallation) fließt.

In vielen Bestandsanlagen ist sehr oft noch ein alter Wechselfilter vorzufinden, dessen Filterkerze von einem Filtervlies umgeben ist. Der Wechsel des Filtervlieses ist aufwändig und wurde in der Regel entsprechend vernachlässigt. Leider sind an diesen Stellen der internen Wasserversorgung schon die ersten Verkeimungen oder zumindest grobe Verschmutzungen zu erkennen. Korrosionserscheinungen und Verkarstungen tun ihr Übriges. In der Regel ist es notwendig, solche Filter vollständig auszutauschen.

Besonders bei hohen Korrosionsgraden wird die Dichtheit oft nur noch durch die Verkrustungen der Korrosion erreicht. Aktiviert man bewegliche Teile, werden diese gerne undicht und verlangen eine fachgerechte Reparatur bzw. Austausch.

**Abb. WS 3.3:** Schmutzfilter in der Trinkwasserversorgung mit integriertem Druckminderer und Anzeige des Vordrucks und des Anlagendrucks sowie Absperreinrichtung mit Rückschlagventil und Spülverschluss am Filter (Quelle: Frank Hartmann)

Auf Materialreinheit wurde bei vielen Bestandsanlagen leider wenig geachtet; das irritiert das Wasser und provoziert unerwünschte chemische Reaktionen im Leitungssystem.

Durch die Filterung des Trinkwassers wird nicht nur das Wasser von fein- und grobstofflichen Partikeln befreit, sondern auch die Grundlage einer entsprechenden Wasserhygiene geliefert. Moderne Schmutzfilter für Trinkwasser funktionieren nach dem Rückspülprinzip und gelten in der Baubiologischen Haustechnik als Standard. Der größte Vorteil von Rückspülfiltern ist, dass sie (mechanisch von Hand oder elektronisch automatisch) selbstreinigend sind und nicht geöffnet werden müssen. Durch das transparente Schauglas ist jederzeit der Verschmutzungsgrad des Filterelements zu sehen. Durch einfache Handbetätigung erfolgen die Rückspülung mit systemeigenem Trinkwasser und der sofortige Ausfluss des Spülwassers. Ob nun dafür eigens ein Abwasserrohr herbeigeführt werden muss, um dieses über einen Geruchsverschluss unterhalb des Rückspülfilters mit einem Entwässerungsanschluss auszustatten, liegt im Ermessen des Betreibers bzw. seinen Komfortansprüchen. Rückspülfilter gibt es grundsätzlich auch in einer vollautomatischen Ausführung, welche ermöglicht, die Rückspülung unabhängig vom Zutun des Betreibers durchzuführen. In diesem Fall ist sicherlich ein Entwässerungsanschluss vorzusehen.

Natürlich kann dieses Spülwasser für jegliche Art Betriebswasser genutzt werden, da es im Grunde nicht einmal Grauwasser, sondern lediglich leicht verschmutztes Trinkwasser ist. Für manuelle Spülungen kann auch ein Eimer benutzt werden oder eine Gießkanne.

Vollautomatische Rückspülfilter benötigen allerdings wieder Hilfsenergie. Es gilt an dieser Stelle einmal mehr abzuwägen, welcher Komfort und welche Betriebssicherheit gewünscht sind. Allerdings wäre es ein grober Fehler zu glauben, dass ein vollautomatischer Rückspülfilter uns jeglicher Aufsichtspflicht entheben würde. Insbesondere hochtechnische Geräte sind umso mehr regelmäßig zu kontrollieren und zu warten. In manchen Fällen, z. B. in öffentlichen Gebäuden oder bei zeitweiser Abwesenheit der Betreiber, kann eine vollautomatische Ausführung schon sinnvoll sein. Bei einer selbstverantwortlichen mechanischen Betätigung ist zumindest die Inaugenscheinnahme bei jeder Betätigung dabei und kann somit zielorientiert auf die Wartungsintervalle einwirken. Und es lässt sich auch nicht von einem nennenswerten Aufwand sprechen, wenn man ohnehin in großer Regelmäßigkeit jene Stelle passiert, wo der Filter installiert ist.

Hinweis: Die Wartungs- und Reinigungsintervalle sind keineswegs statisch in einem starren Zeitfenster festzulegen, da die Verschmutzungen aus dem öffentlichen Netz keineswegs konstant sind, sondern einmal mehr und einmal weniger auftreten können. Als Anhaltspunkt ist mindestens eine Spülung/Reinigung des Filters pro Quartal zu empfehlen. Natürlich kann die Rückspülung jederzeit sporadisch durchgeführt werden, da sich der Filter ja innerhalb des Gebäudes befindet und jederzeit zugänglich ist. In der Baubiologischen Haustechnik gilt eine monatliche Rückspülung als grundsätzliche Empfehlung.

Unter dem Begriff Hauswasserstationen werden heute moderne Kompaktgeräte angeboten, die folgende Funktionen beinhalten:

- Rückschlagventil mit Entleerung und Prüföffnung,
- einstellbarer Druckminderer mit zwei Druckanzeigen (Netz- und Anlagendruck),
- Rückspülfilter mit Feinfiltereinsatz und Auslaufventil (mechanisch/vollautomatisch),
- Absperreinrichtungen nach der Hauswasserstation,
- diverses anderes Zubehör, beispielsweise ein Leckageschutz.

Besonderer Vorteil einer solchen kompakten Baugruppe ist der geringe Montageaufwand und die Raumersparnis bzw. Verkürzung der Rohrstrecke. Ein Leckageschutz ist im Mehrgeschosswohnungsbau, aber auch in Einfamilienhäusern durchaus zu empfehlen, wenn bei einem Rohrbruch große Schäden absehbar sind. Unabhängig von solchen Geräten im Hauswasseranschluss kann bei längerer Abwesenheit der Hauptabsperrhahn betätigt werden. Wird die Installation wieder in Betrieb gesetzt, sollte in jedem Fall die Leitung gespült werden.

### 3.2.2 Wartung des Hauswasseranschlusses

Wichtig ist es, den gesamten Hauswasseranschluss regelmäßig zu warten. Für die Wartung ist eine Leistungsbeschreibung entsprechend dem Anlagensystem im Kontext des Haustechnischen Pflichtenheftes zu erarbeiten. Sie bildet die Grundlage der jährlichen Wartungsleistungen, die dementsprechend durchzuführen und zu dokumentieren sind. Bei einer regelmäßigen Betätigung des Rückspülfilters und einer funktionsgerechten Betriebsweise der Hauswasserinstallation ist der Wartungs- und Instandhaltungsaufwand sehr überschaubar, da er sich in der Hauptsache auf die funktionsgerechte Überprüfung sämtlicher Bauteile konzentriert. Natürlich kann ein Druckminderer nach einigen Jahren Ermüdungserscheinungen aufweisen. Allerdings müssen sie in der Praxis oft schon vorher wegen Funktionsstörungen durch Korrosion ausgetauscht werden. Dies betrifft nicht nur den Druckminderer, sondern sämtliche sanitärtechnische Armaturen der gesamten Rohrleitungsinstallation, insbesondere wenn kein Schmutzfilter eingebaut ist oder dieser ungenügend gewartet bzw. gereinigt wird. Bei dieser Gelegenheit sollte auch in einer gewissen Regelmäßigkeit das Wasser untersucht werden.

Härtebildende Stoffe sind im Trinkwasser einerseits lebensnotwendig für das Lebensmittel Wasser, können allerdings schnell zu viel des Guten bedeuten und nicht nur unsere Sanitärinstallation, sondern letztendlich (bei Lochfraß) durch Rohrbrüche unser gesamtes Haus bedrohen. In diesem Falle spricht man im Zusammenhang mit der Sanitärinstallation immer auch über die Notwendigkeit einer Wasseraufbereitung und demzufolge gleich im Anschluss über die Möglichkeiten einer Wasseraufbereitung.

### 3.2.3 Wasseraufbereitung und Wasserbehandlung

Trinkwasser bedarf per Definition aus gesundheitlichen Gründen keinerlei Nachbehandlung. Lediglich Schwebstoffe werden durch den Rückspülfilter entfernt. Dennoch kann für Haushalt, Gewerbe und Industrie aus technischen Gründen eine Nachbehandlung zur Hemmung von Steinablagerung und Korrosion und zur Reduzierung des Kalkanteils durchaus erwünscht sein. Der Kalkanteil ist regional sehr unterschiedlich und verändert sich durch unterschiedliche Rohwasserquellen.

Hinweis: Aufgrund der Tatsache, dass Wasser in chemisch reiner Form fast nie vorkommt, ist es umso notwendiger, sich nicht nur mit den biologischen und physikalischen Eigenschaften des Wassers auseinanderzusetzen, sondern ebenfalls auch mit seinen chemischen Eigenschaften; nicht zuletzt deshalb, weil die Chemie notwendig ist, um selbst die für uns so entscheidende Biochemie des Wassers zu verstehen, was in der Baubiologischen Haustechnik die Grundlage jeglicher Wasserbehandlungsmaßnahmen darstellt.

Wasser kommt auf seinem Weg durch den natürlichen Kreislauf, aber auch auf seinem Weg von der Gewinnung über die Trinkwasseraufbereitung bis hin zum Verbraucher (Übergabestelle Hausanschluss) und durch die Hausinstallation mit einer Vielzahl von Stoffen und Materialien in Berührung. Zu den biophysikalischen Einflüssen ist an dieser Stelle auch auf die mitunter sehr hohen Teildrücke und Druckdifferenzen in Armaturen, Formteilen und Apparaten hinzuweisen, die in ihren statisch-kubischen Formen und Rechtwinkligkeiten dem natürlichen Wasserfluss zusetzen. Es gilt daher gerade im Rahmen der Installation darauf zu achten, dass enge und abrupte Richtungsänderungen vermieden werden.

Die Stofflichkeit des Wassers aber entscheidet wesentlich über die Trinkwasserinstallation (und alle anderen wasserführenden Leitungen) eines Gebäudes und muss kritisch betrachtet werden. Von besonderer Bedeutung sind die korrosiven wie steinbildenden Eigenschaften, sollte das Trinkwassersystem aus Metall hergestellt werden. Wobei an dieser Stelle zu sagen ist, dass Kupfer sehr schwierig mit den Eigenschaften des Wassers abzustimmen ist, verzinktes sowie schwarzes Stahlrohr de facto ausscheidet, PE-HD-Rohre nur für Kalt-Trinkwasser geeignet sind, Mehrschichtverbundrohre hinsichtlich ihrer Ökobilanz und Instandhaltungsstandards vorsichtig zu betrachten sind und aus baubiologischer Sicht nicht wirklich zu empfehlen. Was letztendlich bleibt ist die Empfehlung der Baubiologischen Haustechnik, eine Lösung mit nichtrostenden Edelstahlrohren zu suchen, wobei sich auch das PE-Xa Rohr bewährt hat, das die wesentlichen Vorteile einer flexiblen Leitungsführung sowie nur wenige Anteile an Form- und Verbindungsstücken aufweist. Eine sanfte Wegführung der Trinkwasser-Leitungen ist ein Prinzip der Baubiologischen Haustechnik, wie es in allen Teilbereichen und in der ganzheitlichen biologischen Bauordnungslehre der Fall ist.

### 3.2.3.1 Korrosivität von Wasser

Die Korrosivität von Wasser ist eine Eigenschaft, die sich ausschließlich bei Kontakt des Wassers mit bestimmten Werkstoffen äußert. Die Korrosivität beschreibt die Förderung von Korrosionsprozessen, welche nicht nur zu Störung und Ausfall des Systems führen kann, sondern auch zu erheblichen Wasserschäden durch Rohrbrüche. Das Wasser eines öffentlichen Netzes fließt dann unentwegt und überschwemmt ganze Keller, durchfeuchtet Mauerwerke und Holzkonstruktion – sehr schnell können hier baukonstruktive Totalschäden erzeugt werden. Eigenes Brunnenwasser fließt dagegen nur, solang der Druckbehälter die Voraussetzungen schafft. Wenn man die Förderpumpe bei längerer Abwesenheit ausschaltet, lässt sich hier Schaden begrenzen. Diese Maßnahme ist durchaus auch in Form der Betätigung der Hauptabsperreinrichtung bei einem öffentlichen Anschluss zu empfehlen, wenn man für längere Zeit das Haus verlässt. Wichtig ist, bei Wiederöffnen der Wasserversorgung eine Spülung der Leitung vorzunehmen, um hygienische Belastungen auszuschließen.

Die Korrosionsgefahr kann immer nur in Abhängigkeit von bestimmten Werkstoffen und bestimmten Betriebsbedingungen eingeordnet werden. Durch folgende Faktoren wird die Korrosivität des Wassers in Trinkwasserleitungssystemen beeinflusst:

- Sauerstoffkonzentration – bei luftgesättigtem Wasser liegt die $O_2$-Konzentration etwa bei 10 mg/l,
- Konzentration und Konzentrationsverhältnis bestimmter Anionen: Chlorid-, Sulfat-, Nitrat- und Hydrogenkarbonat-Ionen,
- ph-Wert bzw. Konzentration von Kohlensäuren.

Durch Reaktionen von Wasser mit bestimmten Metallen und unter Einwirkung von Sauerstoff (Dichtigkeit von Verbindungen!) im Wasser verändern sich die Eigenschaften von Metallen. Dabei sind zwei Teilreaktionen von besonderer Bedeutung: die anodische Teilreaktion (Oxidation) und die kathodische Teilreaktion (Reduktion).

In der konventionellen Haustechnik werden schon sehr lange im großen Rahmen über sogenannte Dosiergeräte verschiedene Chemikalien dem Trinkwasser zugeführt. Solche Geräte sind besonders in Bestandsanlagen zu finden, die aber ähnlich wie so mancher Schmutzfilter lange weder gewartet noch betätigt wurden und vielmehr eine Gefahrenquelle darstellen. Am häufigsten werden wohl Phosphate dem Trinkwasser beigefügt. Sie verringern oder verhindern – je nach Wasserbeschaffenheit – das Ausfallen von Kalziumkarbonat. Ihre Wirkung ist abhängig von der Härte und Temperatur des Wassers und lässt bei hohen Härtegraden und hohen Temperaturen sehr rasch nach. Die Phosphatbehälter sind dabei stets zu erneuern. Nach der Trinkwasseraufbereitungsverordnung ist die Zugabe von maximal 1 mg/l erlaubt. Ferner gilt es zu beachten, dass der Einbau in Neuinstallationen erst nach etwa einem halben Jahr erfolgen soll, um den Rohrleitungen die Chance zu geben, zuerst ihre Schutzschicht aufzubauen. Durch die Dosierung mit Phosphaten sollte die Bildung von Schutzschichten besonders in verzinkten Stahlrohren und Kupferrohren unterstützt werden.

Silikate haben eine begrenzte korrosionshemmende Wirkung. Sie dürfen dem Trinkwasser bis maximal 5 mg/l zugegeben werden. Wenn trotz aller Bemühungen und der Beachtung aller technischen Regeln ein Korrosionsschaden in metallenen Rohrleitungen zu befürchten ist oder nicht ausgeschlossen werden kann, kann durch Dosierung alkalisierender Stoffe eine Verringerung der Konzentration an freier Kohlensäure und eine Erhöhung des ph-Wertes erreicht werden. Die Korrosionsgeschwindigkeit wird dadurch bei verzinkten Stahlrohren verringert und dem Lochfraß bei Kupferrohren entgegengewirkt.

Durch Zugabe von Kalziumkarbonat, Dolomit oder Kalkmilch wird aber gleichzeitig die Härte des Wassers erhöht. Der ph-Wert darf nach Zugabe von Substanzen einen Wert von 7,5 nicht überschreiten. Zur Herabsetzung einer erhöhten Alkalität oder zur Einstellung eines bestimmten ph-Wertes dürfen dem Trinkwasser Säuren zugeführt werden. Hierbei ist allerdings darauf zu achten, dass das Kalk-Kohlensäure-Gleichgewicht erhalten bleibt.

Die Zugabe oder Beimischung von Chemikalien erfolgt durch Dosiergeräte, welche einer bauaufsichtlichen Prüfung und DVGW-Zulassung bedürfen. Je nach Wasservolumenstrom erfolgt eine gleichmäßige, einstellbare Anreicherung/Beimengung der gewünschten Zusatzstoffe. Also muss für die Projektierung und Auslegung nicht nur ein entsprechendes Nutzungsprofil mit den daraus resultierenden Wassermengen pro Monat erstellt werden, sondern auch eine umfassende Analyse des Wassers erfolgen.

Hinweis: Dosiergeräte unterliegen der Aufsichtspflicht und sind im Rahmen der Wartung zu prüfen. Selbstredend sollten natürlich auch laufende Wasseranalysen die tatsächliche Qualität des Wassers sicherstellen und dokumentieren. Zu bemerken ist, dass Dosiergeräte nur mit den herstellerkonformen Substanzen in den entsprechenden Behältnissen verwendet werden dürfen.

Der Einbau von Dosiergeräten in Bestandsanlagen ist nicht ohne Risiko, da es sehr leicht sein kann, dass sich dadurch Rücksetzungen ergeben, welche die Stabilität des Rohrleitungssystems gefährden. Ebenso sorgfältig sollte auch die Spülung von Trinkwasser-Installationen vorgenommen werden.

Ob Wasseraufbereitung, Entkalkung, Enthärten und Ähnliches – neuerdings wird der Markt von einer Flut neuer Wasseraufbereitungsgeräte und -armaturen zur Belebung und Vitalisierung des Wassers im Haus beherrscht, welche mehr neue Fragen aufwerfen als alte beantworten. Nichtsdestotrotz ist der erste und wichtigste Punkt die härtebildenden Stoffe im Wasser und der Umgang mit ihnen. Aus diesem Grund wollen wir uns an dieser Stelle – bevor wir uns mit weiteren Arten der Wasseraufbereitung und was dies alles bedeuten mag – zuerst dem Kalk im Trinkwasser widmen.

### 3.2.3.2 Der Kalkanteil in Härtegraden

Früher wurde der Kalkanteil in °dH (Grad deutscher Härte) definiert. Neuerdings wird er in mmol/m³ angegeben. Die Unterteilung erfolgt in weich, mittel, hart und sehr hart. Ein deutscher Grad entspricht 10 mg Kalziumoxid (CaO) je Liter Wasser.

1 mmol/l = 56 mg CaO/l = 5,6 °dH
1 °dH = 0,179 mmol/l = 10 mg CaO/l

Die Steinbildung durch Härte des Wassers beruht auf dem Gehalt an gelösten Salzen der Erdalkali-Elemente. Dementsprechend sind Härtebildner an erster Stelle Kalzium- und Magnesiumsalze, insbesondere Kalzium- und Magnesiumsulfate, -chloride, -silikate und -hydrogenkarbonate.

Eine andere Einteilung der Wasserhärte geschieht durch das Waschmittelgesetz. Danach sind alle Wasserversorgungsunternehmen verpflichtet, mindestens einmal jährlich den Härtegrad des gelieferten Wassers bekannt zu geben. Dadurch, dass sich auf jeder Waschmittelpackung ein Hinweis auf die jeweilige Waschmittelmenge entsprechend dem Härtebereich befinden muss, kann der Verbraucher eine Überdosierung vermeiden. Dazu muss er freilich den Härtegrad seines Wassers kennen.

Die Steinbildung durch Härte des Wassers wird besonders deutlich bei der Trinkwassererwärmung. Bei Erwärmung des Wassers reagieren die Kalzium- und Hydrokarbonat-Ionen, insbesondere bei Temperaturen ab 60 °C, und bilden schwer löslichen Kalk. Durch diese chemische Reaktion kommt es in Trinkwassererwärmungsanlagen zu erheblichen Kalkablagerungen, was hinreichend bekannt ist und einen entsprechend hohen Instandhaltungsaufwand bedeutet. Nun ist es wie so oft eine Frage der Verhältnismäßigkeit, denn bei dünneren Schichten wirken diese durchaus als Korrosionsschutz, z. B. an Rohrinnenflächen. Bei größeren Schichten aber wird die Anlage negativ beeinflusst und sie müssen daher vermieden werden. 10 mm Kalkablagerung an einem Wärmeübertrager verlangen einen energetischen Mehraufwand von 10 %. Das bedeutet, wenn 1000 W ausreichend wären, müssten 1100 W bereitgestellt werden.

### 3.2.3.3 Physikalische Wasserbehandlung gegen Kalk

In der Natur gibt es eine Vielzahl an – im wahrsten Sinne des Wortes – vorbildlichen Prozessen, die im Einklang mit den Kriterien der Baubiologischen Haustechnik stehen. Naheliegendes Beispiel ist für uns in diesem Fall die sogenannte Biomineralisierung. Diese wird beispielsweise von Muscheln und Korallen genutzt, um den im Wasser gelösten Kalk in kleinste Kalkkristalle umzuwandeln, um damit ihr Kalkskelett aufzubauen.

Nach diesem Beispiel der Biomineralisierung wurde ein Granulat entwickelt, welches katalytisch den Prozess der Kalkfällung auslöst bzw. die überschüssigen Kalzium- und Karbonat-Ionen aus dem vorbeifließenden Wasser zu Kristallen bildet. Dies geschieht in einem Zwischenbehälter, um die aus dem Wasser gebundenen Kalkkristalle wieder an das Wasser abzugeben. Demnach ändert sich der Kalkgehalt des Wassers nicht, aber seine Konsistenz. Somit wird ein Kalküberschuss im

Wasser abgebaut, um einer Steinbildung vorzubeugen, ohne jedoch den Kalk aus dem Wasser zu entfernen. Dieser wird an den Entnahmestellen mit dem Wasser ausgeschwemmt. In der Regel ist es ausreichend, das Granulat nach etwa fünf Jahren zu erneuern. Die entsprechenden Geräte werden unmittelbar nach der Hauswasserstation installiert. Auf die Anforderungen des DVGW-Arbeitsblattes W510 ist zu achten.

Um eine Verkeimung oder mikrobiologische Belastung des Wassers bzw. Katalysatormaterials auszuschließen, sollte im Gerät eine regelmäßige thermische Desinfektion stattfinden. Während der thermischen Desinfektion wird die Katalysator-Kartusche von der Trinkwasserversorgung getrennt, während über einen Bypass diese sicherzustellen ist. Das Wasser in der Kartusche sollte auf mindestens 80 °C erwärmt werden, um sicherzustellen, dass das Katalysatormaterial mindestens 75 °C erreicht. Nach der thermischen Desinfektion wird das Heißwasser ausgespült, kann einem Betriebswasserbehälter zugeführt werden und die Wasserbehandlung wird fortgesetzt.

Für den Betrieb solcher Geräte ist eine Spannungsversorgung von 230 V/50 Hz notwendig. Die elektrische Leistungsaufnahme während der Behandlung beträgt maximal 2 W. Für die thermische Desinfektion aber werden 600 W und mehr benötigt! Die Spülmenge beträgt etwa 20 Liter oder mehr. Bei einem Rückspülfilter wird eine ungleich geringere Spülmenge (3 bis 4 Liter) benötigt. Genaue Detailinformationen sind den jeweiligen Produktdatenblättern zu entnehmen.

Im Sinne einer umweltschonenderen Wassernachbehandlung werden auch sogenannte Kalkwandler angeboten, welche magnetische oder elektrische Felder erzeugen, um damit eine Stabilisierung der Härtebildner zu erreichen. Welche Auswirkungen aber diese Informationen auf das Wasser insgesamt haben, wird bislang viel zu wenig berücksichtigt.

Hinweis: Derartige Geräte und Verfahrensweisen sind u. a. nach den Kriterien der Baubiologischen Messtechnik zu bewerten und insgesamt unbedingt kritisch zu betrachten, was ihre Funktion, Materialauswahl und die ganzheitliche Beeinflussung des Wassers angeht. Zielführend für eine Bewertung sind auch in diesem Fall vergleichende Messungen im Betrieb.

### 3.2.3.4 Chemische Wasserbehandlung gegen Kalk

Bei der chemischen Behandlung werden dem Wasser im Ionen-Austauschprinzip sämtliche Härtebildner vollständig entnommen. Dies kann aber nur funktionieren, wenn zum Ausgleich andere Stoffe beigefügt werden. Dabei nimmt ein Harzgranulat Kalzium- und Magnesium-Ionen auf und gibt dafür Natrium-Ionen ab. Das Wasser wird durch diesen Vorgang so lange enthärtet, bis alle Kalzium- und Magnesium-Ionen vollständig durch Natrium-Ionen ausgetauscht sind. Was wie ein schlichter Salzaustausch aussieht, ist in Wahrheit ungleich komplexer. Allein die Tatsache, dass vollentkalktes Wasser kein Trinkwasser mehr ist und gesundheitsschädlich ist, weil der lebenswichtige Kalkanteil fehlt, sollte man sich die Frage stellen, warum man so etwas tut? Über eine Verschneidearmatur wird dem vollständig enthärteten Wasser soviel reines (kalkhaltiges) Wasser beigemischt, dass sich ein Härtegrad von mindestens 8 °dH einstellt.

Wenn aber das Harz-Granulat mit Kalzium- und Magnesium-Ionen angereichert ist, muss eine Regeneration eingeleitet werden. Sie besteht aus Rückspülen, Aktivieren (bzw. Anreichern) mit Kochsalz (NaCl) und Auswaschen. Während der Regeneration wird die Trinkwasserversorgung über einen Bypass sichergestellt. Allerdings ist der Regenerationsaufwand ungleich höher, das Spülvolumen deutlich größer und vor allem: Es muss regelmäßig Salz nachgefüllt werden.

Dieser Aufwand einer Enthärtung mag in manchen Fällen durchaus berechtigt sein. Bei sehr hartem Wasser (> 20 °dH) ist oftmals das Ionen-Austausch-Prinzip das einzig wirkungsvolle. Aber was bedeutet es, wenn man für alle Fälle die entsprechenden Mittel zu Verfügung hat und der Aufwand immer mehr steigt? Ist es nicht ungleich nachhaltiger, schon im Vorfeld sicherzustellen, dass Trinkwasser für Hauswasser-Installationen bereits am Hausanschluss maximale Grenzwerte einhalten muss. Jedoch ist es sehr schwierig, wirklich belastbare Kalkangaben zu erhalten, die eine entsprechende Langzeit-Verbindlichkeit haben. Die Wasserwirtschaft muss hier in die Pflicht genommen werden.

Dementsprechend verlangt die Baubiologische Haustechnik einen nachhaltigen Umgang mit den Regenerationswassern bzw. Rückspülwassern sowie allen Nutzwassern. Einfach ins Abwasser zu leiten ist zu einfach, denn da beginnen dann genau die Probleme, warum sich die an sich so nützliche Naturwissenschaft Chemie in ihr Gegenteil umwandelt – weil wir bisweilen sehr fahrlässig damit umgehen! Warum betrachten wir diese Natrium- Kalzium-Magnesium-Ionen-Mixtur (Rückspülwasser) nicht in ihren Optionen oder Potenzialen als Ressource? Wie wirkt sich die Zugabe von Natrium-Ionen auf das Grundwasser aus, wie kann diese Wirkung ausgeglichen werden? Diese Fragestellungen beschäftigt noch nicht sehr viele in der Branche, aber mit Recht fragen immer mehr Bauherren danach!

## 3.3 Trinkwasserverteilung

Unmittelbar nach dem Hauswasseranschluss bzw. der Hauswasserstation erfolgt die Kalt-Trinkwasserverteilung. Je nach Größe des Gebäudes und der Anzahl separater Nutzungseinheiten sollte von dieser Stelle der Kalt-Trinkwasserstrang strukturiert aufgeteilt werden.

Für jede Nutzungseinheit ist ein separater Strang vom Verteiler abzuzweigen und auf direktem Wege als Versorgungsleitung der Nutzungseinheit zuzuführen. Innerhalb der Nutzungseinheit befindet sich oft eine Übergabestelle analog zum Hauswasseranschluss als Anschluss Nutzungseinheit. Von dieser Stelle aus werden die jeweiligen Entnahmestellen durch entsprechende Anschlussleitungen versorgt.

Je nach Art der Trinkwassererwärmung unterscheidet sich der Aufbau des Trink-Kaltwasserverteilers. Bei einer zentralen Trinkwassererwärmung besitzt der Verteiler einen Abgang, der als Boiler- oder Speicherleitung bezeichnet wird und das Trinkwasser einer Trinkwassererwärmungsanlage zuführt. Erfolgt die Trinkwassererwärmung dezentral, so wird auf diese Boilerleitung verzichtet und es handelt sich um einen reinen Kaltwasserverteiler. Bei einer zentralen Trinkwassererwärmung kann sich auch ein Trink-Warmwasserverteiler analog zum Trink-Kaltwasserverteiler ergeben.

### 3.3.1 Kaltes Trinkwasser

Kaltes Trinkwasser wird vom Verteiler direkt zu den Nutzungseinheiten bzw. den Entnahmestellen geführt. Jede Versorgungsleitung wird als Strang unterteilt. Die Stränge sollten in festen Rohren (z. B. Edelstahlrohr) verlegt werden. Dies betrifft auch horizontal geführte Leitungen in Bodenaufbauten oder unterhalb von Geschossdecken und wieder vertikal in Wandaussparungen oder in Installationsschächten. Es sollte so viel Leitungsstrecke wie möglich Aufputz und gut zugänglich montiert werden. Lediglich für die Steigstränge und in den Räumen der Entnahmestellen bzw. Armaturanschlüsse ist eine UP-Installation in der Regel notwendig bzw. gewünscht.

Hinweis: Die Trinkwasserverordnung definiert Kalt-Trinkwasser in einem Temperaturbereich von 8 bis 12 °C. Diese Temperaturen sollten auch eingehalten werden. Es ist immer zu prüfen, wie dies sicherzustellen ist bzw. eine entsprechende Wärmedämmung vorzusehen.

### 3.3.2 Warmes Trinkwasser

Ebenso wichtig wie die Versorgung mit kaltem Trinkwasser als Grundbedürfnis ist unser Bedarf an warmem Trinkwasser in Wohn- und Arbeitsstätten.

Primär benötigen oder wünschen wir warmes Wasser für die Körperreinigung und -hygiene, aber natürlich auch für therapeutische Zwecke zur Regeneration, von einfachen Entspannungsbädern bis hin zu medizinischen Bädern. Für die Nahrungszubereitung wird warmes, heißes und kochendes Wasser in relativ kleinen Mengen benötigt und in der Regel durch gewöhnliche Küchengeräte bedarfsgerecht bereitgestellt.

Sekundär benötigen wir warmes Wasser zum Reinigen von Gegenständen, aber auch Kleidern und verschiedenen anderen Dingen im Haushalt. Dafür besitzt der Wärmeinhalt des Wassers eine ebenso große Bedeutung wie diverse Zusatzstoffe. Ab einer Temperatur von 44 °C ist Wasser fettlösend. Dieses Niveau liegt deutlich über dem natürlichen Wärmekodex des Menschen.

Dementsprechend – man kennt es vom Wäschewaschen – spricht man in diesen Anwendungsfällen nicht selten von Heißwasser. Besonders für warmes Wasser im Haushalt wird die Wärme für gewöhnlich von diversen Geräten wie Wasserkocher, Waschmaschine, Geschirrspülmaschine elektrisch erzeugt.

Die Menge und die Temperatur des Wassers sind dabei von der Nutzung abhängig, richten sich aber grundlegend nach dem menschlichen Bedürfnis zu oben genannten Zwecken und ist wie folgt zu unterscheiden:

- primär warmes Wasser – unmittelbar/direkt für den Menschen (Körperreinigung und Körperhygiene, Nahrungszubereitung) und
- sekundär warmes Wasser – mittelbar/indirekt für den Menschen (Reinigen von Wäsche, Geschirr, Haushalt).

Gemäß diesen Anforderungen handelt es sich bei warmem Wasser immer um Trinkwasser, mit Ausnahme des warmen Wassers für die Wärmeübertragung an den Raum. Diese Wassermenge jedoch bedarf weder einer Trinkwasserqualität noch verlangt sie einen hohen Bedarf, da es sich hierbei um Wasser als Wärmeträgermedium in einem geschlossenen System handelt.

### 3.3.3 Wärmebedarf für Trinkwasser

Für warmes Trinkwasser ist ein energetischer Aufwand notwendig, da Trinkwasser eine Basistemperatur von etwa 10 °C besitzt. Dieser energetische Aufwand wird als Wärmebedarf für Trink-Warmwasser bezeichnet und ist abhängig von der Menge (in Liter) und der Temperatur (in °C). Betrachtet man die Wärmebereitstellung bzw. Wärmeerzeugung, kommt noch ein wesentlicher Faktor hinsichtlich der Wärmeleistung hinzu: der Zeitraum (in t).

Der energetische Aufwand, der zur Bereitstellung von warmem Wasser notwendig ist, lässt sich aus folgender Formel berechnen:

$P_{th} = Q = m\ [kg] \cdot \Delta T\ [K] \cdot c\ [Wh/(kg \cdot K)]$
$Q$ in Wh bzw. kWh = Wärmemenge. Die spezifische Wärmekapazität von Wasser beträgt 1,163 Wh/(kg · K).

<u>Hinweis</u>: Es muss bei der Bereitstellung von Trink-Warmwasser in Sachen Hygiene immer von den höchsten Bereitstellungstemperaturen ausgegangen werden, welche eine entsprechende Wärmeleistung verlangen. Diese ist heutzutage im Wohnungsbau deutlich höher als der Heizwärmebedarf für die Wohnraumtemperierung.

Zu diesem Bereitstellungsaufwand kommen noch Speicher- und Verteilverluste hinzu, die entstehen, bis das Wasser in der Badewanne ist. Aus diesem Grund wird in den Anforderungen an Warmwasser in Bereitstellungstemperatur (in °C) und Entnahmetemperatur (in °C) unterschieden.

Für den Nutzer ist die Entnahmetemperatur relevant, denn diese Temperatur will er in der Badewanne, unter der Dusche oder am Waschtisch erhalten. Für den Haustechniker ist die Bereitstellungstemperatur der wesentliche Faktor. Diese muss entsprechend den absehbaren Wärmeverlusten höher sein als die Entnahmetemperatur an der Armatur. Je nach Bereitstellung, Speicherung und Verteilungswegen kann sich hier eine Differenz von 5 K und mehr einstellen.

Je länger die Versorgungsleitung des Trink-Warmwassers ist, desto problematischer wird eine energieeffiziente und hygienisch einwandfreie Versorgung. Bei Betätigung der Entnahmestelle ist es aus verschiedenen Gründen problematisch, wenn nicht unmittelbar warmes Wasser ansteht. Niedrigtemperiertes und stagniertes Wasser aus der Wasserleitung hat einen hohen Verschwendungsgrad zur Folge. Oft werden einige Milliliter bis Liter durch die Entnahmestelle direkt in den Entwässerungsanschluss abgeführt, bis die gewünschte Warmwassertemperatur ansteht.

### 3.3.4 Nutzungsprofil und Lastprofil

Um die thermische Leistung zur Trinkwassererwärmung überblicken zu können ist es notwendig, ein Nutzungsprofil zu erstellen, aus dem ein entsprechendes Lastprofil zu erarbeiten ist. Dieses Lastprofil wird sich aufteilen in:

- Grundlast,
- Mittellast bzw. Normallast,
- Spitzenlast.

Diese Unterscheidung ist umso wichtiger im Mehrgeschosswohnungsbau, bei gewerblichen Nutzungen oder besonderen Anforderungen an den Wärmebedarf für Trink-Warmwasser. Dementsprechend gilt es festzulegen, ob zwischen Normal- und Mittellast explizit zu unterscheiden ist und mit welchen Auswirkungen bei der Spitzenlast zu rechnen ist.

Die sanitären Einrichtungen mit entsprechenden Warmwasser-Entnahmestellen zum primären Warmwasserbedarf bestehen aus:

- Badewanne im Badezimmer (max. 40 °C, leicht über Körpertemperatur),
- Duschwanne im Duschbad (etwa 35 °C, leicht unter der Körpertemperatur),
- Waschtisch im Badezimmer (ca. 30 bis 35 °C ausreichend),
- Waschtisch im Duschbad (ca. 30 bis 35 °C ausreichend).

Die Einrichtungen mit entsprechendem sekundärem Warmwasserbedarf bestehen aus:

- Spülbecken in der Küche (min. 44 °C, da sich ab dieser Temperatur Fett löst),
- Geschirrspülmaschine in der Küche (60 °C und mehr über Direktheizung),
- Ausgussbecken im Hauswirtschaftsraum (ca. 45 °C für diverse Reinigungszwecke),
- Waschmaschine im Hauswirtschaftsraum (bis zu 90 °C über Direktheizung).

Hinweis: An dieser Stelle ist es wichtig darauf hinzuweisen, dass die verordnete Mindesttemperatur an der Trink-Warmwasser-Entnahmestelle mindestens 55 °C betragen muss. Es ist also dringend notwendig – nicht nur wegen der Kinder und Senioren – auf Armaturen mit Verbrühungsschutz zu achten!

#### 3.3.4.1 Warmwasserbedarf für das Beispielhaus

Wir unterstellen, dass in unserem Beispielhaus vier Menschen leben (z. B. zwei Erwachsene und zwei Kinder), die hin und wieder Besuch bekommen und sich hinsichtlich der Lebensmittelversorgung zu einem maximalen „Deckungsanteil" selbst versorgen.

Entsprechend der Nutzung von warmem Wasser ist es sinnvoll, eine Klassifizierung in Warmwasser-Klassen (WWK) vorzunehmen. Warmes Wasser wird demnach benötigt für:

- WWK1: die Körperreinigung (direkter Kontakt mit dem Menschen),
- WWK2: die Reinigung von Gegenständen im unmittelbaren menschlichen Gebrauch (Lebensmittel, Wäsche und Geschirr usw.),
- WWK 3: die Reinigung von Gegenständen im mittelbaren menschlichen Gebrauch (Gebrauchsgegenstände, Mobiliar und Einrichtung, Werkzeuge, Kleidung usw.)

Gemäß Trinkwasserverordnung sind sämtliche Klassen als Trinkwasser definiert. Dennoch sei an dieser Stelle zu reflektieren, ob für die Reinigung von Mobiliar, Arbeitsgeräten, Bodenbelägen und dergleichen eine solche Qualitätsanforderung notwendig ist oder ob diese Mengen nicht auch durch Betriebswasser bereitgestellt werden können, wie es ja für Waschmaschinen durchaus schon üblich ist. Nichtsdestotrotz gilt es, die Mengen zu definieren und aus diesem Nutzungsprofil eine Auslegung zur Bereitstellung von warmem Wasser zu generieren.

Wir empfehlen dabei grundsätzlich, die Option einer Betriebswassererwärmung für Reinigungszwecke vorzusehen. Diese kann beispielsweise mittels eines Elektroboilers oder eines Kochendwassergerätes dezentral realisiert werden und benötigt lediglich einen Betriebswasseranschluss mit entsprechender Kennzeichnung(!). Selbstredend kann dies auch mithilfe eines kleinen Solarspeichers erfolgen, welcher bei Bedarf via Einsteck-Heizkörper für eine Nacherwärmung sorgt.

Die Mengenermittlung erfolgt personenbezogen, woraus folgende Bedarfsanforderungen entstehen:

- WWK 1: 30 Liter x 4 Personen = 120 Liter
- WWK 2: 10 Liter x 4 Personen = 40 Liter
- WWK 3: 10 Liter x 4 Personen = 40 Liter
- Gesamt: = 200 Liter = 73 000 Liter im Jahr
- Wärmeenergiebedarf für eine Entnahmetemperatur von 55 °C 3820 kWh/a 10,47 kWh/a
- Wärmeenergiebedarf für eine Entnahmetemperatur von 45 °C 2971 kWh/a 8,14 kWh/a

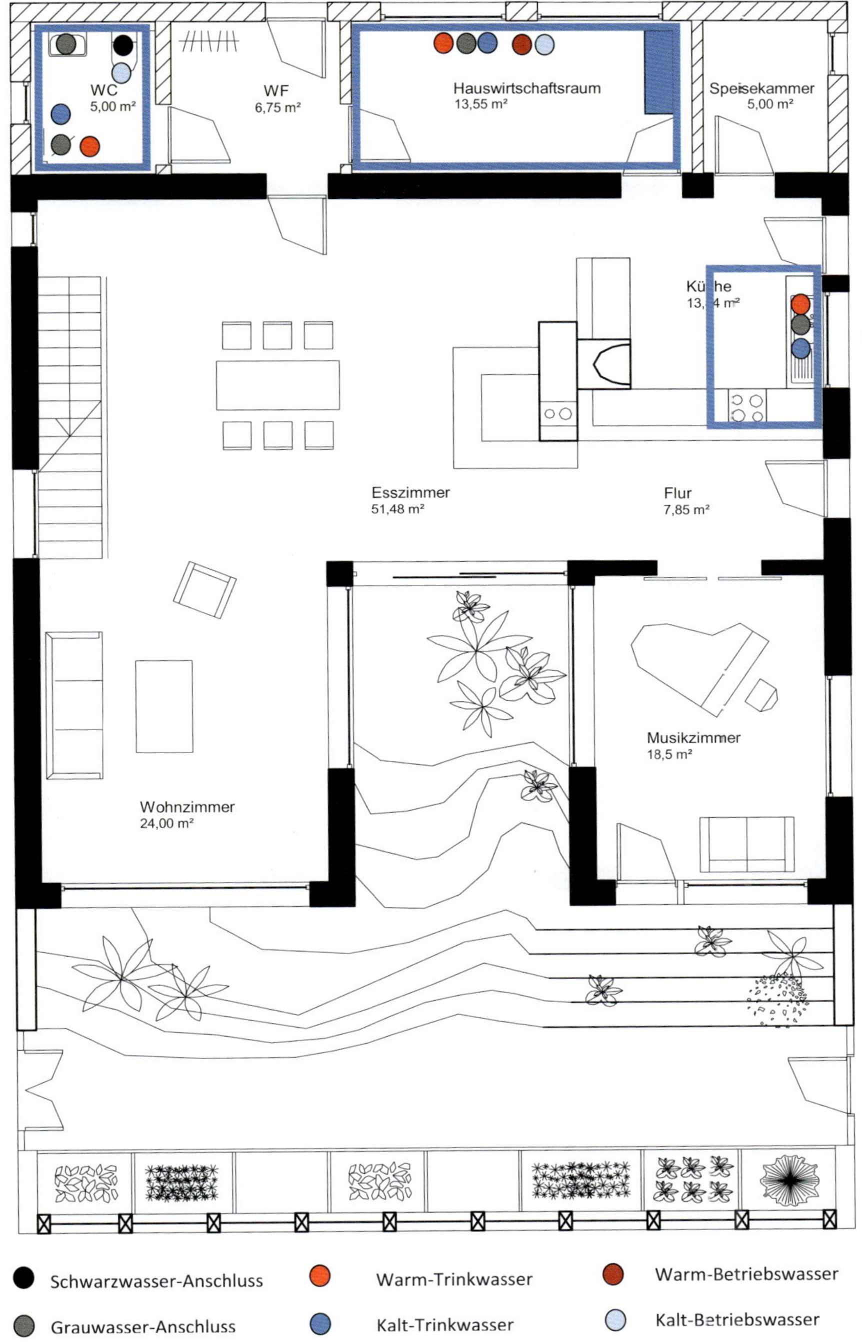


**Abb. WS 3.4:** Die dargestellten Wasserbereiche zeigen, wo im Haus Wasseranschlüsse zu positionieren sind und dementsprechend auch Feuchtelasten auftreten können (Quelle: Frank Hartmann)

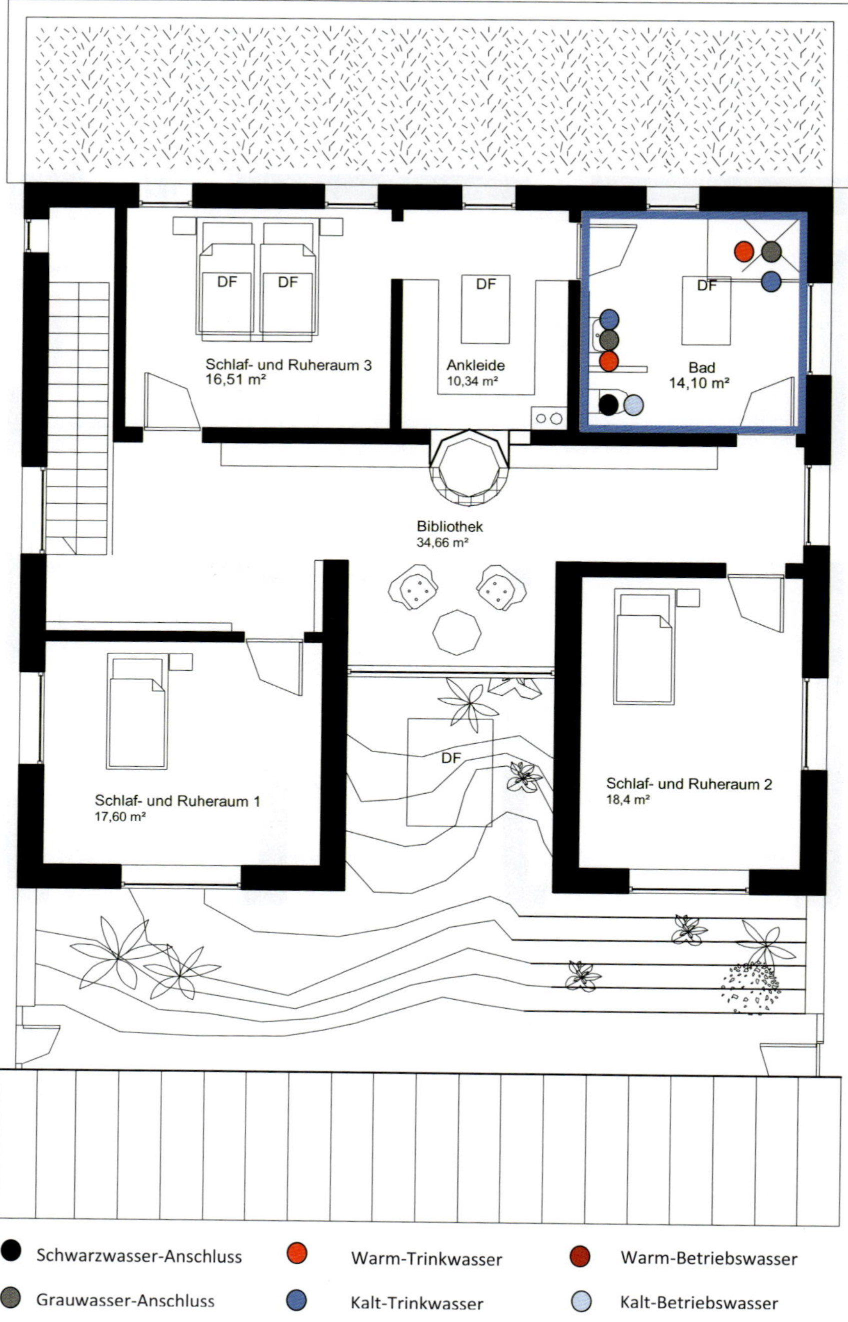


**Abb. WS 3.5:** Die Kennzeichnung der Wasserbereiche zeigt deutlich, an welchen Stellen Leitungsführungen notwendig sind. Somit kann eine Orientierung der Installationsebenen erfolgen sowie die Installation als solche komprimiert werden. (Quelle: Frank Hartmann)

#### 3.3.4.2 Auslegung der solarthermischen Wärmequellenanlage

Um den täglichen Wärmebedarf von über 10 kWh den Sommer über solarthermisch bereitstellen zu können, empfiehlt sich bei einer Solareinstrahlung von mindestens 3 Stunden eine Absorberfläche von mindestens 6 $m^2$ bei einer Wärmeleistung von mindestens 500 W (plus Reserve).

#### 3.3.4.3 Auslegung und Energiebedarf für eine Warmwasser-Wärmepumpe

Für eine Trinkwasser-Wärmepumpe wäre auf Basis einer Arbeitszahl von mindestens 3,0 von einer elektrischen Leistungsaufnahme (-bereitstellung) von jährlich maximal 1300 kWh auszugehen. Das bedeutet einen täglichen Bedarf aus dem Solargenerator von 3,6 kWh, was mit einem 1,5-KW-Generator ebenfalls bei 3 Stunden Solarertrag zu realisieren wäre.

### 3.3.5 Trink-Warmwasser vs. Raumwärme

Traditionell wurde das Trink-Warmwasser im vergangenen Jahrhundert immer als Nebenprodukt des Heizwärmebedarfs miterledigt. Dieses Größenverhältnis hat sich aber in unserer heutigen Zeit deutlich verändert, ja umgekehrt. Durch die stetig steigende Energieeffizienz von Gebäuden hinsichtlich der energetischen Qualität der thermischen Hülle ist der Heizwärmebedarf in den letzten Jahren immer mehr gesunken. Dadurch veränderte sich ebenfalls das Verhältnis zur Trinkwassererwärmung, denn dieser Bedarf ist vollkommen unabhängig von der energetischen Qualität der thermischen Hülle und ausschließlich abhängig von der Anzahl der Bewohner und deren Anforderungsprofil.

Während in einem energieeffizienten Einfamilienhaus vor gut einer Dekade noch eine Heizlast von 10 kW üblich war, sind es heute noch kaum mehr als 6 kW, bei einem Passivhaus oft deutlich unter 4 kW. In beiden Fällen ist aber dennoch bei vier Personen von einer Wärmeleistung von etwa 2 kW (was immerhin 2 Stunden mehr für die Bereitstellung von 100 Liter warmem Wasser bedeutet) für die Warmwasserbereitung auszugehen. Bei einem Mehrfamilienhaus oder dem Mehrgeschoss-Wohnungsbau überhaupt wirkt sich dieses Verhältnis noch viel deutlicher aus, da bei der Leistungsbestimmung für die Warmwasserbereitung immer ein Gleichzeitigkeitsfaktor von 0,7 zu veranschlagen ist und sich die Spitzenlasten ebenso viel deutlicher bemerkbar machen.

Diese Differenzierung und die daraus resultierenden Diskrepanzen der Leistungsbereiche verlangt ein Nachdenken über die Art der Warmwasserbereitung überhaupt. Nicht immer ist die wassergeführte Warmwasserbereitung die sinnvollste Art.

Oft ist eine elektrische, dezentral stationäre Warmwasserbereitung aus erneuerbar-produziertem Strom die zielführendste Variante, wenn nur geringe Mengen sehr temporär benötigt werden. Vor allem, wenn dadurch sehr lange Leitungswege vermieden werden können, was ja auch in hygienischer Hinsicht von Bedeutung ist und sich auch auf Investitionskosten und den Material- und Montageaufwand auswirkt.

### 3.3.6 Leitungsführung von warmem Wasser

In der konventionellen Haustechnik wird die Verkeimungsgefahr von warmem Wasser sehr oft auf das Schlagwort Legionellen reduziert und diese in der Hauptsache mit Bevorratung in Verbindung gebracht. Mikrobiologische Keimzellen begrenzen sich aber nicht nur auf große Warmwassermengen – obgleich hier die Gefahr freilich entsprechend groß ist – sondern natürlich auch auf Stellen in der Leitungsführung. Eine serielle Leitungsführung nebst einer Warmwasser-Zirkulationsleitung ist ein erster Schritt.

### 3.3.6.1 Zirkulationsleitung und Zirkulationspumpe

Eine Zirkulationsleitung schließt den Kreis von Wärmeentnahme und Wärmebereitstellung und ermöglicht jederzeit eine Zwangszirkulation des Trink-Warmwasserleitungssystems mittels einer zwischengeschalteten Warmwasser-Zirkulationspumpe. Als Zirkulationsleitung wird jener Trink-Warmwasserstrang bezeichnet, der von der letzten Entnahmestelle zurück zur Wärmebereitstellung geführt wird. In Bestandsanlagen mit Zirkulationsleitung muss immer geprüft werden, von welcher Stelle aus die Rückführung der Zirkulationsleitung erfolgt. Oft handelt es sich nur um eine Strang-Zirkulation, die keine vollständige Zirkulation des gesamten Warmwassernetzes ermöglicht.

Dabei soll eine Zirkulationsleitung in ihrem Ursprung nicht nur einen Warmwasserkomfort sicherstellen, sondern auch den Wasserverbrauch reduzieren. Für die Badewannenfüllung ist es nicht so schlimm, wenn die ersten Liter etwas abgestanden kühl daherkommen, denn das im Durchflussprinzip frisch erwärmte Trinkwasser muss sich erst bis zur Entnahmestelle schieben, wobei unter der Dusche oder am Waschtisch es schon sehr angenehm ist, wenn gleich warmes Wasser aus dem Hahn kommt. Sicherlich ist dies auch in der Küche komfortabel. Ab einer Leitungsfüllmenge von mehr als 3 Litern muss gemäß DVGW-Richtlinien eine Zwangs-Zirkulation erfolgen. Das entspricht etwa einer Rohrstrecke von 16 m DN 15.

**Abb. WS 3.6:** Zirkulationspumpe für die Zwangsumwälzung in der Trink-Warmwasserinstallation (Quelle: Frank Hartmann)

In Arbeitsräumen, Büro- und Verwaltungsgebäuden ist es mitunter besser, auf den ganzen Aufwand der Leitungsführung (die ja für Warmwasser eine doppelte ist) zu verzichten und nur eine Kalt-Trinkwasserleitung durch das Gebäude zu führen und die Trinkwassererwärmung dezentral zu besorgen. Dies kann elektrisch ebenfalls im Durchflussprinzip mittels elektrischer Durchlauferhitzer erfolgen oder über Frischwasserstationen für einzelne Wohneinheiten (in Kombination mit einer Heizkreisverteilung inkl. umfänglicher Wärmemengenerfassung). Im optimalen Fall kann in solchen Fällen auf eine Zirkulationsleitung verzichtet werden, da die Leitungsführung des Trink-Warmwassers auf ein Minimum reduziert ist.

Um dem Wasser aber gerecht zu werden und somit auch unseren hygienischen Anforderungen, kann nur eine vollständige Zirkulation über ein serielles Trink-Warmwassernetz als Grundlage der Baubiologischen Haustechnik betrachtet werden. Nur damit lässt sich Stagnation im Leitungsnetz vermeiden, das Wasser bleibt in Bewegung und die Gefahr, dass sich ein Biofilm im Leitungssystem bildet, wird minimiert.

In jedem Fall ist eine Zirkulationspumpe in der Zirkulationsleitung nach der letzten Entnahmestelle notwendig. Diese sollte sich im Umfeld der Bereitstellungstechnik befinden. Der Markt bietet auch Frischwasserstationen mit integrierter Zirkulationspumpe an. Diese Systemlösung besitzt dabei nicht nur den Vorteil, dass sämtliche Komponenten kompakt zusammengefasst sind, sondern auch eine optimale Abstimmung der Pumpensteuerungen über die Regelung.

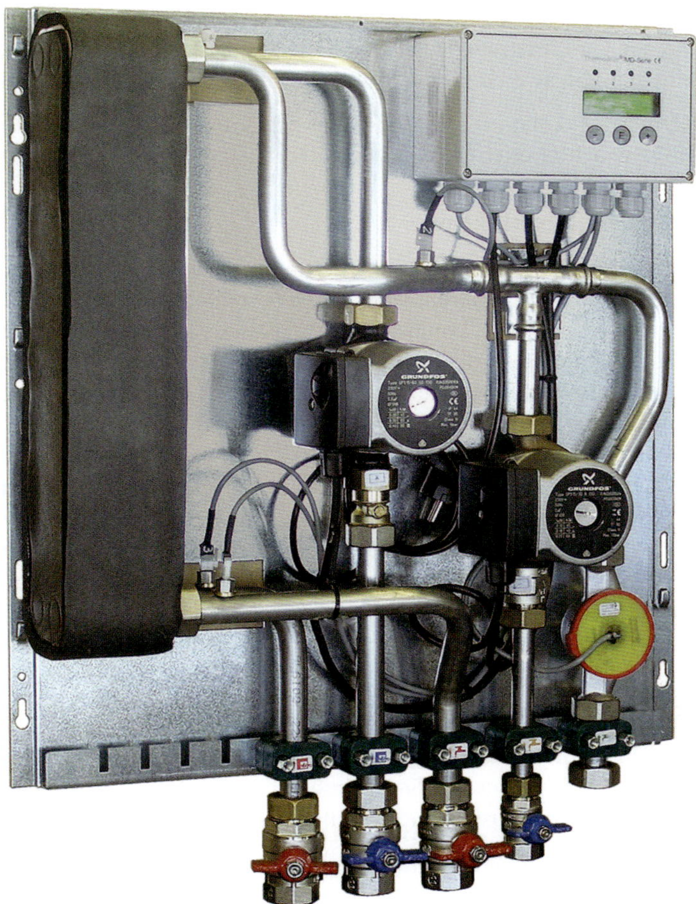


**Abb. WS 3.7:** Frischwasserstation mit integrierter Zirkulationspumpe (Quelle: KaMo Systemtechnik)

### 3.3.6.2 Die Regelung von Zirkulationspumpen

Die Regelung der Zirkulationspumpe sollte bedarfsorientiert erfolgen. Technische Regeln verlangen eine Mindestlaufzeit, die auch in Abhängigkeit von der Anlagengröße steht.

Eine konstante Regelung bedeutet einen konstanten Wärmeentzug aus der Wärmebereitstellung. Bildlich gesehen kann man ein Trink-Warmwasserleitungssystem mit Zirkulationsleitung in der Tat wie einen Heizkreis betrachten. Es fehlt lediglich der „Heizkörper" als Schnittstelle zwischen Vorlauf (Trink-Warmwasserleitung) und Rücklauf (Zirkulationsleitung). So gesehen ist die Entnahmestelle der „Verbraucher". Bei einem Dauerbetrieb der Zirkulationspumpe wird nicht nur ein Maximum an Hilfsenergie benötigt, sondern auch bereits eingespeicherte, bereitgestellte Wärmeenergie vernichtet: durch Zirkulations- und Transportverluste, Umschichtung und Störung der thermischen Ordnung im Pufferspeicher (Be- und Entladestrategien) usw. Andererseits ist fließendes Wasser im Netz die sicherste Vorbeugung vor Verkeimung. Dies ist mit einer seriellen Leitungsführung ganz automatisch bei jeder Betätigung der letzten Entnahmestelle der Fall. Im Grunde wäre eine punktuelle Zirkulation zusätzlich zur Alltagsbetätigung absolut ausreichend.

Eine bedarfsorientierte Zirkulationssteuerung lässt sich entweder über eine thermische Stellgröße, einen Durchflusswächter oder einen Tastschalter herstellen, der ein Zeitschaltrelais bedient.

## 3.3.7 Thermische Desinfektion

Ein wie oben beschriebenes Trink-Warmwasserleitungssystem bietet bereits nicht nur das geringste Risiko einer Verkeimung des Trink-Warmwassers, sondern ebenso schon die Voraussetzung für eine thermische Desinfektion. Wenn in einem Leitungssystem Keime festgestellt wurden, müssen diese sofort eliminiert werden, d. h., es muss eine Desinfektion erfolgen. Eine chemische Desinfektion ist aus verschiedenen Gründen keine kluge Lösung, nicht nur weil sich die heute leider oft unvermeidlichen Mehrschichtverbundrohre zahlreich auflösen und in der Regel keine chemische Umwandlung des Desinfektionsmittels stattfindet. Vielmehr ist es die Biophysik, die es auf sehr verträgliche und einfache Art und Weise erlaubt, mikrobielle Belastungen zu eliminieren. Bei einer Körpertemperatur von 75 °C lassen sich sämtliche Keime zu 99,9 % vernichten. Denn es ist nicht die Wassertemperatur allein, sondern die Temperatur an den Innenoberflächen, welche den Biofilm als Nährstoffgrundlage bildet. Dies lässt sich mit einer seriellen Leitungsführung und Zirkulationsleitung mit einem freien Auslauf leisten. Bei Bedarf kann jederzeit eine prophylaktische Desinfektion erfolgen, z. B. nach längerer Abwesenheit oder in zeitlich festgelegten Intervallen.

## 3.3.8 Spülung von Trinkwasser-Installationssystemen

Um den Hygieneanforderungen an das Trinkwasser gerecht zu werden, sollte eine regelmäßige Durchspülung des gesamten Systems stattfinden. Insbesondere in Warmwasserleitungen sollten dafür schon bei der Montage der Leitungsführung die notwendigen Voraussetzungen geschaffen werden.

Eine umfassende und zugleich sehr einfache Spülung von Warmwasserleitungen kann allein schon durch eine serielle Leitungsführung erreicht werden. Das bedeutet, dass auf Stagnationsleitungen (Stichleitungen) vollkommen verzichtet wird. Dafür ist es notwendig, an jeder Entnahmestelle einen Doppelanschluss zu setzen. Dies kann entweder durch ein T-Stück für feste Rohrleitungen (z. B. Edelstahl) oder durch eine Doppel-Anschlussdose bei flexiblen Leitungen (z. B. PE-Xa) realisiert werden.

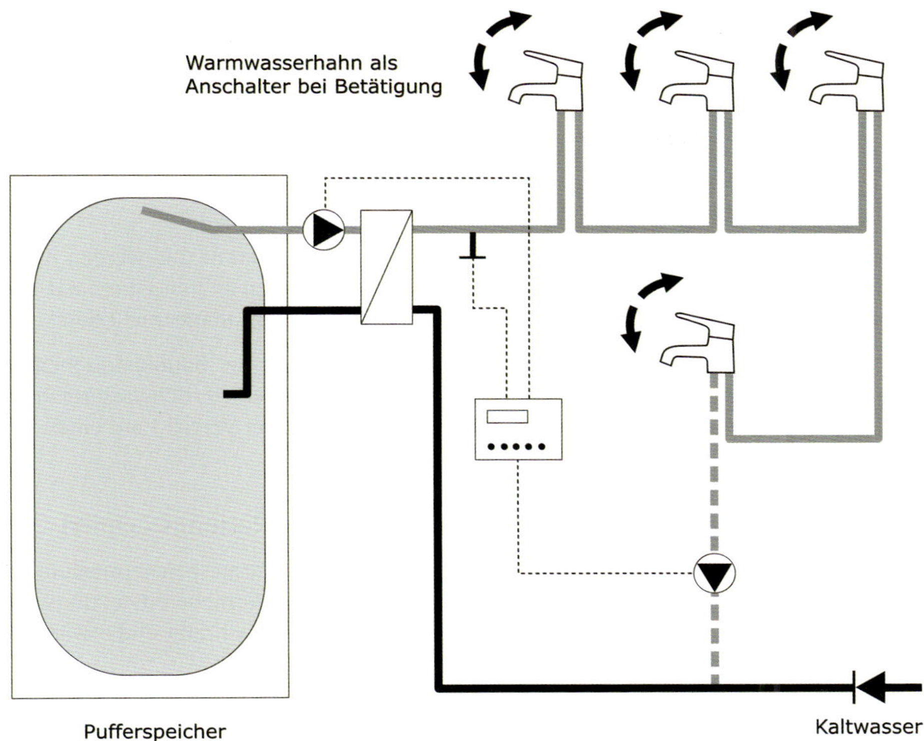


**Abb. WS 3.8:** Funktionsprinzip einer seriellen Leitungsführung für die Trink-Warmwasserinstallation (Quelle: Michael Römer/Solargrafik)

Durch eine konsequent hergestellte serielle Leitungsführung wird allein durch den täglichen Betrieb schon eine vollständige Durchspülung des gesamten Systems sichergestellt. Besonders die letzte Entnahmestelle sollte dort platziert werden, wo am häufigsten Warmwasser benötigt wird (z. B. an der Küchenspüle oder am Waschtisch im Badezimmer).

Von der letzten Entnahmestelle wird das Trink-Warmwasser als Zirkulationsleitung wieder an die Wärmebereitstellung geführt. Dies kann über eine Zirkulationslanze (Wärmetauscherrohr im Puffer) oder durch Anschluss an den Trink-Kaltwasseranschluss der Frischwasserstation bzw. des internen Wärmetauscherrohres erfolgen. Letzteres verlangt freilich den Einbau eines Rückschlagventils bzw. Rückflussverhinderers, um sicherzustellen, dass kein Trink-Warmwasser in das Trink-Kaltwassernetz gelangt, sondern wieder der Erwärmung zugeführt wird, der Kreis sich also schließt und somit das Warmwasser im Fluss bleibt.

Einrichtungen zur Rückflussverhinderung sind für ein Zentralheizungssystem das, was für die Leistungselektronik eine Katode ist. Sie sind die Voraussetzungen für einen bestimmungsgemäßen Betrieb der Anlage. Gerade aus diesem Grund sollten diese Bauteile regelmäßig auf ihre Funktion geprüft werden. Bei einer solarthermischen Anlage kann eine fehlerhafte Rückflussverhinderung oft eine thermische Entladung des Speichers in der Nacht bedeuten und schnell den gesamten Tagesertrag zunichtemachen.

## 3.4 Bereitstellung von warmem Wasser

Um das benötigte Warmwasser bereitzuhalten, gibt es vielerlei Möglichkeiten. Als Leitgröße für die Bereitstellung ist die Entnahmetemperatur zuzüglich einer Bereitstellungsreserve von etwa 10 % zu veranschlagen. Das ergibt beispielsweise für das Badezimmer eine Bereitstellungstemperatur von etwa 60 °C, um trotz Bereitstellungs- und Leitungswärmeverlusten noch die geforderten 55 °C an der Entnahmestelle gewährleisten zu können.

Warmwasserspeicher sind in verschiedenen Formen hinlänglich bekannt und werden nur noch in seltenen Fällen auch im konventionellen Bereich eingesetzt. In den letzten Jahren hat sich die Frischwassertechnik aus Gründen der Energieeffizienz und der Hygiene immer mehr durchgesetzt.

Die Frischwassertechnik entspricht darüber hinaus den Prinzipien der Baubiologischen Haustechnik, frisches Wasser im Fluss zu erwärmen. Voraussetzung für eine Frischwassertechnik zur Trinkwassererwärmung ist ein Heizungspufferspeicher und somit der Verzicht auf einen Warmwasserspeicher.

### 3.4.1 Der Heizungs-Pufferspeicher (Schnittstelle zur Heizungstechnik)

Der Heizungs-Pufferspeicher ist mit Wasser als Wärmeträger- und Wärmespeichermedium gefüllt und befindet sich als thermischer Akkumulator im Zentrum der Wärmebereitstellungstechnik. Es handelt sich also nicht um Trinkwasser, welches sich im Speicher befindet und erwärmt wird, sondern um Heizungswasser.

Die Position eines Heizungs-Pufferspeichers im System bildet immer auch die Schnittstelle zwischen Wärmeerzeugung und Wärmenutzung. In diesem Zusammenhang spricht man von einer

- thermischen Beladung durch diverse Wärmeerzeuger (Solarenergie, Biomasse, Umweltwärme, usw.) und einer
- thermischen Entladung durch die Wärmenutzung (Raumwärme und Trinkwarmwasserbereitung).

Darüber hinaus wirkt ein Heizungs-Pufferspeicher immer auch als hydraulische Weiche, indem er unterschiedliche Massen-Volumenströme zwischen Be- und Entladung ausgleicht. Des Weiteren erlaubt ein Heizungspufferspeicher auch eine multiple Betriebsweise des Systems, beispielsweise durch unterschiedliche Wärmeerzeuger wie einer solarthermischen Anlage und einem Biomassekessel als Nacherwärmung, wenn das solare Wärmeangebot nicht ausreicht.

Das Volumen eines Pufferspeichers richtet sich nach den Anforderungen und reicht von 100 Litern bis mehreren tausend Litern. Das Volumen lässt sich folgendermaßen unterscheiden:

- Bereitschaftsvolumen – jene definierte Wasser-Wärme-Menge, die stets für die Trinkwassererwärmung und Wohnraumtemperierung zu Verfügung stehen muss,
- Speichervolumen – jene definierte Wasser-Wärme-Menge, welche für die Speicherung temporär erzeugter Wärmemengen, z. B. solarthermische Gewinne, bereitsteht.

Im Bereitschaftsvolumen spiegelt sich also der Warmwasser-Wärmebedarf, der beispielsweise mit einer Wasser-Wärmemenge von 300 Litern zuzüglich etwaiger Reserven (Spitzenlast) zu veranschlagen ist. Das restliche Volumen steht der Speicherung weiterer Wärmebedarfe zur Verfügung. Beispielsweise, um solarthermische Gewinne über mehrere Tage vorzuhalten. Die beiden Volumenarten können auch getrennt werden. Das bedeutet, eine Kaskade von Pufferspeichern herzustellen mit 1. Bereitschafts-Pufferspeicher und 2. Vorwärme-Pufferspeicher.

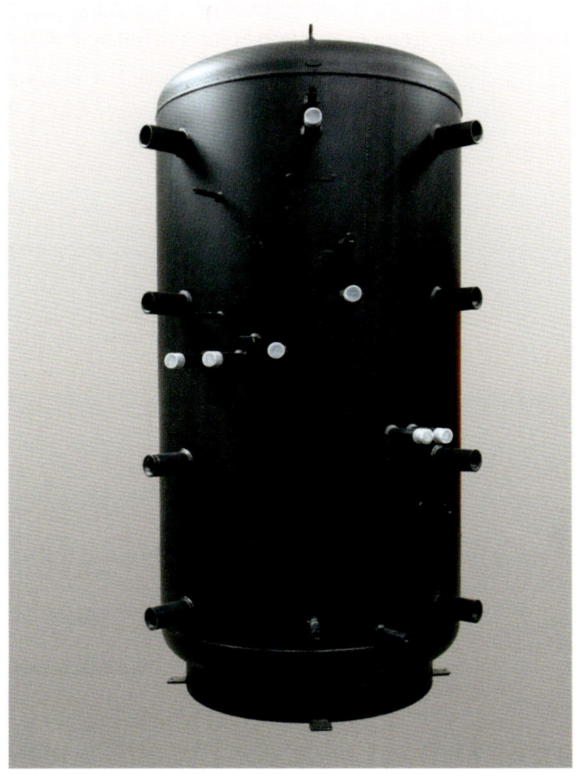

Abb. WS 3.9: Ein Pufferspeicher besitzt je nach Bauart eine unterschiedliche Anzahl von Anschlüssen in verschiedenen Anschlusshöhen. Der Pufferspeicher kann entweder mit werkseitigen Wärmedämmschalen ausgestattet oder bauseits mit alternativen Baustoffen gegen Wärmeverluste gedämmt werden. (Quelle: Forum Wohnenergie)

Im Rahmen einer nachhaltigen Heizungsmodernisierung kann in modularer Ausbauweise mit der Integrierung eines Pufferspeichers und der Umstellung auf Frischwassertechnik ein erster Schritt unternommen werden. Als nächstes könnte die Anlage entweder um eine solarthermische Wärmequellenanlage oder um eine Warmwasser-Wärmepumpe/Kleinst-Wärmepumpe erweitert werden.

### 3.4.2 Warmwasserhygiene und Frischwassertechnik

Der Begriff Frischwassertechnik umschreibt die Trinkwassererwärmung ohne Bevorratung, das heißt, das Trinkwasser wird erst in dem Moment erwärmt, wenn es als Trink-Warmwasser benötigt wird. Voraussetzung hierfür ist immer ein Heizungspufferspeicher, der genügend heißes Heizungswasser bereithält, um die darin bereitgestellte Wärme auf das fließende Kalt-Trinkwasser zu übertragen. Man unterscheidet in der Frischwassertechnik zwei wesentliche Arten:

### Puffer-interne Frischwassertechnik

Das Kalt-Trinkwasser fließt durch ein Edelstahl-Wellrohr, welches sich im Pufferspeicher befindet. Am Ausgang muss sich ein Drei-Wege-Mischventil befinden, welches auf die gewünschte Warmwassertemperatur eingestellt ist und das heiße Trinkwasser, welches aus dem Puffer-internen Wärmeübertrager kommt, mit Kaltwasser mischt. Dies ist umso wichtiger, wenn durch hohen Solareintrag deutlich höhere Temperaturen im Pufferspeicher anstehen als benötigt. Dementsprechend wirkt der „Warmwassermischer" auch als Verbrühungsschutz. Dies ist umso wichtiger, da die Bereitstellungstemperatur von Solar-Pufferspeichern im Sommer bis zu 85 °C aufweisen können.

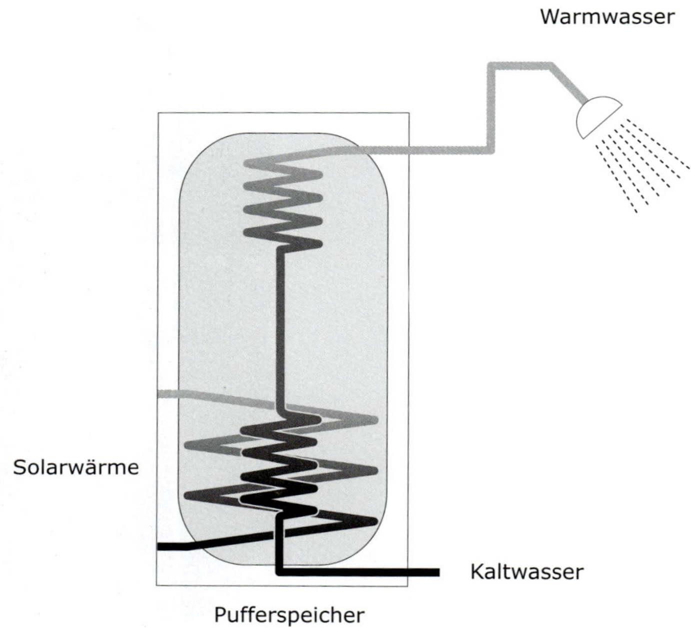


**Abb. WS 3.10:** Funktionsprinzip der puffer-internen Frischwassertechnik (Quelle: Michael Römer/Solargrafik)

Im unteren Bereich des Pufferspeichers wird das Trinkwasser vorerwärmt, im oberen Bereich (der Bereitschaftszone) wird das Trinkwasser auf ein Maximum = annähernd die anstehende Puffertemperatur erwärmt. Je nach Bauart des internen Wärmeübertragers ist die Temperatur an der Warmwasserentnahme maximal 5 K kälter als das anstehende Heizungswasser im Pufferspeicher.

Die im Puffer-internen Wärmeübertragungsrohr stagnierende Wassermenge ist sehr gering und wird regelmäßig durch den Wasserstrom ausgetauscht. Somit ist die Gefahr zur Bildung eines Biofilms an der Innenwand des Wärmeübertragerrohres äußerst gering. Da sich die Wärmeübertragung innerhalb des Pufferspeichers befindet, muss bei Reparaturen des Wärmeübertragungsrohres stets der Pufferspeicher entleert, d. h. die Heizungsanlage (bedingt) außer Betrieb genommen werden.

Im Gegensatz zur Puffer-externen Frischwassertechnik ist bei der internen Frischwassertechnik keine Hilfsenergie notwendig.

### Puffer-externe Frischwassertechnik

Bei der Puffer-externen Frischwassertechnik befindet sich ein Edelstahl-Plattenwärmetauscher außerhalb des Pufferspeichers und ist damit für Wartungs- und Reparaturarbeiten vollkommen zugänglich. Man spricht in diesem Fall auch von einer externen Frischwasserstation, da diese als werkseitig vormontierte Montageeinheit sowohl direkt an den Pufferspeicher als auch in dessen Nähe (z. B. an eine Wand) montiert werden kann.

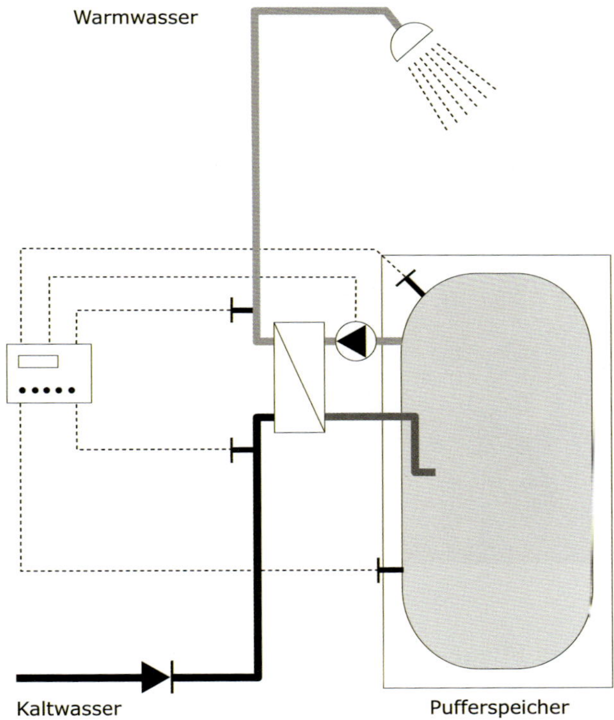


**Abb. WS 3.11:** Funktionsprinzip der puffer-externen Frischwassertechnik (Quelle: Michael Römer/Solargrafik)

Um die Wärmeübertragung des Plattenwärmetauschers an das Trinkwasser zu ermöglichen, wird die Frischwasserstation über einen Ladekreis mit Umwälzpumpe an den Pufferspeicher angeschlossen, um bei Bedarf die Wärme aus dem Pufferspeicher per Zwangszirkulation an den Plattenwärmetauscher der Frischwasserstation zu übertragen. Dafür ist allerdings Hilfsenergie notwendig. Auf einen Warmwassermischer kann aber zumeist verzichtet werden, da sich über eine Drehzahlregelung der Pumpe der Massen-Volumenstrom zur Wärmeübertragung variieren lässt und über die Regeleinheit die gewünschte Warmwassertemperatur eingestellt werden kann.

Über einen Druckwächter oder Durchflusssensor im Kaltwasserzulauf wird die Umwälzpumpe aktiviert. Der Temperaturfühler im Ausgang des Plattenwärmetauschers überwacht die Warmwassertemperatur und gleicht diese über die Pumpendrehzahl mit der eingestellten Solltemperatur ab.

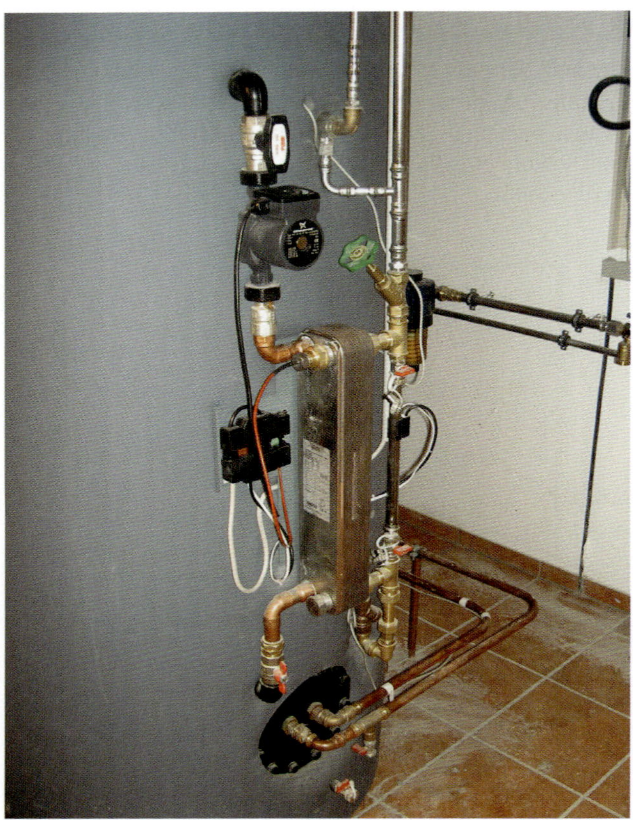

Abb. WS 3.12: An diesem Pufferspeicher befindet sich die Frischwasserstation direkt angebaut, hierfür ist kein extra Platzbedarf an einer Wandfläche notwendig. (Frischwasserstation und Rohrleitungsanschlüsse noch in ungedämmtem Zustand) (Quelle: Frank Hartmann)

### 3.4.3 Wartung und Pflege der Frischwassererwärmung

Es sollte – wie jede Technik im Haus – auch die Frischwassertechnik regelmäßig in Augenschein genommen werden. Natürlich bleibt bei einer internen Frischwassertechnik das Wesentliche außer Sicht. Umso wichtiger ist es, dass hier auf eine entsprechende Wasserqualität geachtet wird hinsichtlich härtebildender Stoffe. Das betrifft aber freilich auch den Platten-Wärmetauscher der externen Frischwasserstation. Der Platten-Wärmetauscher sollte immer mit einer geeigneten Spüleinrichtung ausgestattet sein, um jederzeit eine Spülreinigung vornehmen zu können. Wichtig ist auch, dass der Plattenwärmetauscher sich nach dem Betrieb möglichst schnell abkühlt und dass er nicht durch Fehlzirkulationen aus dem Pufferspeicher stetig erwärmt wird. Dies würde gar ein hygienisches Risiko besonders nach langen Standzeiten, aber auch Wärmeverluste bedeuten.

Fehlzirkulationen aus Pufferspeichern sind grundsätzlich zu vermeiden, da sie immer Wärmeverluste bedeuten und die thermische Ordnung im System durcheinander bringen. Sollte durch die Umstände der Leitungsführung eine Fehlzirkulation drohen, ist in jedem Fall ein Thermosiphon herzustellen.

Fehlzirkulationen können auch bei mangelhafter oder fehlender Rückflussverhinderung entstehen, beispielsweise über die Speicherladeleitung eines Kessels. Die Wärme gelangt über eine „günstige"

Leitungsführung in den Kessel, der außer Betrieb ist (Sommerschaltung-Solarbetrieb), kühlt dort ab (im „besten" Fall noch durch den Kamin begünstigt) und fordert wieder neue Wärme aus dem Pufferspeicher, ganz ohne Hilfsenergie, allein nach den Gesetzen der Thermodynamik.

Auch wenn für eine Pumpenheizung Hilfsenergie notwendig ist, so ist diese auf ein Minimum zu reduzieren. Die notwendige Antriebsenergie für die Umwälzpumpen ist der Preis für diese Zwangszirkulation. Eine natürliche Zirkulation war lange Zeit der Stand der Technik bei sogenannten Schwerkraftheizungen. Diese verlangt aber nicht nur ein sehr hohes handwerkliches Geschick, sondern auch Präzision in der Leitungsführung.

Immerhin kann auf diese Art eine Zentralheizungsanlage zur Wohnraumtemperierung ohne elektrische Energie betrieben werden, eine Trinkwassererwärmung weniger. Da eignet sich dann doch die solarthermische Anlagentechnik besser, deren Umwälzpumpe ebenfalls mit elektrischer Energie aus der Sonne dezentral genau dann bereitgestellt wird, wenn es Solarertrag zu ernten gibt.

### 3.4.4 Solarthermische Anlagentechnik zur Trinkwassererwärmung

Ein wesentlicher Unterschied zwischen Trinkwassererwärmung und Wärmeübertragung an den Raum besteht auch darin, dass der Trinkwarmwasser-Wärmebedarf nicht nur konstant ist, sondern auch über das gesamte Jahr gleich. Im Sommer ist annähernd der gleiche Bedarf an Warmwasser gewünscht wie im Winter. Daraus folgt, dass eine solarthermische Trinkwassererwärmung die erste Wahl ist und in der Baubiologischen Haustechnik erste Priorität besitzt. Längst schon ist die solarthermische Anlagentechnik Stand der Technik, sämtliche Produkte und Komponenten sind ausgereift und bieten absolute Betriebssicherheit bei fachgerechter Montage und Wartung. Abgesehen vom Qualitätsstandard der konventionellen Solarkollektoren, der sich in erster Linie durch die Leistungsfähigkeit des Solarertrages definiert, ist es möglich, mit ungleich geringerem Aufwand an Produktion und Verfahrenstechnik, Primärenergiebedarf und Ressourcenverbrauch, zukunftsfähige Alternativen zu entwickeln. Ausgangspunkte sind hierbei die Materialien und Komponenten von Solarkollektoren, deren Wertschöpfung in der Wiederverwertung und der Betriebssicherheit. Mögen einige Quadratmeter mehr notwendig sein, um High-Tech durch (Think-Tech) Zukunftsfähigkeit zu ersetzen, das übergeordnete System wird es uns danken.

Bereits mit einer wirksamen Absorberfläche von 5 m² eines konventionellen Flachkollektors kann der Wärmebedarf für das Trinkwarmwasser den Sommer über leicht gedeckt werden. Die baubiologisch interessantesten Solarkollektoren sind freilich jene, welche aus einem Holzrahmen bestehen. Dabei handelt es sich meist um Indach-Kollektoren, die in die Dachhaut eines Gebäudes integriert werden. Die Ausrichtung des Kollektorfeldes und die Neigung (Neigungswinkel) des Daches sind für eine rein sommerliche Anwendung weniger kritisch. Selbst auf einem West- oder Ost-Dach kann eine solare Trinkwassererwärmung im Sommer und darüber hinaus erreicht werden. Bei einer Ost-West-Ausrichtung kann auch ein doppeltes Kollektorfeld (Ost-West-Anlage) sinnvoll sein, gerade auch für die solare Heizungsunterstützung. Der Solarertrag erfolgt somit nahezu über den gesamten Tag, während eine Südausrichtung in der Hauptsache über die Mittagszeit die größten Erträge bringt.

Wo für einen 4-Personenhaushalt in einem Einfamilienhaus schon 4 bis 5 m² auf einem Süd-Dach ausreichen, sind es bei einem Ost- oder West-Dach 5 bis 6 m², um das Trinkwasser über den Sommer ausreichend zu erwärmen. Jeder weitere Quadratmeter käme dann der solaren Heizungsunterstützung zugute, die wir im Bereich WÄRME genauer betrachten. Umso notwendiger ist die Integration eines Heizungspufferspeichers als Solarspeicher, um etwaige Überschüsse in der Bereitstellungszone bzw. Vorwärmezone einspeisen zu können.

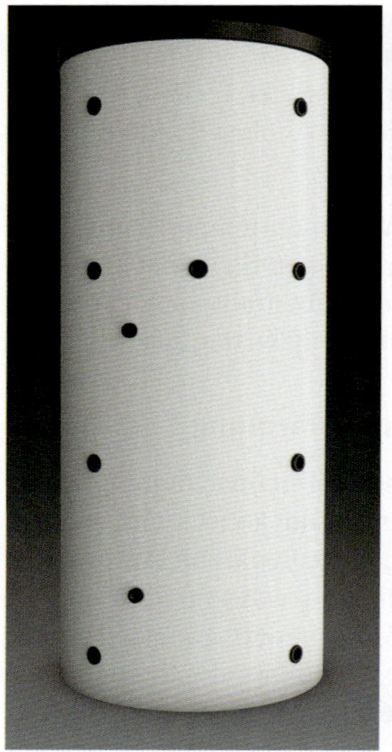

Abb. WS 3.13: Solar-Pufferspeicher (links) mit externer Frischwasserstation (rechts). Ein Pufferspeicher lässt sich gut als erster Schritt einer nachhaltigen Heizungsmodernisierung in eine bestehende Anlage integrieren. (Quelle: Oventrop)

Hinweis: Es ist zu empfehlen, im Sommer die Nacherwärmung außer Betrieb zu nehmen. Somit wird die kleinste Störung einer solarthermischen Anlage sofort spürbar und nicht erst zur Jahresbilanz mit der Frage: Wo ist denn der Solarertrag?

### 3.4.5 Warmwasser-Wärmepumpen

Eine Alternative zur solaren Trinkwassererwärmung ist die Integration einer Warmwasser-Wärmepumpe. Diesbezüglich wurde schon im Bereich LUFT auf die Synergiepotenziale von Lüftungsbedarf und Trinkwarmwasserbedarf in der Bereitstellung hingewiesen.

Der Zusatznutzen der Entfeuchtung durch Wärmeentzug kann auch bei naturfeuchten Kellern angewandt werden. Daher ist es bei so machen Bestandsgebäuden – und nicht selten in Denkmälern – oft die bessere Lösung, die Trinkwassererwärmung über die Umgebungsluft eines Kellers zu realisieren.

Neben den bekannten Speicher-Warmwasser-Wärmepumpen sind besonders die sogenannten Split-Wärmepumpen zu erwähnen, da sie unabhängig von einer Warmwasserbevorratung ebenso einen Pufferspeicher bedienen können. Sie werden über eine Speicherladeleitung mit dem Pufferspeicher verbunden.

# 4 Grauwassernutzung

Die Grauwassernutzung steht in der Baubiologischen Haustechnik an erster Stelle bei der Verwendung von Betriebswassern. Als ursprüngliches Trinkwasser wird es vorwiegend in den Sanitärräumen durch die Entwässerungsanschlüsse aus der Dusche, der Badewanne und dem Waschbecken in das Abwassersystem abgeleitet. Um dieses Grauwasser als Betriebswasser nutzen zu können, muss es in einem getrennten Abwassersystem in eine Grauwasseraufbereitungsanlage geführt werden, um von dort nach der Aufbereitung als Betriebswasser in erster Linie der Toilettenspülung oder anderen Betriebswassern zugeführt zu werden. Normale Körperpflegeprodukte sowie Reinigungsmittel sind für die Grauwasseraufbereitungsanlage völlig unproblematisch. Haare sollten soweit wie möglich durch geeignete Haarsiebe schon in der Dusche bzw. im Handwaschbecken zurückgehalten werden. Natürlich dürfen keine Farbreste, Lacke oder andere verfärbende Zusätze in die Entwässerungsanschlüsse von Duschen, Badewannen und Handwaschbecken eingebracht werden, was aber auch ohne Grauwassernutzung grundsätzlich gilt.

Hinweis: Textil-/Haarfärbemittel, Chemikalien, Medikamente und Problembaustoffe belasten unsere Umwelt grundsätzlich und sollten daher vermieden werden bzw. müssen stets fachgerecht und nicht über die Kanalisation entsorgt werden! Darüber hinaus bestehen keine Einschränkungen hinsichtlich bestimmter Wasserinhaltsstoffe.

Interessant ist an dieser Stelle zu bemerken, dass im Rahmen einer Bauherrenberatung zur Grauwassernutzung eine Sensibilisierung oft erst über die Diskussion, was man alles an Badezusätzen verwendet, eintritt. Noch wissen die Menschen zu wenig über ihre Abwässer und was damit geschieht.

## 4.1 Die Potenziale der Grauwassernutzung

Grauwasser ist fäkalienfreies, leicht verunreinigtes Schmutzwasser. Bei leicht verunreinigtem Schmutzwasser ist der Reinigungs- bzw. Wiedernutzungsaufwand gering und überschaubar. Das Potenzial an Grauwasser allein durch die äußere Anwendung wie Duschen, Baden und Waschen übersteigt den Bedarf an Wasser als Betriebsmittel zur Toilettenspülung bei weitem. Dies spricht eindeutig für eine Grauwassernutzung aus wiederverwendetem Abwasser (Schmutzwasser) – von der Dusch- und Badewanne in den Spülkasten.

Bei der Küchenspüle gilt es, genau die Nutzergewohnheiten zu beachten bzw. einzuschätzen, da je nach Nutzung größere Mengen an Grobstoffen aus Essensresten usw. sich im Schmutzwasser befinden können. Auch gilt es klarzustellen, welche Reinigungszusätze dem Spülwasser zugefügt werden. Grundsätzlich liegen die Probleme bei Spülwasser jedoch in der erhöhten Konzentration von Fetten, welche einen größeren Aufbereitungsaufwand verursachen. In der Praxis ist hierbei der spezifische Anwendungsfall zu unterscheiden, wie beispielsweise bei einer Großküche, die fraglos mehr Potenzial und eine ganz andere Verhältnismäßigkeit darstellt als eine Küche in einem Wohnhaus. Da ist das Zwischenschalten eines Grobfilters und Fettabscheiders durchaus ein vertretbarer Aufwand.

Umso mehr gilt es festzuhalten, dass das Potenzial an Grauwasser allein aus der Körperpflege (rund 30000 Liter im Jahr) den Bedarf der Toilettenspülung (rund 26000 Liter) deckt, was für jegliche Wohneinheit bei normalem Standard Gültigkeit besitzt. Das bedeutet: Wasser aus der Dusche, der Badewanne oder den Waschbecken wird gesammelt und als Betriebswasser für die WC-Spülung bereitgestellt. Auf diese Weise lässt sich nicht nur Wasser einsparen, sondern auch Abwasser reduzieren. Die Grauwasseranlagen können sowohl im nebenstehenden Erdreich als auch innerhalb des Gebäudes installiert werden.

## 4.2 Leitungsführung des Grauwassers

Die Leitungsführung für das Grauwasser erfolgt mit normalen Abwasserleitungen nach den technischen Regeln zur Verlegung von Abwasserleitungen mit einem Gefälle von 2 % (mehr kann schnell kontraproduktiv sein, da sich die Fließgeschwindigkeit erhöht und nicht nur zu Geräuschen, sondern auch zu Verwirbelungen im Rohrleitungssystem führen können). Wichtig sind eine fachgerechte Befestigung und die Berücksichtigung des umfassenden Schallschutzes. Wie jede Schmutzwasserleitung muss selbstredend auch eine Grauwasserleitung entlüftet werden!

Der Anschluss an die Grauwasseraufbereitungsanlage erfolgt nach Angaben des Herstellers. Grundsätzlich ist eine Revisionsöffnung unmittelbar vor dem Anschluss vorzusehen. Am Betriebswasser-Vorratsbehälter ist ein Überlauf in den Kanalanschluss (Schwarzwasserleitung) vorzusehen, um ein unkontrolliertes Überlaufen des Vorratsbehälters bei zu geringem Bedarf an Betriebswasser zu vermeiden.

Im Grunde geht es lediglich darum, die Schmutzwasserleitungen aufzuteilen und in Schwarzwasser und Grauwasser zu unterscheiden. Die Nutzung des gereinigten bzw. aufbereiteten Grauwassers entspricht der Nutzung als Betriebswasser, ist also als solches zu kennzeichnen und darf nicht mit Trinkwasser in Verbindung gebracht werden.

### 4.2.1 Badewannen, Duschen und Waschtische

Sämtliche Grauwasser-Entwässerungsanschlüsse im Badezimmer sind bereits für die Grauwassernutzung geeignet. In diesem Wasser befinden sich kaum grobstoffliche Verunreinigungen, sondern lediglich Hautpartikel, Haare, Seifen und Badezusätze, welche in der ersten Filterstufe entfernt werden. Was etwaige Belastungen dieses Grauwassers angeht, sind diese davon abhängig, was man in seinem Badewasser an Zusätzen einbringt und mit welchen Mitteln man sich wäscht.

### 4.2.2 Küchenspülen und Ausgussbecken

Sowohl bei Küchenspülen als auch bei Ausgussbecken in Hauswirtschaftsräumen fallen mehr oder weniger hohe grobstoffliche Verschmutzungen an. Eine weitere Belastung sind hohe Fettanteile. Aus diesem Grund sind diese Entwässerungsanschlüsse, obgleich es sich um Grauwasser handelt, aufwändiger zu reinigen und instandzuhalten. Dementsprechend gilt auch eine Unterscheidung von Grauwasser in zwei Klassen mit bzw. ohne Fettstoffe. Will man dieses Grauwasser dennoch nutzen, sind ein höherer Filteraufwand und der Einbau eines Fettabscheiders notwendig. Dies kann in der Gastronomie oder Hotels durchaus sinnvoll sein – zumal ein Fettabscheider in entsprechenden Küchen ohnehin vorhanden ist. Ähnlich verhält es sich mit dem Wasser aus Geschirrspülmaschinen. Letztendlich ist es eine Frage des Bedarfs. Es sollte immer ein ausgeglichenes Verhältnis zwischen Bedarf und Bereitstellung bestehen.

## 4.3 Aufbereitung von Grauwasser

Die Aufbereitung des Grauwassers erfolgt in einer Grauwasseraufbereitungsanlage. Die Technologie hat sich in den letzten 30 Jahren stetig weiterentwickelt und reicht von den Tauch-Tropfkörper-Anlagen der späten 1980er Jahre und den Wirbelbett-Anlagen der späten 1990er Jahre bis zu heutigen Anlagen. Beide Verfahren funktionierten nach dem Prinzip der Vorfiltration und mehrstufiger aerober biologischer Aufbereitung sowie bei besonderem Bedarf einer nachgeschalteten UV-Desinfektion. Auch wenn die einzelnen Stufen in entsprechenden Behältern oder Zonen aufgeteilt sind, handelt es sich bei einer Grauwasseraufbereitungsanlage stets um ein Gesamtsystem, welches für größere Anlagen jeweils individuell geplant und zusammengestellt wird. Für kleinere Anwendungen im Wohnungsbau bietet der Markt kompakte Anlagen für die Innenaufstellung oder (analog zur Regenwassernutzung) im Erdreich. Heute haben sich die sogenannten Membranbioreaktoren durchgesetzt, die nach dem Prinzip aerober biologischer und nachgeschalteter mechanischer Aufbereitung arbeiten, welche den Stand der Technik markieren und im Folgenden genauer erläutert werden, da sie auch als Kompaktanlagen für Einfamilienhäuser zu haben sind.

Die Behälter einer Grauwasser-Aufbereitungsanlage bestehen in der Regel aus Kunststoff (Polyethylen) und werden vollständig vorinstalliert ausgeliefert. Die Größe der Anlage ist abhängig von der Aufbereitungsleistung in Litern pro Tag. Dementsprechend groß ist auch das Bereitstellungsvolumen als Betriebswasser. Eine Anlage besteht demzufolge aus 2 bis 3 Volumenbehältern. Ab 1 000 Litern täglicher Aufbereitungsleistung ist von einer Drei-Behälteranlage auszugehen. Kleine Kompaktanlagen für ein Einfamilienhaus besitzen mindestens 200 Liter Aufbereitungsleistung. Bis 10000 Liter Aufbereitungsleistung ist eine Innenaufstellung möglich.

Großanlagen für Hotels, Studentenheime, Gewerbe und Industrie bestehen aus Betonbehältern, die außerhalb des Gebäudes im Untergrund positioniert werden.

**Abb. WS 4.1:** Grauwasseranlage zur mehrstufigen Aufbereitung von Grauwasser, geeignet für die Aufstellung in Einfamilienhäusern, Modell iClear 200 L der Firma iWater Wassertechnik GmbH (Quelle: ewuaqua.de)

### 4.3.1 Der Membranbioreaktor (MBR)

Membranbioreaktoren sind sehr kompakt und haben einen geringen Platzbedarf. Dieser ist natürlich von der Größe der Anlage abhängig, also von der Grauwasser-Aufbereitungsleistung.

Die Anlage ist in drei wesentliche Zonen aufgeteilt, in denen die Aufbereitung bis zur Bereitstellung stattfindet:

#### Biologische Aufbereitung

Aus den Sammelleitungen fließt das Grauwasser über einen freien Zulauf in die Auffangzone der Anlage und wird dort gesammelt. Hier findet schon eine Grobfilterung statt. Um die biologische Aufbereitung zu starten, wird über einen Belüfter Umgebungsluft in das Grauwasser eingebracht. Dadurch setzt die aerobe biologische Umwandlung von Ammoniak (Nitrit) zu Nitrat und weiter in Stickstoff ein. Das biologisch aufbereitete Grauwasser wird aus dieser Zone in den nächsten Behälter zur physikalischen Aufbereitung gebracht.

#### Physikalische Aufbereitung

Die physikalische Aufbereitung bildet das Herzstück der Anlage, denn darin befindet sich die Membranfiltertechnik, welche mit einer Porengröße von 0,00005 mm selbst Bakterien und Viren, Emulsionen und Proteine herausfiltert. Wie ein Platten-Wärmeübertrager ist die Filtermembrantechnik in verschiedenen Membranplatten zu einer kompakten Kassette zusammengebaut, welche im Zentrum dieser Zone positioniert ist. Sie wird von unten mit einem Gebläse belüftet, um durch die aufsteigenden Luftblasen die Filtermembran zu reinigen. Über eine der Membranfiltration nachgeschaltete Permeat-Pumpe wird das Grauwasser in die Bereitstellungszone bzw. den Bereitstellungsbehälter geführt.

#### Bereitstellungsbehälter

Der Bereitstellungsbehälter hält das aufbereitete Wasser, welches den hygienischen Anforderungen der EU-Richtlinie für Badegewässer entspricht, zur Nutzung als Betriebswasser vor. An dieser Stelle ist auch eine Trinkwasser-Nachspeisung enthalten, welche bei nicht ausreichender Bereitstellung, analog zur Regenwassernutzung, Trinkwasser einbringt. Diese muss über einen freien Auslauf hergestellt werden, um eine Verbindung von Trinkwasser mit Grau- bzw. Betriebswasser zu vermeiden. Wenn vorhanden, kann der Bereitstellungsbehälter auch mit Regenwasser nachgespeist werden. Die Verteilung des gereinigten Grauwassers erfolgt mit einer Pumpe und einem Druckausdehnungsgefäß über den Betriebswasserverteiler.

Der Pumpendruck sowie der Anlagendruck sind auf die nachgeführte Betriebswasser-Installation abzustimmen und eine konstante Druckhaltung ist sicherzustellen. Sämtliche Behälter müssen einen Not-Überlauf mit Anschluss an eine Schmutzwasserleitung aufweisen.

Der Aufstellraum einer Grauwasser-Aufbereitungsanlage muss folgende Kriterien erfüllen:

- trocken, frostfrei und belüftet (z. B. Fenster oder Luftführung),
- maximale Raumtemperatur 40 °C,

- keine zusätzliche Staubentwicklung, z. B. Schleifstaub,
- ebener und ausreichend tragfähiger Untergrund,
- Bodenablauf zum Abwasserkanal oder Versickerung (Notentwässerung),
- Spannungsversorgung von mindestens 230 V/50 HZ, mit 16 A selektiv abgesichert,
- mindestens 0,5 m Abstand zwischen Raumdecke und Behälteroberkante für Wartungszwecke.

**Abb. WS 4.2:** Grauwasseranlage für den Erdeinbau, Modell Power Clear 500 Terra der Firma iWater Wassertechnik GmbH (Quelle: ewuaqua.de)

### 4.3.2 Stillstandszeiten der Anlage

Sollte das Gebäude für längere Zeit unbewohnt und damit ein regelmäßiger täglicher Grauwasserzulauf nicht gewährleistet sein, dann sterben die abwassertypischen Mikroorganismen in der Grauwasseranlage langsam ab. Sollte das Gebäude für länger als 4 Wochen unbewohnt sein und in diesem Zeitraum auch kein Grauwasser der Anlage zulaufen, dann empfiehlt es sich, bei Wiederaufnahme die Biologie mit einem Bakterienstamm anzuimpfen. Dabei wird ein Päckchen Trockenbakterien in den Ablauf einer Dusche gegeben, welche die Entwicklung der Mikroorganismen in der Anlage beschleunigt. Die volle biologische Reinigungsleistung der Anlage steht dann nach 3 bis 4 Tagen wieder zur Verfügung.

### 4.3.3 Wartung von Grauwasser-Aufbereitungsanlagen

Der Instandhaltungsaufwand von Grauwasseranlagen ist absolut überschaubar. Dennoch: Oft werden haustechnische Anlagen als wartungsfrei oder wartungsarm beschrieben. Diesem ist zu widersprechen, da zumindest eine Inaugenscheinnahme immer notwendig ist, egal um welch eine Anlage es sich handelt. Und da es bei einer Grauwasseranlage um die Behandlung von Wasser geht, ist es immer sinnvoll, die Anlage regelmäßig zu inspizieren. Dass muss in der Tat kein großer Aufwand sein, verlangt aber dennoch einen verantwortungsvollen Betreiber.

Einmal im Monat sollte man sich die Vorfilterung genauer ansehen, da es je nach Nutzung zu unterschiedlichen Grobstoffbelastungen kommen kann. Grobe Störstoffe, die sich mithilfe der automatischen Rückspüleinrichtung nicht ohne Weiteres in den Kanal austragen lassen, sollten manuell entfernt und über den Restmüll entsorgt werden. Auch wenn der Membranfilter selbstreinigend ist, heißt dies nicht, dass er ewig funktioniert. Aus diesem Grund ist schon mit einer Generalwartung zu rechnen, die im Zeitfenster der Betriebsstunden und nach Absprache mit dem Hersteller festgelegt werden sollte. Dementsprechend ist der Membranfilterwechsel in der Regel durch einen vom Hersteller autorisierten Fachbetrieb oder durch den Kundendienst des Herstellers selbst durchzuführen. Der Membranfilter wird ausgetauscht, im Werk gereinigt und wieder aufbereitet, um später weiter Verwendung zu finden. Das heißt im Grunde, dass man früher oder später zwei Membranfilter nutzt, wovon einer in der Anlage wirkt und der zweite „überholte" Membranfilter zum Einbau bereitliegt.

Von einem Austausch des Membranfilters in Eigenleistung ist abzusehen, die Aufbereitung kann keinesfalls selbst erfolgen und sollte daher komplett von einer fachspezifisch qualifizierten Person erledigt werden. Eine mechanische oberflächliche Reinigung der Filtermembranen in Eigenregie kann zu nicht sichtbaren irreversiblen Zerstörungen an den Membranoberflächen führen. Unter Umständen können dann Schlammpartikel, Bakterien und Viren durch die Filtermembrane gelangen.

Eine ordnungsgemäße Generalwartung sollte etwa nach 10 000 Betriebsstunden (ca. 14 Monate reine Aufbereitungszeit – nicht gezählt wird die Standby-Zeit) durchgeführt werden. Das betrifft nicht nur die Filter, sondern auch die Pumpen und Belüfter der Anlage, deren Funktion über einfache Druckmessungen geprüft werden kann, aber auch durch die Güte des aufbereiteten Grauwassers sichtbar wird.

Im Zuge dieser Wartung werden alle Anlagenkomponenten (Belüftungspumpe, Zirkulationspumpe, Filter, Betriebswassernachspeisung, Füllstandsgeber) auf Funktionsfähigkeit überprüft. Es ist zu empfehlen, den Wartungsaufwand und die konkreten Wartungsleistungen in Absprache mit dem Hersteller und/oder Planer der Anlage festzulegen, als Basis eines detaillierten Wartungsvertrages mit einem Fachunternehmer. Hier lässt sich auch sehr schnell die Qualität von Herstellern erkennen.

Sofern sich am Boden im Grauwasserspeicher ein Schlammpegel von mehr als 100 mm gleichmäßig abgesetzt hat, wird im Zuge der ordnungsgemäßen Wartung der Schlamm in den Kanal abgepumpt. Bei extrem großen Schlammmengen, was äußerst selten vorkommt bzw. nur in Großanlagen, muss die Schlammentsorgung fachgerecht über einen Pumpenwagen erfolgen.

## 4.4 Grauwassernutzung im Bestand

Um in Bestandsanlagen nachträglich eine Grauwassernutzung realisieren zu können, muss zuerst die Leitungsführung geprüft werden. In den seltensten Fällen ist eine Trennung von Schwarz- und Grauwasser ohne Aufwand möglich. In der Regel werden Grau- und Schwarzwasserleitungen schon in den Badezimmern zusammengeführt. Eher selten wird das Abwasser in zwei Strängen aus einem Badezimmer geführt, wenn nicht die Raumgeometrie und Anordnung der sanitären Einrichtungen dies schon provozierten.

Bei entlegeneren Entwässerungsanschlüssen kann es wieder einfacher sein, wie beispielsweise das Grauwasser aus der Küche oder dem Hauswirtschaftsraum. Dieses Grauwasser ist aber in der Regel mehr verschmutzt als das Grauwasser aus dem Badezimmer oder dem Duschbad. Ein höherer Filteraufwand inkl. Fettabscheider wird notwendig. Dies kann aber unter Umständen durchaus verhältnismäßig sein und ist individuell für das spezifische Objekt zu prüfen.

Bei Badsanierungen und dergleichen oder Umbau- bzw. Instandsetzungsarbeiten von bestehenden Gebäuden kann es aber durchaus einfach sein, Grau- und Schwarzwasserleitungen zu trennen, wenn diese Leitungsabschnitte ohnehin neu installiert werden. Bedenkt man, welche Summen für moderne Badezimmer und Wellness-Bereiche investiert werden, sollte man in diesem Kontext durchaus auch über eine Grauwassernutzung sprechen. Die Mehrkosten für eine getrennte Schmutzwasserleitungsführung sind sehr gering, da es sich lediglich um eine separate Steigleitung für Grau- und Schwarzwasser handelt. Demgegenüber entfallen längere Anschlussleitungen von den Grauwasser-Entwässerungsstellen zur Schwarzwasser-Fallleitung.

Hinweis: Jeder Neubau ist sehr bald auch eine Bestandsanlage. Aus diesem Grund sollte bei Neubauten grundsätzlich eine getrennte Leitungsführung von Schwarz- und Grauwasser erfolgen.

## 4.5 Grundlagen zur Konzeption einer baubiologischen Grauwasser-Aufbereitungsanlage

Betrachtet man das statistische Nutzerprofil eines 4-Personen-Haushaltes in einem Einfamilienhaus aus Kapitel 2, so sind diesem die entsprechenden Parameter zur Auslegung einer Grauwasser-Aufbereitungsanlage zu entnehmen.

Wie zu Beginn des Kapitels bereits genannt, steht einem Potenzial von etwa 30 000 Litern Grauwasser (ohne Grauwasser aus Küche oder Waschmaschinen) ein Bedarf für die Toilettenspülung von etwa 26 000 Litern gegenüber.

Die aus dieser Gegenüberstellung resultierende Aufbereitungsleistung lautet:

- Monatliche Aufbereitungsleistung: 2500 Liter
- Wöchentliche Aufbereitungsleistung: 577 Liter
- Tägliche Aufbereitungsleistung: 83 Liter

Wie oben schon erläutert, handelt es sich nur um eine sehr kurze Zeitspanne zwischen Potenzial und Bedarf, sodass eine tägliche Aufbereitungsleistung schon für einen maximalen Deckungsanteil ausreicht. Wenn man sich nun auf dem Markt orientiert, wird man feststellen, dass die kleinsten Kompaktanlagen eine Aufbereitungsleistung von 200 Litern ermöglichen. Also können in der Praxis Abweichungen ausgeglichen werden, die einem Sicherheitszuschlag von mehr als 100 % entsprechen. Das heißt, es kann auch mehr geduscht werden und wenn nicht mehr Spülwasser für die Toilette benötigt wird, kann das überschüssige Grauwasser leicht für die Gartenbewässerung verwendet, einer Versickerung zugeführt oder für die Waschmaschine verwendet werden.

Selbst nach der oben dargestellten einfachsten Grauwasser-Standardnutzung kann das öffentliche Kanalsystem bereits mehr als 50 % entlastet werden, da das aus Trinkwaser resultierende Grauwasser im gleichen Verhältnis als Betriebswasser zweifach genutzt wird. Berücksichtigt man die Betriebswassergüte entsprechend der EU-Badegewässerrichtlinie, spricht auch kein Grund dagegen, überschüssiges Betriebswasser gebäudenah durch Versickerung dem Untergrund zuzuführen, bevor dieser Überschuss doch über den Überlauf an die öffentliche Kanalisation abgegeben wird. Demzufolge schließt eine Grauwassernutzung keineswegs eine Regenwassernutzung aus.

## 4.6 Wärmerückgewinnung aus Grauwasser

Grauwasser ist nicht nur geringverschmutztes Trinkwasser, sondern auch ein Wärmeenergieträger von bislang wenig beachteter Bedeutung.

Nimmt man als Grundlage die oben genannten Grauwassermengen eines Einfamilienhauses von 30 000 Litern im Jahr und unterstellt eine mittlere Grauwassertemperatur von 30 °C ($\Delta T = 20K$), bedeutet dies eine Wärmemenge von 697,8 kWh. Die notwendige Wärmemenge für die Warmwasserbereitung beträgt etwa 2150 kWh. Dementsprechend befindet sich rein rechnerisch im Grauwasser ein Viertel des Wärmemengenbedarfs zur Warmwasserbereitung. In der Praxis ist freilich mit Wärmeübertragungsverlusten zu rechnen. Dennoch wird die Wärmerückgewinnung aus Grauwasser bei größeren Anlagen unbedingt überlegenswert, wie schon erste Referenzanlagen, z. B. in Studenten-Wohnheimen, belegen.

Erste Erfahrungen in der Wärmerückgewinnung aus Grauwasser lassen einen Wärmegewinn von etwa 10 bis 15 kWh pro $m^3$ Grauwasser veranschlagen. Das bedeutet, dass 1 $m^3$ Grauwasser 1 $m^3$ Betriebswasser und 10 bis 15 kWh Wärmeenergie bereitstellt. Was mit der Wärme aus dem Grauwasser anzustellen ist, liegt auf der Hand. In erster Linie ist es sinnvoll, die Trinkwassererwärmung damit zu unterstützen. Durch die enge Zeitspanne halten sich auch die Wärmebereitstellungsverluste in Grenzen. Dies kann auf zwei verschiedene Weisen geschehen:

- Vorerwärmung des Trinkwassers im Durchlaufprinzip (Systemtrennung),
- Nutzung als Wärmequelle für eine Warmwasser-Wärmepumpe.

Bei der Vorerwärmung gilt es, innerhalb des Grauwasser-Sammelbehälters – oder bei größeren Anlagen extern – ein Wärmeübertragungsrohr zu integrieren. Das kalte Trinkwasser wird durch dieses Rohr geleitet und nimmt die Wärme aus dem Grauwasser auf, bevor dieses nach der Aufbereitung als Betriebswasser bereitgestellt wird. Somit kann das Kalt-Trinkwasser von ursprünglich ca. 10 °C je nach Wärmegehalt des Grauwassers auf 25 bis 30 °C vorerwärmt werden. Die Nacherwärmung setzt bei dieser Temperatur an, um die Bereitstellungstemperatur zu erreichen.

Das Grauwasser als Wärmequelle für eine Wärmepumpe zu nutzen, ist in der großen Anlagentechnik schon im Einsatz. Großanlagen nutzen Abwasser aus den Kanalisationssystemen als

Wärmequelle im großen Rahmen. Dafür werden spezielle Abwasser-Kanalrohre mit Wärmeübertragungskammern installiert. Das Material aus Beton wirkt dabei als Wärmeübertragungsfläche und ermöglicht einen Sekundärkreis für Betriebswasser, um die Wärme aufzunehmen, die dann von einer Großwärmepumpe genutzt wird, um beispielsweise dezentrale Nahwärmesysteme in der Grundlast zu unterstützen. Für dezentrale Grauwasseranlagen wäre eine spezielle Technologie notwendig, die ein Wärmepumpen-Aggregat in die Grauwasseraufbereitungsanlage integriert. Dadurch könnten auch höhere Wärmemengen konstruktiv gekühlt werden, um einer Verkeimung bei langen Stillständen vorzubeugen. Möchte man die Wärme des Grauwassers zurückgewinnen, ist es u. U. sinnvoll, die Grauwasserleitungen mit einer Wärmedämmung auszustatten – besonders bei langen Leitungswegen.

Die Verwendung der Wärme aus dem Grauwasser für das Trinkwasser ist umso naheliegender, da ein Wärmebedarf für das Trink-Warmwasser täglich ansteht, ebenso wie Wärme aus Grauwasser täglich zur Verfügung steht. Auf diese Weise entsteht ein weiterer Wertschöpfungskreis, der nicht nur die Nacherwärmung des Trink-Warmwassers merklich unterstützt, sondern zudem auch noch $CO_2$-Emissionen vermeidet.

## 4.7 Insel-Wasserwirtschaftssysteme

Betrachtet man nun, für welches Wasser wirklich ein öffentlicher Kanalanschluss notwendig bzw. zu rechtfertigen ist, bleibt nur noch Schwarzwasser übrig. Das bedeutet, es handelt sich um ein analoges Zahlenspiel, wenn man von 30 000 Litern Schwarzwasser pro Jahr in einem Einfamilienhaus ausgeht. Schaut man sich die folgenden Schwarzwasserlasten an, ist es nicht mehr weit zu einer Kleinst-Kläranlage.

- Monatliche Schwarzwasserlast: 2500 Liter
- Wöchentliche Schwarzwasserlast: 577 Liter
- Tägliche Schwarzwasserlast: 83 Liter

Nun kann man auch bei diesen Mengen noch mit diversen Sicherheitszuschlägen rechnen und 150 bis 200 Liter pro Tag veranschlagen. Die Technik ist da, um auf einen Kanalanschluss zu verzichten und geklärte Biomasse dezentral für den Aufbau von Bodenkulturen zu nutzen.

Es stellt sich die Frage, inwieweit ein einzelnes Haus einhergehend mit unserem Komfort- und Hygieneanspruch dergestalt mit haustechnischen Geräten zu überfrachten ist, wo wir dies doch insbesondere in der Baubiologischen Haustechnik vermeiden wollen. Bei den meisten Gebäuden im Bestand ist eine nutzbare Infrastruktur vorhanden, dann kann diese auch verwendet werden, obgleich eine Entlastung immer anzustreben ist. Dem Prinzip der Baubiologischen Haustechnik, kein Regenwasser in die Kanalisation zu leiten, wird dennoch Folge geleistet.

Dennoch sei an dieser Stelle im Einklang mit den allgemeinen baubiologischen Grundregeln ein Szenario für ein Siedlungsgebiet vorgestellt, welches an sämtliche Entscheider die Frage stellt: Muss für dieses geplante und in der Erschließung befindliche Wohngebiet das öffentliche Kanalnetz um weitere Großlasten erweitert werden?

## 4.8 Szenario zur Abwasserbewirtschaftung in Siedlungsgebieten

Wir gehen beispielhaft von einem Siedlungsgebiet mit 30 EFH-Einheiten auf jeweils 1000 $m^2$ Grundfläche aus. Folgendes Szenario wäre vorstellbar:

- Auf einer Grundfläche von 1000 $m^2$ wird ein Gebäude für die dezentrale Energie- und Wasserwirtschaft als „Versorgungsgebäude" erstellt. In diesem Gebäude befindet sich u. a. eine Grauwasser-Aufbereitungsanlage mit einer Aufbereitungsleistung von täglich 10 000 Litern und einer daran angeschlossenen dezentralen Betriebswasserversorgung von bis zu 300 Litern täglich. – Grauwasserüberschüsse werden gebäudenah versickert/in einen Teich geleitet.
- Dementsprechend befindet sich in den jeweiligen Einfamilienhäusern lediglich ein Betriebswasseranschluss mit der Bezeichnung „kein Trinkwasser!" zur Versorgung von Toilettenspülungen, zum Waschen und Putzen usw. Es ist keine Pumpe und keinerlei Technik im Haus vorhanden, weil sich anstatt 30 Pumpeneinheiten nur 1 Pumpeneinheit (inkl. Havariepumpen) im Versorgungsgebäude befindet.
- Von jedem Gebäude wird eine Grauwasserleitung in das Versorgungsgebäude zur Grauwasser-Aufbereitungsanlage sowie ein Betriebswassernetz vom Versorgungsgebäude zu den jeweiligen EFH geführt.
- Das Regenwasser und sämtliche Niederschläge werden dezentral auf den jeweiligen Grundstücken zur Stabilisierung des Grundwasserhaushalts bewirtschaftet. – Kanalanschluss entfällt.
- Niederschlagswasser aus versiegelten Freiflächen (Straßen und Verkehrsflächen) wird gefiltert (!) und dezentral zur Stabilisierung des Grundwasserhaushalts dem Untergrund zugeführt – Kanalanschluss entfällt.
- Auf dem Grundstück des Versorgungsgebäudes befindet sich eine Grundwasserbrunnenanlage zur Trinkwasseraufbereitung mit einer täglichen Aufbereitungsleistung gemäß Trinkwasserverordnung von 10 000 Litern. – Der Anschluss an das öffentliche Trinkwassernetzt entfällt.
- Vom Versorgungsgebäude wird ein Trinkwasserleitungsnetz zu jedem EFH inkl. Hauswasseranschluss geführt.
- Von jedem EFH wird eine Schwarzwasserleitung zum Versorgungsgebäude geführt und in die dort positionierte Kläranlage eingeführt und über eine Schilfkläranlage aufbereitet. Ein nachgeschalteter See wird mit einer Wasserqualität entsprechend den EU-Richtlinien für Badegewässer als Biotop und Aquakultur angelegt.

Wo ein solches Szenario möglich ist, lässt sich auch von einem geeigneten Lebensraum ausgehen. Die Reinhaltung des Grundwassers wird zum elementaren Interesse eines jeden Bewohners dieses Siedlungsgebietes, schafft dadurch Selbstverantwortung und Gesundheit für alle. In der Tat könnte man dann von Blue Buildings sprechen.

Aus diesem Szenario ist ebenso wie aus der Single-Lösung einer einzelnen Baumaßnahme zu erkennen, dass eine Regenwassernutzung überhaupt nicht notwendig ist, sondern vielmehr eine baubiologische Regenwasserbewirtschaftung, wie sie im Kapitel 5 vorgestellt wird.

## 4.9 Pflanzenkläranlagen

Pflanzenkläranlagen sind in verschiedenen Größen realisierbar und können schon für ein oder mehrere Einfamilienhäuser im ländlichen Bereich genutzt werden. Das entlastet nicht nur nachhaltig die Umwelt, sondern auch die Kommunen. Natürlich sind diese Anlagen nicht nur für Grauwasser, sondern auch für Schwarzwasser realisierbar.

In der ersten Reinigungsstufe kann eine Vererdung des Klärschlammes realisiert werden. Für die mechanische Vorreinigung des Abwassers sind verschiedene Setzgruben (Einkammer- und Mehrkammer), Mehrkammerausfaulgruben, Emscherbrunnen und Fettabscheider zuständig.

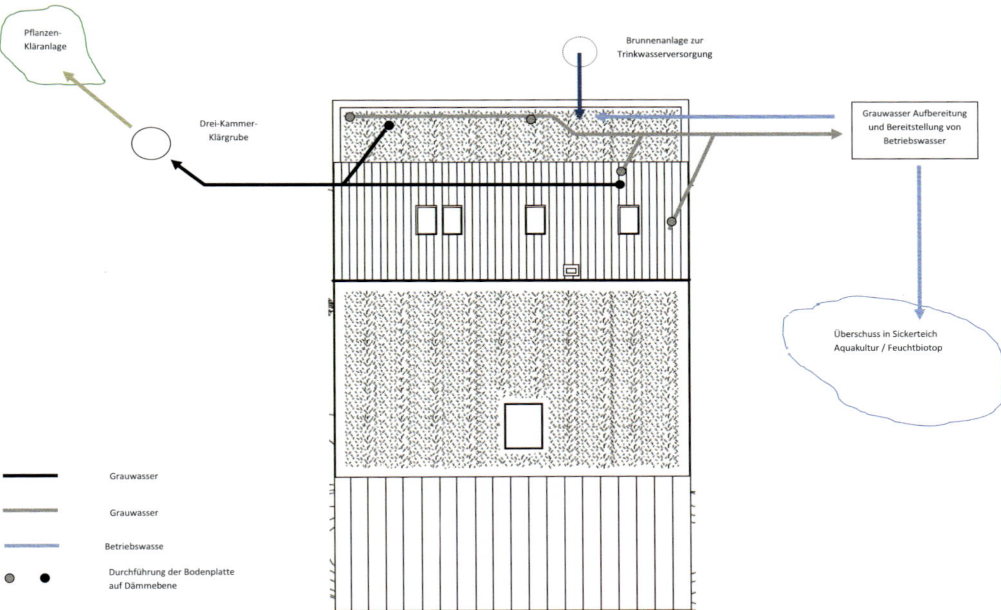


**Abb. WS 4.3:** Interne Entwässerungsstruktur am Beispielhaus mit dezentraler Trinkwasserversorgung (Quelle: Frank Hartmann)

Pflanzenkläranlagen können naturnah in die Landschaft integriert werden und Symbiosen mit nachhaltigen Aquakulturen aus Rieselfeldern, Sumpfklärbeeten (Feuchtbiotope), Klärteichen, Schönungsteichen bis hin zu Schwimmteichen bilden. Pflanzenbeete werden dabei in ihren wesentlichen Bauformunterschieden differenziert in a) vertikal durchströmte und b) horizontal durchströmte Beete.

Weitere Vorteile der Klärschlammvererdung sind neben dem Schließen von Stoffkreisläufen durch eine nachhaltige landwirtschaftlich/gärtnerische Nutzung des Klärschlammkomposts:

- keine Kosten für Schlammabfuhr und -entsorgung,
- sehr kurze Transportwege durch die dezentrale Klärschlammbehandlung vor Ort,

- einfache Bauweisen, die einen hohen Grad an Eigenleistung ermöglichen,
- sehr niedrige Investitionskosten, die mit anderen Arbeiten auf dem Baugrund kombinierbar sind,
- sehr geringer Energieeinsatz und niedrige Wartungsaufwendungen.

Hinweis: Natürlich müssen die rechtlichen Rahmenbedingungen im Kontext mit dem jeweiligen Baugrund stets geprüft werden. Vielerorts ist noch ein Kampf gegen Windmühlen im Gange, da starken Wirtschaftsinteressen begegnet werden muss.

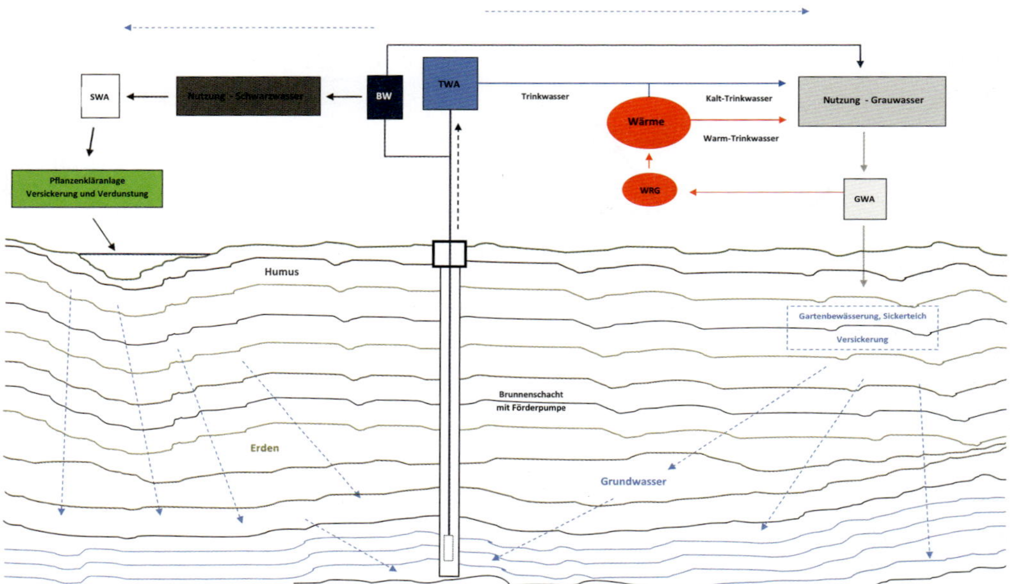


**Abb. WS 4.4:** Schnitt des dezentralen Wasserkonzepts für eine Lebensraumsiedlung (Quelle: Frank Hartmann)

# 5 Bewirtschaftung von Niederschlagswasser

Niederschlagswasser ist umfassender Bestandteil des natürlichen Wasserkreislaufes. Aus diesem Grund gilt es in einer biologischen Bauordnungslehre, dieses Wasser dezentral zu bewirtschaften und dem Untergrund zuzuführen. Auch wenn der Regenwassernutzung (als Betriebswasser) oft mit den Siegeln „Öko" und „Bio" eine Nachhaltigkeit unterstellt wird, ist dies in der Regel nicht der Fall, wenn Wasser dem natürlichen Kreislauf entzogen wird. Fern jeglicher Ökoromantik ist also das System Regenwassernutzung (das mancherorts in Maßen durchaus vertretbar sein mag) stets kritisch zu hinterfragen. Zur Betriebswassernutzung steht die Grauwasseraufbereitung an erster Stelle.

Der erste Schritt einer nachhaltigen Regenwasserbewirtschaftung ist schon eine deutliche Annäherung an die Systemik des Ökosystems und birgt eine Vielzahl von Vorteilen, auf die im Folgenden eingegangen wird.

## 5.1 Dachbegrünung

Regenwassernutzung und Dachbegrünung sind technisch ausgereifte Bausysteme und können im Sinne der Baubiologischen Haustechnik kongenial miteinander verbunden werden. Regenwassernutzungsanlagen sparen Trinkwasser und tragen somit zur Schonung der Wasserressourcen bei. Begrünte Dächer verbessern das Mikroklima, schützen die Dachabdichtung und leisten einen wesentlichen Beitrag zur Regenrückhaltung.

**Abb. WS 5.1:** Bei der Dachbegrünung kann das Niederschlagswasser teilweise direkt von den Pflanzen über das Substrat genutzt werden, das restliche Niederschlagswasser (ca. 50 %) fließt zeitversetzt ab. Im Bild ein begrüntes Tonnendach in Rottenburg. (Quelle: Fachvereinigung Bauwerksbegrünung e. V. FBB)

Für die Kombination mit Regenwassernutzungsanlagen sind extensiv begrünte Dächer mit einer Substrat-Aufbauhöhe von 6 bis 12 cm am besten geeignet. Das Gewicht entspricht einer Kiesauslage in einer Höhe von ca. 3 bis 6 cm. Damit ist auch der Umbau bestehender Kiesdächer ohne Veränderung der Bauwerksstatik möglich, was leider noch sehr selten erfolgt.

Intensivbegrünungen beginnen bei einer Aufbauhöhe von 20 bis 40 cm und ermöglichen eine vielseitig Dachgartengestaltung und den Anbau einiger Früchte und Kräuter. Sie erfordern allerdings eine entsprechende Statik der Dachkonstruktion und es fließt nur noch sehr wenig Regenwasser ab, da der Großteil des Wassers von den Pflanzen benötigt wird, aber das ist keinesfalls als Manko zu begreifen. Für das Betriebswasser im Gebäude sollte die Grauwasseraufbereitung im Vordergrund stehen.

Das vom Gründach direkt (bei großem Platzregen oder Sättigung des Substrat-Aufbaus) abfließende Wasser wird in einem Sammelbehälter gesammelt oder an anderer Stelle auf dem Grundstück zielgerichtet in den Untergrund versickert.

### 5.1.1 Wasserqualität und Regenertrag bei Gründächern

Gründächer wirken als rein biologische Filter, in denen durch den natürlicherweise aufgelockerten Wurzelbereich ein erhöhter Abbau und eine Rückhaltung von Schadstoffen erfolgen. Das davon abfließende Regenwasser ist für die Speicherung und Nutzung grundsätzlich sehr gut geeignet. Es kann allerdings durch Huminstoffe gefärbt sein. Zum Wäschewaschen eignet sich dieses Wasser nur sehr bedingt. Bei Toiletten ist die Färbung weniger relevant, es wird jedoch in öffentlichen oder gewerblichen Gebäuden ein Hinweis auf die Dachbegrünung als Ursache der leichten Spülwasserfärbung empfohlen. Ansonsten kann diesem auch mit entsprechenden Filtern begegnet werden. Die Wasserfärbung kann minimiert werden, indem geeignete Substrate mit möglichst wenig organischer Substanz eingesetzt werden. Ideal sind Vegetationstragschichten mit einem hohen mineralischen Anteil, was aber schnell mit einer notwendigen Düngung einhergeht. Ein natürliches Gründach sollte also immer Vorrang haben und das Niederschlag-Restwasser dorthin geführt werden, wo es hingehört, in den Untergrund.

Der Regenabfluss von extensiv begrünten Dächern beträgt 40 bis 60 %, d. h., der nutzbare Regenertrag reduziert sich je nach Dachsystem und regionaler Verdunstungsrate entsprechend. Dies ist bei der Konzeption der nachgeschalteten Regenwassernutzungsanlage zu berücksichtigen.

Bei Extensivbegrünungen sind in der Regel 1 bis 2 Kontrollgänge pro Jahr ausreichend, die zusammen mit der normalen Dachwartung durchgeführt werden können. Dabei wird unerwünschter Fremdaufwuchs entfernt und die An- und Abschlüsse des Daches inklusive der Entwässerungseinrichtungen kontrolliert. Intensivbegrünungen erfordern einen höheren Pflegeaufwand (Düngung, Bewässerung usw.).

Die Dachabdichtung wird durch Begrünung vor Temperaturschwankungen, Versprödung und Rissbildung geschützt und erhöht somit die Nutzungsdauer um 10 bis 20 Jahre, wenn alle Komponenten aus hochwertigem Material bestehen und nach den allgemein anerkannten Regeln der Technik geplant, gebaut und gepflegt werden.

Die Vorteile der Dachbegrünung (in Kombination mit einer nachhaltigen Regenwasserbewirtschaftung) sind neben der Schonung des Wasserkreislaufes und Naturhaushaltes:

- Verminderung und Verzögerung des Regenabflusses: Beim Einsatz von Dachbegrünung und Regenwassernutzung wird der bei Starkregen abfließende Regenanteil durch die Speicherung und Verdunstung von Regenwasser stark vermindert und verzögert. Dies entlastet die Kanalisation und Kläranlage bzw. die Gewässer. Eine Annäherung an den Wasserhaushalt natürlicher Flächen findet statt.

- Verbesserung der Lebensqualität in Städten: Befeuchtung und Staubbindung verbessern das Mikroklima. Grüne Dächer werden zu Biotopen für Fauna und Flora, ihr Anblick erhöht die ästhetische Qualität bebauter Gebiete und sie vermindern Schallreflexionen.
- Trinkwassereinsparung: Der im Regenspeicher gesammelte Abfluss des begrünten Daches kann für die WC-Spülung, die Gartenbewässerung und die Gebäudereinigung eingesetzt werden. Die Trinkwassereinsparung beträgt dadurch etwa ein Drittel des häuslichen Verbrauches. Auch bei Gewerbe und Industrie gibt es zahlreiche Anwendungsmöglichkeiten. Die Regenwasserbewirtschaftung trägt somit dazu bei, Wasservorräte zu schonen.

Eine wichtige Planungshilfe ist die „Richtlinie für die Planung, Ausführung und Pflege von Dachbegrünungen", herausgegeben von der Forschungsgesellschaft Landschaftsentwicklung Landschaftsbau e.V. – FLL (Hrsg.), Bonn, 2008.

### 5.1.2 Rückhaltevermögen von Dachbegrünungen

Das Rückhaltevermögen von Dachbegrünungen ist abhängig von der Dachneigung (Steilheit), von der Begrünungsart sowie den daraus resultierenden Substrataufbauten und -materialien und deren Drainagewirkung. Neben der zeitlichen Rückhaltung wird über Dachbegrünungen aber auch der Regenwasserabfluss je nach Vegetationsart um mehr als zwei Drittel reduziert, was sich in einem entsprechend niedrigen Abflussbeiwert von 0,20 bis 0,30 (je nach Substrataufbau und Wurzelbildung) als Korrekturfaktor der Regenwassermengenberechnung zeigt. Es gibt de facto keine einfachere und nachhaltigere Rückhaltung von Niederschlagswasser-Spitzenlasten.

### 5.1.3 Ganzjähriger Wärmeschutz durch Dachbegrünungen

Ein Gründach oder eine Dachbegrünung hat umfassende hygrothermische Auswirkungen auf das Gebäude. Der ganzjährige Wärmeschutz hilft nicht nur im Winter den Heizwärmebedarf zu reduzieren, sondern auch durch die Phasenverschiebung des Substrataufbaues eine Überhitzung im Inneren des Raumes zu vermeiden. Die Verdunstungskälte der Vegetation wirkt ebenso angenehm auf das unmittelbare Mikroklima.

## 5.2 Regenwasserbewirtschaftung

Unter der Bewirtschaftung von Regenwasser ist der Umgang mit sämtlichen Niederschlagswässern gemeint – also Schnee, Hagel, Tau und Regen.

### 5.2.1 Regenwasser und seine Inhaltsstoffe

Regenwasser ist aufgrund des vorangegangenen Verdunstungsprozesses eigentlich destilliertes Wasser mit sehr geringen Anteilen an Inhaltsstoffen und kann durchaus als reines Wasser im ursprünglichen Sinn betrachtet werden. Erst durch die in der Luft befindlichen Stoffe und Stäube wird das Regenwasser verunreinigt. Weiterhin wird das Regenwasser durch Schwefel- und Stickstoffverbindungen, die aus Verbrennungsprozessen von Öl und Kohle entstehen, belastet und lässt es sauer werden. Ebenso nimmt das Regenwasser sämtliche Verschmutzungen wie Kohlenwasserstoffe aus Auto- und Industrieabgasen auf. Des Weiteren wird das Regenwasser von den Materialien der Dachflächen (Reaktionen bei diversen Metalldächern) und den Verschmutzungen auf den Dachflächen wie Vogelkot beeinflusst. Für eine grobe Verschmutzung von Regenwasser sorgen Baumfrüchte, Moose, Blätter, Insekten und Kleintiere.

Folgende Begriffe sind bei mikrobiologischen Untersuchungen relevant:

- Eschericia coli – ein Bakterium aus dem Verdauungstrakt des Menschen. Die Anzahl der Keime gilt dabei als Gradmesser für fäkale Verunreinigungen.
- koliforme Keime – Eschericia coli-ähnliche Keime, werden bei Untersuchungen mit erfasst, um Verwechslungen auszuschließen.
- Kolonienzahl – ein Maßstab mit entsprechenden Grenzwerten für die Keimbelastung des Wassers. Alle wichtigen Bakterien werden als koloniebildende Einheiten (KBE) erfasst.

Ausschlaggebend ist, wofür das Regenwasser genutzt werden soll. Naheliegend scheint der Vergleich mit Badegewässern, an die geringere Anforderungen gestellt werden als an das Trinkwasser. Es ist aber keinesfalls auszuschließen, dass während des Badevergnügens nicht auch kleine Mengen von Wasser verschluckt werden oder auf andere Art und Weise mit dem menschlichen Organismus in Kontakt kommen – was bei der Klosettspülung eher selten vorkommt. Die Fachliteratur verweist auf vielerlei Untersuchungen, demnach von Wasser aus fachgerecht hergestellten und gewarteten Anlagen eine höhere Wasserqualität zu erwarten ist, als sie für Badegewässer gefordert wird.

Des Weiteren sind es die Trübung, der Geruch und der Geschmack, die analog zu den Bestimmungen der Trinkwasserverordnung zu betrachten sind, erwägt man eine Tauglichkeit für den menschlichen Genuss. Das ist auch der Grund, weshalb Regenwasser keinesfalls mit Trinkwasser in Verbindung gebracht werden darf und sämtliche Entnahmestellen und Leitungen deutlich gekennzeichnet werden müssen (Kennzeichnungspflicht!).

Regenwasser ist gering bis kaum kalkhaltig, was dem Waschwasser entgegenkommt, da weniger Waschmittel beigefügt werden muss. Der ph-Wert liegt zwischen 5 und 6. Bei extremen Umweltbelastungen durch Abgase spricht man von „saurem Regen“ (ph-Wert < 5). Abgesehen davon sollte Regenwasser ohnehin dezentral entwässert bzw. dem Hausgarten zugeführt werden, da für Betriebswasser genügend gereinigtes Grauwasser zur Verfügung steht.

### 5.2.2 Wassermengen durch Niederschläge auf Dachflächen

Um die Regenwassermengen zu ermitteln, sind zunächst sämtliche Dachflächen zu addieren. Die durchschnittliche Regenwassermenge ist abhängig von Ort und Region sowie von der Höhe des Geländes über dem Meeresspiegel. Deutschland ist in verschiedene Regionen hinsichtlich der durchschnittlichen Niederschlagsmengen in regenschwache und regenstarke Gebiete aufgeteilt. Die Skala reicht von 500 bis zu 1000 Litern pro Quadratmeter im Jahr. In den regenreichsten Gebieten des Alpenvorlandes können Wassermengen von deutlich mehr als 1000 Liter pro Quadratmeter und Jahr anfallen. In den Alpenregionen sogar bis zu 2000 Liter pro Quadratmeter und mehr.

### 5.2.2.1 Messung von Niederschlagswerten und Regenwasserertrag

Es sollte jeden Bauherrn interessieren, wie viel Regenwasser über das gesamte Jahr auf seinem Grundstück niedergeht. Ein einfacher Regenwasser-Mengenmesser mit einer Millimeterskalierung erweist sehr gute Dienste, da die Regenwassermengen stets in Millimeter bezogen auf den Quadratmeter angegeben werden. Somit kann recht leicht das Volumen berechnet werden.

Ein weiteres Kriterium für die zu erwartende Regenwassermenge steht im direkten Zusammenhang mit der Bauform und dem Material der Dachoberfläche. Diese beeinflusst nicht nur die Geschwindigkeit, sondern auch die Menge des abgeleiteten Regenwassers und wird im sogenannten Abflussbeiwert ausgedrückt. Der Abflussbeiwert bezeichnet die Regenwassermenge, welche auf den Dachflächen zurückbleibt und versickert, was auch eine Unterscheidung von Flach- und Steildächern verlangt.

Hinweis: Die deutschlandweiten Niederschlagswerte gelten freilich lediglich als Orientierung für die Auslegung, klar ist, dass selbst in kleinen Regionen die Niederschlagsmengen variieren bzw. vom Durchschnitt abweichen können.

**Tabelle WS 5.1:** Die Abflussbeiwerte sind abhängig von der Dachneigung, dem Material der Dachhaut-Oberfläche und der Witterung. Abweichungen mag es besonders bei den Dachbegrünungen geben, da zusätzlich noch der Substrataufbau und die Art der Bepflanzung relevant sind. (Quelle: Forum Wohnenergie)

| Dacharten und Abflussbeiwert | |
|---|---|
| **Dachoberfläche** | **Abflussbeiwert** |
| Flachdach mit | |
| Kiesschüttung | 0,60 |
| Dachbegrünung | 0,25 bis 0,40 |
| Dachbahnen (Bitumen) | 0,80 |
| Metallbahnen | 0,80 |
| Schrägdach mit | |
| Dachbahnen | 0,80 |
| Schieferdeckung | 0,75 |
| Ziegel (oder Beton) | 0,75 |
| Dachbegrünung | 0,35 bis 0,50 |
| Metallbahnen | 0,80 |

Betrachtet man in Tabelle WS 5.1 den Abflussbeiwert bei Dachbegrünungen von 0,25, kann man hier fast schon von einer naturnahen Versickerung sprechen, was z. B. den Kanal um 80 % entlasten würde. Selbst bei einem bepflanzten Steildach beträgt der Abflussbeiwert noch 0,35. Dieser Wert ist aber im geringen Maße noch durch die Zusammensetzung des Substrats variabel. Dennoch schließt dieses Faktum eine Dachbegrünung und Regenwassernutzung nicht aus. Im Grunde stellt die Dachbegrünung vielmehr eine sinnvolle Behandlung und Vorfilterung des Regenwassers dar, auch wenn Regenwasser aus einer Dachbegrünung fraglos einer Feinfilterung bedarf.

Nun ist es aber schwer vorherzusehen, wann genau welche Mengen vom Himmel fallen – was auch der Kanalisation zu schaffen macht. Neuerdings spricht man bei soliden Regenfällen ja schnell von Unwetter. Dementsprechend neigt man in der konventionellen Dimensionierung von Zisternen (oder Regenwasserkanalisationen inkl. unterirdischer Rückhaltebecken) zu sehr großen Volumina von oft mehr als 5000 Litern. Zu allem Überfluss ist der Sicherheitsüberlauf dann wieder an einem Kanalsystem angeschlossen, um auf keinen Fall Regenwasser dorthin gelangen zu lassen, wo es hingehört und auch hin möchte: in den Untergrund, in Seen und Flüsse.

Der jährlich zu erwartende Regenwasserertrag errechnet sich aus:

Auffangfläche (Dach- oder Versiegelungsfläche) in m², multipliziert mit dem Abflussbeiwert (siehe Tabelle WS 5.1), multipliziert mit der jährlichen Niederschlagsmenge in l/m².

Mit welch einer Jahresmenge an Regenwasser in der Praxis als Planungsgrundlage zu rechnen ist, zeigen folgende Betrachtungen für das Beispielhaus.

### 5.2.2.2 Ermittlung der Niederschlagsmengen auf den Dachflächen des Beispielhauses

Um die zu erwartende Niederschlagsmenge zu ermitteln, gilt es zuerst, die verschiedenen Dachflächen zu unterscheiden in:

1. Ausrichtung
2. Dachneigung
3. Beschaffenheit der Dachhaut
4. Dachfläche in m²
5. zu erwartende Niederschlagsmenge in l/m² (im Jahr)

Die Kennzeichnung der Dachflächen ist in Abb. WS 5.2 dargestellt. Die zu erwartende jährliche Niederschlagsmenge wird mit 800 Litern pro Quadratmeter veranschlagt. Die Abflussbeiwerte sind Tabelle WS 5.1 entnommen.

| | 1 | 2 | 3 | 4 | 5 | |
|---|---|---|---|---|---|---|
| DF 1 | Süddach | (35°) | Glas | 75,80 m² | NM in l/m² | |
| | | | 0,80 x | 75,80 m² = 60,64 m² | x 800 l/m² | = **48 512 Liter** |
| DF 2 | Süddach | (35°) | Gründach | 115,70 m² | NM in l/m² | |
| | | | 0,25 x | 115,70 m² = 28,93 m² x | 800 l/m² | = **23 144 Liter** |
| DF 3 | Norddach | (60°) | Blechdach | 79,80 m² | NM in l/m² | |
| | | | 0,80 x | 79,80 m² = 63,84 m² x | 800 l/m² | = **51 072 Liter** |
| DF 4 | Norddach | (5°) | Gründach | 39,90 m² | NM in l/m² | |
| | | | 0,20 x | 39,90 m² = 7,98 m² x | 800 l/m² | = **6384 Liter** |

In Summe aller Dachflächen ergeben sich rechnerisch 129 112 Liter Niederschlagswasser pro Jahr. Als Auslegungsgrundlage wird also für das Beispielhaus eine jährliche Niederschlagsmenge von 130 000 Litern (= 130 m³) angenommen, die dem Untergrund sowie der Vegetation (Gartenbau) zuzuführen ist.

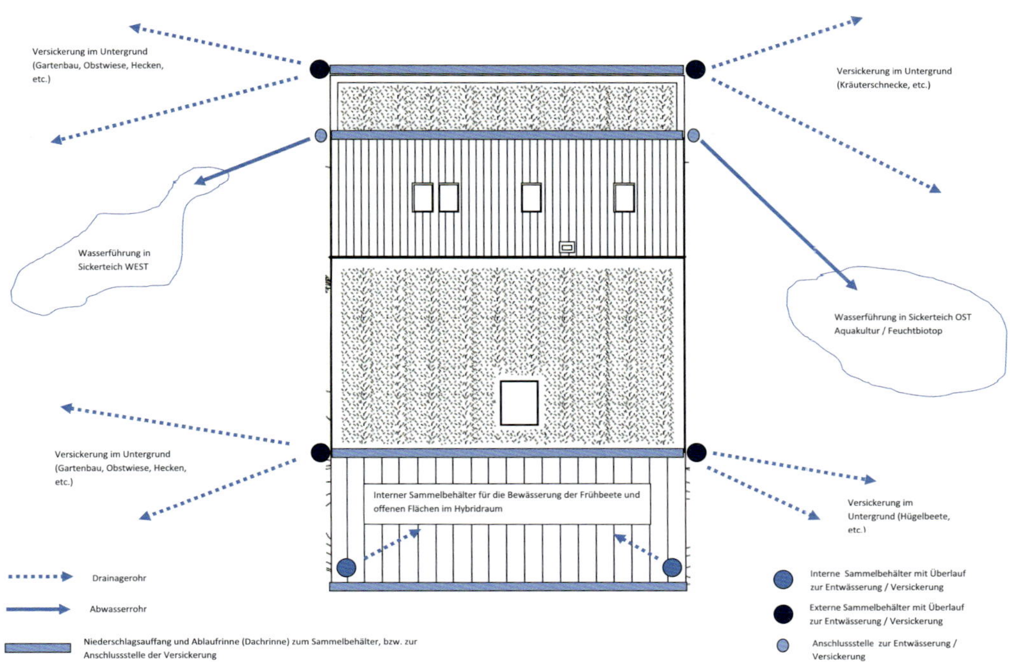


**Abb. WS 5.2:** Externe Entwässerungsstruktur am Beispielhaus (Quelle: Frank Hartmann)

### 5.2.3 Regenwasser-Sammelbecken und Zisternen

Ein Regenwasser-Sammelbecken oder eine Zisterne eignet sich sehr gut als dezentrales Rückhaltebecken mit der Möglichkeit, sehr unterschiedliche Niederschläge auszugleichen. Eine ähnliche Wirkung bietet auch – wie in Abschn. 5.1 beschrieben – eine Dachbegrünung, mit der eine Verzögerung des Regenwasserablaufs erzielt werden kann. Das zeitverzögerte (und reduzierte) Regenwasser kann ebenso wie bei einem normalen Dach von der Regenrinne über ein Regenfallrohr direkt in einen Regenwasser-Sammelbehälter geführt werden. Wir verwenden in der Baubiologischen Haustechnik sehr bewusst den Begriff „Regenwasser-Sammelbecken", da ein solches ungleich größere Varianten und Möglichkeiten miteinschließt als es der umgangssprachliche Begriff „Zisterne" zur Bereitstellung von Betriebswasser erlaubt.

Das Regenwasser wird erst gesammelt, um es dann zeitversetzt in den Untergrund zu leiten. Die Versickerung in den Untergrund kann ohne zusätzliche Hilfsenergie über einen Überlauf erfolgen. Dieser Überlauf kann in variablen Stufen eingestellt werden und führt das Regenwasser aus dem Sammelbehälter über eine Leitungsführung zur Versickerungsanlage. Sie kann je nach Bauart entsprechend der aufzunehmenden Wassermenge dimensioniert werden. Zu berücksichtigen ist dabei auch der Versickerungsbeiwert des Untergrunds als wesentliche Größe.

Für die Nutzung von Regenwasser ist ein Pumpwerk notwendig, wie es für die Bereitstellung von Betriebswasser (analog zur Grauwassernutzung) bereits erläutert wurde. Zu entscheiden ist lediglich, ob die Pumpe sich in der Zisterne befinden soll oder im Gebäude, wofür dann eine Saugleitung notwendig ist.

Als Material für einen Sammelbehälter eignet sich Beton aufgrund seiner Stabilität und Gestaltungsvielfalt – unterirdisch bildet die Masse des Betons auch einen Auftriebsschutz bei anstehendem Grundwasser. Der Beton erhöht den ph-Wert des Wassers, da Regenwasser in der Regel durch die Aufnahme von Kohlenstoffen in der Luft leicht sauer ist bzw. sein kann. Natürlich ist der Sammelbehälter vor groben Verunreinigungen zu schützen, was allerdings schon mit einfachen Filtern geschehen kann. Darüber hinaus erweist sich ein unterirdischer betonierter Sammelbehälter bei Bedarf auch als Wärmesenke.

Ein Pumpwerk kann auch verwendet werden, um die Freiflächenbewässerung (Gartenbewässerung) oder auch die Versickerung kontrolliert zu steuern. Somit kann eine Versickerung jederzeit unabhängig vom Füllstand des Regenwasser-Sammelbehälters (Überlauf) durchgeführt werden.

## 5.2.4 Filterung und Reinigung von Regenwasser

Zuerst gilt es, hauptsächlich Laub und andere organische Grobstoffe aus dem Regenwasser zu entfernen, welche über den Dachabfluss oder die Regenrinne hineingelangen. Eine erste Maßnahme ist dementsprechend ein Filterkorb in der Regenrinne, zu Beginn des Regenfallrohres, welches das von den Dachflächen gesammelte Regenwasser aufnimmt und abführt. Aber auch Versickerungswasser sollte vorher gereinigt werden, um das Versickerungssystem nicht zu belasten. Die geläufigsten Regenwasserfilter sind:

### Filtersammler zum Einbau in das Regenwasser-Fallrohr

Dieser Filter richtet sich nach der Eigenart des Wassers, sich in einem vertikalen Fallrohr stets an den Innenwänden entlang zu bewegen und nicht im freien Fall inmitten des Rohres. In der Mitte des Rohres werden vielmehr Blätter und kleine Äste mitgeführt. Die beste Stelle für den Einbau eines solchen Filters ist im unteren Drittel des Fallrohres. Die Maschenweite eines Fallrohrfilters aus feinem Edelstahlsieb beträgt weniger als 0,2 mm.

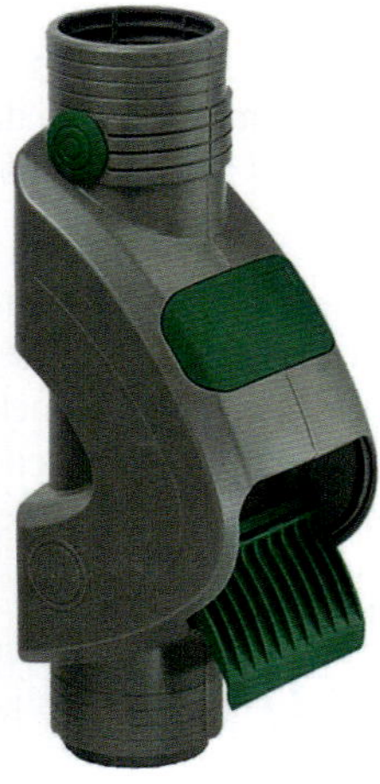

**Abb. WS 5.3:** Fallrohrfilter Rainus der Firma iWater Wassertechnik GmbH (Quelle: ewuaqua.de)

Das Wasser wird also durch die vertikale Anordnung des Filtervlieses an der Fallrohrinnenwand gereinigt und über einen Ablaufstutzen z. B. in einen Sammelbehälter geführt. Die Verschmutzungen werden mit einem geringen Teil des Regenwassers in die Kanalisation geführt. Also ist dieser Filter vorwiegend für ein „Abzwacken" von Regenwasser geeignet und weniger für die Filterung großer Mengen in Sammelbehältern oder für die Versickerung.

**Wirbelfeinfilter (selbstreinigend) für Sammel- und Versickerungssysteme**

Der unterirdisch eingebaute Wirbelfeinfilter eignet sich sehr gut, zentral größere Wassermengen aus mehreren Fallrohren zu filtern. Anders als im Fallrohr eingebaute Filter funktioniert dieser auch im Winter bei Frost. Die Funktion ist ähnlich wie die des Fallrohrfilters. Die Verschmutzungen werden auch hier aus dem System abgeschieden, mit einem geringen Anteil Regenwasser.

**Schachtfilter für den offenen Einlauf**

Deutlich zu bevorzugen, da dezentral ohne Kanalanschluss anwendbar, sind Schachtfilter. Sie werden gewöhnlich im Erdreich eingebaut, können aber auch oberirdisch installiert werden – je nach Regenwasserbewirtschaftungskonzept. Das gesammelte Regenwasser der Dachflächen durchfließt im Schachtfilter ein Sieb mit einer Maschenweite von 0,5 mm und wird von dort entweder zum Sammelbehälter oder zur Versickerung geleitet. Dieses Prinzip des Schachtfilters mit aufgesetztem Filtersieb in horizontaler Ausrichtung ist sehr variabel und in verschiedenen Größen anwendbar: von der Regentonne bis zur Betonzisterne mit entsprechend großen Filterplatten.

Auch Filtertöpfe, die zum Einsatz in Regenwasserschächten konstruiert sind, funktionieren nach diesem Prinzip. Je nach Bauart und Anreicherung mit Filtermaterialien oder Aktivierungsstoffen kann ein solcher Filter auch für eine Verzögerung des Regenwasserflusses sorgen. Ein Schacht- oder Korbfilter muss immer zugänglich sein, um ihn regelmäßig in Augenschein nehmen zu können und ggf. gleich zu reinigen bzw. in Kontakt mit dem Regenwasser zu treten.

Natürlich ist die Filtergüte immer abhängig von der Maschenweite des Filters und seines Zustandes. Eventuell können auch mehrere Filterstufen angewendet werden, was im Rahmen der Konzeptentwicklung zu erörtern ist. Diese Filterungen sind in der Regel ausreichend – allemal für Garten- und Freiflächenwasser bzw. zur ortsnahen Versickerung. Soll das Regenwasser auch als Betriebswasser für die Waschmaschine oder dergleichen genutzt werden, ist eine abschließende Feinfilterung analog zur Hauswasserinstallation notwendig und ratsam.

### 5.2.5 Versickerung des Regenwassers

Die Versickerung verfolgt das Ziel, den natürlichen Wasserhaushalt zu unterstützen und Störungen des Wasserkreislaufes nachhaltig zu vermeiden. Sie kann sowohl klassisch über verschiedene Bauarten von Sickerschächten, Rigolen oder über Mulden, einen Sickerteich oder durch eine kontrollierte Bewässerung entsprechend der jeweiligen Gartengestaltung erfolgen. Jede einzelne Bauart und Umsetzung enthält eine Vielzahl von Varianten und Möglichkeiten; ebenso können verschiedene Systeme miteinander verbunden oder kombiniert werden.

Hinweis: Grundsätzlich muss bei einer Versickerung von Regenwasser auf ausreichenden Abstand oder etwaige besondere Schutzmaßnahmen zum Gebäude geachtet werden. Da spielt auch die unterirdische Fließrichtung des Sickerwassers eine wichtige Rolle, die zu beachten ist.

### Flächenversickerung

Die Flächenversickerung ist die einfachste und natürlichste Art der Versickerung von Regenwasser. Der Flächenbedarf ist entsprechend groß und beträgt mindestens 30 % der Regenauffangfläche. Dementsprechend ermöglicht die Flächenversickerung keine Verzögerung/Retention, sondern erfolgt nahezu in Echtzeit. Der Boden/Untergrund muss kies- und sandreich sein und eine hohe Wasserdurchlässigkeit aufweisen. Besonders geeignet für die Flächenversickerung sind Wiesen oder Grünflächen mit einer entsprechenden Größe. Nicht nur aus konstruktiven Gründen, sondern auch zur Optimierung des Mikroklimas und einer Erhöhung der Artenvielfalt ist eine Flächenversickerung sehr gut mit einem Sickerteich bzw. Feuchtbiotop zu kombinieren.

Versickern des Regenwassers erfolgt bei der Flächenversickerung oberflächennah bzw. bodennah. Dementsprechend muss der Überlauf aus dem Sammelbehälter oder der Anschluss des Regenfallrohres bodennah angebracht werden, um einen freien Auslauf auf die Versickerungsfläche zu ermöglichen. Dieser Auslauf kann natürlich auch aufgeteilt und mit mehreren Teilausläufen umgesetzt werden.

### Muldenversickerung

Eine Muldenversickerung ist eine erweiterte Form der Flächenversickerung mit dem Vorteil, weniger Grundfläche zu benötigen. Diese beträgt nurmehr 10 % von der Regenauffangfläche. Durch die konstruktive Form einer Mulde kann an dieser Stelle auch eine Retention realisiert werden. Das Regenwasser wird wie bei der Flächenversickerung in der belebten Bodenzone auf natürliche Weise gereinigt und angereichert und gelangt in guter Qualität in den Untergrund. Die Mulde wird waagerecht und ohne Gefälle angefertigt, um ein gleichmäßiges Verteilen des Regenwassers zu ermöglichen. Selbstredend sollte auch hier ein wasserdurchlässiger Boden vorhanden sein oder eingebracht werden. Die Mulde sollte im Mittel mindestens 30 cm tief sein.

Die genaue Größe sollte sich an folgenden Kriterien orientieren:

| Untergrund | Volumen je 100 $m^2$ angeschlossener Regenwasserfläche |
|---|---|
| • Grobsand | 2 $m^3$ |
| • Feinsand | 3 $m^3$ |
| • Schluffiger Sand | 4 $m^3$ |

Eine Mulde eignet sich sehr gut als Feuchtbiotop mit entsprechender Bepflanzung, die sich auch von selbst einstellt. Ein weiterer konsequenter Schritt ist das Anlegen eines Sickerteiches als Erweiterung einer Muldenversickerung.

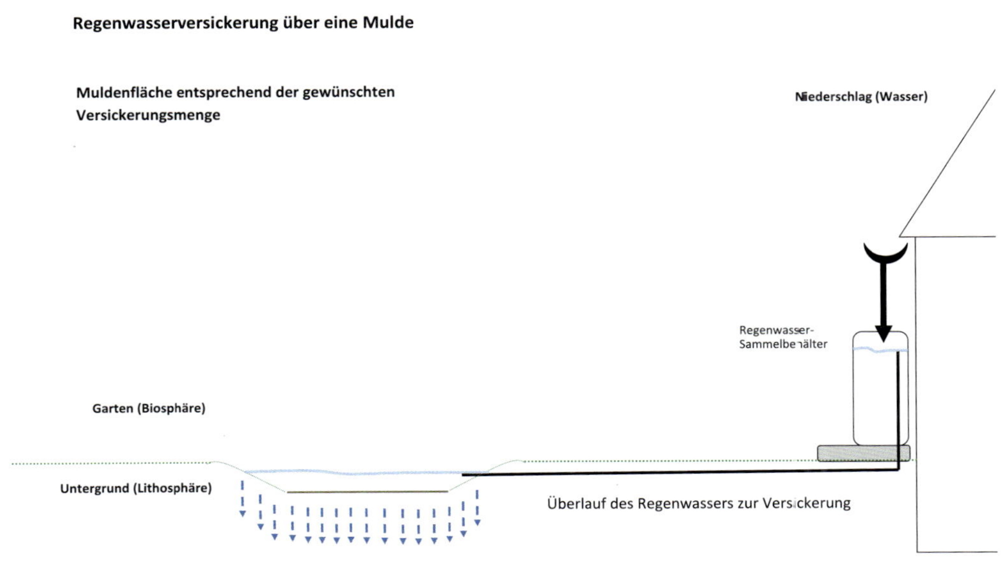


**Abb. WS 5.4:** Systemgrafik zur Muldenversickerung (Quelle: Forum Wohnenergie)

## Sickerteich

Ausgehend von einer Mulde zur Versickerung des Regenwassers legt man einen Teich an, der im Grunde wie eine Mulde aussieht, jedoch ungleich tiefer ist und je nach Auslegung verschiedene Sickerzonen beinhaltet. Verdichtet man den tiefsten Grund mit feinschluffiger und tonhaltiger Erde und legt den Grund noch mit Lehm aus, so kann man an dieser Stelle ein kleines Biotop entstehen lassen, das immer mit Wasser gefüllt ist. Der Rand des Sickerteiches entspricht den Anforderungen an die Flächenversickerung, da hier seine Funktion in Kraft tritt. Bereits die sogenannten Uferzonen bilden schon die Sickerfläche, oberhalb des abgedichteten Untergrunds des Biotops. Die angrenzende Fläche ist die Absicherung bei großen Niederschlagsmengen. Diese können auch noch geleitet werden, z. B. in Form eines Überlaufs oder kleinen Bachlaufs, der das Wasser an entlegenere Stelle des Grundstückes bringt.

Für die Dimensionierung eines Sickerteiches lässt sich als Wasserfassungsvermögen 10 % der zu erwartenden jährlichen Niederschlagsmenge (der entsprechenden Dachfläche) veranschlagen. Dabei kann diese Menge aufgeteilt werden: in einen Teil einer stetig vorhandenen Wassermenge (mit sehr geringer Sickerleistung) und eine Überlaufversickerung über die Uferbereiche (mittlere bis sehr hohe Sickerleistung) beispielsweise zur Gestaltung einer Feuchtklimazone oder dergleichen. Der Übergang ist also fließend von der Baubiologischen Haustechnik zu einem nachhaltigen Garten- und Landschaftsbau.

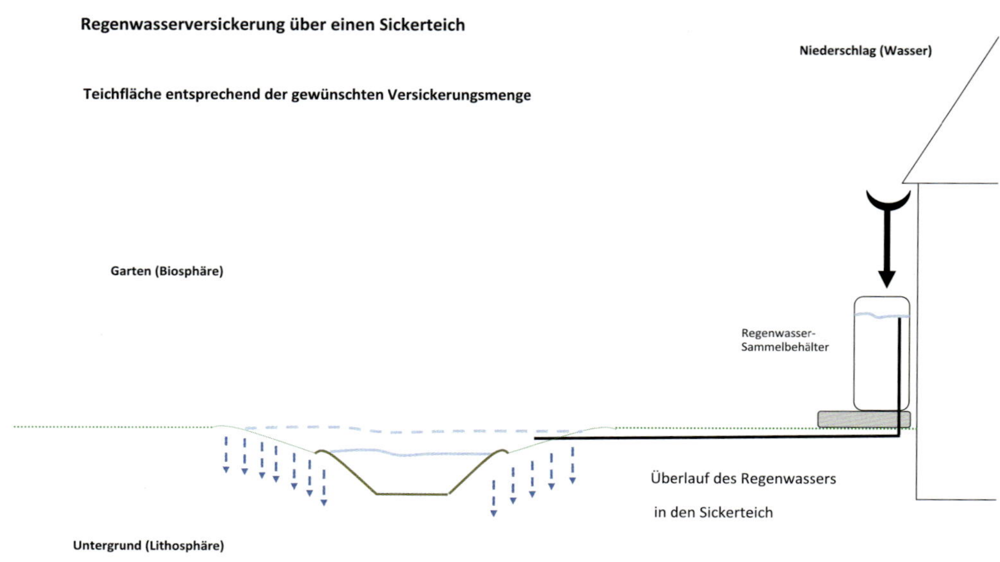


**Abb. WS 5.5:** Systemgrafik eines Sickerteiches (Quelle: Forum Wohnenergie)

Ein Sickerteich kann als einzige Versickerungsart ausgewählt werden oder gemeinsam mit einer Rigolenanlage, z. B. als Endstück einer Rigolenreihe. Sollte nicht der Raum für eine solch natürliche Versickerung vorhanden sein, kann mit einer unterirdischen Rigolenanlage Regenwasser versickert werden. Das funktioniert auch bei versiegelten Oberflächen, beispielsweise Hofeinfahrten.

## Rigolenversickerung

Als Rigole wird ein wasserdurchlässiger, unterirdischer Volumenbehälter bezeichnet, der in der Lage ist, eine definierte Wassermenge aufzunehmen, die er dann zeitversetzt an den ihn umschließenden Untergrund abgibt. Die Zeitverzögerung ist dabei abhängig vom Versickerungsbeiwert. Das Volumen kann durch Kaskadierung von einzelnen Rigole-Elementen beliebig variiert werden. Dabei muss die Versickerung nicht ausschließlich an einer Stelle stattfinden, sondern kann auf dem Grundstück aufgeteilt werden. Diese Möglichkeit ist umso interessanter, da sich hiermit das Regenwasser gleichmäßiger verteilen lässt, wie es auch dem natürlichen Wasserhaushalt im Untergrund entspricht.

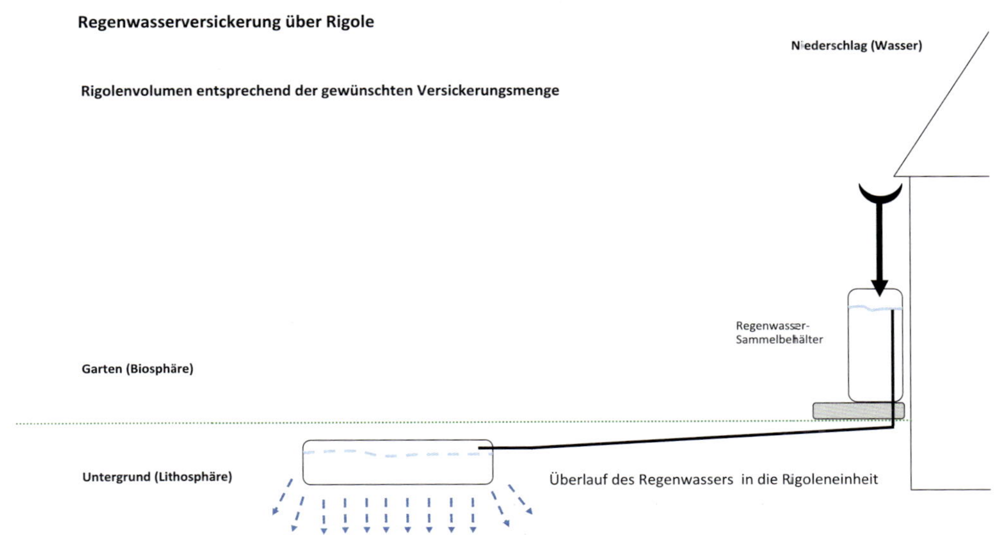


**Abb. WS 5.6:** Systemgrafik einer Rigolen-Versickerung (Quelle: Forum Wohnenergie)

Die Komponenten einer Rigolenanlage werden von einer Vielzahl von Systemherstellern angeboten und modular zusammengestellt. Der Hohlkörper muss den statischen Anforderungen dergestalt entsprechen, je nachdem, ob der Untergrund befahrbar sein soll oder es sich um einen normalen Garten oder eine Wiese handelt, wo keine besonderen Lasten zu erwarten sind. In jedem Fall sind diese Körper vor Verschlammung zu schützen, da sich sonst das Wasseraufnahmevolumen drastisch reduziert und eine Rigolenanlage im Extremfall zum Ausfall bringen kann. Dieser Schutz wird in der Regel mit verschiedenen Geotextilien, welche um die Rigolenkörper angebracht werden, sichergestellt. Der Anschluss eines Rigolenfeldes erfolgt über einen oder mehrere Kanalrohranschlüsse.

Entscheidend ist das volumenbezogene Wasseraufnahmevermögen einer Rigolenanlage, die sich nach der zu versickernden Wassermenge richtet. Zur Versickerung von kleinen, überschaubaren Wassermengen können schon Versickerungs-Packungen ausreichen, die auch handwerklich hergestellt werden können.

Rigolen eignen sich besonders für schwer wasserdurchlässige Böden, wo es darum geht, eine Speicherung bzw. Regenwasserrückhaltung zu realisieren. Im Rahmen einer Garten- und Freiflächengestaltung sollte eine Versickerungsanlage zur zielorientierten Bewässerung der Gartenbereiche immer mit berücksichtigt werden.

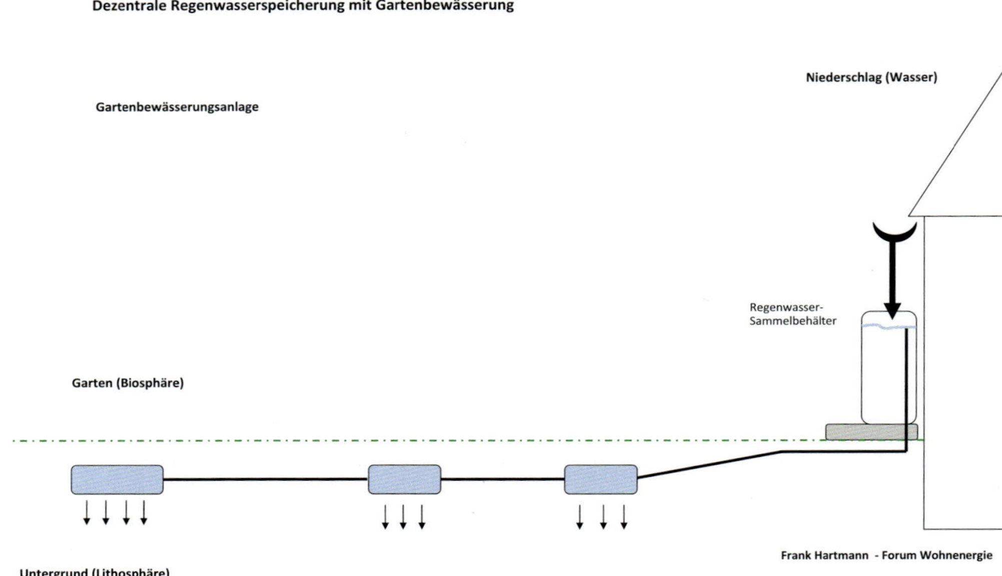


**Abb. WS 5.7:** Eine Versickerung lässt sich auch im Zusammenhang mit der Gartengestaltung realisieren; denn bei jedem Gartenkonzept ist ein ausgeglichener Wasserhaushalt im Bodenaufbau unabdingbar (Quelle: Forum Wohnenergie)

## Rohrversickerung

Die Rohrversickerung erfolgt über flexible, perforierte Rohre, die gemeinhin auch als Drainagerohre bekannt sind. Sie sind in Querschnitten von 100 bis 150 mm erhältlich und sollten immer mit einem leichten Gefälle verlegt werden, um eindringendes Bodenwasser ableiten zu können. Das Wasseraufnahmevolumen von Versickerungsrohren ist begrenzt, daher ist nur eine sehr geringe Speicherung möglich.

Optimale Einsatzgebiete einer Rohrversickerung sind Leitungsführungen in verschiedene Regionen des Grundstückes, Überläufe von Sammelbehältern oder Zisternen zur Versickerung im Gelände. Versickerungsrohre eignen sich also hervorragend in Kombination mit anderen Versickerungsbauarten sowie als Verbindungsstücke von Teilversickerungen.

## Schachtversickerung

Die Schachtversickerung ist eine sehr alte Bauform, die auch in vielen Bestandsgebäuden anzutreffen ist, wenn kein Anschluss am öffentlichen Kanalnetz möglich oder zu aufwändig gewesen war. Im Grunde geht es bei einem Schachtrohr um einen Hohlkörper, der aufgrund seiner Größe in der Lage ist, eine definierte Wassermenge aufzunehmen und zeitversetzt an den Untergrund abzugeben.

Wichtig ist die Sohle eines Schachtrohres, um die notwendige Versickerungsleistung sicherzustellen. Ein Überlaufen des Schachtes ist umso mehr zu vermeiden, wenn sich dieser in unmittelbarer Nähe zum Gebäude befindet.

Eine volumenbezogene Erweiterung von Sickerschächten sind Versickerungszisternen. Sie bilden eine Kombination von Regenwasser-Sammelbehälter und einer Versickerung der Regenwasserüberschüsse über eine Sickerkammer. Dabei ist die Versickerungszisterne in zwei Bauteile unterteilt. Der eine Teil ist ein Sammelbehälter für die Gartenbewässerung, der andere Teil ist geöffnet bzw. perforiert, um das überschüssige Regenwasser erst zu sammeln und dann zeitversetzt an den Untergrund abzugeben. Eine entsprechende Filterung ist bereits in dieser Zisternen-Bauform integriert.

### 5.2.6 Versickerungsleistung

Noch ein Wort zur Versickerungsleistung von Untergründen und deren Eigenschaften hinsichtlich der Durchlässigkeit. Die Durchlässigkeit des Untergrunds, eines Bodens, ist nicht nur von seiner Materialbeschaffenheit abhängig, sondern auch vom Verdichtungsgrad. Besonders durch Baufahrzeuge kann selbst ein Sandboden so verdichtet werden, dass er eine sehr schlechte und durchaus untypische Wasserdurchlässigkeit erhält. Die Versickerungsleistung wird als $k_f$-Wert in Meter pro Sekunde definiert.

In der Praxis hat sich zur Abschätzung der Wasserdurchlässigkeit des Untergrunds folgender Versickerungstest bewährt, wie ihn *Karl-Heinz Böse* in seinem Buch „Regenwasser für Garten und Haus" beschrieben hat und von uns bestätigt werden kann:

#### Versickerungstest

Man gräbt auf dem Gelände, wo eine Versickerung geplant ist, eine Grube mit einer Länge und Breite von 500 mm und etwa 300 mm tief. Man achte darauf, diese Fläche nicht zu betreten, um Verdichtungen zu vermeiden und bilde sie möglichst eben aus. An einer Stelle bringt man einen Holzstiel mit einer Markierung bei 100 mm ein.

Die Fläche der Grube wird mit Kies oder Sand dünn aufgefüllt, um ein Aufwirbeln des Bodens beim Auffüllen mit Wasser zu vermeiden. Als vorbereitende Maßnahme zur Messung muss der Boden ausreichend gewässert werden. Zur Messung wird die Grube bis zur Markierung am Holzstiel mit Wasser gefüllt. Über eine Zeitdauer von 10 min wird mit einem Messbecher nun so viel Wasser nachgeschüttet, dass der Wasserstand konstant in Höhe der Markierung bleibt. Die Summe der während dieser 10 min nachgefüllten Wassermenge steht überschlägig wie folgt im Verhältnis:

- 1,5 Liter entsprechen einem $k_f$-Wert von $10^{-5}$ (schluffiger Sand)
- 7,5 Liter entsprechen einem $k_f$-Wert von $5 \cdot 10^{-5}$ (feiner Sand)
- 15 Liter entsprechen einem $k_f$-Wert von $10^{-4}$ (mittlerer Sand)

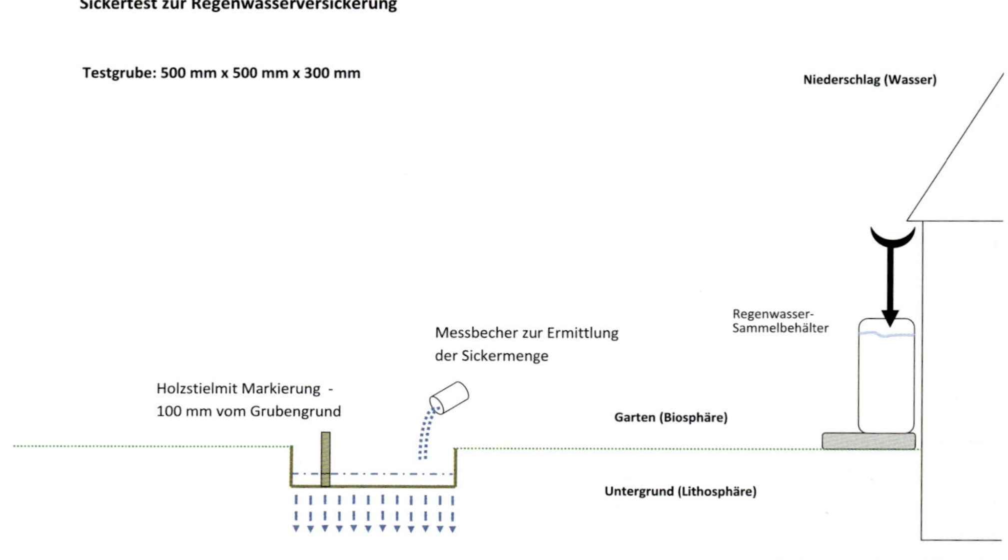


**Abb. WS 5.8:** Grube für den Sickertest (Quelle: Forum Wohnenergie)

Die Fläche des Versickerungstests kann sodann als Mulde mit der notwendigen Fläche ausgebildet werden.

## 5.3 Nachhaltige Aquakultur und Wasserhaushalt des Gartens

Mittels einer nachhaltigen Regenwasserbewirtschaftung können z. B. Pflanzbeete für Gemüse oder Früchte gezielt mit Wasser versorgt werden als Alternative zum üblichen Gießen. Aber auch Kompost- und Hügelbeete können aus einer ganzheitlichen Aquakultur profitieren. Eine bodennahe Versickerung ist für sämtliche Pflanzen die zweifelsfrei geeignetere Bewässerung als das Besprengen ausgetrockneter Böden. Es geht nicht um das Bewässern von Pflanzen, sondern um die Feuchthaltung des Untergrunds und um Stabilisierung der wasserführenden Schichten, aus denen das Regenwasser wichtige Nährstoffe und Mineralien aufnimmt, die es an die Pflanzen über deren Wurzeln weitergibt.

### 5.3.1 Gartenbewässerung mit Niederschlagswasser

Wie oben erläutert wird die notwendige Wassermenge für die Gartenbewässerung mit 60 Litern pro Quadratmeter Gartenfläche im Jahr pauschalisiert. Wichtig ist, wie mit dieser Menge verfahren wird. Leider wird viel zu oft ein offenes Wasserverteilungsverfahren gewählt, welches Unmengen von Wasser – uneingedenk des Sonnenstandes und des Windes – über den Wirtschaftsflächen verteilt. Eine nicht unerhebliche Menge gelangt dabei gar nicht erst auf den Boden, sondern reichert sich als Wasserdampf in der Luft an, wird verdunstet und geht für den eigentlichen

Zweck verloren. Eine Gartenbewässerung sollte nach Möglichkeit annähernd gleichmäßig erfolgen. Ziel der Gartenbewässerung ist allein die Bewässerung des Bodens, um einen natürlichen Wasserhaushalt zu unterstützen. In gewisser Weise kann die Gartenbewässerung sehr leicht mit einer Regenwasserversickerung kombiniert werden. Wieder einmal kann im Handumdrehen ein Synergieeffekt erzielt werden, der zudem noch Zeit und Aufwand für die Gartenbewässerung reduziert.

Dabei kann diese Versickerung auch noch kontrolliert stattfinden. Vom Regenwasser-Sammelbehälter wird eine Versorgungsleitung aus einem dünnen und unauffälligen PE-HD-Rohr oberflächennah auf dem Boden durch den Garten geführt. An den Vegetationszonen befinden sich dünne Düsen in dieser Versorgungsleitung, welche Wasser austreten lassen. Für ein solches Bewässerungssystem ist in der Regel eine Pumpe notwendig, es sei denn, man kann den Sammelbehälter so hoch positionieren, dass der Wasserdruck für die Verteilung des Regenwassers über viele Meter sichergestellt wird.

Die Menge der Bewässerung ist abhängig von der Vegetation und vom Untergrund, die zeitlichen Intervalle lassen sich über ein Ventil betätigen. Da unser Klima keine statische Größe ist, ergibt eine Zeitschaltung nicht so den rechten Sinn. Geeigneter scheint da schon ein Feuchtesensor im Untergrund an den relevanten Stellen/Referenzort, der sowohl die Pumpe als auch das Ventil steuert. Natürlich kann dieses System auch ohne elektronische Regelungstechnik per Hand betrieben werden.

### 5.3.2 Bewirtschaftung des Niederschlagwassers am Beispielhaus

Abb. WS 5.2 zeigt die Positionierungen, wo über Regenfallrohre das Niederschlagswasser von den Dachflächen gesammelt wird. Entsprechend der Ausrichtung kann hier auch eine jeweilige Aufteilung der Dachflächen (mit den in Abschnitt 5.2.2 ermittelten Niederschlagswerten) in Ost- und Westflächen erfolgen.

Somit werden die zu erwartenden Niederschlagsmengen schon maximal aufgeteilt und gleichmäßig (symmetrisch) dem Grundstück – weg vom Gebäude – zugeführt. Einzige Ausnahme bildet der Hybridraum, dem primär die Niederschlagsmengen der Flächen DF1 und DF 2 über in Reihe geschaltete Sammelbecken im Inneren des Hybridraums zugeführt werden. Die Niederschlagsmengen von DF 2 (23 144 l/a) werden in zwei Sammelbehältern (als Verweilbehälter) aufgefangen, um eine zeitlich versetzte Versorgung der Bewässerungsleitungen ohne Hilfsenergie via Schwerkraft zu ermöglichen. Dementsprechend sind die Sammelbehälter mit einem jeweiligen Volumen von 150 Litern an den angegebenen höchsten Stellen zu positionieren. Um ein Überlaufen zu vermeiden, wird eine entsprechende Überlaufvorrichtung installiert, welche überschüssiges Niederschlagswasser direkt dem Untergrund (Pflanzbeeten) des Hybridraums zuführt. Ebenso wird die zu erwartende Niederschlagsmenge aus DF1 (48 512 l/a) direkt in die vorderen Pflanzbeete geführt bzw. über einen Bypass in den freien Untergrund auf dem Gelände geleitet. Das könnte einfach als Rohrversickerung, Rigolenversickerung oder über einen Sickerteich erfolgen.

Die DF3 bietet mit einer jährlich zu erwartenden Niederschlagsmenge von 51 072 Litern mehr als ein Drittel der Gesamtmenge. Entsprechend der mittigen Positionierung des Hauses ist es auch hier durchaus sinnvoll, diese Fläche nach Ost und West aufzuteilen. Dies entspräche einer Verteilung von etwa 25 000 Litern auf jeder Seite, die primär dem Untergrund direkt zugeführt werden. Im Rahmen der Gartengestaltung wird die Einbringung und Verwendung im Untergrund festgelegt. So verhält es sich auch mit DF4, die mit etwas mehr als 6000 l/a den geringsten Teil ausmacht, zumal es sich dabei auch um ein flaches Gründach handelt.

Die im Hybridraum integrierten Sammelbehälter für die Bewässerung der dortigen Böden können auch mit einer Wassernachspeisung ausgestattet werden, die sich temporär in Trockenzeiten ergänzen lässt, um den Gartenbau im Hybridraum nicht zu gefährden. Diese Nachspeisung erfolgt vorrangig mittels Betriebswasser aus der Grauwasseraufbereitung, welches bei Bedarf auch entsprechend zu behandeln bzw. mit entsprechenden Informationen anzureichern ist.

# 6 Sanitärräume und Hygiene

Dieses Kapitel befasst sich mit den Räumen und Bereichen im Haus, die im unmittelbaren Zusammenhang und für gewöhnlich im freien Kontakt mit Wasser stehen. Sie werden oft auch als Feucht- oder Nassräume bezeichnet. Diese Namensgebung weist schon sehr deutlich auf die Belastungen hin, welche in solchen Räumen zu befürchten sind. Dementsprechend haben wir uns diesen Räumen hinsichtlich ihrer Feuchtelasten schon im Bereich LUFT gewidmet. Feuchte wird allerdings erst ein Problem, wenn es zu viel wird und die falschen Baustoffe verwendet werden.

## 6.1 Besondere Anforderungen in inneren Feuchträumen

Besondere Anforderungen ergeben sich im Einzelnen aus der jeweiligen Nutzung. Gemeinsam ist diesen Räumen, dass sie durch das Wasser ebenso mit Feuchte in Verbindung stehen. Dementsprechend sind sämtliche Sanitär- und Hygieneräume lüftungstechnisch als Abluftbereiche definiert und verlangen definitiv einen Luftwechsel, und sei es nur zum baulichen Feuchteschutz. Höchste Zeit also, dass man diese Räume baubiologisch bei Lichte betrachtet. Feuchte ist Wasser; deshalb werden alle Räume, die über einen Wasseranschluss oder Räume, in denen Wasser genutzt wird, in der Baubiologischen Haustechnik dem Wasserbereich zugeordnet. Ein besonders komplexer Raum ist die Küche, wie wir noch sehen werden.

**Abb. WS 6.1:** Waschbecken aus weißem Porzellan an einer Vormauerung aus massiven Lehmsteinen und grobem Oberputz mit verschiedenen Zuschlägen, gewachste Oberflächenbehandlung (Quelle: Frank Hartmann)

### 6.1.1 Feuchtelasten in sanitären Bereichen

Die Feuchtelasten ergeben sich aus der offenen Nutzung von Wasser, das sich als Wasserdampf mit der Luft vereint und deren absoluten Feuchtegehalt erhöht. Ein dementsprechender Luftwechsel durch Lufterneuerung ist notwendig und wurde bereits im Bereich LUFT besprochen. Einmal mehr ist an dieser Stelle zu sehen, wie sehr Wasser auch mit Luft verbunden ist und wie unmöglich es ist, jeden Bereich getrennt und isoliert zu sehen. Denn immer dort, wo sich Wasser befindet, entsteht Wasserdampf, der von der Luft aufgenommen wird. In Abhängigkeit der Lufttemperatur ergibt sich daraus die relative Luftfeuchtigkeit. Die warme Luft kondensiert an kalten Oberflächen und bildet Kondenswasser, wenn der Taupunkt unterschritten wird. Auch wenn eine hohe Oberflächentemperatur besteht, sollte diese erhöhte Feuchtelast unmittelbar nach der Nutzung aus dem Feuchtraum auf direktem Weg hinaus gelüftet werden.

Ob deswegen aber eine Oberflächengestaltung mit Fliesen an allen Wänden bis an die Decke notwendig ist, kann getrost verneint werden. Lehm- und insbesondere Kalkputze bilden eine Vielzahl von Gestaltungsoptionen auch für Badezimmer. Das Raumklima profitiert davon, was aber nicht bedeutet, dass man nicht mehr lüften muss. Da würde der Schuss schnell nach hinten gehen, denn irgendwann ist auch der beste Feuchtepuffer überfrachtet und bedarf einer dringenden Trocknung. Unverzichtbar ist ein keramischer Oberflächenbelag oder aus Natursteinen in sämtlichen Spritzbereichen, wo aber auch Tadelaktflächen eine Option sind. Dies gilt insbesondere für den Duschbereich, aber auch für die Badewanne und überall, wo flüssiges Wasser in den Raum gelangt. In normalen Toiletten-Bereichen mit Handwaschbecken besteht hingegen überhaupt kein Grund, Oberflächen an den Wänden zu versiegeln. Gerade dort sollten die für das stille Örtchen hervorragend geeigneten Eigenschaften von Lehm zielorientiert angewandt werden.

Allesamt sind die natürlichen Feuchtelasten durch Waschen, Kochen und Körperpflege zwar mitunter recht heftig, aber keineswegs konstant. Vielmehr finden sie sehr temporär an einfach zu definierenden Zeiten statt – und das auch nur, wenn sich Menschen im Raum befinden. Befinden sich keine Menschen im Raum und unternehmen somit auch keine Aktivitäten, entstehen in der Regel auch keine Feuchtelasten.

Um auch an dieser Stelle die Zusammenhänge nicht außer Acht zu lassen, sei darauf hingewiesen, dass bei hohen Feuchtelasten dies meist auch mit einem Warmwasserverbrauch einhergeht. Also muss im Umfeld der Feuchtelasten auch wieder Warmwasser bereitgestellt werden. Der Feuchtegehalt von Luft steht dabei im unmittelbaren Zusammenhang mit der Wärmemenge. Dementsprechend groß sind auch die Feuchtespitzen bei hohen Warmwassertemperaturen (Dusche, Badewanne).

Das größte Feuchtgebiet einer Wohnung oder eines Hauses ist wohl das Badezimmer bzw. Duschbad. Grund dafür ist die Menge des Wasserverbrauchs und der Aufenthaltsdauer. Die höchsten Feuchtelasten entstehen durch den freien Wasserstrahl einer Brause ebenso wie durch die freie Oberfläche in einer Badewanne, abhängig von den Temperaturdifferenzen zur Luft und der Aufenthaltsdauer des Menschen, der mal mehr, mal weniger Feuchte abgibt.

### 6.1.2 Legionellen

Was die Luftqualität des Weiteren angeht, wird diese durch das Wasser lediglich über Aerosole beeinflusst. Legionellen nehmen wir beispielsweise über die Atemwege auf. Hauptsächliche Emissionsquelle hierfür ist jeder Brausekopf, in dem sich Feuchtigkeit ansammelt, aber auch Mundduschen, Wasserspüler im WC usw. In den Wohnräumen sind es besonders die sogenannten Verdunstungsschalen an Heizkörpern, in denen sich Feuchtigkeit ansammelt und eine extreme Gefahr für die Bildung von Biofilmen bildet, wo u. a. Legionellen einen idealen Lebensraum finden.

Hinweis: Legionellen vermehren sich bereits bei einer Umgebungstemperatur von 25 °C. Diese Temperatur ist an vielen Stellen im Haus keine Seltenheit. Das kann auch eine Filtertasse im Hauswasseranschluss sein, wenn sich diese in einem Heizraum befindet oder ein Wärmeerzeuger in unmittelbarer Nähe anzutreffen ist.

### 6.1.3 Oberflächengestaltung

In Sachen Oberflächengestaltung muss es nicht immer die Wandfliese bis zur Decke sein. Die Spritzbereiche von Wasserauslässen sind absehbar und nehmen nur eine sehr kleine Fläche in Anspruch, die vor eindringendem Wasser zu schützen sind. Mineralische Putze aus Lehm oder Kalk unterstützen auch das Raumklima durch Feuchtepufferung und wirken positiv auf die Wohnpsychologie. Damit kann auch auf einen überhöhten Materialaufwand verzichtet werden.

Eine Bodenfliese ist ebenso keinesfalls zwingend. Holzdielen sind ebenso möglich, gewachst oder geölt. Und sollten sich dennoch Wasserlachen nach dem Kinderbad ergeben, sind diese schnell aufgewischt. Wogegen in einem Hauswirtschaftsraum oder einer Küche ein Bodenbelag aus Natursteinen durchaus sinnvoll ist, weil sie einfach pflegeleicht sind und kein Problem damit haben, wenn mal eine größere Menge Wasser auf die Oberfläche trifft. Keramische Oberflächen sind pflegeleicht, aber kalt. Natürliche Steinböden fördern dagegen die Raumharmonie deutlich mehr.

Bei Mietwohnungen kann dies durchaus anders zu bewerten sein, da vom Nutzer (Mieter) nicht immer ein verantwortungsbewusstes Handeln erwartet werden kann. Hier erscheint in manchen Fällen leider eine Komplettabsicherung mit umfänglichen keramischen Belägen notwendig.

**Abb. WS 6.2:** Offenes Wohnbad mit Oberflächen aus Naturstein und frei stehender Badewanne, die auch als Wärmekörper ausgebildet werden kann (Quelle: Tom Baerwald)

### 6.1.4 Sanitärgegenstände und Armaturen

Sanitärgegenstände sollten primär aus Porzellan oder Steinzeug sein. Kunststoffe sind auf ein Minimum zu reduzieren. Praktikabel sind wandhängende Klosetts, da sie in der Einbauhöhe variabel sind und die Reinigung der Bodenfläche mühelos zulassen. Der Unterputz-Spülkasten ist mittlerweile Standard und bietet zudem die Möglichkeit einer Vorwandinstallation mit der Gestaltung einer Ablagefläche aus Naturstein oder Holz.

Bei den Armaturen gilt es schon am Anfang zwischen den beiden wesentlichen Einbauarten zu unterscheiden: Aufputz oder Unterputz? Das ist letztendlich Geschmacksache und liegt in der Entscheidung des Nutzers.

Die Baubiologische Haustechnik bevorzugt Aufputz-Armaturen jeglicher Art. Die Vorteile sind mannigfach: In der Wand sind nur das Wasserleitungsrohr und der Anschlussboden, der mit einem genormten Stichmaß von 154 mm zwischen Kalt- und Warmwasser bündig mit der Wandoberfläche abschließt. Die Armatur wird vollständig mittels sogenannter S-Anschlüsse Aufputz montiert. Dementsprechend ragt sie ungleich dominanter von der Wand ab als eine Unterputz-Armatur. Ein Austausch der Armatur ist aber viel einfacher, auch eine Reparatur. Und wünscht man sich in der Tat hin und wieder – was man tun sollte – die Trinkwasser-Installation zu spülen, so ist dies mit einer Aufputz-Armatur ungleich einfacher als bei Unterputz-Armaturen. Besonders bei Duschen und dementsprechenden Brause-Armaturen ist auf eine ausreichende Raumfreiheit zu achten. Durch eine Aufputz-Installation sind an den Anschlussstellen problemlos Doppelanschlüsse für eine serielle Leitungsführung möglich, die eine stagnationsfreie Leitungsführung – insbesondere bei Trink-Warmwasser – ermöglichen.

Hinweis: Auch hinsichtlich der Trinkwasserhygiene sind AP-Armaturen vorteilhaft, da die Wärmeübertragung des Armaturenkörpers geringer ist, als bei (noch dazu wärmegedämmten) UP-Armaturen. Dennoch sollten Armaturenkörper eine thermische Trennung aufweisen. Diese Forderung wäre nur allzu konsequent, wenn man bedenkt, welche Aufmerksamkeit aktuell die Trinkwasserhygiene bekommt.

Bei Badewannen-Armaturen ist der beruhigte Einlauf in Verbindung mit dem Überlauf sehr beliebt, was nur mit einer Unterputz-Armatur möglich ist. Dafür ist diese Installation entsprechend aufwändiger. An den Waschtischen befindet sich die Armatur als Einloch-Armatur direkt im Porzellan, kann aber auch als Aufputz-Armatur an der Wand montiert sein. Dies bietet sich besonders bei Waschtrögen aus Steinzeug an oder bei größeren Becken, die auch für Reinigungszwecke genutzt werden. Wer sich aber gerne auch mal am Waschtisch die Haare wäscht, wird eine Aufputz-Armatur, die natürlich in der Montagehöhe variabel ist, sehr zu schätzen wissen.

Perlatorentechnik mit Wasserverwirbler in modernen Wasserspar-Armaturen ermöglichen es, den Wasserbedarf auf ein Minimum zu reduzieren, ohne dass man es physisch merkt. Besonders bei einer ausgiebigen Dusche können aus bisherigen 30 Litern somit schnell 15 Liter werden.

Bei der Auswahl von Materialien ist immer auf die Wertschöpfung des Rohstoffes und auf nachhaltige Wiederverwertungsoptionen zu achten. Bei Kunststoffen sind die Materialauswahl und deren Inhaltsstoffe immer von Bedeutung. Sie dürfen keine Ausdünstungen aufweisen und eine Materialtrennung muss bei der Wiederverwendung des Rohstoffes problemlos möglich sein.

# TEIL 4: WÄRME

## 1 Die Thermische Ordnung im umbauten Raum

Der Lebensprozess des Menschen ist eine Übung zur Aufrechterhaltung seines organischen Wärmehaushalts. Kein Leben ohne Wärme. Unser Planet ist ein Wärme-Planet; überall ist Wärme vorhanden, selbst in den Polarkreisen und an den entlegensten Orten. Kälte ist lediglich der physikalische Gegenpol. Daher gibt es auch keine „Kältebrücken", sondern nur „Wärmebrücken", weil es die Wärme ist, die geht. Wärme ist Bewegung, mal mehr, mal weniger, mal aktiver, mal passiver. So gesehen sprechen wir in der Baubiologischen Haustechnik von einer *negativen* und einer *positiven* Wärme, was in sprachlicher Form ein Abbild des Wirkungsfeldes zwischen Wärmesenke und Wärmequelle darstellt.

Dieses Kapitel widmet sich vor allem der Wärme im umbauten Raum als Wärmekörper in der direkten Berührung mit dem Menschen, der ebenfalls ein Wärmekörper ist. Die thermische Ordnung im umbauten Raum ist eine Grundlage der Wohnwärmegestaltung und orientiert sich an der Thermoregulation des Menschen.

### 1.1 Das wärmende Haus

Wärme bedeutet Lebensqualität. Sowohl physisch als auch psychisch stehen wir in einem Wechselverhältnis zu ihr, denn die Wärme ist als Lebensgrundlage elementar für das Haus, ebenso wie für unseren Körper.

Also beginnt Wärme mit dem Standort, in der Baukonstruktion, der Ausrichtung und der Bauweise eines Hauses und nicht mit der Wahl des Brennstoffs für eine Heizungsanlage. Entscheidend ist das Mikroklima der Klimazone in unserem Umgang mit Wärme. Eine Heizungsanlage mit all ihren technischen Innovationen vermag höchstens auszugleichen, was passiv nicht gelingt. Dann verlangt das solare Defizit einen Nachschlag als *aktive Nacherwärmung.*

Dem Mensch verlangt es von Natur aus nicht nach einer Zentralheizungsanlage, sondern lediglich nach einem thermischen Ausgleich, der seinem Organismus entspricht und im Idealfall von ihm allein erarbeitet werden kann. Wärme ist nicht Heizung, Wärme ist Regulation. Die Idee von Wärme ist organisch, nicht mechanisch. Im Winter ist unser Wärmeempfinden ein anderes als im Sommer, wenn es nass ist ein anderes, als wenn es trocken ist.

Aus diesem Grund beginnt Wärme nicht nur am Standort, der Baukonstruktion und der Ausrichtung des Hauses, sondern desgleichen bei seinem Bewohner, auf den das wärmende Haus wirkt, mit dem er sich in eine Wechselbeziehung begibt. Um diese thermische Wirkung lebensqualifizierend und gesundheitsfördernd zu erhalten, ist eine thermische Ordnung notwendig, die sich allein schon in der Auswahl der Baustoffe analog zur Auswahl unserer Kleidung manifestiert.

## 1.2 Wärmequellen und Wärmesenken

Unser Körper befindet sich inmitten des Prinzips von Wärmequellen und Wärmesenken, wirkt selbst auch in beide Richtungen. Entscheidend ist die Wärmequalität (negative/positive Wärme) gemessen als Temperatur in °C. Wärme kann nur von einem höher temperierten zu einem niedriger temperierten Körper durch Strahlung, Konvektion und Leitung übergehen. Lediglich die Richtung des Wärmestroms bezeichnet den Prozess des Wärmens (positiv) oder des Kühlens (negativ). Dabei kann das Kühlen als passiver Prozess, das Wärmen als aktiver Prozess betrachtet werden. Solarwärme ist immer aktive Wärme. Der Begriff „passive Solarnutzung" bezieht sich lediglich auf den Aufwand und ist etwas irreführend. Ähnlich verhält es sich mit der „passiven Kühlung", die ohne zusätzlichen Aufwand (denn auch Kälte kann aktiv erzeugt werden) einen Kühlprozess ermöglicht, wenn eine entsprechende Wärmesenke zu Verfügung steht.

Es ist also der Wärmeinhalt im Verhältnis zu einem jeweiligen Bezug (Bezugstemperatur) eines Körpers, der entscheidet, ob er als Wärmequelle oder als Wärmesenke wirkt. Aus diesem Grund ist allein die Solarthermie eine Wärmequellenanlage, da die thermische Nutzung keinen zusätzlichen Aufwand durch das explizite Bereitstellen eines Brennstoffes oder Arbeitsprozesses verlangt.

## 1.3 Der Wärmekörper Mensch

Die natürlichste Art der Wärmeempfindung wirkt durch infrarote Strahlung (Wärmestrahlung) der Sonne auf unsere Haut. Diese ist als Grenzschicht gleichsam Wärmeeindring- als auch Wärmeübertragungsfläche und voller Wärmerezeptoren (Sensoren).

Wir bilden also mit den Umschließungsflächen um den Innenraum des Hauses nichts anderes als die Haut nach und diese Flächen sollten dementsprechend auch als die dritte Haut systemisch begriffen werden. Dementsprechend wird die thermische Qualität der Hüllflächen eines Gebäudes durch den Materialaufbau entscheidend geprägt. Wir vermögen es, im Bannkreis der Energieeffizienz es soweit zu treiben, dass wir unser Haus immer mehr abdichten und abkapseln. Aber die Haut ist keine Plastikfolie, sondern ein Organ. Ein dichtes Haus ist also ein totes Haus, es ist isoliert von seiner Umgebung.

Die Kerntemperatur des Menschen beträgt etwa 37 °C und wird über den Verbrennungsprozess und die Stoffwechselfunktionen des Menschen aufrecht erhalten. Mit Fug und Recht kann man bei dieser Temperatur von einer mittleren Temperatur sprechen, die durchaus schwankt. Allein das Maß ist entscheidend.

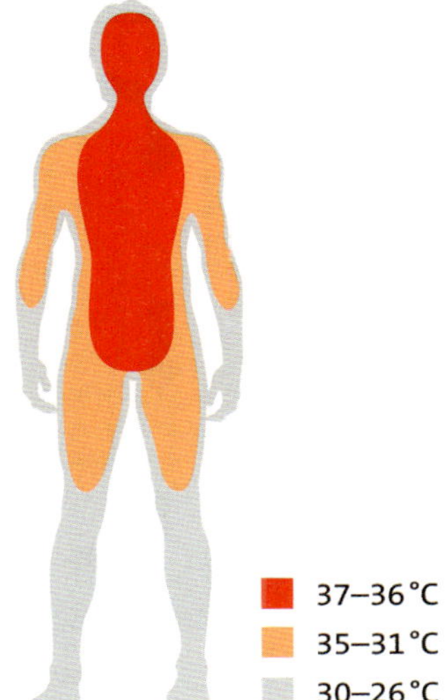


**Abb. WM 1.1:** Die Wärmezonen des menschlichen Körpers (Grafik: Michael Römer/Solargrafik)

Die Flüssigkeiten unseres Körpers befördern den Wärmestrom durch unser Volumen, über die Gliedmaßen reduziert sich diese Wärme bis auf etwa 30 °C. An den Oberflächen der Haut beträgt die Temperatur lediglich noch etwa 25 °C. Ein bedeutender Wert, nicht die Zahl, sondern die Wärme der Hautoberfläche des Menschen, welche sich ein thermisches Wechselspiel mit ihrer Umgebung liefert. Das Wärmeregime unseres Körpers weist also eine Temperaturdifferenz von mehr als 10 Kelvin auf und lässt sich klar in Wärmezonen einteilen (s. Abb. WM 1.1).

Selbst im ruhenden Zustand gibt der Mensch bis zu 80 W an Wärme ab, bei Büro- oder Haushaltstätigkeit sind es schon deutlich über 100 W. Je größer der Aktivitätsgrad des Menschen, desto größer ist seine Wärmeabgabe. Also ist der Mensch selbst ein Wärmekörper. Der Wärmefluss ist allein aus den Wärmezonen des Menschen zu erkennen, der sich über die Grenzfläche Haut fortsetzt und mit seiner Umgebung sowohl als Wärmequelle als auch als Wärmesenke in einen Wärme-Austausch tritt. Natürlich braucht der Mensch auch Luft als Sauerstoffträger, und er gibt nicht nur Wärme, sondern auch Feuchte ab. Bei ruhender oder leichter Aktivität sind das 50 bis 60 g/h. Selbst ein mittelgroßer Hund liefert 40 g, eine Katze hingegen nur etwa 10 g pro Stunde.

Um Wärme abgeben zu können, ist eine Wärmesenke notwendig. Also sollte durchaus eine Temperaturdifferenz als Wärmegefälle zwischen Oberflächentemperatur des Menschen und Umgebungstemperatur (mittlere Raumtemperatur) bestehen. Nur dann kann der Mensch seinen natürlichen Wärmehaushalt regulieren.

Nach dem Vorbild der Wärmezonen des menschlichen Körpers ist es umso nachvollziehbarer, in einer Wohn- oder Nutzungseinheit durchaus unterschiedliche Temperaturen zu realisieren. Diese Wärmezonen ergeben sich allein schon durch die Lage, Ausrichtung, Bauweise Tageslichteinfall und Solareinstrahlung. Nun liegt es an der Wohnwärmegestaltung, durch aktive Nacherwärmung die thermische Behaglichkeit des Menschen zu optimieren.

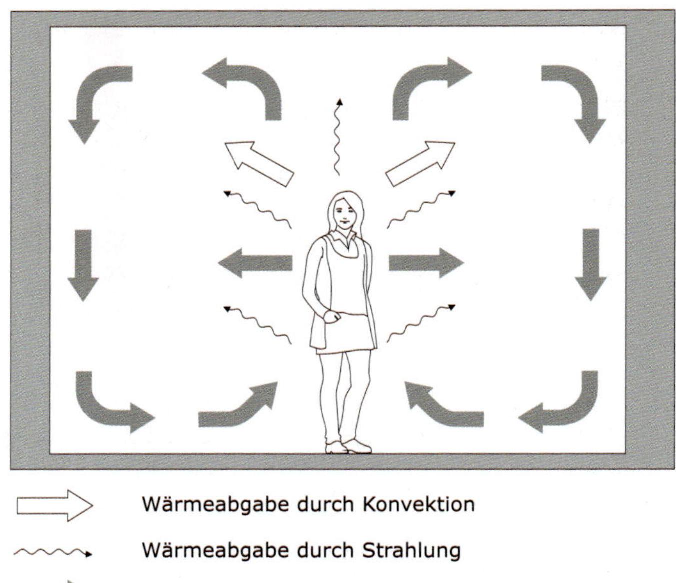

Wärmeabgabe durch Konvektion

Wärmeabgabe durch Strahlung

Luftbewegung

Abb. WM 1.2: Der Wärmekörper Mensch im umbauten Raum und seine thermische Wirkung durch Konvektion und Strahlung (Quelle: Michael Römer/Solargrafik)

## 1.4 Die mittlere Raumtemperatur

Die mittlere Raumtemperatur ist nicht allein an der Raumlufttemperatur fest zu machen, sondern hängt ebenso von den Oberflächentemperaturen der Umschließungsflächen ab. Denn jegliche Umschließungsfläche (Flächen überhaupt) wirken durch Strahlung auf den Menschen. Mit den Thermorezeptoren der Haut vermag der Körper überschaubare Differenzen zu regulieren und lässt die körpereigenen Wärmearbeiter ausrücken. Bei zu großen Differenzen, beispielsweise durch bauliche Wärmebrücken an kalten Außenwandecken oder durch übermäßige Luftbewegungen, ist es unabhängig von der Raumlufttemperatur schwer, eine thermische Ordnung herzustellen.

Die entsprechenden Parameter für eine mittlere Raumlufttemperatur lauten vielmehr:

1. Oberflächentemperatur (Außenwände)
2. Oberflächentemperatur (transparente Flächen)
3. Oberflächentemperatur (Innenwände)
4. Oberflächentemperatur (Decke)
5. Oberflächentemperatur (Fußboden)
6. **Raumlufttemperatur (zentral)**

Im Idealfall sind die Temperaturen 1 bis 5 sehr ausgeglichen bzw. auszugleichen. Besonders Außenwand-Oberflächen sollten mindestens das gleiche Temperaturniveau aufweisen wie Oberflächen von Innenwänden. Die Temperatur des Fußbodens sollte unbedingt auch mindestens so hoch oder höher sein als die Oberflächentemperatur an der Decke, es sei denn, es handelt sich um die oberste Geschossdecke zu einem Kaltdach, dann sollte sich die Oberflächentemperatur an der des Fußbodens orientieren.

Um störende Temperaturdifferenzen zu vermeiden, ist auf ein ausgewogenes Maß von Wärmedämmung und Wärmespeicherung zu achten. Ziel muss es sein, soviel Wärmeenergie durch das Bauteil zu absorbieren oder in das Bauteil zu injizieren, dass die Innenoberflächen entsprechend wohltemperiert sind.

Die Raumlufttemperatur ist die „Komforttemperatur" und als technische Größe flink regelbar und kann gut für temporäre Lasten genutzt werden – insbesondere in den Sanitärräumen: Duschbädern und Badezimmern. Allein diese Stellgröße ist wesentlich für die aktive Nacherwärmung eines Innenraumes. Die Temperaturen 1 bis 5 sind zuerst nur über die Dynamik des Bauteils als Grenzschicht entsprechend den verwendeten Materialien regelbar. Ihre thermischen Eigenschaften sind dafür elementar, der Wärmeeindringfaktor und Wärmeleitwert sind dabei zu differenzieren. Die gemittelte Oberflächentemperatur sollte keinesfalls geringer als 3 K zur Raumlufttemperatur sein.

Je höher die Oberflächentemperaturen der Umschließungsflächen, desto niedriger kann die Raumluft temperiert sein. Für die Baustoffe der Umschließungsflächen gelten also der Anspruch an einen hochwertigen Wärmeschutz (für Winter und Sommer) sowie eine Baustoffauswahl, die sich besonders den thermischen Eigenschaften widmet. Das bedeutet auch: die Phasenverschiebung vor allem im Sommer zu berücksichtigen.

Dementsprechend ist eine umfassende/ausschließliche Konvektionsheizung deutlich ungeeigneter als eine Strahlungsheizung für die Wärmeübertragung an den Raum, da sie nur das innere Medium (Luft) und nicht den Körper erwärmt. Um dem Wärmeempfinden des Menschen zu entsprechen, sind also vielmehr eine thermische Aktivierung der Baustoffe und Materialien und die daraus resultierende thermische Wirkung der Oberflächen relevant, weniger die Erwärmung des Mediums Luft. Somit können auch sämtliche Nachteile der Konvektionsheizung (hohe Temperaturen, Luftbewegungen, Staubverschwelungen, Fogging usw.) eliminiert und eine Störung der thermischen Ordnung vermieden werden.

### 1.4.1 Geometrische Wärmebrücken

An allen Bauteilübergängen und Materialwechseln entstehen Wärmebrücken. Wie stark diese ins Gewicht fallen, hängt im Wesentlichen von der Materialdichte ab. Also ist grundsätzlich eine maximale Homogenität und Reduzierung von bauteilspezifischen Störungen in der thermischen Hülle anzustreben. Dies gilt gleichermaßen für die Anschlüsse an Außen- und Innenwänden, Kellerdecke und Dach und muss im Einzelnen im Rahmen der Detailplanung berechnet und als Wärmebrücken-Nachweis geführt werden.

Die bauteilbezogenen Wärmebrücken, welche nicht vermeidbar sind – und es sind sehr viele vermeidbar –, sind vor allem Außenwandecken, besonders nach Norden gerichtet oder der Witterung ausgesetzt, auskragende Bauteile und Fensterlaibungen. Die mittlerweile wohlbekannten

Thermografieaufnahmen sind nicht zu überschätzen; wichtig ist eine professionelle Erstellung der Aufnahmen von einer qualifizierten Person plus einer entsprechenden Bewertung.

### Beispiel Außenwandecken

Das physikalische Problem der Außenwandecken ist, dass die Innenfläche deutlich kleiner (Innentemperatur) als die Außenfläche (niedrige Temperatur im Winter) ist. Der Wärmestrom verteilt sich also fächerförmig, ungleichmäßig. Durch ein gerades Bauteil fließen die Wärmeströme gleichgerichtet parallel (ausgeglichen). Durch dieses Ungleichgewicht in einer Ecke aber erhöht sich die Transmission durch das Bauteil im direkten Vergleich zu den angrenzenden geraden Wandflächen der Schenkelwände. Die Folge sind Temperaturdifferenzen entlang diesem vertikalen Eck von unten nach oben. Durch die geometrische Form gelangt die Luft nicht in einem ausreichenden Maß an diese vertikale Ecke und trocknet bei Tauwasserausfall ungleich ungenügender als an aerodynamisch geeigneteren Flächen.

Als Häuser noch handwerklich hergestellt wurden, waren Hohlkehlen üblich. Diese harmonisierten nicht nur den Raum als solchen, sonder vergrößerten noch dazu die Oberfläche durch das „Ausfüllen der Ecke". Ebenso verhält es sich mit einer obersten Geschossdecke gegen unbeheizt, wobei sich diese kalte Ecke horizontal erstreckt. Aber auch da wurden früher Hohlkehlen angebracht. Diese können natürlich auch heute noch realisiert und gar mit einem Leichtstoff als zusätzliche Wärmedämmung versetzt werden, z. B. mit Leichtlehm oder Leichtkalk mit entsprechenden Zuschlägen. Es lässt sich auch ein Wärmeübertragungsrohr in das "kalte Eck" integrieren, um den bauwerksbezogenen Wärmestrom aktiv umzulenken.

### Beispiel Fensterlaibung

Ähnlich verhält es sich mit der geometrischen Wärmebrücke einer Fensterlaibung inklusive der Flächenunterbrechung bzw. Durchdringung mit einem anderen Material mit deutlich geringeren Stärken. An dieser Stelle muss darauf hingewiesen werden, dass der Wandaufbau beileibe nicht zu einer Verschattungsfalle mutieren sollte, was heute leider – besonders im Kontext von Wärmedämmverbundsystemen – sehr oft der Fall ist. Sinn des Fensters als geschlossener Öffnung ist zum einen, für einen Luftwechsel zu sorgen, aber mindestens genauso wichtig, um eine maximale Tageslichtausbeute zu generieren, was in letzter Konsequenz gleichbedeutend ist mit einer wirksamen passiven Solarnutzung.

Um schräg einfallendes Tageslicht oder Lichtreflexionen besser in den Raum gelangen zu lassen, sind also auf beiden Seiten die Laibungen abzuschrägen. Allein eine innen abgeschrägte Fensterlaibung ist schon Wärmebrücke genug, noch mehr eine beidseitige Abschrägung. Da aber das Fenster ohnehin das „schlechteste" Bauelement in der thermischen Hülle ist und die niedrigsten Oberflächentemperaturen aufweist, möchte man meinen, wird der Übergang zur Außenwand „harmonisiert". Besser ist es aber, die Laibungen durch einen höheren Wärmeschutz (z. B. Silikatplatten) auszugleichen.

Bei Fenstertüren könnte man – besonders in kritischer Lage, z. B. in einer Nordfassade, – sogar daran denken, die Laibungen thermisch zu aktivieren. Bei richtiger Materialauswahl und Einarbeitung des Wärmeübertragungsrohres ließe sich nicht nur diese Wärmebrücke minimieren, sondern der Wärmestrom umrichten und die thermisch schwache, aber optisch umso stärkere Glasscheibe thermisch unterstützen. Die entsprechenden Materialeigenschaften sowie die Anordnung der Wärmeübertragung sind so auszuwählen, dass sich bei Sonneneinstrahlung auf die Schräge der Wärmeeintrag in das Bauteil selbst reguliert.

### 1.4.2 Interne Wärmequellen

Auch im Innenraum wirken Wärmequellen, die keinen besonderen Aufwand zur Bereitstellung von Wärme verlangen, sondern aufgrund ihrer eigentlichen Bestimmung als „Abfallprodukt" Wärme in den Raum als Last emittieren. Das sind Maschinen und Geräte, nicht zuletzt die Beleuchtung, aber natürlich auch der Mensch selbst und andere Säuger, vor allem Hunde und Katzen.

Besonders zu erwähnende interne Wärmequellen sind Elektrogeräte, wie Herd, Kühlschrank, Kühltruhe, Trockner. Besonders die Kühlgeräte sind stetige Wärmequellen, da die dem Gefriergut entzogene Wärme an den Innenraum übertragen wird. Es muss also immer eine Wärmesenke bestehen sowie bei Einbaugeräten eine entsprechende Vorrichtung für einen Luftaustausch hergestellt werden, um die Wärmeabfuhr sicherzustellen. Dementsprechend ist es naheliegend, dass man solche Geräte – vor allem Kühltruhen – eher in schattigen, nach Norden ausgerichteten Bereichen oder in Kellerräumen aufstellt, wo die emittierte Wärme auch zielorientiert genutzt werden kann. Bei einer hohen thermischen Qualität der Umschließungsflächen können Trockner oder Gefriertruhe einem untergeordneten Raum durchaus thermisch zugute kommen.

Leuchtmittel geben ebenfalls Wärme ab. Das kann auch bewusst genutzt werden, dabei muss aber unbedingt beachtet werden, dass diese Wärmegewinne im Winter zwar willkommen, im Sommer aber eine Qual werden können. Denn alle Geräte und Wärmeemittenten in Summe ergeben schon einige Kilowatt. Man denke auch an die Ausstattung mancher Heimarbeitsplätze allein mit Computer und Zubehör. In einem Home-Office mit kompletter EDV, Kommunikation und Beleuchtung können schnell 500 W an internen Wärmegewinnen zusammenkommen. Also ist auch im Sinne einer thermischen Ordnung im umbauten Raum darauf zu achten, dass ein interner Wärmegewinn nicht zur internen Wärmelast wird.

## 1.5 Raumordnung und Wärmebereiche

Verlässt man den organischen Raum des Menschen und betritt nun den umbauten Innenraum seiner unmittelbaren Umgebung, stellt sich die Frage, ob eine konstante Umgebungstemperatur dem Menschen biologisch entgegenkommt. Oder ist es vielmehr sinnvoller, den Wärmezonen des menschlichen Körpers zu folgen und diese in den umbauten Raum zu übertragen? Dem entspräche durchaus eine lange Bau- und Wohnhistorie, als die Feuerstelle im Raum das thermische Zentrum bildete (ähnlich wie heute der Pufferspeicher oder Grundofen). Die Positionierung der Wärmequelle im Zentrum des umbauten Raumes, entlang des natürlichen Wärmestroms von innen nach außen, stimmt dabei auch genau mit den Wärmezonen unseres Körpers überein.

Der Kochbereich ist in der Regel ein offener Raumverbund zwischen Essen und Wohnen und rückt einen Großteil der jeweiligen Wohnebene ins Zentrum. Andere Bereiche, wie Schlafräume, sind Räume zur temporären Nutzung, mit gleichfalls unterschiedlichen thermischen Anforderungen. Allesamt aber können sie als die Gliedmaßen des Wohnens betrachtet werden und analog zur menschlichen Anatomie entsprechend geringer temperiert sein. Der natürliche Körper des Menschen kennt weder Überfluss noch Mangel, kein Kubikmillimeter ist ohne Bestimmung, geschweige denn ohne Leben. In unserer Baukultur hingegen gibt es sehr wohl „Toträume".

Für einen wohltuenden Schlaf ist eine Raumlufttemperatur von 17°C vollkommen ausreichend. Schlafräume für Kleinkinder können etwas mehr aufweisen. Untergeordnete Räume wie Hauswirtschaftsraum, Gästetoilette oder Gäste- und Arbeitsräume verlangen ebenso weniger Wärme als der unmittelbare Wohnbereich und werden an entlegeneren Stellen angeordnet. Grundlage ist auch der jeweilige Aktivitätsgrad des Menschen.

Ein weiterer Vorteil von unterschiedlichen Temperaturen ist, dass dadurch auch leichte Luftbewegungen stattfinden und eine Durchmischung der Raumluft begünstigt wird. Dabei sollte allerdings die Temperaturdifferenz von 8 K nicht dauerhaft überschritten werden, um übermäßige Luftbewegungen zu vermeiden oder bei kritischen Luftfeuchten eine Taupunktunterschreitung (Wasseraktivität an Bauteilen) zu verhindern.

### 1.5.1 Temperaturspektrum im umbauten Raum

Um die Wärmepotenziale objektspezifisch zuordnen zu können, ist es notwendig, die Anforderung auf den Prüfstand zu heben. Nicht immer ist das technisch Mögliche oder vielmehr Gewohnte auch das Beste für den Menschen und sein Haus. Der Mensch als Wärmekörper befindet sich in einem stetigen Wechselspiel mit den Grenzen und Formen, Flächen und Massen des Innenraums. Entscheidend ist der Wärmehaushalt des Menschen als Grundlage für den Wärmehaushalt des Gebäudes. Im Zentrum befindet sich dabei der Mensch mit einer organischen Temperaturdifferenz von gut 10 K.

| **Der Mensch** | 37 bis 25 °C ($\Delta T$ = 12K) |
|---|---|
| Orientierungsgrößen: | |
| Außentemperatur Luft/Erde | < 15 °C (Beginn der Nacherwärmung/Heizperiode) |
| Niedrigste Oberflächentemperatur | 14 °C (baulicher Feuchteschutz) |
| Niedrigste mittlere Raumtemperatur | 17 °C (thermische Behaglichkeit) |
| Mittlere Kerntemperatur interner Bauteile | 15 °C (Potenzial für aktiven Wärmeeintrag) |

## 1.6 Ausrichtung und Bauweise

Neben dem winterlichen und sommerlichen Wärmeschutz ist die Ausrichtung und Bauweise sowie die Lage des Gebäudes ebenso von Bedeutung wie die Anordnung transparenter Flächen, die Raumaufteilung und Zonierung, das Mikroklima der Klimazone und die Materialien der Baukonstruktion und Raumgestaltung.

Dementsprechend wird man auch feststellen, dass unterschiedliche Bereiche im umbauten Raum unterschiedliche Anforderungen an eine thermische Aktivierung aufweisen. Während Räume, die zur Sonne ausgerichtet und mit entsprechenden transparenten Flächen ausgestattet sind, wesentlich später einen Wärmebedarf anmelden, sind es die zum Norden hin ausgerichteten Räume und Bereiche sowie die sanitären Bereiche zur Körperpflege (Badezimmer und Duschbäder), die bisweilen konventionell betrieben auch außerhalb der sogenannten Heizperiode einen Wärmebedarf anmelden.

Der Wärmebereich eines Grundrisses beginnt mit der Sohle, der Bodenplatte/Decke. Diese bietet im Sommer u. U. eine passable Wärmesenke, gar noch erdberührte Außenwände, z. B. die Stützwand eines Hanghauses. Eine konstruktive Wärmesenke kann aber sehr schnell zur Wärmebrücke werden. Dies könnte für die thermische Ordnung entscheidend sein. Schon mit geringen solaraktiven Temperaturen lässt sich dem begegnen.

Betrachtet man Abb. WM 1.3 und beachtet die Ausrichtung gen Norden, zwingt sich dieser thermische Ausgleich nachgerade auf, da die beiden Betonbauteile jene Elemente sind, die keinerlei Solarstrahlung abbekommen.

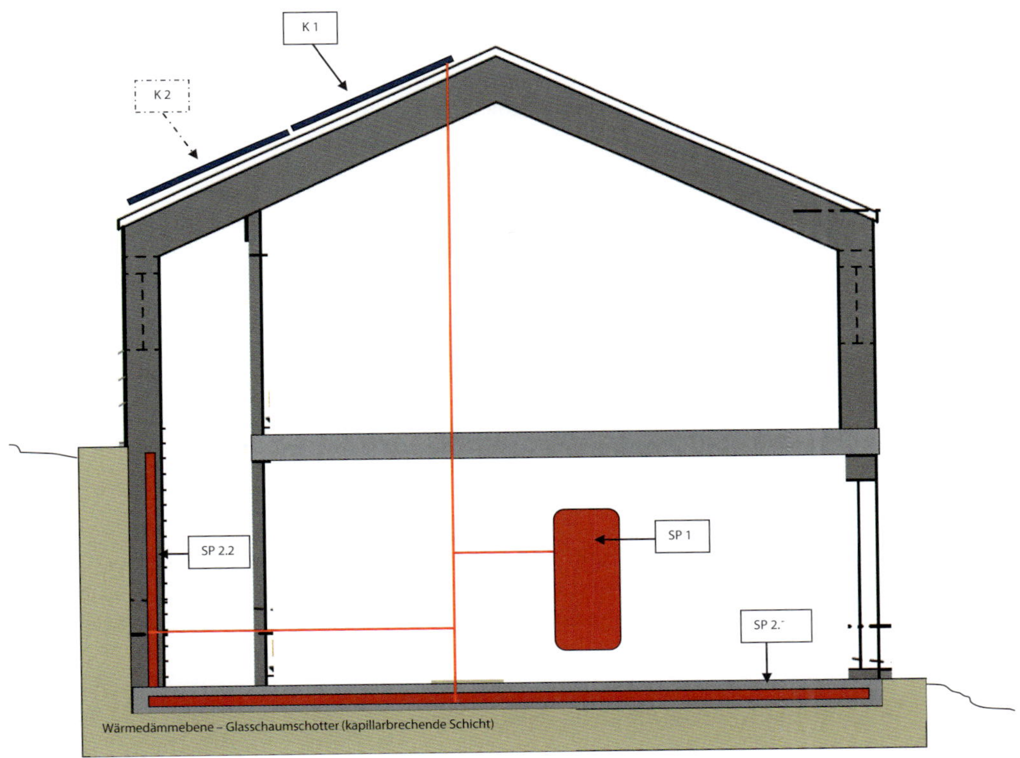


Zwei-Speicher-Solarthermieanlage

SP1 Heizungspufferspeicher; SP2 Bodenplatte/Stützwand erdberührt

**Abb. WM 1.3:** Das Bild zeigt den Schnitt eines Gebäudes, welches an einem Hang gen Norden steht. Die Gebäudemasse, insbesondere die Bodenplatte und die Stützwand zum Hang, haben keine Chance, passive Solarstrahlung zu erhalten. Dem wurde im Sinne einer thermischen Ordnung mittels solarthermischer Anlagentechnik begegnet. (Quelle: Forum Wohnenergie)

Dementsprechend zeichnet die berechnete Heizgrenztemperatur wiederum nur ein statisches Bild, welches sich sehr allgemein allein auf die Außenlufttemperatur bezieht und in diesem Sinne lediglich nur für eine zu erwartende rechnerische Energiebilanz relevant ist. In der Praxis entstehen die realen Unterschiede zur berechneten Heizgrenztemperatur vor allem durch unterschiedliche Windlasten, die Umgebung (Lage des Gebäudes) und den Feuchtegehalt der Außenluft. Ebenso aber machen die Baustoffe hinsichtlich des Wärmeschutzes einen weiteren Unterschied, nämlich im Vermögen der Wärmespeicherung. Gleichermaßen verhalten sich von Erdreich umgebene Außenwände vollkommen anders als freistehende Fassaden.

Ein weiterer Faktor ist die unmittelbare Umgebung der thermischen Hülle, unabhängig vom Wärmeschutz: Ist diese freistehend und der Witterung vollkommen ausgesetzt oder wird diese von Sträuchern, Büschen umgeben? Pflanzenvielfalt bietet nicht nur einen sommerlichen Hitzeschutz, sondern ebenso einen winterlichen Wärmeschutz und vor allem Windschutz. Aus diesem Grund eignet sich ein Kirschbaum besser an der sonnenreichen Südseite, um im Winter die Sonnenstrahlen auf und in das Gebäude wirken zu lassen, während im Sommer das Blattwerk für Schatten, Luftreinigung und Feuchteregulierung sorgt. An den sonnenschwachen Nordseiten sorgen Koniferen und Tannen für einen wirksamen Windschutz im Winter und gleichermaßen Schatten im Sommer. Wobei es an dieser Stelle darauf zu achten gilt, nicht jegliche Sonnenstrahlung auf das Gebäude zu unterbinden.

Eine Dachbegrünung wirkt ebenso nachhaltig wie ganzjährig auf die thermische Ordnung im umbauten Raum, ob als Regenrückhaltung, winterlicher Wärmeschutz und sommerlicher Hitzeschutz gleichermaßen, ebenso durch Artenvielfalt und Regulierung der Luftqualität. So sei in diesem Zusammenhang noch auf eine Fassadenbegrünung hingewiesen und auf die unterschiedlichen Wirkungen von Fassadenverkleidungen aus Holz, welche in der konventionellen U-Wert-Berechnung nur sehr unzulänglich berücksichtigt werden dürfen. Einen ungleich höheren thermischen Effekt bringt eine transparente Verkleidung.

Ein weiterer Aspekt ist der besondere Schutz vor Wind- und Niederschlagslasten an den Hauptwetterseiten des Hauses. An solchen Stellen bieten z. B. Holzverschalungen einen nachhaltigen Schutz der thermischen Hülle vor den mannigfachen Witterungseinflüssen.

Die Potenziale der passiven Solarnutzung erschließen sich erst aus dem Tageslichteinfall und in den wärmespeichernden Eigenschaften der Baustoffe im Inneren des Raumes, welche durch ihre Masseanteile und thermischen Eigenschaften ebenso das Auskühlverhalten des Gebäudes definieren.

### 1.6.1 Wärmezonen Beispielhaus – Erdgeschoss

Die Abb. WM 2.10 und 2.11 (Abschn. 2.7) zeigen das Beispielhaus in seiner Ausrichtung und räumlichen Anordnung. Im Zentrum befindet sich eine Feuerstelle mit thermisch aktivierter Umbauung aus massiven Sitzbänken sowie einem Backofen zum Kochbereich hin. Von dort aus verteilt sich der Wärmestrom über entsprechende Speichermasse und Strahlungswärme (Grund- bis Mittellast). Für die entlegeneren Bereiche des Wohnens werden weitere Wärmequellen (Komfort- und Spitzenlast) notwendig sein, die erörtert werden, nachdem die Wärmezonen festgelegt wurden. Die Wärmezonen im Erdgeschoss sind im Hauptbau: Kochen/Essen, Musikzimmer und Wohnzimmer. Die Wärmezonen im Anbau sind: Hauswirtschaftsraum und Duschbad. Der nutzungsspezifische Unterschied von Hauptbau und Anbau lässt sich mittels der Wärmezonen gut erkennen. Der Anbau bildet einen baulichen Puffer gegen die sonnenarme Nordausrichtung und verlangt auch eine geringere Grundlast als die Wärmezone im Hauptbau, dem Kernbereich des Wohnens.

### 1.6.2 Wärmezonen Beispielhaus – Obergeschoss

Im Obergeschoss befindet sich zentral ein Heizungspufferspeicher innerhalb des thermisch aktivierten Raumes (Wohnraum). Somit kommen sämtliche „Wärmeverluste' unmittelbar dem Raum zugute. Ein weiterer Grund dieser Positionierung ist die Nutzung des thermischen Auftriebs (Schwerkraft) zur thermischen Beladung des Pufferspeichers, der nicht nur Wärmemengen vorhält, sondern auch in einem gewissen Rahmen an den Raum abgibt. So gesehen wird das Kesselvolumen der Feuerstätte im Erdgeschoss in das Obergeschoss erweitert, was durchaus Sinn ergibt. Denn wenn die Feuerstätte betrieben wird, besteht zweifelsfrei ein Heizwärmebedarf, fraglos nicht nur im Erdgeschoss, sondern ebenso im Obergeschoss. Die Schlaf- und Ruheräume bleiben davon zunächst unberührt und werden erst nach Aktivierung der Heizkreise temperiert.

Die Wärmezonen im Obergeschoss sind: Bibliothek, Badezimmer, Schlaf- und Ruheraum 1, Schlaf- und Ruheraum 2 und Schlaf- und Ruheraum 3. Die Wärmezonen sind homogen und profitieren vom Erdgeschoss als „thermisch aktiviertem Unterbau". Entsprechend überschaubar sind die jeweiligen Grundlasten, jedoch mit der Anforderung, auf temporär individuelle Wärmeregulation mit einer hohen Regelgüte zu reagieren.

Für diese Nutzungsvariante des Pufferspeichers wird auf eine Wärmedämmung verzichtet. Stattdessen erfolgt ein Materialaufbau mit entsprechenden thermischen Eigenschaften. Der Pufferspeicher ist nur in Betrieb, wenn geheizt wird und wirkt als Hybrid aus hydraulischer Weiche und Wärmequelle an den Raum. Vom Pufferspeicher erfolgt sodann die Verteilung der Wärmeversorgungskreise (Heizkreise) zur thermischen Aktivierung (Komfort- und Spitzenlast) entlegenerer Räume, wie es in Abschn. 2.7 behandelt wird.

## 1.7 Dynamische Wärmeübertragung an den Raum

An bestimmten Tagen und vor allem Nächten im Jahr wird eine aktive Nacherwärmung in Form einer Wärmeübertragung an den Raum stattfinden müssen, was allgemein das langfristige Unterschreiten der sogenannten Heizgrenztemperatur meint und die Heizperiode einläutet.

In vielen Fällen kann dieser erste Wärmebedarf, der sich dynamisch entwickelt, anfangs allein mit einer Feuerstelle im Raum oder einer solaren Bauteiltemperierung erfüllt werden. Wichtig ist in jedem Fall, die thermische Aktivierung in der Übergangszeit nicht zulange vor sich herzuschieben, da sonst das Gebäude zu sehr auskühlt. Oft genügt es schon allein in den Abendstunden, wenn die Tage kürzer werden und die tiefstehende Sonne ihre langen Schatten wirft, mit geringem Aufwand aus dem Zentrum des Wohnens eine Wärmequelle zu aktivieren.

Auf herkömmliche Weise wird die Heizlast mit der Bereitstellung einer Nenn-Wärmeleistung für den Auslegungsfall berechnet. Der Auslegungsfall richtet sich nach einer anzunehmenden niedrigsten Außentemperatur im Winter und ist normativ in unterschiedliche Temperaturzonen unserer gemäßigten Zone unterteilt. Diese Leistung ist aber nur an sehr wenigen Tagen im Jahr wirklich notwendig. Tatsächlich verhält sich die Temperaturentwicklung zwischen der Heizgrenztemperatur und dem Auslegungsfall äußerst dynamisch mit merklichen Unterschieden bei Tag und bei Nacht. Es ist also wichtig, die tatsächliche dynamische Temperaturentwicklung während der Heizperiode (Zeitraum einer notwendigen aktiven Nacherwärmung zur Abdeckung des Heizwärmebedarfs) als Planungsgrundlage zu begreifen.

Aus diesem Grund sollte die Heizlast praxisgerecht nach der tatsächlichen Anforderung für die Wärmeübertragung an den Raum differenziert werden, da sich diese gleichfalls dynamisch verhält. Am Forum Wohnenergie hat sich dementsprechend nachfolgende Differenzierung (s. Abschn. 1.7.1) als grundlegend nicht nur für eine nachhaltige Wohnwärmegestaltung herausgestellt, sondern auch für die Leistungsbereiche der Bereitstellung bzw. Erzeugung von Wärme.

In der konventionellen Haustechnik wird die Heizlast dagegen weitgehend nur als die Summe von Transmissions-Wärmeverlusten und Lüftungs-Wärmeverlusten begriffen. Die Energieeffizienz der thermischen Hülle wird allgemein auf den U-Wert [W/(m²K)] bezogen. Der Standort und die Umgebung des Gebäudes sind aber ebenso relevant. Meteorologisch ist es nicht nur die Lufttemperatur, sondern auch der Wind, der Feuchtegehalt der Luft und der Luftdruck, die die thermische Wechselbeziehung an und in einem Gebäude bestimmen.

### 1.7.1 Differenzierung der Heizperiode

Eine witterungsgeführte Heizungsregelung bedeutet, dass die notwendige Vorlauftemperatur in Abhängigkeit von der Außentemperatur und der Auslegungstemperatur im Vorlauf des Wärmeübertragungssystems bereitgestellt wird. Funktionsrelevant ist dabei die Heizkennlinie, die auf das Gebäude bezogen festzulegen ist und sich nach der maximalen Vorlauftemperatur im Auslegungsfall orientiert.

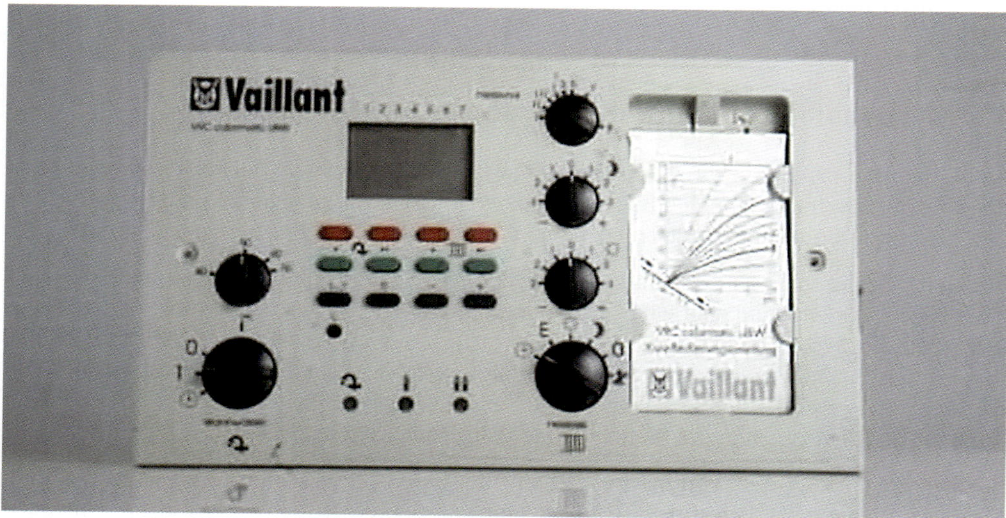


Abb. WM 1.4: Die Heizkennlinie zeigt sehr gut die Dynamik des Wärmebedarfs in Abhängigkeit von der Außentemperatur als zentrale Führungsgröße. Die Kennlinie muss immer auf das jeweilige Gebäude und die thermische Aktivierung der Wärmeübertragung angepasst sein. (Quelle: Michael Römer/Solargrafik)

Bei niedrigeren Außenlufttemperaturen ist die Vorlauftemperatur entsprechend geringer. Andererseits könnte man in dieser Zeit durchaus Wärme nutzen, um ein "Wärmepolster" anzulegen. So wie Tiere sich ein Fettpolster für die kalte Zeit anfressen, sollten auch wir unser Bauwerk auf den Winter einstellen. Um den tatsächlichen Heizwärmebedarf, der dynamisch benötigt wird, zu kennen, ist es notwendig, die Heizperiode leistungsbezogen zu differenzieren:

- gemäßigte Heizperiode – geringster Heizwärmebedarf in den Übergangszeiten, ca. 50 %,
- mittlere Heizperiode – Wärmeleistung, die den Großteil des Heizwärmebedarfs abdeckt, ca. 40 %,
- absolute Heizperiode – maximale Leistung zur Spitzenlastabdeckung, ca. 10 %.

Diese Unterteilung konzentriert sich auf die augenscheinlichen und klarsten Unterschiede. Zweifelsfrei birgt die gemäßigte Heizperiode die größten Potenziale einer passiven Wärmenutzung und lässt es im Idealfall zu, weitgehend auf eine aktive Nacherwärmung zu verzichten.

Um allerdings auch bei dieser Betrachtung sowohl dem Menschen als auch dem Gebäude gerecht zu werden, ist es sinnvoll, die Differenzierung der Heizperiode über den gesamten Jahreslauf zu erstrecken, was sich zeitlich wie folgt abbilden lässt:

- **Gemäßigte Heizperiode** (Spätsommer/Herbst) – thermische Beladung des Gebäudes durch passiven Solareintrag, Gefahr der Auskühlung durch kürzer werdende Tage und geringere Außentemperaturen, niedrigerer Sonnenstand, Wärmebedarf am Abend, der Mensch ist thermisch auf den Sommer eingestellt, Beginn der Heizperiode;
- **Mittlere Heizperiode** (Herbst/Winter) – eine konstante Nacherwärmung in den Abend-, Nacht- und Morgenstunden, oft nur diffuse Solarstrahlung, bedeckter Himmel, hohe Feuchtigkeit, erhöhtes Wärmebedürfnis des Menschen, eventuell in Kombination mit Absenkbetrieb auch tagsüber;
- **Absolute Heizperiode** (Winter) – maximale Leistung zur Spitzenlastabdeckung, Sonne auf niedrigster Höhe, kürzeste Tage, tiefe Außentemperaturen, der Mensch stellt sich thermisch auf den Winter ein, stetige Nacherwärmung bis an die bereitgestellte Spitzenlast Tag und Nacht, eventuell in Kombination mit Absenkbetrieb;
- **Mittlere Heizperiode** (Winter/Frühling) – aufsteigende Sonne, länger werdende Tage, der Mensch ist thermisch auf den Winter eingestellt, eine konstante Nacherwärmung oft nur noch in den Abend-, Nacht- und Morgenstunden notwendig;
- **Gemäßigte Heizperiode** (Frühling) – längere Tage bei deutlich höherem Sonnenstand, passive Solarnutzung, geringster Heizwärmebedarf in der sogenannten Übergangszeit, tagsüber keine Nacherwärmung mehr notwendig, allerdings in den Nachtstunden, um ein vorschnelles Auskühlen des Gebäudes zu vermeiden;
- **Keine Heizperiode** – bei höheren Außentemperaturen, sehr langen Tagen mit hohem Sonnenstand – keinerlei Nacherwärmung notwendig, allerdings Wärmebedarf für das Warmwasser (ganzjährig).

Konventionell werden beide Wärmebedarfe – Trink-Warmwasser und Heizwärmebedarf – oft über einen Kamm geschert. Allerdings hat sich das Verhältnis der beiden in der letzten Dekade wesentlich verändert. Aus diesem Grund unterscheidet die Baubiologische Haustechnik grundsätzlich zwischen:

- Heizwärmebedarf für die Bereitstellung von Trink-Warmwasser und
- Heizwärmebedarf für die Wärmeübertragung an den Raum.

Sommerlicher Wärmebedarf für die Trinkwassererwärmung ist in unseren Breiten durch die Anwendung der solarthermischen Anlagentechnik problemlos möglich. Die Nutzung dieser solaren Wärmequelle besitzt daher in der Baubiologischen Haustechnik allererste Priorität und bildet die Grundlage jeglicher aktiven Nacherwärmung auch für den Wohnraum. Diese Technologie bildet somit auch den Übergang von passiver auf aktive Solarnutzung, da beide auf den gleichen solaren Grundlagen beruhen. Wegweisend sind die Entwicklungen zur solaren Bauteiltemperierung (Abschn. 2.6), welche weit über den Solar-Pufferspeicher hinausdenkt und vielmehr das Gebäude selbst als Wärmespeicher betrachtet.

**Tabelle WM 1.1:** Um das Bauwerk als solaren Wärmespeicher zu verstehen, ist eine differenzierte Betrachtung der solarthermischen Nutzung notwendig (Quelle: Forum Wohnenergie/Frank Hartmann)

| Solare Wärmenutzung | |
|---|---|
| a) Direkte Solarwärmenutzung | Passive Solarnutzung mittels Ausrichtung und Bauweise des Gebäudes unter Verwendung entsprechender Materialien und transparenter Flächen |
| b) Unmittelbare Solarwärmenutzung | Aktive Solarnutzung mittels Solareintrag in die Gebäudekonstruktion zum Ausgleich der thermischen Ordnung ***direkt*** im Bauwerk (Niedrigsttemperatur) |
| c) Mittelbare Solarwärmenutzung | Aktive Solarnutzung mittels Solareintrag in den Solarpufferspeicher zur Wärmebereitstellung für die Raumwärme (Niedrigtemperatur) |
| | Aktive Solarnutzung mittels Solareintrag in den Solarpufferspeicher zur Wärmebereitstellung für die Trinkwassererwärmung (Mittel- bis Hochtemperatur) |

# 2 Wohnwärmegestaltung

Wohnwärmegestaltung bedeutet die Gestaltung von thermischen Wechselwirkungen und Formen im umbauten Raum mit dem Menschen inmitten.

Der Begriff Heizen wird dieser Idee nicht gerecht, da diese Bezeichnung einen Aufwand und Temperaturspektren suggeriert, wie sie für ein Niedrigtemperatursystem nicht zutreffen. In der Baubiologischen Haustechnik sprechen wir demnach nicht mehr vom Heizen nach der landläufigen Bedeutung, sondern vielmehr von der Schaffung einer wohltemperierten Raumatmosphäre mit maximaler Behaglichkeit und Vitalisierung innerhalb einer thermischen Ordnung.

Eine Mindest-Luftdichtigkeit der thermischen Hülle ist wichtig, um hohe Luftbewegungen innerhalb derselben zu vermeiden. Nur sollte man es eben nicht zu weit treiben und die notwendige Hautfunktion der thermischen Hülle bedenken! Daraus resultiert die Notwendigkeit einer aktiven Lufterneuerung durch Luftwechsel, kurzum: ein tragfähiges Lüftungskonzept. Wäre die Raumluft wirklich unser primärer Wärmeträger, wären die Lüftungswärmeverluste im Winter daraus resultierend entsprechend groß. Für ein modernes Einfamilienhaus betrügen diese immerhin etwa 1 Ster Brennholz. Bei aller Energieeffizienz ist aber die Infiltration keinesfalls als Problem, sondern vielmehr als Notwendigkeit im Sinne einer lebensnotwendigen Hautfunktion der Umschließungsflächen zu begreifen. Es gilt, die Infiltration der thermischen Hülle im Sinne einer lebensqualifizierenden Vitalisierung zu harmonisieren und zu kultivieren.

Eine hohe Tageslichtausbeute ohne Blendung und eine wirksame passive Solarnutzung sind weitere zentrale Aspekte der Wohnwärmegestaltung, womit wir uns schon inmitten der gemäßigten Heizperiode befinden. Beide Aspekte, der Tageslichteinfall und der Wärmestrom in den umbauten Raum, sind eine physiologische und psychologische Notwendigkeit für die Lebensqualität des Menschen in einem umbauten Raum. Es kann nicht oft genug betont werden: Diesen äußeren Einflüssen gilt es sich gestalterisch und baukonstruktiv zu öffnen.

Eine passive Oberflächentemperierung fördert nicht nur die thermische Behaglichkeit, sondern ist auch imstande, Grundlasten, die während der gemäßigten oder auch in den gemittelten Heizperioden anfallen, abzudecken sowie die gesamte Last zur thermischen Aktivierung spürbar zu verringern. Eine aktive Oberflächentemperierung vermag darüber hinaus dem Wärmekomfort zu entsprechen und auch die Spitzenlast abzudecken.

## 2.1 Der Wärmekreislauf im Raum

Um die thermische Ordnung im umbauten Raum aufrecht zu erhalten, ist eine haustechnische Lösung zur Wärmeübertragung an den Raum im klassischen Sinne über ein wassergeführtes Zentralheizungssystem notwendig – um gerade auch entlegene Räume kontrolliert zu temperieren. In Kombination mit den vorgenannten Aspekten der Wohnwärmegestaltung sichert ein Wärmeübertragungssystem den Wärmekomfort durch aktiv zugeführte Wärmeenergie, wofür sich Wasser hervorragend eignet (siehe Bereich WASSER). Es dient hierbei als ideales Speicher-, Transport- und Übertragungsmedium.

Eine besondere Bedeutung kommt in der Baubiologischen Haustechnik den Flächentemperierungssystemen zu. Durch Wärmestrahlung, die mehrere Meter reicht, und einen dadurch entstehenden Wärmestrom erhöhen sie die Oberflächentemperaturen von Gegenständen im Raum und gegenüberliegenden Flächen. Dieser definierte Wärmestrom ergibt die Wärmeleistung pro Quadratmeter und entspricht der für jeden umbauten Raum zu ermittelnden Heizlast (nach DIN EN 12831). Diese ist für einzelne Räume und Bereiche zu ermitteln und ergibt in der Summe die berechnete Gesamt-Heizlast.

### 2.1.1 Heizlasten im Beispielhaus

Die Heizlasten wurden für das Beispielhaus entsprechend den Aufbauten der thermischen Hülle mit einer Auslegungs-Außentemperatur von –14 °C berechnet und sind in der Raumliste (Tabelle WM 2.1) für die jeweiligen Räume (Wärmezonen) angegeben.

**Tabelle WM 2.1:** Raumliste zum Beispielhaus mit den berechneten Normheizlasten (Quelle: Frank Hartmann)

| | Raumliste – Beispielhaus – Wärme | | |
|---|---|---|---|
| | **Bezeichnung** | **$A_N$ in m²** | **Wärme in W** |
| EG 1 | Duschbad | 5,00 | 225,00 |
| EG 2 | Windfang | 6,75 | 202,50 |
| EG 3 | Hauswirtschaftsraum | 13,55 | 385,00 |
| EG 4 | Speisekammer | 5,00 | |
| | *Zwischensumme* | **30,30** | **812,50** |
| | | | |
| EG 5 | Esszimmer | 51,48 | 1544,40 |
| EG 6 | Kochen | 13,84 | 415,20 |
| EG 7 | Flur | 7,85 | 235,50 |
| EG 8 | Musikzimmer | 18,50 | 555,00 |
| EG 9 | Wohnen | 24,00 | 720,00 |
| | *Zwischensumme* | **115,67** | **3470,10** |
| | | | |
| EG 10 | Atrium | 16,50 | |
| EG 11 | Hügelbeet/Terrasse | 26,00 | |
| EG 12 | Frühbeete | 14,00 | |
| | *Zwischensumme* | ***56,50*** | |
| | | | |
| OG 1 | Treppenaufgang/Bibliothek | 36,90 | 1107,00 |
| OG 2 | Schlaf- und Ruheraum 3 | 17,71 | 531,30 |
| OG 3 | Ankleide | 10,34 | 310,20 |

| Raumliste – Beispielhaus – Wärme | | | |
|---|---|---|---|
| | **Bezeichnung** | **$A_N$ in m²** | **Wärme in W** |
| OG 4 | Badezimmer | 17,71 | 635,00 |
| OG 5 | Schlaf- und Ruheraum 2 | 18,40 | 552,00 |
| OG 6 | Schlaf- und Ruheraum 1 | 17,70 | 531,00 |
| | *Zwischensumme* | **118,76** | **3666,50** |
| | | | |
| | **Gesamt-Heizlast** | | **7949,10** |

Diese Norm-Heizlast dient zur Auslegung der Wärmeübertragung an den Raum, wobei die raumspezifischen Temperaturen berücksichtigt wurden. Die Speisekammer gilt als nicht beheizt, ein thermischer Ausgleich (Grundlast) wird allerdings durch die Trennwand zum Hauswirtschaftsraum sichergestellt. Die Nenn-Heizlast für die Wärmebereitstellung wurde mit 10 kW (Wärmeleistung des Kessels) festgelegt, um entsprechende Reserven für besondere Spitzenlasten im Winter (über die Auslegungstemperatur hinaus bzw. bei temporären Abweichungen des Nutzungsverhaltens) bereitstellen zu können. Diese „Luft nach oben" entspricht auch dem Gedanken an die Nutzungsvariabilität hinsichtlich eines späteren Ausbaus, ohne dabei ein ineffizientes System zu generieren.

### 2.1.2 Oberflächentemperaturen im Kontext der thermischen Behaglichkeit

Die Erhöhung der Oberflächentemperaturen an den Raumumschließungsflächen wirkt sich beträchtlich auf die Wahrnehmung der thermischen Behaglichkeit der Bewohner aus. Dem sollte auch im Regelverhalten Rechnung getragen werden. Betrachtet man die Kriterien der thermischen Behaglichkeit entsprechend der menschlichen Physiologie – Mensch, Raumluft, Bauteil – ist das Wärmeempfinden des Menschen nicht allein von der Raumlufttemperatur, sondern ebenso von der Oberflächentemperatur der Umschließungsflächen abhängig. Für die physiologische Empfindung des Menschen ist sogar eine hohe Oberflächentemperatur bedeutsamer als eine hohe Raumlufttemperatur, die sehr schnell thermisch unbehaglich wirken kann, da die natürliche Wärmesenke des Puffermediums Luft fehlt. Luft und insbesondere die Raumluft wirken vielmehr als Wärmeregulator, denn als eine Wärmequelle!

Unabhängig von der energetischen Qualität der Umschließungsfläche bleibt die Außenwand – insbesondere Außenwandecken – immer als geometrische/physikalische Schwachstelle bestehen, durch die passive und aktive Wärmegewinne verloren gehen. Oft wird die Meinung vertreten, dass aus diesem Grunde Wandflächenheizungen nicht an Außenwänden positioniert werden sollen. Doch wo sonst ist der naturgemäße Ort eines Ausgleichs? Dort, wohin der Wärmestrom fließt, möge er im Bauteil verharren und wirken.

Bei einem Mindeststandard eines Wärmedurchgangskoeffizienten von maximal 0,35 W/(m²K) sind die Wärmeverluste nach außen jedoch vernachlässigbar. Erst recht, wenn es sich bei dem Wandaufbau um wärmespeichernde Materialien handelt. In diesem Fall ist die Positionierung von Wandheizungsflächen an Außenwänden nachgerade optimal, wenn von dieser Stelle – die der Mensch psychologisch längst schon als Schwachstelle zur „kalten Außenwelt" erklärt hat – Wärme in die Tiefe des Raums gestrahlt wird. Zuzüglich der individuellen Wahrnehmung warmer

Oberflächen wirken diese Flächen auch physikalisch wärmeübertragend an a) die Raumluft und b) gegenüberliegende Flächen von Wänden, Bauteilen und Möbeln.

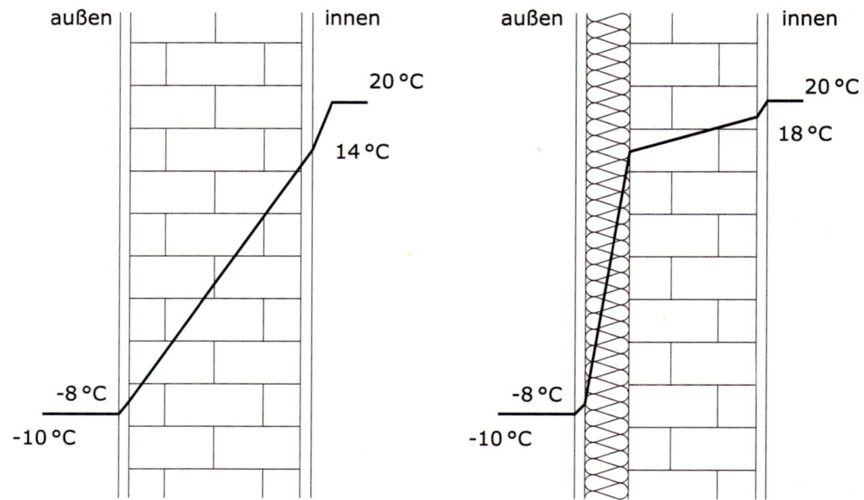


**Abb. WM 2.1:** Ein Wärmedämmverbundsystem (aus nachwachsenden Rohstoffen) erhöht die Wärmespeicherfähigkeit des Bauteils Außenwand und erhöht somit zusätzlich – durch einen verzögerten Wärmedurchgang – die Oberflächentemperatur. Das Bauwerk erhält also einen wärmenden (Winter) und kühlenden (Sommer) „Allwetter-Mantel", der umso besser funktioniert, je mehr in der Materialauswahl die natürliche Ordnung als Vorbild diente. (Quelle: Michael Römer/Solargrafik)

Konsequenterweise sollten dann besonders die geometrischen Schwachstellen, wie die Außenwandecken, mit Wandtemperierungsflächen belegt werden. Bei einer hochwertigen Außendämmung (WDVS) aus nachwachsenden Rohstoffen wirkt die Wand als maximaler Wärmespeicher. Das Bauteil Außenwand bekommt also noch ein zusätzliches Kleid (was auch eine Verschalung sein kann) wie ein Pufferspeicher oder ein Heizungsrohr. Durch die Dämpfung des Wärmestroms wird die Wärmespeicherung in der Außenmauer bei entsprechender Materialauswahl deutlich verbessert. Dennoch empfiehlt sich die Ausbildung von Hohlkehlen im Innenraum.

Hinweis: Ein WDVS verbessert nicht nur den Wärmeschutz, sondern optimiert fraglos auch die Wärmespeicherfähigkeit der Umschließungsmassen, obgleich es heute schon monolithische Systeme mit hervorragenden Wärmeleitzahlen gibt. Der Aufwand ist jedoch abzuwägen. Freilich sind Materialien aus nachwachsenden Rohstoffen einzusetzen und der Gesamtaufbau nicht nur im Sinne der Baubiologie, sondern auch der Bauphysik herzustellen und auf Diffusionsoffenheit zu achten.

Der Begriff Wärmespeicher bezieht sich in der Baubiologischen Haustechnik keineswegs allein auf die anlagentechnische Komponente, welche in der Regel mit Wasser als Wärmeträgermedium gefüllt ist. Wesentlich für einen Wärmespeicher ist allein der Körper an sich – die Körpermasse, sein Material und seine Wirkung als Medium. Und wie kann das Wechselspiel der Wärmespeicherung, bestehend aus thermischer Be- und Entladung (Pufferung), besser versinnbildlicht werden als mit dem Mikrokosmos Haus als wärmeregulierendem Bauwerk. Im Gegensatz zum anlagentechnischen Pufferspeicher entstehen dem baukonstruktiven Wärmespeicher im Wohnraum keinerlei Wärmeverluste, da diese unmittelbar der Raumtemperierung zukommen.

### 2.1.3 Temperaturen zur Wärmeübertragung an den Raum

In der klassischen Heizungstechnik haben sich verschiedene Temperatursysteme etabliert, die in Abhängigkeit von der Außentemperatur (Auslegungstemperatur) und der gewünschten Raumtemperatur (16 bis 25 °C) eine maximale Vorlauftemperatur definieren. Diese wird je nach momentan anstehender Außentemperatur über den Drei-Wege-Mischer des Heizkreises als Heizkreis-Vorlauftemperatur an das Wärmeübertragungssystem geführt.

Die Auslegungstemperatur ist entsprechend dem nationalen Anhang der DIN EN 12831 in drei Klimazonen unterteilt: –12 °C, –14 °C und –18 °C. Sie ist nach dem Standort des Gebäudes festzulegen. Die Systemtemperatur gibt an, welche maximale Vorlauftemperatur für den Heizkreis anstehen muss, um im Auslegungsfall die ermittelte Wärmeleistung in den Raum zu bringen. Ein weiterer Temperaturwert ist die gewünschte Raumtemperatur, die als Sollwert festgelegt ist. Die für die Wärmeübertragung notwendigen Systemtemperaturen werden auf Basis der Temperaturbereiche im umbauten Raum (Abschn. 1.5) in der Baubiologischen Haustechnik wie folgt festgelegt und unterschieden:

**Wohngebäude**

- Niedrigsttemperatursystem 25 bis 33 °C alle Flächen und Bauteile (bes. Boden und Decken)
- Niedrigtemperatursystem 33 bis 40 °C nur Wandflächen, Konvektoren und Bauteile
- Mitteltemperatursystem 40 bis 55 °C nur Wandflächen, Konvektoren, Radiatoren und Bauteile

**Nicht-Wohngebäude**

- Hochtemperatursystem 55 bis 70 °C Konvektoren, Radiatoren und Bauteile
- Maximaltemperatursystem > 70 °C Lufterhitzer und Bauteile

Wie bereits erwähnt ist mindestens ein Mitteltemperatursystem, besser ein Niedrigtemperatursystem anzustreben, welches den Standard der Baubiologischen Haustechnik definiert und aus erneuerbaren Energiequellen gespeist wird. Damit wird auch der energetische Aufwand beschrieben, der notwendig ist, um die entsprechenden Temperaturen bereitzustellen. Dabei gilt es jedoch zu berücksichtigen, dass die Auslegungstemperatur lediglich der Spitzenlast entspricht, diese innerhalb der gesamten Heizperiode verhältnismäßig wenig vorkommt und sich gemäß Klimazone und den oft unterschätzten Einflüssen des Mikroklimas deutlich unterscheidet. Dies provoziert die Frage – in Anlehnung an die Differenzierung der Heizperiode – ob wirklich das gesamte System mit *einer* Systemtemperatur betrieben werden muss oder sollte.

Die Ladestrategie muss auf das Leistungsspektrum der einzelnen Wärmequellen angepasst sein. Dabei kann es vorkommen, dass es sich bei einem Pufferspeicher der Bereitstellungstechnik durchaus um einen Hochtemperaturspeicher handelt, der die Wärmemenge aufnimmt, die z. B. solar maximal entsteht. Solar-Pufferspeicher werden aus diesem Grund bis zu einer Temperatur von 85 °C beladen, um im Verhältnis der (überschaubaren) Menge einen entsprechenden Vorrat an Wärme bereitzuhalten. Über ein Niedrigtemperatursystem wird ein Pufferspeicher immer wesentlich langsamer thermisch entladen als über ein Mittel- oder Hochtemperatursystem.

Bereits bei einem Mitteltemperatursystem, spätestens aber bei einem Hochtemperatursystem ist eine Verbrennungstechnik notwendig, also naheliegend eine Biomasse-Feuerstätte für Stückholz, Hackgut, Pellets oder flüssigen Brennstoff aus erneuerbaren Energien. Für die Nutzung von Solar- und Umweltwärme eignen sich am besten Niedrigst- und Niedrigtemperatursysteme, Mitteltemperatursysteme nur eingeschränkt, Hochtemperatursysteme in der Regel weniger.

Die auf verschiedene Weise (multivalent) erzeugte bzw. bereitgestellte Wärme wird innerhalb der Wärmebereitstellungstechnik in einem Heizungs-Pufferspeicher als thermischer Akkumulator gespeichert und von dort aus systemisch über einen gemischten Heizkreis dynamisch an den Raum geführt.

## 2.2 Gemischter Heizkreis und Heizkreisstation

Die Adern eines jeden Wärmeübertragungssystems bilden das Leitungssystem, bestehend aus Vorlaufleitung und Rücklaufleitung mit einer zentralen Heizkreis-Baugruppe, welche die Versorgungsleitungen mit der Wärmebereitstellung (Pufferspeicher) verbindet und ähnlich dem Herzen als Motor des Kreislaufs wirkt. Die Heizkreis-Baugruppe besteht im Wesentlichen aus einer Umwälzpumpe für die Zwangsumwälzung und einem Drei-Wege-Mischer, der in Abhängigkeit der anstehenden Außentemperatur die notwendige Vorlauftemperatur aus anstehender Bereitstellungs-Vorlauftemperatur und anstehender Heizkreis-Rücklauftemperatur für das Wärmeübertragungssystem zu Verfügung stellt.

Zur Wärmeübertragung an den Raum ist für die Speicherentladung eine dynamische Funktionsweise in Abhängigkeit der Außentemperatur notwendig, dagegen funktionieren die Heizkreise der Wärmeerzeugung (Kesselkreis) in der Regel statisch (mit Ausnahmen u. a. bei der Solarthermie). Das heißt, es wird für gewöhnlich die Wärme vom Wärmeerzeuger über eine stufengeregelte Umwälzpumpe direkt in die Bereitstellung (Pufferspeicher) geführt, schlicht mit der Temperatur, die der Wärmeerzeuger realisiert. Damit werden wir uns im Kapitel zur Wärmebereitstellung beschäftigen.

Die dynamische Wärmeversorgung verlangt einen Drei-Wege-Mischer als wichtiges Bauteil, weshalb der Heizkreis zur Wärmeübertragung an den Raum als gemischter Heizkreis bezeichnet wird. Neben dem Drei-Wege-Mischer sind als weitere Bauteile dieser Baugruppe relevant:

- Heizungs-Umwälzpumpe (dynamisch gesteuert) im Vorlauf,
- Absperreinrichtungen in Vor- und Rücklauf (in Kugelhahnausführung),
- Temperaturanzeigen in Vor- und Rücklauf (als Einsteck-Zeigerthermometer oder in den Absperreinrichtungen integriert),
- Füll-, Spül- und Entleerungseinheit (kann auch an einer anderen Stelle positioniert werden),
- Befestigung (körperschallentkoppelt) und Wärmedämmpackung (aus nachwachsenden Rohstoffen).

Abgesehen vom Mischer gilt diese Zusammenstellung auch für den ungemischten (statischen) Heizkreis. Sowohl die Umwälzpumpe als auch der Drei-Wege-Mischer benötigen für ihre Funktion elektrische Energie. Die Umwälzpumpe wird mit 230V/50 Hz von einem Heizungsregler versorgt. Ebenso der Mischermotor, der im Niedervoltbereich (0 bis 10 V) neben einem Potentialanschluss eine Steuerleitung für die Funktion „öffnen" und eine Steuerleitung für die Funktion „schließen" erhält. Dabei ist der richtige Anschluss absolut funktionsrelevant und im Rahmen der Inbetriebnahme immer zu prüfen. Aber auch in Bestandsanlagen muss immer geprüft werden, ob der Mischer in der richtigen Reihenfolge funktioniert, da sonst schwerwiegende Störungen der Gesamtfunktion der Heizungsanlage auftreten können.

Neben der Regeleinheit sind als grundlegende Sensoren ein Außentemperaturfühler und ein Anlegetemperaturfühler notwendig. Der Außentemperaturfühler erfasst stetig die anstehende Außentemperatur als elementare Grundgröße für sämtliche Reaktionen der Regeleinheit. Auf Basis der Heizgrenztemperatur wird die Regelung in den Stand-by-Modus versetzt. Der Anlegetemperaturfühler wird mindestens 300 mm von der Umwälzpumpe entfernt direkt auf das Vorlaufrohr des Heizkreises gesetzt und dauerhaft befestigt. Um die Temperaturerfassung über das Thermoelement zu optimieren, empfiehlt es sich, auf die Verbindung zwischen Thermoelement und Heizungsrohr (im Idealfall metallisch) eine Wärmeleitpaste aufzubringen. Bei Kunststoffrohren ist dies ein Muss. Dieser Fühler überwacht die anstehende Vorlauftemperatur und gibt diese, ebenso wie der Außentemperaturfühler, an die Regeleinheit. Diese vergleicht die beiden Werte und gleicht sie mit der eingestellten Kennlinie ab. Daraufhin erfolgt eine Reaktion an den Mischermotor, der entweder schließt oder öffnet, dies natürlich gleitend, da dynamisch.

Unmittelbar nach der Heizkreisstation verlaufen die Versorgungsleitungen zu den einzelnen Räumen oder zentralen Bereichen jeglicher Bauwerksebene. Dies kann direkt erfolgen, wie die klassische Heizkörperanbindung (Verteilleitung), oder über einen zentral positionierten Stockwerksverteiler, von dem aus die einzelnen Wärmestromkreise mittels Anschlussleitungen versorgt werden.

### 2.2.1 Kennlinie und Regelungseinheit

Die Regelungseinheit für den gemischten Heizkreis ist Bestandteil jeder Zentralheizungsregelung und verlangt eine gebäude- und anlagenspezifische Einstellung, die im Rahmen der Inbetriebnahme auf Basis der Auslegung den Planungsunterlagen zu entnehmen und einzustellen ist.

Die Kennlinienfunktion zeigt sehr gut die Dynamik des Wärmeübertragungssystems. Umgangssprachlich wird die Kennlinie auch als *Heizkurve* bezeichnet, sie wird jeweils durch die Grundprogrammierung der Regeleinheit definiert, was bedeutet, dass es keine einheitliche Nummerierung bzw. Bezeichnung gibt, sondern diese stets herstellerabhängig ist. Jedoch lässt sich immer sagen, dass eine flache Kennlinie niedrige Temperaturen und eine steile Kennlinie hohe Temperaturen zur Folge haben. Die Kennlinie sowie weitere Funktionsmerkmale sind Bestandteil der technischen Dokumentation (Bedienungsanleitung) und sind daraus für den spezifischen Fall zu entnehmen bzw. nachzuschlagen.

Hinweis: Ein Heizkreis kann immer nur nach einer Kennlinie betrieben werden! Das bedeutet, dass sämtliche Wärmeübertrager oder Temperierungsflächen mit derselben Systemtemperatur versorgt werden.

## 2.3 Aktive Oberflächentemperierung

Auf Basis der konventionellen Flächenheizungssysteme lassen sich sämtliche Faktoren einer biologisch optimalen Wärmeübertragung an den Raum durch Strahlungswärme in Form von Fußboden-, Wand-

und Deckentemperierungssystemen abbilden. Da diese Systeme in der Regel eine ungleich niedrigere Vorlauftemperatur benötigen, als es bei konventionellen Heizkörpersystemen der Fall ist, sprechen wir in der Baubiologischen Haustechnik vielmehr von einer Temperierung als von einer Heizung.

Bei den Flächentemperierungssystemen handelt es sich um unmittelbar unter der Oberfläche eingearbeitete Wärmeübertragungsrohre, meist in der Form von gewöhnlichen Heizungsrohren, im Idealfall aus Kupfer, mit Materialüberdeckungen von 10 bis 30 (80) mm. Eine Mindestabdeckung ist nicht nur aus Bewehrungsgründen (Armierung) notwendig, sondern auch um eine gute Wärmeverteilung auf der Fläche zu ermöglichen. Eine maximale Aufbaudicke ist notwendig, um ein flinkes Regelverhalten auch bei niedrigen Temperaturen zu ermöglichen. Erfahrungsgemäß sind 30 mm ein vernünftiges Maß, um gerade noch eine hohe Regelgüte mit geringem Aufwand zu ermöglichen, aber auch um die Wärmespeicherkapazität des Baustoffes (z. B. Lehmputz) optimal nutzen zu können. Das bedeutet: Die Überdeckung beträgt etwa 15 mm. Die Rohrdurchmesser (Querschnitte) betragen für derartige oberflächennahe Anwendungen 10 bis 15 mm. Bei größeren Querschnitten (z. B. Bauteilaktivierung) erhöht sich der Aufbau entsprechend der Mindestüberdeckung von 15 mm.

Folgende aktive Oberflächentemperierungssysteme stehen mit ihren entsprechenden Systemtemperaturen (maximale Vorlauftemperaturen) zu Verfügung:

- Fußbodentemperierung 30 bis 35 °C
- Wandflächentemperierung 35 bis 55 °C
- Deckenflächentemperierung 28 bis 33 °C
- Bauteiltemperierung 25 bis 70 °C

Hinsichtlich der Temperaturen ist zu beachten, dass die Systemtemperaturen sich auf die Wärmemengen des Wärmeträgers Heizungswasser beziehen. Die wirksame Oberflächentemperatur ist freilich eine andere, in der Regel eine entsprechend niedrigere, aufgrund der Wärmeaufnahme und -verteilung im Material. Also ist die Temperatur des Mediums nicht die unmittelbare Wirktemperatur der Oberfläche, welche insbesondere bei einer Fußbodentemperierung bei übermäßigem Schichtaufbau und unpassenden Materialien, z. B. Laminat, gar drastisch reduziert werden kann. Grundsätzlich sei an dieser Stelle angemerkt, dass Oberflächenmaterialien bei der Planung von Oberflächentemperierungssystemen stets zu berücksichtigen sind. Je nach System, Anwendung und Materialaufbau ist in der Praxis eine Begrenzung der thermisch wirksamen Oberflächentemperatur im Sinne der thermischen Ordnung und der daraus resultierenden thermischen Behaglichkeit notwendig. Mehr dazu in den jeweiligen Systembeschreibungen im weiteren Verlauf dieses Kapitels.

Auffällig ist der große Systemtemperaturbereich bei Wandflächentemperierungssystemen. Während bei der Decken- und Fußbodentemperierung (die sich deutlich im Rahmen der menschlichen Körpertemperaturen bewegen) eine höhere Temperatur als die angegebene sehr schnell als unbehaglich und störend empfunden wird, verkraften wir bei Wandflächentemperierungen deutlich höhere Temperaturen. Dies liegt im Wesentlichen daran, dass wir mehr Körperfläche entgegenzusetzen haben, auf die diese Wärmestrahlung wirkt. Der Ausgleich erfolgt über die größeren Flächen und die Raumluft (= Umgebungsluft). Eine Fußbodentemperierung nehmen wir lediglich durch die Fußsohlen auf. Nur in diesem Fall sind wir auch mit der thermisch aktivierten Oberfläche in Kontakt. Bei einer Deckenflächentemperierung ist es noch wichtiger, die Vorlauftemperaturen unbedingt zu begrenzen, da die oben angegebenen 33 °C auch nur ab einer lichten Raumhöhe von 2,5 m verträglich sind. Der Kopf des Menschen ist eine sehr sensible Einheit. Wenn es in der unmittelbaren Umgebung des Kopfes zu warm wird (Überschreitung der angegebenen Maximaltemperaturen), fehlt dem Körper die notwendige Temperaturdifferenz, um eigene Körperwärme abgeben zu können und damit ist der natürliche Wärmestrom gestört.

### 2.3.1 Leistungsbezüge bei Wärmeübertragungssystemen

Wie aber lässt sich die Wärmeleistung etwaiger Systeme genau bestimmen? Neben den Systemtemperaturen (Vorlauftemperatur/Rücklauftemperatur) in Bezug zur gewünschten Raumlufttemperatur und der daraus resultierenden *Übertemperatur* ($\vartheta_{VL}$ + $\vartheta_{RL}$ / 2 – $\vartheta_{Raum}$) und dem Massen-Volumenstrom ($\dot{m}$ in kg/h) ist die wirksame Fläche des Wärmestroms in $m^2$ relevant für die Wärmeleistung. Je geringer die Übertemperatur, desto größer muss die wirksame Fläche des Wärmestroms an den Raum sein. Je höher die Übertemperatur, desto geringer die wirksame Wärmeübertragungsfläche. Dies gilt für sämtliche Flächentemperierungssysteme gleichermaßen.

**Tabelle WM 2.2:** Diese Übersicht zeigt die maximalen Vorlauftemperaturen von Flächentemperierungssystemen und die daraus erzielbaren Wärmestromdichten in Abhängigkeit ihrer Wirkflächen (Quelle: Wohnwärme-Manufaktur / Frank Hartmann)

| System zur Flächentemperierung | Maximale Vorlauftemperatur in °C | Wärmestromdichte in W/m² |
|---|---|---|
| Bauteiltemperierung | 25 | 50 |
| Deckenflächentemperierung | 30 | 90 |
| Fußbodentemperierung | 35 | 150 |
| Wandflächentemperierung | 40 | 210 |
| Wandflächentemperierung | 45 | 250 |
| Bauteiltemperierung | 50 | 300 |
| Bauteiltemperierung | 55 | 335 |
| Bauteiltemperierung | 60 | 390 |

Die Kennwerte sind als Orientierungshilfe zu verstehen. Weiter ist die Spreizung hinsichtlich der Übertemperatur in K zu berücksichtigen. Ebenso ist der jeweilige Materialaufbau der Oberflächen (insbesondere bei Fußbodentemperierungen) objektspezifisch zu berücksichtigen bzw. zu korrigieren.

In der Summe von $\vartheta_{VL}$ + $\vartheta_{RL}$ drückt sich auch die Temperaturdifferenz, die sogenannte Spreizung ($\Delta T$), aus. Diese Temperaturspreizung wird in Kelvin angegeben und befindet sich in der Regel in einem Spektrum zwischen 5 und 10 K.

Man kann sagen, je größer die Spreizung, desto höher muss der Massen-Volumenstrom sein, um dieselbe Wärmeleistung zu erreichen, wie es bei einer geringeren Spreizung der Fall wäre. In dieser physikalischen Tatsache liegt die Erkenntnis, dass Wärmemenge eben nicht nur aus Temperatur besteht, sondern auch eine Masse dazu benötigt wird, die diese Temperatur transportiert bzw. bereitstellt. Also ist hinsichtlich der Wärmeleistung immer auch die hierfür notwendige Menge an entsprechend temperiertem Heizungswasser grundlegend.

Leider ist in vielen Heizungssystemen der Massen-Volumenstrom nicht bekannt, geschweige denn definiert. Es funktioniert halt irgendwie und wenn nicht, wird die Heizungspumpe im

Vorlauf höher gestellt bzw. ihre Durchsatzleistung erhöht. Wenn es dumm läuft, sind dann Infraschall-Belästigungen in weiten Teilen des Gebäudes der Fall, die dann noch durch Körperschall vervielfältigt werden. Die heute sinnvollerweise eingeführten elektronischen Heizungs-Umwälzpumpen regeln ihre Pumpenleistung selbstständig und erreichen dadurch die größte Effizienz bei geringstem Energiebedarf. Das ist aber alles Theorie, wenn die Anlagenhydraulik nicht penibel einreguliert ist. Unabdingbar ist deshalb ein umfassender hydraulischer Abgleich mit den dafür notwendigen Komponenten und Einstellwerten, was wir im Kapitel zur Wärmebereitstellung genauer kennenlernen werden.

Die Wärmestromdichte ist weiter abhängig von der Anordnung des Wärmeübertragers (Heizungsrohr) bzw. deren Abstände untereinander. Der bei Fußbodentemperierungssystemen benutzte Begriff des Verlegeabstandes (VA) könnte für die Flächentemperierung allgemein trefflicher als Montageabstand (MA) bezeichnet werden. Freilich ist es ein Unterschied, ob die Fußbodentemperierungsrohre 50, 100, 150 oder gar 200 mm voneinander entfernt verlegt sind. Auch hier lässt sich festhalten: Je kleiner der MA, desto höher ist die Wärmestromdichte (Wärmeleistung).

Mit anderen Worten: Je größer der Abstand, desto höher muss die Vorlauftemperatur sein. Je enger der Abstand, desto geringer kann die Vorlauftemperatur sein, um gleiche Wärmeleistungen zu generieren. Schließlich wird das Bauteil ja pro Quadratmeter mit einer größeren Wärmemasse durchströmt. Also ist die zweidimensionale Anordnung, die selbstredend gleichmäßig zu erfolgen hat, wichtig für den Leistungsbezug in $W/m^2$ für die wirksame Wärme an den Raum.

Nicht ganz unerheblich sind überdies der Materialaufbau und die thermische Qualität der Oberfläche, besonders der Oberflächenbelag bei Fußbodentemperierungssystemen, der sich in vielen Fällen als thermischer Widerstand verhält. Dies gilt es bei der Planung zu berücksichtigen und muss kompensiert werden. Daraus folgt aber wiederum ein erhöhter Energiebedarf.

Durch ihre flächenbezogene Wirkungsweise eignen sich sämtliche Flächentemperierungssysteme auch für eine reversible Betriebsweise, also auch zur passiven Kühlung, unter Einbeziehung einer entsprechenden Wärmesenke. Dabei wird lediglich die Wärmestromrichtung umgekehrt und der umbaute Raum mit Flächentemperierung wirkt auf diese als Wärmequelle. Eine entsprechende Wärmesenke für den Sommer kann ein Erdwärmeübertrager sein, aber auch die Kombination mit einer Zisterne o. Ä. ist möglich.

### 2.3.2 Regelung und Regelgüte von aktiven Oberflächentemperierungen

Die Regelung der einzelnen Wärmeübertragungssysteme erfolgt als Einzelraumtemperaturregelung im klassischen Sinne, wie sie auch die Energieeinsparverordnung fordert, oder über eine Zonentemperaturregelung. Die Zonenregelung entspricht weitaus mehr dem modernen Bauen und der ausgewogenen Grundrissgestaltung, da heute wesentlich raumoffener gebaut wird, als es früher der Fall war. Als Leitgröße gilt immer eine Temperatur bzw. eine Temperaturdifferenz.

In der Baubiologischen Haustechnik steht eine manuelle Regelung, die keine Hilfsenergie benötigt, an erster Stelle. Diese hat sich durch das wunderbare Bauteil Thermostatventil über Jahrzehnte bei Heizkörpern bewährt, ist jedem bekannt und kann sehr einfach bedient werden durch Festwerteinstellung. Diese Thermostatventile lassen sich auch in einer UP-Ausführung in die Fläche installieren. Andere Varianten sind elektrische Raumthermostate, die allerdings wiederum Hilfsenergie benötigen und das elektrische Feld im umbauten Raum erhöhen. Zudem sind dann auch Stellmotoren an den Ventilen notwendig, die wiederum elektrische Energie benötigen und gewartet werden müssen. Diese Raumthermostate können aber in diverse Rahmenprogramme der Elektroinstallation integriert werden.

Die Regelgüte eines Wärmeübertragungssystems bedeutet, in welch einem Zeitintervall (wie schnell) der Wärmestrom spürbar wird und die Temperierung des Raumes erfolgt. Das ist insofern hinsichtlich der Nutzung relevant, ob es sich um die Abdeckung von Grund-, Mittel- oder Spitzenlasten handelt bzw. ob aus einem Bereitstellungsmodus heraus eine kurzfristige, temporäre Spitzenlast verlangt wird, wie beispielsweise die Situation in einem Badezimmer oder einem Duschbad. Grundsätzlich ist zu unterscheiden zwischen zwei wesentlichen Zuständen:

- geringe Regelgüte = lange Zeitfrequenz bei Veränderungen der Regelgröße *(= träges System)*
- hohe Regelgüte = kurze Zeitfrequenz bei Veränderungen der Regelgröße *(= flinkes System)*

Allgemein lässt sich empfehlen, dass für eine Grundlast und für viele Mittellasten ein träges System gut geeignet ist, für temporäre Spitzenlasten eines individuellen Wärmekomforts aber besser ein flinkes System umzusetzen ist. An dieser Stelle zeigt sich einmal mehr der Tellerrand der Technik, da es nicht nur die Vorlauftemperatur ist, die hier eine Rolle spielt, sondern ebenso der Materialaufbau und seine thermo-dynamische Güte. Beide Systeme lassen sich kongenial in einem Badezimmer vereinen: zum einen das träge System für die Grundlast als Fußbodentemperierung und ein Röhrenradiator als flinkes System für die Dusche zwischendurch.

Je größer die Überdeckung des Wärmeübertragers, desto größer ist die Trägheit des Systems. Eine Wandflächentemperierung mit nur 10 mm Überdeckung ist ungleich flinker als ein Fußbodentemperierungssystem unter 40 mm Estrich und dickem Fußbodenbelag. Aus diesem Grund ist der klassische Heizkörper in seiner Wirkung aus Strahlung und Konvektion das System mit der höchsten Regelgüte, da er direkt auf die Luft wirkt und keinen Widerstand von Materialaufbauten überwinden muss. So schnell die Wärme kommt, so schnell ist sie aber auch wieder weg.

Die Frage ist, ob ein Wärmeübertragungssystem immer eine maximal hohe Regelgüte haben muss oder ob dieses Diktum vielmehr der Unkenntnis von Systemwirkungen geschuldet ist. Der Materialaufbau wirkt durch seine thermischen Eigenschaften durchaus auch als Wärmespeicher, in dem die Wärme nachwirkt, auch wenn das Stellglied den Volumenstrom unterbricht („pulsierender Betrieb“ siehe Kapitel 4). In der Praxis zeigt es sich leider sehr oft, dass die unmittelbaren Zusammenhänge oft übersehen oder ignoriert werden. Besonders im Zusammenhang mit der passiven Solarnutzung, die unbedingt mit einer Fußbodentemperierung im Detail abzustimmen, ansonsten schlicht nicht realisierbar ist. Im schlechtesten Fall kommt es gar zu Überhitzungen.

### 2.3.3 Die Fußbodentemperierung

Die Fußbodentemperierung ist die bekannteste und sicherlich derzeit etablierteste Art der Flächentemperierung und hat sich seit den 1980er Jahren durchgesetzt. Der Markt bietet heute die verschiedensten Systeme für die unterschiedlichsten Bodenaufbauten sowohl „nass“ als auch „trocken“ an. Viele Bestandsgebäude weisen eine Mixtur aus Fußbodenheizung und Heizkörper auf.

Wie hinsichtlich der wirksamen Oberflächentemperaturen bereits angesprochen, wird die Vorlauftemperatur von Fußbodentemperierungen oft erhöht, wenn unqualifizierte Materialien wie Laminat oder aber auch durchaus wohngesunde Materialien wie Korkbeläge als thermischer Widerstand wirken. Aus diesem Grund versteht es sich eigentlich von selbst, dass der geeignetste

Bodenaufbau für eine Fußbodentemperierung ein Natursteinbelag oder mineralischer bzw. keramischer Belag mit entsprechend hoher Wärmeleitzahl ist.

Somit kann die maximale Vorlauftemperatur bei der Fußbodentemperierung auf ein Minimum begrenzt werden, da eine Oberflächentemperatur von mehr als 33 °C thermisch unbehaglich wirkt.

Es stellt sich also die Frage, für welche Bereiche eine Fußbodentemperierung sinnvoll ist. Das sind traditionell die Nassbereiche wie Badezimmer, Duschbäder und im weiteren Sinne Küchen bzw. Kochbereiche. Nicht nur wegen der typischen Bodenbeläge ist dies nachvollziehbar, sondern auch hinsichtlich der Nutzung. Schließlich bewegt man sich in Badezimmern und Duschbädern zumeist barfuß und weiß es zu schätzen, wenn der Fußboden angenehm temperiert ist.

Bei der Fußbodentemperierung kann sehr gut mit geringstem Aufwand (niedrige Vorlauftemperaturen) die Grundlast in diesen Bereichen solide abgedeckt werden. In der Tat sind diese Flächen wohl auch jene Systeme, mit denen die Heizperiode begonnen und abgeschlossen wird und bei Bedarf durchaus auch als Sommerheizung funktionieren. Unter Grundlast ist in diesem Fall eine Raumtemperatur von maximal 20 °C zu verstehen. Diese Temperatur ist jedoch bei der Nutzung nicht ausreichend. Diese Bereiche verlangen die höchste Raumtemperatur von 23 bis 25 °C.

Diese Anforderung besteht aber de facto nur während einer verhältnismäßig kurzen Nutzung. Das heißt, zu 90 % genügt die Grundlast über die Fußbodentemperierung. Der finale Wärmekomfort verlangt dann eine zusätzliche Wärmequelle, die bei Bedarf kurzfristig den Raum auf die gewünschte Komforttemperatur (Spitzenlast) temperiert. In der Regel handelt es sich dabei um Röhrenradiatoren, die sich zudem gut eignen, Wäsche und Handtücher zu wärmen bzw. zu trockenen.

Dieser Kombination kommt die Tatsache zugute, dass in den Badezimmern in der Regel eine für die notwendige Wärmestromdichte begrenzte Fußbodenfläche zu Verfügung steht. Hauptsächlich die Badewanne, die davon abgesehen freilich selbst ein prächtiger Wärmekörper sein könnte, aber auch die Umbauungen und Installationsebenen reduzieren die wirksame Fußbodenfläche dergestalt, dass eine Abdeckung der Raumheizlast im Auslegungsfall selten erreichbar ist, schon gar nicht mit sehr niedrigen Vorlauftemperaturen.

### 2.3.3.1 Wohltemperierte Duschbereiche

Unter der Brause ist es besonders angenehm, wenn der Boden temperiert ist, aber auch Wärmeübertragungsflächen bietet. Dies ist natürlich nur möglich, wenn die geeigneten Materialien im Bodenaufbau verwendet werden. Der klassische Zementestrich ist eine sehr gute Grundlage für eine Bodentemperierung und hat sich bewährt.

Der Markt bietet mittlerweile eine Vielzahl von Design-Abläufen für bodengleiche (inkl. barrierefreie) Duschbereiche. Der Klassiker ist immer noch ein einfacher Bodenablauf mit Geruchsverschluss und Edelstahlgitter, mittig installiert, wenn es der Bodenaufbau hinsichtlich des notwendigen Gefälles von mindestens 2 % erlaubt. Der Querschnitt sollte großzügig eher 70 mm betragen, als 50 mm, um das Wasser schnell ablaufen zu lassen. Die Fußbodentemperierung unterstützt dabei auch die Trocknung der Oberfläche. Diese handwerklich anspruchsvolle Oberflächengestaltung ermöglicht zudem einen homogenen(!) Bodenaufbau, ohne störende Unterbrechungen und Materialwechsel.

### 2.3.3.2 Wohltemperierte Badezimmer

Davon ausgehend, dass ein Badezimmer in der Regel einen keramischen Bodenbelag aufweist oder mit Naturstein ausgestattet ist, ist in diesen thermisch wohl anspruchsvollsten Raum eine Fußbodentemperierung ebenso sinnvoll, wie auch eine Wandflächentemperierung möglich.

Die mittlere Raumtemperatur zur Auslegung der Wärmeübertragung an den Raum sollte sich hier an 25 °C orientieren, der Oberflächentemperatur unserer Haut. Eine entsprechend hohe Lufttemperatur kommt durch eine erhöhte Feuchteaufnahmekapazität der Nutzung entgegen. Schließlich gilt es zu bedenken, dass eine durchschnittliche Badewanne immerhin bis zu 700 g/h bzw. 300 g/Bad und ein Duschbad sogar bis zu 2600 g/h bzw. 300 g/Dusche Feuchtelast in den Raum einbringt. Selbst das Abtrocknen lässt sich pro Vorgang mit bis zu 70 g verbuchen. Setzt man dies ins Verhältnis des Raumvolumens, lässt sich sehr schnell aufzeigen, welche Feuchtelasten sich durch entsprechende Nutzung in diesem Raum ergeben.

Das besondere an einem Badezimmer ist aber, dass es letztendlich äußerst temporär benutzt wird. Dabei unterscheidet sich die Nutzung deutlich zwischen einer Art Alltagsnutzung (Körperreinigung früh und abends) und einer etwas selteneren, aber ausgiebigeren Nutzung zur Erholung und Regeneration. Die meiste Zeit eines Tages aber wird das Badezimmer nicht genutzt. Also genügt die Bereitstellung einer Grundlast, die mit niedrigen Temperaturen über diverse Flächentemperierungssysteme realisiert werden kann. Dafür ist eine mittlere Raumlufttemperatur von 20 °C durchaus ausreichend.

Um aber bei Bedarf kurzfristig entsprechend unseren Komfortansprüchen den Raum deutlich höher zu temperieren, ist ein flinkes Wärmeübertragungssystem mit hoher Regelgüte notwendig. Dafür können diverse Heizkörper in Form von Radiatoren oder Konvektoren verwendet werden.

**Abb. WM 2.2:** Für die Komfortwärme in einem Duschbad oder Badezimmer ist ein Röhrenradiator geeignet. Er liefert einen Großteil Strahlungswärme, aber auch genügend Konvektionswärme, um den Luftwechsel sowie das Trocknen von Handtüchern zu ermöglichen. (Quelle: Tom Baerwald)

Moderne Niedrigsttemperatur-Konvektoren, wie sie speziell für den Betrieb in Niedrigtemperatursystemen (Wärmepumpe oder Brennwerttechnik) entwickelt wurden, eignen sich besonders in Dusch- und Badezimmern. Um eine nennenswerte Wärmeleistung auch bei Niedrigtemperaturen zu erreichen, ist allerdings ein größerer Massen-Volumenstrom in diesen Konvektoren notwendig. Die Leistung wird dann über zuschaltbare Kleinst-Ventilatoren variiert.

Der in Abb. WM 2.3 dargestellte Niedrigsttemperatur-Konvektor besitzt drei Leistungsstufen, die sich für das oben skizzierte Nutzungsprofil eines Badezimmers oder Duschbades hervorragend eignen. Die erste Leistungsstufe erfolgt rein statisch über den Konvektorsatz und eine natürliche Konvektion. In der zweiten Leistungsstufe schalten sich ein oder mehrere Kleinst-Ventilatoren dazu und ermöglichen durch die erzwungene Konvektionssteigerung eine Verdoppelung der statischen Heizleistung bzw. Wärmeabgabe. Dies erfolgt selbstständig durch die Ventileinstellung am Konvektor. Die dritte Leistungsstufe ist eine Komfortleistung, welche per Knopfdruck die Ventilatoren auf eine maximale Leistung anhebt, welche 250 % der statischen Leistung entspricht und sich nach 15 min selbstständig ausschaltet. Diese technische und regelungstechnische Innovation entspricht nicht nur absolut der differenzierten Heizperiode, wie sie die Baubiologische Haustechnik postuliert, sondern bietet auch eine maximale Flexibilität innerhalb einer nachhaltigen Wohnwärmegestaltung.

**Abb. WM 2.3:** Ein Niedrigsttemperatur-Konvektor wurde vor allem für Wärmepumpenheizungen entwickelt. Aufgrund seiner Funktionsweise eignet er sich besonders für Räume mit unterschiedlichen Wärmebedarfsanforderungen und hoher Regelgüte. Der Konvektionsschacht kann auch bauseits handwerklich hergestellt werden, z. B. im Rahmen der Raumgestaltung mit einer Holzverkleidung in Kombination mit einer Sitzfensterbank. Die Spannungsversorgung der Ventilatoren sollte allerdings im Niedervoltbereich ausgeführt werden. (Quelle: JAGA)

### 2.3.4 Die Deckenflächentemperierung

Die Deckenflächentemperierung ist der Fußbodentemperierung recht ähnlich. Ihre Wirkfläche ist aber noch größer, da nicht wie auf dem Fußboden Einrichtungsgegenstände und Möbel auf den

Flächen stehen. In der Regel sind Deckenflächen also zu 100 % nutzbar, abgesehen von diversen Komponenten der Lichtgestaltung, doch diese sind überschaubar.

Eine Strahlungswärme von oben entspricht auch durchaus der natürlichen Situation, insbesondere wenn die Sonne am höchsten steht. Entsprechend dem niedrigen Sonnenstand im Winter ist eine Wandflächentemperierung nicht minder naturgemäß. Natürlich beeinflusst eine Deckenflächentemperierung auch die Oberflächengestaltung und den Materialaufbau einer Decke. Bei einer Sichtdecke oder bestimmten gestalterischen Deckenelementen wird es also schwierig, eine Deckenflächentemperierung zu realisieren.

Wichtig ist in jedem Fall eine lichte Mindestraumhöhe von 2,5 m, um mindesten 500 mm Abstand vom Kopf eines Menschen einzuhalten. Die Oberflächentemperatur des Menschen ist am Rumpf und besonders am Kopf am höchsten, also ist für eine entsprechende Wärmesenke zu sorgen, um der natürlichen Wärmeabgabe über den Kopf nicht im Wege zu stehen. Ähnlich verhält es sich mit Leuchtmitteln und Lampen, die in der Regel als interne Wärmequelle eine sehr hohe Wärmelast darstellen, die bei entsprechender Positionierung auf den Menschen wirken. Ist diese thermische Ordnung sehr gestört, können Kopfschmerzen und Ermüdungserscheinungen die Folge sein.

**Abb. WM 2.4:** Trockenbauelement für eine Deckenflächentemperierung mit integrierten Kupferrohren mit Wärmeleitblech ebenfalls aus Kupfer, das freilich auch reversibel zur passiven Kühlung betrieben werden kann. (Quelle: Tom Baerwald)

Entsprechend der großen Flächen kann die Vorlauftemperatur auf ein Minimum reduziert werden. Dies ist bei einer Deckenflächentemperierung auch sehr wichtig, da Oberflächentemperaturen von mehr als 30 °C die thermische Behaglichkeit sehr einschränken. Also ist auch die Deckenflächentemperierung ein ausgemachtes Niedrigsttemperatursystem.

Der Aufwand einer Deckenflächentemperierung ist nur bei entsprechend großen Flächen vertretbar. In der Regel sollte es schon der gesamte Bereich einer Geschossebene sein, der für dieses System genutzt wird. Ein Unterschied zu den meisten Fußbodentemperierungssystemen ist die hohe Regelgüte aufgrund des sehr geringen Materialaufbaus. Es handelt sich meist um Trockenbausysteme, wo das wärmeübertragende Rohrsystem direkt in eine Trockenbauplatte oder auch Akustikplatte werkseitig eingearbeitet ist. Eine Installation von Hand wie bei Fußboden- oder Wandflächentemperierung ist bei der Deckenflächentemperierung für gewöhnlich nicht möglich und hinsichtlich des Montage- und Herstellungsaufwandes auch nicht relevant.

Auch wenn in einigen Wohneinheiten eine Deckenflächentemperierung durchaus sinnvoll ist, sind es doch eher gewerblich genutzte Räume wie Großraumbüros, die derartig ausgestattet werden. Bei Lager- und Turnhallen kann man durchaus schon von Deckenheizungssystemen sprechen, da sie aufgrund ihrer Höhe und des zu temperierenden Raumvolumens mit einer deutlich höheren Vorlauftemperatur betrieben werden.

In Büros, Geschäften und Ausstellungsflächen bietet eine Deckenflächentemperierung auch den Vorteil einer sehr wirkungsvollen passiven Kühlung im Sommer in reversibler Betriebsweise. Dies mag besonders in Gewerbeeinheiten mit sehr hohen internen Wärmegewinnen sinnvoll sein. Selbstredend sollte diese Wärme aber innerhalb des Gebäudesystems erhalten bleiben, gleichwohl eine entsprechende Wärmesenke zu Verfügung stehen muss. Entsprechend des Nutzungsprofils hinsichtlich des Wärmebedarfs im Gebäude kann die aus der passiven Kühlung resultierende Wärme anderen Anforderungen zugeführt werden.

Besondere Anwendungsfälle für Deckenflächentemperierung sind auch Unterrichts- und Tagungsräume, ebenfalls Schulen und Kindertagesstätten. Wichtig in der Anwendung von Deckenflächentemperierungen ist es, darauf zu achten, dass der Fußboden sich in einem besonders ausgewogenen Maß von Wärmespeicherung und Wärmedämmung befindet. Besonders unter Tischen können sich sonst Temperaturdifferenzen einstellen, die als sehr unangenehm empfunden werden, weil in diesen Bereichen die Wärmeeindringung durch die Tischplatte blockiert ist.

Bei entsprechenden Raumhöhen lässt sich in der Modernisierung von Bestandsgebäuden eine Deckenflächentemperierung ungleich einfacher integrieren als eine Fußbodentemperierung. Wichtig ist, die Anordnung von etwaigen Beleuchtungssystemen systemintegriert mit der Lichtplanung abzustimmen.

### 2.3.5 Die Wandflächentemperierung

Die Wärmewirkung auf den Menschen ist bei einer Wandflächentemperierung mit horizontaler Wirkung am angenehmsten und sorgt für eine maximale thermische Behaglichkeit. Dies entspricht dem natürlichen Sonnenlauf im Winter, wo die Sonne sehr tief steht, selbst im Süden, wo sie ihren höchsten Stand im Winter bei etwa 23,5° erreicht. Ähnlich naturgemäß ist eine thermische Aktivierung der Dachschrägenflächen in Dachgeschossen.

Hinzu kommt, dass durch die Positionierung an Außenwänden gerade an diesem sensiblen Bereich hinsichtlich der thermischen Ordnung im Raum eine hohe Oberflächentemperatur gewährleistet wird. Auch aus diesem Grund sollte eine Wandflächentemperierung stets an den Außenwänden installiert werden, wo die Wärmeströme am deutlichsten wirken, wobei hier auf eine maximale Homogenität der aktivierten Flächen zu achten ist.

Dieser besonderen Affinität zur Sonneneinstrahlung in den Raum entsprechend lässt sich eine Wandflächentemperierung besonders gut mit einer wirkungsvollen passiven Solarnutzung nachhaltig kombinieren. Die Wandflächentemperierung besitzt das größte Temperaturspektrum und kann nicht nur als Niedrigtemperatursystem, sondern auch als Mitteltemperatursystem realisiert werden. Dementsprechend lässt sich eine Wandflächentemperierung auch gemeinsam mit Heizkörpern (bzw. Röhrenradiatoren) über einen Heizkreis betreiben.

Auch wenn manche Systemhersteller eine maximale Vorlauftemperatur von deutlich mehr als 55 °C zulassen bzw. empfehlen, sollte darauf verzichtet werden, da die Wirkfläche zu gering ist und zu hohen Oberflächentemperaturdifferenzen führt. Dies wiederum stört die thermische Ordnung im Raum. Zudem verlassen wir bei 55 °C längst die Definition von Niedrigtemperatursystem und befinden uns schon am Limit eines Mitteltemperatursystems. Durch die höheren Wärmestromdichten von Wandheizungssystemen werden in der Regel weniger wirksame Flächen benötigt. Und hohe Vorlauftemperaturen würden einen geringeren Investitionsaufwand bedeuten. Das stimmt. Allerdings ist der Aufwand der Wärmebereitstellung ein höherer und der solarthermische Anteil ein geringerer! Niedrigere Temperaturen sind schlicht einfacher zu generieren und entsprechen zudem dem natürlichen Wärmestrom des Menschen. Trotz dieser Überlegungen sollte man aber das Bauteil und seine Struktur nicht aus den Augen verlieren.

Erfahrungsgemäß ist es in der Tat zu empfehlen, die Längen der Außenwände (bauteilbezogen) als Bezugsgröße für die Auslegung der Wandflächentemperierung zu nehmen und darauf leistungsbezogen die Wandhöhe aufzubauen. Egal, wie hoch die thermische Aktivierung der Wandfläche gezogen wird, der nicht aktivierte Teil profitiert bei einer homogenen Anordnung ebenfalls davon.

Die Anordnung im Sockelbereich kann sichtbar als auch unsichtbar erfolgen. Die Wandfläche kann farblich oder baulich gestaltet werden, ebenso ist auch ein Vorsatz möglich. Dies bietet sich besonders in der Modernisierung an und ermöglicht weitere gestalterische Optionen. Natürlich lässt sich eine Wandflächentemperierung auch völlig unsichtbar gestalten.

Für die Dokumentation sind entsprechende Maßblätter oder Fotografien wichtig. Oberhalb der aktivierten Flächen kann beliebig gebohrt werden. Bei aktivierten Flächen muss eine genaue Ortung der Wärmeübertragungsrohre vorausgehen. Dies kann mittels eines sensiblen Oberflächentemperaturfühlers oder mittels Wärmefolien geschehen.

#### 2.3.5.1 Wandflächentemperierung in der Modernisierung

Eine Modernisierung von Gebäuden ist ungleich umfangreicher, als es dieser Begriff zuerst vermuten lässt. Zu unterscheiden ist, ob es sich um eine verschönernde Modernisierung, eine energetische Modernisierung, einen Um- oder Anbau handelt oder gar um eine Hauserneuerung mitsamt vollständiger Entkernung. Je nach Umfang und Aufwand der Modernisierung lassen sich Flächentemperierungssysteme unterschiedlichster Bauarten integrieren.

**Abb. WM 2.5:** Wandflächentemperierung mit massivem Materialaufbau aus Schilfrohr, Kupfer und Lehm in einem Esszimmer. Die nicht thermisch aktivierte Oberfläche der Wand profitiert maßgeblich durch höhere Oberflächentemperaturen und dennoch behält man am Esstisch einen kühlen Kopf. (Quelle: Wohnwärme-Manufaktur / Frank Hartmann)

Wenn die Raumhöhen es erlauben, ist auch in bestehenden Gebäuden in vielen Fällen eine Decken- oder Fußbodentemperierung möglich nachzurüsten. Den geringsten Aufwand aber verlangt wohl eine nachträglich installierte Wandflächentemperierung oder thermische Bauteilaktivierung, die zudem am leichtesten in einen bestehenden Heizkörper-Heizkreis zu integrieren ist.

In der Tat sind es die Wohn- und Aufenthaltsbereiche als auch Kinderzimmer, wo sich eine Wandflächentemperierung besonders angenehm für den Menschen im Raum auswirkt. In diesen Bereichen kann eine Wandflächenheizung auch singulär installiert werden. Leistungsbezogen muss sie die Wärmeleistung des Heizkörpers vollständig ersetzen und wird mit denselben Vorlauftemperaturen betrieben. Bei Bedarf kann durch entsprechende Ventile (zugänglich in UP-Ausführung) die anstehende Vorlauftemperatur auch abgesenkt bzw. begrenzt werden.

Wenn Trockenbausysteme zur Anwendung kommen – was sich bei Modernisierungsmaßnahmen durchaus anbietet –, sollten diese einen hohen Masseanteil aufweisen, um die Wirkung zu optimieren. Ferner ist auf eine hohe Materialverträglichkeit mit dem bestehenden Wandaufbau, dessen Festigkeit und Oberflächenstruktur zu achten sowie eine vollflächige Verbindung herzustellen. Lufteinschlüsse im Wandaufbau müssen in jedem Fall vermieden sowie die Herstellerangaben befolgt werden.

Abb. WM 2.6: Eine Wandflächentemperierung kann auch im Rahmen einer Modernisierung in der Regel leicht in einen bestehenden Heizkreis integriert werden und handwerklich den baulichen Anforderungen – wie hier in Harfenform – angepasst werden. Obgleich sich sogenannte Trockenbauelemente für die Modernisierung scheinbar besser eignen, ist es sinnvoll, mit einem Nasssystem den Materialaufbau selbst zu bestimmen, insbesondere im Kontext einer Innendämmung. (Quelle: Wohnwärme-Manufaktur / Frank Hartmann)

### 2.3.6 Thermisch anspruchsvolle Räume und Bereiche

Die vielleicht anspruchsvollsten Räume sind sicherlich Kinderzimmer, da sie einerseits Schlaf- und Ruheräume sind, aber andererseits – im Gegensatz zu gewöhnlichen Schlaf- und Ruheräumen – auch als Aufenthaltsräume genutzt werden. Besonders mit der Entwicklung der Kinder ergeben sich diverse Gestaltungsmodi, aber auch unterschiedliche Nutzungsanforderungen, die besonders bei Jugendlichen oft eine sehr eigenwillige und sehr private Nutzung darstellen.

Eine Fußbodentemperierung ist in Kinder- und Jugendzimmern wohl am wenigsten geeignet, was zuerst am Schlafplatz dingfest zu machen ist, aber auch durch das meist träge Regelverhalten. Ein Heizkörper, gleich welcher Art, besitzt oft einen eher störenden Charakter. Sollte dennoch ein Heizkörper installiert werden, ist dabei unbedingt auf scharfe Kanten zu verzichten. Demzufolge bietet sich ein Röhrenradiator an, der ausschließlich aus Rundungen der Röhren besteht. Für Kleinkinder sind – wie in Kindergärten oder Schulen – Bauarten zu verwenden, die einen entsprechend weiteren Abstand zwischen den einzelnen Gliedern aufweisen, um zu vermeiden, dass spielende oder tobende Kinder sich ihre Hände einzwängen.

Gegen eine Wandflächentemperierung scheint die besondere Häufigkeit von Wandgestaltungen durch Bilder oder Poster zu sprechen. Dem kann aber begegnet werden. In eine thermisch aktivierte Wandfläche kann in jedem Fall eine Reißzwecke eingedrückt werden. Selbst Nageln und Bohren ist – wie oben beschrieben – möglich, wenn man weiß, wo sich die Rohrleitungen befinden.

Dies spricht einmal mehr dafür, einen gleichmäßigen symmetrischen Abstand der Rohrleitungen zu realisieren. Das bringt nicht nur eine bessere Wärmestromdichte, sondern auch Übersicht und Verlässlichkeit zum Auffinden von Bohrstellen. Eine klar definierte Zonierung spricht ebenso für eine Belegung der Wandflächen in voller Länge und Höhenanpassung auf 1, 1,30 oder 1,50 m (OKFFB). Die Wandfläche oberhalb ist sodann frei nutzbar. Andernfalls bietet eine Wärmefolie die sicherste Möglichkeit, in der Wand verlaufende Heizungsrohre zu orten, allerdings muss das System hierfür in Betrieb sein.

Private Arbeitsräume, die entsprechend ihrer temporären Nutzung nur sehr unterschiedliche Komfortwärmeintervalle benötigen, bieten sich ebenfalls für eine Wandflächentemperierung an. Der Thermostat ist entsprechend einer stetigen Grundlast eingestellt und kann bei Bedarf per Hand einen höheren Wärmeeintrag ermöglichen, wie es der hohen Regelgüte einer Wandflächentemperierung entspricht.

In untergeordneten Räumen, die nicht für einen regelmäßigen Aufenthalt von Menschen vorgesehen sind, genügen oftmals einfache Heizkörper wie beispielsweise Röhrenradiatoren, deren Strahlungsanteil von allen Heizkörpern am höchsten ist.

In Hauswirtschafträumen, wo gewaschen und getrocknet wird, fällt nicht nur eine hohe Feuchtelast an, sondern wird auch temporär Wärme benötigt, welche die freie Trocknung von Wäsche und Kleidung ermöglicht und deren Entfeuchtung unterstützt. Der Umgang mit Raumluftfeuchten ist bereits hinlänglich erläutert. Es soll an dieser Stelle lediglich darauf hingewiesen werden, dass auch in diesen Raumprofilen ein Niedrigsttemperatur-Konvektor wie oben beschrieben sinnvoll eingesetzt werden kann. Eine statische Wärmeleistung kann die Grundlast abdecken und für einen temporären Wärme- und Entfeuchtungsbedarf können die Wärmeleistung und der Konvektionsgrad erhöht werden.

### 2.3.7 Systemauswahl und Bauarten von Wärmeübertragungssystemen

Wenn es an die Montage und somit Integration in das Bauteil Wandoberfläche geht, stehen vielerlei Komplettsysteme auf dem Markt zu Verfügung. Diese bestehen aus vorgefertigten Modulen mit unterschiedlichen Standardflächen. Diesen Modulen sind auch konkrete Wärmeleistungen in Zusammenhang mit den entsprechenden Systemtemperaturen in technischen Unterlagen und Produktbeschreibungen zugeordnet. Was allerdings immer zu prüfen ist, ist der Zubehöraufwand, die Materialgüte und die Wiederverwertbarkeit der eingesetzten Materialien. In vielen Fällen kommt man mit vorgefertigten Standardmodulen auch ganz gut zurecht.

Handwerklich hergestellte Flächentemperierungssysteme – insbesondere an Wänden und in Bauteilen – weisen ohne Frage die höchste Flexibilität auf. In einigen Fällen ist dies auch unabdingbar, z. B. bei Trennungen durch Türen bzw. Fenstertüren oder wenn keine Rechtwinkligkeit vorliegt, z. B. an Treppenaufgängen. Gerade diese Flächen sind in Alt- und Neubau als thermische Wirkflächen prädestiniert, da sie naturgemäß immer frei bleiben und nicht verstellt werden. Oft befinden sich die Treppenaufgänge an der sonnenabgewandten Seite und bedürfen ohnehin einer thermischen Optimierung, um nicht als „kaltes Eck" zu wirken. Des Weiteren verbindet ein Treppenaufgang immer zwei (oder mehrere) Ebenen miteinander und begünstigt damit bei einer thermischen Aktivierung der Wandflächen eine optimale Verteilung des Wärmestroms.

Durch die individuell-handwerkliche Anordnung der Wärmeübertragungsrohre hat man auch direkt die Bauart der Wärmeübertragung in der Hand und bestimmt selbst die hydraulischen

Widerstände, die sich aus der Leitungsführung ergeben. Also liegt es auch in der Hand des Ausführenden, die hydraulischen Widerstände zumindest im Zaum zu halten bzw. aufs Äußerste zu reduzieren. Die Leitungsführung sollte immer dem Kreislaufprinzip entgegenkommen und möglichst sanfte Richtungsänderungen ermöglichen, anstatt abrupte Richtungsänderungen zu erzwingen. Der Schneckenkreisel ist dem Mäander in den allermeisten Fällen vorzuziehen.

Der Wärmestrom verteilt sich fraglos bei der Schneckenspirale gleichmäßiger, da Vorlauf und Rücklauf sich stets abwechseln. Bei der Mäanderform handelt es sich im Grunde um einen direkten Durchfluss in Reihe mit extremen Strömungskehren von 180°, während bei der Schneckenspirale maximal 90°-Umkehrungen erfolgen, die zudem einen ungleich größeren Radius aufweisen. Der Volumenstrom gleitet also entspannter durch die Wand und durch das Gebäude.

Die Längen der einzelnen Wärmestromkreise müssen genau dokumentiert werden, um daraus den Inhalt abzuleiten, der für die Ermittlung des Massen-Volumenstroms notwendig ist, um auch die entsprechende Wärmemenge an den Raum übertragen zu können.

Die Befestigung erfolgt direkt auf dem Mauerwerk, bei Bedarf kann ein Montagegitter mit festen Rastermaßen verwendet werden, worauf sich die Rohre leicht mit Kupferdrähten (keine Kabelbinder aus PVC) befestigen lassen. Bei dieser Montageart ist auch eine Vorbereitung von Temperierungsflächen möglich, die in den Werkstätten des Ausführenden hergestellt werden kann. Selbstredend kann dies auch bauseits geschehen.

Die Harfenform ist eine weitere Bauart mit entsprechenden Vorteilen, jedoch unterscheidet sie sich von der Schneckenspirale und ähnelt vielmehr dem Absorber eines thermischen Solarkollektors; daher auch die Bezeichnung „Harfe". Diese Bauart eignet sich besonders gut für rechtwinklige Flächen und wird von verschiedenen Herstellern in Standardgrößen angeboten. In vielen Fällen kommt man mit diesen Standardgrößen halbwegs zurecht. Vorteilhaft ist die Montagefreundlichkeit, da die vorgefertigten Module nur noch installiert/befestigt und angeschlossen werden müssen. Um aber den individuellen Flächenanforderungen eines jeweiligen Gebäudes im Sinne der thermischen Ordnung gerecht werden zu können, bleibt es selten aus, derartige Harfenmodule selbst herzustellen bzw. Standardmodule durch „Sonderanfertigungen" zu ergänzen, oft allein schon, um den geometrischen (konstruktiven) Wärmebrücken entsprechend zu begegnen.

Bei der Harfe wirkt sich positiv aus, dass das horizontal verlaufende Verteilerrohr nicht nur den Volumenstrom über die „Harfenrohre" zum ebenfalls horizontal verlaufenden Rücklaufsammler (Rücklaufrohr) führt, sondern dieses Verteilerrohr auch von seiner horizontalen Lage aus durch das Oberflächenmaterial (Kalk- oder Lehmputz) vertikal nach oben wirkt und somit die darüber befindliche Wandfläche nicht aktiv, aber durchaus passiv temperiert. Dies ist auch der Grund, warum eine Bauhöhe von mehr als 1,60 m in der Regel kaum wirkungsvoll ist. Eine vollflächige Temperierung der Länge ist ungleich wirkungsvoller und die fraglos bessere Lösung.

#### 2.3.7.1 Trockenbau und Nasseinbau

Die meisten Systemanbieter von Flächentemperierungssystemen bieten zwei verschiedene Module an. Entweder die blanken Module für den Nasseinbau in die Putzebene oder Trockenbauelemente, wo das Wärmeträgerrohr schon in eine Montageplatte aus den verschiedensten mineralischen Materialien eingearbeitet ist. Das diesbezügliche Sortiment reicht von GFK-Platten mit einer Materialstärke ab 12,5 mm bis zu Lehmbauplatten bis 25 mm, sehr oft in Breiten von 625 mm und metrischen Längen. Um die nicht thermisch aktivierten Flächen auszugleichen, sind baugleiche „kalte" Platten zu integrieren. (Vorsicht vor kalten Flächen!)

Typisches Anwendungsfeld von Trockenbaumodulen ist der Trocken- bzw. Leichtbau mit all seinen Vor- und Nachteilen, aber auch in der Modernisierung werden Trockenbauelemente gerne eingesetzt. Allerdings bildet diese Bauart einmal mehr die Gefahr, Materialaufbauten beliebig zu schichten und insbesondere die Funktionsfähigkeit des Bauteils Außenwand nicht immer zu deren Vorteil zu verändern.

Der größte Vorteil ist freilich die Montagefreundlichkeit und die Trockenhaltung der Baustelle.

**Abb. WM 2.7:** Trockenbauelemente können auch aus Lehmbaustoffen hergestellt oder bereits hergestellt bezogen werden. Die Leistungsbezüge sind den technischen Unterlagen der Hersteller zu entnehmen. (Quelle: Wohnwärme-Manufaktur / Frank Hartmann)

Der Vorteil von Nasssystemen ist die Möglichkeit, sowohl Standardsysteme zu nutzen als auch diese durch individuelle Leitungsführung zu ergänzen oder ganz zu ersetzen. Man hat grundsätzlich die freie Wahl in Sachen Materialaufbau der Wand- und Putzebene. Es lassen sich im Massivbau mit Nasssystemen sicherlich die vollkommensten Materialaufbauten und homogen ineinandergreifende Schichtstrukturen aufbauen. Ebenso sind der Schichtenaufbau (Bauphysik) der Oberflächengestaltung und die Raumgestaltung im Sinne einer ganzheitlichen Wohnwärmegestaltung mit einbezogen.

### 2.3.8 Allgemeine Anforderungen bei Flächentemperierungssystemen

Die Anordnung und Verlegeart der Wärmeübertragungsrohre sollte so erfolgen, dass der hydraulische Widerstand so gering wie möglich gehalten wird (wie oben schon kurz beschrieben), um nicht unnötig hohen Aufwand der Umwälzpumpe zu erzwingen. Ebenso ist darauf zu achten, dass die Wärme sich gleichmäßig über die Fläche im Bauteil verteilt und somit einen gleichmäßigen Wärmestrom liefert.

Ein Flächentemperierungssystem wird von einem Heizkreis aus über mehrere Wärmestromkreise versorgt. In der Regel befindet sich pro Raum mindestens ein Wärmestromkreis, da dieser auch über eine Einzelraum- bzw. Zonentemperierung geregelt wird. Bei Fußbodentemperierungssystemen mit geringen Montageabständen und großen wirksamen Flächen ist es aber nicht selten der Fall, dass mehrere Wärmestromkreise zu einem Regelkreis zusammengeführt werden – ein Regler (Raumthermostat) bedient mehrere Wärmestromkreise.

Der Grund dafür ist, dass es wichtig ist, auf eine Längenbegrenzung der Wärmeübertragungsrohre zu achten, die in der Regel bei 100 bis maximal 120 m liegen sollte. 100 m Rohrlänge werden bei einer Fußbodentemperierung bei einem Verlegeabstand von 100 mm schon bei etwa 10 m$^2$ erreicht. Zu berücksichtigen ist auch immer die sogenannte Strecke der Anbindeleitungen, die vom Stockwerkverteiler des Heizkreises die verschiedenen Wärmestromkreise in die entsprechenden Räume oder Bereiche führt. Diese Leitungswege sind nicht direkt zur Wärmeübertragung vorgesehen, sondern dienen als Transportleitung zum entsprechenden Flächentemperierungssystem. Manchmal ist es auch notwendig, diese Leitungen zu dämmen, um nicht auf dem Weg dorthin zu viel Wärme liegen zu lassen, in Bereichen, wo diese gar nicht benötigt wird.

**Abb. WM 2.8:** Sämtliche Wärmeübertrager benötigen ein Ventil zur Feineinstellung des Volumendurchsatzes, neben der Temperatur der wichtigste Parameter für die Wärmeübertragungsleistung. (Quelle: co2online gGmbH/Alois Müller)

### 2.3.9 Trocknung und Inbetriebnahme von Flächentemperierungssystemen

Ein Flächentemperierungssystem wird regelmäßig auch dafür genutzt, den Bauteilaufbau zu trocknen. Also muss die Funktion bereits geprüft sein und das System fachgerecht mit Heizungswasser gefüllt und entlüftet sein. Bei industriell hergestellten Systemen sind grundsätzlich die Herstellerangeben zu befolgen, welche sich in der Regel am Materialaufbau und seiner stofflichen Zusammensetzung orientieren.

Normalerweise wird ein sogenanntes Aufheizprogramm gefahren, welches bei guten Zentralheizungsregelungen als „Estrich-Aufheizprogramm" integriert ist. Nach einer Mindeststandzeit wird mit kaum weniger als der Umgebungstemperatur, z. B. 15 oder 20 °C, begonnen und im 24-Stunden-Takt bis zur Maximaltemperatur um jeweils 5 K erhöht. Wenn die Maximaltemperatur erreicht ist, kann diese über einen längeren Zeitraum konstant bleiben, um aber schließlich wieder wie oben beschrieben im 5-K-Rhythmus pro Tag zurückgeführt zu werden.

Diese Prozedur kann mit einem Bauteil-Feuchtemessgerät begleitet werden. Bei Deckenflächentemperierungen sind in der Regel keine Aufheizphasen zur Bauteiltrocknung notwendig, da diese Systeme meist Trockenbausysteme sind. Bei Estrichen wird die Abbindung oft künstlich beschleunigt, was nicht selten den Einsatz von sehr problematischen Stoffen notwendig macht und unbedingt nach baubiologischen Kriterien zu beurteilen ist.

### 2.3.10 Lehm- und Kalkputze mit Wandflächentemperierung

Wie bei allen anderen Putzaufbauten ist es hier besonders wichtig, die Tragfähigkeit des Untergrunds zu prüfen, da es sich bei einer aktiven Wandflächentemperierung um eine ungleich größere Putzdicke handelt. Ausgehend von einem Wärmeübertragungsrohr von 12 bis 18 mm Durchmesser bedeutet dies mindestens 30 mm Putzdicke.

Bei Lehmputzen bestimmen der Aufbau und die Zusammensetzung an Zuschlägen die Aufheizphase. Die Temperierung der Wärmeübertragungsrohre während bzw. unmittelbar nach dem Arbeitsgang versetzt zum einen die Rohre in einen ausgedehnten Zustand (Betriebsvolumen), zum anderen unterstützen sie den Trocknungsprozess. Auf diese Weise kann ein Lehmputz auch in kalten und feuchten Umgebungen aufgebracht werden, wenn ein Wärmeübertragungssystem den gehemmten Trocknungsprozess und die damit verbundenen Risiken ausschließt.

Für den finalen Oberputzauftrag sollte allerdings auf eine Temperierung verzichtet werden. Ein zu schnelles Trocknen wäre sehr schnell kontraproduktiv hinsichtlich der geringeren Verarbeitungszeit und einer gleichmäßigen Trocknung. Es sind erfahrungsgemäß die Materialeigenschaften des Heizungsrohres hinsichtlich seines thermischen Ausdehnungskoeffizienten und der maximalen Vorlauftemperatur (Betriebstemperatur), die ausschlaggebend sind. Bei Niedrigtemperatursystemen treten bei fachgerechter Armierung keine nennenswerten Schäden auf, wenn die Wärmeübertragungsrohre „kalt" eingeputzt werden. Bei höheren Betriebstemperaturen als 40 °C sind nachträgliche Rissbildungen nicht auszuschließen.

Das Verputzen von Wandflächentemperierungen verlangt ohnehin einen mehrlagigen Putzauftrag. Zuerst erfolgt die Einbettung der Wärmeübertragungsrohre mit einem groben Unterputz mit entsprechenden Zuschlägen, wie Stroh oder Hanfschäben. In eine zweite Decklage wird ein Gewebe, z. B. aus Jute, eingearbeitet und für den Auftrag des Oberputzes vorbereitet. Je nach baulicher Situation kann an dieser Stelle schon der erste Trocknungsprozess beginnen, um die

Rissbildung auszuschließen. Die final aufgetragene Oberputzschicht wird dann wesentlich schneller natürlich trocknen oder über ein Aufheizprogramm sanft unterstützt werden.

Egal, welcher Putzaufbau erfolgt, es ist unbedingt auf eine vollständige Materialumfassung zu achten, um eine optimale Wärmeübertragung auf den Baustoff sicherzustellen. Wenn möglich sollte man also schon unmittelbar vor der Aufbringung der Wärmeübertragungsrohre die Wandoberfläche schließen und dabei auch eine Materialgrundlage für den weiteren Aufbau herstellen. Unmittelbar nach der Aufbringung von etwa 10 bis 15 mm kann darauf die Leitungsführung erfolgen. Durch die punktuelle Befestigung wird das Rohr gegen die Wand in den Lehm gedrückt und im hinteren Bereich zur Wand/Wärmedämmebene schon vollflächig umfasst.

Die Oberflächen von Lehmwänden können unterschiedlich behandelt werden, neben einem reichhaltigen Spektrum an Naturfarben, Erden und Sanden stehen Lösungsmittel und Bindestoffe wie Kasein, Öle, Seifen und Wachse bis hin zu Silikat-Farben, Kalkputz und Tadelakt zur Verfügung. Die thermische Materialwirkung hinsichtlich der Regelgüte spielt in Bereichen von 10 bis 20 mm keine wesentliche Rolle. Ab 25 mm wird durchaus eine gewisse Trägheit spürbar, allerdings erhöht sich auch die Wärmespeicherkapazität, womit sich durchaus interessante Effekte im Raum erzielen lassen.

### Exkurs: Praxiserfahrungen zur pulsierenden Betriebsweise von Wandflächentemperierungssystemen

Bei der Wandflächentemperierung wird die Wärme nicht direkt an die Raumluft übertragen, sondern temperiert zuerst das Material der Putzlage, in welches der Wärmetauscher (meist in Rohrform) integriert ist. Dieses Material saugt sich mit Wärme voll, bis es genug aufgeladen bzw. übertemperiert ist, um Wärme wieder an den Raum abzugeben. Dann beginnt der Wärmeübertragungsprozess aus dem Bauteil Wandfläche. Der Faktor Zeit (Phasenverschiebung) spielt eine ebenso große Rolle wie die Temperatur des Wärmeträgermediums (in der Regel Heizungswasser), der Massen-Volumenstrom des Mediums und die thermischen Eigenschaften der Wandaufbaumaterialen. Je mehr Material (Rohdichte), desto „träger" erfolgt die Wärmeübertragung und größer ist die Wärmespeicherkapazität. Ist der Materialaufbau geringer, wirkt die Wärmeübertragung „flinker", speichert aber dafür weniger Wärme. Die Frage stellt sich: Ist es sinnvoll, die Wärmezufuhr zu unterbrechen bzw. die thermische Beladung der Wandfläche zu pulsieren.

#### Auswirkungen einer pulsierenden Betriebsweise

Die Betrachtung der spezifischen Wärmespeicherkapazität von verwendeten Materialien im Putzaufbau und deren Masseanteil war die Grundlage mehrerer Messreihen an einem Referenzobjekt zur Untersuchung eines pulsierenden Betriebsverhaltens der Heizungspumpe, welche durch das Forum Wohnenergie durchgeführt und bewertet wurden. Neben den Auswirkungen auf die Raumlufttemperatur wurde auch die Entladung des Pufferspeichers durch das Wärmeübertragungssystems beobachtet und bewertet.

Als Versuchsobjekt diente eine massive Vollziegel-Steinwand mit insgesamt 35 mm Putzaufbau. Durch den Heizwasserkreis findet eine thermische Beladung des oberen Wandflächenbauteils statt. Als Schaltintervall zeichnete sich am Objekt ein Zeitfenster von jeweils etwa 15 min ab – nachts etwas geringer, tagsüber etwas mehr (vor allem im Kontext eines dynamischen Solareintrags durch transparente Flächen). Das bedeutet: Die Wärmeübertragung steht nicht auf Standby (!), sondern die Pumpe ist definitiv aus und kann nicht manuell zugeschaltet werden, da dieses Regelungsprinzip ausschließlich für eine Grundlastabdeckung zur Optimierung der thermischen Behaglichkeit und Sicherstellung einer nutzungsgerechten Wohnraumtemperierung ausgelegt ist.

Die aktive Wärmeübertragung wurde zusätzlich acht Stunden (von etwa 17 Uhr bis 1 Uhr) vollständig unterbrochen. In dieser Zeit kühlte die Wandoberfläche von etwa 29 °C auf etwa 22 °C ab. In derselben Zeit verringerte sich die Raumlufttemperatur nur unwesentlich um < 1 K. Die Heizungspumpe ist so eingestellt, dass sie bei Unterschreitung von 19 °C Raumlufttemperatur wieder in Betrieb geht, um ein Auskühlen des Bauteils zu verhindern. Innerhalb kürzester Zeit wird die Oberflächentemperatur an der Wand um etwa 6 K angehoben, was ausreichend ist, um den Auskühlungstrend aufzuhalten. Die Raumlufttemperatur wird in den Morgenstunden auf 19 °C stabilisiert. Nach Aussagen der Nutzer reicht diese Temperatur vollkommen aus und könnte sogar noch etwas niedriger sein.

Durch das Taktverhalten der Wärmeübertragung an den Raum wird die Entladung des Pufferspeichers erheblich reduziert, ohne dass dies relevante Auswirkungen auf die thermische Behaglichkeit im Raum hat. Wärmemengen können somit länger bereitgestellt werden und ergo muss weniger Wärme erzeugt bzw. nachgeliefert werden. Geringere Laufzeiten des zentralen Wärmerzeugers sind die Folge. Um ein Auskühlen während der Betriebspausen zu vermeiden, ist die genaue Kenntnis der thermischen Eigenschaften der Baustoffe und diesbezügliche Anpassung der Regelungsstrategie notwendig, um eine maximale Effizienz zu erreichen.

Diese und andere Untersuchungen am Forum Wohnenergie markierten den Beginn zur Entwicklung der Thermischen Bauteilaktivierung.

## 2.4 Thermische Bauteilaktivierung

Ab einem Putzaufbau von mehr als 35 mm lässt sich in der Tat schon von einer thermischen Bauteilaktivierung sprechen, die weniger über ihre flächenbezogene, als vielmehr massebezogene Wärmestromdichte wirkt. Die Bauteilmasse ist dabei mindestens ebenso flexibel wähl- und aufbaubar, wie bei einer oben dargestellten Wandflächentemperierung. Naturgemäß wirkt eine thermische Bauteilaktivierung zumeist ungleich träger als ein Flächentemperierungssystem. Vielmehr wirkt eine Bauteilaktivierung durch ihre Masse als Wärmespeicher und bildet dergestalt durchaus schon einen Übergang zur Wärmebereitstellung.

Grundsätzlich umfasst eine thermische Bauteilaktivierung nicht nur eine Wärmestromabgabe an den Raum, sondern ebenso entsprechende Puffereigenschaften ähnlich eines Heizungs-Pufferspeichers, allerdings ohne jegliche Wärmespeicherverluste, da diese unmittelbar dem Wohnraum zur Verfügung stehen. Sie eignet sich durch das Prinzip der zyklischen Be- und Entladung besonders gut für eine Tag-Nacht-Anwendung, um beispielsweise tagsüber Wärme aus einer solarthermischen Wärmequellenanlage aufzunehmen – zu puffern – und sie in den Nachtstunden an den Raum abzugeben. Für den nächsten Tag steht somit wieder eine Wärmesenke zur solaren Beladung zur Verfügung (solarthermische Grundlastabdeckung).

### 2.4.1 Funktionsweisen aktivierter Bauteile

Ein thermisch aktiviertes Bauteil kann in allen Temperaturbereichen betrieben werden, von Niedrigsttemperatur bis Spitzentemperatur – also sinngemäß von einer sanften Oberflächentemperierung bis zum Kachelofenprinzip. Die große Anwendungsvielfalt umfasst auch die Anordnung und Positionierung, Bauart und Größe des Wärmeübertragers, der jeweils individuell herzustellen und bei entsprechender Materialauswahl und Dimensionierung auch entsprechend formbar ist. Wichtig ist die (geistige und materielle) Einheit von Baustoff und Wärmeübertrager, nur beide gemeinsam bilden mit dem Wasser das Bauteil.

In Nicht-Wohngebäuden, Zweck- und Industriegebäuden werden in Betondecken schon lange Wärmeübertragungsrohre integriert und durch reversible Betriebsweisen als Betonkernaktivierung zum Heizen und Kühlen verwendet. Aufgrund ihrer Größe und Masse handelt es sich hierbei aber um große Leistungsbereiche. Diese Technologie lässt sich freilich auch in kleinen Nutzungseinheiten, egal ob Wohn- oder Nicht-Wohngebäuden, verwenden.

Im Unterschied zu den deutlich weniger auffälligen Flächentemperierungssystemen befinden sich aktivierte Bauteile im Mittelpunkt des Innenraums und sind ein klar strukturierter Bestandteil der Raumordnung und des Grundrisses. Zentral positionierte Objekte wirken nach allen Seiten vom Kern des Gebäudes und können gestalterisch individuell als

- wärmender Stein im Zentrum,
- wärmende Schale,
- wärmender Kubus am Rande,
- thermische Säulen und Ornamente,
- massive Wärmequelle im Leichtbau

im umbauten Raum integriert werden.

**Abb. WM 2.9:** Ein rein mineralischer Wärmekörper aus Kalksandsteinen, Kupferwärmeübertrager, Kalkputz und Marmorplatte in Form einer Imbisstheke im Schulungsraum des Forum Wohnenergie (Quelle: Frank Hartmann)

## 2.5 Kühlen mit massiven Bauteilen und thermisch aktivierten Oberflächen

Kühlen bedeutet nichts anderes als ein Defizit an Wärme bzw. die Verringerung des Wärmegehaltes. Mit einem geschlossenen System kann Wärme nicht nur in eine Richtung transportiert und übertragen werden, sondern auch reversibel in die Gegenrichtung. Die Wärmeübertragung erfolgt stets von der Wärmequelle zur Wärmesenke. Also kann im Sommer bei entsprechender thermischer Last dem Innenraum nur Wärme entzogen werden, wenn eine entsprechende Wärmesenke zur Verfügung steht. Ebenso wie es eine Unterscheidung von Wärmequellen gibt, lassen sich auch *natürliche* Wärmesenken und *unnatürliche* Wärmesenken unterscheiden.

Zu beachten ist, welcher Energieaufwand betrieben wird, um eine für den Kühlprozess passende Wärmesenke zur Verfügung zu stellen. Andererseits kann die überschüssige Wärme auch anderweitig genutzt werden, z. B. zur Trinkwassererwärmung. Der Aufwand für Kühlprozesse sollte immer im Verhältnis mit der Nutzung stehen. Oft besteht im Wohnungsbau nur wenige Tage im Sommer wirklich ein Kühlbedarf, da muss man nicht gleich mit Kanonen auf Spatzen schießen, sondern vielmehr baukonstruktiv seine Aufgaben erfüllen.

In Nicht-Wohngebäuden oder Gewerbeeinheiten kann in der Tat ein so hoher und regelmäßiger Kühlbedarf bestehen, dass sich daraus wiederum Potenziale für die Prozesswärmenutzung ergeben.

Hinweis: Die Kühlleistung entspricht nicht der direkten Umkehrung der Wärmeleistung. Die Kühlleistung ist jeweils zu berechnen und kann bis zu 25 % geringer sein als die Wärmeleistung.

Mehr zum Thema aktive und passive Kühlung siehe Kapitel 2 im Bereich KRAFT.

## 2.6 Solarthermische Bauteilaktivierung

Der effiziente und vor allem nachhaltige Einsatz solarthermischer Anlagentechnik ist mitnichten allein von deren klassischen Komponenten, wie Wärmequellenanlage (Kollektorfeld), Leitungsführung, Anlagenhydraulik und Speichertechnik, abhängig. Vielmehr ist es die Integration in das System der gesamten Anlagentechnik zur Wohnwärmeversorgung. Die Speicher- und Bereitstellungstechnik tritt hier als alles entscheidende Instanz zu Tage. Nicht nur, weil sie die zentrale Schnittstelle zwischen Wärmequellen und Wärmenutzung darstellt, sondern auch, weil dort die entscheidenden Temperaturen anstehen, auf welche die Kollektortemperatur einwirkt.

Grundvoraussetzung einer nennenswerten solaren Heizungsunterstützung ist darüber hinaus ein Niedrigtemperatursystem auf der Wärmenutzungsseite. Bei einer Systemtemperatur von mehr als 50 °C im Auslegungsfall und somit etwa 40 °C im Rücklauf ist eine seriöse solare Heizungsunterstützung kaum möglich, da diese Temperaturen im Winter selten am Kollektor bereitstehen. Es müssten schon mindestens 45 °C am Kollektor generiert werden, um die Solarpumpe in Gang zu setzen und die Rücklauftemperatur anzuheben. Schließlich arbeitet der Solarregler mit einer Einschalttemperaturdifferenz von mindestens 5 K, oft mehr in Abhängigkeit von der Solarleitung und anderen Auslegungskriterien.

Der Massen-Volumenstrom ist ein weiteres Kriterium, das es zu berücksichtigen gilt; ist er es doch, der entscheidend darauf wirkt, wie lange die Temperatur überhaupt bereitsteht und welche

Wärmemenge übertragen wird. In der sogenannten Übergangszeit herrschen freilich niedrigere Systemtemperaturen, aber in dieser Zeit ist es auch oft wolkig und nebelig (besonders im Herbst), also wenig Sonneneinstrahlung vorhanden, die mit einem hohen Temperaturniveau wirken kann. Aber der Bedarf ist auch geringer. Unabhängig von der Heizgrenztemperatur des Gebäudes kann man einen Punkt ausmachen, der den Übergang von einer Grundlast zur Normallast in der gemäßigten Heizperiode und Spitzenlast in der absoluten Heizperiode markiert.

Die Auslegungstemperatur bezieht sich bislang immer auf die absolute Heizperiode, also auf Wintertage mit weniger als –10 °C. Je nach energetischer Qualität der thermischen Hülle, transparenten Flächen und der verwendeten Bauteile und -materialien im Inneren kann die Grundlast bis annähernd 5 °C bei normalen Windbedingungen oder gar weniger reichen, um in erster Linie ein Auskühlen des Bauwerks zu verhindern. Man beachte auch, an wie vielen Tagen dieser Außentemperaturbereich in der entsprechenden Klimazone zu erwarten ist.

Das Argument, eine solare Heizungsunterstützung wirke eben besonders an kalten Wintertagen ab –10 °C, weil da auch meist die Sonne scheint, ist in der Sache schon richtig, wenn man die Lage des Gebäudes und den Neigungswinkel des Kollektorfeldes beachtet. In der Praxis braucht es aber eine durchdachte Systemintegration, um dies alles wirksam umzusetzen. Die richtigen Steuerungsparameter und Definitionen von Schaltpunkten- und Betriebsweisen sind entscheidend und stellen heute ein Anforderungsprofil, wie es in der herkömmlichen Heizungstechnik (besonders im Wohnungsbau) über Jahrzehnte nicht ansatzweise vorhanden war.

Ansatzpunkt einer solaren Heizungsunterstützung sollte also der Deckungsanteil der Grundlast zur Wohnwärmeversorgung sein, was konsequent mit einem Niedrig-, besser Niedrigsttemperatursystem einhergeht. Je geringer die benötigten Temperaturen, desto größer kann der solare Deckungsanteil sein. Als weitere Kerngröße der zugeführten Wärmemenge bezüglich der daraus resultierenden Wärmeleistung dient der Massenvolumenstrom, der möglichst niedrig sein sollte. Diese Voraussetzungen zusammengenommen ergeben eine träge Regelstrategie auf niedrigstem Temperaturniveau als Grundlage für eine umfassende solare Heizungsunterstützung.

Betrachtet man beispielsweise ein Flächentemperierungssystem, ist es fraglos eine träge Fußbodenheizung, die sich diesbezüglich besser eignet als eine flinke Wandflächenheizung. Der Unterschied liegt weniger im System, sondern vielmehr in der Masse der den Wärmeübertrager umgebenden Materialien. Hohe Estrichmassen um eine Fußbodenheizung ergeben ein träges Regelverhalten, da umfangreiche Bauteile temperiert werden müssen, bevor der eigentliche Wärmeeintrag in den Raum beginnen kann. Ein Übriges tut der Bodenbelag. Bei der Wandheizung sind es nur 10 bis 15 mm Oberputz, also kommt die Wärme viel schneller in den Raum. Aus diesem Grund kann eine Wandflächentemperierung ihre Vorteile gegenüber der klassischen Fußbodenheizung auch bei temporären Anforderungen in unterschiedlich erwärmten Bereichen voll ausspielen und auch Spitzenlasten sehr gut abdecken.

Entsprechend den dargestellten Anforderungen an eine optimierte Solarnutzung zur Wärmeübertragung an den Raum sollte der Weg der Fußbodenheizung mit dem vermeintlichen Nachteil Regelträgheit konsequent weiterverfolgt und in der thermischen Bauteilaktivierung zum Vorteil umgekehrt werden. Aufgrund der Problematik der solaren Deckungsrate in der herkömmlichen Speicher- und Bereitstellungstechnik, auch niedrigste Kollektortemperaturen unterzubekommen, sollte eben auch dieser Begriff erweitert werden und die Frage aufwerfen, was es letztendlich zu erwärmen gilt: einen Solarspeicher oder den Wohnraum. Sicherlich beides, möchte man sagen.

In der Praxis liegt das Augenmerk aber auf dem Heizungswasser im Speicher und vereinte sämtliche Anstrengungen und effizienzsteigernde Innovationen der Hersteller der letzten Jahre, was der Sache auch sehr dienlich war. Entscheidend sind nun einmal die Systemtemperaturen beziehungsweise tiefsten Temperaturen im Solarspeicher. Sollten diese bei 25 °C liegen, benötigt man mindestens 35 °C am Kollektor, bezieht man diverse Wärmeübertragungsverluste mit ein. Ist die Wärmemenge dann tatsächlich im Speicher untergebracht, unterliegt sie weiteren Wärmeverlusten durch die Bereitstellung im Speicher und in der Verteilung an das Wärmeübertragungssystem in den Wohnraum.

Bei weniger als 30 °C Kollektortemperatur ist in der Regel die Solaranlage aus, da sich eine entsprechend niedrigere Temperatur im System nicht finden lässt, auf welche die Wärmemenge aus dem Kollektorfeld übertragen werden kann. Der Temperaturbereich bis 30 °C bleibt somit ungenutzt und die Anlage befindet sich im Stillstand. Blickt man über den Tellerrand der anlagentechnischen Systemtechnik hinaus, erscheint das Bauteil an sich nicht nur als Wärmespeicher, sondern wirkt auch entsprechend seiner stofflichen Qualität in der Erhöhung der Oberflächentemperatur, was eine niedrigere Raumlufttemperatur erlaubt. Fördert man den Wärmeeintrag in ein Bauteil durch die Integration eines Wärmetauschers in den Kern des Bauteils, ermöglicht dies eine thermische Aktivierung des Bauteils.

Der Kern einer Innenraumwand weist eine Temperatur von weniger als 20 °C auf; manchmal auch geringer bis 17 °C. In der Regel lässt sich sagen, dass die Bauteil-Kerntemperatur in Abhängigkeit von der Dicke etwa 3 bis 5 K unterhalb der mittleren Raumtemperatur (= Mittelwert aus Raumluft- und Oberflächentemperatur) liegt. Hierin liegt das Potenzial für eine solare Bauteiltemperierung. Auf diese Weise kann solare Wärme in den Raum gebracht werden, wenn diese nicht mehr im Pufferspeicher unterzubringen ist. Die Wärmeverluste tragen direkt und unmittelbar zur Abdeckung des Heizwärmebedarfs bei. Es kommen verschiedene Ausführungs- und somit Funktionsvarianten in Frage, die objektspezifisch im Detail zu erörtern sind.

**Tabelle WM 2.3:** Die solarthermische Bauteilaktivierung beinhaltet zwei Optionen der solarthermischen Nutzung (Quelle: Frank Hartmann)

| Unterscheidung der solarthermischen Bauteilaktivierung | |
|---|---|
| a) Solarthermische Bauteiloptimierung **(< 25 °C)** | Indirekte Wärmenutzung durch thermische Optimierung von Bauteilen der thermischen Hülle, auf die keine passive Solarwirkung eintrifft zur Stabilisierung des thermischen Gleichgewichts (z. B. Bodenplatte, Außenwände gegen Erdreich usw.) |
| b) Solarthermische Bauteiltemperierung **(> 25 °C)** | Direkte Wärmenutzung durch thermische Aktivierung von Bauteilen im Zentrum des Raumes mit direkter Wirkung auf den Wohn- und Aufenthaltsbereich zur Stabilisierung der thermischen Ordnung im umbauten Raum (z. B. zentrale Innenwand, Raumteiler, Theken, Wärmeskulpturen usw.) |

Diese Art der solaren Wärmenutzung geschieht unabhängig vom Betrieb der Zentralheizungsanlage, immer wenn die Sonne schein. Im Sommer ist diese Schaltung natürlich zu unterbinden, um Überhitzungen im Wohnraum zu vermeiden. Gelegentlich ist eine solche Anlage allerdings auch im Sommer willkommen, wenn es eine etwas kühlere Phase zu überwinden gilt.

Ihr unmittelbarer Einsatz im Wohnraum ist allerdings erst in der gemäßigten Heizperiode gefordert, besonders wirksam durchaus schon im Spätsommer, um dem Auskühlen durch sanfte Temperierung zu begegnen.

Schon ab dieser Zeit eignet sie sich als kongeniales Tandem mit der passiven Solarnutzung durch transparente Flächen direkt in den Wohnraum. Das Bauteil wird anlagentechnisch wie ein Speicher betrachtet, mit dem Unterschied, dass das Wärmespeichermedium nicht flüssig sondern fest ist und die Wärme nicht noch verteilt werden muss, sondern schon da hingebracht ist, wo sie hin soll.

Umso wichtiger sind das thermodynamische Verhalten der Baumaterialien und Stoffe sowie ihre spezifischen Eigenschaften. Eine hohe Wärmeleitfähigkeit ist ebenso wichtig wie eine hohe Wärmespeicherkapazität. Kurzum: das Gegenteil der Anforderungen an einen Außenwandaufbau. Ein weiterer Punkt ist die Phasenverschiebung des Bauteils und natürlich die Materialstärke insgesamt. Bei einer Übertemperierung des Bauteilkerns benötigt die Wärme eine gewisse Zeit, sich zur kühleren Oberfläche des Bauteils zu bewegen.

Das bedeutet, dass der solare Wärmeeintrag in das Bauteil zwar beispielsweise in den Mittagsstunden erfolgt, durch die Verzögerung des Wärmestroms (Phasenverschiebung) aber diese Wärme erst am Abend oder in den Nachtstunden über die Oberflächen an den Raum gelangt. Also durchaus zu einer Zeit, wo die Zentralheizung abgeschaltet wird oder in einen Absenkbetrieb geht. Je nach Heizwärmebedarf ist bis in die Vormittagsstunden des nächsten Tages der Kern des Bauteils soweit abgekühlt, dass entweder wieder eine Beladung oder zumindest eine konstante Temperaturhaltung im Kern erfolgt.

Wichtig ist natürlich auch die Positionierung der solaren Bauteiltemperierung im Raum. Besonders im Zusammenspiel mit einer passiven Solarnutzung sollte die solare Bauteiltemperierung zwar einerseits zentral, andererseits aber in einem Bereich, der wenig durch Sonneneinstrahlung temperiert werden kann, stattfinden. Auch ist die wirksame Masse mit der wirksamen Wärmespeicher- und Wärmeübertragungsfläche abzustimmen und so zu gestalten, dass eine entsprechend der Platzierung erwünschte Wärmestrahlung realisiert werden kann. Überschüssiger Solarertrag wird in den Pufferspeicher geführt.

## 2.7 Wohnwärmegestaltung Beispielhaus

Auf Basis der in Abschn. 1.6 dargestellten Wärmezonen in den Grundrissen des Erd- und Obergeschosses erfolgt nun die Planung der thermischen Aktivierung von Wärmeübertragungssystemen (Heizkreis) aus dem Pufferspeicher im Obergeschoss. In Abb. WM 2.10 und WM 2.11 sind jeweils die Grundrisse mit der Positionierung der Wärmeübertragungsflächen, -körper und -bauteile zu sehen.

Die Feuerstätte im Erdgeschoss vermag gemeinsam mit dem Pufferspeicher im Obergeschoss die gemäßigte und mittlere Heizperiode sicherzustellen. Es können aber sehr schnell in den Einzelräumen individuelle Aktivierungen der Wärmestromkreise erfolgen. Dabei ist jeder Wärmestromkreis separat via Raumthermostat regelbar. Grundlage dafür ist die thermische Beladung des Pufferspeichers (Bereitschaftstemperatur) bzw. der Betrieb der Feuerstätte, wenn die solarthermischen Erträge nicht ausreichen.

Die massive Umbauung der „Ofenlandschaft" im Erdgeschoss wird mit einer solaren Bauteiltemperierung ausgestattet, welche Wärme in den Raum einbringt, wenn die Feuerstätte noch nicht betrieben wird. Erst wenn die solare Bauteiltemperierung nicht mehr ausreicht (gemäßigte Heizperiode), wird es allmählich Zeit zu schüren. Der Pufferspeicher wird im Winterbetrieb erst in zweiter Priorität beladen. Dabei ist ein jeweils gleichzeitiger Betrieb möglich, was freilich im Materialaufbau und der Positionierung der Wärmeübertragungseinheiten zu berücksichtigen ist. Die Massetemperierung im Zentrum des Erdgeschosses (weniger passiver Solarertrag) erfolgt also in einem Niedrigsttemperatursystem, welches aus solarer Wärme gespeist wird. Die Flächentemperierungen erfolgen ebenso wie die Konvektions-Wärmeübertragung mit einer Systemtemperatur von 40 °C/30 °C, wobei zumindest die Fußbodentemperierung im Badezimmer und im Duschbad auf maximal 35 °C begrenzt wird.

Die bereits festgelegten Wärmezonen bilden die Grundlage für die Regelkreise, nicht zuletzt in Vorsehung potenzieller Nutzungsvariabilitäten in der Zukunft.

### 2.7.1 Erdgeschoss – Hauptbau

An den West- und Außenwänden erfolgt eine Wandflächentemperierung, welche sich zur Nordwand zusammenschließt. Im Tandem der passiven Solarnutzung erfolgt ein solar-aktives Wechselspiel im Tageslauf. Die Auslegung der Wärmeübetragungs-Wärmestromkreise erfolgt nach diesem Prinzip, dem es regelungstechnisch (Regelstrategie) zu entsprechen gilt. An den Südflächen findet keine thermische Aktivierung statt.

Das Erdgeschoss im Hauptbau besitzt drei Regelzonen: die Küche und das Esszimmer, das Musikzimmer sowie das Wohnzimmer. Bei letzterem bleibt die Option einer späteren Nutzungsänderung zu einem abgetrennten Einzelraum hin.

### 2.7.2 Erdgeschoss – Anbau

Der Anbau besteht aus untergeordneten Bereichen und stellt eine eigene Zonierung dar. Die Speisekammer wird nicht aktiv temperiert. Sehr wohl der Hauswirtschaftsraum mit einem wassergeführten Niedrigtemperaturkonvektor, mit manueller Betätigung via Raumthermostat (Frostschutzfunktion). Der Windfang wird nicht aktiv temperiert, aber das Duschbad mit einer Flächentemperierung (Frostschutz und Grundlast) und einem Niedrigtemperaturkonvektor, mit manueller Betätigung via Raumthermostat für die Komfort- und Spitzenlast.

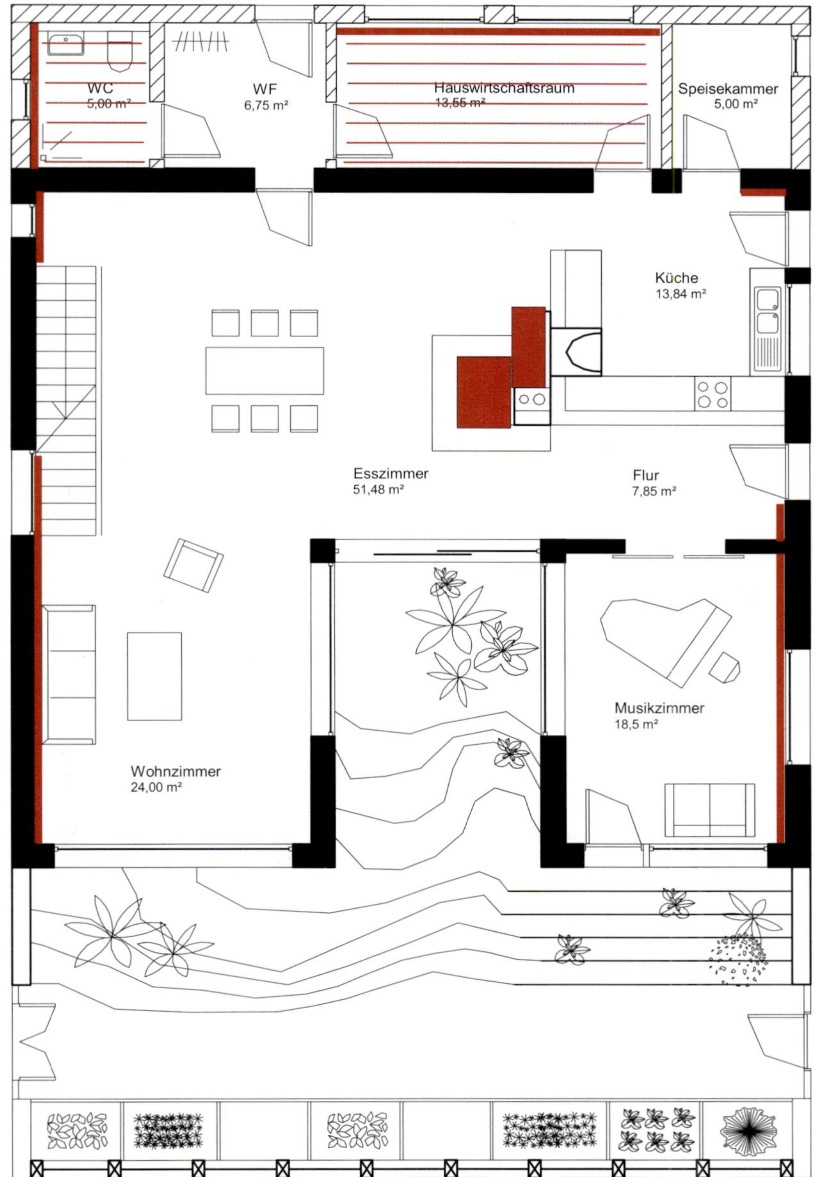


**Abb. WM 2.10:** Anordnung der Wärmeübertragung in den Wärmezonen des Beispielhauses Erdgeschoss (Quelle: Frank Hartmann)

### 2.7.3 Obergeschoss

Hier profitiert zuerst die Bibliothek von der Wärmestrahlung des umbauten Pufferspeichers für die Grundlast (gemäßigte Heizperiode), Nutznießer ist aber auch das Badezimmer. Denn selbst in der gemäßigten Heizperiode besteht schnell im Badezimmer Wärmebedarf, der durch die aktive Wandflächentemperierung (alternativ Röhrenradiator) auch für die Spitzenlast und Komfortwärme erfüllt wird. Gleiches gilt für die Schlaf- und Ruheräume. Die Umkleide wird als Übergangsbereich nicht aktiv temperiert.

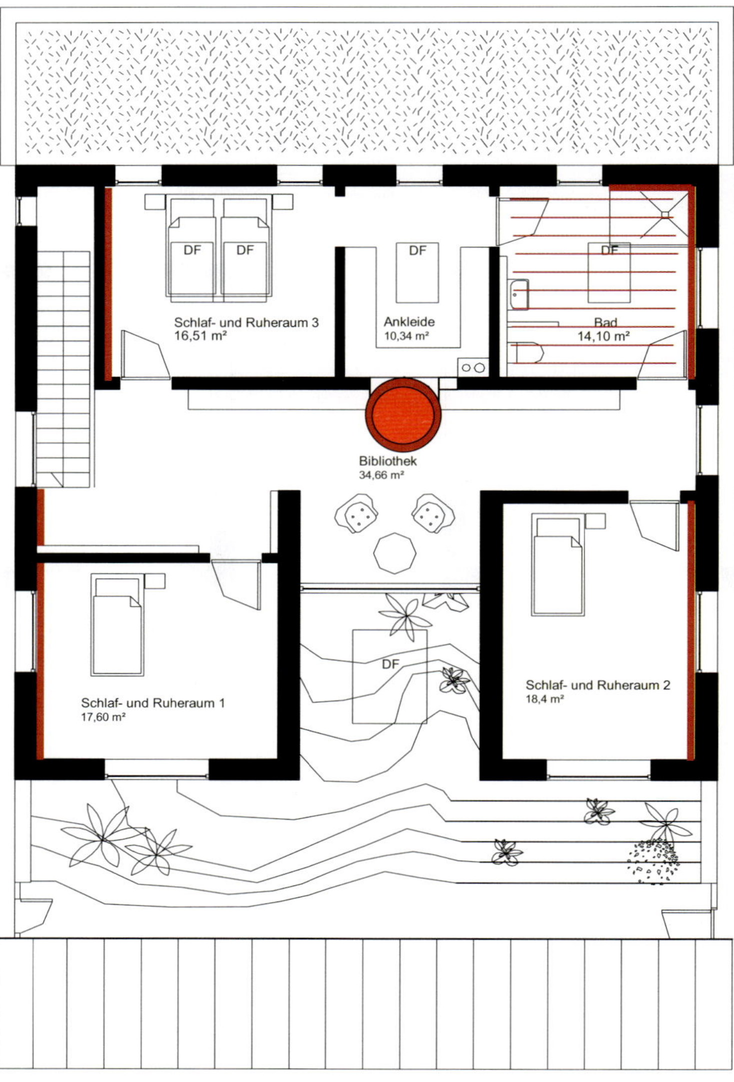


Abb. WM 2.11: Anordnung der Wärmeübertragung in den Wärmezonen des Beispielhauses Obergeschoss (Quelle: Frank Hartmann)

### 2.7.4 Auslegung der Flächentemperierungen

Die Wandflächentemperierung wird über die gesamte Länge der Umschließungsflächen installiert. Die Bauhöhe der aktiven Flächentemperierung ergibt sich aus der notwendigen Wärmestromfläche entsprechend der Auslegung der Vorlauftemperatur. Diese beträgt bei 40 °C/30 °C = 300 W/m$^2$ und bei 35 °C/28 °C = 225 W/m$^2$.

Bei einer festgelegten Bauhöhe erhält man daraus die gesamte wirksame Fläche und die dafür notwendige Systemtemperatur.

Die Fußbodentemperierung im Duschbad und im Badezimmer wird ebenfalls mit einer Systemtemperatur von maximal 35 °C betrieben bzw. auf 30 °C gedrosselt. Daraus resultiert eine Mindest-Wärmestromdichte von 70 W/m$^2$. Der Rest wird über eine Wandflächentemperierung oder einen Radiator/Konvektor erledigt.

### 2.7.5 Auslegung der Konvektoren

Im Hauswirtschaftsraum, aber auch im Duschbad ist ein Niedrigsttemperatur-Konvektor durchaus sinnvoll. Dabei sind Produkte zu wählen, welche eine statische Wärmeleistung bieten und bei Bedarf eine konvektionsoptimierte Wärmeübertragung. Besonders im Hauswirtschaftsraum bietet sich eine Wärmeübertragung durch Konvektion an, wenn es darum geht, Spitzenfeuchtlasten aufzunehmen, die während der Arbeitsprozesse oder Wäschetrocknung entstehen. Gleiches gilt für das Duschbad, obgleich auch hier eine Wandflächentemperierung oder ein Radiator betrieben werden kann.

# 3 Wärmebereitstellung

Wärmebereitstellung bedeutet, dass Wärme nicht nur erzeugt und direkt verbraucht wird, sondern für den Verbrauch vorgehalten – bereitgestellt – wird und somit auch eine multiple Betriebsweise verschiedener Wärmeerzeuger erlaubt. Dies gilt ebenso für die Vorhaltung von Trink-Warmwasser, als auch für Heizungswasser. Die Wärmebereitstellung in einem Heizungssystem erfolgt im Wesentlichen über einen Wärmespeicher (thermischer Akkumulator) als zentrales Anlagenteil mit Wasser als Medium.

Wärmespeicher in Heizungssystemen bestehen in der Baubiologischen Haustechnik aus Heizungspufferspeichern, welche kein Trinkwasser enthalten, sondern Heizungswasser, welches jedoch als zentrales Wärmeträgermedium für Raumheizung und Trinkwassererwärmung gleichermaßen genutzt wird. In bestehenden Anlagen werden jedoch noch viele Warmwasserspeicher anzutreffen sein, die kein Heizungswasser, sondern Trink-Warmwasser enthalten. Die Nutzung eines zentralen Heizungspufferspeichers ermöglicht die Integration erneuerbarer Energien (Solar- und Umweltwärme, Biomasse) sowie eine multivalente Betriebsweise verschiedener Wärmeerzeuger (BHKW, Spitzenlastkessel usw.).

Grundlage der Verteilung von erzeugter Wärme ist eine zentrale oder dezentrale Bereitstellung von Wärme. Dabei wirkt der Pufferspeicher auch als hydraulische Weiche, um unterschiedliche Volumenströme in der Wärmeerzeugung (-bereitstellung) und in der Wärmenutzung auszugleichen.

Diese Wärmebereitstellung verfügt über die gesamte Wärmeenergiemenge, die entsprechend den Anforderungen (die sich aus dem Nutzungsprofil ergeben) benötigt wird. Dies sind in der Heizungstechnik im Allgemeinen Wärmeenergie für die Trinkwassererwärmung (Trink-Warmwasser, siehe Bereich WASSER) und die Wärmeübertragung an den Raum (Wohnwärme).

Der Wärmeentstehungsprozess (bisher meist durch Verbrennung) verlangt eine Vorhaltung von Wärme in geeigneter Größe, um stets ausreichend Wärme bereitzustellen. Aus diesem Grund waren Heizkessel mit entsprechend großem Wasservolumen ausgestattet, um einen Ausgleich zwischen Wärmeerzeugung und Wärmebedarf zu ermöglichen.

Solar- und Umweltwärme verlangen jedoch eine weitaus größere Wärmevorhaltung, da Sonne nicht immer scheint und fehlende Solarstrahlung ausgeglichen bzw. überbrückt werden muss. Ähnliches gilt für die Nutzung von Umweltwärme durch eine Wärmepumpe. Der Wärmeentstehungsprozess ist mit einem Wärmepumpenaggregat ein anderer als bei einem Verbrennungskessel und verlangt daher in der Regel die Kombination mit einem Heizungspufferspeicher, um entsprechende Vorhaltung für unterschiedliche Betriebsstufen bzw. bivalente Betriebsweisen zu ermöglichen.

In der Vergangenheit wurde die Wärmemenge für die Wohnwärme oft direkt vom Wärmeerzeuger über das Leitungssystem an die „thermischen Verbraucher" (Heizflächen) transportiert, was in vielen Bestandsgebäuden auch noch so vorzufinden ist. Diese Heizflächen waren sehr oft Heizkörper der verschiedensten Bauarten. Eine Folge dieser Direktversorgung war allerdings eine sehr unwirtschaftliche Betriebsweise des Wärmeerzeugers mit kurzen Betriebszeiten und kurzen Betriebspausen, was sich durch das sogenannte „Takten" bemerkbar machte. Sobald genügend Stellglieder (z. B. Heizkörperventile) geschlossen wurden, wurde der Kessel „abgewürgt", d. h. die Brennstoffzufuhr wurde jäh unterbrochen und der Kessel stellte die Wärmeerzeugung abrupt ein. Sehr oft, ohne überhaupt seinen optimalen Betriebspunkt erreicht zu haben.

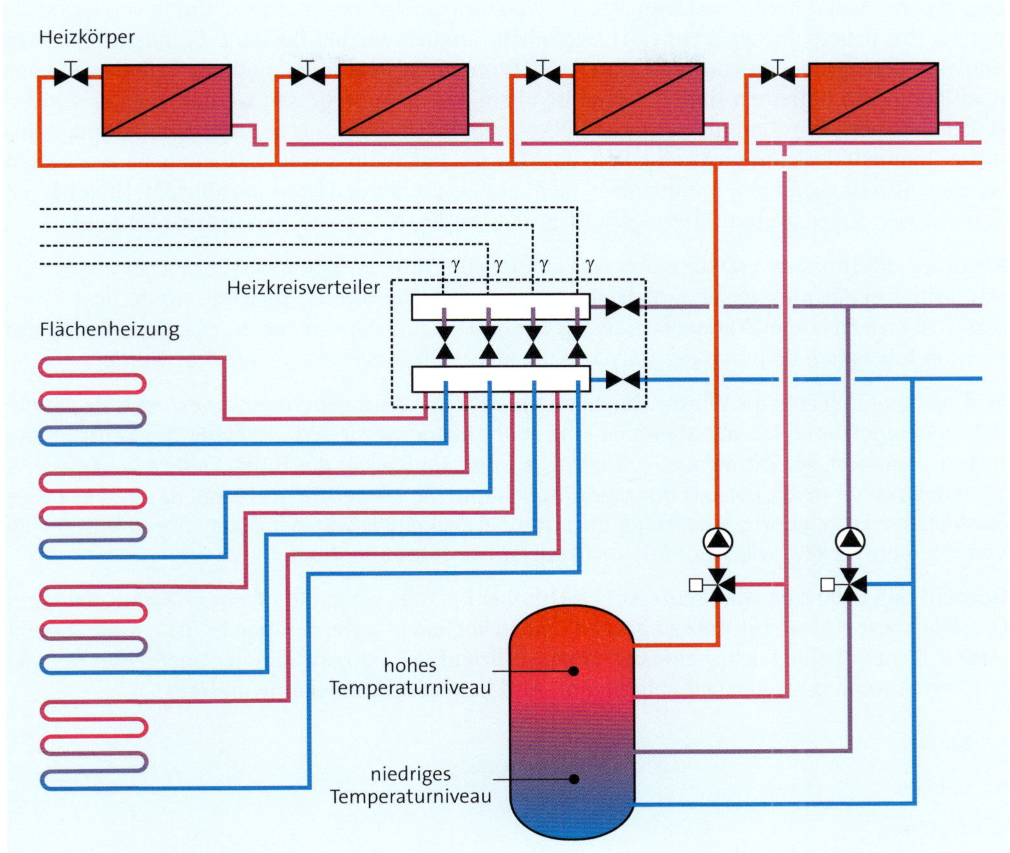


**Abb. WM 3.1:** Das Zentrum der Wärmebereitstellung bildet der Pufferspeicher, der auf der gewünschten Bereitstellungstemperatur zu halten ist, wie die Schichtung in der Abbildung zeigt. Die Wärmeübertragung ist in zwei Heizkreise aufgeteilt, um unterschiedliche Systemtemperaturen, z. B. für Fußbodentemperierung und Röhrenradiatoren, zu ermöglichen. (Quelle: Michael Römer/Solargrafik)

Hinweis: Oft war aus Sicherheitsgründen mindestens ein Wärmeübertrager als „nicht absperrbar" zu installieren, um stets überschüssige Wärme „loszubekommen".

Durch die Leistungsvariabilität von Heizkesseln (modulierende Heizkessel) war es möglich, unterschiedliche Lasten abzudecken und dabei die Wärmeerzeugung ungleich wirtschaftlicher mit höheren Wirkungsgraden zu betreiben. Doch auch handbeschickte Stückholzkessel ermöglichen heute eine sehr effiziente Verbrennung.

Handbeschickte Stückholzkessel werden allerdings seit alters her schon mit einem Heizungspufferspeicher ausgestattet, damit diese überschüssige Wärme aufnehmen und vorhalten können, auch wenn kein Heizkörper mehr Bedarf anmeldete, aber der Abbrand noch nicht vollständig erfolgt ist.

Eine technische Weiterentwicklung war die Vollautomatisierung der Verbrennung von Biomasse mittels Holzpellets. Dieser Brennstoff ermöglicht ähnlich wie bei flüssigen Brennstoffen einen ungleich sichereren – da kontrollierbaren – Verbrennungsprozess, da moderne Pelletkessel auch modulierend zu betreiben sind. Dabei sollte allerdings nicht vergessen werden, dass es sich bei Holzpellets per Definition um verpresste Rest- und Abfallhölzer aus der holzverarbeitenden Industrie handelt. Es kann nicht angehen, dass für die Herstellung von Holzpellets Bäume gefällt werden. Also ist es mit den Brennstoffen nicht anders als mit den Nahrungsmitteln: Unabhängig von diversen sogenannten Gütesiegeln ist es notwendig, die exakte Herkunft zu kennen!

Allein für die Trinkwassererwärmung war lange Zeit schon ein Warmwasserspeicher zur Bevorratung des erwärmten (erhitzten) Trinkwassers notwendig. Dieser Speicher wurde über einen Speicher-Ladekreis vom Wärmeerzeuger (Heizkessel) bis zur eingestellten Bereitschaftstemperatur thermisch beladen. Während der Heizkreis direkt vom Wärmeerzeuger versorgt wurde.

Wie nun lässt sich aber die Wärme (Nacherwärmung) fürs Haus generieren? Die direkteste Art der Wärmebereitstellung für den Raum ist eine Feuerstätte, wie sie seit alters her das Zentrum des Raumes markiert, als Wärmequelle, Kochstelle und zum Backen des Brots. Freilich wurde damit auch das Wasser heiß gemacht, für das Waschen und die Körperpflege. Für all das gibt es heute Spezialisten, Einzelgeräte. Was früher die primitive Feuerstelle war, hat sich heute zu unzähligen Varianten entwickelt, wie sie der Begriff Feuerstätte zusammenfasst.

Gekocht und gebacken wird heute mit elektrischer Energie, wenn mit offener Flamme, dann mit Gas. Doch wer einmal mit Holz zu backen und zu kochen pflegte, der mag es oft gar nicht mehr missen. Sicher ist zum Kochen eine Gasflamme effizienter, fraglos im Sommer, aber schon weniger im Winter, wenn das Feuer ohnehin brennt. Also bedeutet Wohnwärme im Haus:

- Kochen
- Backen
- Waschen
- Körperpflege
- Raumwärme

Alles kann mit der gespeicherten Sonnenenergie Holz erledigt werden und dieser Wärmerohstoff ist neben der direkten Sonne wohl der sicherste und verfügbarste.

Wichtig ist bei der Verbrennung von Biomasse, konkret Holz, eine hohe Brennstoffqualität. Das schließt eine nachhaltige Waldbewirtschaftung ein, die auch wirklich nachhaltig ist und nicht nur so genannt wird. Ferner ist zu berücksichtigen, dass für die Trocknung von Stückholz keine Energie eingesetzt wird, wie es leider oft der Fall ist. Das Brennholz benötigt eine natürliche Lufttrocknung über einen Zeitraum von zwei Jahren. Es soll Menschen geben, die in jedem Herbst vor der Heizperiode oder im Frühling danach, pro Ster Brennholz, den sie verschüren, einen oder mehrere Jungbäume pflanzen. Auch dies sind Aspekte einer modernen Selbstverantwortung.

Nun ist aber der Aufwand eines Feuers im Sommer zur Trinkwassererwärmung allein kaum nachhaltig und sinnvoll. Sicherlich ist die gespeicherte Sonnenenergie von Biomasse eine respektable Energiequelle, doch in den Sommermonaten steht uns auch die direkte Sonnenenergie in einer großen Menge ausreichend zu Verfügung. Sie muss nur noch eingesammelt werden, mit einem Solarabsorber.

Abb. WM 3.2: Mit einem wassergeführten Zentralheizungs-Küchenofen kann sowohl die thermische Beladung des Pufferspeichers realisiert, als auch gekocht, gebacken und warmgehalten werden (Quelle: Tom Baerwald)

An dieser Stelle sei es wichtig zu bemerken, dass es sich bei einer solarthermischen Anlage nicht um einen Wärmeerzeuger, sondern um eine Wärmequellenanlage handelt. Es ist nämlich keinerlei vorgelagerter Aufwand notwendig, um Wärme zu erzeugen, denn sie wird zum direkten Gebrauch durch den Solarabsorber eingesammelt und in die Wärmebereitstellung (Speichertechnik) eingespeist.

Der einzige Aufwand, der betrieben werden muss, ist maximal ein elektrischer für die Zwangszirkulation mittels Umwälzpumpe, die aber ebenso problemlos durch einen kleinen Photovoltaik-Generator bereitgestellt werden kann. Bei einer solarthermischen Anlage im Thermosiphonprinzip kann auch darauf verzichtet werden.

## 3.1 Solarthermische Anlagentechnik als natürliche Wärmequelle

Seit Jahren wird über den sinkenden Marktabsatz von solarthermischen Anlagen diskutiert, die Gründe mögen vielschichtig und komplex sein. Freilich ist es auch die Energiewirtschaft, die den Fokus unbeirrt auf elektrische Energie, nicht nur als Regelenergie, sondern am liebsten als einzige Energie überhaupt, richtet.

Liegt die Verdrängung der Solarthermie vielleicht daran, dass bei dieser Energieanwendung kein großer Versorger notwendig ist, sondern nur ein Kollektorfeld auf dem Dach oder an der Fassade?

Auch die Speicherung von solarer Wärme ist lange schon Realität und ermöglicht längst schon zumindest im Sommer eine dezentrale Vollabdeckung für die Trink-Warmwasserbereitung und darüber hinaus. Die Solar-Speichertechnik befindet sich in der konventionellen Haustechnik auf einem hohen Niveau und vermag über die solare Trinkwassererwärmung im Sommer auch den solaren Deckungsanteil zur Heizungsunterstützung zielführend zu optimieren. In der Speicherung von elektrischer Energie steht die Photovoltaik dagegen noch am unmittelbaren Anfang!

Fakt ist, dass wir endlich beginnen müssen, Energie vollkommen neu zu denken, das muss schon in der Grundschule beginnen. Nichts wäre leichter in einem lebensnahen Schulunterricht als der Bau einer Solarthermieanlage und einer Photovoltaikanlage. Damit ließen sich zentrale Inhalte des Lehrplans in Sachen Physik, Chemie und Mathematik im Nu nachhaltig erarbeiten und darüber hinaus noch handwerkliches Geschick, gemeinschaftliches Arbeiten und zielführende Projektabwicklung üben.

Der Primärenergiebedarf und die Umweltverträglichkeit solarthermischer Anlagentechnik sind bei Lichte betrachtet unschlagbar. Auch hinsichtlich der im Blickpunkt stehenden $CO_2$-Reduzierung wandelt die Solarthermie einsamen Schrittes voran. Der Herstellungsaufwand ist gering und die Funktionsweise einfach.

Die Materialgüte kann hinsichtlich der Wertschöpfungskette annähernd 100 % betragen. Kein haustechnisches Bauteil dieser Qualität kann mit annähernd geringem Aufwand hergestellt werden. Dies betrifft besonders die verschiedenen Bauarten von Flachkollektoren, wo es doch ein Leichtes wäre, diese z. B. in der Holz-Leichtbau-Rahmenbauweise gleich in die Außenwand (thermische Hülle) zu integrieren. Eigentlich müsste die Solarthermie der Star unter den Wärmeerzeugern sein.

Dabei nähern wir uns einem weiteren Punkt, der hier zum Tragen kommt. Sind die Anwendungsoptionen der solarthermischen Anlagentechnik wirklich ausgereizt oder haben wir uns zu lange im Bannkreis des konventionellen Solarspeichers bewegt und dabei völlig vergessen, über den Tellerrand hinauszuschauen? Umso mehr mag es für den noch selbstbestimmten Bauherrn und Entscheider wichtig sein, die Solarthermie nicht ganz unter den Teppich zu kehren, sondern ihre Potenziale nicht nur im Sinne einer nachhaltigen Energieanwendung, sondern umso mehr in Sachen Energieautarkie zu betrachten.

### 3.1.1 Solarthermische Wärmequellenanlagen

Eine solarthermische Wärmequellenanlage besteht aus einer zu erstellenden Solarkollektorfläche mit einem wassergeführten Solarabsorber als Herzstück, der im Jahreslauf nach der Sonne auszurichten ist, denn nur allein der Sonnenstand zeigt die Nutzungsoptionen auf. Der Kollektor sammelt die solare Wärme und überträgt sie an das den Absorber durchströmende Wärmeträgermedium. Das Wärmeträgermedium wird über eine Leitungsführung vom Solarkollektor in die Wärmebereitstellung bzw. Wärmespeicherung zur thermischen Akkumulation geführt.

Der Kollektor beschreibt als kompaktes Bauteil die Bauart. Der Absorber besteht in der Regel aus Kupferrohren mit angelöteten Absorberblechen, die mit einem Solarlack oder Tinox beschichtet sind. Neben der Harfenbauform gibt es auch hier Mäander, die Ähnlichkeit mit einem Flächentemperierungssystem ist nicht zu übersehen.

Der Kollektor oder besser gesagt, das Kollektorfeld, kann handwerklich vor Ort installiert und montiert werden oder als vorgefertigtes Bauteil vorliegen. Die verschiedenen Ausführungen und Bauweisen unterteilen sich in:

- In- und Aufdachmontage auf gedeckten Dächern (Schrägdächer),
- Fassadenintegration von Flachkollektoren und Fassadenmontage von Vakuumröhren,
- Aufständerung auf Flachdächern oder neben dem Gebäude, auf Freiflächen.

Aber nicht nur die vorgefertigten Inhalte von Verpackungseinheiten eignen sich als Solarkollektoren. Ein viel größeres Potenzial liegt noch weitgehend ungenutzt in der systemischen Gebäudeintegration solarthermischer Wärmequellenanlagen. Dies geht viel weiter, als einen Solarkollektor schlicht aufs Dach zu nageln. Bei der Integration eines Solar-Flachkollektors in die Konstruktion der thermischen Hülle wirkt dieser nicht nur als Wärmesammler, sondern gleichfalls als Wärmedämmebene. Die Möglichkeiten der Integration sind mannigfach, doch bislang wenig bis gar nicht entwickelt. Dabei ist es ja gerade der Sonnenstand in der kalten und dunklen Jahreszeit, der uns hierzu verleiten sollte. Ein Dach ist zuerst ein Dach, um das Haus fertig zu gestalten (Form und Funktion) und den Niederschlag sicher abzuleiten. Die Dachneigung entspricht also zuerst der Bauart des Daches, welche sich aus der Bauweise des Hauses erschließt und richtet sich nicht nach einer naturgemäßen aktiven Solarwärmenutzung. Hingegen bilden die Fassaden, ganz gleich ob Traufe oder Giebel, eine Vertikale. Sie sind Sinnbild einer natürlichen Symmetrie und wirken als Fläche im perfekten Wechselspiel solarer Wärmenutzung im Jahreslauf der Sonne. Auch die Ausrichtung muss sich keinesfalls immer auf südliche Richtungen beschränken.

Entscheidend für die aktive Nutzung solarer Wärme ist die Bereitstellung entsprechender Wärmesenken, welche in der Lage sind, solare Wärme aufzunehmen. Also gilt es, in der solaren Wärmenutzung unbedingt zwischen a) direkter, b) mittelbarer und c) unmittelbarer Wärmenutzung zu unterscheiden.

Dabei wirken die Wärmesenken als solare Wärmenutzungsanlagen und sind wesentlicher Bestandteil eines Solar-Ladekreises. Die Regelung und der Wärmetransport erfolgen über eine Umwälzpumpe, die einen minimalen Anteil an Hilfsenergie benötigt und konsequenterweise auch mit einem PV-Modul autark betrieben werden kann. Vielleicht kommt noch ein Stellmotor für ein Umschaltventil hinzu oder eine zweite Pumpe, z. B. bei einem Zwei-Strang-System.

Der Wärmetransport wird also effizient über die Solar-Umwälzpumpe sichergestellt. Im Kontext eines umfassenden Energiemanagements wird diese in Abhängigkeit der Temperaturen (Wärmequelle – Wärmesenke) ungleich zielorientierter als die konventionelle, meist stufengeregelte Speicherbeladung drehzahlgeregelt betrieben. Hohe Solareinstrahlung verlangt einen hohen Durchsatz, geringe Einstrahlung einen entsprechend geringeren. Zu beachten sind in diesem Zusammenhang die Ein- und Ausschalt-Temperaturdifferenzen, die immer anlagenspezifisch in der Feineinstellung des Solarreglers vorzunehmen sind. Denn diese Temperaturdifferenzen sollten beispielsweise mindestens 3 K oder gar 5 K betragen, damit sich das Einschalten der Pumpe „lohnt". Natürlich ist die Einschalt-Temperaturdifferenz auch immer von der Kompaktheit der Anlage, vor allem der Leitungslängen der Wärmeübertragung abhängig.

Eine drehzahlgeregelte Pumpe vermag dies über einen stetigen Abgleich der Temperaturen meisterhaft zu regeln. Ist das Temperaturverhältnis zwischen Wärmequelle und Wärmsenke ausgeglichen, sodass keine Wärmeübertragung im gewünschten Sinne stattfinden kann, unterbricht die Solar-Pumpe den Wärmetransport. Würde sie das nicht tun, würde die Wärmequelle zur Wärmesenke werden und der Pufferspeicher würde die bereits eingesammelte Wärmeenergie über den Kollektor an die Außenluft abgeben. Aus diesem Grund und um überhaupt Fehlzirkulationen zu vermeiden, dürfen entsprechende Rückschlageinrichtungen oder ein schlichter Thermosiphon in der Solarhydraulik nicht fehlen.

### 3.1.2 Multiple Speicherung von solarer Wärme

Das Funktionsprinzip einer Solarregelung erfolgt im Wesentlichen über eine Temperatur-Differenzregelung und regelt aus den dynamisch anstehenden Temperaturen die Ladestrategien solarer Wärmesenken.

Ausgehend vom Solar-Pufferspeicher als mittelbare Wärmenutzungsanlage, welcher allein für die solare Trinkwassererwärmung und solare Wärmebereitstellung unverzichtbar ist, stellt sich aber im Kontext des solar erwärmten Hauses die Frage, ob der Pufferspeicher der einzig relevante Wärmespeicher ist. Zumal er besonders im Winter nicht immer als optimale Wärmesenke fungieren kann, weil unser Wärmekomfort (besonders der Warmwasserkomfort) schon eine Nacherwärmung des Pufferspeichers notwendig machte – nicht zuletzt wegen den Forderungen der Trinkwasserhygiene. Heizperiode für Heizperiode werden auf diese Weise eine Unzahl an solaren Wärmemengen nicht genutzt, allein weil eine den anstehenden Temperaturen und Wärmemengen entsprechende Wärmesenke fehlt bzw. dem System nicht zu Verfügung steht.

Es stellt sich die Frage, wie können solare Wärmemengen trotz stetig hoher Bereitschaftstemperaturen im Pufferspeicher genutzt werden? Denn freilich geht es ja nicht zwanghaft um die hundertste Ladestrategie und Zonierung von Pufferspeichern, sondern um die thermische Ordnung im umbauten Raum, um die Bereitstellung des schlichten Heizwärmebedarfs bzw. den Ausgleich von Transmissions-Wärmeverlusten, Lüftungs-Wärmeverlusten und baulichen Wärmebrücken.

**Tabelle WM 3.1:** Unterschiedliche Möglichkeiten einer solarthermischen Wärmebereitstellung (Quelle: Forum Wohnenergie / Frank Hartmann)

| Wärmenutzung | | Bereitstellung | Bereitstellungstemperatur |
|---|---|---|---|
| **Trinkwassererwärmung inklusive Zirkulation** | | statisch | min. 65 °C |
| **Raumwärme** | Flächentemperierung | dynamisch | 25 bis 40 °C |
| | Bauteilaktivierung | dynamisch | 20 bis 30 °C |

Es wird höchste Zeit, den althergebrachten Fokus Solar-Kombi-Pufferspeicher zu verlassen, um vielmehr aus den Erfahrungen der letzten Jahre die Lehren zu ziehen und festzustellen, dass es vielmehr darum geht, das gesamte Gebäude innerhalb der thermischen Hülle als solaren Wärmespeicher zu bergreifen. Regelungstechnisch bedeutet dies nichts anderes als eine Zwei-Speicher-Anlage. Dabei gilt es, den Weg einer solaren Vorerwärmung konsequent fortzusetzen und von der Bereitstellung ebenso konsequent zu trennen. Denn muss der zweite Speicher ein konventioneller, wärmegedämmter Wasserbehälter sein?

In vielen der mannigfaltigen Anwendungsfälle ist zu erkennen, dass die potenziellen Solarerträge nicht nur höher sind als bei einem konventionellen Pufferspeicher, sondern auch noch sämtliche

Wärmeverluste wegfallen, da diese unmittelbar dem Innenraum der thermischen Hülle zugutekommen. Die solare Bauteiltemperierung, beschrieben in Kapitel 2, ist dabei nur der Anfang.

### 3.1.3 Vakuum-Röhrenkollektoren

Eine besondere Bauart von Solarkollektoren ist die Vakuumröhre, die sich als Alternative zum einfachen Flachkollektor etabliert hat. Der wesentliche Unterschied besteht darin, dass es sich bei einem Röhrenkollektor um eine Ansammlung von Glasröhren handelt, die einen Wärmeübertrager in sich bergen und durch das werkseitige Vakuum eine nahezu vollkommene Wärmedämmung aufweisen, also keinerlei Wärmeverluste nach außen emittieren. Das bedeutet im Winterfall bei Schneebedeckung aber auch, dass keine Abtaufunktion wie beim Solar-Flachkollektor möglich ist. Der Wirkungsgrad von Vakuumröhren ist ungleich größer als bei Flachkollektoren, deshalb werden sie besonders gerne in der solaren Heizungsunterstützung (auch bei mittleren Systemtemperaturen) eingesetzt oder wenn eben eine geringere konstruktive Fläche zu Verfügung steht. Bei einem Vakuum-Röhrenkollektor genügen bereits 3 bis 3,5 m$^2$ Aperturfläche für die Trinkwassererwärmung im Sommer eines Vier-Personen-Haushaltes. Bei einem Flachkollektor sind es 4 bis 5 m$^2$. In der Herstellung ist freilich die Vakuumröhre ungleich aufwändiger als ein Flachkollektor, bei dem eine Fassadenintegration erheblich einfacher umzusetzen ist. Dennoch mag in manchen Fällen ein Solarkollektor aus Vakuumröhren die geeignetere Lösung sein.

**Abb. WM 3.3:** Ein Vakuum-Röhrenkollektor benötigt eine geringere Aperturfläche im Vergleich zu einem Flachkollektor hinsichtlich des zu erzielenden Ertrags. Er eignet sich daher besonders für kleine Dachflächen, aber auch für eine maximale solare Heizungsunterstützung bzw. Bauteilaktivierung durch die hohe Dämmwirkung der Vakuumröhren. (Quelle: Tom Baerwald)

Hinweis: Ein wesentlicher Vorteil der Vakuumröhre ist die Wärmeverlustfreiheit der Röhre. Das bedeutet, dass auch im Winter die tiefen Außentemperaturen nicht an das Wärmeträgermedium der Vakuumröhre gelangen. Lediglich bei den Kollektoranschlüssen (Flexrohre) handelt es sich um neuralgische Stellen der Frostgefahr. Der Markt bietet schon lange einige sogenannte Aqua-Systeme, welche sich diesen Vorteil zunutze machen und auf eine Glykol-Beimischung verzichten, also die Anlage mit reinem Heizungswasser betreiben. Dies bringt nicht nur Erleichterungen der Anlagenhydraulik, sondern auch eine Effizienzsteigerung, da ein Wärmeübertragungsprozess eingespart werden kann. Die pulsierende Temperierung des Kollektors für die Kollektoranschlüsse als Frostschutz-Funktion ist dabei hinsichtlich der Energiebilanz ungleich geringer. Bei einer wassergeführten solarthermischen Anlage kann auf einen Wärmetauscher in der Bereitstellungstechnik verzichtet werden. Das die Vakuumröhre durchströmende Heizungswasser findet seinen Weg – entsprechend thermisch beladen direkt in den Pufferspeicher oder in eine andere solare Wärmesenke.

### 3.1.4 Solarspeicher

Jeder Heizungspufferspeicher kann von einer solarthermischen Anlage thermisch beladen werden, ob zur solaren Heizungsunterstützung oder zur Trinkwassererwärmung. Hierfür stehen zwei unterschiedliche Systemmöglichkeiten (bei einem getrennten System – solegeführt) zur Verfügung:

- interner Solar-Wärmetauscher und
- externer Solar-Wärmetauscher (auch nachrüstbar).

Bei einem internen Solar-Wärmetauscher handelt es sich in der Regel um einen (oder zwei) Glattrohrwärmetauscher, die im Pufferspeicher positioniert sind. Die Wärmeübertragungsfläche ist dem solarthermischen Kollektorfeld anzupassen. Beziehungsweise ist die Kollektorfläche der Wärmeübertragungsfläche, welche fest definiert ist, anzupassen. Das bedeutet, dass ein interner Solar-Wärmetauscher nur für kleine bis mittlere Lastprofile realisierbar ist.

Ein externer Solarwärmetauscher besteht aus einem Platten-Wärmetauscher, der sich außerhalb des Pufferspeichers befindet und die solare Wärme entsprechend der Temperatur in den Pufferspeicher einschichtet. Dieser externe Platten-Wärmetauscher kann in seiner Leistung dem Kollektorfeld bzw. mittleren bis großen Lastprofilen angepasst werden. Ferner ist in diesem Fall auch eine Kaskadierung von Pufferspeichern möglich.

Vorteile von externen Solar-Wärmetauschern sind:

- höhere Leistungsanpassung (Auslegungsflexibilität) bis hin zu solaren Großanlagen,
- Kaskadierung von Pufferspeichern mit Prioritätenschaltung möglich,
- Möglichkeiten der Nachrüstung an bestehenden (einfachen) Pufferspeichern.

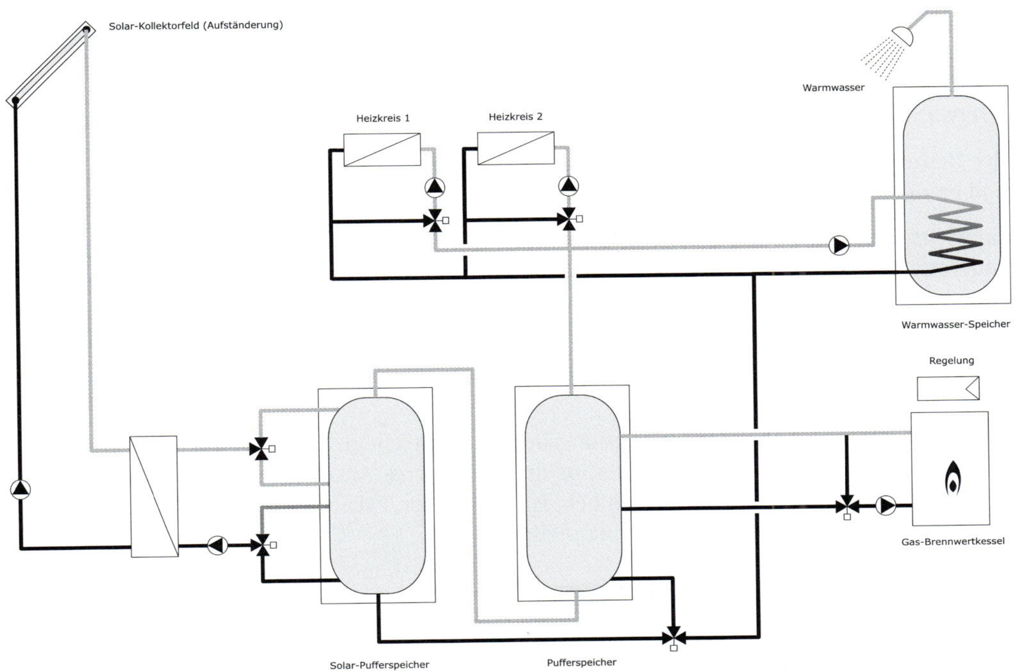


**Abb. WM 3.4:** Ein externer Solar-Plattenwärmetauscher ermöglicht eine multiple Nutzung solarthermischer Erträge. Über parallel geschaltete Umschaltventile kann eine konkrete Beladung der Schichtenzonen in Abhängigkeit der Temperaturen erfolgen oder gar ein weiterer Speicher bzw. direkt ein solares Bauteil gespeist werden. Im abgebildeten Anlagenschema wirkt der linke Pufferspeicher ausschließlich zur solaren Vorerwärmung. Eine Störung der solarthermischen Beladung wird dabei wirksam ausgeschlossen, da der Kessel zur Nacherwärmung nur den rechten Pufferspeicher als Bereitschaftspufferspeicher nacherwärmt. (Quelle: Michael Römer/Solargrafik)

## 3.2 Der Heizungspufferspeicher

Der Heizungspufferspeicher sammelt die Wärme, die nicht im Moment ihrer Erzeugung benötigt wird. Denn das Wasser als Wärmeträger ermöglicht uns, Wärme zu speichern und vorzuhalten, was vor allem für eine solarthermische Nutzung, unbedingt aber für eine Vorhaltung zur Warmwasserbereitstellung notwendig ist. Der Pufferspeicher funktioniert wie ein thermischer Akkumulatur mit einer Beladeseite und einer Entladeseite.

An der Beladeseite können ein oder mehrere Wärmeerzeuger oder Wärmequellen angeschlossen sein. Trotz dieses feinen Unterschieds ist es jedoch einfacher, diese Seite des Pufferspeichers als Wärmequellenanlagen zu bezeichnen. Denn der Möglichkeiten gibt es viele, z. B. Blockheizkraftwerk und ein Spitzenlastkessel, eine Wärmepumpe oder ein Pelletkessel, gar eine Brennstoffzelle oder ein Sterling-Motor. Die Wärmevorhalteleistung hängt vor allem vom Nennvolumen in Liter ab.

Auf der anderen Seite des Pufferspeichers befindet sich die Entnahmeseite, welche wir als Wärmenutzungsanlage (WNA) bezeichnen und im Wesentlichen aus den Wärmeübertragungssystemen an den Raum und einem getrennten System zur Trinkwassererwärmung (interne/externe Frischwassererwärmung) besteht. Die Wärmeübertragung an den Raum wird über einen Heizkreis versorgt.

Der Heizungspufferspeicher bildet als thermischer Akku das Zentrum der Wärmebereitstellung und beinhaltet ausschließlich Heizungswasser als Wärmespeicher und -transportmedium.

Einerseits wird der Heizungspufferspeicher von diversen Wärmeerzeugern thermisch beladen und andererseits von verschiedenen Wärmeverbrauchern (Heizkreise, Frischwasserstation) thermisch entladen. Aus dieser Situation der Wärmeverwaltung ergibt sich, dass ein Heizungspufferspeicher stets auf hohem Niveau gegen Wärmeverluste (Wärmebereitstellungsverluste) gedämmt sein muss. Besondere Schwachstellen sind diesbezüglich die Rohrleitungsanschlüsse sowohl be- und entladungsseitig.

Zu berücksichtigen ist bei der Installation sämtlicher Speicherarten die Vermeidung einer Auskühlung durch ungewollte Fehlzirkulationen über diverse Anschlüsse. Um diesen Prinzipien der thermischen Schwerkraft vorzubeugen, ist es in vielen Fällen sinnvoll, die Anschlüsse eines Speichers über einen Thermosiphon vorzunehmen.

**Abb. WM 3.5:** Nach der Installation und Druckprobe wartet dieser Pufferspeicher auf die bauseitige Wärmedämmung aus nachwachsenden Rohstoffen (Quelle: Frank Hartmann/IBN)

Obgleich es auch einfache Pufferspeicher gibt, die nichts anderes als ein Spezialbehälter für Heizungswasser mit verschiedenen Volumina sind, werden sehr viele Pufferspeicher bereits mit einem oder zwei integrierten Wärmetauschern ausgestattet, insbesondere wenn es sich um Kombi-Pufferspeicher (zur Trinkwassererwärmung) handelt. Sie sind im klassischen Sinn für Einfamilienhäuser konzipiert und weisen daher auch kaum mehr als 1000 Liter Nennvolumen auf.

Der Speicherdurchmesser beträgt in der Regel zwischen 600 und 900 mm ohne Wärmedämmung. Dafür kommen mindestens 2 x 100 mm noch dazu. Die meisten Speicher sind schmal, nicht nur weil eine schlanke Größe die thermische Schichtung unterstützt, sondern damit sie auch durch standardisierte Türen in ein Gebäude eingebracht werden können. Natürlich sind für Anwendungen im Nicht-Wohnungsbau noch allerlei andere Größen möglich.

Ein separater Warmwasserspeicher – der lange Zeit üblich war – ist bei dieser Speicherkombination nicht mehr notwendig, zumal die Trink-Warmwasserbevorratung ohnehin nicht mehr zeitgemäß ist. Jedoch gilt es immer abzustimmen, ob ein separater Speicher sinnvoll oder erwünscht ist und es sollte bei jeder Anlage spezifisch unterschieden werden. Eine Bevorratung von Trink-Warmwasser ist aus bereits genannten Gründen immer kritisch zu prüfen, allerdings bedeutet dies mitnichten, einen Kombi-Pufferspeicher einsetzen zu müssen.

Wie oben genannt ist die Auswahl eines Pufferspeichers abhängig von seiner Verwendung. Er kann unabhängig, aber auch in Kombination genutzt werden für

- die Bereitstellung von Heizungswasser (Raumwärme),
- für die Bereitstellung von Trink-Warmwasser und
- als Wärmesenke, z. B. für Kühlprozesse.

Zur Trinkwassererwärmung bieten sich ausgehend vom Heizungspufferspeicher folgende Bauarten von Solar-Kombi-Pufferspeichern (mit integriertem Solarwärmetauscher) an:

- Kombi-Pufferspeicher mit interner Frischwassererwärmung,
- Kombi-Pufferspeicher mit internem Warmwasserbehälter.

Kombi-Pufferspeicher vereinen Heizungswasser und Trink-Warmwasser in einem Speicher und werden daher auch „Tank-in-Tank-Speicher“ oder „Duo-Speicher“ genannt, da es sich um die Vereinigung von zwei unterschiedlichen Systemen handelt. Aber auch einfache Heizungspufferspeicher (die ursprünglich nur Heizungswasser beinhalten) können erweitert bzw. mit *externen* Komponenten ausgestattet werden, beispielsweise:

- Pufferspeicher mit externer Frischwasserstation,
- Pufferspeicher mit externem Solar-Wärmetauscher.

Beide entsprechen in der Regel der Bauart eines Platten-Wärmetauschers.

### 3.2.1 Thermische Beladung eines Pufferspeichers

Ein Pufferspeicher wird immer in mind. zwei Zonen aufgeteilt. Entsprechend der natürlichen Schichtung ist der obere Teil des Speichers immer am höchsten temperiert. Aus diesem Grund befindet sich die Bereitschaftszone für die Trinkwassererwärmung im oberen Teil. Die untere Zone dient den Heizkreisen zur Wärmeübertragung an den Raum und ist der solarthermischen Wärmequellenanlage, dem Solarkollektor, vorbehalten.

Hinweis: Für die Auswahl eines Solar-Pufferspeichers ist ein optimales Schichtungsverhalten als natürliche Grundlage wichtig, auch wenn diese durch die Anschlüsse und Schaltoptionen von externen Solar-Wärmetauschern maßgeblich beeinflusst werden können.

Die klassische Einbringung von solaren Erträgen erfolgt also zuerst im unteren Bereich, der in der Regel niedriger temperiert ist als der obere Bereich und somit eine entsprechende Wärmesenke bereitstellt. Durch zusätzliche Ausstattungen, wie Leitbleche, Schicht-Ladelanzen und dergleichen, wird die thermische Schichtung optimiert. Auf diese Weise lässt sich gewährleisten, dass die untere Zone immer am niedrigsten temperiert bleibt und die eingebrachte Wärme sich nach oben einschichtet. Erst wenn die maximale Speichertemperatur auch im unteren Bereich erreicht ist, ist der Pufferspeicher voll beladen.

Der obere Bereich, die Bereitstellungszone, muss über Temperatur und Volumen mindestens einen Tagesbedarf abdecken. Allein aus diesem Grund ist es wichtig, durch die wirksamen Volumenströme bei Be- und Entladung die Schichtung im Pufferspeicher nicht zu stören. Grundsätzlich ist mindestens ein Temperaturbezug als Schaltgröße notwendig. Diese wird dort abgegriffen, wo die Wärmeübertragung/Einspeisung stattfindet.

Hinweis: Die Wärmeübertragungsleistung eines Wärmeübertragers ist immer mit der installierten Kollektorleistung abzustimmen. Bei klarem Sonnenschein können mit einem einfachen Flachkollektor bereits mehr als 500 W/m$^2$ erreicht werden, dafür sollten im Pufferspeicher mindestens 80 Liter/m$^2$ Puffervolumen vorgehalten werden. Für ein Absorberfeld mit 10 m$^2$ wirksamer Aperturfläche bedeutet dies einen Pufferspeicher mit 800 Liter Nennvolumen.

Wenn man es zu gut meint und die Puffervolumen unverhältnismäßig erhöht, kann es Probleme geben, dieses Volumen überhaupt auf die gewünschte Bereitstellungstemperatur zu bekommen. Möchte man dennoch eine größere Menge vorerwärmen, also auch niedrigste Temperaturen nutzen, ist eine sehr genaue hydraulische Zonierung möglich. Das kann beispielsweise mit zwei Wärmeübertragungskreisen in einem Speicher geschehen oder mit je einem Wärmeübertragungskreis in zwei Speichern.

Für diese Anwendung ist in jedem Fall ein zweiter Temperaturbezug festzulegen. Einem der beiden Schaltpunkte ist die Priorität zu geben, so wird der Solarregler immer zuerst diese Temperaturdifferenz prüfen und ggf. bedienen. Für eine Schnellladung ist immer die Bereitstellungszone zu wählen.

Eine andere Möglichkeit ist, die Zonierung von einem auf zwei Speicher aufzuteilen, sozusagen einen hochtemperierten Speicher als Bereitstellungsspeicher und einen niedriger temperierten als Vorwärmspeicher. Vorteilhaft ist dabei, dass der solare Vorwärmspeicher ausschließlich von der solarthermischen Wärmequellenanlage beladen wird. Die Nacherwärmung erfolgt erst im Bereitstellungsspeicher, wo auch ein weiterer Wärmeerzeuger eingespeist wird. Somit können maximale Solarerträge generiert werden, da keinerlei Risiko besteht, dass die Solarerträge durch übereiltes Nacherwärmen gehemmt oder gar ausgebremst werden.

Diese beiden Speicher werden in Reihe geführt. In manchen Fällen mögen die Temperaturen aus dem reinen Solarspeicher für den Bereitstellungsspeicher ausreichen, und wenn nicht, wird eben nur der Bereitstellungsspeicher nacherwärmt.

Möchte man hingegen zwei wesentlich unterschiedliche Temperaturen nutzen, würde bei einem Niedrigsttemperaturspeicher und einem Mittel-Hochtemperaturspeicher eine Parallelschaltung vielleicht mehr Sinn ergeben. Das würde allerdings auch bedeuten, dass der Wärmeerzeuger für die Nacherwärmung beide Speicher beladen können muss. Die Anlagentechnik würde komplexer werden und wohl erst bei größeren Anlagen verhältnismäßig. Denn eines lässt sich nicht ändern: Ein Speicher verursacht weniger Wärmeverluste als zwei Speicher. Bei einem Solarspeicher, der jedoch absehbar ganzjährig das gewünschte Temperaturniveau durch solare Wärmeleistung bereitzuhalten vermag, wäre eine weitere Einspeisung unnötig.

<u>Hinweis</u>: Bei der Anlagenhydraulik ist immer darauf zu achten, dass keine Fehlzirkulationen entstehen können. Kann dies nicht allein durch die Leitungsführung ausgeschlossen werden, müssen nach dem Prinzip der Katode entsprechende Armaturen wie Rückschlagklappen eingebaut werden.

### 3.2.2 Multivalente Wärmebereitstellung

Ein Heizungspufferspeicher kann auch unabhängig von einer solarthermischen Nutzung in einer bestehenden Anlage nachgerüstet werden und im Rahmen einer Teilsanierung den ersten Schritt in eine nachhaltige Heizungsmodernisierung markieren. Er ermöglicht den Anschluss verschiedener Wärmeerzeuger, auch wenn der bestehende Heizkessel noch in Betrieb bleibt und bildet dabei die Grundlage zu einer modularen Erweiterung der Anlage bzw. Austausch des noch bestehenden Heizkessels.

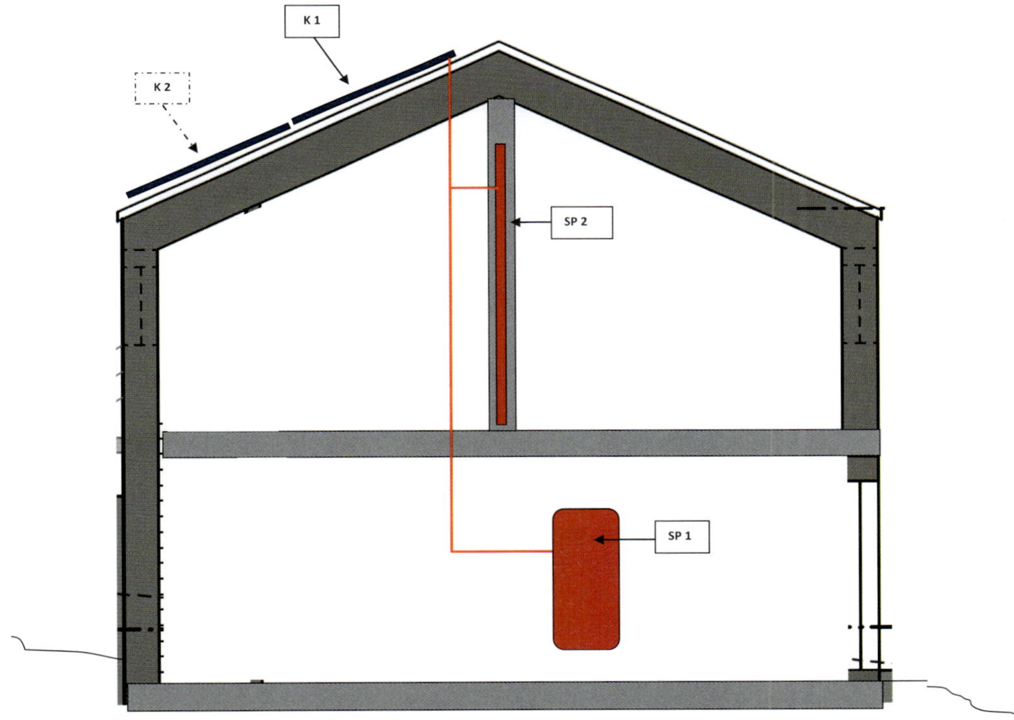


**Zwei-Speicher-Solarthermieanlage**

**SP1 Heizungspufferspeicher SP2 massive Innenwand**

**Abb. WM 3.6:** Das Haus als solarthermischer Wärmespeicher, sozusagen als „Zwei-Speicher-Anlage". Speicher a) das solare Bauteil im Haus und Speicher b) der Heizungspufferspeicher. (Quelle: Forum Wohnenergie/Frank Hartmann)

Aufgrund des integrierten Heizungspufferspeichers wird sich die Anlage aber ungleich effizienter im Betrieb zeigen, da der Kessel durch das erhöhte Heizungswasservolumen vom Zwang des Taktens befreit wird. Das heißt, der Heizkessel bekommt längere Stillstandszeiten und längere Betriebsintervalle, die ihm eine effiziente Betriebsweise und eine optimale Verbrennung ermöglichen.

### 3.2.3 Kombi-Pufferspeicher mit integriertem WW-Speicher

Ein Kombi-Pufferspeicher besteht aus einem Heizungspufferspeicher, in dem sich ein Warmwasserspeicher (meist aus Edelstahl) befindet. Die geläufigsten Größenverhältnisse bezüglich der Volumina sind Pufferspeichervolumen ab 500 Liter, Warmwasserspeichervolumen 120 bis 200 Liter. Aus diesem Größenverhältnis der Bereitstellung ergibt sich, dass derartige Kombi-Pufferspeicher ihr klassisches Anwendungsfeld im Einfamilienhaus finden. Die Bevorratungsmenge von maximal 200 Litern entspricht dem Warmwasserbedarf von 4 Personen. Für ein Zweifamilienhaus wäre dieser Vorrat schon zu gering, da er den Warmwasserkomfort – vor allem hinsichtlich etwaiger Spitzenlasten – nicht gewährleisten könnte. Bei einer sehr hohen Bereitschaftstemperatur kann allerdings eine sehr schnelle Nacherwärmung des nachströmenden Kalt-Trinkwassers erfolgen.

Der integrierte Warmwasserbehälter befindet sich oben in der Bereitstellungszone und ist vollständig von Heizungswasser umschlossen. Die Behälterfläche dient dabei als Wärmeübertragungsfläche und bildet eine vollständige Systemtrennung. Das bei Warmwasser-Entnahme nachströmende Kaltwasser fließt in den unteren Bereich des Warmwasserbehälters, um eine Vorerwärmung zu ermöglichen und die Schichtung im oberen Bereitstellungsbereich nicht zu stören.

### 3.2.4 Pufferspeicher mit externer Frischwassererwärmung (Plattenwärmetauscher)

Bei einem Pufferspeicher mit externer Frischwasserstation handelt es sich um einen Pufferspeicher mit entsprechendem Bereitstellungvolumen ohne weitere interne Bestandteile. Die Frischwasserstation befindet sich entweder direkt am Pufferspeicher anmontiert oder in der unmittelbaren Nähe. Bei größeren Anlagen steht der Wärmetauscher direkt auf dem Boden. Es können auch mehrere Platten-Wärmetauscher kaskadiert werden. Die Frischwasserstation wird wie ein Heizkreis mit dem Pufferspeicher verbunden und von diesem mit heißem Heizungswasser versorgt, um das in den Plattenwärmetauscher der Frischwasserstation einströmende Trinkwasser im Durchlaufprinzip auf eine gewünschte Warmwassertemperatur zu bringen. Somit kann auf eine Warmwasserbevorratung vollständig verzichtet werden und das Trink-Kaltwasser wird erst dann erwärmt, wenn es benötigt wird.

Merkmale eines Pufferspeichers mit externer Frischwasserstation sind:

- höhere Trinkwasserhygiene durch den Verzicht von Bevorratung,
- höhere Energieeffizienz durch gezielte Trink-Warmwasserbereitung,
- höhere Wärmeleistungsvariabilität (Schüttleistung) durch die Auslegung der Frischwasserstation bzw. Kaskadierung,
- einfache Nachrüstung an bestehenden Heizungspufferspeichern,
- zusätzliche Hilfsenergie für die dynamische Umwälzpumpe und Steuerung notwendig.

Hinweis: Kalkhaltiges Wasser erhöht den Wartungsaufwand einer Frischwasserstation erheblich. Entsprechende Spül- und Reinigungsanschlüsse sind unabdingbar!

### 3.2.5 Pufferspeicher mit interner Frischwassererwärmung (Wärmetauscherrohr)

Bei einem Pufferspeicher mit interner Frischwassererwärmung wird ein Wärmetauscherrohr durch den Heizungspufferspeicher geführt. Das kalte Trinkwasser wird im Bedarfsfall (bei Entnahme an einer Warmwasserstelle) durch das Innere des Wärmetauschers (Edelstahl-Wellrohr) geführt und durch das heiße Heizungswasser erwärmt. Hierbei handelt es sich de facto um einen wassergeführten Durchlauferhitzer. Das Rohrmaterial wirkt dabei als vollflächiger Wärmeübertrager und bildet eine vollkommene Systemtrennung zwischen Trinkwasser und Heizungswasser und entspricht im Prinzip einem Kombi-Speicher.

Merkmale eines Pufferspeichers mit interner Frischwassererwärmung sind:

- kompakte Baueinheit mit geringerem Montage- und Wartungsaufwand,
- kostengünstiger als eine externe Frischwasserstation,
- keine Hilfsenergie notwendig,
- begrenzte Schüttleistung.

Hinweis: Es ist zu berücksichtigen, dass die Schüttleistung an Trink-Warmwasser durch den integrierten Wärmetauscher (Wellrohr) fest definiert und ähnlich wie bei dem Kombi-Pufferspeicher mit integriertem Trink-Warmwasserbehälter begrenzt ist.

### 3.2.6 Wärmedämmung von Pufferspeichern

Die Wärmedämmung von Pufferspeichern ist sehr wichtig, nicht nur was die Materialien angeht, sondern auch die Ausführung insbesondere der Anschlüsse. Die größten Wärmeverluste treten an den Anschlüssen auf, da diese oft nicht ausreichend gedämmt werden. Es empfiehlt sich, an diesen Stellen die doppelte Dämmschichtdicke zu verwenden wie für die Rohrleitungsdämmung.

Leider handelt es sich bei konventionellen Speicherdämmungen um Materialien mit einem sehr hohen primärenergetischen Aufwand. Mit der Wiederverwendbarkeit steht es sehr oft auch nicht zum Besten. Eine baubiologische Antwort lässt sich fraglos in den nachwachsenden Rohstoffen finden. Bedauerlicherweise lassen hier Innovationen noch auf sich warten, sodass man eine nachhaltige Lösung derzeit nur auf handwerklicher Basis umsetzen kann. Fraglos ist das Dämmstoffproblem in der Haustechnik ein Fakt, der bisher noch kaum beachtet wird. Die Wärmedämmung eines Pufferspeichers bietet dabei allerdings die wenigsten Schwierigkeiten, allein durch seine Bauform.

Vorteilhaft ist, dass zumeist die Wärmedämmung von Pufferspeichern eine Zusatzposition ist, d. h., ein Pufferspeicher kann auch ohne Wärmedämmung erworben werden. Wichtig ist in jedem Fall ein „warmer Fuß" für den Speicher – und das ist beileibe nicht bei jedem Standardmodell der Fall. Es empfiehlt sich eine Holzfaser-Dämmplatte, welche für die zu erwartende Traglast geeignet ist. Der „Fuß" eines Pufferspeichers besteht oft aus einem Stahlblechring, weshalb dann eine Stahlplatte oder Ähnliches zur Bewehrung/Stabilisierung zwischen Pufferspeicher und Holzfaserplatte zu fügen wäre, da hier auf einen Quadratmeter schon gern mal 1 Tonne kommt.

Für die Dämmung der Seiten und des Deckels bieten sich verschiedene Materialien und Ausführungen an. Die Dämmstoffdicke richtet sich nach der Wärmeleitzahl des Baustoffes und sollte einen U-Wert von 0,20 W/(m²K) nicht überschreiten. Um einen flexiblen Materialaufbau zu ermöglichen, wirkt es sich erleichternd aus, wenn die Anzahl der Anschlüsse am Pufferspeicher überschaubar ist. Diese müssen in der Regel verlängert werden und sollten in jedem Fall einer Dichtheitsprüfung unterzogen werden, bevor die Wärmedämmung hergestellt wird.

Hinweis: Es ist bei sämtlichen Speicheranschlüssen darauf zu achten, dass sich keine lösbaren Verbindungen in der Umbauung befinden. Dementsprechend sind die Längen der Anschlussstutzen zu berücksichtigen.

Mit folgenden Möglichkeiten wäre eine baubiologische Lösung umsetzbar:

### Wärmedämmung aus Schilfrohrmatten

Schilfrohrmatten sind die naheliegendste Variante, zumal die Rundungen sehr gut mit vertikal angeordnetem Schilfrohr nachgeformt werden können. Sie lassen sich beispielsweise mit Bändern aus Jute oder ähnlichem Naturgewebe an die Pufferwandung anpassen. Allein die Anschlüsse sind schwierig herzustellen und erfordern in jedem Fall eine Nacharbeit. Eine maximal homogene Materialaufbauschicht muss das erste Ziel sein. Unvermeidbare Schlitze oder Fehlstellen, wie sie wohl an den Anschlüssen nicht zu vermeiden sind, können mit einer Leichtlehmmischung mit reichlich Leichtzuschlag ausgefüllt werden. In diesem Zuge kann als abschließende Oberfläche eine Kalkputzschicht aufgetragen werden.

Hinweis: Wärmedämmschalen aus Holzfasern oder anderen nachwachsenden Rohstoffen wären durchaus denkbar, sind derzeit aber industriell noch nicht verfügbar, müssten also selbst hergestellt werden.

### Wärmedämmung aus Leichtschüttung

Die Wärmedämmung mit einer Leichtschüttung verlangt in jedem Fall eine formstabile Schale, z. B. aus einfachem Spundholz, oder biologisch geeignete Holzbauplatten oder Leichtbauplatten, beispielsweise aus gepresstem Rohrkolben. Der Pufferspeicher wird mit dieser Schalung vollständig verkleidet. Die Anschlüsse müssen also auch hier vollständig erfolgt sein. Da die Schalung auch als abschließende Oberfläche dient, können die Anschlüsse ungleich einfacher hergestellt und gedämmt werden als bei einer Verkleidung mit Schilfrohrmatten. Zudem können Toträume als Dämmebene mit genutzt werden, die ja durch die runde Grundform des Pufferspeichers z. B. in einem rechten Winkel kaum zu vermeiden sind. Als Material für die Schüttung empfehlen sich Perlite gleichermaßen wie Blähton.

### Speichermantel aus Lehmsteinen

Ummauert man den Pufferspeicher mit Lehmsteinen, kann die Wärmespeicherung vergrößert werden. Der Pufferspeicher wird vollständig ummauert und könnte dabei auch eine Wand teilen, zur einen Seite die anlagentechnischen Anschlüsse im Technik- oder Hauswirtschaftsraum und zur anderen Seite als Halbzylinder im Wohnraum. Die Steine werden nach ihrer Rohdichte ausgewählt und mit Lehmmörtel im Kreuzverband um den Pufferspeicher gemauert. Selbst bei noch so sorgfältiger Arbeit werden Hohlräume und -kanten zwischen Pufferspeicherwand und

Lehmsteinen entstehen. Diese gilt es z. B. mit einer feinen Trockenlehmschüttung, Quarzsand oder fein gesiebtem Flusssand auszufüllen.

Der Deckel des Pufferspeichers kann in allen Fällen mit diversen Materialien wie Flachs, Stopfhanf, Blähton bzw. dem Material der Schüttung gedämmt werden. Wichtig ist, dass die Wärmedämmung an der Wandung entsprechend hoch gezogen wird, um im Idealfall mindestens 200 mm Dämmdicke realisieren zu können.

Schon vor der Einbringung des Pufferspeichers ist es wichtig, das Kippmaß zu berücksichtigen. Das ist besonders in Bestandsgebäuden wichtig, wo die Raumhöhen in manchen Kellern recht gering sind. Sie genügt zwar für die Nennhöhe, wenn der Speicher steht. Aber für das Aufstellen ist eben die Länge der Diagonalen als „Kipphöhe" entscheidend, um den Pufferspeicher aufstellen zu können. Auch das ist ein Grund, warum Speicher in der Regel ohne Wärmedämmung ausgeliefert werden.

Wird das Kippmaß nicht entsprechend berücksichtigt, kann es zu erheblichen Problemen während der Umsetzung (Montage und Einbringung des Speichers) kommen!

### 3.2.7 Raumgestaltung mit Pufferspeichern

Meist werden Pufferspeicher in Kellerräumen oder untergeordneten Räumen untergebracht. Befinden sich diese Räume außerhalb der thermischen Hülle, können die Wärmebereitstellungsverluste nicht genutzt werden und gehen tatsächlich verloren. Und irgendwie steht der Pufferspeicher halt einfach so rum.

Dabei kann ein Pufferspeicher durchaus als Wärmequelle im Wohnraum genutzt werden, ganz ohne Wärmebereitstellungsverluste, da diese dem Wohnraum zugute kommen.

Entscheidend für eine Nutzung als wohnrauminterne Wärmequelle ist eine Verwendung des Pufferspeichers ausschließlich zur Bereitstellung von Raumwärme, also kein Betrieb außerhalb der Heizperiode. Die Umbauung des Pufferspeichers erfolgt sodann nicht als Wärmedämmung, sondern vielmehr, in Analogie zur thermischen Bauteilaktivierung, als Wärmespeicher und Wärmequelle.

Es können zur Wohnraumintegration die verschiedensten Bauarten von Pufferspeichern eingesetzt werden, da sie durch die Einbeziehung als Element der Raumgestaltung viel freier in den Raum integriert werden können. Es sind Durchmesser von 500 bis mehr als 1000 mm möglich; Höhen 1200 mm bis weit über übliche Raumhöhen hinaus, sodass der Speicher auch auf zwei Geschossebenen wirken kann; zuzüglich der jeweiligen Umbauung.

Auch die Art der Wärmeübertragung ist variabel je nach Ausführung, ob geringer oder hoher Materialaufbau, direkte oder indirekte Umbauung, wie beispielsweise eine Art Hypokauste, in Verbindung mit einer Luftführung mit einem entsprechenden Luftspalt zwischen Speicherwand und Ummauerung. Auf diese Weise kann eine Luftbewegung forciert oder der thermische Auftrieb der Luftströmung konstruktiv genutzt werden (z. B. Vorerwärmung von Außenluft).

### 3.2.8 Wärmeerzeuger zur Nacherwärmung

Die Nacherwärmung von solaren Defiziten verlangt die thermische Beladung eines Pufferspeichers durch einen oder mehrere Wärmeerzeuger. Der Unterschied dieser Wärmeerzeuger besteht im Vergleich zur solarthermischen Wärmequellenanlage in erster Linie darin, dass die Wärme erst erzeugt werden muss, also ein oder mehrere entsprechende Energieträger oder Brennstoff vorgehalten werden müssen. Entscheidender Vorteil dabei ist, dass die Wärme stets nach Bedarf bereitgestellt werden kann, eben auch, wenn die Sonne nicht scheint.

In der Baubiologischen Haustechnik werden diese Energieträger primär in Form von Biomasse oder aus der Nutzung von Umweltwärme bereitgestellt. Konventionell werden Heizöl und Erdgas verwendet, die allerdings nur in Ausnahmefällen eine ergänzende oder alternative Anwendung finden sollten. Heizöl spielt dabei allein aus umweltrelevanten Gründen nur eine untergeordnete Rolle.

Dabei unterscheidet sich die Nutzung von Umweltwärme dadurch, dass lediglich eine Wärmequellenanlage vorzusehen ist, die jedoch keinen Raumbedarf im Gebäude verlangt. Bei Biomasse-Anlagen verhält es sich da schon ganz anders, da diese eine Lagerung des Brennstoffes Biomasse verlangen, egal ob Stückholz, Pellets oder Hackgut.

Hinweis: Wichtig ist in jedem Fall, bei der Wahl des Energieträgers/Wärmeerzeugers in Sachen Bereitstellung immer auf die Qualität und Versorgungssicherheit des Brennstoffes zu achten.

Für die meisten Anwendungen, besonders im Wohnungsbau, ist in der Regel kaum mehr als ein Wärmeerzeuger notwendig, es sei denn, es werden unterschiedliche Wärmeprozesse (im Sinne einer differenzierten Heizperiode mit den daraus resultierenden unterschiedlichen Lastprofilen) entsprechend einer multiplen Wärmebereitstellung eingebracht. Grundsätzlich aber gilt es, die Abhängigkeit von diesem zweiten Energieträger für die solare Nacherwärmung so klein und überschaubar wie möglich zu halten. In diesem Zusammenhang spielt eine maximale Versorgungssicherheit nach den Kriterien der Ökologie und weitestgehender Autarkie eine wesentliche Rolle.

### 3.2.9 Der Pufferspeicher-Ladekreis (Anlagenhydraulik)

Ein wichtiger Ladekreis ist uns schon in der solarthermischen Anlagentechnik begegnet. Ein Ladekreis bedeutet immer die thermische Beladung einer Wärmesenke bzw. einer Wärmequelle, also eines thermischen Verbrauchers oder eines thermischen Speichers (Akkumulator). Die Richtung des Wärmestroms (Zirkulation) definiert dabei stets, ob es sich um eine Be- oder eine Entladung handelt. Dementsprechend besteht durchaus eine Analogie zum Heizkreis (Wärmeübertragungskreis).

Um die vom Wärmeerzeuger produzierte Wärme in den Pufferspeicher zu bringen, ist ein Speicher-Ladekreis notwendig. Dieser besteht aus einem Ladekreis-Vorlauf und einem Ladekreis-Rücklauf, deren Dimensionierung der Wärmeübertragungsleistung des Massen-Volumenstroms anzupassen ist. Der Volumenstrom ist in der Regel klar definiert und abhängig von den Leistungsbereichen der Wärmeerzeugung, der Nenn-Wärmeleistung des Wärmeerzeugers.

Grundsätzlich besteht ein Speicher-Ladekreis (wie er für jeden Wärmeerzeuger notwendig ist) aus folgenden wichtigen Bestandteilen, die neben der thermischen Beladung des Pufferspeichers auch die hydraulische Komplettierung der Heizungsanlage umfassen:

- Heizungsumwälzpumpe (in der Regel stufengeregelt, aber auch dynamisch – je nach Art der Wärmeerzeugung bzw. Wärmenutzung),
- Absperreinrichtungen in Vor- und Rücklauf (Kugelhähne),
- Temperaturanzeigen in Vor- und Rücklauf, zur Augenscheinkontrolle,
- Membran-Druckausdehnungsgefäß (MAG), um einen konstanten Anlagendruck sicherzustellen,

- Membran-Sicherheitsventil (M-SV) mit einem Ansprechdruck von 3 bar zum Schutz vor unzulässigen Überdruck,
- Druckanzeige durch Federmanometer, zur Augenscheinkontrolle,
- eine Einrichtung zum Spülen, Füllen und Entlüften der Anlage,
- vollständige Wärmedämmung der Rohrleitungen.

Die Heizungsumwälzpumpe sorgt für die thermische Beladung durch Zwangsumwälzung des Massen-Volumenstroms. Absperreinrichtungen ermöglichen die Abkopplung des Wärmeerzeugers z. B. für Reparaturen und Wartung. Um eine langfristige Funktionssicherheit zu gewährleisten, sind an dieser Stelle einmal mehr Kugelhähne zu empfehlen. Temperaturanzeigen lassen schon bei einer Inaugenscheinnahme den Anlagenzustand erkennen, ebenso wie eine Druckanzeige des Anlagendrucks. Eine Füll-, Spül- und Entleerungseinheit ist unverzichtbar für eine fachgerechte Befüllung und Inbetriebnahme der Anlage, aber auch für Wartungszwecke. Dementsprechend ist es vorteilhaft, die Anlage in diesem Bereich um a) einen Mikro-Luftblasenabscheider im Vorlauf und b) einen Schlammabscheider im Rücklauf zu integrieren, um die Funktionssicherheit der Anlage nachhaltig sicherzustellen.

Von wesentlicher Bedeutung sind die anlagenhydraulischen Bauteile, wie an erster Stelle das Membran-Druckausdehnungsgefäß. Dieses Gefäß besitzt eine spezielle Gummimembran, welche den Behälter aufteilt. Der heizungsseitige Anschluss enthält eine Heizungswasservorlage. Auf der anderen Seite der Membran befindet sich Stickstoff zum Druckausgleich und ein Ventil zur Einstellung des Vordrucks bzw. zur Überprüfung des Vordrucks. Im Rahmen von Wartungsarbeiten kann es nach einigen Jahren durchaus vorkommen, dass der Stickstoff ergänzt werden muss, um den notwendigen Vordruck von z. B. 1,5 bar sicherzustellen.

**Abb. WM 3.7:** Im Schnittmodell eines Membran-Druckausdehnungsgefäßes ist die Gummimembran zu sehen, die sich zwischen Heizungswasser-Vorlage und Stickstoffpolster befindet (Quelle: Tom Baerwald)

Hinweis: Defekte MAGs sind häufige Ursache für Anlagenstörungen. Die Qualität der Gummi-Membran muss stets dem Wärmeträgermedium entsprechen. Besondere Anforderungen bestehen z. B. in Solekreisen bezüglich des Glykolgehaltes, welcher auf das Gummimaterial einwirkt.

Das Nennvolumen des Membran-Druckausdehnungsgefäßes muss nach dem Heizungswasserinhalt der gesamten Anlage ausgelegt werden, da der Sinn und Zweck dieses Gefäßes der Volumen-Druckausgleich bei unterschiedlichen Temperaturen (in einem geschlossenen System) ist. Wenn der Wärmeerzeuger während der thermischen Beladung hohe Temperaturen in den Pufferspeicher bringt, bedeutet dies natürlich eine Volumenausdehnung im geschlossenen System und hätte einen Überdruck zur Folge, der über das Membran-Sicherheitsventil (M-SV) – welches die Anlage vor unzulässigen Überdruck schützt – abgelassen, später aber der Anlage fehlen würde. Dementsprechend wirkt bei einer Volumenausdehnung durch Temperaturerhöhung die Stickstoff-Vorlage im Druckausdehnungsgefäß und gleicht diese internen Druckdifferenzen aus, sodass der Anlagendruck konstant bleibt und die Funktion und Betriebsweise der Heizungsanlage sichergestellt ist. Das Membran-Sicherheitsventil ist eine sicherheitstechnische Einrichtung, die nur für den Notfall bestimmt ist.

Hinweis: Wenn das M-SV oft anspricht, wird die Anlage Heizungswasser verlieren, was auch über die Druckanzeige des Manometers zu sehen sein wird. In einem solchen Fall gilt es unbedingt, das MAG zu überprüfen.

Die Ablassleitung des M-SV muss in einen Ablauf geführt werden. Um das Druckausdehnungsgefäß bei Bedarf austauschen zu können, ist es wichtig, dieses über ein sogenanntes Kappenventil anzuschließen. Die Absperrmöglichkeit gilt es aber durch eine Plombieröse zu sichern, um eine unsachgemäße Absperrung des MAGs zu verhindern. Alternativ zum Anschluss im Lade-Rücklauf kann das MAG auch direkt im unteren Bereich des Pufferspeichers angeschlossen werden. In jedem Fall sollte es aber in jenem Bereich positioniert werden, wo niedrigere Temperaturen herrschen, um die Membran vor hoher Hitze und damit schnellem Verschleiß zu schützen.

Die Dimensionierung des Nenninhaltes eines Druckausdehnungsgefäßes lässt sich aus dem Gesamtvolumen und den zu erwartenden Temperaturdifferenzen (Kaltzustand – Betriebszustand) ermitteln.

Der Anlagendruck ergibt sich aus dem atmosphärischen Druck zuzüglich der Anlagenhöhe (10 m Wassersäule = 1 bar Überdruck). In einem Ein- bis Zweifamilienhaus beträgt der Anlagendruck also 1,5 bis 2,0 bar. Bei einem höheren Gebäude mit einem notwendig höheren Anlagendruck von mehr als 2,5 oder 3 bar ist ein entsprechendes Membran-Sicherheitsventil mit einem höheren Ansprechdruck zu wählen. Der kleinste Ansprechdruck eines M-SV beträgt 2,5 bar. Selbstredend muss auch die Druckprüfung der gesamten Anlage auf Grundlage des Anlagen-Betriebsdrucks erfolgen.

### 3.2.10 Ausblick: Energie-Pufferspeicher

Der Heizungspufferspeicher einer Zentralheizungsanlage wird sich in den nächsten Jahren sowohl von seiner Bedeutung als auch hinsichtlich seines Leistungsspektrums weiterentwickeln.

Die Bereitstellung von Wärme und Kraft ist eine zentrale Herausforderung, die zukunftsorientiert nur dezentral dauerhaft sichergestellt werden kann. Aus diesem Grund geht es nicht nur um die

Bereitstellung von elektrischer Energie (wie es der Markt fokussiert) aus erneuerbaren Energien, sondern auch immer um die Bereitstellung von regenerativer Wärme; und nicht zuletzt: die konsequente Nutzung bereits vorhandener Wärmeenergien.

Der Heizungspufferspeicher wird in Zukunft daher auch durchaus eine Symbiose mit einem Stromspeicher bilden können. Aufgrund der Tatsache, dass die Speicherung von elektrischer Energie (offiziell) noch in den Kinderschuhen steckt und die momentane Produktentwicklung lediglich einen Beginn markiert, wird sich in der Speicherung von Energie (Kraft und Wärme) noch allerhand tun, um diesen Herausforderungen auch nachhaltig gerecht werden zu können.

## 3.3 Feuerstätten im Zentrum des Raumes

So lang die Tradition von Feuerstätten ist, so vielfältig sind auch ihre Bauformen und Funktionsweisen. Zu unterscheiden ist, welcher Zweck mit einer Feuerstätte erreicht werden soll. Geht es darum, die Behaglichkeit zu optimieren, ein thermisches Stimmungsbild mit lodernden Flammen und zuckender Glut? Wenn es nur darum geht, dann reicht ein einfacher Beistell-Kaminofen. Dieser könnte dann auch als Not-Heizung zu Verfügung stehen, wenn der nachgeschaltete Wärmeerzeuger/Energieträger versagt oder nicht zu Verfügung steht. Dennoch wird man verhältnismäßig wenig Brennholz vorhalten und auf einen weitergehenden Wärmekomfort verzichten bzw. einen weiteren Wärmeerzeuger (z. B. eine Wärmepumpe) zum Einsatz bringen. Oder möchte man lieber den gesamten Wärmebedarf abdecken? Bei einer optimalen thermischen Ordnung innerhalb des umbauten Raumes besteht durchaus die Möglichkeit, den Anteil zur Nacherwärmung der solaren Defizite überschaubar zu halten. Doch der Aufwand einer Stückholz-Verbrennung in Kombination mit einer solarthermischen Anlage wird durch eine maximale Energieautonomie belohnt.

Der Leistungsbereich der Feuerstätte muss in jedem Fall auf das Raumvolumen bezogen werden, um Überhitzungen zu vermeiden. Bei einem guten Luftverbund zu angrenzenden Räumen kann die Wärme gut verteilt werden und auch abgelegene Bereiche profitieren davon. Es muss ferner genügend Verbrennungsluft zugeführt werden. Das ist bei der Luftdichtigkeit heutiger Effizienzhäuser intern kaum möglich und verlangt daher in der Regel eine externe Verbrennungsluftzuführung. Am einfachsten kann diese über das Kaminsystem der Abgasführung in einem weiteren Luftschacht erfolgen. Die Verbrennungsluftzuführung wird direkt an den Brennraum geführt. Die Regulierung kann sowohl automatisch als auch per Hand erfolgen.

Eine Feuerstelle im Raum eignet sich auch immer zum Warmhalten. Es gibt Ausführungen mit Warmhaltefach oder sogar einem Backfach bis hin zum Holzherd zum Kochen und Backen.

### 3.3.1 Feuerstätten und Lüftungssysteme

Lange Zeit war die Feuerstelle bzw. der daran gekoppelte Rauchgasabzug (Kamin) auch eine Anlage zur Lufterneuerung im Wohnraum. Die Verbrennungsluft wurde durch Restundichtigkeiten (oder auch durch konstruktive Bauteile) nachgeführt und sorgte dabei für einen Luftwechsel im umbauten Raum. Heute ist dies allerdings aufgrund der hohen Dichtheit von Gebäuden schwer noch möglich, weshalb auch die Verbrennungsluft extern zugeführt werden muss.

Spätestens wenn ein ventilatorgestütztes Lüftungssystem vorhanden ist, muss die Feuerstätte mit einer externen Verbrennungsluftzuführung betrieben werden. Oft fordert der Bezirkskaminkehrermeister eine Verriegelungsschaltung, die bei der Überschreitung eines Differenzdrucks das Lüftungsgerät abschaltet. Damit soll vermieden werden, dass durch erhöhte Druckdifferenzen Abgase aus der Verbrennung in den Wohnraum gelangen können. Zentrale Richtlinie ist dabei die Feuerstätten-Verordnung (FeuV) in der jeweils aktuellen Fassung sowie die im Anhang dieser Verordnung definierten Umsetzungshinweise. Darüber hinaus werden derzeit übergreifende Lösungsansätze der in der Praxis oft sehr komplexen und widersprüchlichen Umsetzung angestrebt. Es ist auch durchaus vorstellbar, dass sich die ausgemachten Lüftungsnormen auch diesem Thema konkreter widmen werden.

Hinweis: Grundsätzlich ist bei jeglicher Integration einer Feuerstätte der zuständige Bezirkskaminkehrermeister zu konsultieren.

### 3.3.2 Wassergeführte Feuerstätten

Um Wärme zu speichern, den Leistungsbereich der Feuerstätte aufzuteilen oder einfach nur, um entlegenere Bereiche des Wohnens zielgerichtet zu temperieren, eignen sich wassergeführte Feuerstätten. Diese sind als Kessel zu bezeichnen, denn sie unterscheiden sich nur in ihrer Form und Bauart von einem Heizkessel für feste Brennstoffe, wie ein Scheitholz-Vergaserkessel, der für gewöhnlich im Keller oder Nebenräumen steht und in der Regel deutlich höhere Leistungsgrößen aufweist als eine Feuerstätte im Wohnraum.

Für ein Einfamilienhaus kann/sollte ein wassergeführter Kaminofen mit einer Nennwärmeleistung von 8 kW und einer Leistungsaufteilung von 80 % auf das Heizungswasser und 20 % an den Raum völlig ausreichen. Es werden mehr als 6 kW über einen Heizungspufferspeicher in das Heizungssystem eingespeist. Dies macht einen Pufferspeicher notwendig, allein um die Lasten auszugleichen und dabei eine hydraulische Weiche zu den Heizkreisen der Wärmeübertragungssysteme zu bilden.

### 3.3.3 Anschlusshydraulik eines Biomasse-Heizkessels

Die hydraulische Einbindung von Biomassekesseln gleich welcher Art verlangt ein besonderes Augenmerk und unterscheidet sich von konventionellen Heizkesseln, die mit flüssigen Brennstoffen (Öl oder Gas) befeuert werden. Grundlage ist der vorbeschriebene Speicher-Ladekreis mit all seinen Bestandteilen, der durch eine Rücklauftemperaturhochhaltung zu ergänzen ist.

Die Rücklauftemperaturhochhaltung im Speicher-Ladekreis (auch „Kesselkreis" genannt) ist eine sicherheitstechnische Einrichtung für den Kesselkörper/Brennraum. Sie vermeidet, dass sich im Kessel, wenn dieser im kalten Zustand angeheizt wird, durch das deutlich kühlere Rücklaufwasser Temperaturdifferenzen einstellen, die im Extremfall zu einem Tauwasserausfall führen. Korrosion und Durchrostung können dann schnell die Folge sein.

Bei einer Rücklauftemperaturhochhaltung handelt es sich funktional um einen temperaturabhängigen Bypass. Durch ein thermostatisch betriebenes Drei-Wege-Verteilventil wird vom Vorlaufvolumenstrom so viel Wärme direkt wieder in den Rücklauf geführt, um die Entstehung von großen Temperaturdifferenzen im Kessel erst gar nicht zuzulassen. Erst wenn der Rücklauf eine Mindesttemperatur von 55 °C erreicht hat, schaltet das Drei-Wege-Ventil gänzlich auf Durchgang und der Wärmeübertragungsprozess beginnt.

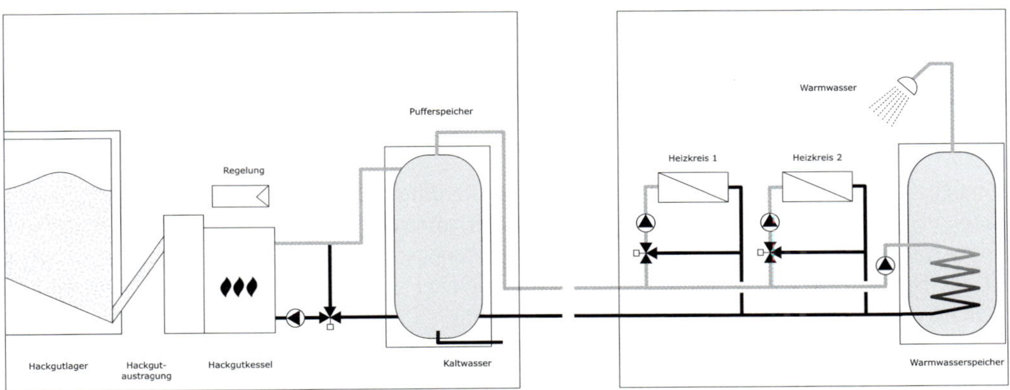


**Abb. WM 3.8:** In kleineren Kesseleinheiten ist heute oft die Rücklauftemperaturhochhaltung bereits werkseitig eingebaut. In großen Anlagen, wie in der abgebildeten Hackschnitzel-Heizkesselanlage, befindet sich die Rücklauftemperaturhochhaltung außerhalb des Kessels im Speicher-Ladekreis. (Quelle: Michael Römer /Solargrafik)

Viele Biomassekessel beinhalten eine Rücklauftemperaturhochhaltung bereits bauseits, oft muss diese aber separat installiert werden. Der Markt bietet hierfür sowohl thermostatisch geregelte Drei-Wege-Verteilventile für den Einbau in den Speicher-Ladekreis an, als auch komplett vormontierte Baugruppen inkl. Wärmedämmblock.

### 3.3.4 Beladestrategien von Pufferspeichern

Besonders bei einer solarthermischen Integration weist der Rücklauf aus dem Pufferspeicher eine niedrige Temperatur auf, um eine entsprechende Wärmesenke für den Solarertrag sicherzustellen. Biomassekessel sind immer Hochtemperatursysteme und können somit sehr schnell ein sich einstellendes solares Defizit ausgleichen. Diese Tatsache lässt sich für die Bereitstellung von Trink-Warmwasser nutzen, indem eine Schnellladung der Bereitstellungszone erfolgt, ohne dass die untere Pufferzone davon berührt wird (Schichtung). In diesem Fall wäre in einer parallelen Schaltung der Rücklauf etwa in der Mitte zwischen Bereitstellungs- und Vorwärmzone zu setzen. Die untere Zone bleibt dabei der solarthermischen Wärmequellenanlage vorbehalten. Erst wenn wirklich kein Solarertrag zu erwarten ist, kann über ein Umschaltventil auch die untere Pufferzone und somit das gesamte Volumen des Pufferspeichers beladen werden.

### 3.3.5 Last-Ausgleichsschaltung zur Wärmeübertragung an den Raum

Ähnlich verhält es sich mit dem Bereitstellungskomfort für die Wärmeübertragung an den Heizkreis. Sollte dieser besonders im Winter während der Heizperiode eine schnelle Nacherwärmung durch entsprechend hohe Temperaturen fordern, ist dies mit einer Last-Ausgleichsschaltung möglich, bei der sich die Abzweigung/Entnahme des Vorlaufes für den entsprechenden Heizkreis im Speicherladekreis-Vorlauf befindet.

Wenn der Wärmebedarf höher ist, als er im Pufferspeicher bereitsteht, der Wärmeerzeuger zugeschaltet wird oder ohnehin schon in Betrieb ist, wird die erzeugte Wärme zuerst in den Heizkreis geführt, um entsprechend schnell Wirkung zu zeigen. Erst wenn der Wärmebedarf für den Heizkreis gedeckt ist, schließt der Mischermotor das Drei-Wege-Ventil und der erzeugte Wärmevolumenstrom wird vollständig in den Pufferspeicher gebracht. Erst wenn der Pufferspeicher seine maximale Bereitstellungstemperatur erreicht hat, schaltet der Wärmeerzeuger aus. Somit sind deutlich längere Betriebs- und Stillstandzeiten für den Wärmeerzeuger realisierbar, was nicht nur die Effizienz unterstützt, sondern auch den Betrieb des Kessels optimiert.

Hinweis: Bei der Last-Ausgleichsschaltung sollte allerdings der Heizkreis-Rücklauf nicht in den Ladekreis-Rücklauf geführt werden, da die Volumenströme des Wärmeerzeugers (statisch) äußerst selten mit dem des Heizkreises (dynamisch) zusammenpassen – eigentlich nie. Aus diesem Grund ist der Heizkreis-Rücklauf immer in den Pufferspeicher zu führen, da dieser als hydraulische Weiche unterschiedliche Volumenströme ausgleicht.

### 3.3.6 Parallelschaltung und Luftfreiheit im geschlossenen System

Bei einer Parallelschaltung an Pufferspeichern – wie sie in Bestandsanlagen oft vorzufinden ist – muss immer erst der Pufferspeicher beladen werden, um daraus den Heizkreis zu versorgen.

Parallelschaltungen sind eher bei größeren Anlagen und höheren Kesselleistungen oder der Kaskadierung von mehreren Speichern üblich. Besonders bei leistungsstarken Stückholzkesseln, wo eine dem Brennraum entsprechende Wärmeabnahme sichergestellt sein muss. Diese Pufferspeicher werden zumeist auf eine sehr hohe Maximaltemperatur bis zu 90 °C gebracht, um den Nutzungsgrad des Kessels zu optimieren und die Wärmeentnahme entsprechend zu gewährleisten.

Ein Stückholzkessel ist im Gegensatz zu einem Pellet- oder Hackgutkessel eben nicht schaltbar, indem die Brennstoffzufuhr unterbrochen wird, sondern erst nachdem das in den Brennraum eingebrachte Stückholz vollständig verbrannt und in Wärme umgewandelt ist. Sollte es bei einem Stückholzkessel zum Ernstfall kommen, dass die Wärme aus dem wassergeführten Brennraum, dem Kessel, nicht weggeführt werden kann, würde irgendwann das Membran-Sicherheitsventil ansprechen, wenn der Ansprechdruck erreicht wird.

Sollte sich aber vorher eine Luftblase in der Leitung des Ladekreises bilden, wird dies nicht geschehen, da eine Luftblase allein ausreichen kann, um eine Zirkulation zu blockieren. Und gerade bei einer Überhitzung im Kesselkreis ist die Bildung von Luftblasen ein absolut nachvollziehbares Resultat. In diesem Zusammenhang ist einmal mehr darauf hinzuweisen, dass es sich bei einer Heizungs-Umwälzpumpe nicht um eine Druckpumpe handelt, die in der Lage ist, ein Luftpolster wegzudrücken. Die Luftfreiheit im geschlossenen System ist in allen Bereichen sicherzustellen. Dafür sind in erster Linie die Leitungsführung, die Dichtheit der Anlage (auch an den Verschraubungsstellen) und Diffusionsdichtheit von verwendeten Materialien grundlegend. Ein Mikro-Luftblasenabscheider kann dabei dennoch die Betriebssicherheit einer Heizungsanlage optimieren.

Hinweis: Die Aufgabe einer Heizungs-Umwälzpumpe besteht lediglich darin, eine zielorientierte Zwangsumwälzung zu realisieren und nicht in der Überwindung von Hindernissen.

### 3.3.7 Sicherheitstechnische Einrichtungen

#### Thermische Ablaufsicherung (TAS)

Für den Fall der Überhitzung eines Stückholzkessels ist daher eine thermische Ablaufsicherung als sicherheitstechnische Einrichtung notwendig. Diese verlangt sowohl einen Kalt-Betriebswasseranschluss (denn hierfür ist kein Trinkwasser notwendig!), als auch einen Spülwasserabfluss, also Abwasseranschluss.

Die Ablaufsicherung besteht aus einem thermisch geregelten Magnetventil für den Anschluss an das Betriebswasser sowie einem festen Auslauf, der als metallische Rohrleitung in einen freien Ablauf zu führen ist. Das Magnetventil ist mit einem vollmetallischen Einsteckthermometer ausgestattet, das an den Stückholzkessel montiert wird, um die Temperatur des Heizwassers stetig zu erfassen.

Sollte diese Temperatur auf 85 °C ansteigen, öffnet das Magnetventil der thermischen Ablaufsicherung und der Kesselinhalt wird mit kaltem Betriebswasser durchspült, um das heiße Heizungswasser über den Ablauf zu verdrängen und den Kesselraum abzukühlen. Dies wird ebenfalls durch das Einsteckthermometer im Kesselraum überprüft, worauf das Magnetventil den Betriebswasserzufluss wieder schließt und die Durchspülung beendet.

### Sicherheitstemperaturbegrenzung (STB)

Bei einem automatisch beschickten Heizkessel, also in unserem Fall einem Pellet- oder Hackgutkessel, kann bei einer Überhitzung des Kesselwassers die Brennstoffzufuhr mechanisch wirksam unterbrochen werden. Da durch die selbstständige Brennstoffförderung nur eine deutlich kleinere Menge Brennstoff eingebracht wird, als es bei Stückholzkesseln der Fall ist, hat dies natürlich auch eine unverzügliche Wirkung auf die Kesselwassertemperatur.

Um diese Sicherheitsfunktion realisieren zu können, befindet sich ein Kesselwasser-Temperaturfühler mit einer Schaltfunktion am Kessel, der mit der Fördereinrichtung der Brennstoffzufuhr in Verbindung steht und diese bei einer Temperatur von 85 °C außer Betrieb setzt. Der restliche Brennstoff verbrennt und glimmt aus. Der Kessel wird auch erst nach einer Rücksetzung/Entriegelung des Sicherheitstemperaturbegrenzers von Hand wieder betriebsbereit sein. Somit wird diese Störung bemerkbar und ermöglicht eine entsprechende Fehlersuche. Das kann schon der Ausfall der Umwälzpumpe im Speicherladekreis sein.

## 3.4 Die Heizungswärmepumpe

Die Integration einer Heizungswärmepumpe ist die notwendige Konsequenz, die sich aus der Nutzung von Umweltwärme zur Nacherwärmung solarer Defizite ergibt. Die Wärmepumpe ist als Aggregat weitgehend bekannt; ihre Wirkweise der Wärmeentstehung ist eine vollkommen andere, als wir in den letzten Jahrzehnten oder Jahrhunderten gewohnt waren zu nutzen.

Die Wärme entsteht nicht aus einem Verbrennungsprozess, sondern aus einem Arbeitsprozess mithilfe von besonderen Wärmeträgermedien (Kältemittel). Für diesen Arbeitsprozess ist mechanische Arbeit notwendig, welche mittels einer elektrischen Spannungsversorgung (Hilfsenergie) erledigt wird.

So gesehen ist die Wärmepumpe durchaus ein Wärmeerzeuger, der durch mechanische Arbeit und das Wirken eines Wärmeträgermediums in einem geschlossenen Kältekreis bereits vorhandene Wärme lediglich auf ein höheres Temperaturniveau anhebt. Damit unterscheidet sich die Wärmepumpe grundlegend von den vorbesprochenen Wärmeerzeugern und steht damit einzig der solarthermischen Anlagentechnik nahe, zu der auch erhebliche Synergien in der Anwendung bestehen.

<u>Hinweis</u>: Entscheidend für eine Wärmepumpe ist immer die Qualität der Wärmequelle. Jede Wärmepumpe kann nur so gut sein, wie ihre vorgeschaltete Wärmequellenanlage!

Eine Wärmepumpe kann also nicht allein betrachtet werden, sondern immer nur als Wärmepumpenanlage, deren wesentliche Komponenten systemisch aufeinander abzustimmen sind:

- Wärmequellenanlage (WQA),
- Wärmepumpe (WP),
- Wärmenutzungsanlage (WNA).

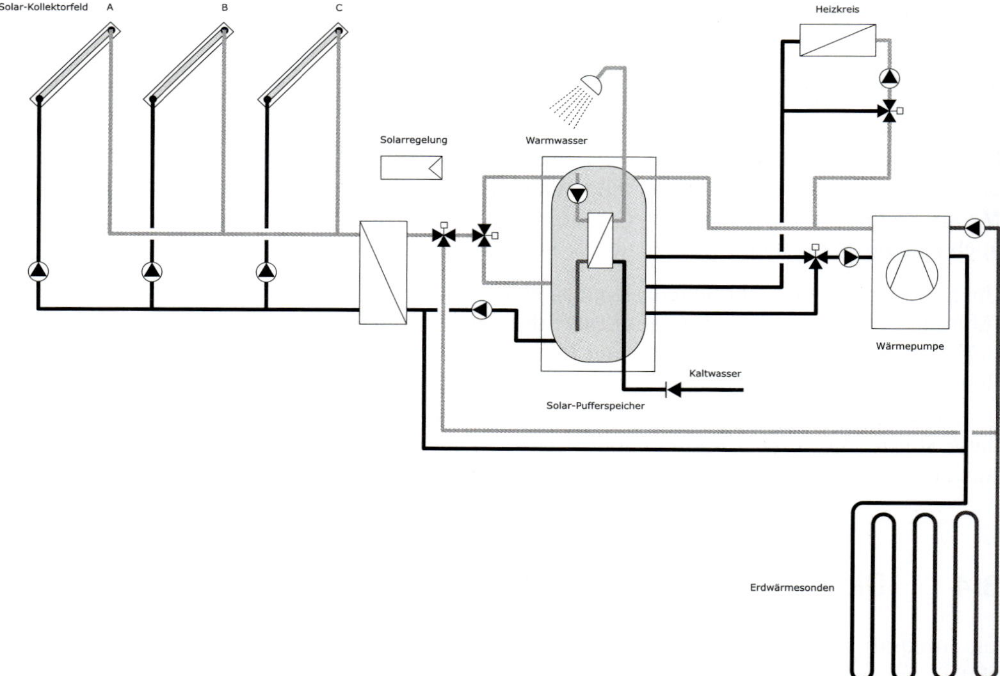


**Abb. WM 3.9:** Die Erdwärmesondenanlage ist die vorgeschaltete Wärmequellenanlage (WQA) und lässt sehr gut die Analogie zur solarthermischen Wärmequellenanlage erkennen. Sie ist als eigenständiges Anlagensystem zu begreifen, das eine konkrete, leistungsbezogene Auslegung (Entzugsleistung) sicherstellt. Die Wärmepumpe steht im Zentrum und der Pufferspeicher zur Bereitstellung der Wohnwärme bildet die Wärmenutzungsanlage (WNA). (Quelle: Michael Römer/Solargrafik)

Die Qualität der bereitstehenden oder zu generierenden Wärmequelle und die daraus zu entwickelnde Wärmequellenanlage ist in der Baubiologischen Haustechnik durch folgende Kriterien geprägt:

- natürliche Verträglichkeit – ökologische Standards,
- Technische Regeln als Mindeststandard,

- sanfte Auslegung durch verhältnismäßige Überdimensionierung,
- geringer Aufwand an Hilfsenergie und Wartung,
- Nutzung von unnatürlichen Wärmequellen, z. B. Prozesswärme, Abwasser, Abluft.

Die Wärmequellen zur Nutzung von Umweltwärme unterscheiden sich grundlegend in natürliche Wärmequellen und unnatürliche Wärmequellen. Die natürlichen Wärmequellen werden im Bereich ERDE behandelt. Viel wichtiger aber wird es in Zukunft sein, sich auf die unnatürlichen Wärmequellen zu konzentrieren, die in einer Vielzahl zur Verfügung stehen, was uns im Grunde noch gar nicht bewusst ist. Es geht um die systemische Integration von Wärmeprozessen im Gebäude. Dafür kann ein Wärmepumpenaggregat ein hervorragender Helfer sein.

Für die mechanische Arbeit ist allerdings immer elektrische Energie notwendig, mit der wir uns im Bereich KRAFT beschäftigen und sehen werden, wie diese elektrische Energie zu generieren ist.

### 3.4.1 Wärmequellenanlagen

Bereits aus der solarthermischen Anlagentechnik ist uns der Begriff Wärmequelle bekannt. Die Wärmequelle ist die Sonne oder auch die Umweltwärme. Um diese Wärme allerdings nutzen zu können, müssen wir sie einsammeln, so wie mit einem Solarabsorber. Der Solarkollektor bildet dabei eine Wärmequellenanlage, da er nicht nur das Einsammeln der Wärme ermöglicht, sondern diese Wärme auch der Wärmebereitstellung zuführt. Bei der Wärmequellenanlage einer Wärmepumpe handelt es sich um genau dieselbe Aufgabenstellung und Konfiguration, allerdings – und das ist der Unterschied – reicht diese Wärme noch nicht aus, weshalb die Wärmepumpe mit ihrem Arbeitsprozess zwischengeschaltet ist.

Die wärmepumpenspezifische Wärmequellenanlage liefert zwar eine deutlich niedrigere Temperatur als eine solarthermische Wärmequellenanlage, dafür aber ungleich sicherer und konstanter. Die Nutzung von Solar- und Umweltwärme bietet also nicht nur eine ideale Kombination, sondern auch eine gegenseitige Systemoptimierung aufgrund ihrer Gemeinsamkeiten.

#### Solaroptimierte Wärmequellenanlagen

Bei einer solaroptimierten Wärmequelleanlage können niedrige solarthermische Temperaturen zur Optimierung der Arbeit der Wärmepumpe genutzt werden, indem beispielsweise die Soletemperatur einer erdgekoppelten Anlage erhöht wird. Daraus kann eine Steigerung der Jahresarbeitszahl folgen, die einen niedrigeren Strombedarf für die Wärmepumpe zur Folge hat und dabei noch die natürliche Wärmequellenanlage schont.

#### Wärmenutzung aus Grauwasser

In der Nahwärmeversorgung ist eine Wärmenutzung aus Abwasser bereits Realität, im Wohnungsbau könnte eine Wärmerückgewinnung aus Abwasser auch dezentral erfolgen. Beispielsweise ließe sich in der Grauwassertechnik ein Wärmepumpenaggregat integrieren, um die Wärme aus dem Grauwasser nutzen zu können. Entscheidend ist dafür freilich das Verhältnis von Aufwand und Nutzen. Im Mehrfamilienhaus oder im Mehrgeschosswohnungsbau mit einem hohen Grauwasserdurchsatz und ebenso hohem Warmwasserbedarf wäre dies ein absolut denkbarer und realisierbarer Ansatz, der den Kriterien einer Baubiologischen Haustechnik vollkommen entsprechen kann. Im Bereich WASSER haben wir ja bereits angedeutet, welche Wärmemengen im Grauwasser schlummern.

## 3.5 Wärmeverteilung

Die Wärmeverteilung bildet die notwendige Schnittstelle bzw. Verbindung der Wärmebereitstellung zur unmittelbaren Wärmenutzung. Dazu gehören zum einen Versorgungsleitungen für externe Frischwasserstationen zur Trinkwassererwärmung sowie die Versorgungsleitungen der Heizkreise für die Wärmeübertragung an den Raum und schließlich die Versorgungsleitungen der Speicher-Ladekreise als Bestandteil der Wärmebereitstellung.

Die Wärmeübertragung eines wassergeführten Heizungssystems verlangt ein geschlossenes System, bestehend aus Vor- und Rücklauf. Aus diesem Zusammenhang lässt sich leicht die Bezeichnung „Heizkreis" ableiten, obgleich die Bezeichnung „Wärmestromkreis" treffender die grundsätzliche Funktion beschreibt.

Dementsprechend handelt es sich bei den Leitungen in einem Heizungssystem in der Regel um Leitungspaare. Dem Wasser (Heizungswasser) kommt dabei als Wärmeträgermedium auch die Aufgabe des Transports verschiedenster Wärmemengen in Abhängigkeit einer Zeiteinheit in kg/h zu.

Die Menge (Massen-Volumenstrom) der transportierten Wärme findet in der Dimensionierung der Leitungsquerschnitte seine Beachtung. Ebenso gelten die Leitungslänge sowie etwaige Druckverluste als Dimensionierungskriterien.

Hinweis: Sauerstoffdiffusion von Rohrleitungsmaterialien gilt es auszuschließen, um eine Anreicherung des Heizungswassers mit Sauerstoff zu vermeiden.

### 3.5.1 Materialien von Heizungsleitungen

Bis in die 1980er Jahre wurden ausschließlich Metallrohre aus schwarzem Stahl oder Kupfer installiert. Mit den ersten Fußbodenheizungsrohren aus Kunststoff setzten sich immer mehr Kunststoffrohre durch, die sich mittlerweile zu sogenannten Mehrschicht-Verbundrohren entwickelt haben. Wichtig ist bei Heizungsleitungen immer eine hohe Materialgüte mit maximaler Möglichkeit einer nachhaltigen Wiederverwertung. Die Produktvielfalt von Heizungsrohren ist in den letzten Jahren schier ins Unüberblickbare gestiegen.

#### Schwarzes Stahlrohr

In Bestandsgebäuden kommt es noch vor, dass die Installation in schwarzem Stahlrohr ausgeführt wurde. Heute ist für diese Handwerkskunst keine Zeit mehr und kaum ein Heizungsbauer vermag sie noch auszuführen. Es können allerdings zwei verschiedene Dimensionierungen auftreten. Die meisten Bestandsanlagen sind schon mit der Zoll-Ausführung ausgestattet, sodass ein Neuanschluss, eine Erweiterung o. Ä. ohne Schwierigkeiten möglich ist, da diese Größen auch heute noch gebräuchlich sind. In älteren Bestandsgebäuden ist aber durchaus noch Siederohr vorzufinden, welches eine Millimeter-Bemessung aufweist, die nicht mit den Zoll-Durchmessern zusammen passt. Das bedeutet in diesen Fällen einen Eingriff in die bestehende Anlage mit Schweißarbeiten, um einen oder mehrere Übergänge in Zoll herzustellen.

Bei sehr alten Bestandsanlagen, besonders wenn es sich noch um offene Systeme handelt, sollte unbedingt das Material auf seine Funktionsfestigkeit geprüft werden.

Hinweis: Ein hoher Sauerstoffanteil in Heizungsanlagen – insbesondere mit einer Installation aus schwarzem Stahlrohr – birgt die Gefahr von Rost und deutlicher Schwächung der Wandstärken.

Aus diesem Grund sollte man gut überlegen, welche Bestandsleitungen wirklich noch erhaltenswert und vor allem noch betriebssicher sind. Die gebräuchlichsten Leitungsquerschnitte von schwarzem Stahlrohr sind 3/8", 1/2", 3/4", 1", 5/4", 11/2".

#### Kupferrohr

Kupferrohr ist sicherlich am meisten verbreitet und hat sich in der Verbindungstechnik den heutigen Anforderungen und Standards angepasst. Die Rohrstärken sind europäisch normiert und festgelegt. Erweiterungen sind problemlos möglich.

Kupferrohr wird in verschiedenen Härten (leicht – mittelhart –hart) hergestellt. Grundsätzlich wird zwischen Stangenrohr und Rollenrohr unterschieden. Das Stangenrohr wird für Verteilungen, Steigstränge und Versorgungsleitungen verwendet, wohingegen das Rollenrohr besonders bei Flächenheizungssystemen eingesetzt und für Anschlussleitungen verwendet wird.

Die gebräuchlichsten Leitungsquerschnitte von Kupferrohr sind: 12 mm, 15 mm, 18 mm, 22 mm, 28 mm, 35 mm, 43 mm.

Selbstredend müssen sämtliche metallischen Heizungsrohre am Potentialausgleich angeschlossen sein!

#### Mehrschichtverbundrohr

Mehrschichtverbundrohre bestehen aus mehreren Schichten von Kunststoffen. Zwischen den Schichten ist oft ein Leichtmetall (Aluminiumrohr) integriert, um die Steifigkeit aufrecht zu erhalten und die Biegbarkeit zu ermöglichen. Leitungsquerschnitte sind herstellerspezifisch.

### 3.5.2 Wärmedämmung von Heizungsrohren

Das Problem der Wärmedämmmaterialien wurde schon erläutert, dennoch ist auf eine umfassende Wärmedämmung sämtlicher Leitungen nicht zu verzichten. Die Wärmedämmungen von Heizungsrohren sind immer vollständig und vollflächig – nach den Anforderungen der EnEV – herzustellen. Besonders zu beachten sind dabei:

- sämtliche Anschlüsse von heizungstechnischen Komponenten,
- Anschlüsse am Speicher zur Wärmebereitstellung,
- Wärmedämmschalen von Bauteilen (z. B. Pumpen, Absperreinrichtungen, Heizkreisstationen).

Es wäre im Sinne einer biologischen Bauordnungslehre absolut wünschenswert, wenn sich mehr Innovationen zur Nutzung nachwachsender Rohstoffe, z. B. in Form von Wärmedämmschalen, ergeben würden. Auf PVC sollte grundsätzlich verzichtet werden.

### 3.5.3 Die Wärmezone des Heizkreises

Es sollte bei der Leitungsführung auf die Vermeidung von hydraulischen Widerständen geachtet werden. Die Widerstände durch die Komponenten sind groß genug und müssen durch die Heizungspumpe ausgeglichen werden. In diesem Sinne ist auch die Anzahl von thermischen Verbrauchern in einem Heizkreis begrenzt. Man tut ohnehin gut daran, die Heizkreise im Sinne des Gebäudes und der Raumaufteilung in einzeln regelbare Wärmestromkreise aufzuteilen. Dabei besitzt jeder Heizkreis immer die über die Heizkennlinie eingestellte Systemtemperatur. Das bedeutet, dass bei unterschiedlichen Systemtemperaturen diese durch unterschiedliche Heizkreise geführt werden. Dabei ist auch jeder Heizkreis separat steuerbar.

Beispielsweise kann in einem Mehrgeschosswohnungsbau die Wärmeverteilung der Heizkreise grundsätzlich nach der Ausrichtung des Gebäudes ausgelegt werden. Somit würde ein Heizkreis für die nach Norden gerichtete Zonierung/Bereich und ein Heizkreis für die nach Süden orientierten Räume zur Verfügung stehen. Beide Heizkreise können in der Feinabstimmung mit Unterschieden in der Kennlinie betrieben werden, die sich aus der Lage der Räume zur Sonne ergeben. Bei großflächigen Gebäuden könnte man ebenso mit Westen und Osten verfahren.

In einem Einfamilienhaus gibt es in der Regel einen Heizkreis, hin und wieder jedoch auch zwei, möchte man zwei verschiedene Systemtemperaturen nutzen (z. B. Fußbodentemperierung und Heizkörper, wie es in vielen Bestandsgebäuden anzutreffen ist). Auf eine ringförmige Verlegung sollte verzichtet werden, es sei denn, es entspricht dem System (z. B. Sockel-Heizleisten oder Heizkörper in der Sanierung). Vielmehr ist auf eine geordnete Richtung des Wärmestroms zu achten.

#### Der oder die Heizkreise (der Makrokreis)

Der oder die Heizkreise werden an der Entladeseite des Pufferspeichers angeschlossen und die Versorgungsleitung transportiert die Wärme in das Gebäude. In diesen Zonen ist auf direktem Weg und an zentraler Stelle ein Verteil- und Sammelrohr zu positionieren, das auch erreichbar sein sollte und Aufputz installiert werden kann.

Die Verteil- und Sammelrohre sind vorgefertigte Bauteile entsprechend der Anzahl der Wärmestromkreise. Nicht im Verteilerrohr, sondern im Sammelrohr befindet sich das Ventil mit Feineinstellung, um den notwendigen Durchfluss (Einzelvolumenstrom) des Wärmestromkreises einzustellen. Eine Füll-, Spül- und Entleereinheit an dieser Stelle sollte nicht fehlen. Diese ermöglicht ohne großen Aufwand jederzeit das Spülen eines einzelnen Wärmestromkreises sowie eine nachhaltige Entlüftung. Auf Entlüftungseinheiten kann somit besonders bei Flächentemperierungssystemen meist verzichtet werden. Ein Spülvorgang kann solange wiederholt werden, bis definitiv keine Luft mehr im System ist.

Luft kann nicht nur die Umwälzpumpe blockieren, sondern auch Geräusche emittieren. Lufteintrag führt zur Verschlechterung der Heizungswasserqualität und Verunreinigungen. Aus diesem Grund ist vielmehr ein Mikro-Luftblasenabscheider an jenen Stellen zu positionieren, wo große Temperaturdifferenzen bestehen, was insbesondere in der Bereitstellungstechnik der Fall ist. Luft kann zu einer Vielzahl von Schäden und Belastungen der Anlage führen und sollte daher vermieden werden. Der hydraulische Widerstand dieser Armatur ist unerheblich. Natürlich verlangt die Positionierung eine beruhigte Strecke. In diesem Zusammenhang ist ein konstanter Anlagendruck aufrecht zu halten und per Augenschein stetig zu kontrollieren.

### Der Stockwerks- oder Etagenverteiler (die Mikrokreise)

An zentraler Stelle kann auf jeder Raumebene ein sogenannter Stockwerks- oder Etagenverteiler positioniert werden, der vom Heizkreis versorgt wird und über einen Vorlaufverteilerbalken die einzelnen Wärmestromkreise versorgt sowie über einen Rücklaufsammelbalken sämtliche Rückläufe wieder zum Heizkreis rückführt. Über Stellmotoren, welche mit 12- bzw. 24-V/50 Hz betrieben werden, wird das Ventil des Wärmestromkreises betätigt. Je mehr Ventile betätigt werden, desto höher steigt der Widerstand, woraufhin die elektronisch gesteuerte Heizungs-Umwälzpumpe ihre Leistung verringert und dem jeweiligen Bedarf anpasst. Somit wird ein Minimum an elektrischer Energie für die Heizkreispumpe benötigt.

**Abb. WM 3.10:** An einem Wärmeverteilerbalken eines Stockwerk- oder Etagenverteilers lassen sich für jeden Stromkreis die Volumenströme einregulieren. Nach unten sind die Kupferrohre für die Anschlussleitungen der Wärmeübertragung (Wärmestromkreise) zu erkennen. (Quelle: Tom Baerwald)

## 3.5.4 Pumpen im Heizungssystem

Um Wärmetransporte zur Wärmeverteilung und Wärmeübertragung zielorientiert sicherzustellen, sind Umwälzpumpen für die kontrollierte Zwangsumwälzung im geschlossenen Heizungssystem notwendig.

Die konkrete Aufgabe einer Heizungspumpe ist der Transport einer definierten Menge von temperiertem Heizungswasser als Wärmeträgermedium innerhalb eines definierten Systems in einer Zeiteinheit (kg/h). Daraus ergibt sich der notwendige Massen-Volumenstrom, der für die Wärmeübertragung sicherzustellen ist, sowie die Förderleistung der Umwälzpumpe.

In der Heizungstechnik werden fast ausschließlich Kreiselpumpen verwendet. Für kleine und mittlere Anlagen werden in der Regel Nassläuferpumpen mit einem Spaltmotor eingesetzt.

**Abb. WM 3.11:** Das Schnittmodell einer stufengeregelten Heizungs-Umwälzpumpe zeigt die Funktionsweise dieser Pumpen zur Zwangsumwälzung (Quelle: Tom Baerwald)

Diese Heizungspumpen sind in der Regel wartungsfrei und zeichnen sich durch eine besondere Laufruhe aus. Dafür ist eine Luftfreiheit wichtig. Wenn sich Luft in der Pumpe ansammelt, führt dies nicht nur zu Geräuschen, sondern kann auch die Funktion der Pumpe einschränken. Daher muss eine Heizungspumpe immer absolut entlüftet sein, denn das Heizungswasser dient auch zur Lagerschmierung und wirkt schalldämpfend. Eine Entlüftung muss stets manuell stattfinden, ggf. über die Entlüftungsschraube.

Nassläuferpumpen werden für Förderströme bis etwa 100 $m^3$/h und Förderhöhen bis etwa 15 m angeboten. Die genauen Leistungsangaben sind den Kennlinien der Hersteller zu entnehmen. Die meisten Hersteller bieten auch komplette Umbausets besonders für die Modernisierung von Heizungsanlagen an.

Heizungspumpen können sowohl senkrecht als auch waagerecht in die Heizungsleitung eingebaut werden. Beim waagerechten Einbau muss der Pumpenmotor allerdings in der Regel nach oben zeigen. Auch hier gilt es, die Montageanweisung des Herstellers zu beachten.

## Stufengeregelte Heizungspumpen

Traditionell wurden Heizungspumpen als stufengeregelte Pumpen hergestellt, die ihre Leistung über ein Stufen-Stellrad (meist 3, selten 4 Leistungsstufen) einstellen lassen. Stufengeregelte Heizungspumpen fördern einen konstanten Volumenstrom, was bei manchen Anwendungen, z. B. einer Konstanttemperaturbeladung, durchaus wünschenswert ist.

Konstante Volumenströme sind beispielsweise in Speicherladekreisen vorzufinden, aber auch in Heizkreisen von Bestandsanlagen, die allerdings gegen elektronisch geregelte Heizungspumpen ausgetauscht werden müssen. Auch hierfür bieten die meisten Hersteller entsprechende Umbausets an.

## Dynamisch geregelte Heizungspumpen

Seit mehreren Jahren haben sich zunehmend bei kleinen und mittleren Anlagen elektronisch geregelte Heizungspumpen durchgesetzt, um durch ihre dynamische Leistungsanpassung eine höhere Energieeffizienz des Systems zu erzielen. Sie ermöglichen eine zielorientierte Betriebsweise, wie z. B. bei der Solarthermie, je nach Sonneneinstrahlung passt sich die Leistung der Pumpe an. Denn dynamisch geregelte Heizungspumpen fördern einen variablen Volumenstrom entsprechend den Anforderungen des Systems, insbesondere eines gemischten Heizkreises zur Wärmeübertragung an den Raum.

Wichtig für den zielorientierten Einsatz von elektronisch geregelten (dynamischen) Heizungspumpen ist der genaue hydraulische Abgleich im Heizungssystem. Die elektronische Regelung richtet sich entweder nach der Druckdifferenz oder der Temperaturdifferenz.

**Abb. WM 3.12:** Eine elektronische Heizungs-Umwälzpumpe für eine dynamische Betriebsweise lässt sich allein optisch leicht von stufengeregelten Pumpen unterscheiden. Sie zeigt die Effizienzklasse an und während des Betriebes leuchtet bei manchen Modellen die aktuelle Leistungsaufnahme in Watt auf. (Quelle: Frank Hartmann)

Im Gegensatz zur stufengeregelten Heizungspumpe passt die elektronisch geregelte Heizungspumpe ihren Förderstrom den Anforderungen an das System dergestalt an, dass beim Schließen einzelner oder mehrerer Stellglieder (z. B. Heizkörperventile) der Förderstrom sich vollautomatisch verringert und somit wesentlich weniger Strom verbraucht wird als bei konstantem Förderstrom.

Bei großen Anlagen werden die Heizungspumpen über einen Flanschanschluss in die Heizungsleitung eingebaut. Dabei handelt es sich in Bestandsanlagen oft um Heizungssiederohr (kein Zoll-Maß), welches geschweißt installiert wurde. Bei einer Erneuerung der Pumpen ist hierbei die Rohrweite zu berücksichtigen. In kleinen und mittleren Anlagen sind diese Pumpenbauarten in der Regel nicht oder sehr selten anzutreffen. Vorwiegend findet man sie in Nicht-Wohngebäuden, Gewerbe und Industriebauten.

Mittels einer übergeordneten Regelung kann auch eine stufengeregelte Heizungspumpe über eine Phasenverschiebung oder einen Trigger leistungsbezogen angesteuert werden, wie es z. B. bei Solaranlagen mit entsprechender Regelungen oder zentralen Regeleinheiten der Fall sein kann. Bei Solarregelungen werden die Umwälzpumpen auch oft in verschiedenen Taktintervallen betrieben.

### 3.5.5 Leistungsbestimmung von Heizungspumpen im Bestand

Um Heizungspumpen im Bestand zu bewerten, ist eine genaue Dokumentation notwendig. In jedem Fall sollte ein Foto über die Einbausituation gemacht sowie die Angaben auf dem Typenschild dokumentiert werden. Auf der oben dargestellten Abbildung sind folgende wesentliche Merkmale zu erkennen, wie sie bei nahezu allen Heizungspumpen angegeben sind:

Hersteller und Fabrikat; Typ UPE 25-40 bedeutet Dimension DN 25; Förderhöhe 40, Einbaulänge: 180 mm, die Spannungsversorgung: 230 V/ 50 Hz, sowie die Mindestangaben des Nennstroms und der Nennleistung. Die Angaben zur Förderhöhe lassen die Förderleistung (Förderdruck) erkennen und sind im Detail den Herstellerangaben zu entnehmen bzw. mit diesen abzugleichen.

Folgende Umwälzpumpen zur Zwangszirkulation sind in einem Heizungssystem vorzufinden:

| Systemabschnitt | Bemerkung |
|---|---|
| Heizkreis | Elektronische Umwälzpumpe in gemischten Heizkreisen in Verbindung mit dem hydraulischen Abgleich |
| Ladekreis | Stufengeregelte Umwälzpumpen für Ladekreise der Wärmebereitstellung, z. B. Kessel-Speicher-Ladung; bei Ladekreisen von Frischwasserstationen wird die Pumpe in Abhängigkeit der Temperatur auch elektronisch geregelt |
| Solarkreis | Elektronische/Stufengeregelte Umwälzpumpen in solarthermischen Anlagen, bei direkter Speicherbeladung und auch indirekter Speicherbeladung über einen externen Solarwärmetauscher mit zusätzlicher Ladepumpe an den Speicher |
| Solekreis | Stufengeregelte Umwälzpumpen für erdgekoppelte Wärmequellenanlagen für Sole-Wasser-Wärmepumpen |

### 3.5.6 Inbetriebnahme von Heizungspumpen

Bei der Inbetriebnahme von Heizungspumpen ist es wichtig darauf zu achten, dass sich keine Luft im Pumpenkörper befindet und die genauen Einstellungen gemäß den Anforderungen des Systems vorgenommen werden. Auch hier gilt es, den Inbetriebnahmeanleitungen des Herstellers zu folgen. Die genaue Auslegung bzw. Dimensionierung und Einstellung von Heizungspumpen ist Grundlage nicht nur für die sichere Funktionsweise, sondern ebenso für die Energieeffizienz der Anlage bzw. des Systemabschnitts.

### 3.5.7 Möglichkeiten zum Füllen, Spülen, Entleeren und Entlüften

In der Leitungsführung von Heizungssystemen sind auch immer die Möglichkeiten zum Füllen der Anlage (KFE) und zur umfassenden Spülung vorzusehen. Hierfür eignen sich kompakte Füll-, Spül- und Entleerungseinheiten.

Für die Entlüftung sind Entlüftungsventile vor allem an den Wärmeübertragungssystemen, aber auch an „schwierigen Stellen" in der Leitungsführung zu installieren. In der anlagenhydraulischen Verrohrung der Bereitstellungstechnik sind besonders Mikro-Luftblasenabsorber von Nutzen.

Diese Mikro-Luftblasenabsorber funktionieren vollautomatisch und sammeln bereits kleinste Luftbläschen aus dem System – noch bevor diese zu Luftblasen anwachsen können.

Um Verschmutzungen innerhalb des Systems zu vermeiden, empfiehlt es sich, neben den üblichen Spül- und Reinigungsintervallen einen Mikro-Schlammabscheider einzubauen. In der Regel wird dieser im Rücklauf zwischen Wärmeerzeugung und Wärmespeicherung installiert. Wichtig ist die Zugänglichkeit im Rahmen von Wartungsarbeiten, um den Schlammsammler bei Bedarf entleeren zu können. Dennoch sollte auch an dieser Stelle vorrangig im Rahmen einer nachhaltigen Systemsicherung die Ursache einer erhöhten Schlammbildung behoben werden.

Besonders bei alten Bestandsanlagen, die jahrzehntelang mit Gussheizkörpern oder Gussheizkesseln betrieben wurden, sind sehr hohe Schlammablagerungen dann zu beklagen, wenn die Heizkörper von unten nicht mehr warm werden. Sollte eine Bestandsanlage mit Komponenten aus Guss betrieben worden sein und die Leitungen erhalten bleiben, ist eine umfassende Spülung des gesamten Systems unumgänglich. Insbesondere Fußbodenheizungsrohre neigen zu Schlammablagerungen, welche natürlich auch hier die Wärmeübertragung erschweren.

Grundsätzlich aber sollte das geschlossene System einer Heizungsanlage in objektspezifischen Intervallen (5 bis 10 Jahre) regelmäßig vollständig durch Spülung gereinigt und das Heizungswasser ausgetauscht werden.

#### Vermeidung von Fehlzirkulationen

Hinsichtlich der Leitungsführung, beispielsweise bei Speicheranschlüssen von Wärmeerzeugern, gilt es zu beachten, dass keine Fehlzirkulationen durch die Leitungsführung erfolgen. In solchen Fällen sollte stets eine Umkehrung (Thermosifon) der Leitungsführung vorgenommen werden, um die ungewollte und unkontrollierte thermische Entladung von Speichern über die Schwerkraft durch die Anordnung der Anschlüsse und Leitungswege zu verhindern. Selbst das innovativste und effizienteste Heizungssystem kann durch unbemerkte Fehlzirkulationen und daraus resultierende fehlgeleitete Wirkströme seine Vorteilswirkung vollkommen verlieren.

## 3.6 Wärmebereitstellung im Beispielhaus

Die Wärmebereitstellung im Beispielhaus erfolgt mittels solarthermischer Anlagentechnik, einem wohnraumintegrierten Heizungspufferspeicher für die Raumwärme, einem Pufferspeicher mit integriertem Edelstahlwellrohr zur Warmwasserbereitung im Durchflussprinzip und einer wassergeführten Feuerstätte im Wohnraum als solare Nacherwärmung sowie zum Kochen und zum Backen.

### 3.6.1 Solarthermische Wärmequellenanlagen

Die solarthermische Anlagentechnik besteht aus drei solarthermischen Wärmequellenanlagen, welche folgende Solarkreise bilden:

- SK1 – Fassadenintegrierter Flachkollektor Ost – 90°
- SK2 – Fassadenintegrierter Flachkollektor West – 90°
- SK3 – Fassadenmontierter Vakuum-Röhrenkollektor Süd – 80°

Die beiden Fassadenkollektoren sind bauteilintegrierter Bestandteil der Holzständerkonstruktion, welche im Detail ausgebildet werden.

### 3.6.2 Solarthermische Wärmesenken

Der Ost- und West-Kollektor mit einer wirksamen Aperturfläche von je ca. 12 m² speist den Pufferspeicher mit integriertem Edelstahlwellrohr, welcher direkt unter dem First positioniert ist und vorrangig der Trinkwassererwärmung dient. Eine solare Nacherwärmung erfolgt über den Pufferspeicher bzw. direkt aus dem Kessel-Ladekreis der wassergeführten Feuerstätte.

Der fassadenmontierte Vakuum-Röhrenkollektor mit einer wirksamen Aperturfläche von etwa 10 m² speist den Heizungspufferspeicher sowie die solare Bauteiltemperierung innerhalb der Heizperiode. Außerhalb der Heizperiode und vor allem im Sommer wird die solare Wärme der Nachkompostierung als auch der Trocknung von Biomasse/Stückholz und Kräutern zugeführt.

Zu Beginn des Frühjahrs erfolgt eine solarthermische Optimierung der Frühsaaten im Hybridraum (Eisheiligenschutz).

### 3.6.3 Wassergeführte Feuerstätte

Die wassergeführte Feuerstätte erledigt mit einer Nenn-Wärmeleistung von 10 kW die solare Nacherwärmung. Laut Aufteilung gehen 10 bis 30 % direkt an den Wohnraum bzw. zum Kochen und Backen. Der Rest geht in den Pufferspeicher für die Wärmeübertragung an den Raum via wohnraumintegriertem Pufferspeicher (Nenn-Volumen: ca. 800 Liter) und dient der Versorgung der Heizkreise bzw. Wärmestromkreise. Ebenso erledigt der Kesselkreis der wassergeführten Feuerstätte bei Anforderung die Nacherwärmung des Trinkwasser-Pufferspeichers mit integriertem Wärmetauscher (Nenn-Volumen: ca. 400 Liter).

# TEIL 5: KRAFT

## 1 Die elektrische Kraft

Elektrische Energie ist die moderne Standardenergie, wie es auch die letzte Fortschreibung der Energieeinsparverordnung (EnEV 2014) dokumentiert. Der Primärenergiefaktor wurde von ursprünglich 3,0 seit 1. Mai 2014 auf 2,4 reduziert und in zwei Jahren, 2016, auf 1,8. Ausgangsbasis ist der Anteil erneuerbarer Energie im deutschen Strommix. Die elektrische Kraft ist absehbar *die* zentrale Energieform der Zukunft.

### 1.1 Kraft – Raum – Haus

Wenn wir von Kraft sprechen, meinen wir gemeinhin die Energie, die als zentrale Regelenergie dominiert: die elektrische Energie. Mit dieser Energieform scheint uns alles möglich zu sein. Auf alle anderen Energieformen könne verzichtet werden, wenn nur elektrische Energie zur Verfügung stünde. Auch wenn all diese Energieanwendungen immer effizienter werden, sinkt dennoch der Stromverbrauch nicht. Der Grund ist, dass die Anzahl elektrischer Verbraucher stetig wächst.

Die Funktionsfähigkeit eines Gebäudes ist heute mit einem sehr hohen Kraftaufwand verbunden, der jedoch energetische Felder, Strahlen und Ströme erzeugt, die freilich in Wechselwirkung mit dem Menschen stehen. Im Sinne einer biologischen Bauordnungslehre sind diese Fakten und Tatsachen von höchster Priorität.

Die Einflüsse der elektrischen Energie auf den Menschen sind in der Biologie, Neurologie, Physiologie und traditionell in der Baubiologie detailliert dargestellt und u. a. im Standard der Baubiologischen Messtechnik (SBM) definiert. Es mag sein, dass elektrische Energie wichtig ist und ein Netzanschluss naheliegend. Allein auf das Maß kommt es an.

Der Mensch muss frei von derartigen Einflüssen sein, besonders in seinem Haus, welches bestimmungsgemäß dem unmittelbaren Umweltschutz entspricht. Selbstredend muss das Energiefeld des Menschen dominieren, besonders in den sensiblen Bereichen des Wohnens, der Regeneration, in den Schlaf- und Ruheräumen. Schlaf bedeutet Regeneration, ein ungeschützter und dennoch lebenswichtiger Vorgang, der finale Grund, ein Haus zu bauen.

Hinweis: Entscheidend ist heute im Kontext dieser Begrifflichkeit, inwieweit der Mensch aus sich heraus noch Kraft besitzt oder vielmehr von externen Kräften fremdbestimmt wird.

### 1.1.1 Der Kraftraum – Schlaf- und Ruheräume

Der Schlafraum muss der biologische Kraftraum für den Menschen sein – nicht der technologische. Viel wichtiger als das künstliche Licht am Abend ist das Tageslicht am Morgen und freilich die unbedingte Störungsfreiheit. Viele Umweltkrankheiten haben ihre Grundlage in der massiven Störung von Schlaf- und Ruheräumen. Besonders in Kinderzimmern sind in der Praxis sehr oft dramatische Verhältnisse vorzufinden. Elektrosensibilität ist für viele Experten ein Grund dafür, dass Kinder heute noch vor dem Teenageralter „therapiebedürftig" sind. Andere Einflüsse einer zwanghaft frühreifen Gesellschaft tun ihr Übriges, bis hin zur digitalen Demenz, eines der Krankheitsbilder der Zukunft.

Der Schlaf- und Ruheraum ist jener Raum, der elemetar zur Gesundung genutzt wird. Ist es dem Menschen nicht wohl, zieht er sich in diesen Raum zurück. Einfach, aber ohne elektrische Automation, vielmehr belebend durch Gestaltung des Innenraums. Die Wohnkulturen Japans geben hierfür ein beredtes Beispiel. In den alten fränkischen Fachwerkhäusern gab es neben der Küche jenes „Kabinettchen", in das sich Alte und Kranke zurückziehen konnten, auch am Tage, ohne auf die Wärme und das Licht des Feuers verzichten zu müssen.

Hinweis: Schlaf- und Ruheräume verlangen einen unbedingten Schutz für den Menschen, nicht nur vor Witterungseinflüssen, sondern umso mehr vor Umwelteinwirkungen, die der post-zivilisierte Mensch selbst hervorruft.

### 1.1.2 Kraft für Automation und Komfort, Wärme und Mobilität

In den anderen Räumen des Wohnens sieht es da schon etwas anders aus, wie es die Erziehung unseres Komfortanspruchs verlangt. Die Automation greift mehr und mehr um sich, allein schon der vielen Möglichkeiten wegen. Kaum jemand möchte in Treppenhäusern auf Aufzüge verzichten, dafür sind die Stepper in den Fitness-Studios umso begehrter. Für Menschen mit Behinderungen sind freilich die Innovationen der Automation und Kraft ein Segen und sollen dementsprechend auch zur Verfügung stehen.

Neben der Kraft für elektrische Beleuchtung steigt der elektrische Aufwand für sämtliche Kommunikations- und Abspielgeräte. Selbst zum Telefonieren ist heute ein elektrischer Anschluss notwendig, längst sind die Zeiten vorbei, als das Telefoniekabel genügte. Dazu kommen Haushaltsgeräte wie Staubsauger, Küchenmaschine, Toaster, Pürierstab usw. Es gibt Menschen, die benötigen sogar zum Zähneputzen oder zum Lesen eines Buches elektrische Energie. Ist dies wirklich notwendig oder nur unreflektierte Gewohnheit eines subtilen Konsumzwangs? Eine enorme elektrische Last verlangt – wenn auch nur temporär – ein elektrischer Herd oder eine Garmaschine. Ebenfalls nicht fehlen dürfen Kühl- und Gefriergeräte.

Zielsetzung der Baubiologischen Haustechnik dagegen ist ein ausgewogenes Maß an Komfort und Selbstbestimmung und eine Differenzierung von Bedarf und Potenzial im Sinne einer dezentralen Energieversorgung aus erneuerbaren Energien.

## 1.2 Die Elektroinstallation im Haus

Die moderne Elektroinstallation umfasst je Wohneinheit im Durchschnitt 18 Stromkreise und 80 Steckdosen (ohne Elektroheizung). Dass dabei elektrische, magnetische und andere Felder biologisch wirksam werden, ist wissenschaftlich eindeutig nachgewiesen. Aber gerade weil die biologische Erforschung der Technik noch nachhinkt, sollte man vernunftgemäß nach dem Grundsatz handeln „Vorbeugen ist besser als Heilen".

Im Folgenden werden die wesentlichen Aspekte einer strahlungsarmen Elektroinstallation behandelt. Magnetische Felder lassen sich allerdings mit gewöhnlichen und einfachen Methoden nicht so leicht abschirmen und elektrische Wechselfelder werden in der Regel nicht abgeschirmt. Die Stärke und räumliche Verteilung der Felder ist abhängig von der Höhe der Spannung, der jeweiligen Stromstärke, der Art der Leitungen und Geräte sowie den Baustoffen.

Die Erfahrungen eines kompetenten Elektrikers und die eines messtechnisch versierten Baubiologen sind nötig, um optimale Voraussetzungen für eine strahlungsarme Elektroinstallation zu schaffen. Nicht ein Gegen-einander, sondern ein konstruktives Miteinander ist hier gefragt, um über die geltenden Sicherheitsvorschriften hinaus ein gesundheitsförderliches Vorsorgeprinzip zuverlässig zur Anwendung zu bringen. In jedem Fall sollte über die Endabnahme durch einen Baubiologischen Messtechniker der Minimierungserfolg überprüft werden.

### 1.2.1 Elektrische und magnetische Wechselfelder

Am häufigsten treten diese Felder im Zusammenhang mit auf oder unter Putz verlegten Kabeln, ungeerdeten Elektrogeräten sowie im Bereich von Sicherungskästen und Transformatoren auf.

Das von eingesteckten Elektrogeräten (Lampen, Radios usw.) – auch wenn diese gar nicht in Betrieb sind – abgestrahlte elektrische Wechselfeld ist meist so stark, dass man – vor allem beim Schlafen – einen Abstand von wenigstens 1 bis 2 m einhalten sollte, um zumindest die Richtlinien der TCO-Norm für Computer-Arbeitsplätze einhalten zu können.

In der modernen Küche ist kaum ein feldfreier Platz vorhanden. Starke magnetische Wechselfelder werden z. B. am eingeschalteten Elektroherd bis in ca. 0,5 m Umkreis gemessen. Besondere Vorsicht ist bei Elektroheizungen, Heizkissen und -decken, Wasserbetten und elektrisch verstellbaren Betten geboten.

Keine elektrischen Wechselfelder treten bei Geräten und Anschlussleitungen in elektrisch abgeschirmter Bauweise auf. In einem konventionellen Haus sind jedoch die meisten Wände und Decken von nicht abgeschirmten elektrischen Leitungen durchzogen. Besonders auffällig und feldintensiv sind die z. T. auch heute noch anzutreffenden Stegleitungen.

Auch ohne jedes elektrische Gerät und ohne sichtbare spannungsführende Steckdosen oder Schalter in der unmittelbaren Umgebung können erhebliche elektrische Felder vorliegen. Die Ursachen für eine derartige Situation können vielseitig sein, z. B. unabgeschirmte und/oder defekte Kabel, ungeerdete Leitungen in der Wand, starke Feldverursacher im Nebenraum. Sogar alte, nicht mehr spannungsführende Leitungen können an das elektrische Wechselfeld der neuen Installation ankoppeln und die Felder in eigentlich nicht elektrifizierte Bereiche verschleppen. In ungünstigen Fällen fließen auch ungewollte Ströme auf Fremdleitungen, z. B. Gas-, Wasser- oder Heizungsrohren.

Außenwände aus mineralischen Baustoffen mit höherer Feuchtigkeit weisen eine erhöhte elektrische Leitfähigkeit und dadurch eine geringe Ausbreitung elektrischer Wechselfelder auf; dies trifft jedoch nicht für magnetische Wechselfelder zu.

### 1.2.2 Hochfrequente Strahlung

Bei den am häufigsten in Wohnungen und Häusern verwendeten schnurlosen Telefonen handelt es sich mittlerweile um gepulste Dauersende-Einrichtungen. Viele Basisstationen der schnurlosen DECT-Telefone senden nonstop 24 h – auch, wenn nicht telefoniert wird! Der Mikrowellenherd kann infolge von Leckstrahlung während des Betriebes vergleichbar starke Hochfrequenzfelder produzieren – ebenfalls gepulst – und ist daher biologisch besonders riskant. Auch WLAN-Funknetzwerke können als gepulste Dauersender auftreten.

Hinweis: Aus biologischer Sicht ist ohnehin auf Mikrowellen unbedingt zu verzichten, da diese Geräte das letzte Quantum Lebensqualität in Lebensmitteln zu Füllstoff degenerieren. Von Lebensmitteln kann in diesem Zusammenhang wahrlich nicht mehr gesprochen werden.

### 1.2.3 Baubiologische Haus-Elektroinstallation

Bei der Elektroinstallation eines Hauses geht es darum, möglichst schon bei der Planung eines Neubaus oder später bei Renovierung oder Sanierung Maßnahmen gegen elektrische und magnetische Feldausbreitungen nach baubiologischen Gesichtspunkten vorzunehmen. Hierbei sollen elektrische, magnetische und hochfrequente Strahlungseinflüsse möglichst gering gehalten werden.

Bei der üblichen Elektroinstallation eines Hauses fehlt die Rücksichtnahme auf biologische Belange fast völlig. Weitsicht, Vorsicht und verantwortungsbewusste Einhaltung von vorbeugenden Empfehlungen (Abschaltung, Abschirmung) können mit wenig Aufwand langfristige Belastungen in Grenzen halten.

**Abb. K 1.1:** Eine gezielte Planung der Kabelverlegung und Steckdosenpositionen hilft, langfristige Belastungen zu minimieren (Quelle: Busch-Jaeger)

Dort, wo wir uns am häufigsten aufhalten, sollten keine niederfrequenten elektrischen und magnetischen Wechselfelder vorhanden sein. Das gilt in erster Linie für das Bett, den Schreibtisch und den Arbeitsplatz. Die in der Nähe befindlichen Leitungen, Leuchten und Geräte müssen hier abgeschirmt sein. Andernfalls sollte man lieber die betreffenden Geräte oder Stromkreise ausschalten. Vor allem während des Schlafes, wenn der Organismus besonders empfindlich ist, sollten möglichst minimale bis keine Felder auf den Organismus einwirken. Wie oft aber findet man, dass Menschen mit dem Kopf an einer feldintensiven Wand liegen, weil z. B. der Elektroboiler des Bades, der Verteilerkasten, die Kühltruhe oder die Stereoanlage des Nachbarn an deren Rückseite platziert oder die Leitungen nicht abgeschirmt sind. Solange solche Einflüsse nicht behoben werden, müsste man das Bett oder den Tisch in feldfreie Bereiche verstellen. 1 bis 3 m Abstand von Störquellen sind meist erforderlich, um außerhalb des Bereichs der elektrischen und magnetischen Wechselfelder zu sein.

Grundsätzlich ist zu empfehlen, die Platzierung von Möbeln und Elektrogeräten einschließlich der elektrischen Leitungsführung im Hinblick auf Wechselfeldstörungen gegenseitig abzustimmen, was zweckmäßig schon bei der Bauplanung geschehen sollte.

Grundsätzlich orientiert sich die Baubiologische Haustechnik neben den normativen Richtlinien und VDE-Bestimmungen an den

### Regeln einer baubiologischen Elektroinstallation

1. Die Elektroinstallationen sind so auszuführen, dass sie dem Standard der Baubiologischen Messtechnik bzw. (in Bereichen mit hohen Aufenthaltszeiten) den Baubiologischen Richtlinien für Schlafbereiche entsprechen (ggf. Planung, Bauleitung, Kontrollmessungen durch Baubiologische Messtechniker IBN).
2. Sternförmige Leitungsverlegung in den Räumen (keine Leitungsringe bilden).
3. Verzicht auf dauersendende Funkeinrichtungen in den eigenen vier Wänden (hochfrequente Wellen durch DECT-Telefone, W-LAN usw.).
4. Herstellung eines soliden Hauptpotentialausgleichs.
5. Realisierung einer soliden Erdung – mit zusätzlichem Erdspieß bis in das Erdreich unterhalb des Fundaments.
6. Verwendung eines TN-S-Elektrohausnetzes.
7. Gezielte Planung hinsichtlich der Kabelverlegung und Steckdosenposition.
8. Netzabschaltung mit Feldfreischalter/n oder Verwendung abschaltbarer Stecker und Stromkreise (z. B. in Kinder- und Schlafzimmern, damit auch nicht abgeschirmte Verlängerungskabel und elektrische Geräte freigeschaltet werden).
9. Anordnung der Sitz- und Ruheplätze in feldfreien Zonen (Empfehlung: feldfreie Zonen in einem Grundrissplan markieren).
10. Bewusster Einsatz von Elektro-Endgeräten (strahlungsarm, energiesparend, Vermeidung von Trafos).
11. Verwendung elektrisch abgeschirmter Leitungen (evtl. auch Dosen, Schalter, Abzweigkästen, Verlängerungskabel und Steckdosenleisten).
12. Verwendung PVC-freier Kabel.

(Quelle: Institut für Baubiologie + Nachhaltigkeit IBN)

### 1.2.4 Hausanschluss

Das örtliche Niederspannungsnetz liefert für den Hausanschluss die Spannung über drei unabhängige Außenleiter (L1, L2, L3, Farbe schwarz oder braun – neuerdings auch grau) und einen Neutralleiter (N, Farbe blau). Auf die Farben von stromführenden Leitungen kann man sich beileibe nicht immer verlassen. Besonders in Bestandsgebäuden ist eine Überprüfung unabdingbar. Der elektrische Hausanschluss sollte als Erdkabel und nicht als Dachständer (Freileitung) ausgeführt werden. Falls eine Freileitung bereits vorliegt, kann das EVU in Einzelfällen eine Erdverlegung herstellen. Außerhalb des Grundstückes wird dann ein Mast gesetzt und ab dort ein Erdkabel verlegt. Es ist zweckmäßig, Hausanschlüsse, Zählerplätze, Stromkreisverteiler sowie deren Zuleitungen möglichst weit entfernt von Schlaf- und Ruhebereichen anzubringen oder zu verlegen. Da sie Energiesammelpunkte des Hauses sind, geht von ihnen die größte elektrische und magnetische Feldbelastung aus. Der Verteiler soll in einem geerdeten Stahlblechgehäuse untergebracht werden, was bei bestehenden Anlagen nachträglich möglich ist.

Eine Trafostation des EVU für die Versorgung des Ortsnetzes sollte nicht innerhalb eines Wohnhauses (z. B. Keller, Anbau) eingerichtet sein.

### 1.2.5 Potentialausgleich

Alle leitfähigen Rohr- und Gebäudeteile, Haupterdungsleitung, Hauptschutzleiter sollten gegeneinander keine Potentialdifferenz aufweisen. Aus diesem Grunde wird durch den Anschluss an einen gemeinsamen Potentialausgleich ein gemeinsames Potential geschaffen. Dieser Hauptpotentialausgleich (HPA) ist gemäß DIN VDE auszuführen. Blitzschutz- und Dachständer-Antennenanlagen werden in den geerdeten Potentialausgleich nach Vorschrift integriert.

### 1.2.6 Erdung des Hauses

Die Erdung eines Hauses dient zum Ableiten von fehlerhaften Strömen und Spannungen (Blitzeinschlag, Kontakt zu Außenleiter der Elektroinstallation). Wichtig ist eine erstklassige Erdung des Hauses mit möglichst keinen oder nur äußerst geringen Potentialdifferenzen und keinen vagabundierenden Strömen im Netz oder auf sanitären Rohren; da gehören neuerdings auch Lüftungsrohre aus verzinktem Stahlblech dazu. Defekte und unterbrochene Erdungen können Hand in Hand mit feldstarken Ausgleichsströmen gehen. Bei der Erdung werden alle Metallteile, die im Fehlerfall Spannung führen können, über den Schutzleiter (PE) an den Potentialausgleich des Hauses verbunden, der wiederum über den Fundamenterder für eine sichere Ableitung sorgt.

Für jeden Neubau ist ein Fundamenterder für das Gebäude und seine Installationen vorzusehen. Der Fundamenterder besteht aus einem in das Gebäudefundament eingebetteten Stahlelement, an das die Hauptpotential-Ausgleichsschiene angeschlossen ist. Er verläuft im Fundament der Außenmauer des Hauses unterhalb der Feuchtigkeitsisolierung als geschlossener Ring. Aufgrund der heute oft realisierten umfassenden Dämmung und Feuchtigkeitsisolierung ist der Beton selbst im Fundamentbereich des Kellers häufig sehr trocken und damit ein schlechter Leiter für die Erdung. In diesen Fällen sollte der Ring sicherheitshalber eine oder zwei zusätzliche Ableitungen (Staberder) bis in das Erdreich unterhalb des Fundamentes erhalten. An den Ring des Fundamenterders werden in der Regel Heizungs-, Gas- und Wasserrohre sowie die Blitzschutz-, Fernmelde- und Antennenanlage und die Elektroinstallation angeschlossen.

Innerhalb der Elektroinstallation wird die ordnungsgemäße Erdung für die elektrischen Geräte durch den Schutzleiter (PE, Farbe grün-gelb) sichergestellt, der als separate Leitung bis zu den Endgeräten und Verbrauchern geführt werden muss.

Hinweis: Die Art der Erdung und des Potentialausgleichs eines Hauses spielt eine besondere Rolle bei Abschirmungsmaßnahmen zur Reduzierung von elektrischen Feldbelastungen. Diese ist in jedem Fall messtechnisch zu prüfen.

### 1.2.7 Hausnetz

Bei der Elektroinstallation eines Hauses gibt es verschiedene Möglichkeiten der Kabelführungen von spannungsführenden, neutralleitenden und schutzleitenden Kreisen, die sich im Wesentlichen durch die Erdungsverhältnisse unterscheiden. Es werden folgende Varianten von Netzformen unterschieden:

- TT-Netz
- TN-S-Netz
- TN-C-Netz
- TN-C-S-Netz

Beim TT-Netz ist der Neutralleiter der Elektroinstallation nicht mit dem Schutzleiter, also mit der Hauserde und dem Potentialausgleich, verbunden. Fundamenterder nebst Hauptpotentialausgleich und die daran angeschlossene sanitäre Installation haben keinen Kontakt mit der Elektroinstallation. Das ist günstig, denn jetzt können keine Ströme auf Gas-, Heizungs- oder Wasserrohre abgeleitet werden und entsprechend auffällige Magnetfelder verursachen. Das TT-Netz ermöglicht zusätzlich, dass Belastungen vom öffentlichen Netz nicht so leicht in das Haus eingeschleppt werden können. Ein solches Netzsystem, mit einem getrennt geführten Schutzleiter (PE), ist auch in Bezug auf Schutz- und Abschirmungsmaßnahmen wesentlich sicherer als ein Netz mit gekoppeltem Schutz- und Neutralleiter (PEN).

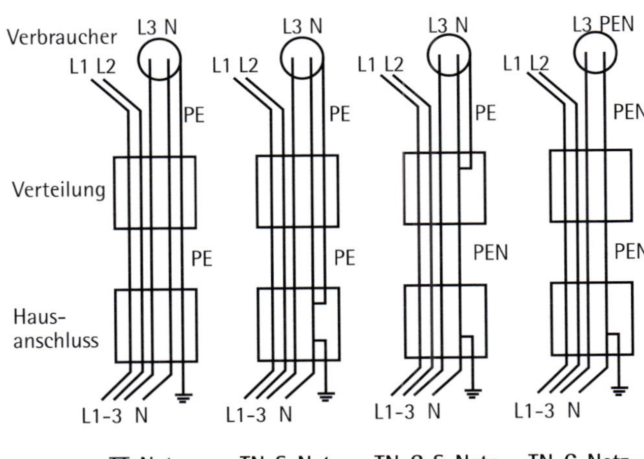


**Abb. K 1.2:** Netzformen einer Hausinstallation (Quelle: Institut für Baubiologie + Nachhaltigkeit (IBN))

Bei allen TN-Netzen besteht zwischen dem Neutralleiter N der Stromversorgung und dem Potentialausgleich des Hauses (Erdung) eine Brücke. Durch diese Brücke können im ungünstigsten Fall eines Potentialungleichgewichts Ausgleichsströme auftreten, welche oft den größten Anteil der Magnetfelder in Häusern ausmachen:

- Beim TN-C-Netz erfolgt keine Auftrennung in PE- und Neutralleiter innerhalb der Elektroinstallation. Bis zu den Elektroendgeräten werden Schutz- und Neutralleiter (PEN) in einer Leitung geführt (Nullung). Dieses Netz ist in Bezug auf baubiologische Gesichtspunkte als sehr bedenklich einzustufen.
- Beim TN-C-S-Netz erfolgt eine Auftrennung in PE- und Neutralleiter in der Regel ab dem Stromkreisverteiler. Neutralleiter (N) und Schutzleiter (PE) werden in separaten Leitungen bis zu den Verbrauchern geführt. Auch dieses Netz ist laut baubiologischer Kriterien als bedenklich einzustufen.
- Beim TN-S-Netz erfolgt eine Auftrennung in PE- und Neutralleiter ab dem Hauptanschluss. Neutralleiter und Schutzleiter werden in der gesamten Elektroinstallation in separaten Leitungen bis zu den Verbrauchern geführt. Hierbei ist es auch möglich, einen zusätzlichen Schutzleiter (PE) durch ein fünftes Kabel vom EVU bereitgestellt zu bekommen. Hierbei liegt die Brücke zwischen N und PE (vom EVU) außerhalb der Hausinstallation. Schutzleiter und Potentialausgleich des Hauses sind in diesem Fall, wie beim TT-Netz, sicher voneinander getrennt.

Das TT-Netz und das TN-S-Netz (separater Schutzleiter vom EVU) stellen die baubiologisch günstigsten Möglichkeiten bei Hausnetzen dar. Andere Netzformen (in alten Häusern) sollten möglichst auf TT- oder TN-S-Netz umgestellt werden.

### 1.2.8 Stromkreise und Verzweigungen

Die Anzahl der Stromkreise richtet sich nach der Auslastung der Elektroinstallation und der Zahl der Räume. Es sollte dringend darauf geachtet werden, dass stark stromführende Kabelstränge nicht in Böden, Decken und Wänden in der Nähe von Schlaf- und Ruheplätzen vorbeigeführt werden.

#### Planung der Kabelführung

Die Leitungen zu den einzelnen Räumen sollten möglichst sparsam und nicht ringförmig, sondern sternförmig verlegt werden. Bei ringförmiger Verlegung entstehen zusätzliche elektrische und magnetische Störfelder. Für jeden Raum sollte möglichst nur ein Stromkreis für die Licht- und Stromversorgung zuständig sein (Ausnahme z. B. Küche), um eine gezielte Abschaltung bzw. Freischaltung von Geräteanschlüssen zu gewährleisten.

Bei allen fest eingebauten Schaltern ist darauf zu achten, dass die Phase durch die Schaltung unterbrochen wird und nicht erst der Neutralleiter (Deckenlampen und Schalter für Steckdosen). Allein dieses Beispiel zeigt, wie einfach es ist, elektrische Belastungen für den Menschen zu reduzieren. Fern jeglicher Theorie ist hier allein die praktische Umsetzung relevant und zielführend. Für bestimmte Räume können Schalter im Eingangsbereich eingebaut werden, die für die gesamte Rauminstallation zuständig sind oder nur für bestimmte Steckdosen.

Hinweis: Die Kabelführung sollte stets sternförmig von der Unterverteilung direkt zur Anschlussstelle geführt werden. Auf Klemmdosen ist dabei weitgehend zu verzichten.

## Fehlerstrom-Schutzschaltungen (FI)

Eine Vorsorge gegen Fehlerströme sind FI-Schutzschalter. Diese Fehlerstrom-Schutzschaltungen dienen zur Kontrolle und zur Sicherheit von Installationsanlagen und schalten schon bei geringem Fehlerstrom (z. B. 30 mA) das Netz selbsttätig ab. Bei großer Dauerbelastung eines Stromkreises soll ebenfalls automatisch abgeschaltet werden. FI-Schutzschalter sind auch eine wichtige Ergänzung bei der Verwendung von Abschirmungsmaßnahmen. Analog zu den technischen Regeln müssen daher die Stromkreise eines jeden Feucht- bzw. Nassraums mit einem FI-Automaten ausgestattet sein.

## Netzfreischalter

Durch automatische Netzfreischalter lassen sich unnötige elektrische Felder eliminieren. Diese Schalter sollen verhindern, dass komplette Stromkreise und daran angeschlossene Verbraucher noch elektrische 50-Hz-Felder erzeugen können. In der Regel wird der Netzfreischalter im Verteilerkasten neben den Sicherungen montiert. Es gibt automatische Netzfreischalter und manuelle Netzfreischalter mit Funk-Fernbedienung

Der automatische Schalter überwacht einen Netzkreislauf (z. B. die Sicherung des Schlaf- oder Kinderzimmers) und schaltet immer dann aus, wenn kein Strom mehr verbraucht wird (im ausgeschalteten Zustand legt der Netzfreischalter z. B. ca. 3 V Gleichspannung = Prüfspannung auf den betreffenden Stromkreis). Er schaltet sofort wieder an, wenn ein Verbraucher des geschalteten Stromkreises eingeschaltet wird. Somit beeinträchtigt der Schalter die Alltagsgewohnheiten kaum, da er die Spannung nur dann wegnimmt, wenn ohnehin kein Strom benötigt wird und das Vorhandensein von Spannung unnötig ist.

Für den erfolgreichen Einsatz eines automatischen Netzfreischalters muss jedoch eine wichtige Voraussetzung erfüllt sein: Im Netzkreislauf darf kein Dauerstrom-Verbraucher (z. B. Radiowecker, Stereoanlage, Fernseher im Stand-by-Betrieb, Kühlschrank, Klingeltrafo, Antennenverstärker, Ladegerät für Rasierer, Anrufbeantworter, schnurloses Telefon) angeschlossen sein. Es ist dafür zu sorgen, dass Dauerstrom-Verbraucher, die die Schaltung behindern, auf einen anderen Stromkreis verlegt oder vom Netz getrennt werden.

Bei dieser Gelegenheit bietet es sich an zu prüfen, ob der Dauerstrom-Verbraucher überhaupt notwendig ist, denn davon gibt es mehr als man denkt.

Der manuelle Netzfreischalter funktioniert per Funk. Wird der Sender (= Fernbedienung) im Schlafraum betätigt, schaltet die Sicherung im Verteilerkasten, unabhängig von Dauerstrom-Verbrauchern, ein bzw. aus.

Hinweis: Vor Einbau eines Netzfreischalters in einen Stromkreis muss durch eine baubiologische Untersuchung erst sachverständig recherchiert werden, ob die Schaltung überhaupt notwendig ist und wenn ja, wo die Schaltung durchgeführt werden soll, um Feldfreiheit zu sichern. Oft reicht das Schalten der Schlafraum-Sicherung allein nicht, weil Felder aus den angrenzenden Räumen (auch von unten oder oben) kommen. Es passiert immer wieder, dass sich die elektrischen Feldstärken nach dem ungezielten Einbau eines Netzfreischalters ungünstig verstärken.

Hinweis: Oft werden Netzfreischalter auf falsche Sicherungskreisläufe oder Verteilerdosen oder sogar gänzlich überflüssig montiert. Von einem ungeprüften prophylaktischen Einbau muss dringend abgeraten werden.

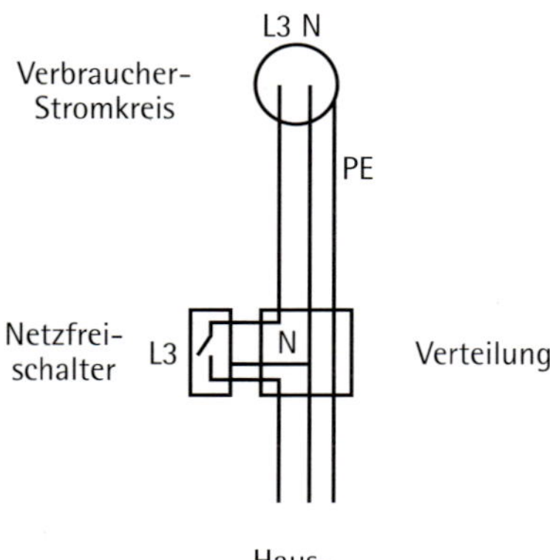


**Abb. K 1.3:** Der Netzfreischalter unterbricht die Spannungsversorgung bereits in der Verteilung (Quelle: Institut für Baubiologie + Nachhaltigkeit (IBN))

Es gibt unterschiedliche Schaltertypen für verschiedene Zwecke (einpolig oder zweipolig schaltende, mit und ohne Kontroll-Leuchte, verschiedene Qualitätsklassen). Es gibt Netzfreischalter, welche die im Netz anliegende Wechselspannung nur reduzieren und nicht eliminieren, was dringend zu vermeiden ist.

Wenn automatische Netzfreischalter eingebaut werden, sollte darauf aus Sicherheitsgründen deutlich hingewiesen werden (z. B. Aufkleber im Sicherungskasten, Verteilerdose, Steckdose). Nach dem Einbau sollte die ordnungsgemäße Funktion regelmäßig überprüft und ggf. die Schaltungsempfindlichkeit nachjustiert werden (dies verlängert u. a. auch die Lebensdauer der Schalter). Eine wichtige Funktionskontrolle ist das Einstecken einer Kontroll-Leuchte in die Steckdose des dem jeweiligen Netzfreischalter zugeordneten Stromkreises.

Wenn die elektrischen Felder aus Nachbarwohnungen kommen oder aus Räumen, die nicht geschaltet werden können, muss die Feldreduzierung durch Abschirmung vorgenommen werden.

#### Feldreduzierung durch Phasenverschiebung

Durch geschicktes Nutzen der Phasenverschiebung der Außenleiter L1, L2 und L3 können elektrische Wechselfelder ebenfalls minimiert werden. Besonders in Kombination mit dem Einsatz von Netzfreischaltern lassen sich mögliche Restfelder durch Umbelegung der Phasen reduzieren. Dieser Effekt beruht auf Kompensationswirkungen bei Phasenverschiebungen und muss messtechnisch begleitet werden.

### 1.2.9 Kabel, Leitungsführung und Verteilung

Nach den DIN-VDE-Bestimmungen werden heute fast ausschließlich folgende Leitungsarten verlegt:

- Kunststoff-Aderleitungen H07V-U;
- Stegleitungen NYIF: Stegleitungen verbreiten die stärksten elektrischen Felder und sind – wenn überhaupt – nur außerhalb der Wohnbereiche tolerierbar (z. B. Keller, Garage);
- Mantelleitung NYM;
- Kunststoffkabel NYY.

Hinweis: Zu empfehlen ist durchaus die Installation von Leerrohren, die eine zielorientierte Kabelverlegung sowie einen späteren Austausch oder eine Ergänzung ermöglicht.

## Abgeschirmte Kabel und Verteilung

Zu einer abgeschirmten Elektroinstallation gehören in erster Linie abgeschirmte Kabel und ein ordnungsgemäßer Anschluss an eine Erdung.

Im Handel gibt es Elektrokabel mit Drahtgeflecht oder Metallfolien zur Abschirmung elektrischer Wechselfelder. Die Abschirmungsanschlüsse werden mit Abschirmungs-Beidrähten der ankommenden und abgehenden Leitungen durch Klemmen verbunden. Eine Installation mit abschirmenden Kabeln führt nur dann zum angestrebten Ziel feldfreier Räume, wenn die Abschirmungs-Beidrähte der Kabelabschnitte immer sicher verbunden und separat an den Potentialausgleich angeschlossen sind. Im gesamten Leitungsnetz bzw. im zu schützenden Bereich muss eine lückenlose Abschirmung durchgeführt werden.

Weiterhin gibt es abgeschirmte Installationsdosen, Schalterdosen für die Unterputz- oder Hohlwandmontage und Abzweigkästen. Diese besitzen auf ihrer Außenseite eine elektrisch leitfähige Beschichtung sowie einen Erdungsanschluss. In der Regel genügt jedoch die Verwendung von abgeschirmten Leitungen.

Mit relativ geringem Aufwand lassen sich auch magnetische Wechselfelder durch Verseilen von Neutralleiter und Außenleiter reduzieren. Es gibt verdrillte Kabel in genügender Auswahl im Fachhandel. Eine Schlaglänge von etwa 5 cm hat sich als besonders wirksam erwiesen, der Schutzleiter (PE) läuft nebenher. Die magnetischen Felder werden dadurch um über 80 % vermindert. Der Schutzleiter darf nicht mitverseilt werden. Man verwendet in der Regel dafür H07V-U-Kunststoffkabel, die sich auch in bestehende Metallrohre (oft in Altbauten) oder in Kunststoff-Leerrohre (in Neubauten) einziehen lassen.

Die meisten Elektrokabel haben um den Leiter Aderisolierungen aus PVC. Vor allem aus Umweltschutzgründen sollten alternativ halogenfreie Kabel (z. B. aus PE) eingebaut werden.

Eine optimale Lösung für die Minimierung elektrischer Felder in Wohnungen und Häusern kann durch intelligente Kombinationen von Kabelverlegung, Schaltungen, Abschirmungen und automatischen bzw. manuellen Freischaltungen erreicht werden.

Hinweis: Wird im Rahmen einer Sanierung die Elektroinstallation ganz oder teilweise erneuert, dann sollten die abgeklemmten und nicht mehr benötigten Kabel in den Wänden möglichst entfernt werden. Sie könnten sonst an einer unvermuteten Stelle an örtlich begrenzte elektrische Felder der aktiven Installation ankoppeln und so die kritischen Felder in weite Bereiche des Hauses verbreiten! Falls eine Entfernung nicht möglich ist, sollten die alten Kabel zumindest über den Potenzialausgleich (PE) geerdet werden.

## Endverbraucher

Nachdem die Hausinstallation auf minimale Feldbelastung durch elektrische Wechselfelder eingerichtet wurde, liegt es nun an den elektrischen Endverbrauchern einschließlich Zuleitungskabeln und Schaltern, inwiefern die feldfreie Situation weiterhin bestehen bleibt.

Leider sieht das Stecksystem für die bekannte Schutzkontakt-Steckvorrichtung nicht vor, wo der Außenleiter und wo der Neutralleiter bzw. wie herum der Stecker anzuschließen ist. Besonders bei einpoligen Schaltungen von Geräten können sich durch „falsche Polung" starke elektrische Felder auch nach dem Ausschalten ausbreiten.

Es ist darauf zu achten, dass Lampen und Geräte richtig angeschlossen sind, nämlich so, dass der Schalter den Außenleiter unterbricht. Beim Anschluss mit Steckern ist das, sofern keine Kennzeichnung erfolgt, oft nicht der Fall. Dann können die verbreiteten elektrischen Wechselfelder im ausgeschalteten Zustand sogar noch stärker sein als im angeschalteten. Mit einem einfachen Phasenprüfer lässt sich leicht feststellen, ob ein Gerät oder eine Lampe richtig angeschlossen ist. Bei ausgeschalteter Lampe darf an den Kontaktfedern im Lampensockel der Glimmprüfer nicht aufleuchten. Mit einem Messgerät für elektrische Wechselfelder lässt sich der falsche oder richtige Anschluss ebenfalls eindeutig und schnell nachweisen.

Eine bequeme Hilfe für die zuverlässige Schaltung von Endgeräten bieten abgeschirmte schaltbare Stecker und Steckdosenleisten. Damit können Einzelgeräte im Verbund (z. B. EDV-Anlage, Stereoanlage, Fernseher und Video) sicher vom Netz getrennt werden. Weiterhin gibt es spezielle manuelle und auch ferngesteuerte aufsteckbare Steckdosenschalter. Verwendet werden sollten stets zweipolige Funkschalter.

### 1.2.10 Erdung von Abschirmungen

Zu den Abschirmungen zählen u. a. abgeschirmte Leitungen, Kabel und Abzweigkästen sowie leitfähige Vliese, Textilien, Folien, Gitter, Kleber, Putze, Farben, Tapeten oder andere leitfähige Materialien.

Die Abschirmung hochfrequenter Strahlung kann mit leitfähigen Materialien auch ohne Erdung vorgenommen werden, da die abschirmende Wirkung im Wesentlichen auf dem Effekt der Reflexion und Absorption basiert. Zur Sicherung wird jedoch auch hier eine Erdung empfohlen. Bei niederfrequenten elektrischen Feldern müssen Abschirmmaterialien jedoch immer geerdet werden.

Wird die Abschirmungsmaßnahme über den Potentialausgleich der Elektroanlage angeschlossen, gilt sie auch als elektrisches Betriebsmittel. Aus diesem Grunde gelten auch für die Abschirmungen und deren Anschlussverbindungen die Regeln und Normen der DIN VDE.

In Bezug auf Erdung, Personenschutz und elektromagnetische Verträglichkeit (EMV) gilt es, einiges zu beachten. Wichtig ist vor allem der Personenschutz, also der Schutz vor elektrischem Schlag. Hier können bei der fehlerhaften Ausführung einer Abschirmmaßnahme erhebliche Gefahren auftreten. Deshalb ist auf folgende Dinge zu achten:

- Erdanschluss nur an die Elektroinstallation bei TN-S- oder TT-Netz vornehmen (nie an den PEN-Leiter eines TN-C-Netzes);
- Erdanschluss an metallenen Rohrsystemen von Wasser- und Heizungsanlagen nur in Ausnahmefällen und nach Überprüfung auf Eignung und Dauerhaftigkeit vornehmen;
- solider und dauerhafter Erdanschluss am PE-Leiter oder an der Potentialausgleichsschiene;
- Abstand zwischen Abschirmung und Blitzschutz- und Antennenanlagen einhalten;

- bei Abschirmung möglichst auch Fehlerstrom-Schutzschaltung mit in den Stromkreis integrieren (Nennfehlerstrom 30 mA);
- Erdung niemals an Rohrleitungen von brennbaren Flüssigkeiten oder Gasen vornehmen!

Erdungsmaßnahmen an Abschirmungen, die in die Schutzmaßnahme der Elektroinstallation mit einbezogen werden, dürfen nur durch eine Elektrofachkraft ausgeführt werden.

Die Wirksamkeit der Abschirmmaßnahme sollte nach der ordnungsgemäßen Ausführung durch den Baubiologen überprüft werden. Gibt es technische Mängel, verliert die Abschirmung schnell ihre Wirkung und der Effekt schlägt ggf. in das Gegenteil um (Ankopplung isolierter Leiter an elektrische Felder). Es ist auch empfehlenswert, diese Abschirmung in regelmäßigen Abständen zu überprüfen.

Leider kommt es immer wieder vor, dass auf Abschirmungen bei Änderungen an der Elektroinstallation keine Rücksicht genommen wurde und der benötigte Erdkontakt unterbrochen wird. Auf Abschirmungen oder selbsttätige Abschaltungen sollte sichtbar hingewiesen werden, dies kann bequem durch Aufkleber an Steckdosen und Verteiler geschehen.

### 1.2.11 Hausinterne Anlagen

Zu den hausinternen Anlagen, die in irgendeiner Weise elektrisch betrieben werden können, zählen in der Regel standortfeste Systeme, die mit einem externen Anschluss (über Steckdosen) an die Elektroinstallation angeschlossen werden. So können z. B. elektrische Heizsysteme, Telefonanlagen, Überwachungs- und Steuerungssysteme als hausinterne Anlagen bezeichnet werden. Sie sind somit als ein fester Bestandteil der Elektroinstallation anzusehen. Die Palette der hausinternen Anlagen ist groß, hier soll auf ein paar Beispiele näher eingegangen werden.

#### 1.2.11.1 Elektrische Heizsysteme

Die Baubiologische Haustechnik lehnt elektrische Direktheizungssysteme (mit Ausnahme zur Trinkwassererwärmung = Durchlauferhitzer) ab. Dennoch soll im Folgenden auf konventionelle Heizsysteme eingegangen werden, nicht zuletzt wegen der Entwicklung zum Strom-Haus im Sinne der Energieeinsparverordnung.

Bei den Nachtstrom-Speicherheizungen werden in der kalten Jahreszeit sehr hohe Ströme zu den einzelnen Speicheröfen transportiert. Besonders in der Nachtphase, wenn die Wärme gespeichert werden soll, können in der Nähe der Zuleitungskabel (Drehstrom) und Speicheröfen auch magnetische Wechselfelder auftreten. Bei der Verlegung der Zuleitungskabel bzw. beim Aufstellen der Speicheröfen sollte ausreichender Abstand zu den Ruhebereichen eingehalten werden (Kabel evtl. verdrillen). Die Zuleitungskabel sollten möglichst abgeschirmt und geerdet sein. Das Metallgehäuse der Speicheröfen sollte ordnungsgemäß geerdet sein.

Hinweis: Bezeichnend für die durchaus zielstrebigen Entwicklungen der Energiepolitik ist die Aufhebung der Rückbaupflicht von Elektro-Nachtspeicheröfen im Sommer 2013.

Bei den elektrischen Fußbodenheizungen treten in der Regel magnetische und elektrische Feldbelastungen auf. Oft ergeben sich starke magnetische Felder, die nicht durch eine nachträgliche Abschirmung in den Griff zu bekommen sind. Aus diesem Grunde sollten bei Neubauten keine elektrischen Fußbodenheizungen eingebaut werden. Bereits vorhandene elektrische Fußbodenheizungen sollten fachgerecht vom Netz getrennt, geerdet und durch eine andere baubiologisch empfehlenswerte Heizungsart ersetzt werden.

Bei elektrischen Heizungssystemen, die ihre Wärme über den Wasserkreislauf und Radiatoren (wie bei gewöhnlichen Ölheizungssystemen) verteilen, sollte ebenfalls bei der Verlegung der Anschlusskabel auf reichlich Abstand zu den Ruhebereichen geachtet werden.

Eine in letzter Zeit auch sehr propagierte Variante der elektrischen Direktheizung sind die Heizplatten (oft in Marmor usw.), welche heute unter dem Namen Infrarotheizung zu Markte getragen werden. Um Infrarotwärme (was nichts anderes als Strahlungswärme bedeutet) zu nutzen, brauchen wir allerdings mitnichten elektrische Energie mit einer Leistungszahl von maximal 1, was im Bereich WÄRME ausführlich behandelt wird.

Was bleibt sind: elektrische Warmwasserbereiter, wie Durchlauferhitzer und Warmwasserspeicher. Diese werden häufig in Küche und Bad installiert. Auch sie sind starke Stromverbraucher und es gilt bei den Zuleitungen, genügend Abstand zu halten.

### 1.2.11.2 Gebäudesystemtechnik

Sie hat sich in Büro-, Verwaltungs- und Industriegebäuden seit Anfang der 90er Jahre bewährt. Auch im Heimbereich gibt es den Trend, komplexe zentrale Steuerungssysteme einzusetzen (BUS-Systeme). Es handelt sich hierbei meist um digitale Systeme, die dazu verwendet werden, die gesamte Hausinstallation über einen Computer zentral zu steuern.

Neben der Befriedigung der Komfortwünsche von technikbegeisterten Hausherren sind diese Systeme bei richtiger Handhabung in der Lage, für zusätzliche Sicherheit rund ums Haus zu sorgen und die Verbrauchskosten zu senken. In der Regel werden neben dem 230-V-Lichtnetz spezielle Kupferleitungen oder Lichtwellenleiter eingezogen, die den digitalen Datenaustausch über das gesamte Haus ermöglichen. Besonders für Schaltvorgänge (Steuerleitungen) sind dann keine 230 V/50 Hz mehr notwendig, sondern können im Niedervolt-Bereich betrieben werden. Kraft steht dann in der Tat nur noch da an, wo sie benötigt wird.

Derartige BUS-Systeme sind baubiologisch als unbedenklich einzustufen. Es bieten sich hier weitere Möglichkeiten zur Vermeidung von Feldbelastungen oder auch zur Minimierung des Energieverbrauchs.

Einige Anwendungen werden über Infrarot- und Funkfernsteuerung überwacht und gesteuert. Bei der Planung und Installation von baubiologisch tauglichen Steuerungssystemen sollte grundsätzlich auf dauersendende Funktechnik verzichtet werden.

### 1.2.11.3 Smart Home und Smart Building

Das Schlagwort unseres elektrifizierten Zeitalters ist das "Intelligente Haus". In Nichtwohngebäuden mag dies durchaus sinnvoll sein. In Wohngebäuden ist es allerdings äußerst fragwürdig, die Intelligenz auf das Gebäude zu übertragen, nur weil der Bewohner nicht darüber verfügt. Dennoch sind die Potenziale kritisch zu hinterfragen und zu prüfen. Der Übergang von sinnvoll zu sinnlos ist dabei fließend und wird allzu oft gar nicht bemerkt. Eine Differenzierung tut not, wie in allen Dingen.

Der Einsatz von „Smart Metering" ist durchaus interessant und besitzt fraglos Vorteile. Allein der Datenschutz rückt dabei in ganz andere Dimensionen (falls er überhaupt noch eine Rolle spielt). Selbstbestimmte Bauherren werden dieses Thema sehr konkret reflektieren.

Der Begriff „Smart Home" hat sich ob seiner Komplexität und Vielfalt längst schon verselbstständigt. Was in den 1990er Jahren mit EIB (heute KNX) begonnen hat, entwickelte sich in allerlei smarten Begrifflichkeiten über Smart Metering bis zu Smart Grid. Was anfangs als Komfort- und Sicherheitsgewinn mit Energieeinsparungspotenzial begonnen hat, verfolgt heute nicht weniger das Ziel der totalen Hausautomation.

Im Fokus steht dabei die vollständige Vernetzung von Haustechnik und Haushaltsgeräten, beispielsweise vollautomatische Beleuchtung, Licht- und Sonnenschutz sowie individuelle Lichtszenengestaltung. Bei der Heizung sind nicht nur einzelne Raumthermostate vernetzt, sondern Mikrochips ermöglichen die Programmierung zur Bildung von Zonierungen mit unterschiedlichen Betriebszeiten, über diverse Absenkbetriebe bis hin zur vollautomatischen Heizungsregelung und umfangreichen Datenerfassung, um den Nutzer nicht nur im Denken, sondern auch im Handeln zu unterstützen. Aber auch diverse elektrische Verbraucher in Küche und Haushalt, wie Herd, Grillstationen, Kaffeeautomaten, Eismaschinen, Kühlschränke, Gefriertruhen, Staubsauger, Wäschetrockner und Waschmaschinen und selbst Kleingeräte, von Ladegeräten bis hin zur elektrischen Zahnbürste und Munddusche, lassen sich vollständig automatisieren und in die Vernetzung des Smart Home integrieren.

Ein weiteres Anwendungsfeld sind ferner die Vernetzung von Komponenten der Unterhaltungselektronik sowie diverser Kommunikationsanlagen, Ladestationen von Handys und anderen elektronischen Konsumgütern (etwa die zentrale Speicherung und heimweite Nutzung von Video- und Audio-Inhalten).

„Smart Home" bedeutet demnach, wenn sämtliche im Haus installierten elektrischen Verbraucher und diverse Komponenten der Haustechnik untereinander vernetzt sind, miteinander kommunizieren, Daten speichern und über eine eigene Programmierschnittstelle, die (auch) via Internet angesprochen und über erweiterbare Apps gesteuert werden kann, verfügen. Diese Konfigurationen beziehen sich weitreichend auch auf das Smart Grid und helfen, konkrete Energieprofile zu erstellen, die den Lastausgleich im zentralen Stromnetz zu verbessern helfen.

Dementsprechend naheliegend sind dabei die Verfahren und Systeme des Smart Metering, bei denen der Schwerpunkt auf dem Messen und einer intelligenten Regulierung des Energieverbrauchs liegt. Sie bilden alsdann die zentrale Schnittstelle zur Energiedatenerfassung und Ausarbeitung.

Neben „Smart Home" haben sich Begriffe wie „Intelligentes Wohnen", „eHome", „Smart Living" und weitere Bezeichnungen im Marketing etabliert, die sich teils nur in Bedeutungsvarianten unterscheiden, aber auf dasselbe, die maximale Vernetzung, abzielen. Zudem verwenden Hersteller von Smart-Home-Anlagen und -komponenten weitere, speziell auf deren individuelles Marketing abgestimmte Begriffe.

### Anwendungsfeld Hausautomation

Die Gesamtheit von Überwachungs-, Steuer-, Regel- und Optimierungseinrichtungen in privat genutzten Wohnhäusern/Wohnungen wird als Hausautomation bezeichnet. Insbesondere bezieht sich der Begriff auf die Steuerung direkt mit dem Haus verbundener Einrichtungen, wie einer Alarmanlage, der Beleuchtung, der Jalousien, der Heizung und anderer haustechnischer Komponenten.

Mittels der Hausautomation ist es unter anderem möglich, Licht und Heizung zeit- und bedarfsgerecht zu steuern, die Jalousien abhängig vom Lichteinfall herauf- oder herunter zu fahren und komplexe Abläufe in programmierbare Szenarien zusammenzufassen: So kann mittels Hausautomation beispielsweise Anwesenheit simuliert werden, indem die Steuerung nacheinander in mehreren Räumen das Licht, den Fernseher und andere von außen sicht- und hörbare Einrichtungen ein- und später wieder ausschaltet.

Die Hausautomation endet dabei nicht an der Grundstücksgrenze, sondern umfasst auch die Fernsteuerbarkeit sämtlicher Komponenten, entweder online über das Internet oder über das Telefonnetz. Als beispielhaftes Szenario wird sehr gerne auf das Einschalten der Heizung mittels Smartphone vor der Heimkehr genannt, sodass die bis dahin „kalte" Wohnung bei der Ankunft bereits angenehm temperiert ist.

### Anwendungsfeld Smart Metering

Natürlich ist ein Smart-Home-System beliebig erweiterbar. Besonders die Möglichkeiten der Datenerfassung bilden dabei ein besonderes Interesse, wovon das Smart Metering einen Anfang bildet. Dabei handelt es sich um ein System, das über einen „intelligenten Zähler" verfügt, der den tatsächlichen Verbrauch von Strom, Wasser und/oder Gas und die tatsächliche Nutzungszeit misst und in ein Kommunikationsnetz eingebunden ist. Auf dieser Basis können dem Endverbraucher von der Tageszeit abhängige und ggf. kostengünstigere Energiepreise angeboten werden. Freilich ermöglicht man damit, dass der jeweilige Energieversorger in die Lage versetzt wird, die vorhandene Energie-Infrastruktur besser ausnutzen zu können. Das bietet durchaus die Möglichkeit, unnötige Investitionen zur Spitzenlastabdeckung zu vermeiden. Darüber hinaus erhöht Smart Metering für den Endverbraucher die Transparenz, was den Energie- und Ressourcenverbrauch betrifft, und hilft ihm, verbrauchssenkende Maßnahmen zu ergreifen. Und weiter noch: Es erleichtert auch die Datenerfassung zur Verbrauchsermittlung überhaupt, da die lästige Terminierung zum „Stromablesen" entfällt.

## 1.2.11.4 Telefon und WLAN-Funknetzwerk

Neben den schnurlosen Telefonen, die als Einzelgeräte mit einer Basisstation mehrere Home-Handys versorgen können, werden auch hausinterne schnurlose Telefonanlagen (z. T. auch mit integriertem Computer-Funknetzwerk) nach DECT-Standard angeboten, bei denen auf sämtliche Verkabelung innerhalb des Hauses verzichtet wird. Hiervon ist dringend abzuraten. Die Strahlungscharakteristik ist direkt mit den Mobilfunktelefonen vergleichbar. Die Strahlungsdichte-Spitzenwerte der Basisstationen von DECT-Telefonen erreichen in unmittelbarer Nähe die Größenordnungen von Handys. Das Handy sendet ebenfalls regelmäßig Funksignale aus, solange es auf Stand-by-Betrieb steht und nicht gänzlich ausgeschaltet ist. In geschlossenen Räumen kann durch die Abschirmwirkung der Baustoffe die Strahlung auch im Stand-by-Betrieb enorm ansteigen.

Auch WLAN-Funknetzwerke, die zur drahtlosen Datenübertragung für Computer dienen, sind gepulste Dauersender. Babyphone gehören nur im Notfall in das Kinderzimmer, hier ist für ausreichend Abstand (ca. 1 bis 2 m) zum Sender zu sorgen.

### 1.2.11.5 Weitere Elektrosmog-Verursacher

Photovoltaikanlagen liefern zunächst unbedenklichen Gleichstrom, der möglichst direkt genutzt werden sollte. Hierzu gibt es entsprechende Geräte für die Ausnutzung im 12-Volt- bzw. 24-Volt-Betrieb. Ideal ist eine reine Lichtanlage in dieser Technik. Erfolgt die Umwandlung über einen Wechselrichter in Wechselstrom, ist Vorsicht geboten. Es empfiehlt sich, zu den Wechselrichtern größtmöglichen Abstand (mehrere Meter) zu wahren. Ohne Sonnenstrahlung, also nachts, sind auch die Wechselrichter feldfrei.

Satellitenschüsseln und Funkwecker und -uhren sind Funkwellenempfänger (keine Sender) und deshalb unbedenklich. Aufgrund der erforderlichen Stromversorgung (Receiver, Verstärker, Trafo) und damit verbundenen möglichen Installationsfehlern sollte dennoch zu allen Bauteilen und Leitungen ein Sicherheitsabstand von 1 bis 2 m eingehalten werden.

Bei modernen Lampensystemen handelt es sich oft um Niedervolt-Halogen-Systeme, welche in die Deckenkonstruktion mit eingebaut werden. Hier ist besonders auf Folgendes zu achten:

- Alle 230-V-Zuleitungen abgeschirmt und geerdet verlegen.
- Niedervolt-Zuleitungskabel nicht in großem Abstand zueinander unter der Decke führen.
- Zu Transformatoren ausreichenden Abstand (ca. 2 m) einhalten.

Dimmer verändern die Charakteristik des gesamten Netzstromes derart, dass dadurch starke Felder und Oberwellen entstehen können. Deshalb sollte auf Dimmer möglichst verzichtet werden.

Bei elektrisch verstellbaren Betten und elektrisch geheizten Wasserbetten ist Vorsicht geboten. Hier sollten nur Geräte eingesetzt werden, die geerdet und möglichst abgeschirmt ausgeführt sind und sich sicher ausschalten lassen. Bei elektrisch verstellbaren Betten kommt es häufig zu extremen Feldbelastungen durch die starken Motoren und deren Transformatoren, die in manchen Fällen sogar immer unter Spannung und in Einzelfällen auch unter Strom stehen. Einige elektrische Bettensysteme werden auch mit eingebauten Netzfreischaltern angeboten. Der Freischalter sollte jedoch nicht am Bett, sondern direkt an der Steckdose schalten.

Umweltgefährdend in der Herstellung und oft auch im Gebrauch können herkömmliche Kabel aus PVC sein. So verursachen PVC-Kabelbrände oft schwerste Dioxinverseuchungen. PVC-freie Kabel werden zwar hergestellt, heute aber meist nur zum Schutz höherer Sachwerte und vieler Menschen, z. B. auf Schiffen, eingesetzt. Sie können jedoch auch für den Hausgebrauch im Fachhandel bestellt werden.

#### Allgemeiner Hinweis

Die technischen Entwicklungen sind besonders in der elektrischen Energietechnik kaum noch zu überschauen und unterliegen einem ständigen Zyklus an Produktinnovationen und den daraus resultierenden Richtlinien und Normen, welche es immer grundlegend zu berücksichtigen gilt.

Sowohl für den SHK-Bereich und besonders für den Bereich der Elektro- und Kommunikationstechnik sind ausgewiesene Fachhandwerksbetriebe unabdingbar. Schon in der Planung sollte dabei ein Baubiologe den Handwerkern der Haustechnik (und freilich den anderen Gewerken auch) zur Seite stehen und insbesondere die Ausführung bis zur Inbetriebnahme und Abnahme/Übergabe messtechnisch begleiten.

## 1.3 Die Kraftverteilung im Beispielhaus

Der Hausanschluss (HAK) der Kraftverteilung wird an der Außenwand installiert und von dort zu den jeweiligen Unterverteilern geführt, wobei der UV3 für den Hybrid- und Außenbereich vorgesehen ist. Der UV1 ist für das Erdgeschoss direkt im Hauswirtschaftsraum (Zählerschrank) integriert. Lediglich der Unterverteiler UV 2 befindet sich auf der Ebene des Obergeschosses, jedoch von den Schlaf- und Ruheräumen entfernt.

In den Unterverteilern befinden sich allesamt die FI-Automaten für die Schutzbereiche sowie LS-Automaten und Netzfreischalter auf Einzelklemmleisten mit detaillierter Beschriftung. Von den Unterverteilungen erfolgen die Leitungsführungen der Stromkreise, welche unterteilt sind in:

- LSK Lichtstromkreis für die Beleuchtung
- ASK Arbeitsstromkreis für Geräteanschlüsse

Die Anzahl der Lichtauslässe und Geräteanschlüsse sind der Ausstattung anzupassen, wobei darauf geachtet wird, dass mindestens die Hälfte der Umschließungsflächen frei von Leitungsführungen ist. Dabei spielt der direkte und kürzestmögliche Abstand von der Unterverteilung eine große Rolle.

Für wichtige Lauf- und Bewegungswege wird eine autarke Solar-Notbeleuchtung installiert, z. B. zwischen Schlaf- und Ruheräumen und dem Badezimmer. Dieser Stromkreis wird separat geführt und abgesichert und ist von der Hausversorgung unabhängig.

Bei der Wohnraumbeleuchtung erfolgt auch die Vorbereitung zu einer autarken Solar-Kunstlichtversorgung in einem weiteren Prozess. Die Beleuchtungstechnik besitzt erste Priorität in der Autarkie elektrischer Energie.

Weitere Prioritäten haben die Haushaltsgeräte, an erster Stelle Kühl- und Gefriergeräte für die Lebensmittellagerung. Obgleich eine natürliche Temperierung beispielsweise eines Erdkellers dafür genutzt wird, wird auf entsprechende Kühlaggregate nicht gänzlich zu verzichten sein. Diese eignen sich aber (analog zur Wärme) auch als Stromspeicher (auch wenn hier noch Innovationsbedarf besteht) und werden vorrangig von der gebäudeintegrierten Photovoltaik gespeist. Diesbezüglich ist allein in der sonnenreicheren Jahreshälfte nahezu mit einer Vollabdeckung aus selbst erzeugtem PV-Strom zu rechnen.

Auf einen großen elektrischen Verbraucher in der Küche wird verzichtet, da ausschließlich mit Holz und Gas gekocht, gebacken und gegart wird. An diese Stelle würde leistungsbezogen vielmehr eine Brunnenwasser-Pumpe treten, sollte das Trinkwasser aus dem unmittelbaren Untergrund generiert werden und nicht von einer zentralen Trinkwasserversorgung.

Neben den Haushaltsgeräten gibt es aber nicht nur im Beispielhaus eine Reihe anderer Verbraucher. Wenn auch ein Schwerkraftbetrieb von wassergeführten Systemen erhebliche Hilfsenergie überflüssig macht, sind es doch andere Komponenten, Aggregate und Ventilatoren, die Hilfsenergie und Endenergie benötigen, nicht zuletzt so manche Umwälzpumpe, wenn eine Zwangsumwälzung sichergestellt werden muss. In der solarthermischen Anlagentechnik kann diese aber zweifellos ebenso über ein PV-Modul bereitgestellt werden. Die Solareinstrahlung sollte dann auch genügen, eine Zwangsumwälzung mit selbst erzeugtem Strom zu ermöglichen. Freilich muss dafür eine ganz andere Art von Regeleinheiten mit der dafür notwendigen Leistungselektronik entwickelt werden. Aber all diese Entwicklungen sind mannigfach notwendig, wenn man es mit der Selbstversorgung und effizienten Anhebung des Eigenverbrauchanteils ernst meint.

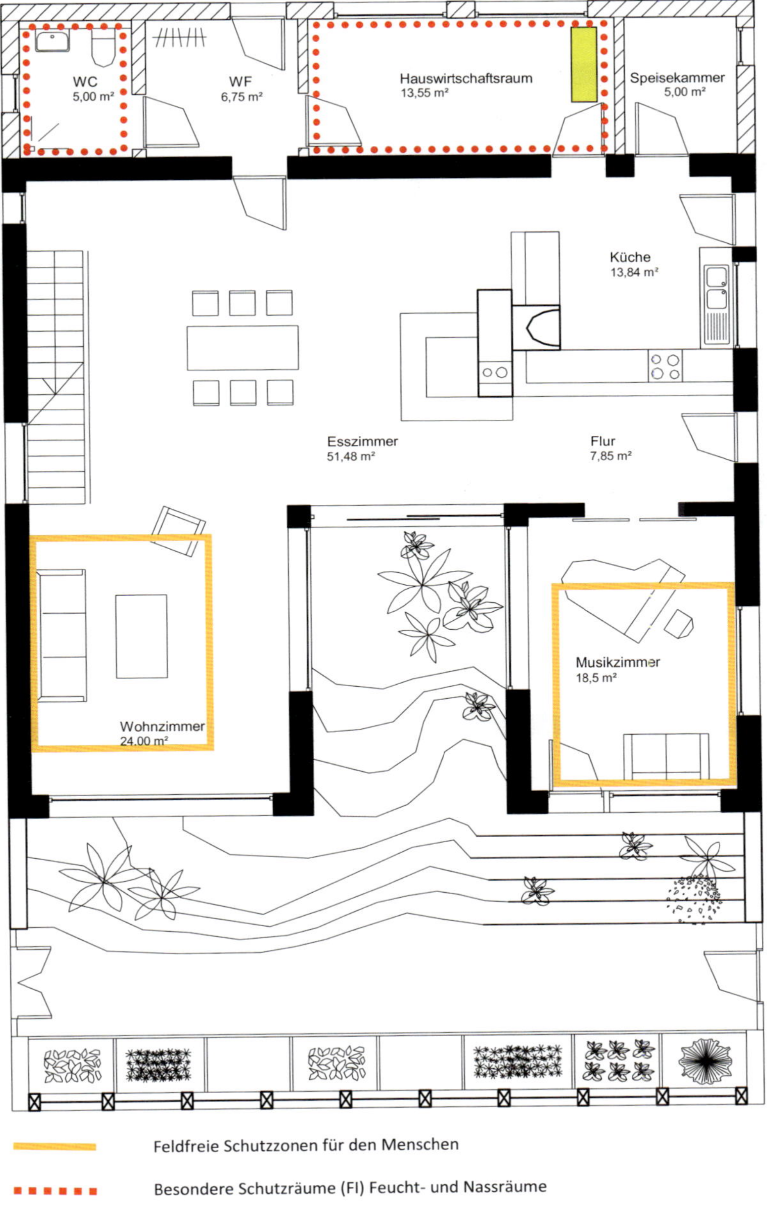


**Abb. K 1.4:** Die Leitungsführung im EG erfolgt sternförmig mit selektiver Absicherung in der Unterverteilung (Hauswirtschaftsraum) (Quelle: Frank Hartmann)

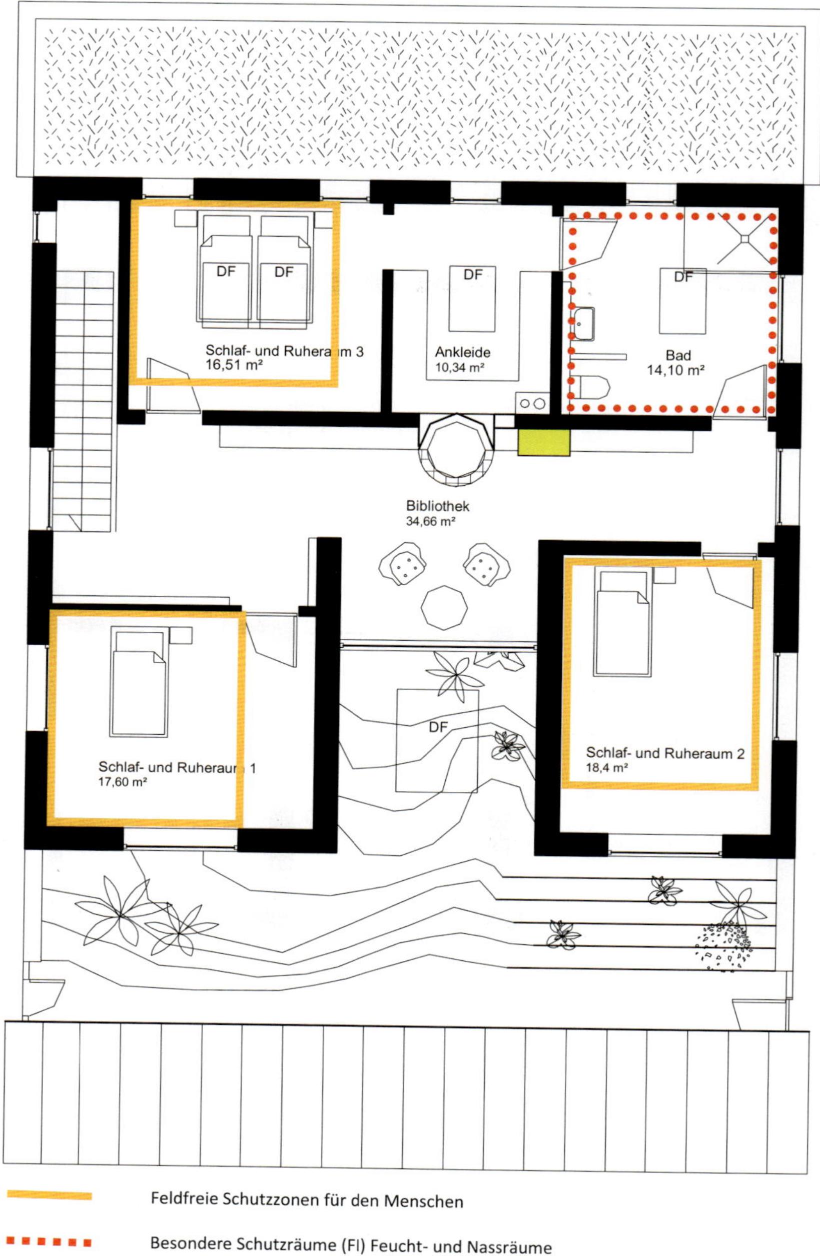


**Abb. K 1.5:** Um einen zentralen Zugang jederzeit zu ermöglichen, wird die Unterverteilung für das OG im Übergangsbereich (Bibliothek) positioniert (Quelle: Frank Hartmann)

# 2 Haustechnische Verbraucher

Haustechnische Verbraucher unterscheiden sich nach Art der Energieaufnahme: Für eine Warmwasser-Wärmepumpe zum Beispiel wird elektrische *Hilfsenergie* benötigt und für einen elektrischen Durchlauferhitzer wird elektrische *Endenergie* benötigt. Es gilt in diesem Sinne genau zu differenzieren.

## 2.1 Elektrischer Strom im Wohnhaus

Der Anteil an elektrischen Verbrauchern ist in der Haustechnik ähnlich vom sogenannten Komfortanspruch abhängig wie bei Haushaltsgeräten und Komponenten der Unterhaltungselektronik überhaupt.

### 2.1.1 Haustechnischer Bedarf an Hilfsenergie

Der Anteil an elektrischer Hilfsenergie für haustechnische Komponenten und Geräte ist im Grunde überschaubar und umfasst im Wesentlichen Heizungsumwälzpumpen, Zirkulationspumpen, Stellglieder wie Umschalt-, Verteil- und Thermostatventile. Allerdings droht auch hier schnell ein Ausufern! Der größte Verbraucher elektrischer Hilfsenergie war bis vor einigen Jahren im Wohnbereich sicherlich die Heizungsumwälzpumpe – allein durch ihre konstante Betriebsweise während der Heizperiode. Heute aber haben sich energieeffiziente, drehzahlgeregelte Umwälzpumpen für die Heizungsanlage etabliert, die nur noch einen Bruchteil an elektrischer Energie benötigen. Während stufengeregelte Heizungsumwälzpumpen gerne 80 W und mehr verlangten, begnügt sich eine moderne Umwälzpumpe oft mit maximal 20 W, wenn die Anlagenhydraulik optimal eingestellt ist..

Da die Energiewende nicht nur eine Abdeckung von Hilfsenergie aus erneuerbaren Energien verlangt, sondern auch eine umfassende Versorgung mit Endenergie, wollen wir uns im Folgenden um die ungleich relevantere Endenergie kümmern.

### 2.1.2 Elektrische Lastgrößen der Haustechnik

Den niedrigsten Bedarf an elektrischer Endenergie weist die Raumlufttechnik in einem Wohnhaus auf. Bei der Wärmeerzeugung mittels Heizungs-Wärmepumpen sind dagegen die größten Lasten zu erkennen. Auch bezüglich der notwendigen Nenn-Wärmeleistung unterscheiden sich die Lastanforderungen am deutlichsten. Ein energieeffizientes Einfamilienhaus für 4 Personen mit einer Wohnfläche von 150 m$^2$ und normaler Ausstattung sollte nicht mehr als 6 kW Heizlast im Auslegungsfall benötigen. Je niedriger der Wärmebedarf, desto geringer ist der Bedarf an Endenergie und desto größer kann der Deckungsanteil einer photovoltaischen Eigenanlage ausfallen. Bei einer Wärmepumpe zur Trinkwassererwärmung beispielsweise ist der Strombedarf deutlich niedriger als bei den altgewohnten Elektroboilern oder gar Durchlauferhitzern. Der deutlich höchste Bedarf in diesem Bereich liegt bei einem elektrischen Durchlauferhitzer für mehrere Entnahmestellen – und das auch noch in einer sehr kurzen Zeit.

Weitere Unterschiede lassen sich in der Spannungsgröße – wie bei oben erwähntem Durchlauferhitzer – feststellen. Während die Heizungs-Wärmepumpe in der Regel 400 V/50 Hz verlangt, genügen einer Warmwasser-Wärmepumpe 230 V/50 Hz. Diesbezüglich sollte man auch die Alternative betrachten: mit einem Elektro-Heizstab den Heizungsspeicher direkt zu erhitzen. Dadurch kann elektrische Energie in thermische Energie umgewandelt und in der Wärmebereitstellung gespeichert werden. Die E-Heizstab-Variante verlangt jedoch eine Leistungsaufnahme von mindestens 3 kW und eine 400 V/50 Hz-Spannungsversorgung. Ein Wärmepumpenaggregat benötigt allerdings nur weniger als ein Drittel an zuzuführender elektrischer Leistung bei einer Spannungsversorgung von 230 V/50 Hz. Allein an diesem Beispiel drängen sich schon unterschiedliche Betrachtungsweisen im Kontext der Systemkonzeption auf, welche in Zukunft genauer untersucht werden müssen.

Die meisten elektrischen Verbraucher der Haustechnik sind allerdings mit 230 V/50 Hz durchaus zufrieden. Bei den Heizungs-Wärmepumpen werden in Zukunft sicher auch leistungsstärkere Aggregate (>3 kW Nenn-Wärmeleistung) mit 230 V/50 Hz zu betreiben sein. Vielleicht würde sich in manchen Fällen auch eine Aufteilung der Kompressoren anbieten, um einen zwei- bzw. dreistufigen Betrieb (Grundlast-Normallast-Spitzenlast) realisieren zu können.

**Elektrische Lastgrößen der Haustechnik in Wohnhäusern**

| Verbraucher von elektrischer Endenergie | Leistungsaufnahme in W | Spannungsversorgung in V | ganzjähriger Betrieb | Winterbetrieb | Sommerbetrieb |
|---|---|---|---|---|---|
| | | | | | |
| Heizungs-Wärmepumpe (Nennleistung 10 kW) | 2.500 | 400 | (x) | x | |
| Heizungs-Wärmepumpe (Nennleistung 8 kW) | 2.000 | 400 | (x) | x | |
| Heizungs-Wärmepumpe (Nennleistung 6 kW) | 1.500 | 400 | (x) | x | |
| Elektrischer Einsteckheizstab (3 kW) | 3.000 | 400 | | (x) | x |
| Elektrischer Einsteckheizstab (6 kW) | 6.000 | 400 | | (x) | x |
| Elektrischer Einsteckheizstab (9 kW) | 9.000 | 400 | | (x) | x |
| | | | | | |
| Abluftventilator (Einzelraum) | 15 - 40 | 230 | x | | |
| Abluftventilator (Abluftsystem) | 40 - 80 | 230 | x | | |
| Zuluftventilator (Einzelraum) | 15 - 40 | 230 | x | | |
| Zuluftventilator (Zuluftsystem) | 40 - 80 | 230 | x | | |
| Lüftungsgerät (Zu-/Abluftsystem) | 80-140 | 230 | | x | (x) |
| Lüftungsgerät (Zu-/Abluftsystem) mit ENR | 140 + (1000) | 230 | | x | (x) + (-) |
| | | | | | |
| | | | | | |
| Klimagerät (Kälteleistung: 3,5 kW) | 1.150 | 230 | | | x |
| Klimagerät (Kälteleistung: 5,0 kW) | 1.700 | 230 | | | x |
| Klimagerät (Kälteleistung: 7,0 kW) | 2.200 | 230 | | | x |
| | | | | | |
| Warmwasser-Wärmepumpe (1,8 kW) | 850 | 230 | x | | (x) |
| Warmwasser-Wärmepumpe (2,2 kW) | 700 | 230 | x | | (x) |
| Elektroheizstab für WW-WP | 1.500 | 230 | (x) | | |
| Elektrischer Durchlauferhitzer (klein) | 3.500 | 230 | x | | |
| Elektrischer Durchlauferhitzer (groß) | 24.000 | 400 | x | | |
| Elektrischer Warmwasserboiler (< 50 Liter) | 2.200 | 230 | x | | |
| Elektrischer Warmwasserboiler (> 50 Liter) | 4.000 | 230 | x | | |
| Kochendwassergerät (5 Liter) | 2.000 | 230 | x | | |

**Bemerkungen:** Grundlage der Leistungszuordnung ist ein Vier-Personen-Haushalt in einem EFH. Sämtliche Angaben sind überschlägig angegeben und müssen im Anwendungsfall spezifisch geprüft werden. Ebenso sind die Ströme (A) den Herstellerangaben entsprechend zu übernehmen. Bei der Heizungswärmepumpe wurde jeweils eine Leistungszahl von 4,0 vorausgesetzt.

Quelle: Forum Wohnenergie

**Abb. K 2.1:** Lastgrößen der elektrischen Verbraucher beispielhaft zur Orientierung (Quelle: Frank Hartmann)

### 2.1.3 Von der Lastgröße zum Nutzungsprofil

Ein wichtiger Faktor hinsichtlich des tatsächlichen Bedarfs an elektrischer Energie in der Praxis sind die Betriebsstunden diverser Geräte, Aggregate und Komponenten. Diese Betriebszeit steht des Weiteren im direkten Zusammenhang mit dem (Tages)-Zeitpunkt, wann welche Last gefordert wird bzw. bereitzustellen ist. Die detaillierte und nutzungsspezifische Lastanforderung wird in einem anwendungsspezifischen Nutzungsprofil zusammengefasst und dargestellt. Das Nutzungsprofil definiert die lastspezifische Planungsgrundlage. Dementsprechend werden Lastprofile als Tages-, Wochen- und Monatsprofile erarbeitet. Darüber hinaus gilt es, zweifelsfrei auch zwischen den Jahreszeiten zu unterscheiden. Insbesondere hinsichtlich der sogenannten Heizperiode ergibt es durchaus Sinn, die Variabilität von Heizlasten während der Heizperiode zu unterscheiden.

Die gewöhnliche Nutzung einer Warmwasser-Wärmepumpe zum Beispiel besitzt ein recht überschaubares Profil in einem normalen Haushalt, da sie bei vier Personen über den Tag verteilt etwa 160 Liter Warmwasser bereitstellen muss. Die Unterschiede zwischen Winter und Sommer sind unwesentlich und können für eine grobe Erstbetrachtung vernachlässigt werden. Freilich aber wird man die Anlagenkonfiguration nach dem Sommer ausrichten, um mit einer PV-Anlage eine solare Trinkwassererwärmung mittels Warmwasser-Wärmepumpe zu ermöglichen. Das ist eine der leichtesten Übungen und der Markt bietet schon entsprechende Systemkomponenten an. Bei einer gewünschten Vollabdeckung ist das Bereitschaftsvolumen der Warmwasser-Vorhaltung der Leistung des PV-Generators dergestalt anzupassen, dass tagsüber nicht nur der abendliche Warmwasserbedarf gesammelt wird, sondern noch für die Morgenstunden des darauffolgenden Tages etwas zu Verfügung steht, bevor über den Tag der Generator das Aggregat der WP zur Trinkwassererwärmung wieder versorgt.

## 2.2 Elektrischer Strom im Nicht-Wohngebäude

Nicht-Wohngebäude sind oft nur auf den ersten Blick komplexer und daher differenzierter zu betrachten als Wohngebäude, letztendlich oft leichter zu handhaben. Der Begriff Nicht-Wohngebäude umfasst ungleich mehr Gebäudearten, als es bei Wohngebäuden der Fall ist. Wesentliche Unterschiede sind schon in den Bauformen und Bauarten zu finden.

Aber auch in der spezifischen Nutzung unterscheiden sich Nicht-Wohngebäude von Wohngebäuden. Dementsprechend unterscheiden sich die aus der Nutzung resultierenden Anforderungsprofile sehr wesentlich. Eines der wichtigsten Unterscheidungsmerkmale ist dabei die Belegung bzw. Auslastung durch Personen. In der Regel halten sich Menschen nur tagsüber in Nicht-Wohngebäuden auf.

Einen nicht unerheblichen Anteil machen Mischgebäude aus. Als Mischgebäude lassen sich in der Regel Wohngebäude definieren, welche neben einer unterschiedlich großen Anzahl von Wohneinheiten auch Anteile von Gewerbeeinheiten beinhalten. Die Trennung erfolgt oft lediglich in den Stockwerken (Ebenen) und separaten Zugängen. Industrie- und Sonderbauten sollen hier nicht weiter betrachtet werden.

Dementsprechend gilt es nicht nur zwischen Wohn- und Nicht-Wohngebäuden zu unterscheiden, sondern ebenso in Wohneinheiten und Gewerbeeinheiten zu differenzieren, um den Mischgebäuden gerecht zu werden. Letztlich geht es in der Praxis zu allererst darum, zu unterscheiden, welche Einheiten sich in einem Gebäude befinden.

### 2.2.1 Büro- und Verwaltungsgebäude

Die Arbeitsplätze in einem Büro- und Verwaltungsgebäude sind an sich schon mit einer Grundausstattung versehen, welche elektrische Energie benötigen. Dies sind in erster Linie Rechner und Bildschirm sowie Beleuchtungstechnik. Diese Lasten multiplizieren sich mit der Anzahl der Mitarbeiter in einer Büroeinheit. Dazu kommen Drucker, Kopierer, Telefon- und Kommunikationsanlagen als zusätzliche Lasten je nach Ausstattung.

Eine Konsequenz aus der hohen und sehr gebündelten Anzahl elektrischer Verbraucher ist die Wärmeentwicklung durch Wärmeabgabe. Was während der Heizperiode durchaus noch als interne Gewinne energetisch positiv zu bewerten ist, verlangt im Sommer nicht selten eine zusätzliche Kühllast, um die Raumluftqualität der Mitarbeiter erträglich zu machen. Hinsichtlich der Raumluftqualität kommt heute demzufolge vermehrt noch Raumlufttechnik dazu. Dies ist bereits bei kleinen Büroeinheiten der Fall.

Besonders in Großraumbüros wird die Lüftungsanlage nicht selten zu einer komplexen Klimaanlage ausgebaut, welche nicht nur die Lufterneuerung realisiert, sondern ebenfalls die in den Raum geführte Zuluft thermisch behandelt. Gemäß Arbeitsstättenrichtlinie und DIN EN 13779 zur „Lüftung von Nicht-Wohngebäuden" ist pro Person von einem stündlichen Mindest-Luftwechsel von 40 $m^3$ auszugehen. Dies verlangt in jedem Fall eine entsprechend umfangreiche raumlufttechnische Ausstattung, da bei einer Mitarbeiterzahl von 10 Personen schon mindestens 400 $m^3/h$ benötigt werden, was eine herkömmliche Wohnungslüftungsanlage nur noch grenzwertig zu leisten im Stande ist.

Die Beleuchtungstechnik macht einen weiteren großen Teil der benötigten elektrischen Energie aus. Trotz moderner, energiesparender Beleuchtungstechnik ist es auch hier die Summe, in Abhängigkeit der dynamischen Zeitintervalle des Bedarfs, die letztendlich für das Lastprofil entscheidend ist. Ein großer Vorteil – trotz aller Lasten – ist, dass die Anforderungen lediglich tagsüber in einem Zeitfenster von ca. 7 bis 18 Uhr anstehen.

### 2.2.2 Trend zur Kühllast (nicht nur) bei Nicht-Wohngebäuden

Die Kühllast etabliert sich neben der Heizlast immer mehr zum zentralen Energiefaktor in Nicht-Wohngebäuden. So ergibt sie sich zum einen aus dem Standort, der Bauart und Bauweise, der energetischen Qualität (besonders hinsichtlich des sommerlichen Hitzeschutzes) der thermischen Hülle und zum anderen aus inneren Wärmelasten durch Maschinen und Menschen. Während die Wärmeabgabe des Menschen bei normaler Schreibtischarbeit mit etwa 80 W als Last-Wert während der Anwesenheit (Arbeitszeiten/Arbeitstag) betrachtet werden kann, sind es bei Maschinen und Geräten deren konkrete Leistungsdaten und Betriebsstunden pro Arbeitstag.

Hinsichtlich unseres Flat-Rate- und Smart-Grid-Zeitalters kann man davon ausgehen, dass sich nicht nur die unmittelbaren Arbeitsgeräte wie PC im Dauerbetrieb befinden, sondern auch andere Geräte, wie Kaffeeautomaten usw. Standby-Funktionen moderner Geräte sind entsprechend zu berücksichtigen (Dauerverbraucher), auch ob eine Ausschaltfunktion überhaupt vorhanden ist. Insbesondere bei der Kühllast spielt die Ausstattung eine sehr große Rolle.

## 2.3 Warmwasserbereitung mit elektrischer Energie

Um die tatsächlichen Leistungspotenziale der solar-elektrischen Trinkwassererwärmung bereits im Vorfeld der Planung zielorientiert abschätzen zu können, ist ein genaues Nutzerprofil gemäß den objektspezifischen Anforderungen notwendig. Dabei ist die erste wesentliche Unterscheidung hinsichtlich der Nutzung des Gebäudes zu treffen, um erste Profilkennwerte erkennen zu können. Während in Nicht-Wohngebäuden der Trinkwarmwasserbedarf überschaubar ist, lässt sich in Wohngebäuden ein ungleich komplexeres Anforderungsprofil erkennen, welches sich nicht nur deutlich in der Menge, sondern auch in zeitlichen Intervallen und Bereitstellungsgraden unterscheidet.

### 2.3.1 Unterscheidungen der elektrischen Trinkwarmwasserbereitung

Die elektrische Trinkwassererwärmung bietet konventionell vier verschiedene Möglichkeiten:

- elektrische Durchlauferhitzer (Frischwassererwärmung),
- elektrische Boiler (Warmwasserbevorratung),
- Split-Warmwasser-Wärmepumpe (Frischwassererwärmung) und
- Speicher-Warmwasser-Wärmepumpe (Warmwasserbevorratung).

Darüber hinaus besteht auch die Möglichkeit einer direkten Erwärmung des Heizungspufferspeichers oder eines bivalenten Warmwasserspeichers, um mit sehr geringem technischem Aufwand das Wasser als Speichermedium zu verwenden. Die ungleich ökologischere und ökonomischere Variante der derzeitigen Stromspeicherung findet in der Kombination einer wassergeführten Zentralheizung statt.

Mittels eines Trinkwarmwasserspeichers oder besser eines Heizungspufferspeichers wird die elektrische Energie zuerst in Wärme umgewandelt, um sie dann ungleich nachhaltiger als Wärmeenergie bereitzustellen.

Allerdings ist es nicht allein damit getan, an irgendeiner Stelle einen Elektro-Heizstab wie ein Schwert in den Pufferspeicher zu rammen. Die Temperaturzone, Temperaturschichtung, die Volumina und nicht zuletzt der berühmte Komfortanspruch sind wesentliche Parameter zur thermischen Beladung eines Heizungspufferspeichers.

Zu unterscheiden ist zwischen:

- Einsteck-Heizkörper (in den Pufferspeicher) und
- Rohrheizkörper (im entsprechenden Vorlaufrohr zur Wärmeversorgung).

Es werden wohl vollkommen neue Arten von Pufferspeichern entstehen, will man den Sonnenstrom wirklich effizient nutzen.

Tabelle K 2.1: In der Trinkwassererwärmung stehen zahlreiche elektrische Varianten zur Verfügung. Abhängig von der Leistungsgröße steht die Aufheizzeit im Verhältnis zur Wassermenge. (Quelle: Frank Hartmann)

| Elektrische Leistung für die Trink-Warmwasserbereitung (beispielhaft) | | | | | | |
|---|---|---|---|---|---|---|
| Trink-Kalt-wassermenge in Liter (T = 10 °C) | Energiebedarf in kWh | | Aufheizzeit (20 kW) in h | | Aufheizzeit (10 kW) in h | |
| | ΔT = 50 K | ΔT = 40 K | ΔT = 50 K | ΔT = 40 K | ΔT = 50 K | ΔT = 40 K |
| 180 | 11 | 8 | 0,55 | 0,40 | 1,10 | 0,80 |
| 300 | 18 | 14 | 0,90 | 0,70 | 1,80 | 1,40 |
| 500 | 30 | 23 | 1,50 | 1,15 | 3,00 | 2,30 |
| 1000 | 60 | 45 | 3,00 | 2,25 | 6,00 | 4,50 |
| 1500 | 88 | 70 | 4,40 | 3,50 | 8,80 | 7,00 |

### 2.3.2 Trinkwasserhygiene durch Frischwassertechnik

Was keinesfalls unbeachtet bleiben darf, sind die hygienischen Anforderungen an das Trinkwarmwasser. In den letzten Jahren hat sich nicht nur der höheren Effizienz wegen, sondern umso mehr wegen der hygienischen Anforderungen zur Vermeidung von Legionellen und anderen mikrobiologischen Gefahren die Frischwassertechnik durchgesetzt. Die Frischwassertechnik ermöglicht mittels eines Pufferspeichers als thermischem Akku die Bereitstellung von frischem Trinkwarmwasser, wenn dieses benötigt wird und verzichtet somit auf eine Bevorratung von warmem Trinkwasser. Für diesen Wärmeübertragungsprozess ist auch elektrische Energie nötig. Allerdings handelt es sich nur um den Strombedarf einer Heizungs-Umwälzpumpe mit einer Leistung von maximal 30 W in einem Einfamilienhaus und nur in der Zeit der Warmwasserentnahme. Bei einer Zirkulationspumpe in der Trink-Warmwasserleitung sind allerdings längere Betriebsintervalle notwendig, wenn auch mit noch geringerem Strombedarf. Eine mit Solarstrom betriebene Zirkulationspumpe ist im Sinne des Wassers herzlich willkommen und fördert durch kontrolliertes Vermeiden von Stagnation im System die Trinkwasserhygiene nachhaltig.

### 2.3.3 Elektrische Durchlauferhitzer

Elektrische Durchlauferhitzer erlauben eine bedarfsorientierte Frischwassererwärmung ohne Bevorratung. In dem Moment, wo das Trinkwarmwasser benötigt wird, wird es im Durchlaufprinzip erwärmt. Der Nachteil besteht allerdings bei großen Durchlauferhitzern, die wohnungszentral eine entsprechende Durchflussmenge erlauben darin, dass sie einen sehr hohen Leistungsbereich von 18 kW und mehr (je nach Ausstattung und Anzahl der Entnahmestellen) einfordern, was mit einem kleinen bis mittleren Photovoltaik-Generator in der Regel schwer zu realisieren ist, wenn dieser nicht deutlich leistungsstärker als 20 kWp ist und eine optimale Solareinstrahlung vorliegt.

Anders verhält es sich mit Einzelgeräten wie Kleinst-Durchlauferhitzern, die direkt am Waschtisch installiert werden und eine deutlich geringere elektrische Leistung zwischen 1 und 2 kW benötigen. Diese geringere Leistung resultiert aber nicht nur aus technischen Innovationen, sondern auch aus einer ungleich geringeren Schüttleistung. Dementsprechend ist eine „elektrische Frischwassertechnik" immer mit sehr hohen Leistungen verbunden, die nicht in jedem Fall durch einen PV-Generator abgedeckt werden können.

### 2.3.4 Elektrische Boiler

Elektrische Boiler besitzen den Vorteil, dass sie eine beliebige Menge an Warmwasser bevorraten können und somit eine Option (Alternative zum Pufferspeicher) zur Speicherung von Sonnenstrom bilden. Der Nachteil liegt in der Bevorratung und der entsprechenden Legionellengefahr, die durch Legionellen-Schutzfunktionen unterbunden werden muss. Ab einem Speichervolumen von mehr als 400 Liter gelten besondere Hygienemaßnahmen für Wartung und Instandhaltung, u. a. Beprobung durch vom Gesundheitsamt zugelassene Unternehmen.

Für Putz- und Reinigungswasser können Boiler deutlich unproblematischer eingesetzt werden, auch für Spülen und Handwaschbecken mit einem Volumen bis 5 Liter als sogenannte Untertischgeräte. Übertischgeräte bietet der Markt von mehr als 5 Liter bis hin zu 100 Liter Speichervolumen.

Diese Geräte benötigen kaum mehr als 2 kW Anschlussleistung. Selbst Kochendwassergeräte kommen mit 2 kW aus, um bis zu 5 Liter Wasser innerhalb kürzester Zeit bis zu 100 °C zu erhitzen. So kann man nicht nur Reinigungswasser, sondern auch seinen Tee oder Kaffee auf diese Weise zubereiten und auf den begrenzten Wasserkocher auf der Arbeitsfläche verzichten.

**Tabelle K 2.2:** Haushaltsgroßgeräte fordern nicht selten mehr elektrische Energie als die Komponenten der Haustechnik, allerdings in Abhängigkeit der Komfortansprüche (Quelle: Frank Hartmann)

| Elektrische Lastgrößen von Haushaltsgroßgeräten in Wohnhäusern | | |
|---|---|---|
| **Verbraucher elektrischer Endenergie** | **Leistungsaufnahme in W (im Betrieb)** | **Spannungsversorgung in V** |
| Waschmaschine | 500 bis 3000 | 230 |
| Trockner | 500 bis 5700 | 230 |
| Geschirrspülmaschine | 700 bis 3000 | 230 |
| Kühlschrank | 300 bis 800 | 230 |
| Gefrierschrank | 400 bis 800 | 230 |

Sämtliche Angaben sind überschlägig gemittelt und müssen im Anwendungsfall spezifisch geprüft werden. Ebenso sind die Nennströme (A) den Herstellerangaben entsprechend zu übernehmen.

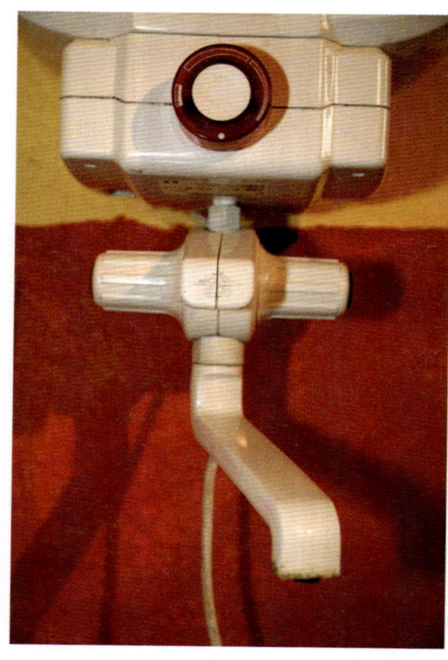

**Abb. K 2.2:** Ein Kochendwassergerät ist durchaus geeignet, kleine Wassermengen für die Nahrungsmittelzubereitung, z. B. Tee oder Kaffee, zur Verfügung zu stellen (Quelle: Frank Hartmann)

### 2.3.5 Warmwasser-Wärmepumpen

Mit einer Speicher-Warmwasser-Wärmepumpe kann die gleiche Wärmeleistung wie bei konventionellen Elektroboilern erreicht werden, allerdings mit dem wesentlichen Unterschied, dass nur etwa ein Drittel elektrischer Energie benötigt wird. Warmwasser-Wärmepumpen benötigen eine elektrische Leistungsaufnahme von weit weniger als 1000 W. Das Speichervolumen reicht von 100 bis 400 Liter.

Eine Split-Warmwasser-Wärmepumpe ist nicht mit einem Speicher kombiniert, sondern besteht ausschließlich aus dem Wärmepumpenaggregat, welches über einen Speicherladekreis an einem Pufferspeicher oder Warmwasserspeicher anzuschließen ist. Somit kann eine Split-Wärmepumpe multifunktional eingesetzt werden und – ohne Bevorratung von Warmwasser – einen Heizungspufferspeicher beladen. Dieser kann sodann das Trinkwasser im Durchflussprinzip (extern oder intern) erwärmen und in der gewünschten Temperatur bereitstellen.

### 2.3.6 Heizungspufferspeicher als Stromspeicher

Selbstredend kann ein Heizungspufferspeicher auch ohne Wärmepumpe elektrische Energie aufnehmen und als Wärmeenergie bereitstellen. Dementsprechend ist ein Heizungspufferspeicher mit einem oder zwei Einsteck-Heizkörpern auszustatten. Auf entsprechende Anschlüsse für den Einsteck-Heizkörper von beispielsweise 1 ½" ist zu achten. Einsteck-Heizkörper gibt es in verschiedenen Größen von 2 bis 9 kW.

Dies erlaubt eine lastspezifische Aufteilung und Kaskadierung je nach Stromangebot mit einer entsprechenden Ladestrategie. Einsteck-Heizkörper müssen immer in die jeweilige Lade- bzw. Bereitschaftszone eingebracht werden.

## 2.4 Elektrischer Strom für die Lüftungstechnik

Auch in der Raumlufttechnik ist zwischen Wohn- und Nicht-Wohngebäuden zu unterscheiden. Beide Gebäudetypen gilt es im Anforderungsprofil zu unterscheiden. Dementsprechend ist die Raumlufttechnik in ihrer Luftwechselleistung und den Komforteinstellungen unterschiedlich ausgestattet.

Eine klassische Fensterlüftung ist heute hinsichtlich einer „Nutzerunabhängigkeit" kaum noch möglich. Das liegt zum einen an der Anwesenheit der Nutzer, zum anderen an den Anforderungsprofilen, wie beispielsweise der Arbeitsstättenrichtlinie, welche an Arbeitsplätzen einen Luftwechsel von 40 $m^3/h$ pro Person verlangt.

Ein weiterer Aspekt ist natürlich der Schallschutz, insbesondere Lärmbelastungen aus der unmittelbaren Umgebung, z. B. bei Schulen oder Verwaltungsgebäuden, die sich stets in einer städtischen Infrastruktur befinden. Zu den Lärmbelastungen kommen noch Umweltbelastungen in Form von Luftschadstoffen vor.

### 2.4.1 Elektrische Leistungen in der Raumlufttechnik

Die wichtigsten elektrischen Verbraucher in der Raumlufttechnik sind zweifelsfrei die Ventilatoren. Viele Geräte sind in ihrer Bauart Gleichstromventilatoren, die mit einem Transformator ausgestattet sind. Hocheffiziente drehzahlgeführte Ventilatoren bestimmen dabei den Trend.

Die Leistungsaufnahmen beginnen bei Einzelraum-Abluftventilatoren bei etwa 20 Watt und reichen bei kompakten Wohnungslüftungsanlagen bis zu 2 mal 250 W. Die Steuereinheiten bestehen aus einfachen Reglern mit Zeitschaltautomatik (Tag- und Wochenschaltung) und einer 3-Stufen-Steuerung für den Ventilator. Die drei geläufigen Stufen sind: Grundlüftung, reduzierte Lüftung und Normlüftung. Die Auslegung der Lüftungsanlage erfolgt für die Normlüftung als maximale Lüftungsleistung. Bei niedrigerem Bedarf wird die Ventilatorleistung entsprechend den Stufen reduziert.

Was die Lüftungssteuerung ebenso ansteuert ist eine optional installierte Widerstandsheizung zur Vorerwärmung der Außenluft (Frostschutz). Die elektrische Widerstandsheizung ist dabei entweder im Gerät installiert oder extern als größere Leistungseinheit, die dann auch gern deutlich mehr als 500 W elektrische Leistung aufnimmt. In größeren Anlagen kommen auch noch Stellmotoren zum Einsatz, für z. B. Drosselklappen oder Umschaltung in der Luftführung. Die Leistungsaufnahme von Stellmotoren beträgt nur wenige Watt und ist auch nur temporär notwendig.

Die moderne Lüftungstechnik mit ihren effizienten Ventilatoren bietet einen idealen Ansatz für Off-Grid-Systeme, die durch selbsterzeugte elektrische Energie autark betrieben werden können. Als Anhaltspunkt ist für eine vollständige Wohnungslüftungsanlage in einem Standard-Einfamilienhaus eine elektrische Leistungsaufnahme von 250 W zu veranschlagen. Die Frage stellt sich, inwieweit ein Wechselrichter notwendig ist oder ob nicht die Ventilatoren (die allzu oft ohnehin Gleichstromventilatoren sind) direkt über einen Laderegler in Kombination mit einem schmucken Akkumulator zu betreiben sind. Lastschwankungen können mit einer systemintegrierten Lüftungstechnik durchaus ausgeglichen werden, da für den baulichen Feuchteschutz lediglich die kleinste Lüftungsstufe benötigt wird.

Tabelle K 2.3: Die elektrische Leistungsaufnahme von Verbrauchern in der Raumlufttechnik ist im Wohnbereich sehr überschaubar. Der größte Verbraucher ist eine Direktheizung zur Nacherwärmung der Zuluft bzw. zum Frostschutz (Quelle: Frank Hartmann)

| | |
|---|---|
| Einzelabluft-Ventilator (ca. 80 $m^3/h$) | 20 W |
| Zentraler Abluftventilator | ab 60 bis 300 W |
| Zentraler Zuluftventilator | ab 60 bis 300 W |
| Elektrisches Nachheizregister | ab 500 bis 1800 W |
| Umwälzpumpe (für externe Prozesse) | ca. 50 W |
| Stellmotoren | ab 5 W |
| Steuergeräte | ca. 5 bis 50 W |

## 2.5 Heizen mit elektrischer Energie?

Die Wärmeversorgung aus dezentral erzeugtem Strom ist sicherlich die anspruchsvollste Aufgabenstellung in der Energietechnik. Besonders für die Photovoltaik lässt sich in diesem Fall unsere mitteleuropäische Klimazone keinesfalls mehr schön reden. Eine Speicherung von elektrischer Energie ist für diesen Anwendungsfall de facto unumgänglich, die Integration von Kleinst-Windkraft eine sehr willkommene Ergänzung. Um das Anforderungsprofil genauer zu bestimmen, ist die Ermittlung der Heizlast notwendig, um daraus ein entsprechendes Lastprofil zu generieren. Dies erfolgt im Rahmen der Heizlastberechnung nach DIN EN 12831 als Basis.

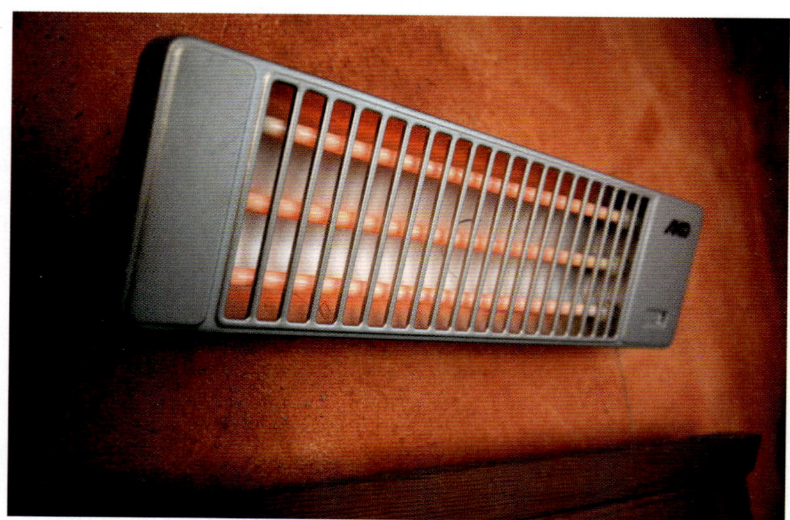

Abb. K 2.3: Ein Infrarot-Strahler für den Babywickeltisch ist temporär durchaus effizient und zielführend einsetzbar und allein in diesem Fall tolerierbar (Quelle: Frank Hartmann)

### 2.5.1 Heizlast von Gebäuden

Die Heizlast gibt darüber Auskunft, welche Wärmeleistung für ein Gebäude bzw. für einen umbauten Raum notwendig ist, um bei einer maximal niedrigen Außentemperatur (Auslegungsfall) eine innere Raumwärme von 20 bzw. 24 °C sicherzustellen. Die Heizlast gibt also immer einen Maximalwert an, der für den Auslegungsfall notwendig ist. Der Auslegungsfall richtet sich nach drei unterschiedlichen Klimazonen, wie sie im nationalen Anhang der Norm mit –14; –16 und –18 °C definiert sind.

Natürlich richtet sich die Heizlast nach der Größe des Gebäudes bzw. nach dem gesamten Raumvolumen, den es zu temperieren gilt. Relevant sind hierfür die Umschließungsflächen, welche die thermische Hülle bilden und je nach thermodynamischer Qualität des Schichtenaufbaus die Größe der Heizlast in Kilowatt bestimmen.

### 2.5.2 Elektrische Wärmeerzeuger

Als elektrischer Wärmeerzeuger zur Wohnwärmeversorgung (ohne Warmwasser) steht die Wärmepumpentechnologie klar an erster Stelle. Möchte man mit dezentral erzeugter elektrischer Energie aus Photovoltaik oder Kleinst-Windkraft die Heizlast eines Gebäudes besorgen, muss man sich sowohl mit dem spezifischen Gebäude als auch mit der Heizlast, der Heizgrenztemperatur und der Differenzierung der spezifischen Heizperiode für das Gebäude auseinandersetzen. Dabei scheint eine erdgekoppelte Wärmepumpe mit einem intelligenten Speichersystem die erste Wahl. Fraglos ist eine Luft-Wasser-Heizungswärmepumpe eine suboptimale Lösung, auch wenn sie in letzter Zeit einen regelrechten Boom erlangt, was im Sinne der Netzbetreiber nur allzu verständlich ist. Erdwärme wird sich in diesem Kontext mit nachhaltigen Technologien durchsetzen.

Betrachtet man ein Gebäude differenziert nach Heizperiode, ergibt sich eine Reduzierung der Heizlast, was wesentlich für die Wärmebereitstellung bzw. Wärmeerzeugung ist.

Beispiel: Einfamilienhaus mit einer Heizlast von 6 kW im Auslegungsfall.

- gemäßigte Heizperiode 2 kW 30 %
- mittlere Heizperiode 4 kW 60 %
- absolute Heizperiode 6 kW 10 %

Nimmt man die errechnete Gesamt-Heizlast als Orientierungsgröße, bedeutet dies, eine Nenn-Wärmeleistung von 6 kW bereitstellen zu müssen. Dies führt uns bezüglich einer photovoltaischen Lösung jedoch sehr schnell an die Grenzen und alle weiteren Überlegungen drohen zu scheitern, weil man 10 % nicht abdecken kann.

Geht man aber mit der Natur, d. h. mit unserer Klimazone, und dem tatsächlichen praktischen Wärmebedarf und wendet sich der gemäßigten Heizperiode zu, die immerhin etwa ein Drittel der Gesamt-Heizlast ausmacht, stellt man fest, dass diese Wärmeleistung schon mit einer guten Kleinst-Wärmepumpe zu realisieren ist. Diese benötigt bei einer Leistungszahl von 3,0 etwa 700 W elektrische Leistung. Dies aber freilich Tag und Nacht.

Wendet man sich der mittleren Heizperiode zu, bedeutet die elektrische Leistungsaufnahme knapp 1,5 kW. Wenn es dann im tiefen Winter tatsächlich zapfig wird (was statistisch an 10 Tagen im

Jahr so ist), wird es mit gut 2 kW schon schwieriger, besonders wenn die Sonne ausbleibt und somit auch die passive Solarnutzung.

## 2.6 Kühlen mit elektrischer Energie

Nicht mehr nur in gewerblichen Nicht-Wohngebäuden und Sonderbauten besteht ein Kühlbedarf, sondern zunehmend in Wohngebäuden. Naheliegend, dass gerade in den sonnenreichen Monaten besonders hohe Bedarfe entstehen, die fraglos von einem PV-Generator in Echtzeit bedient werden können. Den Knackpunkt bildet allerdings die Gebäudeintegration eines internen Lastausgleichs.

### 2.6.1 Die Kühllast von Gebäuden

Die Kühllast von Gebäuden resultiert im Wesentlichen aus der solaren Einstrahlung, der Qualität der Baustoffe und Bauelemente der thermischen Hülle und den Temperaturdifferenzen zwischen Innen und Außen. Was allerdings erst in den letzten Jahren deutlich dazu kam, ist eine signifikante Steigerung der internen Wärmegewinne. Zur Berechnung der Kühllast eines Gebäudes empfiehlt sich das Berechnungsverfahren nach VDI-Richtlinie 2078, wie bereits im Bereich ERDE erläutert.

### 2.6.2 Passive Kühlung

Für eine passive Kühlung ist ein Minimum an Energie notwendig. Thermische Bauteilaktivierung oder Flächenheizsysteme werden reversibel betrieben und verlangen lediglich eine Wärmesenke, beispielsweise im Untergrund. Diese Art der sehr effizienten Kühlung ist zwar nicht in der Lage, größere definierte Lasten abzudecken, für den normalen Wohnbereich jedoch durchaus ausreichend, wenn bei der Dämmstoffauswahl in Sachen Phasenverschiebung auch der sommerliche Hitzeschutz bedacht ist. Obgleich die aktive Kühlung ungleich höhere elektrische Lasten benötigt, ist es auch bei der passiven Kühlung nötig, für die Zwangsumwälzung des Wärmetransports elektrische Energie einzusetzen. Jeweils eine Heizungs-Umwälzpumpe in Primär- und Sekundärkreis verlangen schon mindestens 100 W. Mehr aber auch nicht, denn die Leistungsaufnahme von regelungstechnischen Komponenten wie Stellmotoren und dergleichen sind in der Regel über einen Sicherheitszuschlag abzudecken. Sicherlich ist es bei der passiven Kühlung sinnvoll, über eine Einzellösung nachzudenken, d. h. bei hoher Sonneneinstrahlung stellt ein entsprechender PV-Generator genau den Strombedarf für eine passive Kühlung bereit.

### 2.6.3 Passive Kühlung mit einer Wärmepumpenheizung

Auch wenn die passive Kühlung nicht die Kälteleistung aufzubringen vermag wie eine aktive Kühlung mittels Kälteaggregat, ist diese Anwendung naheliegend, da die wesentlichen Komponenten in modernen Gebäuden schon vorhanden sind. Flächenheizungssysteme in Kombination mit erdgekoppelten Wärmepumpen bieten die wichtigsten Komponenten Wärmequelle (Innenraum-Flächenheizung) und Wärmesenke (Erdreich-Erdwärmeübertrager). Lediglich ein Wärmeübertrager mit Umschaltventil und die entsprechende Regelung (inkl.

Taupunktwächter!) sind als Zusatzausstattung notwendig. Die beiden Umwälzpumpen sind ebenfalls schon Bestand.

Wird die Wärmequelle als Wärmesenke genutzt, unterstützt dies die natürliche Regeneration zum Wärmeeintrag und umso effizienter kann der Arbeitsprozess zur Trinkwassererwärmung hinsichtlich der Arbeitszahl optimiert werden. Auch die dafür benötigte elektrische Energie kann über den PV-Generator bereitgestellt werden. Ebenso ist eine direkte Trinkwassererwärmung über einen einfachen Widerstands-Heizkörper möglich.

### 2.6.4 Aktive Kühlung

Natürlich lässt sich mit einer Wärmepumpe auch eine aktive Kühlung realisieren. Dazu muss der Kompressor der Wärmepumpe reversibel betrieben werden. Auch moderne Luft-Wasser-Wärmepumpen besitzen eine optionale Kühlfunktion.

Die aktive Kühlung liefert eine definierte Kälteleistung entsprechend der berechneten Kühllast und kann somit eine maximale Innenraumtemperatur realisieren. Die Kälte wird dabei über einen Arbeitsprozess erzeugt, der elektrische Energie benötigt. Ähnlich wie bei der Wärmepumpe entspricht der Energieeinsatz nicht 100 %, sondern etwa ein Drittel, d. h. eine Leistungszahl von 3, manchmal auch deutlich geringer bis zu einer Leistungszahl von 2. Das bedeutet, dass nicht die gesamte Kältelast als elektrische Leistung 1:1 bereitgestellt werden muss. Als Faustregel kann man von einem Verhältnis 1:2 ausgehen, also ist bei einer Kälteleistung von 20 kW mit einer elektrischen Leistungsaufnahme von 10 kW zu rechnen.

### 2.6.5 Spannungsversorgung für Kühlgeräte und -aggregate

Um nennenswerte Kühllasten abdecken zu können, ist eine Spannungsversorgung von 400 V/50 Hz notwendig. Bei kleineren Einzelanlagen genügen auch 230 V/50 Hz. Der elektrische Anschluss, insbesondere der Kraftanschluss des Kompressors, muss im Rahmen der Inbetriebnahme immer vor Inbetriebsetzen der Anlage geprüft werden.

Die neue EnEV 2014 fordert ab einer Kälteleistung von mehr als 4 kW regelmäßige energetische Inspektionen mit Verbesserungsvorschlägen zur energetischen Optimierung bzw. Ertüchtigung. Die Tendenz zu mehr Kühlung ist aus verschiedenen Gründen absehbar. Die Veränderung der Klima-Referenzzone von Würzburg nach Potsdam lässt in den EnEV-Berechnungen hinsichtlich der mittleren Heizgradtage zwar einen niedrigeren Heizwärmebedarf, aber einen höheren Kühlbedarf erwarten.

Kühlung bedeutet aber immer Wärme im umgekehrten Sinn, also lassen sich hier – im Verein mit der Baukonstruktion und Materialgüte – vielfältige Synergiepotenziale im Gebäude generieren.

## 2.7 Elektrische Verbraucher im Beispielhaus

Die elektrischen Verbraucher im Beispielhaus reduzieren sich zielorientiert auf die Kühl- und Gefriergeräte sowie Arbeitsgeräte der Hauswirtschaft. Neben den Haushaltsgeräten kommt die Beleuchtungstechnik hinzu sowie Komponenten der Haustechnik.

Tabelle K 2.4: Die Lasten der elektrischen Haushaltsgeräte im Beispielhaus sind durchaus überschaubar, da auf einen elektrischen Herd und andere elektrische Kochgeräte weitgehend verzichtet wird (Quelle: Frank Hartmann)

| Elektrische Verbraucher im Beispielhaus | |
|---|---|
| **Bezeichnung** | **Elektrische Leistungsaufnahme in W** |
| Brunnenwasserpumpe | 1800 |
| Kühltruhe | 650 |
| Kühlschrank | 400 |
| Sonstige Haushaltsgeräte | 1000 (gemittelt) |
| Beleuchtungstechnik | 1700 (gemittelt) |
| Endenergie für Haustechnik (Ventilatoren) | 200 |
| Hilfsenergie für die Haustechnik (Pumpen, Stellventile und Regeleinheiten) | 300 |

Der Verzicht auf elektrische Kochgeräte (der Herd im Hauswirtschaftsraum wird mit Gas betrieben) wirkt sich deutlich auf das Lastprofil aus. Für sonstige Haushaltsgeräte für Kommunikation und Komfort ist eine entsprechende Lastreserve zu berücksichtigen.

# 3 Natürliches und künstliches Licht im Innenraum

Natürliches Licht bildet die Grundlage der Baubiologie und dementsprechend ist es analog zur Solarnutzung das Ziel, eine maximale Ausbeute an natürlichem Tageslicht mit einer zielgenauen Bereitstellung von „Nachbeleuchtung" zu kombinieren, ähnlich wie es mit einer Nacherwärmung geschieht. Die Grenzen sind dabei fließend und nicht nur eine Gemeinsamkeit mit dem Solaren Bauen. In den Anforderungsprofilen und Leistungspotenzialen verhält es sich ähnlich.

## 3.1 Die Bedeutung des Lichts für den Menschen

In der Baubiologischen Haustechnik gilt das natürliche Tageslicht als Vorbild und soll daher auch als Grundlage für die künstliche Lichtgestaltung dienen. Obgleich Kunstlicht natürliches Licht niemals ersetzen kann.

In der modernen Gebäudesystemtechnik gewinnt das Lichtmanagement von Innenräumen einen immer höheren Stellenwert und gibt Anlass, sich mit der Wirkung des Lichtes auf den Menschen zu beschäftigen. Dieses Faktum, Licht als lebensqualifizierende Energiequelle zu begreifen, ist schon längst zentraler Bestandteil der Baubiologie, obgleich dies erst in der letzten Zeit auch in der Öffentlichkeit diskutiert wird.

**Abb. K 3.1:** Das natürliche Lichtverhältnis im Tageslauf ist die biologische Grundlage für die Lichtplanung des Innenraums (Quelle: Frank Hartmann)

Licht versorgt den Organismus des Menschen ebenso mit Energie, wie es ein Gebäude mit Energie zu versorgen vermag. Die Gebäudehülle erscheint in diesem Fall einmal mehr als „Haut" in Form und Funktion, als Grenzschicht zwischen Innen und Außen. Dennoch scheint der Begriff „Solares Bauen" noch nicht zu Ende gedacht, insbesondere im Wechselspiel zwischen Tageslicht und Kunstlicht. Möge sich zu den markantesten Elementen einer Fassade – den transparenten Flächen –, die Photovoltaik einreihen und die Außen-Innen-Schwelle des Lichts mit überwinden. Über die reine Fassadengestaltung hinaus steht heute mehr denn je ein maximaler Eigenverbrauch dezentral selbsterzeugter Energie im Fokus, denn nachhaltiges Bauen kann nur sonnenorientiertes Bauen bedeuten. Bei Licht betrachtet erschließt sich daraus ein sehr umfangreiches Anforderungs- und Aufgabengebiet innerhalb der systemischen Gebäudebetrachtung, weit über die schlichte Fassadengestaltung hinaus.

### 3.1.1 Licht und Lebensqualität

Die Organisation des Lebens auf unserem Planeten unterliegt seit alters her räumlich und zeitlich festgelegten Abläufen, die durch das natürliche Licht der Sonne geprägt sind. Freilich darf auch der Mond im Wechselspiel mit der Sonne nicht vergessen werden.

**Tabelle K 3.1:** Das Licht wirkt auf den Menschen dreifach (Quelle: Forum Wohnenergie)

| Die dreifache Wirkung des Lichts auf den Menschen |
|---|
| Visuelle Funktion für das Sehen |
| Emotionale Qualität (Stimmung) |
| Biologische Impulse für die „innere Uhr" |

Diese sich stets erneuernden zyklischen Abläufe haben das Leben auf der Erde nicht nur stark beeinflusst, sondern prägen es ständig. Auch der Mensch hat sich im Laufe der Evolution daran angepasst und ein genetisch verinnerlichtes Wissen über Zeiträume und biogene Intervalle entwickelt, was wir gemeinhin als die innere Uhr bezeichnen. Diese mag sich zwar individuell etwas unterschiedlich bei einzelnen Menschen auswirken, der natürliche Grundgedanke ist allerdings elementar und ein wesentliches Prinzip für den Menschen, welches wir auch oft mit dem Begriff „Biorhythmus" umschreiben.

Verliert dieses Grundprinzip seine Ordnung, gerät der Mensch aus dem Gleichgewicht.

In der biologischen Bauordnungslehre genießt das Licht daher naturgemäß eine bedeutende Rolle, da es nicht nur für die menschliche Entwicklung und Gesunderhaltung grundlegend ist, sondern auch als wesentlicher Taktgeber wirkt. Internationale Forschungsprojekte belegen die Wirkung von Licht auf den menschlichen Organismus. Wo das Tageslicht, aus welchen Gründen auch immer, nicht ausreicht, kann heute die künstliche Beleuchtung mit dynamischem Licht unserem Körper zwar die entscheidenden Impulse geben, die Dynamik und Qualität des natürlichen Lichtes aber nicht annähernd erreichen, geschweige denn ersetzen. Im Sinne einer biologischen Bauordnungslehre muss das Thema Licht und Gesundheit ein wesentlicher und unverzichtbarer Bestandteil einer menschengerechten Innenraumplanung sein.

Verantwortlich für die biologische Wirksamkeit von Licht ist ein dritter Fotorezeptor im Auge, den Wissenschaftler erst zu Beginn unseres Jahrhunderts entdeckten. Bis dahin waren nur zwei

Arten von Rezeptoren bekannt: Zapfen für das Farbsehen und lichtempfindlichere Stäbchen, die das Sehen bei geringer Beleuchtungsstärke ermöglichen. Vor wenigen Jahren jedoch entdeckten Forscher sogenannte Ganglienzellen in der Netzhaut des Auges, die nicht für das Sehen bestimmt sind. Sie enthalten das lichtempfindliche Pigment Melanopsin und reagieren sehr sensibel auf Blauanteile im Licht.

Die Fotorezeptoren verfügen über einen direkten Draht ins Gehirn: Über den retino-hypothalamischen Trakt sind die Ganglienzellen direkt mit der sogenannten Master Clock – dem suprachiasmatischen Nucleus (SNC) –, die wie ein „Projektleiter" die vielen inneren Uhren des Körpers abstimmt, verbunden. Dieser ist das wohl eines der wichtigsten Steuerzentren des vegetativen Nervensystems.

### 3.1.2 Hormone als Botenstoffe

Die Melanopsin-Rezeptoren sind gleichmäßig über die Netzhaut verteilt und im unteren Bereich besonders sensibel. Sie liefern dem Gehirn jene Informationen, die mit darüber entscheiden, ob wir wach sind oder müde. Denn die Lichtreize sind wichtige Zeitgeber für den circadianen Rhythmus, der in Zyklen von rund 24 Stunden abläuft.

Botenstoffe für den biologischen Rhythmus und damit treibende Kraft hinter dem Wach-/Schlaf-Rhythmus des Menschen sind verschiedene Hormone. Vor allem Melatonin und Cortisol kommt hierbei eine wichtige Rolle zu, denn sie wirken im Körper entgegengesetzt.

- Melatonin macht müde, entschleunigt und entspannt die Körperfunktionen zugunsten der Nachtruhe, worauf sie den Körper vorbereiten. Der Organismus läuft auf Sparflamme, um sich auf die Regeneration des Schlafes vorzubereiten. In dieser Phase schüttet der Körper Wachstumshormone aus, die nachts die Zellen reparieren. Gegen Morgen sinkt der Melatonin-Spiegel im Blut.
- Ab etwa 3 Uhr morgens produziert die Nebennierenrinde Cortisol. Das Stresshormon regt den Stoffwechsel an und programmiert den Körper auf Tagesbetrieb. Für mehrere Leistungshochs am Tag sorgt Serotonin, das stimmungsaufhellend und motivierend wirkt. Im Laufe des Nachmittags sinkt der Cortisol-Spiegel im Körper – und mit einbrechender Dunkelheit schaltet die innere Uhr auf Nachtbetrieb und schließt den Tag-Nacht-Kreis.

Die Funktion des Hormonhaushalts wirkt indes nur dann reibungslos, wenn er durch äußere Reize unterstützt wird, wofür das richtige Licht notwendig ist. Dementsprechend sorgt Licht mit hohen Blauanteilen am Morgen dafür, dass die Produktion von Melatonin wirkungsvoll unterdrückt wird und Cortisol seine Wirkung entfalten kann. Der Mensch ist munter und motiviert, bereit für das Tagwerk.

Gleichzeitig gilt aber auch, dass Licht mit hohen Blauanteilen am späten Abend die innere Uhr aus dem Takt bringen kann. Denn während das natürliche Licht in den Abendstunden schwächer und gelblicher wird, verzögert kühlweißes künstliches Licht die Melatoninproduktion. Das Resultat: Wir können schlechter einschlafen, schlafen weniger tief und fühlen uns am nächsten Tag nicht ausgeruht.

Der biologische Rhythmus des Menschen hat sich über seine gesamte Evolution vom Höhlenmenschen zum Homo Sapiens dem Wechsel der Jahreszeiten und vor allem dem Tagesverlauf angepasst. Heute entwickeln wir uns im Grunde wieder zu einer Art „Höhlenmensch", halten wir uns doch die meiste Zeit unseres Lebens im umbauten Raum auf.

Dieser Entwicklung sucht die Tageslichtarchitektur entgegenzuwirken. Eine gute Tageslichtplanung für einen Innenraum reduziert die notwendigen Ergänzungen durch Kunstlicht und verringert somit auch den Energiebedarf für künstliche Leuchtmittel, wobei die Wohnpsychologie durch zielorientierte Lichtplanung zum Wohle des Menschen nachhaltig optimiert werden kann.

### 3.1.3 Dynamische Lichtkonzepte

Trotz normgerechter Beleuchtung fehlen im Innenraum heute oft die Dynamik und die biologische Wirkung, die das natürliche Tageslicht ausübt. Für den Menschen hat das Folgen: Seine innere Uhr gerät aus dem Takt, sie geht nach oder vor. Dynamisches Licht trägt dazu bei, den biologischen Rhythmus des Menschen zu stabilisieren und ihn mit Zeiten zu synchronisieren, die von seiner inneren Uhr abweichen. Biologisch wirksame künstliche Beleuchtung wird immer dann zugeschaltet oder – abhängig vom Tageslicht – automatisch stufenlos hinzu geregelt, wenn das natürliche Licht nicht ausreicht. Die Vorteile von dynamischem Licht sind:

- mehr Wohlbefinden für den Menschen,
- bessere Leistungsfähigkeit und Konzentration,
- Anpassung an individuelle Bedürfnisse,
- Flexibilisierung von Räumen und Arbeitsplätzen,
- Energieeinsparung durch tageslichtabhängige Steuerung.

Die Natur gibt die Faktoren für biologisch wirksames Licht vor, die auch bei der Planung dynamischer Lichtkonzepte beachtet werden müssen. Entscheidend sind nach dem Vorbild des Tageslichts:

- Beleuchtungsstärke,
- Flächigkeit des Lichts,
- Lichtrichtung,
- Farbtemperatur und
- Dynamik.

Tageslicht ist mehrere Tausend Lux stark. Helligkeit, Lichtfarbe und Lichtrichtung verändern sich im Tagesverlauf von Sonnenaufgang bis Sonnenuntergang kontinuierlich. Dynamische Beleuchtungskonzepte stellen deshalb Licht unterschiedlicher Farbtemperatur und unterschiedlicher Beleuchtungsstärke bereit, die stets mit dem natürlichen Vorbild des Tageslichtes abzugleichen sind. Untersuchungen zeigen, dass bereits Beleuchtungsstärken zwischen 500 und 1200 Lux biologisch wirksam sind. Voraussetzung ist, dass das Licht möglichst viele Rezeptoren in der Netzhaut des Auges erreicht. Das gelingt, wenn das Licht – ähnlich wie unter freiem Himmel – großflächig von oben und von vorne ins Auge fällt.

Auch die Lichtfarbe, die von der Farbtemperatur der jeweiligen Lichtquellen bestimmt wird, spielt eine entscheidende Rolle: Sie sollte dem Tageslicht ähneln. Sein Spektrum enthält den biologisch wirksamen blauen Bereich und wird von Menschen als angenehm empfunden. Lichtmanagementsysteme sorgen in Kombination mit geeigneten Leuchten und Lampen schließlich dafür, dass sich Beleuchtungsstärke und Farbtemperatur dynamisch nach dem Vorbild des Tageslichts verändern: Anregende Stimmung am Morgen, helles Licht für Konzentrationsphasen und warmweißes Licht am Abend, das sanft zum Ende des Tages überleitet.

Im Sinne einer biologischen Bauordnungslehre orientiert sich eine Lichtplanung für den umbauten Raum immer am natürlichen Licht. Das betrifft auch die Qualität von Leuchtmitteln, bei denen sich als negatives Beispiel das hochfrequente Flimmern von Energiesparlampen hervorheben lässt. Manche modernen Innovationen grenzen – unabhängig von den Umweltbelastungen – schon an Körperverletzung. Biologisch betrachtet war und ist die Glühlampe eine ideale Kunstlichtquelle, die dem natürlichen Lichtspektrum noch am nähesten kommt.

## 3.2 Solare Beleuchtungskonzepte für den Innenraum

Vor nicht allzu langer Zeit war der Begriff „Lichtstrom" auf den Baustellen sehr gebräuchlich. Er definierte jene Stromkreise eines Gebäudes, die für die Innenbeleuchtung zuständig waren. Höchste Zeit also, die Photovoltaik und die Beleuchtungstechnik unter einen Hut zu bringen und systemisch zu betrachten.

Es ist recht naheliegend, selbsterzeugten Strom aus der Photovoltaik für die Beleuchtungstechnik im Innenraum zu verwenden. Tagsüber versorgt uns die Sonne mit Tageslicht, welches wir mit solarer Anlagentechnik einsammeln und der gebäudeintegrierten Bereitstellungstechnik (Energiespeicherung) zuführen, um diese Energie in jener Zeit nutzen zu können, wenn die Sonne nur sehr schwach oder gar nicht scheint.

### 3.2.1 Am Anfang steht das Lichtkonzept für das Gebäude

Natürlich müssen auch hier die unterschiedlichen Gebäude und die daraus resultierenden Nutzungsanforderungen beachtet werden. Allerdings spielen hier nicht in erster Linie die Dachfläche und die Ausrichtung die Hauptrolle, sondern die konkreten Bedürfnisse der Nutzer. Sie sind die Planungsgrundlage.

Das Wechselspiel aus Bedarf und Ertrag verlangt die Definition eines Stromspeicherkonzepts mit entsprechender Speicher- und Entladestrategie, die aus einer oder mehreren Batterien bzw. Akkumulatoren bestehen kann.

Bei der Aufstellung des Lichtkonzeptes stellen die Auflistung und Bezeichnung der elektrotechnischen Komponenten bzw. elektrischen Verbraucher die Grundlage eines Lastprofils dar, aus dem sich entsprechend den Spannungsverhältnissen die Betriebsströme ergeben.

Neben den elektrischen Leistungsangaben der Leuchtmittel sind daher auch die Spannungsversorgung und Differenzierung in Hoch- und Niedervolt sowie die daraus resultierenden Nennströme zu ermitteln. Auch der Begriff Niedervolt (12, 24 V usw.) ist im Rahmen der Detailplanung zu differenzieren. Das Resultat dieses Lastprofils zeigt die Qualität der Tageslichtausbeute.

Dabei stellt die Baukonstruktion im Sinne einer maximalen Tageslichtausbeute jene Basis, wie sie analog in der passiven Solarnutzung den Anfang der Wohnwärmegestaltung markiert. Hier lässt sich in der Tat eine bedeutende Analogie feststellen, denn auch bei der künstlichen Beleuchtung geht es um nichts anderes, als um die sanfte Aktivierung einer Ausgleichs- und Nachbeleuchtung (zum Ausgleich natürlicher Defizite) durch haustechnische Innovationen.

### 3.2.2 Tageslicht und künstliche Beleuchtung im Tandem

Es stellt sich die Frage, ob die Anwesenheit eines Präsenz- und/oder Bewegungsmelders allein das Prädikat „bedarfsorientiert" verdient, denn über die Lichtverhältnisse sagt dies kaum etwas aus. Natürlich ist es Bestandteil eines seriösen Lichtkonzepts, die nutzungsabhängige Mindest-Lichtqualität pro Raum zu definieren. Das bedeutet sowohl zum Wohle der Energieeffizienz als auch zum Wohle des Menschen die Notwendigkeit eines Tageslichtqualitätssensors als Wächter über die Lichtqualität mit Schaltausgängen für die Spannungsversorgung. Hierfür dient einmal mehr die Raumliste als Planungsgrundlage.

Dabei sollte die natürliche Dynamik des Lichts und dessen Wirkung auf die Physiologie des Menschen erste Priorität besitzen und einen „gleitenden Übergang" als Ziel setzen, ohne allerdings dem Irrtum zu verfallen, künstliches Licht mit natürlichem Licht gleichzusetzen! Daraus resultiert dann ein bedarfsorientierter Verbrauch elektrischer Energie, der dafür benötigte Strom kommt fortan nicht einfach aus der Steckdose, sondern aus dem Stromspeicher. Die diesbezüglichen Anforderungen an die Stromspeicherung sind keinesfalls im Vorfeld festlegbar und mitnichten banal, sondern resultieren allein aus den Anforderungen der Beleuchtungstechnik und deren Betriebsstunden.

### 3.2.3 Das Beleuchtungsprofil

Ein nachhaltiges Beleuchtungsprofil für Innenräume muss steuerungstechnisch mit der Dynamik des Tageslichts kommunizieren, um eine effiziente Systemintegration zu erreichen. Für die Detailplanung ist zu empfehlen, eine Tageslichtsimulation entsprechend dem realen Tageslichteinfall am Standort als Auslegungsgrundlage für die Stromspeicherung zu entwickeln. Die daraus resultierenden Ergebnisse sind mit dem Nutzungsprofil (Betriebszeiten) des Gebäudes abzugleichen, woraus sich jene Defizite von Beleuchtungsstärken im Raum abbilden. Diese gilt es sodann mit solarem Lichtstrom dynamisch auszugleichen.

Die tiefstehende Sonne im Herbst und im Frühling bildet durchaus einen geeigneten Mittelwert, um den Lastenablauf abzubilden. Eine Jahresbilanz ist dabei kaum mehr als das Papier wert. Je aussagekräftiger eine Bilanzierung stattfinden soll, desto differenzierter muss diese vorgenommen werden. Auch aus Gründen kurzer Be- und Entladeintervalle des Speichers ist ein Tagesprofil der erste Schritt, woraus sich ein Wochenprofil und daraus ein Monatsprofil jeweils im Jahreslauf entwickelt.

## 3.3 Beleuchtung im Beispielhaus

Die solare Notbeleuchtung findet über LED-Leuchtmittel statt und wird über die gebäudeintegrierte Photovoltaik mit Laderegler und Solarbatterie betrieben.

Die Beleuchtung der Wohn- und Arbeitsräume erfolgt aus einer Mixtur aus Glühlampen und Halogenlampen, welche geringere elektrische Leistungen verlangen.

Die gesamte elektrische Leistungsaufnahme beträgt im Niedervoltbereich nicht mehr als 1000 W für den Normalbetrieb, für den Hochvoltbetrieb und zur Spitzenlast werden maximal 500 W installiert. Die Speicherung der elektrischen Energie ist entsprechend den Lastprofilen aufgeteilt in:

- Grundlast (Notbetrieb) 500 W, bei 100 Jahresstunden 50 kWh,
- Mittellast (Normalbetrieb) 850 W, bei 2000 Jahresstunden 1700 kWh,
- Spitzenlast (Spitzenbetrieb) 1500 W, bei 500 Jahresstunden 750 kWh.

Die Summe der Lichtstromlasten ergibt eine notwendige Energiemenge von ca. 2500 kWh im Jahr, als Grundlage für die Auslegung des PV-Generators. Die Betriebszeiten der Leuchtmittel sind schwer festzulegen und können letztlich nur gemittelt werden. Dabei sollte aber stets eine größere Stundenanzahl gewählt werden, also eher der Winterfall als der Sommerfall hinsichtlich der täglichen Sonnenstunden und der ergänzenden Kunstlichtbeleuchtung.

# 4 Dezentrale Stromversorgung aus erneuerbaren Energien

Während des Industriezeitalters wurde Energie ein zentraler Wirtschaftsfaktor und bestimmt dementsprechend auch die politischen Handlungen im Bannkreis der Globalisierung. Eine Zentralisierung der Energiewirtschaft bedeutet dabei oft, dass ökologische und soziale Aspekte und das Formen einer menschenwürdigen Gesellschafts- und Lebenskultur eine untergeordnete Rolle spielen. Energie hat über das letzte Jahrhundert unseren Komfortanspruch wesentlich und prägend entwickelt, so dass sich eine wirtschaftlich fraglos sehr lukrative Perspektive aus dieser Abhängigkeit ergibt.

## 4.1 Insellösungen und Insel-Gruppen

Seit 2009 besteht nach langem Ringen die Möglichkeit, neben der Stromeinspeisung auch selbsterzeugten Strom, beispielsweise durch eine Photovoltaikanlage, selbst verbrauchen zu dürfen, was vorher nur bei wenigen Klein-Anlagen unabhängig von der zentralen Stromversorgung möglich war. Das öffentliche Netz dient dementsprechend lediglich als Puffer unterschiedlicher Lasten, wenn beispielsweise das Angebot der Sonne größer ist als der momentane Verbrauch.

Ähnlich wie bei dezentralen Nahwärmenetzen kann eine Insellösung auch eine Inselgruppe bedeuten. Ideal sind hierfür Weiler oder kleine Dörfer bzw. zukunftsfähige Siedlungskonzepte geeignet, aber auch Städte und flächenstrukturierte Ballungsgebiete. Die verschiedenen Verbrauchsstellen wirken als zusätzliche netzexterne Puffer, als welche auch die geförderten Strombatterien fungieren sollen. Damit wird der Spieß einer öffentlichen Grundversorgung also umgekehrt und das jeweilige Gebäude mit all seinen Lasten und Potenzialen nicht nur technisch in das öffentliche Netz integriert.

Theoretisch soll erst bei deutlichem Überschuss selbsterzeugter Strom in das öffentliche (zentrale) Netz gespeist werden, was einem Ping-Pong-Spiel gleichkommt und die entscheidenden Innovationen in Sachen Selbstversorgung nicht wirklich erleichtert. Der letzte Schritt zur energieautarken Selbstversorgung ist in unserer Komfort-Konsum-Gesellschaft sicherlich der schwierigste. Der Status Quo unseres anerzogenen Sicherheitsbedürfnisses setzt hier sehr hohe Hürden.

Der Selbstverbrauch von selbsterzeugtem Strom entlastet nicht nur die öffentlichen Netze der Zentralversorgung, sondern bietet regionale Chancen besonders in ländlichen Regionen: energieautarke Siedlungsgebiete, energetische Vielfalt in der Symbiose mit der Wärmeversorgung zu einer ganzheitlichen Energieautonomie, ob Solartechnik (Solarthermie, Photovoltaik und die hybride Kombination zur solaren Kraft-Wärme-Kopplung), Windkraft oder Biomasse bis hin zur brennstoffbezogenen Kraft-Wärme-Kopplung. Es gilt, aus der Gesamtheit der regenerativen Energien – entgegen jeglicher Monokultur – zu schöpfen.

## 4.2 Nutzung von Photovoltaik

Eine seit langem in der Basis ausgereifte Möglichkeit der umweltschonenden Stromerzeugung liegt in der Nutzung der Photovoltaik. Technische Innovationen und Preissenkungen der letzten

Jahre haben die kühnsten Erwartungen an den Stromanteil aus Photovoltaik übertroffen. Große Chancen liegen bei dieser Technologie im dezentralen Ausbau.

Unterschieden wird derzeit zwischen drei Photovoltaik-Anlagekonzepten:

- Photovoltaikanlage zur Einspeisung (Netzbetrieb),
- Photovoltaikanlage zur Einspeisung und zum Eigenverbrauch (Netz- und Eigenverbrauch),
- Photovoltaikanlage zum Eigenverbrauch (Inselbetrieb – ohne Netzanschluss).

Abb. K 4.1: Photovoltaik-Generatoren eignen sich sowohl zur Netzeinspeisung als auch für Inselanlagen und Eigenverbrauch (Quelle: Heiko Schwarzburger)

### 4.2.1 Erstellen eines Lastprofils

Grundsätzlich empfiehlt die Baubiologische Haustechnik, den Bedarf an elektrischer Energie genau zu untersuchen. Dies sollte sich aber keineswegs auf einen erwarteten Stromverbrauch reduzieren, sondern ein detailliertes Lastprofil bedeuten, wo mindestens folgende Kriterien zu unterscheiden sind:

- Differenzierung von Lastgrößen und Bedarf (Verbraucher),
- Differenzierung verschiedener Bedarfsgruppen (Verbrauchsgruppen),
- Bedarfszeiten der einzelnen Bedarfsgruppe bzw. des einzelnen Verbrauchers,

- Bedarfszeiten der etwaigen Lasten für die jeweilige Bedarfsgruppe bzw. des Verbrauchers,
- Intervalle von Bedarfs- und Nicht-Bedarfszeiten.

Die Differenzierung der Lastgrößen bedeutet sowohl die Leistungsaufnahme in W als auch die Stromaufnahme in A. Was in unseren leistungsfixierten Denkstrukturen oft übersehen wird, ist der Strom, der fließen muss, um die entsprechende Kraft in Watt leisten zu können. Umso wichtiger ist dies für die Be- und Entladestrategien von Stromspeichern. Es muss also im Rahmen eines aussagekräftigen Lastprofils auch zwischen Hochvolt und Niedervolt, Wechsel- und Gleichspannung unterschieden werden.

Des Weiteren ist es zielführend, in Bedarfsgruppen zu unterscheiden und ihnen ihren jeweiligen Bedarf zuzuordnen, was auch die zeitlichen Intervalle mit einbeziehen muss, z. B. Niedervolt-Gleichspannung am Tag und in den Abendstunden für elektrische Beleuchtung; Hochvolt-Wechselspannung zum Kochen temporär zu Mittag und am Abend; Niedervolt-Gleichspannung für das Kühlen und Einfrieren von Nahrungsmitteln, besonders im Sommer.

Die Darstellung von Lastintervallen ist besonders wichtig bei der Auslegung von Stromspeichern für das Lastmanagement, z. B. für die künstliche Beleuchtung: tagsüber beladen, abends und nachts entladen (siehe Kapitel 3).

### 4.2.2 Photovoltaik-Inselanlage

Die netzunabhängige Versorgung mit Solarstrom wird bislang vor allem für abgelegene Gehöfte und Almhütten, Wochenend- oder Gartenhäuser sowie für Außenbeleuchtungen, Notrufsäulen und mobile Geräte und Messeinrichtungen schon seit vielen Jahren in Deutschland genutzt. Dementsprechend bestehen bereits entsprechende Technologien mit langjährigen Erfahrungen und marktreifen Entwicklungsstufen, die lediglich auf Wohngebäude weiterzudenken sind.

Faktum unserer Klimazone ist, dass die im Winter erzielbaren Leistungen erheblich niedriger sind als im Sommer. Von November bis Februar werden lediglich ca. 15 % der Jahresleistung erzielt. Um dies autark und ohne andere Stromquellen auszugleichen, gibt es u. a. folgende Möglichkeiten: extrem große PV-Modulflächen mit deutlichen Überschüssen im Sommer oder Zwischenspeicherung über Batterien.

Da Gleichstrom von den üblichen Elektrogeräten noch nicht direkt genutzt werden kann, ist es erforderlich, hierfür geeignete Geräte anzuschaffen bzw. sich auf den Betrieb einer 12- oder 24-Volt-Lichtanlage zu beschränken. Selbstverständlich können auch andere Verbraucher mit Niederspannung eingesetzt werden. Es ist überraschend, wie wenige elektrische Verbraucher wirklich den vom öffentlichen Netz gelieferten Strom mit seinen spezifischen Kennzahlen und Lastgrößen benötigen. In keinem Lüftungsgerät beispielsweise wird Wechselstrom gebraucht.

Die Kosten für Solarmodule haben sich in den vergangenen Jahren mehr als halbiert. Ein absolut netzunabhängiger Betrieb mit ökologisch durchaus kritisch zu bewertenden Batterien, die den Strom über längere Zeit vorhalten, ist jedoch unter technischen (Spannungsabfall und Umwandlungsverluste) und wirtschaftlichen Gesichtspunkten und ohne entscheidende Komforteinbußen praktisch noch nicht marktreif. Innovationen und Forschungen in diese Richtung der Speicherungen beginnen im Grunde erst. Es wird sich zeigen, ob die derzeitige Energiespeichertechnik wirklich der letzte Schluss ist oder ob nicht mit ganz anderen Materialien, z. B. Wasser, mehr Umweltverträglichkeit und Effizienz erreicht werden kann.

Auf jeden Fall ist nicht nur ein sparsamer und überlegter Umgang mit Strom vonnöten, sondern während des Übergangs auch unsere Anpassung der Nutzungsgewohnheiten, insbesondere im Spitzenlastbereich, an die vorhandene Sonneneinstrahlung.

Der beste Verbrauch ist sicher der direkte/unmittelbare Verbrauch im Moment des Solareintrages. Dies ist aber nicht immer möglich. In der Regel wird auch außerhalb der Sonnenscheindauer Strom benötigt bzw. mehr Strom, als die Anlage gerade zur Verfügung stellt. Als Lösung bietet sich außer dem Einsatz einer Speicherbatterie der Einbau eines Wechselrichters zur Umformung der Gleichspannung in haushaltsübliche Wechselspannung an. Dadurch ist auch die Kombination mit anderen regenerativen Energiequellen, einem kleinen Stromaggregat oder einer Kraft-Wärme-Kopplungsanlage (betrieben z. B. mit Gas, Biodiesel, Biogas, und vielleicht irgendwann Wasserstoff) möglich und damit eine wesentlich einfachere Umsetzung der netzunabhängigen Stromversorgung. Wechselrichter erzeugen elektrische Felder und sollten an ausgewählten, das Wohnumfeld nicht belastenden Stellen positioniert werden. Auch bei den Wechselrichtern, als wesentliche Anlagenkomponente, werden technische Entwicklungen vorangetrieben, die es insbesondere als Baubiologe kritisch zu beachten gilt, wenn es um umweltverträgliche Lösungen geht.

Bis zur marktreifen Entwicklung effektiverer Anlagen und Zwischen-Speichermöglichkeiten bietet sich alternativ (oder seit 2009 parallel) die netzgekoppelte Photovoltaikanlage an, um den überschüssigen Strom in das öffentliche (oder regionale) Versorgungsnetz zu speisen oder dieses als Puffer zu nutzen.

### 4.2.3 Netzgekoppelte Photovoltaikanlagen

Eine netzgekoppelte Photovoltaikanlage besteht im Wesentlichen aus folgenden Bestandteilen:

#### 4.2.3.1 Photovoltaik-Systeme

PV-Module sind mit Solarzellen aus Silizium bestückte, installationsfertige Platten (z. B. 50 x 100 x 3 cm), die miteinander vernetzt werden können und in denen auftreffendes Sonnenlicht in Gleichstrom umgewandelt wird. Der Wirkungsgrad der eingestrahlten Sonnenenergie liegt bei etwa 20 %, was einer jährlich erzielbaren Stromerzeugung von etwa 900 kWh/Jahr je kW Generatorleistung bzw. etwa je 10 m² Modulfläche entspricht. Die wesentlich preiswerteren Dünnschichtmodule erzielen einen Wirkungsgrad von ca. 6 %, dementsprechend werden diese gestalterisch durchaus flexiblen Module auf sehr großen Dachflächen und Solarkraftwerken eingesetzt.

Hartnäckig hält sich das Gerücht, dass zur Herstellung von Photovoltaikanlagen mehr Energie benötigt wird, als damit erzeugt werden kann. Dies entspricht nicht den Tatsachen. Die energetische Amortisation beträgt für Dünnschichtmodule ca. 2 bis 3 Jahre, für polykristalline Solarmodule ca. 3 bis 5 Jahre und für monokristalline Module ca. 4 bis 6 Jahre.

Im Gegensatz zu warmwassererzeugenden Kollektoren ist die Ausrichtung der Photovoltaik-Systeme zur Sonne entscheidend, da man sich hier besonders nach der ertragreichen Jahreszeit mit hochstehender Sonne richtet, um die Defizite im Wirkungsgrad (im Vergleich zur Solarthermie) zu kompensieren. Für Mitteldeutschland sind die Südorientierung und ein Neigungswinkel von 28° ideal. Im Bereich einer Dachorientierung von Südosten bis Südwesten und einer Dachneigung bis zu ca. 45° werden noch 90 % des maximal möglichen Energieertrags erzielt. Neigungswinkel unter 20° sollten jedoch nicht realisiert werden, damit Regen die Modulflächen reinigt und

Schnee gut abrutschen kann. Schnee kann sich aber auch bei deutlich steileren Dächern hartnäckig auf den Modulflächen festsetzen, was in der Ertragsbilanz-Vorschau regionalklimatisch zu berücksichtigen ist.

Wie bereits erwähnt, sollten aus Vorsorgegründen (Veränderung bzw. Abschirmung natürlicher atmosphärischer Felder, Antennenwirkung für hochfrequente Felder) Solarmodule nicht unmittelbar über den Schlafplätzen positioniert werden (Abstand $\geq$ 2m). Dies ist insbesondere bei Dachausbauten zu beachten, die als Schlafräume genutzt werden sollen. Andererseits ist der Generator ja in den Nachtstunden nicht in Betrieb, auch eine Freischaltung ist möglich und wirksam. Natürlich können Solarstrommodule auch an der Fassade oder auf Nebengebäuden, z. B. einer Garage oder einem Carport, installiert werden.

Der gewonnene Gleichstrom kann am wirtschaftlichsten und sinnvollsten ohne Ausbreitung elektromagnetischer Felder direkt (ggf. auch gepuffert durch Batterien) für eine 12- oder 24-Volt-Lichtanlage, aber auch für alle möglichen hierfür erhältlichen Elektrogeräte genutzt werden. Eine Vielzahl elektrischer Verbraucher, insbesondere des Medien- und Unterhaltungsbereichs, ließe sich leicht auf Niedervoltbetrieb umstellen. Man bedenke, wie viele Netzanschlüsse mit einem Trafo ausgestattet sind. Stellmotoren von haustechnischen Anlagen werden sehr oft mit 24 V betrieben. In den Sammelsteuergeräten, die an 230 V und 50 Hz angeschlossen werden, befinden sich dann die Trafos. Warum? Auch Pumpen gibt es, die mit Gleichstrom betrieben werden, ebenso Ventilatoren und andere sinnvolle elektrische Verbraucher.

### 4.2.3.2 Wechselrichter

Da der Gleichstrom von den üblichen Elektrogeräten nicht direkt genutzt werden kann, wandelt ein Wechselrichter den gewonnenen Gleichstrom in 230-Volt-Wechselstrom um und verbindet den Gleichspannungsgenerator mit der 50-Hz-Wechselspannungsinstallation.

Hinweis: Wechselrichter erzeugen häufig starke elektromagnetische Felder. Sie sollten deshalb – solange keine Messergebnisse vorliegen – soweit wie möglich (mehrere Meter) vom Wohn- und insbesondere vom Schlafbereich entfernt installiert werden.

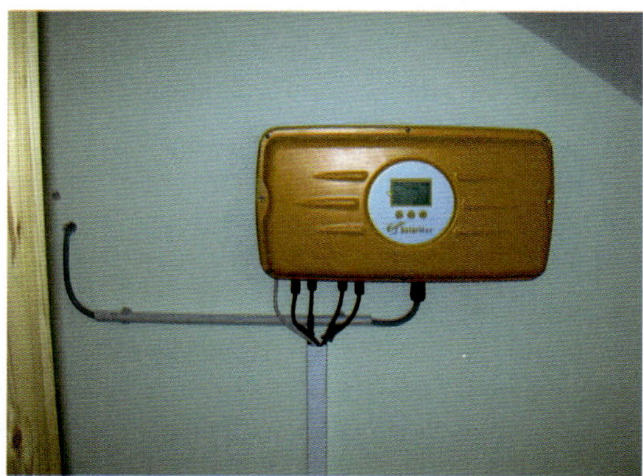

**Abb. K 4.2:** Ein Wechselrichter muss stets außerhalb des unmittelbaren Wohnbereichs montiert werden, um Belastungen für den Menschen zu vermeiden (Quelle: Alexander Kohl)

#### 4.2.3.3 Anschluss an das Netz / Sicherheitseinrichtung

Zur Anbindung an das Stromnetz ist eine automatische Überwachungseinrichtung erforderlich, damit Fehler der Solaranlage keine Schäden in anderen Kundenanlagen oder im Netz des Elektrizitätsversorgungsunternehmens (EVU) hervorrufen. Bei Stromüberschuss wird Strom an das Überlandnetz geliefert, bei Strommangel wird aus dem Netz Strom entnommen. Von den Stromwerken werden durch einen geeigneten Stromzähler (Verrechnungszähler) Stromlieferungen bzw. -entnahmen verrechnet. Zusätzlich ist ein weiterer Zähler zweckmäßig, mit dem die gesamte Stromerzeugung der Solaranlage erfasst werden kann. In jedem Fall sollte die Installation durch Elektrofachmonteure ausgeführt werden. Umfassende Qualitätssicherung bietet z. B. das RAL-Gütesiegel Solar.

#### 4.2.3.4 Ausblick

Solarstrom würde für viele Einsatzzwecke attraktiver werden, wenn es eine bezahlbare Alternative zur teuren und ökologisch oft zweifelhaften Zwischenspeicherung mit Batterien gäbe. Möglich erscheint derzeit der Einsatz von Solarzellen, die Sonnenlicht direkt in Wasserstoff umwandeln.

Eine interessante Entwicklung für größere Projekte, insbesondere Büro- und Verwaltungsbauten, sind lichtumlenkende Beschattungslamellen, die mit PV-Modulen bestückt sind und entsprechend den Licht- und Sonnenstands-Verhältnissen manuell oder automatisch nachgeführt werden. Solche Lamellen werden in größerem Umfang im neuen Parlaments- und Regierungsviertel in Berlin eingesetzt, z. B. auf den verglasten Dächern des Reichstagsgebäudes, des Bundeskanzleramtes und des Bundespräsidialamtes. Es mag zu hoffen sein, dass sich diese Anwendungen mehr durchsetzen, wenn man allein das Potenzial an (mitunter hässlichen, ineffizienten und trotzdem teuren) Fassaden in größeren Städten betrachtet.

Fassadenelemente mit integrierten Solarzellen sollten keineswegs nur bei größeren Bauvorhaben eingesetzt werden. Auch teiltransparente Elemente werden angeboten und bieten ein Wechselspiel aus Tageslichteintrag und solarer Stromgewinnung. Eine Hinterlüftung von Fassaden vermag die Rückseiten der Module zu kühlen und deren Wirkungsgrad nachhaltig zu optimieren.

Solarmodule zur Stromerzeugung können nicht nur an Gebäuden, sondern praktisch überall montiert werden. So hat man z. B. gute Erfahrungen mit Solarmodulen gemacht, die an Schallschutzwänden entlang von Straßen und Schienen montiert wurden. Selbstredend sind in diesem Zusammenhang auch die Mobilität mit elektrischer Energie und der entsprechende PV-Carport dazu nicht zu vergessen.

### 4.2.4 Solare Kraft-Wärme-Kopplung

Der Markt von Photovoltaikmodulen hat sich in den letzten Jahren auf hochinnovativem Niveau entwickelt. Die Kombination mit wassergeführten Absorbern ermöglicht nicht nur eine Optimierung des Wirkungsgrades durch den Kühleffekt, sondern bietet auch die Möglichkeit, Wärme für das anlagentechnische Gebäudesystem zu generieren.

Aktuelle Erfahrungen sowohl in den Laboren als auch in der Praxis zeigen, dass der Wirkungsgrad von Photovoltaikmodulen auf 30 % und mehr gesteigert werden kann, wenn diese durch ein geschlossenes wassergeführtes System gekühlt werden. Dies entspricht einer möglichen Steigerung des Jahres-Solarertrags von 10 %. Um eine solche zielorientierte Kühlung langfristig zu gewährleisten, muss sich auf der anderen Seite eine verlässliche Wärmesenke befinden, welche die Wärme aufnehmen kann und somit sich wieder eine entsprechende Temperaturdifferenz einstellen kann, um den gewünschten Kühleffekt zu erreichen. Das Wärmemanagement der Modulkühlung bietet eine Vielzahl von Möglichkeiten, die Wärmegewinne aus der Kühlung in das anlagentechnische Gebäudesystem zu integrieren. Bei dem Wärmeträgermedium handelt es sich um Wasser, dem ein geeignetes Frostschutzmittel zugegeben ist und analog zur konventionellen Solarthermie (oder auch Erdwärmenutzung) als „Sole" bezeichnet wird. Ebenso sollte der Frostschutz bis –25 °C sichergestellt sein, was im Rahmen von Wartungs- und Instandhaltungsmaßnahmen stets zu prüfen ist, um die Anlagensicherheit zu gewährleisten.

## Prioritäten der Auslegung

Wichtig ist, dass die Rücklauftemperatur des Solekreises so niedrig wie möglich ist. Je größer die Temperaturspreizung ($\Delta T$) im Solekreis, desto effektiver wirkt der Kühlprozess. Im Zentrum der Anlagenauslegung steht die Photovoltaikanlage als solche. Das System wird entsprechend der optimalen Stromgewinnung durch Photovoltaik ausgelegt und die daraus resultierenden Ausrichtungen und Neigungswinkel festgelegt. Das bedeutet in der Regel eine Sommerauslegung, mit Südorientierung und möglichst flachem Neigungswinkel von 25° bis maximal 45°. In manchen Fällen mag diese Systemkombination durchaus auch bei Fassadengestaltungen eine sinnvolle Anwendung finden. Der Kühlbedarf von Photovoltaikmodulen ist jedoch im Sommer deutlich am höchsten und somit der Kühlbetrieb am effizientesten.

Hinweis: An dieser Stelle sollte nicht versäumt werden darauf hinzuweisen, dass Dachbegrünungen (und auch eine Fassadenbegrünung) eine sehr wirksame Kühlung von PV-Modulen ermöglichen und das völlig passiv mithilfe der Verdunstungskälte ohne Hilfsenergie.

## Wärmesenken und Wärmeleistung

Welche Wärmesenken am sinnvollsten sind, ist stets vom Anforderungsprofil des entsprechenden Objektes sowie der zu erwartenden Wärmemengen bzw. Temperaturen abhängig. Ergo ist die wesentlichste Anforderung an die Wärmesenke, dass sie stets eine für den Kühlprozess ausreichende Temperaturdifferenz bereitstellt, um Wärme aus dem Kühlprozess aufnehmen zu können. Wichtig ist zu beachten, dass hier von anderen Werten auszugehen ist, als man es bei einem herkömmlichen solarthermischen Kollektorfeld gewohnt ist, welches der Sonneneinstrahlung direkt ausgesetzt ist. Für gewöhnlich steht die photovoltaische Nutzung im Mittelpunkt. Dennoch geben Hersteller von Kombi-PV-Modulen an, dass eine thermische Leistung von bis zu 500 W/m$^2$ zu erzielen ist. Diese Wärmeleistung verlangt jedoch optimale Bedingungen in der praktischen Umsetzung.

Ein in diesem Zusammenhang nicht unwichtiger Vorteil eines Kombi-Moduls ist die Möglichkeit einer Abtaufunktion durch Umkehrung der Wärmesenke. Durch gezielte Abtauvorgänge kann z. B. Wärme aus dem Heizungs-Pufferspeicher durch den Solar-Solekreis (reversibel) in die Wärmetauscher der PV-Module geführt werden, um diese zu erwärmen. Damit lässt sich eine Vielzahl von winterlichen Ertragstagen nutzen, welche ansonsten einen Stillstand bedeuten würden, wenn die Module mit Schnee bedeckt sind.

## Theoretisch thermischer Leistungsvergleich

Betrachtet man den theoretischen Wert von 600 W/m² eines konventionellen solarthermischen Kollektorfeldes einer 10-m²-Anlage lassen sich daraus etwa 6000 W an thermischer Leistung generieren. Dies bedeutet bei einer angenommenen mittleren Wärmeleistung von 300 W/m² bei einem Strom-Wärme-Modul eine notwendige wirksame Fläche von 20 m², um ebenfalls etwa 6000 W thermische Leistung zu generieren, was eher einer kleinen Photovoltaikanlage entspricht.

## Solar-Solekreis für die Gebäudeintegration

Strom-Wärme-Kombimodule sind mit Anschlüssen versehen, ähnlich wie bei konventionellen Solarkollektoren, die miteinander verbunden werden, um einen gemeinsamen Solar-Solekreis in das Gebäude zu bringen. Je nach Größe des wirksamen Kollektorfeldes und den daraus resultierenden Massen-Volumenströmen ist zu entscheiden, ob ein oder mehrere Solar-Solekreise herzustellen sind. In der Regel empfiehlt sich, die Anschlussverrohrung nach *Tichelmann* auszuführen, um gleichmäßige Volumenströme sicherzustellen. Die Einbindung in die Gebäudesystemtechnik erfolgt entsprechend den Anwendungsbereichen.

**Abb. K 4.3:** Der Solekreis (klassische Solarstation) sorgt für die Zwangszirkulation zur Wärmegewinnung/Kühlung eines Kombi-Moduls für verschiedene Anwendungen (Quelle: Frank Hartmann)

## Erdwärme-Solekreise

Die scheinbar „einfachste und sicherste" Lösung hinsichtlich eines optimalen Kühleffekts wäre eine Kühlung über das Erdreich, welche mittels eines solegeführten Erdwärmeabsorbers zu realisieren wäre, der die notwendige Wärmesenke für einen optimalen Kühlbetrieb sicherstellt. Dient das

Erdreich jedoch nicht als Wärmequelle für z. B. eine Wärmepumpe, bleibt diese Wärme ungenutzt. Bei einem Erdwärmesondenfeld kann dagegen eine nachhaltige Unterstützung der natürlichen Regeneration des Erdreichs realisiert werden. Ein Stillstand der Kühlung wegen einer zu geringen Wärmesenke wäre in diesem Fall nahezu ausgeschlossen. Je nach Anforderungsfall besteht sowohl die Möglichkeit, die Wärme direkt über die Sonde ins Erdreich oder – in einer weiteren Anlagenfunktion – direkt in den Solekreis einer nachgeschalteten Wärmepumpe zu führen.

#### Schwimmbaderwärmung

Für eine Schwimmbaderwärmung als auch für den Betrieb der Schwimmbadtechnik wird sowohl thermische als auch elektrische Energie benötigt. Dies bietet Synergiepotenziale mit einer ob der niedrigen Systemtemperaturen gut geeigneten Wärmesenke. Neben der solaren Erwärmung des Schwimmbadwassers können auch Pumpen und andere technische Einrichtungen, welche Hilfsenergie benötigen, durch dezentral selbst erzeugten Solarstrom gedeckt werden.

#### Wärmepotenziale für den Gartenbau

Der Gartenbau sollte nie vergessen werden, denn oft stellt gerade dieser Lebensraum eine Wärmesenke oder gar einen Wärmebedarf dar, z. B. zum Trocknen von Kräutern und Saatgut oder für den Frostschutz von Erden und Pflanzbeeten.

#### Solare Trinkwassererwärmung

Um die aus der Modulkühlung generierte Wärme zielorientiert zu nutzen, bietet sich in Wohn- aber auch in Nichtwohngebäuden die Trinkwassererwärmung an. Durch entsprechende Ladestrategien und hydraulische Komponenten, wie sie aus der Solarthermie hinreichend bekannt sind, wird die Bereitstellungstechnik zur solaren Trinkwassererwärmung bedient. Ein interessanter Aspekt hierbei ist die zeitgleiche Bereitstellung von dezentral erzeugter elektrischer Energie für die notwendige Hilfsenergie (z. B. Solar-Solekreis-Pumpe).

### 4.2.5 Thermische Speicherung von Solarstrom

Die Möglichkeit des Eigenverbrauchs von selbst erzeugtem Solarstrom ist in diesem Zusammenhang weiterzudenken und zu prüfen, ob nicht zur konventionellen solaren Trinkwassererwärmung eine zweite Funktion zu integrieren ist, welche die Speicherung elektrischer Energie mit der solaren Trinkwassererwärmung kongenial vereint. Dies würde bedeuten, einen weiteren Solarladekreis in den Pufferspeicher und die Bereitstellungstechnik zu integrieren, jedoch in Form einer elektrischen Widerstandsheizung (Elektro-Heizstab). Auf diese Weise kann selbst erzeugter Strom, in thermische Energie umgewandelt, „zwischengelagert" werden. Das bedeutet: eine Vorerwärmung durch Kühlung der PV-Module und Nacherwärmung durch den PV-Strom.

## 4.3 Brennstoffbezogene Kraft-Wärme-Kopplung

Blockheizkraftwerke sind in der Lage, Strom und Wärme gleichzeitig zu erzeugen (ca. 30 % Strom, ca. 70 % Wärme). Die bei der Stromerzeugung anfallende Abwärme wird für die Wärmebereitstellung genutzt. Dadurch ist der Wirkungsgrad mit ca. 90 % viel höher als bei stromerzeugenden Großkraftwerken (meist ca. 30 bis 40 %). Ein wirtschaftlicher Betrieb ist vor allem dort gegeben, wo Wärme und Strom direkt genutzt werden können. Aus diesem Grund sind Blockheizkraftwerke in normalen Einfamilienhäusern kaum realisierbar, da hier der Strom- bzw. Heizbedarf nicht ausreicht, um eine ökonomische Betriebsweise zu ermöglichen. Geeignet dagegen sind neben Nahwärmenetzen Hotels, Gaststätten und gewerbliche Einrichtungen. In einem Hotel mit Restauration besteht beispielsweise ein ebenso hoher Strombedarf (auch für Kühlung usw.) wie Wärmebedarf (Warmwasser im Sommer und Winter, Raumwärme im Winter).

Die entscheidende Kenngröße ist der Strombedarf, da ein Blockheizkraftwerk in erster Linie ein Stromerzeuger ist, der nur als Nebenprodukt Wärme produziert. Die bereitgestellte Wärme muss aber benötigt werden. Aus diesem Grund wird ein BHKW stets mit einem Heizungspufferspeicher installiert, um die Wärme, welche durch die Stromerzeugung anfällt, speichern zu können. Sie lässt sich bei Bedarf für die Trinkwassererwärmung nutzen bzw. für die Wärmeübertragung an den Raum.

Um eine wirtschaftliche Betriebsweise des BHKW zu realisieren, ist eine maximale Betriebszeit der Anlage notwendig. Die Betriebszeit sollte mindestens 6000 h/a betragen.

Überschüssiger Strom kann entsprechend dem Erneuerbare-Energien-Gesetz gegen Vergütung ins Netz gespeist werden. Überschüssige Wärme ist in einen Pufferspeicher, einen Saisonal-Wärmespeicher oder in die Bereitstellungstechnik einer Nahwärmeversorgungsanlage einzuspeisen.

Als Brennstoffe kommen wahlweise Erdgas, Flüssiggas, Biogas, Biodiesel oder Rapsöl zum Einsatz. Mittelfristig ist aber eine ausschließliche Verbrennung von biogenen Brennstoffen aus einer real nachhaltig geführten Forstwirtschaft anzustreben. Kompaktanlagen werden ab ca. 5 kW Leistung angeboten. Nicht unerwähnt bleiben soll, dass der Schallschutz (Luft- und Körperschall) beim Betrieb eines Blockheizkraftwerkes besonderer Beachtung bedarf.

## 4.4 Windkraft

Die Windkraft ist eine altbekannte und traditionsreiche Art der Energiegewinnung. Im Jahr 1900 arbeiteten in Deutschland noch ca. 18 000 traditionelle Windmühlen, bevor diese der Zentralisierungswut des Industriezeitalters zum Opfer fielen. Vor allem in windreicheren Gegenden mit einer mittleren jährlichen Windgeschwindigkeit von mehr als 4 bis 5 m/s (Küstennähe, Mittelgebirge) wird diese Tradition wiederbelebt. Angeboten werden Bauanleitungen, Einzelteile zur Eigenmontage sowie fertige Windkraftanlagen.

Einen nennenswerten Beitrag zur Energiewende leisten heute große Windenergieanlagen mit einer Nennleistung von 2 000 kW und mehr. Um das Preis-/Leistungsverhältnis zu optimieren, werden meist mehrere Windmühlen am gleichen Ort in Windparks konzentriert.

Für die Insellösung bietet der Markt ausgereifte Mini-Windräder mit Leistungsbereichen ab 500 W bis zu einigen kW. Die Eignung ist bei jeder Örtlichkeit zu prüfen, auch die Bauordnung muss hinsichtlich des Genehmigungsverfahrens beachtet werden. In Bayern und Baden-Württemberg ist z. B. eine Bauhöhe bis 10 m in der Regel genehmigungsfrei. Ferner gilt es, die Befestigungstechnik und entsprechend des Aufstell- und Montageortes auch die Körperschallentkopplung zu beachten und insbesondere spezifische Schwingungsdämpfer einzusetzen.

**Abb. K 4.4:** Kleinwindkraftanlage (2,5 kW) im Container. Der Installateur sollte die Windgeschwindigkeit und die vorherrschende Windrichtung ausreichend prüfen, denn nicht jeder Standort ist geeignet. (Quelle: Heiko Schwarzburger)

Hinweis: Obgleich es auch für den Wind sogenannte Wetterkarten gibt, ist es durchaus sinnvoll, sich über die realen Windverhältnisse am Baugrund Gewissheit zu verschaffen. Ideal wäre eine Datenerfassung der Windrichtungen und Windgeschwindigkeiten über einen Mindestzeitraum eines Jahres, mit allen Jahreszeiten. Diese Messwerte sind dann entsprechend zu dokumentieren und auszuwerten, um eine Entscheidungs- und Planungsgrundlage zu erhalten.

**Abb. K 4.5:** Sowohl für elektrische Energie aus Windkraft als auch aus Photovoltaik bietet der Markt Stromspeicherbatterien an, die entsprechend des Speicherpotenzials auszulegen und mit der passenden Ladestrategie auszustatten sind (Quelle: Heiko Schwarzburger)

## 4.5 Wasserkraft

Die Wasserkraftnutzung ist nicht auf Energie-Versorgungsunternehmen (EVU) beschränkt. Auch mit privaten oder gewerblichen Kleinanlagen kann nachhaltig Energie (i. d. R. Strom) erzeugt werden. Zu Beginn des 20. Jahrhunderts gab es in Deutschland abertausende kleine Wasserkraftwerke, die häufig aufgrund mittelfristig lukrativer Übernahmeverträge durch die EVUs nach und nach stillgelegt wurden. Aufgrund der gesetzlich garantierten Vergütung für ins Netz eingespeisten Strom, gezielte Fördermaßnahmen sowie technische Innovationen wurde vor einigen Jahren auch für kleinere Wasserkraftwerke eine Renaissance eingeleitet.

## 4.6 Biomasse

Unter dem Begriff Biomasse werden alle Stoffe organischer Herkunft (z. B. Holz, Gräser) und die daraus resultierenden Abfallstoffe sowohl von der noch lebenden als auch von der schon abgestorbenen organischen Masse (z. B. tierische Exkremente, Stroh) zusammengefasst. Zur Biomasse zählen also alle Pflanzen und Tiere, ihre Abfallstoffe und Nebenprodukte sowie im weiteren Sinne auch durch Umwandlung entstehende Stoffe, wie Papier- und Zellstoff, organische Rückstände der Lebensmittelindustrie, organische Haus- und Industrieabfälle, Biogas, Pflanzenöl, Alkohol usw.

Die Biogasgewinnung aus Gülle und Mist und anderen Bioabfällen ist nicht nur eine Technologie zur Energiegewinnung, sondern gleichzeitig ein Weg zur Umwandlung schwer handhabbarer Abfälle in wertvollen Naturdünger. Deshalb finden Biogasanlagen in den letzten Jahren zunehmendes Interesse auch in der Landwirtschaft. Leider wird auch dabei allzu oft die natürliche Ordnung gestört!

In vielen europäischen Ländern haben sich mittlerweile vielerorts Landwirte organisiert, um regional Gülle und Mist zu sammeln. Das Biogas wird energetisch genutzt und der dabei entstandene wesentlich wertvollere, mildere und neutral riechende Kompost verwertet. In Deutschland waren im Jahr 2007 rund 3700 Anlagen mit einer installierten elektrischen Leistung von ca. 1270 MW in Betrieb. In den nächsten Jahren wird mit einem jährlichen Wachstum von etwa 7 % gerechnet.

Hinweis: Die Nutzung von Biomasse muss immer umweltverträglich erfolgen. Es gilt die Wirkung zu reflektieren und die Folgen zu benennen, z. B. Monokultur vs. Biogas.

## 4.7 Energie- und Versorgungskonzept für das Beispielhaus

Das Energiekonzept umfasst die Versorgung mit Wärme, Kraft und Wasser. Die Energieversorgung für das Beispielhaus erfolgt dezentral in und am Gebäude sowie durch eine ortsnahe Energiezentrale, welche in die Infrastruktur der Lebensraumsiedlung integriert ist.

### 4.7.1 Wasserkonzept

Die Wasserversorgung erfolgt aus aufbereitetem Trinkwasser aus einer Brunnenanlage (Grundwasser) direkt im Haus bzw. durch die Trinkwasserversorgung der Energiezentrale. Das Betriebswasser wird dezentral aus aufbereitetem Grauwasser bereitgestellt. Die Grauwasseranlage und -bevorratung befindet sich außerhalb des Gebäudes. Dementsprechend befinden sich im Hauswirtschaftsraum

- eine Trinkwasserversorgung (-verteiler) und
- eine Betriebswasserversorgung (-verteiler).

Die Bewirtschaftung des Niederschlagswassers erfolgt wie im Bereich WASSER dargestellt.

### 4.7.2 Wärmeenergie

Die Wärmeenergiegewinnung erfolgt wie im Bereich WÄRME dargestellt. Die Wärmeenergie wird primär über die drei solarthermischen Anlagen bereitgestellt, welche die Trinkwassererwärmung, solare Heizungsunterstützung und Nutzung von solaren Wärmepotenzialen für den Gartenbau ermöglichen. Eine Nacherwärmung erfolgt über die wassergeführte Feuerstätte, welche mit Stückholz beheizt wird.

### 4.7.3 Elektrische Energie

In das Glasdach des Hybridraums wird gen Süden ein semi-transparenter PV-Generator integriert, gleiches geschieht an den Giebelkreuzen gen Ost und gen West. Somit besteht von Sonnenaufgang bis Sonnenuntergang die Möglichkeit, solare Strahlung in elektrische Energie umzuwandeln. Alle drei Anlagen werden separat geführt. Die installierte Leistung beträgt:

- PV-Generator Ost 1,5 kWp
- PV-Generator Süd 5,0 kWp
- PV-Generator West 1,5 kWp

Der Ausgleich von Stromüberschuss und Stromdefizit erfolgt über die Energiezentrale als Back-up-System.

# Literaturverzeichnis


Bauthema 02. Naturdämmstoffe. Fraunhofer IRB Verlag, Stuttgart, 2006

Berger, W; Lorenz-Ladener, C. (Hrsg.): Kompost-Toiletten. Sanitärsysteme ohne Wasser, ökobuch Verlag, Staufen, 2008

Bine-Informationspaket „Wärmespeicher", Verlag Solarpraxis, Berlin, 2005

Birbaumer; Schmidt: Biologische Psychologie. Lehrbuch, Springer-Verlag, Berlin, 1990/1991

Böse, K-H.: Regenwasser für Garten und Haus. ökobuch Verlag, Staufen, 2011

Braungart, M.; McDonough, W. (Hg.): Die nächste industrielle Revolution. Die Cradle to Cradle-Community. Europäische Verlagsanstalt, Hamburg, 2009

DIN-Taschenbuch 217/1-4 „Raumlufttechnik 1 allgemeine Grundlagennormen". Beuth Verlag GmbH, 2009

Ehrenfried, H.: Wohnungslüftung - frei und ventilatorgestützt. Beuth Verlag GmbH, Berlin, 2011

Eßmann, F.; Gänßmantel, J.; Geburtig, G.: Energetische Sanierung von Fachwerkhäusern. Die richtige Anwendung der EnEV. Fraunhofer IRB Verlag, Stuttgart, 2012

Fachvereinigung Betriebs- und Regenwassernutzung (Hrsg.): Wasserautarkes Grundstück. Schriftenreihe ibr 15, Darmstadt, 2011

Faller, A.: Der Körper des Menschen. Einführung in Bau und Funktion, Thieme Verlag, Stuttgart 1988

Faskel, B.: Die Alten bauten besser. Energiesparen durch klimabewußte Architektur. Eichborn Verlag, Frankfurt am Main, 1982

Fromme, I.; Herz, U.: Lehm- und Kalkputze. Mörtel herstellen – Wände verputzen – Oberflächen gestalten. ökobuch Verlag, Staufen, 2012

Gall, D.: Grundlagen der Lichttechnik. Kompendium. Richard Pflaum Verlag, München, 2004

Gerner, M.: Fachwerk. Entwicklung – Gefüge – Instandsetzung. Deutsche Verlagsanstalt, Stuttgart, 1979

Gesamtverband Schadstoffsanierung GbR (Hrsg.): Schadstoffe in Innenräumen und an Gebäuden. Erfassen, bewerten, beseitigen. Verlagsgesellschaft Rudolf Müller, Köln, 2010

Grützmacher, B.: Kachelofenbau. Kamin- und Steinöfen, Kachelöfen, Flächenheizsysteme. Callvay Verlag, München, 1996

Hartmann, F. (Hrsg.): Lüftungskonzepte – Erstellung – Kosten – Projektbeispiele. WEKA-Verlag, Kissing, 2014

Hartmann, F.; Schwarzburger, H.: Systemtechnik für Wärmepumpen. Solar-und Umweltwärme für Wohngebäude. Hüthig & Pflaum Verlag, München/Heidelberg, 2009

Hartmann, F.; Siegele K.: Heizungsmodernisierung in Wohngebäuden – Anlagentechnik für Architekten. DVA, München, 2009

Hartmann, F.; Siegele K.: Wärmekonzepte für den Wohnungsbau – Anlagentechnik für Architekten. DVA, München, 2010

Hartmann, F.: Beratungspaket Heizungsmodernisierung – Systemlösungen mit erneuerbarer Wärme in Wohngebäuden. Solarpraxis, Berlin, 2008

Hartmann, F.: Beratungspaket Wärmepumpe – Heizen mit Umweltwärme. Solarpraxis, Berlin, 2007

Hartmann, F.: Modernisierung von Heizungsanlagen. Verlag Cortex Unit, Berlin, 2007

Hartmann, F.: Nutzung von Umweltwärme. Edition Wohnenergie, Verlag Cortex Unit, Berlin, 2008

Hendel, B.; Ferreira P.: Wasser und Salz – Urquell des Lebens. INA Verlags GmbH, Herrsching

Himmelhuber, P.: Hügelbeete – Hochbeete – Hangbeete bauen und bepflanzen. ökobuch Verlag, Staufen, 2012

Holzer, C.-J. A.; Kalkhof, J.: Kräuterspiralen, Terrassengärten & Co. Planen, Bauen, Pflanzen. Leopold Stocker Verlag, Graz-Stuttgart, 2011

Holzer, S.: Permakultur. Praktische Anwendung für Garten, Obst und Landwirtschaft. Leopold Stocker Verlag, Graz-Stuttgart, 2012

Holzmann, G.; Wangelin, M.; Bruns, R.: Natürliche und pflanzliche Baustoffe. Rohstoff-Bauphysik-Konstruktion. Springer Vieweg, Wiesbaden, 2012

Ihle, C.; Bader, R.; Golla, M.: Tabellenbuch „Sanitär – Heizung – Lüftung". Bildungsverlag Eins, Troisdorf 2002

Keune, A.: Innenraumluftqualität und Hygiene-Anforderungen an die Raumlufttechnik. Beuth Verlag GmbH, 2008

Knieriemen, H.; Frei, P.: Heizen mit Holz. Das Praxisbuch für traditionelle und moderne Öfen, Heizsysteme und Herde. AT Verlag, Aarau und München, 2003

König, K.: Grauwassernutzung – Ökologisch notwendig – Ökonomisch sinnvoll. iwater Wassertechnik, Troisdorf, 2013

König, K.: Regenwasser in der Architektur – Ökologische Konzepte. ökobuch Verlag, Staufen, 2011

Löfflad, H.: Bauen mit Holz. Konstruktion – Kosten – Planungsbeispiele. Wingen Verlag, Essen, 2005

Maes, W.: Stress durch Strom und Strahlung. Baubiologie: Unser Patient ist das Haus-Band 1. IBN Neubeuern, 2013

Molter; Linnemann: Wärmedämmverbundsystem und das verlorene Ansehen der Architektur. ML Publikationen, Kaiserslautern, 2010

Neufert, E.: Bau-Entwurfslehre. Bauwelt Verlag, Berlin-Tempelhof, 1954

Palm, H.: Das gesunde Haus – unser naher Umweltschutz. Ordo-Verlag, CH-Kreuzlingen, 1992

Peuser, F. A.; Remmers, K-H.; Schnaus, M.: Langzeiterfahrung Solarthermie. Solarpraxis, Berlin, 2001

Pilz, A. [Hrsg]: Lehm im Innenraum. Eigenschaften, Systeme, Gestaltung. Fraunhofer IRB Verlag, Stuttgart, 2010

Reiß, J.; Wenning, M.; Erhorn, H.; Rouvel, L.: Solare Fassadensysteme. Energetische Effizienz-Kosten-Wirtschaftlichkeit. Fraunhofer IRB Verlag, Stuttgart 2005

Röhlen; Ziegert: Lehmbau-Praxis. Planung und Ausführung, Bauwerk Verlag, Berlin, 2010

Ronacher, H.: Architektur und Zeitgeist. Irrwege des Bauens unserer Zeit. Auswege für das neue Jahrtausend. Johannes Heyn Verlag, Klagenfurt, 1998

Schaeffer, A.: Mythos - Abhandlungen über die kulturellen Grundlagen der Menschheit. Verlag Lambert/Schneider – Heidelberg/Darmstadt, 1958

Schauer, M; Virnich, M-H.: Baubiologische Elektrotechnik. Hüthig & Pflaum Verlag, München/Heidelberg, 2008

Scheer, H.: Energieautonomie. Kunstmann Verlag GmbH, München, 2005

Snyder, Gary: Lektionen der Wildnis. Übersetzung von Hanfried Blume, Matthes & Seitz, Berlin, 2011

Tessenow, H.: Hausbau und dergleichen. Gesamtausgabe, Band 2

Tessenow, H.: Ich verfolgte bestimmte Gedanken... Dorf, Stadt, Großstadt – was nun? Thomas Helms Verlag, Schwerin, 1996

Thoreau, H.-D.: Aus den Tagebüchern 1837-1861. Herausgegeben und übersetzt von Susanne Schaup, Tewes Verlagsbuchhandlung, Oelde 1996

Thoreau, H.-D.: Walden oder Hüttenleben im Walde. Übersetzung von Fritz Güttinger, Manesse Verlag, Zürich, 1972

Vester, F.: Die Kunst vernetzt zu denken. Ideen und Werkzeuge für einen neuen Umgang mit Komplexität. Deutscher Taschenbuch Verlag, München, 2011

Wilson, E. O.: Die soziale Eroberung der Erde – eine biologische Geschichte des Menschen. C.H. Beck, München, 2013

Zwiener/Lange (Hrsg.): Handbuch Gebäude-Schadstoffe und Gesunde Innenraumluft. Erich Schmidt Verlag, Berlin, 2012

Zwiener/Mötzl: Ökologisches Baustoff-Lexikon. C.F. Müller Verlag, Heidelberg, 2006


## Danksagung

Besonders danken möchte ich dem Grafiker **Michael Römer** (www.solar-grafik.de) und dem Fotografen **Tom Baerwald** (www.tombaerwald.com) für die Bereitstellung ihrer Bilder, in den vergangenen Jahren und nun auch in diesem Buch.

# Stichwortverzeichnis

## Symbole



## A

## B



## C



## D

## E

## G



## H

## I



## J



## K

## L

## M

## Q



## R

## T

## U



## V

## Z

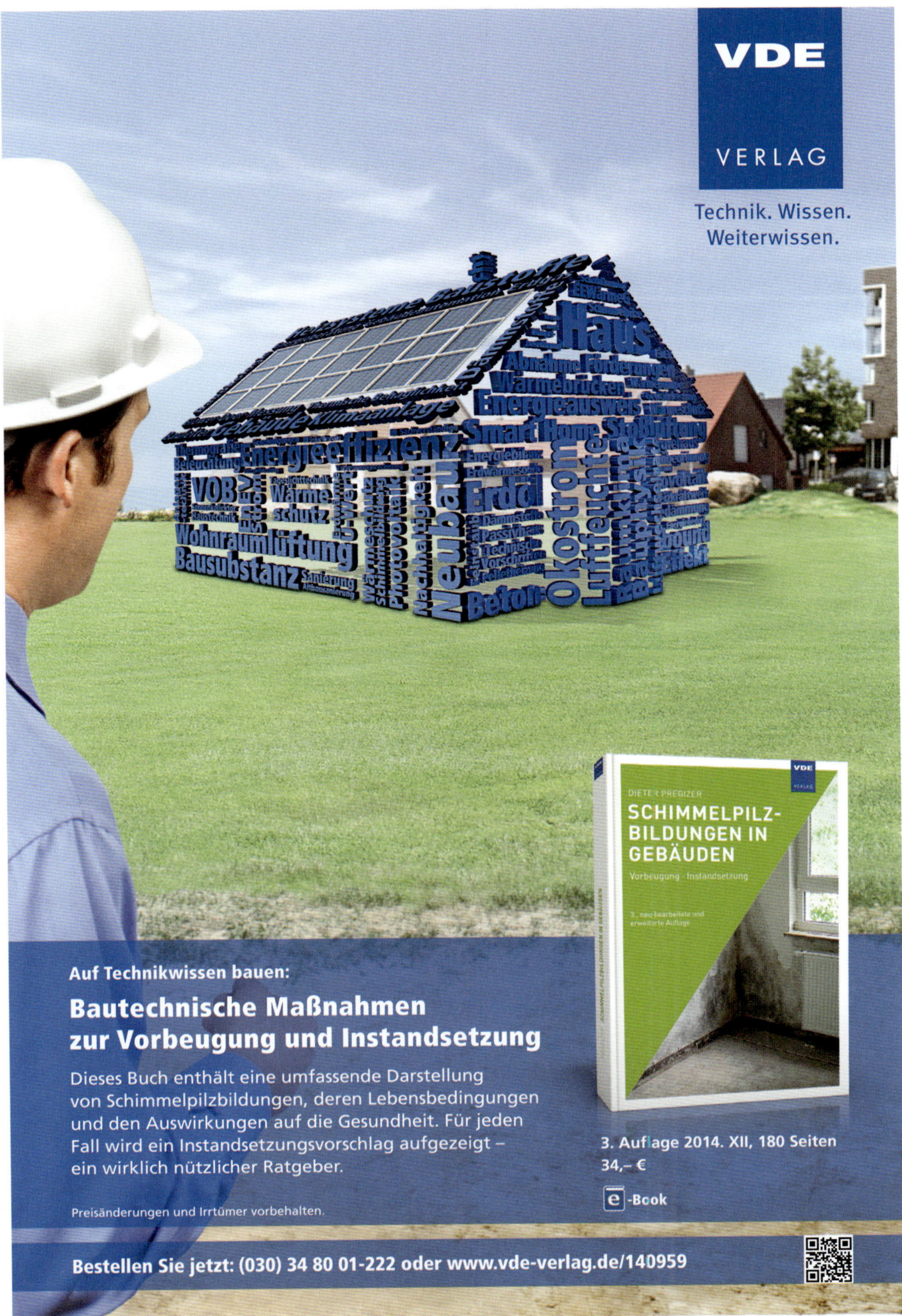
VDE
VERLAG
Technik. Wissen. Weiterwissen.
DIETER PREGIZER
SCHIMMELPILZ-BILDUNGEN IN GEBÄUDEN
Vorbeugung · Instandsetzung
Auf Technikwissen bauen:
Bautechnische Maßnahmen zur Vorbeugung und Instandsetzung
Dieses Buch enthält eine umfassende Darstellung von Schimmelpilzbildungen, deren Lebensbedingungen und den Auswirkungen auf die Gesundheit. Für jeden Fall wird ein Instandsetzungsvorschlag aufgezeigt – ein wirklich nützlicher Ratgeber.
3. Auflage 2014. XII, 180 Seiten
34,– €
e-Book
Preisänderungen und Irrtümer vorbehalten.
Bestellen Sie jetzt: (030) 34 80 01-222 oder www.vde-verlag.de/140959